TECHNISCHE OBERFLÄCHENKUNDE

FEINGESTALT UND EIGENSCHAFTEN VON GRENZFLÄCHEN TECHNISCHER KÖRPER INSBESONDERE DER MASCHINENTEILE

VON

DR. ING. DR. MED. H. C. GUSTAV SCHMALTZ

HONORAR-PROFESSOR
AN DER TECHNISCHEN HOCHSCHULE ZU HANNOVER
INHABER DER MASCHINENFABRIK
GEBRÜDER SCHMALTZ, OFFENBACH/MAIN

MCMXXXVI

SPRINGER-VERLAG BERLIN HEIDELBERG GMBH

Additional material to this book can be downloaded from http://extras.springer.com.

ISBN 978-3-642-51780-8 ISBN 978-3-642-51820-1 (eBook)
DOI 10.1007/978-3-642-51820-1

DIESES BUCH ENTHÄLT 395 ABBILDUNGEN IM TEXT UND AUF 32 TAFELN, EIN STEREOSKOPBILD UND EINE AUSSCHLAGTAFEL.

URSPRÜNGLICH ERSCHIENEN BEI JULIUS SPRINGER IN BERLIN 1936
SOFTCOVER REPRINT OF THE HARDCOVER 1ST EDITION 1936

MEINEM VATER, DEM INGENIEUR

AUGUST SCHMALTZ

der, während vierzig Jahren Seniorchef der Maschinenfabrik Gebrüder Schmaltz

zu Offenbach am Main,

mir Weistum und Denken von Schlossermeistern und Maschinenbauern

aus vier Generationen überliefert

und mich gelehrt hat, daß gute Maschinen wichtiger sind als Geld.

DEM ANDENKEN MEINER LEHRER

K. R. KOCH

1891–1919 O. PROFESSOR DER PHYSIK IN STUTTGART

der mich gelehrt hat, daß man in der Wissenschaft oft und auf vielerlei Weise

fragen muß, um eine brauchbare Antwort zu finden,

W. RIEHN

1879–1910 PROFESSOR DES KRAFTMASCHINEN- UND

SCHIFFSMASCHINENBAUES ZU HANNOVER

und

HERMANN FISCHER

1876–1910 PROFESSOR DER MECHANISCHEN TECHNOLOGIE

UND DES WERKZEUGMASCHINENBAUES ZU HANNOVER

von denen ich

die Überlieferung klassischen deutschen Maschinenbaues erfahren habe,

WIDME ICH IN DANKBARKEIT

DIESEN VERSUCH, EIN FORSCHUNGSGEBIET ZU UMREISSEN

UND EINIGES DAVON AUFZUKLÄREN.

Inhaltsübersicht.

Erklärung für die Bezeichnung der Abbildungen, Gleichungen, Zahlentafeln und Bildtafeln.

Die *Abbildungen* dieses Buches werden durch zwei Zahlen gekennzeichnet, von denen die erste der Seitenzahl entspricht, auf der sich die Abbildung befindet, die zweite die Ordnungsnummer der Abbildung auf dieser Seite bedeutet. Abb. n/m bedeutet somit die mte Abbildung auf der nten Seite. Die *Zahlentafeln* sind in derselben Weise gekennzeichnet, ebenso die *Gleichungen*. Wenn im Text die Fußnoten (Anmerkungen) zitiert sind, so geschieht dies auch in dieser Weise. (Abkürzung Z.T. = Zahlentafel, Gl. = Gleichung, F.N. = Fußnote.)

Die *Bildtafeln* mit den Darstellungen der Profilkurven und Oberflächenaufnahmen tragen die Bezeichnung Tafel 1—32. Die zugehörigen Abbildungen sind fortlaufend numeriert. Es bedeutet also Tafel 7/13b die Abbildung **13**b auf der Tafel Nr. 7.

Vorbemerkung.

Die Einteilung dieses Buches ist nach einem *Dezimalsystem*[1] vorgenommen worden, da dieses bei den sehr feinen Untergliederungen den besten Überblick gewährt. Hinter den Abschnitten sind durch Abkürzungen diejenigen Leserkreise angegeben, für die sie nach der allerdings durchaus *subjektiven* Meinung des Verfassers von Interesse sein können. Die verschiedenen Abschnitte sind für die Leser von verschiedener Wichtigkeit. Dies ist durch zwei verschiedenartige Zeichen zum Ausdruck gebracht. Ein offener Kreis ○ bedeutet, daß der Abschnitt weniger wichtig ist, ein geschlossener Kreis ● weist auf eine größere Bedeutung für den Leser hin. Die für die Lesergruppen verwendeten Abkürzungen bedeuten:

S = Fortgeschrittener Student des Maschinenbaufaches,
K = Konstrukteur,
B = Betriebsmann,
F = Forscher.

[1] Vgl. G. Schmaltz: Die Methoden des Ordnens und ihre Anwendung auf technische Zwecke. VDI-Forschungsheft 223, Berlin 1920.

Übersicht der verwendeten Maße.

cm	mm	μ	mμ	Å.E gleichzeitig ungefähre Atomabstände
[1]	10	10000	10^7 (10 Million)	10^8 (100 Million)
10^{-1}	[1]	1000	10^6 (1 Million)	10^7 (10 Million)
10^{-2}	10^{-1}	100	100000	10^6 (1 Million)
10^{-3}	10^{-2}	10	10000	100000
10^{-4}	10^{-3}	[1]	1000	10000
10^{-5}	10^{-4}	10^{-1}	100	1000
10^{-6}	10^{-5}	10^{-2}	10	100
10^{-7}	10^{-6}	10^{-3}	[1]	10
10^{-8}	10^{-7}	10^{-4}	0,1	[1]

Vorwort, zugleich Einführung.

Mit diesem Buche mache ich den Versuch, ein für die Ingenieurwissenschaft neues Forschungsgebiet zu umgrenzen und mit Inhalt zu füllen. Es enthält ebenso Tatsachen, die auf den verschiedensten Gebieten von anderen Forschern festgestellt worden sind, als auch das Ergebnis eigener Arbeit. Ob und warum es zweckmäßig ist, in einer „*Technischen Oberflächenkunde*" unser Wissen über die Begrenzungsflächen technischer Körper, insbesondere der Maschinenteile, zusammenzufassen, muß sich aus dem Inhalt dieses Buches ergeben. Es scheint mir aber gut, schon an dieser Stelle einiges zur Rechtfertigung des Unternehmens zu sagen.

Für den *Physiker* sind die *Grenzflächen* höchst wichtige Teile der materiellen Körper, mit denen sich die Forschung über den Aufbau der Materie seit langer Zeit beschäftigt. Der Ingenieur dagegen ist meist geneigt, sich die *Oberflächen* seiner Baukörper als zweidimensionale geometrische Gebilde vorzustellen. Er denkt nicht immer daran, daß es sich bei ihnen *stets um körperhafte Teile seiner Werkstoffe handelt.* Dies mag vielerlei Gründe haben. Einer davon ist der, daß schon bei der Gestaltungsarbeit am Zeichenbrett der Ingenieur sich weitgehender Vereinfachungen bedienen muß, indem er z. B. Flächen, die eine verwickelte Feingestalt haben, in geometrisch einfachen Formen darstellt. Fernerhin mag es damit zusammenhängen, daß er bei abgekürzter Behandlung seiner Festigkeitsaufgaben oft zunächst mit gleichförmiger Spannungsverteilung über den gesamten Querschnitt der Bauteile rechnen muß. Er ist vielfach geneigt, manchmal auch gezwungen, die besonderen Spannungsverhältnisse in der Nähe der Oberfläche zu vernachlässigen, welche in Wirklichkeit eine erhebliche Abweichung von diesem Gedankenmodell bedingen. Er versucht dann, durch Einführung von Sicherheits- oder Berichtigungsbeiwerten sich der gefährlichen Folgen einer solchen „wirklichkeitsblinden" (RIEDLER) Berechnung zu entziehen. Auch die Tatsache, daß die große Mehrzahl der Maschinenteile in der Nähe der Oberfläche ein ganz anderes Gefüge hat als im Inneren, wird sehr oft nicht beachtet.

Entgegen dieser herkömmlichen, rein geometrischen Auffassung des Begriffes der Oberflächen eines materiellen Körpers versucht das vorliegende Buch sie darzustellen als das, was sie sind, nämlich *dünne körperliche Gebilde von bestimmter Form und besonderen Eigenschaften.*

Feingestalt und Eigenschaften der Oberflächen technischer Körper, insbesondere der Maschinenteile, sind erst in der neueren Zeit, und zwar auf dreierlei Wegen der Forschung zugänglich geworden:

1. durch die Schaffung von mechanischen, optischen und anderen *Geräten,* mit denen man die *mikrogeometrische Gestalt* solcher Flächen in stark vergrößertem Maßstabe ermitteln und aufzeichnen kann,

2. durch die Entwicklung und ausgedehnte Verwendung *metallographischer Verfahren,* die uns Einblick in den Bau der inneren Grenzschichten verschaffen,

3. durch die Anwendung der *Röntgenstrahlen-* und *Elektronenstrahleninterferenzen.* Durch diese ist es möglich geworden, die Veränderung in dem feinsten Gefüge, jenseits der Auflösungsgrenze des Mikroskopes bis in den Gitteraufbau hinein zu ermitteln.

Die *praktische Bedeutung* von Feingestalt und Eigenschaften der Oberflächen ist für den Ingenieur viel größer als man im allgemeinen annimmt. Ich erinnere, um nur einiges herauszugreifen, an die Fragen der Wechselfestigkeit, der Reibung zwischen festen Körpern mit flüssigen oder gasförmigen Zwischenschichten, die Strömung an rauhen Wänden, die Reflexion von Strahlen aller Wellenlängen, die Wärmestrahlung der Flächen selbst, den Übergang durch Leitung und Konvektion von Wänden an ruhende oder bewegte Flüssigkeiten und Gase und vieles andere. Diese Vorgänge hängen stets in größerem oder geringerem Umfang von der Feingestalt der Oberflächen ab.

Auf allen diesen Gebieten hat man sich mangels genauer Kenntnis der mikrogeometrischen Beschaffenheit der Oberflächen mit Untersuchungen begnügt, die sich auf *makrogeometrische Verhältnisse* erstrecken. Diese aber können *nur Mittelwerte (Integrale)* der Zustände und Vorgänge an den *mikro*geometrischen Elementen der Oberflächen sein. Allein der Einblick in Vorgänge innerhalb dieses Gebietes kann uns über die wahren kausalen Zusammenhänge und das Wesen solcher experimentell gewonnenen Mittelwerte unterrichten. Auf anderen Gebieten ist es uns völlig geläufig, aus der Betrachtung und statistischen Behandlung elementarster Vorgänge physikalische Erscheinungen im großen abzuleiten. Jedermann kennt z. B. die Grundüberlegungen der statistischen Mechanik der Gase, welche von verwickelten elementaren Einzelvorgängen zu verhältnismäßig einfachen Gesetzen, z. B. über die Volumen-Druck-Temperatur-Beziehung (MARIOTTE-GAY-LUSSACsches Gesetz), die spezifische Wärme, die Wärmeleitung, Diffusionsvorgänge in Gasen usw., gelangt. Daß aber Vorgänge wie die Reibung rauher Körper, die Haftvorgänge bei Preßsitzverbindungen, die Strömung von Flüssigkeiten an rauhen Wänden, die Strahlung von rauhen Oberflächen und deren Richtungsverteilung, nur verstanden werden können aus dem Zusammenwirken und der Mittelung von Elementarvorgängen an mikrogeometrischen Oberflächenteilen, wird meist nicht beachtet. So sind auch die Darstellungen dieser Phänomene im allgemeinen „Integraldarstellungen“ im oben angedeuteten Sinne. Der mikrogeometrische Zusammenhang steckt dann aber in den Beiwerten der so gefundenen Gleichungen. Ein wirklich kausales Verständnis der Erscheinungen kann nur gewonnen werden, wenn man bis in ihre Mikrogeometrie zurückgeht. Daß dies in vielen Fällen heute noch nicht möglich ist, wird sich aus den Lücken unserer Darstellung auf diesen Gebieten ergeben. Indes, mit Hilfe der neu gewonnenen Verfahren zur Prüfung der feineren Beschaffenheit von Oberflächen wird es sicherlich im Laufe der Zeit möglich sein, diese Zusammenhänge der für makrogeometrische Bereiche gewonnenen Größen mit den Vorgängen in den mikrogeometrischen Elementen aufzuklären.

Auch in Zweigen der Technik, die außerhalb des Maschinenbaues liegen, werden Vorgänge an den Grenzflächen technischer Körper zu einem Problem von außerordentlicher Bedeutung. Ich erwähne nur das große Gebiet, welches sich kennzeichnen läßt, als: „*Austritt von Elektronen aus Grenzflächen.*“ Mit ihm hängen zusammen die Technik der Röntgenröhren, der Quecksilbergleichrichter, der Verstärkerröhren, der Photozellen und unter gewissen Gesichtspunkten auch die der Glühlampen. Der Vorgang der *Korrosion*, welcher auf der Gleichung Metall = Metallion + n Elektronen beruht, gehört ebenfalls hierher. Für die *chemische Technik* sind von großer Bedeutung die Vorgänge an den Grenzflächen der als *Katalysatoren* dienenden Stoffe. Die Oberflächengestalt von Erzen und Brennstoffen spielt für den Metallurgen und den Wärmetechniker eine wichtige Rolle. Alle diese Fragen sind im vorliegenden Buche nicht behandelt worden, da es für sie ein großes Sonderschrifttum gibt und sie von der Maschinenbautechnik, die uns vorwiegend interessiert, zu weit abliegen. Immerhin gehören sie im weitesten Sinne des Wortes noch zu dem, was man als „technische Oberflächenkunde" bezeichnen kann.

Beim Versuch, die „technische Oberflächenkunde" planvoll darzustellen, taucht eine Fülle *neuer Probleme* vor uns auf. Zunächst sind es überraschenderweise *rein begriffliche*. Es erweist sich als notwendig, die seither beinahe ausschließlich behandelten Fragen der Genauigkeit technischer Körper in ihren großen Abmessungen *(Makrogeometrie)* zu trennen von der feinen Oberflächenbeschaffenheit, die ich als *Mikrogeometrie* bezeichnet habe. Bei näherer Betrachtung zeigt sich aber, daß mit zunehmender Feinheit unserer Untersuchungen wir schließlich an eine Grenze kommen, jenseits der es überhaupt sinnlos wird, den Begriff einer Fläche anzuwenden, nämlich im Gebiet der mit Atomen besetzten Gitter unserer Baustoffe. Fernerhin führt die Untersuchung, wie oben angedeutet, zu der Erkenntnis, daß der Ingenieur, wenn er sich nicht gerade mit abstrakten Aufgaben der Mechanik beschäftigt, die „Oberfläche" der technischen Körper sinnvoll nur als ein dreidimensionales, aus zwei dünnen Schichten bestehendes Gebilde behandeln kann. Die eine von diesen ist die äußere, meist sehr fest angelagerte Schicht fremder Stoffe. Die andere, innere Grenzschicht ist Träger eines bestimmten Energiebetrages und hat meist einen völlig anderen Bau und andere Eigenschaften als der Werkstoff in der Tiefe.

Nach solchen allgemeinen Erwägungen wurden in dieser Arbeit zunächst die *Verfahren*, die zur *Untersuchung der Feingestalt* von Oberflächen dienen, eingehend geschildert und kritisch gewürdigt. Sie sind zum Teil völlig neu. In die Erörterung wurden dabei auch diejenigen einbezogen, die für die Untersuchung der Grenzschichten geeignet sind, so vor allem die der *Interferenzen von Röntgen- und Elektronenstrahlen*. Die seither hiermit erzielten Ergebnisse wurden kurz dargestellt.

Auf Tafeln habe ich sodann zahlreiche *Profilkurven*, *Querschnitte* und *Aufsichtsaufnahmen* von Oberflächen bearbeiteter und anderer Werkstücke aufgezeigt, womit der Leser die Möglichkeit gewinnt, sich von der typischen Gestaltung dieser ein Bild zu machen.

Hiernach war es möglich, an die mit Gestalt und Eigenschaft der Oberflächen zusammenhängenden *Probleme* heranzugehen, welche dem *Konstrukteur* und dem *Betriebsmann* wichtig sind. Für den Konstrukteur sind von Bedeutung die oben schon angeführten Zusammenhänge mit Festigkeit, Reibung, Wärmeübergang usw. und für den Betriebsmann das große Gebiet der *Technologie der Oberflächen*. Dieses letztere läßt sich als Aufgabe etwa so umreißen: *Unter welchen Umständen und mit welchen Mitteln ist es möglich, eine Oberfläche von bestimmter Beschaffenheit zu erzeugen und hierbei eine vorgegebene Grenze für die Wirtschaftlichkeit nicht zu überschreiten?* Diese Technologie der

Oberflächen läßt sich naturgemäß ordnen nach der Abwandlung von zwei Veränderlichen, einerseits der verschiedenen Werkstoffe, andererseits der Art der Fertigungsverfahren. Zu ihnen gehören nicht nur die spangebende und spanlose Formung, sondern auch die Verfahren der Überzüge (Deckverfahren), also z. B. Plattieren, Anstrichtechnik, Galvanotechnik usw. Von einer Darstellung der letzteren habe ich abgesehen, da es für sie ein sehr ausgedehntes und gutes Sonderschrifttum gibt.

Entsprechend der allgemeinen Entwicklung der wissenschaftlichen Arbeit in den letzten Jahrzehnten hat sich der einstmals geschlossene Lehrstoff der allgemeinen und speziellen Technologie, wenigstens in der Literatur, in eine schier unübersehbare Vielzahl von Einzelarbeiten aufgelöst. Wir können nur hoffen, daß uns in absehbarer Zeit wieder eine so großzügige und zuverlässige Darstellung dieses wissenschaftlichen Lehrgebäudes geschenkt wird, wie wir es im vorigen Jahrhundert zuletzt besessen haben (KARMARSCH). Sie tut uns bitter not als *eines* der Hilfsmittel, mit denen wir uns vor der drohenden Auflösung unserer Wissenschaft in engbegrenztes Spezialistentum bewahren müssen.

Ein wesentliches Kapitel dieses Lehrgebäudes der allgemeinen Technologie wird sich dann auf neuzeitliche Art mit der *Technologie der Oberflächen,* vor allem in dem engeren Sinn der spangebenden Formung, beschäftigen müssen, mit dem, was KARMARSCH in seinem Handbuch der mechanischen Technologie (1837 bis 1841) „Zurichten der Oberflächen metallener Gegenstände" genannt hat. Die Untersuchung der spangebenden Formung hat in den letzten Jahren erneuten Auftrieb bekommen, nicht zuletzt unter dem Einfluß einer wirtschaftlichen Betrachtung dieses ursprünglich rein technologischen Problemes. Eine ihrer wichtigsten Seiten sind die Verfahren der Feinstbearbeitung.

Schon TAYLOR hat in seinen klassischen Untersuchungen über „Die Kunst, Metalle zu zerspanen"[1] die Beschaffenheit der erzeugten Oberflächen in seine Erwägungen einbezogen. Für ihn wie auch die ihm zunächst folgenden englischen Forscher standen aber noch die am Werkzeug wirksamen Kräfte durchaus im Vordergrund des Interesses. Erst einzelne Arbeiten der Engländer ROSENHAIN und STURNEY (1925) und THOMAS (1930) haben sich dann bewußt dem Oberflächenproblem zugewendet. Die neueren Arbeiten von WALLICHS, RAPATZ, LEYENSETTER — und *vor allem* SCHWERD — haben dann den Zerspanungsvorgang als das betrachtet, was er wesentlich ist, nämlich *ein Verfahren zur Erzeugung einer Oberfläche von vorgeschriebener Güte.* Ich habe mich bemüht, in einem kurzen Abschnitt die mir wichtig erscheinenden Tatsachen und Gesichtspunkte in bezug auf diese Dinge aufzuzeigen. Es handelt sich dabei zunächst um die experimentelle Frage, wie die Elementarvorgänge bei der Schaffung einer Oberfläche wirklich ermittelt werden können. Meines Erachtens kann dies nur gelingen unter Zuhilfenahme aller modernen Verfahren der funkenkinematographischen und metallographischen Untersuchung und schließlich auch der Röntgeninterferenzen. Andererseits habe ich versucht, dem Leser eine Vorstellung zu vermitteln von Zusammenhängen zwischen der Gestalt mechanisch geformter Oberflächen und den Elementarvorgängen bei der Formung selbst. Ich bin

[1] TAYLOR: The art of cutting metals. Philadelphia 1906. Deutsche Übersetzung und Bearbeitung von WALLICHS.

der Meinung, daß auf diesem Gebiete die Dinge noch keineswegs so ausgiebig geklärt sind wie vielfach angenommen wird.

Von den *Zusammenhängen der Oberflächenbeschaffenheit* mit anderen technisch-physikalischen Fragen, nämlich der Festigkeit, der Reibung, der Strömung, Wärmeübertragung usw., habe ich das behandelt, was nach meiner Meinung besonders wichtig ist und neue Gesichtspunkte aufzeigt. Einen Anspruch auf Vollständigkeit kann dieser Teil des vorliegenden Werkes naturgemäß nicht erheben, da das gedachte Gebiet weit über das hinausgeht, was ein einzelner Forscher überblicken kann.

In engem Zusammenhang mit der Technologie der Oberflächen steht die Frage der Beziehung zwischen *Oberflächenbeschaffenheit und Passungen.* Man wird sich in absehbarer Zeit noch sehr eingehend mit ihr beschäftigen müssen. Man wird erkennen, daß es für die Verwirklichung des mit den Passungssystemen verbundenen Zweckes notwendig ist, die Beschaffenheit der sich berührenden Oberflächen zahlenmäßig zu kennzeichnen. Es zeigt sich hierbei, wie außerordentlich fruchtbar es ist, die mathematischen Verfahren der *Kollektivmaßlehre oder Statistik* auf sie anzuwenden. Hierdurch vermögen wir unbestimmte Mannigfaltigkeiten, wie sie in den mikrogeometrischen Formen der bearbeiteten Oberflächen vorliegen, in klare Beziehungen zu bringen. Man kann auf diesem Wege auch den Einfluß der *Abnutzung* auf die Erhaltung der Passungsgenauigkeit einfach erörtern. Diese Betrachtungen habe ich, soweit es die bis jetzt vorliegenden Unterlagen ermöglichen, eingehend durchgeführt. Ich sehe in ihnen ein nicht unwesentliches Ergebnis meiner Arbeit. Aus ihnen ergaben sich von selbst Anregungen für eine spätere *Normung der Oberflächen.* Irgendetwas Endgültiges auf diesem Gebiet kann selbstverständlich nur auf dem Boden einer breiten Gemeinschaftsarbeit und gemeinsamer Kritik vorausgegangener Erfahrung und Forschung gewonnen werden. Heute liegt in bezug auf diese Probleme noch alles in weitem Felde.

Ich habe mich in diesem Buche in nicht geringem Umfange ausgesprochen *physikalischer Forschungsergebnisse* und *Verfahren* bedient. Dies liegt daran, daß die Ingenieurwissenschaft sich seither den Grenzflächenproblemen nur beiläufig zugewendet hat, während die Physik seit langer Zeit an ihnen arbeitet. Ich habe gerade an diesen Stellen nicht gezögert, auch Dinge zu behandeln, deren Bedeutung für den Ingenieur noch nicht feststeht und, wenn auch unter Vorbehalt, Ergebnisse anzuführen, die noch nicht vollkommen gesichert sind. Aber die Entwicklung der Maschinenbaukunst geht schnell und was heute noch abseits erscheinen mag, wird uns vielleicht in der Zukunft in seinen Bann ziehen. Ich halte es auch für notwendig, daß trotz der ungeheuren Ausbreitung des Stoffes der Ingenieurwissenschaften der *junge Ingenieur sich immer wieder mit den Grundlagen seiner Wissenschaft beschäftigt* und zu diesen gehört in erster Linie die *Physik.*

Mit *Literaturnachweisen* habe ich nicht gespart, besonders solchen aus Grenzgebieten, die dem Ingenieur nicht bequem zugänglich sind. Ich möchte nicht versäumen, an dieser Stelle auf die ausgezeichneten und verdienstvollen Übersichten des technischen Schrifttums hinzuweisen, die der Verein Deutscher Ingenieure neuerdings in seinem VDI-Jahrbuch veröffentlicht. Sie sind Fundgruben für jeden, der sich im Sinne einer breiten fachlichen Allgemeinbildung nicht nur mit seinem eigenen Fach, sondern auch dem der

Nachbargebiete beschäftigen will. Dem Studenten und jungen Ingenieur sollte man immer wieder das Studium der Originalveröffentlichungen ans Herz legen. Neben eigener Forschungsarbeit, die nicht einem jeden möglich ist, gewinnt er so eine Vorstellung von dem Wesen wissenschaftlicher Arbeit im kleinen wie im großen.

Die Anfänge dieses Buches gehen zurück auf Untersuchungen, die ich im Jahre 1928—1929 angestellt und unter Darlegung der großen Bedeutung des Oberflächenproblemes in der Zeitschrift des Vereins Deutscher Ingenieure veröffentlicht habe.

Bei den weiteren Untersuchungen wurde ich von meinem damaligen Assistenten, Dr. W. Hasselbeck, unterstützt, der einen großen Teil der dargestellten Oberflächenaufnahmen und Auswertungen gemacht hat. Es ist mir eine angenehme Pflicht, ihm auch an dieser Stelle zu danken.

Man wird es bei der Art und dem Umfang des neu umrissenen Forschungsgebietes verständlich finden, wenn ich in Abschnitten, wo es mir nicht möglich war, selbst forschend tätig zu sein, Gedankengut oder Bildmaterial anderer Forscher verwendet habe. Die Quellenangabe mag gleichzeitig als Dank an jene verstanden werden.

Gleichzeitig danke ich dem AWF und den zahlreichen deutschen und amerikanischen Maschinenfabriken, Automobilwerken, Lehrenbau- und optischen Werkstätten, die mir Bearbeitungsproben und Geräte zur Verfügung gestellt haben, aufs beste für die Förderung meiner Arbeit.

Ich schulde auch einigen *Fachgenossen,* die mich durch Ratschläge und Mitteilung ihrer Ergebnisse unterstützt haben, herzlichen Dank. In der Ingenieurwissenschaft hat immer ein weitherziger Geist der Gemeinschaft geherrscht, der um der großen Aufgaben willen gern die Arbeit des einzelnen zu fördern bereit ist.

Offenbach a. Main, Dezember 1936.

Berichtigungen.

Abb. 75/2, 76/2, 77/1, 78/1. In den Unterschriften zu diesen Abbildungen muß hinzugefügt werden: nach SCHMALTZ.

S. 124 in F.N. 124/2 letzte Zeile muß es heißen: A Bibliography on the cutting of metals.

S. 140 F.N. 140/1 ist zu ergänzen durch: OPPEL: Forschung Ing.Wes. Bd. 7 (1936) S. 240. FILON: A Manual of Photo Elasticity. Cambridge 1936.

S. 156. Zu Abb. 156/2 und an der zugehörigen Stelle des Textes muß es heißen: Kolben*ring* geschliffen (anstatt Kolbenbolzen geschliffen).

Abb. 204/1. Die Bemerkung „Nach KYROPOULOS" in der Unterschrift bezieht sich nur auf die Kurve der Strömungsorientierung. Für die Zusammenstellung der Abbildung selbst ist der Verfasser verantwortlich.

S. 250 6. Zeile von unten muß es statt für auch „auch für" heißen.

1. Die Grundbegriffe der technischen Oberflächenkunde.

(Fläche und Oberfläche, ihre Beschaffenheit und Güte.)

Eine *Fläche* ist ein geometrisches zweidimensionales Gebilde. Sie hat keinerlei körperliche Eigenschaften, obwohl sie durch körperliche Modelle versinnbildlicht werden kann. Als Beispiel diene das sog. MÖBIUSsche Blatt [1]. Diese Fläche hat nur *eine* einzige Seite. Man erhält ein Modell von ihr (Abb. 1/1), indem man einen schmalen Papierstreifen einmal tordiert und die Enden wechselseitig verbindet. Eine solche Fläche, die keine angebbare Innen- und Außenseite hat, ist in keiner Weise die Begrenzung eines Körpers. Sie verdient daher nicht den Namen einer *Oberfläche*. *Eine Oberfläche ist dadurch gekennzeichnet, daß sie ein geschlossenes Raumstück von dem übrigen Raume abgrenzt.* Es sind also mit ihr die Begriffe innen und außen notwendig verbunden. Es gibt eindeutig umschriebene Oberflächenstücke, die als Teile einer gesamten Oberfläche einen Körper zum Teil abgrenzen, z. B. die obere Kreisfläche eines Zylinders. Eine Oberfläche kann nicht gedacht werden ohne die Vorstellung des Körpers, den sie begrenzt. Trotzdem kennzeichnet sie zunächst noch ein rein geometrisches Gebilde. Den Gegenstand unserer Untersuchungen aber bilden *Oberflächen wirklicher Körper*, insbesondere solche, die in der Technik Verwendung finden. Damit wird bei den weiteren Betrachtungen der Begriff der Oberfläche von einem geometrischen zu einem physikalischen und technologischen. Aus diesem Grunde empfinden wir auch die rein geometrische Beschreibung einer technischen Oberfläche, etwa mit Hilfe einer durch sie gelegten Schar von Profikurven, oft als unzureichend [2] und es wird notwendig, neben dem Begriff der *Gestalt* einer Oberfläche den allgemeineren ihrer *Beschaffenheit*

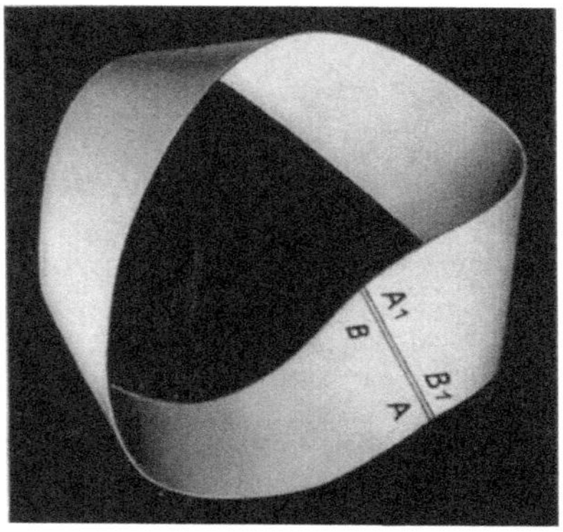

Abb. 1/1. Modell des MÖBIUSschen Blattes.

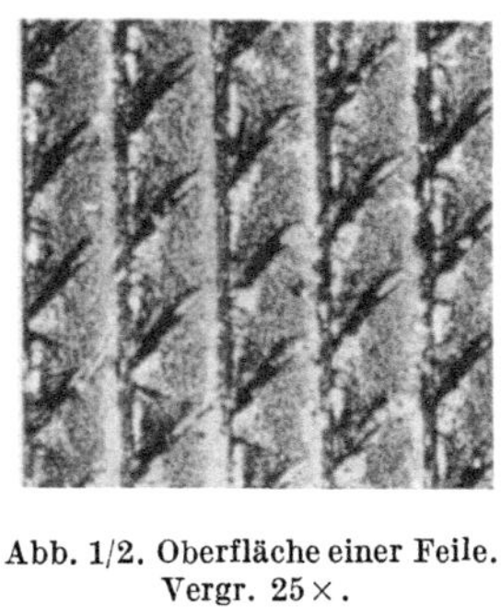

Abb. 1/2. Oberfläche einer Feile. Vergr. 25×.

---

[1] Vgl. E. KLEIN: Elementarmathematik vom höheren Standpunkte aus, Bd. 2, S. 19. Berlin 1925.

[2] Vgl. O. KIENZLE: Werkst.-Techn. 1936 S. 165 Fußn. 1, der meint, man solle die von der Struktur des Werkstoffes herrührenden Eigentümlichkeiten der Oberfläche trennen von denen, die durch die Bearbeitung erzeugt sind.

einzuführen. Man betrachte die beistehenden Aufsichtsbilder von technischen Oberflächen, nämlich: die Arbeitsfläche einer feinen Feile (Abb. 1/2), einen Wolfram-Glühfaden (Abb. 2/1), ein mit Majolika-Emaille überzogenes Blech mit blasenartigen Fehlstellen (Abb. 2/2), die geschliffene und geätzte Oberfläche eines Zinnstückes (Abb. 2/3), ein Stück Nußbaumholz (Abb. 3/1) und schließlich in Eichenlohe gut gegerbtes Kernleder (Abb. 3/2). Durch eingehende geometrische Darstellung läßt sich grundsätzlich die Gestalt einer jeden derartigen Fläche aufs genaueste festlegen. Damit ist aber das *Wesen* dieser Gebilde nur sehr unzureichend erfaßt. Der Begriff der *Oberflächenbeschaffenheit* enthält weit mehr, nämlich die Art des Werkstoffes, seinen Feinbau an verschiedenen Stellen, die Häufigkeit des Auftretens von Unregelmäßigkeiten unter Berücksichtigung ihrer Bedeutung für einen bestimmten technologischen Zweck usw. Alles dies, was wir unter dem Begriff der Oberflächenbeschaffenheit zusammenfassen, kann nur durch Verfahren, die dem Einzelfall angepaßt sind, ermittelt werden. Schließlich aber bleibt in allen praktischen Fällen ein Rest, der sich der zahlenmäßigen Feststellung entzieht und nur der Beschreibung zugänglich ist.

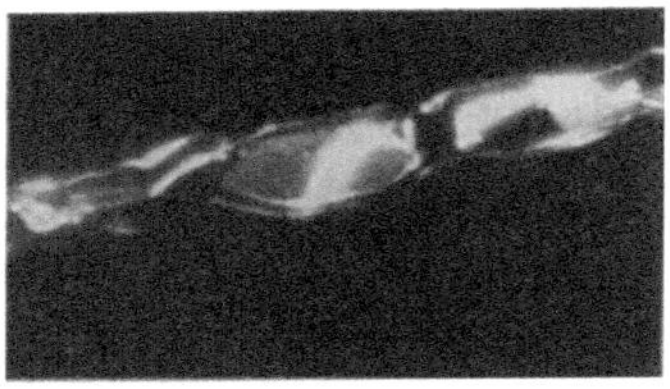

Abb. 2/1. Wolfram-Glühfaden. Vergr. 460×.

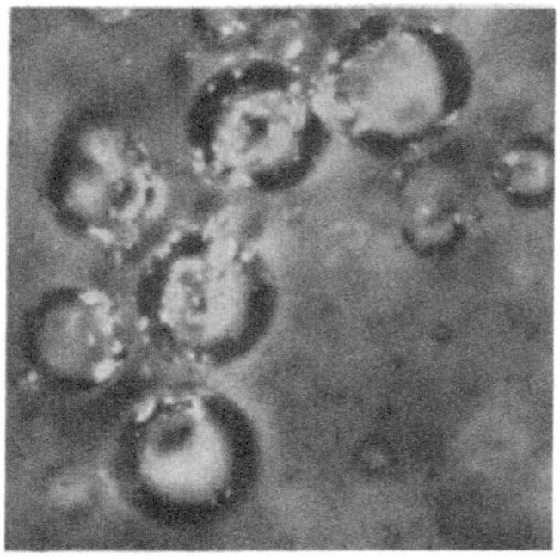

Abb. 2/2. Majolika-Emaille. Vergr. 100×.

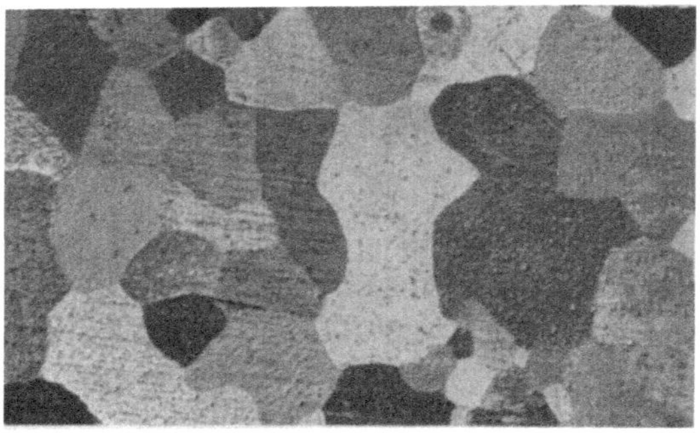

Abb. 2/3. Kornflächenätzung an Zinn. (Nach CZOCHRALSKI, Metallkunde.) Vergr. 5×.

Der Begriff *Oberflächenbeschaffenheit* ist wertfrei, nicht so der der *Oberflächengüte*. Alle technischen Körper dienen bestimmten Zwecken. Im geordneten Herstellungsverfahren benötigen wir Vorschriften über die Beschaffenheit ihrer Oberflächen. Wir nennen diese *Gütevorschriften* und die ihnen entsprechenden *körperlichen Flächen* bezeichnen wir als *Normalflächen*. Die *Einordnung einer wirklichen Fläche zwischen je zwei durch die Vorschriften festgelegte Normalflächen bestimmt deren Güte*. Im Maschinenbau deckt sich vielfach, aber keineswegs immer, die Forderung der Güte einer Oberfläche mit der einer bestimmten *Glätte* oder umgekehrt eines Maßes von *Rauhigkeit*.

Wir betrachten nunmehr (Abb. 3/3) das vergrößerte Bild eines Drahtgewebes von etwa $\frac{1}{800}$ cm² Maschenweite. Es ist auf der Oberseite etwas abgenutzt.

Bei gewöhnlicher Betrachtung mit bloßem Auge zögern wir nicht, von der *Oberfläche* dieses Drahtnetzes zu sprechen. Wir meinen damit etwa eine *ebene Oberfläche,* indem wir zunächst ohne Überlegen die höchsten Stellen des Netzes durch eine Ebene verbinden. In der Tat aber haben wir hier die Oberfläche eines außerordentlich verwickelten, mehrfach zusammenhängenden Körpers vor uns, der einer strengen Darstellung durch eine mathematische Gleichung praktisch entzogen ist. Man sieht aus diesem besonders eindrucksvollen Beispiel ebenso wie den vorausgegangenen, daß der Begriff der Oberfläche in Wirklichkeit immer auf einer bewußten, oft auch unbewußten Vereinfachung des wirklichen Tatbestandes beruht. Zu ähnlichen Feststellungen werden wir später kommen, wenn wir bei Betrachtung von Beobachtungsverfahren höchster Feinheit schließlich in den Bereich der einzelnen Atome unserer Baustoffe kommen und deren Gitteraufbau betrachten (S. 14).

Abb. 3/1. Nußbaumholz. Vergr. 70×.

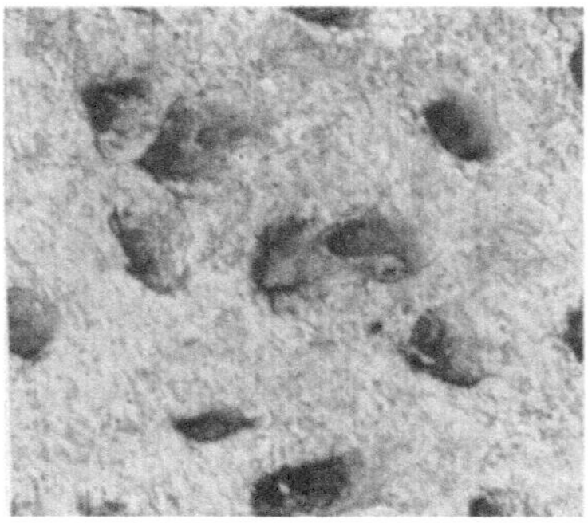

Abb. 3/2. Kernleder, in Eichenlohe gut gegerbt. Vergr. 50×.

Abb. 3/3. Drahtgewebe. Vergr. 20×.

Wir stellen fest: *Jede Aussage über eine Oberfläche hängt weitgehend von dem Maßstab ab, in dem wir unsere Körper darstellen und von dem Verhältnis dieses Maßstabes zu dem Bild, welches der Körper uns bei Betrachtung mit unbewaffnetem Auge darbietet.*

Diese Fragen stehen in engem Zusammenhang mit dem, was wir die *Mikrogeometrie der Körper* nennen wollen. Diese behandeln wir im nächsten Abschnitt. Im übrigen beschränken wir uns in der weiteren Darstellung vorwiegend auf *bearbeitete Maschinenteile.*

2. Die Oberflächengestalt der Maschinenteile, ihr Zusammenhang mit Meßtechnik, Konstruktion und Fertigung.

21. Die Begriffe Makrogeometrie und Mikrogeometrie.

Die Begrenzungsflächen technischer Körper haben in der Wirklichkeit keine einfachen Formen. Sowohl in großen wie in kleinen Bereichen weichen sie von den strengen geometrischen Gedankengebilden ab. Sie lassen sich nicht durch „vernünftige" Funktionen (F. KLEIN) genau darstellen. Auch unsere technischen Zeichnungen sind mit Abweichungen von der Sollform behaftet. Wir haben aber die merkwürdige Fähigkeit, diese Fehler selbst innerhalb weiter, dem unbewaffneten Auge zugänglicher Grenzen nicht zu beachten. Solche Zeichnungen sind Stellvertreter eines reinen Gedankengebildes, nämlich der Idee der geometrischen Form schlechthin. Wenn wir sie betrachten, so wird im allgemeinen nicht sie selbst mit all ihren Unvollkommenheiten ins Bewußtsein aufgenommen, sondern vielmehr die Vorstellung in uns erzeugt jener abstrakten Gestalt, die sie versinnbildlicht. Andererseits sind die ursprünglichen Bilder des Prismas, Zylinders usw. offenbar durch eine Idealisierung oder Vereinfachung wirklicher, nicht ebenmäßiger Körper entstanden, und zwar wahrscheinlich sehr wesentlich aus Bewegungserlebnissen (PALÁGYI[1]). Dieser Vorgang ist Gegenstand der Philosophie und vor allem der *Psychologie*. Er fällt aus dem Rahmen unserer Arbeit.

Die Abweichungen des wirklichen Körpers von seiner geometrischen Idealform bezeichnen wir als seine *Fehler*. Sie spielen in der Fertigung, wie der Meßtechnik, eine wesentliche Rolle. Wir betrachten zunächst die Fehlerbestimmung einer technischen Fläche in größeren Bereichen[2]. Zum Beispiel werde verlangt, daß ein Maschinentisch nicht um mehr als einen vorgeschriebenen Betrag von der Ebene abweiche. Wir prüfen dies, indem wir die gegenseitige Lage von Meßpunkten untersuchen, die beispielsweise in den Eckpunkten eines quadratischen Netzes um je 100 mm auseinanderliegen. Oder wir prüfen einen als Zylinder gedachten Bolzen etwa bei geeigneter Prismalagerung an 2 oder 4 Oberflächenpunkten von Querschnittsebenen, die in der Größenordnung von Zentimetern hintereinanderliegen.

---

[1] Für den philosophisch und psychologisch interessierten Techniker geben wir einige Zugangswege zu diesem großen und wichtigen Problem. Literatur siehe EISLER: Wörterbuch der philosophischen Begriffe. Berlin 1927 unter „Gestalt."; vgl. STROHAL: Grundbegriffe der reinen Geometrie, 1925. PETERMANN: Gestalttheorie. Leipzig 1929. HECHT: Die simultane Erfassung von Figuren. Z. f. Psychol. 94. Wesentlichstes hat M. PALÁGYI zu dem Problem beigetragen, indem er in seiner „Theorie der Phantasie" die abstrakten Formen auf *eingebildete Bewegungen* zurückführt. PALÁGYI: Wahrnehmungslehre. Leipzig 1925. Naturphilosophische Vorlesungen. Leipzig 1924. Vgl. FRIEDMANN: Die Welt der Formen. München 1930. Im Zusammenhang mit der Frage stehen auch die Probleme der Präzisions- und Approximationsmathematik, vgl. FELIX KLEIN: Elementarmathematik vom höheren Standpunkt, Bd. 3. Berlin 1928.

[2] Vgl. BERNDT-SCHULZ: Grundlagen und Geräte technischer Längenmessungen, S. 291f. Berlin 1929. — Das Messen in der Werkstatt, herausgeg. vom AWF RKW-Veröff. Nr. 63. Berlin, o. J.

Im allgemeinen wird das Ergebnis einer derartigen Messung so betrachtet, *als ob* die Fläche in kleinsten Bereichen, z. B. innerhalb der Ausdehnung der sie berührenden Meßfläche geometrisch regelmäßig, also z. B. streng eben oder zylindrisch sei. Man setzt z. B. stillschweigend voraus, daß ein derartiger Bolzen innerhalb einer Zone von der Breite des Meßbackens gleichmäßig den gemessenen Durchmesser habe. In der Tat liegen die Dinge aber ganz anders, wie meist schon die Betrachtung eines solchen Maschinenteiles mit der Lupe zeigt. Ebenso wie die Körper Verschiedenheiten ihrer Abmessungen in größeren Bereichen, also z. B. in verschiedenen Querschnitten eines Zylinders haben, welche jeweils 10 mm auseinanderliegen, so ist eine solche Begrenzungsfläche auch im kleinsten Bereiche völlig unregelmäßig. Diese Unregelmäßigkeiten beeinflussen die Anlage der Meßfläche bei den üblichen Verfahren (mikrogeometrischer Berührungsfehler) (Abb. 5/1). Dies hat zur Folge, daß jede Präzisionsmessung in großen Bereichen auch von der Oberflächengestalt des Prüflings und des Meßgerätes in kleinen Gebieten (Rauhigkeit) mitbestimmt wird. Trotzdem erscheint es zweckmäßig, die Abweichungen von der Sollform in kleinen und großen Bereichen begrifflich zu trennen. Denn fertigungstechnisch hängt z. B. die Form von Maschinenteilen, wie wir noch zeigen werden, in größeren Gebieten von ganz anderen Umständen ab als in kleinen. Auch meßtechnisch kommen in beiden Fällen ganz verschiedene Verfahren zur Ermittlung der Fehler solcher Flächen in Betracht.

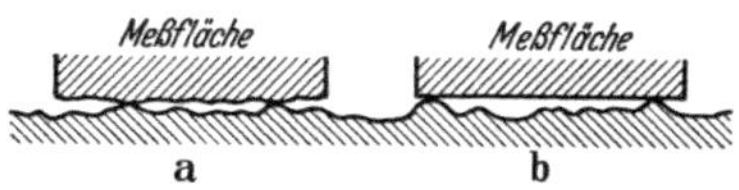

Abb. 5/1. Berührung einer rauhen (a) und einer streng ebenen Meßfläche (b) mit einem rauhen Körper.

Aus diesen Gründen und schließlich auch um der allgemeinen Anschaulichkeit willen ist es zweckmäßig, einen Unterschied zu machen zwischen der *Mikrogeometrie* (Kleingeometrie) und der *Makrogeometrie* (Großgeometrie) unserer technischen Körper. Dabei soll die erstere sich auf ihre Gestalt in kleineren Bereichen, die letztere aber in größeren beziehen. Ich schlage vor, die Grenze zwischen beiden durch die *Seitenlänge einer Fläche* von 1 mm festzulegen. *Die Gestaltungen innerhalb einer solchen Fläche seien Gegenstand der Mikrogeometrie.* Es gibt naturgemäß Grenzfälle, auf die eine solche Unterscheidung nicht zutrifft, z. B. feinste Zahnräder in der Feinmechanik. Unsere obigen Betrachtungen beziehen sich auf Flächen, die *makrogeometrisch stetig* sind. Im übrigen muß folgendes beachtet werden: Es besteht eine *untere Grenze* der Maßbestimmung an einem festen Körper, bei der der Begriff Oberfläche überhaupt seinen Sinn verliert. Diese Grenze liegt da, wo die Gitterabstände der Kristalle von derselben Größenordnung wie die zu messenden Größen werden. Da die Atome in Abständen von einigen 10^{-7} mm (ÅNGSTRÖM-Einheiten) regelmäßig angeordnet sind, kann man sagen, daß die *Mikrogeometrie der Oberfläche* in diesem Bereich *aufhört, einen Sinn zu haben. Man kann also die Oberflächengestalt eines festen Körpers grundsätzlich nur mit einer Genauigkeit von höchstens* 10^{-6} *mm* (1 mμ) *bestimmen.* Daraus ergibt sich die zunächst überraschende Feststellung, daß man für den Begriff der Mikrogeometrie fester Körper nicht nur eine *obere,* sondern auch eine *untere Grenze* angeben muß. Ich schlage vor, folgende Festsetzung zu treffen:

Gegenstand der Mikrogeometrie sind Lagebeziehungen zwischen Oberflächenteilen innerhalb einer rechtwinkligen Fläche von $\approx$ 1 mm Seiten- oder Bogenlänge.

Solche können grundsätzlich nur mit einer Höchstgenauigkeit von 10^{-6} mm bestimmt werden. Die mechanischen Verhältnisse im mikrogeometrischen Gebiet, also z. B. die Verformung feinster Oberflächenteile, wollen wir dementsprechend als *Mikromechanik* bezeichnen. Unterhalb der Grenze von 10^{-6} mm kann nicht mehr von Flächen im gewöhnlichen Sinne des Wortes gesprochen werden. *Lagebeziehungen in größeren Bereichen als 1 qmm gehören zur Makrogeometrie* [1].

Diese Festsetzung ist ihrer Natur nach willkürlich und nur aus Gesichtspunkten der Fertigung und Meßtechnik entstanden, deren Verschiedenheit etwa an der 1-mm-Grenze deutlich wird [2].

Die makrogeometrischen Verhältnisse technischer Körper werden mit denjenigen Geräten und Verfahren zur Längenmessung bestimmt, wie sie z. B. in dem ausgezeichneten Werke von BERNDT-SCHULZ [3] geschildert sind. Zur Bestimmung der mikrogeometrischen Gestaltung dienen die in der vorliegenden Arbeit geschilderten Verfahren.

Wenn wir den *Sprachgebrauch* daraufhin untersuchen, ob er einen Unterschied macht zwischen Eigenschaften, die der Mikrogeometrie und solchen, die der Makrogeometrie angehören, so finden wir, daß in der Tat ein solcher besteht. Mit den Worten „rauh" und „glatt" bezeichnet man mikrogeometrische Eigenschaften [4]. Die Eigenschaftsworte werden auch in der Steigerungsform verwendet, indem man etwa von „sehr glatten" oder „sehr rauhen" Flächen spricht.

---

[1] Diese Einteilung entspricht dem, was in der Literatur oft mit der Unterscheidung zwischen „Oberflächenbeschaffenheit" und „geometrischer Form" gemeint ist. Es sollte aber nicht vergessen werden, daß der Ausdruck „geometrische Form" sich ebensogut auf die feinere Gestalt (Mikrogeometrie) der Körper beziehen kann.

[2] FLEMMING (Beitrag zur Bestimmung der Oberflächengüte. Diss. Dresden 1935), trifft S. 22 folgende Unterscheidung zwischen den Bereichen, die wir als Mikro- und Makrogeometrie bezeichnen: „Unebenheitseinsenkungen einer Fläche gelten nicht als Rauhigkeit, wenn sie von einer darüber rollenden glatten Kugel von 100 mm Durchmesser nicht überbrückt, sondern durchmessen werden, d. h. wenn der tiefste Punkt der Einsenkungen von der Kugel berührt wird. Rauhigkeit im Sinne der vorstehenden Abgrenzungen beginnt erst, wenn die Unebenheitseinsenkungen so geformt sind, daß eine Kugel von 100 mm Durchmesser nicht auf ihren Grund gelangen kann." FLEMMING glaubt im Anschluß an Betrachtungen, die ich [Z. VDI Bd. 73 (1929) S. 1461f.] angestellt habe, daß eine solche Festsetzung etwa dem entspräche, was als Grenze des Sinneseindrucks „Rauhigkeit" gelten könne. Ich glaube nicht, daß man ohne eingehende sinnesphysiologische Untersuchung hierüber eine verbindliche Aussage machen kann. — Im übrigen ist die FLEMMINGsche Definition zwar durchaus geistreich, aber nicht ganz bequem, um im gegebenen Falle festzustellen, ob ein rauher oder unebener Körper vorliegt. Ich glaube, für die Zwecke der Praxis sollte man sich an die oben von mir gegebene Unterscheidung halten.

[3] BERNDT-SCHULZ: Grundlagen und Geräte technischer Längenmessungen. Berlin 1929. BERNDT, G.: Arch. techn. Messen Bd. 5 S. 83—0. Derselbe: Meßwerkzeuge und Meßverfahren für metallbearbeitende Betriebe. Berlin 1932; vgl. ferner Derselbe: Technische Winkelmessung. Berlin 1930. Derselbe: Die Gewinde. Berlin 1925 u. 1926. Derselbe: Zahnradmessungen. Erfurt 1925. ROLT, F. H.: Gauges and fine measurements. London 1929. Neuere Literatur: Siehe BERNDT: Masch.-Bau Betrieb Bd. 14 (1935) S. 572.

[4] Es ist bemerkenswert, daß der mathematische Begriff „glatt" in seiner Anwendung auf Funktionen auch im wesentlichen das trifft, was uns hier beschäftigt. Eine *Funktion* ist nämlich stückweise glatt, wenn *ihre erste Ableitung in dem betreffenden Abschnitt stetig ist. Dies bedeutet, daß sie in ihm keine Spitzen oder scharfe Ecken (Kanten) hat.* Das ist aber bei praktisch vorkommenden rauhen Flächen immer der Fall. Profilkurven, die etwa aus einer außerordentlich feinen Sinuslinie bestünden, wären zwar mathematisch „glatt", sie kommen aber praktisch nicht vor.

Der Makrogeometrie der Körper gehören Begriffspaare an wie gerade — ungerade (krumm, schief), eben — uneben, rund — unrund, zylindrisch — kegelig usw. Naturgemäß lassen sich die Eigenschaften beider Gruppen auch verbinden, womit man dann eine Fläche gleichzeitig makro- und mikrogeometrisch kennzeichnet. Man kann also etwa sprechen von einer glatten-ebenen, rauhen-ebenen oder rauhen-unebenen Fläche, von einer glatten-unrunden Rolle, einer rauhen-krummen Welle usw. (Abb. 7/1)[1].

Schließlich kann man die Begriffe gerade, eben, rund, quadratisch usw. mit dem Begriff *ebenmäßig*[2] zusammenfassen, um damit zum Ausdruck zu bringen, daß die betreffenden Körper im makrogeometrischen Gebiet der geometrischen Regelform entsprechen. Man bekommt dann zwei noch allgemeinere Begriffspaare, nämlich ebenmäßig rauh und ebenmäßig glatt oder unebenmäßig rauh und glatt. *Nur die unebenmäßig rauhen Körper entsprechen streng genommen den Gegenständen, mit denen wir es in der Technik zu tun haben.* Alle anderen sind im Grunde wiederum Gedankengebilde, die durch mehr oder weniger weitgehende Vernachlässigung von Fehlern unterhalb einer gewissen Grenze von der Wirklichkeit abgezogen (abstrahiert) sind. Solche Unterscheidungen zu treffen, erscheint aber trotzdem nicht müßig. So z. B. erleichtern sie die Beurteilung einzelner Fertigungsverfahren. Wir wählen als Beispiel die Bearbeitung einer zylindrischen Bohrung:

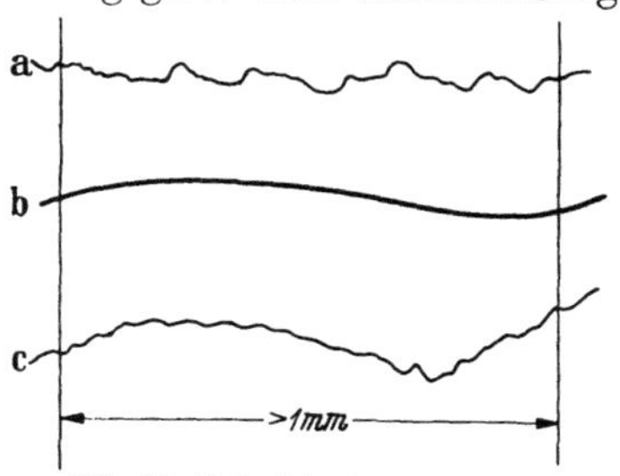

Abb. 7/1. Beispiele einer a rauhen ebenen, b glatten unebenen, c rauhen unebenen Fläche.

Verfahren:	*Ergebnis, Bohrung:*
gewöhnliches Bohren	unebenmäßig rauh
Räumen	fast ebenmäßig rauh
Bohren und Reiben (bei sehr guter Ausführung)	fast ebenmäßig glatt
Bohren und Ziehschleifen (Honen)	fast ebenmäßig fast glatt
Bohren und Schleifen	ebenmäßig glatt
Aufkugeln (pressfinish), Aufdornen	unebenmäßig sehr glatt
Feinstbohren	sehr ebenmäßig sehr glatt
Feinbohren und Läppen	sehr ebenmäßig sehr glatt.

Die Abweichungen der Konstruktionsteile vom Ebenmaß, also im makrogeometrischen Gebiet, können unter Umständen außerordentlich klein und trotzdem von praktischer Bedeutung sein. Ich erinnere in diesem Zusammenhang z. B. an die hohen Anforderungen in bezug auf die Ebenheit von Führungsflächen im Werkzeugmaschinenbau[3]. Noch weit höher sind diejenigen, die

[1] KIENZLE hat in seiner Arbeit über die eingegrenzten Werkstückabmessungen [Z. VDI Bd. 80 (1936) S. 230] diese Möglichkeiten sehr übersichtlich zusammengestellt.

[2] DIN 140 verwendet hierfür den Ausdruck gleichförmig.

[3] Es gibt neuerdings Geräte, mit denen sich die Abweichungen ausgedehnter Maschinenkörper von der Ebene sehr genau feststellen lassen („Fluchtungsprüfung"). Dies ist eine ausgesprochene Aufgabe der makrogeometrischen Meßtechnik. Vgl. MACKENSEN: Werkst.-Techn. Bd. 26 (1926) S. 526. EPPENSTEIN: Z. VDI Bd. 78 (1934) S. 1113. Feinmech. u. Präz. Bd. 42 (1934) S. 177. BÜTTNER: Werkst.-Techn. Bd. 29 (1935) S. 102. LOEWEN, F.: Feinmech. u. Präz. Bd. 41 (1933) S. 133. BÜTTNER: Qualitätssteigerung im Werkzeugmaschinenbau. Berlin 1933. ZIEGENHALS: Werkzeugmaschine Bd. 40 (1936) S. 409. BERNDT: Werkzeugmaschine Bd. 40 (1936) S. 387.

in gewissen Fällen an Lagerzapfen gestellt werden[1]. Diese müssen ebenmäßig sehr glatt, also sowohl frei von Rundheitsfehlern und zylindrisch (weder ballig noch kegelig) sein und außerdem auch von einer Oberflächenbeschaffenheit, die schon einer mittleren Endmaßgüte entspricht. Ähnliches gilt für die Kugeln und Rollen der Wälzlager. Es ist neuerdings durch Untersuchung der sog. „Gleichdicke“[2] erst bekannt geworden, daß solche Abweichungen recht beträchtlich sein können und sich trotzdem der Feststellung mit den allgemein üblichen Verfahren entziehen. Z. B. kommen bei Wälzlagerkugeln Abweichungen der Krümmung vor, die 10% und mehr des Nennmaßes betragen, wobei die Verschiedenheiten der Durchmesser weit unter 1 μ liegen[3]. Die letzteren Fälle dürften schon zu dem gehören, was wir als Mikrogeometrie bezeichnet haben. Man sieht aus den angeführten Beispielen deutlich, daß keineswegs die absolute Größe der Abweichung von der strengen Regelform die Unterscheidung zwischen dem Bereich der Mikro- und Makrogeometrie bestimmt, sondern nur die Entfernung der Flächenelemente, welche miteinander verglichen werden.

Wir haben uns bewußt dieser einfachen Unterscheidung des mikro- und makrogeometrischen Gebietes bedient, die, wie wir glauben, für den praktischen Gebrauch genügt. Die obigen Beispiele und unsere frühere Überlegung, daß *jede makrogeometrische Messung von der Mikrogeometrie der Oberfläche mitbestimmt*[4] wird, zeigen jedoch, daß dies unter Umständen zu gewissen gedanklichen Schwierigkeiten führen kann, nämlich bei der zahlenmäßigen Bestimmung des Fehlers der unebenmäßig-rauhen Flächen. Hier kommt man theoretisch zu einer strengeren Begriffsbestimmung, wenn man die Profilkurve mit Hilfe eines der bekannten Verfahren zeichnerisch oder rechnerisch „glättet“. Man gewinnt so zwei Kurven, deren Überlagerung die wirkliche Profilkurve (Abb. 9/1) ergibt. Die entsprechend „geglättete“ Kurve entspricht dem makrogeometrischen Anteil, die aus der Differenz dieser mit der ursprünglichen erhaltene feinere Kurve dem mikrogeometrischen. Umgekehrt wie die Trennung des makro- und mikrogeometrischen Anteils läßt sich auch eine zeichnerische Zusammensetzung (Synthese) einer Kurve aus ihren beiden Anteilen vornehmen. Etwas Ähnliches ergibt sich, wie ich früher[5] angegeben habe, aus der Betrachtung der niederen und höheren Koeffizienten der Fourierschen Reihe, in der man derartige Kurven darstellen kann (vgl. S. 112). Wir verzichten auf eine eingehende Darstellung dieser Frage, da sie praktisch ohne wesentliche Bedeutung ist.

Je mehr die Anforderungen nicht nur an die Austauschbarkeit der Werkstücke, sondern auch an die Erhaltung der Passungen[6] während der Gebrauchsdauer der Maschine und schließlich an angemessene Wechselfestigkeit[7], Reibungsverhältnisse[8], Dichtheit usw. wachsen, muß bei der Konstruktion auch die Mikrogeometrie der Oberflächen berücksichtigt werden. Die Verhältnisse an Flächen, die dem Wärmeübergang[9] dienen, und zwar sowohl an ruhende und strömende

[1] Vgl. Büttner: F.N. 7/3.

[2] Mayer, A. E.: Z. VDI Bd. 76 (1932) S. 884 (dort weitere Literatur). Berndt: Masch.-Bau Bd. 4 (1925) S. 567. Kirner: Werkst.-Techn. Bd. 27 (1933) S. 251.

[3] Vgl. auch Schmerwitz: Z. Instrumentenkde. Bd. 52 (1932) S. 1f.; Physik. Z. Bd. 34 (1933) S. 145f.

[4] Vgl. Abb. 5/1, auch Berndt: Arch. techn. Messen Bd. 5 S. 8311—1.

[5] Schmaltz: a. a. O. S. 1462. — [6] Siehe weiter unten unter 84, S. 224.

[7] Eingehender Literaturnachweis unter 811, S. 181.

[8] Siehe Abschnitt 82, S. 192. — [9] Siehe Abschnitt 86, S. 247.

Flüssigkeiten oder auch an Gase, fernerhin die Veränderungen durch den Angriff chemischer Körper (Korrosion)[1], hängen in hohem Maße von der Feingestalt der Oberflächen ab. Dasselbe gilt für deren optische Eigenschaften[2], sowohl ihr Rückstrahlungsvermögen (Reflexion) wie ihr Ausstrahlungsvermögen (Emission) und vieles andere. Ich glaube, daß auf diesen Gebieten durch die Anwendung der Verfahren zur Prüfung der Oberflächen die schon gewonnenen Kenntnisse wesentlich verfeinert werden können. In allen diesen Fällen wird

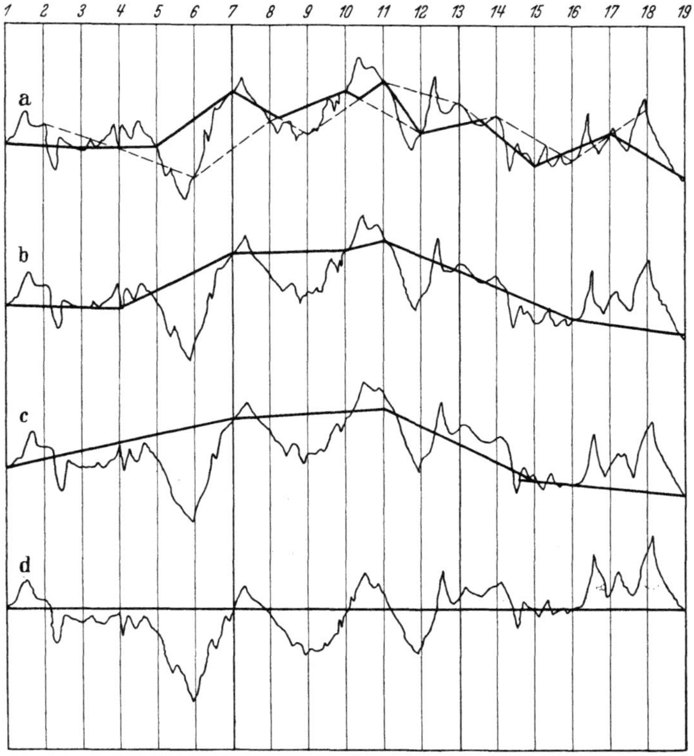

Abb. 9/1. Trennung der Unebenmäßigkeit von der Rauhigkeit durch fortschreitende Glättung der Kurven. a Ursprüngliche Kurve durch zweimaliges übergreifendes Verbinden der Ordinatenschnittpunkte geglättet; b 3. Glättungsschritt; c 4. Glättungsschritt. Die ausgezogene Linie entspricht der Unebenmäßigkeit; d die Rauhigkeit als Differenz zwischen c und der ursprünglichen Kurve.

der Konstrukteur dem Betrieb Vorschriften über die Oberflächenbeschaffenheit seiner Werkstücke machen müssen. Dies bedeutet, daß er sich vorher über die für den Gestaltungszweck notwendigen und im Betriebe praktisch erreichbaren mikrogeometrischen Verhältnisse der bearbeiteten Stücke im klaren ist.

22. Grundsätzliches über mikrogeometrische Maßbestimmungen.

Alle diese Umstände sind der Grund dafür, daß die Feingestalt einer technischen Oberfläche zwar innerhalb gewisser Grenzen liegen kann, im einzelnen aber nicht wiederholbar und festliegend ist. Sie wechselt innerhalb dieser von Fall zu Fall und in jedem einzelnen Flächenelement. Aus diesem Grunde werden

[1] Vgl. S. 16 u. 186, wo chemische Einflüsse auf die Oberfläche behandelt sind.
[2] Siehe Abschnitt 353, S. 87 ff. und 861, S. 247 ff.

die betriebstechnisch brauchbaren *Vorschriften über* technische Flächen grundsätzlich *nicht den Charakter von einzelnen Maßangaben* haben können, wie bei einem idealisierten geometrischen Körper, sondern etwa den von *statistischen Mittelwerten.* Ebenso entspricht eine ihr zugehörige Normal- oder Musterfläche (vgl. Abschn. 95, S. 264) nur in diesem Sinne einer der zugehörigen Gütevorschriften. Derartige Angaben haben ein ganz ähnliches Wesen wie die Passungen[1].

Die DI-Norm (DIN 140) verwendet zur allgemeinen Kennzeichnung der Oberflächengüte unter anderen die Kurzzeichen ~, ▽, ▽▽, ▽▽▽. Diese genügen heute schon in vielen Fällen nicht mehr und werden in Zukunft durch weit speziellere Angaben ersetzt werden müssen.

Wir werden weiter unten erörtern, wie man aus den durch die Untersuchungsverfahren ermittelten mikrogeometrischen Verhältnissen vereinfachte Maßgrößen ableiten kann, um die entsprechende Fläche zu kennzeichnen. Wir werden zeigen, wie mit Hilfe der Verfahren der Statistik oder Kollektivmaßlehre auch Aussagen über das feinere Zusammenspiel bearbeiteter Flächen und seine Veränderung z. B. durch Abnutzung möglich sind. Die seitherigen Betrachtungen haben sich im wesentlichen auf *mechanisch bearbeitete Oberflächen* bezogen. Das große Gebiet der *rohen Oberflächen* technischer Körper, also roher Gußkörper und Schmiedestücke, aber auch von Steinen, Mörtel- und Putzwänden, Leder, Textilien usw., läßt sich naturgemäß grundsätzlich in derselben Weise darstellen und messend verfolgen, wie wir es oben beschrieben haben. In vielen Fällen wird dies aber nicht zweckmäßig sein, sondern man wird sich irgendwelcher ausgesprochen technologischer Sonderverfahren und Gütevorschriften bedienen, die aus dem Rahmen dieser Arbeit fallen. Auch hier spielt der oben (S. 3) besprochene Unterschied zwischen Oberflächenbeschaffenheit und Oberflächengüte eine Rolle. In den nachstehenden Erörterungen werden wir uns im wesentlichen nur mit Oberflächen beschäftigen, welche in der Maschinentechnik Verwendung finden und die durch mechanische oder sonstige Bearbeitung entstanden sind.

Wir geben zunächst eine vorläufige Einteilung ausgesprochen *technischer Oberflächen* nach Rauhigkeitsklassen.

23. Rauhigkeitsklassen technischer Körper.

1. *Vollkommen rohe technische Oberflächen*, Hölzer, Zement- und Mörtelflächen, Ziegelmauerwerk, Leder, Förderbänder usw. Roh gegossene und geschmiedete Maschinenteile. Die Unregelmäßigkeiten[2] dieser Flächen pflegen über 1 mm, meist über 2 mm zu liegen. Ihre Ausdehnung ist im allgemeinen so groß, daß die Anwendung des Begriffes Mikrogeometrie auf sie keinen Sinn hat.

2. *Geschruppte* Flächen, bei denen die Riefen deutlich sichtbar und fühlbar sind, die Tiefe der Bearbeitungsfurchen oder sonstige Unregelmäßigkeiten und in den Grenzen 0,2 und 2 mm liegen.

3. *Geschlichtete* Flächen, bei denen die Bearbeitungsriefen noch mit bloßem Auge erkennbar sind und etwa in den Grenzen 0,05 und 0,2 mm liegen.

---

[1] Diese Dinge hängen mit den Erörterungen von F. Klein über das Wesen der Präzisions- und Approximationsmathematik zusammen. Vgl. Klein a. a. O. F.N. 1/1.

[2] Wir verstehen in diesem Zusammenhang unter Unregelmäßigkeit oder Tiefe der Bearbeitungsfurchen den senkrechten Abstand H der höchsten und niedrigsten Punkte der Profilkurve, nicht also die sog. mittlere Höhe, die wir später erörtern.

Z.T. 11/1. Vergleich der Rauhigkeitsgrade mit anderen Größen.

	Bezeichnung der Größen
Rauhigkeiten bearbeiteter Maschinenteile (Abstand der höchsten und tiefsten Punkte. Mittelwerte verschiedener Proben)	Geschruppte Flächen
	Geschlichtete Flächen
	Feingeschlichtete Flächen
	Feinstgedrehte und feinstgebohrte Flächen
	Geläppte und polierte Flächen
	Allerbeste polierte Flächen
Toleranzen im Isa-System	Toleranz einer Welle 0...50 mm ∅ nach I.T. 1
	Toleranz einer Welle 0...50 mm ∅ nach I.T. 5 (Edelwelle)
	Toleranz einer Welle 0...50 mm ∅ nach I.T. 11 (Grobwelle)
	Toleranz einer Welle 0...50 mm ∅ nach I.T. 15
Arbeitsgenauigkeit von Werkzeugmaschinen (makrogeometrisch)	Arbeitsgenauigkeit neuer Werkzeugmaschinen gewöhnlicher Güte
	Arbeitsgenauigkeit neuer Werkzeugmaschinen höchster Güte
Grenzschichten metallischer Oberflächen	Dicke der Schmierschicht in gewöhnlichen Lagern
	Dicke der Schmierschicht an Arbeitsspindellagern gewöhnlicher Werkzeugmaschinen
	Dicke der Schmierschicht an Arbeitsspindeln von Maschinen zur Feinstbearbeitung
	Dicke einer Fettschicht auf polierten Stahlflächen nach gewöhnlicher Reinigung
	Mittlere Dicke der Ansprengschicht von Endmaßen nach sorgfältiger Reinigung
	Dicke der adsorbierten Gas-, Flüssigkeits- oder Fettschichten auf polierten Flächen, durch Reinigung nicht mehr entfernbar
	Dicke einer farbigen (roten) Oxydschicht (Anlaßfarbe) auf Metall
Aufbauelemente der Werkstoffe	Größe von Gefügekörnern und Einzelkristallen im technischen Eisen
	Länge eines Fettsäuremoleküls
	Abstände der Atome im Kristallgitter
	Durchmesser der Kugelschale von Atomen
	Schwingungsweite von Atomen im Kristallgitter bei gewöhnlicher Temperatur
Sonstige Körper zum Vergleich	Dicke eines menschlichen Haares
	Durchmesser eines roten Blutkörperchens
	Dicke von Quarz- oder Karborundumkörnern, die im Wasser nicht mehr zu Boden sinken
	Teilchengröße in einer kolloidalen Goldlösung
Sonstige Längen zum Vergleich	Wärmeausdehnung eines Eisenkörpers von 10 mm bei 1° Temperaturänderung
	Verlängerung eines Stabes aus St. 37,12 von 100 mm Länge bei einer Zugspannung von 500 kg/cm^{-2}
	Freie Weglänge von Gasmolekülen bei mittlerer Temperatur
	Mittlere Wellenlänge des ultraroten Lichtes
	Mittlere Wellenlänge des sichtbaren Lichtes
	Mittlere Wellenlänge des ultravioletten Lichtes
	Mittlere Wellenlänge des Röntgenlichtes

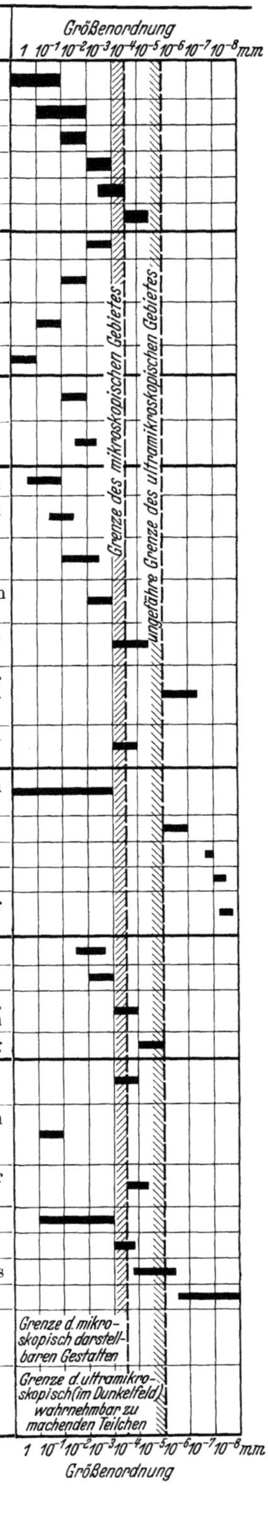

4. Mit einem Stahl *feingeschlichtete* Flächen, bei denen die Riefen gerade nicht mehr mit bloßem Auge zu erkennen sind. Die Rillentiefe liegt etwa zwischen 10 und 5 μ.

5. *Feingeschliffene* Flächen, deren mittlere Rauhigkeit etwa zwischen 10 und 5 μ liegt.

6. *Feinstgeschliffene* und *feinstgedrehte* usw. Flächen, die schon einen ausgesprochenen *Glanz* zeigen und deren Bearbeitungsmerkmale unterhalb von 5 μ bis etwa 0,5 μ liegen.

7. *Normale geläppte* und *polierte* Flächen mit Abweichungen von weniger als 1 μ. Bei der Betrachtung im Dunkelfeld sind noch wenige Schleifrisse erkennbar, deren feinste eine Tiefe von 0,05 μ haben.

8. *Höchstwertige polierte* Flächen. Auch im Dunkelfeld sind keine Bearbeitungsmerkmale mehr erkennbar.

Die Feingestalt der in der Gruppe 6 aufgeführten Flächen, also mikrogeometrische Verhältnisse von der Größenordnung 0,5 μ, ist das, was sich mit den optischen und mechanischen Hilfsmitteln, die uns für derartige Untersuchungen im allgemeinen zur Verfügung stehen, noch eben feststellen läßt.

24. Vergleich der mikrogeometrischen mit anderen physikalischen Größen.

In Z.T. 11/1 sind die Zahlen für die mikrogeometrischen Größen, die uns hier beschäftigen, zusammen mit den Größen, die den Feinbau der Werkstoffe kennzeichnen, zusammengestellt. Wir haben fernerhin, um das Bild abzurunden, noch einige andere physikalische und sonstige Größen hinzugefügt, die ihnen vergleichbar sind und denen eine gewisse Anschaulichkeit innewohnt [1].

25. Physikalisches über künstliche und natürliche Oberflächen fester Körper.

Über das mit gewöhnlichen Hilfsmitteln Feststellbare hinaus reichen Untersuchungen von SCHMERWITZ [2]. Dieser hat mit Hilfe eines sehr empfindlichen optisch-mechanischen Verfahrens [3]. Krümmungen von kleinsten Oberflächenteilen bis herab zu Bereichen von etwa $^1/_{100}$ mm^2 untersucht. Wie die Anschauung und auch eine einfache Rechnung zeigen, ergibt eine *Messung der Krümmung* an irgendeiner Stelle eines unregelmäßig gestalteten Körpers eine viel empfindlichere Feststellung der geometrischen Form als die unmittelbare Ausmessung der linearen Fehler. Auf Grund dieser Zusammenhänge hat SCHMERWITZ Messungen der Feingestalt polierter Stahl- und Glaskugeln und Meßdrähte angestellt. Dabei ergaben sich z. B. bei einer Glaskugel von

[1] Es ist physikalisch ungewöhnlich, daß wir diese Zahlen in Millimeter angeben, da das physikalische Maßsystem sich mit Recht des Zentimeters als Einheit bedient. Daß wir den Millimeter als Einheit benutzen, entspricht jedoch der Gewohnheit des Ingenieurs und der 1000er Stufung der technischen Maßeinheiten. Vgl. PORSTMANN: Normenlehre 1917.

[2] SCHMERWITZ: Physik. Z. Bd. 34 (1933) S. 145. Vgl. auch SCHÖNROCK u. EINSPORN: Interferometrische Methode zur Untersuchung von Stahlkugeln auf ihre Gestalt. Z. Instrumentenkde. Bd. 49 (1929) S. 331; Z. Geophysik Bd. 8 (1932) S. 439.

[3] Es handelt sich bei diesem Verfahren um die Neigungsänderungen einer aufgelegten feinstpolierten Prüfplatte bei kleinsten Verdrehungen des Prüfkörpers.

$R = 1{,}8$ mm mittlerem Radius Unterschiede der Krümmung zwischen den Grenzen 2,2 und 1,3 mm an zwei verschiedenen, um etwa 2° auseinanderliegenden Stellen. Dem entsprachen aber nur Höhenunterschiede von etwa $3 \cdot 10^{-6}$ mm. Im übrigen ist nach seinen Beobachtungen die Rauhigkeit kleiner, durch Schmelzen und Wiedererstarrenlassen erhaltener Glasflächen an den besten Stellen etwa 10^{-6} mm. Dagegen sagt er: „Die *besten polierten Kugeloberflächen* haben sich innerhalb kleiner Bezirke der Größenordnung von etwa $^1/_{100}$ mm² noch als sehr *gebirgig* herausgestellt." Dies ist ein typisches Beispiel für feinste mikrogeometrische Verhältnisse, und zwar an der Grenze der von uns früher angegebenen Genauigkeit. Die Kurve der Krümmungsradien als Funktion des zugehörigen Zentriwinkels schwankt außerordentlich stark. SCHMERWITZ fand sie

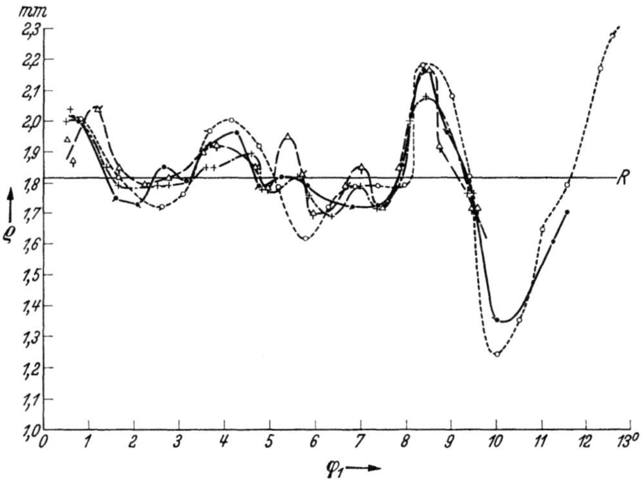

Abb. 13/1. Krümmungsradien ϱ einer polierten Glaskugel nach SCHMERWITZ in einem Bereich von 13° des Zentriwinkels und in Zeitabständen von 15 Minuten.

innerhalb der Zeit von 10 Minuten noch vollkommen wiederholbar. Dagegen fanden sich in Abständen von etwa 15 Minuten Veränderungen der Krümmungsradien. Abb. 13/1 zeigt 4 solcher zeitlich auseinanderliegenden Beobachtungsreihen. Die Änderungen betrugen bis zu etwa 10% der jeweiligen Radien. Die absoluten Höhenunterschiede der Oberfläche ergeben sich rechnerisch jedoch nur zu etwa $2 \cdot 10^{-6}$ mm. Der Mittelwert der Krümmungen blieb während der Messungen und nach 10 Tagen noch unverändert. Auf welche Einflüsse diese sehr langsam verlaufenden Änderungen zurückgehen, scheint mir völlig ungeklärt[1].

Ebenso wie das geschilderte Verfahren von SCHMERWITZ führt über die Auflösungsgrenze des Mikroskopes hinaus das später (in Abschnitt 3412, S. 158) zu besprechende Verfahren der *Mikrointerferenzen*, d. h. der Interferenzen gleicher Dicke bei mikroskopischer Beobachtung. Man findet mit ihm an feingeläppten ebenen Flächen (Endmaßen) Höhenunterschiede bis zu etwa $2 \cdot 10^{-5}$ mm (20 mμ)

[1] Die Vermutung von SCHMERWITZ, daß die BROWNsche Molekularbewegung dabei eine Rolle spiele oder gar die Ursache der von ihm beobachteten Schwankungen sei, dürfte sicherlich falsch sein. Obwohl die Beobachtungen von SCHMERWITZ Vertrauen verdienen, wäre es wünschenswert, wenn das Meßverfahren und seine Ergebnisse auch von anderer Stelle nachgeprüft würden. (Zur Kritik vgl. BLOCK u. BERNDT: Feinmech. u. Präz. Bd. 41 (1933) S. 122f.

zwischen der eigentlichen Fläche und dem Grunde der noch vorhandenen Polierrisse. Endmaßflächen mit allerfeinstem Läppschliff zeigen aber auch mit diesem Verfahren keine nennenswerten Abweichungen mehr.

Unterhalb der Grenze von 10^{-5} mm oder 10 mμ versagen alle direkten und mechanischen Verfahren. Weitere Aufschlüsse über die Verteilung der Materie jenseits dieser Grenze vermag uns nur die Untersuchung der Körper mit *Röntgen-* oder *Elektronenstrahlen* zu geben[1]. Diese liefert indes keine Abbildung mehr der Gestalt materieller Gebilde als Projektion im Sinne der geometrischen Optik. Was sie allein vermittelt, sind sehr genaue *statistische Ergebnisse,* nämlich Mittelwerte der Verteilung von Bausteinen der Materie über größere Bereiche. Aus derartigen Untersuchungen mit *Elektronenstrahlen* wissen wir, daß die oben erwähnten polierten Oberflächen höchster Güte unterhalb von 10^{-5} mm noch völlig unregelmäßig sind. Zu ähnlichen Ergebnissen führen sorgfältige Widerstandsuntersuchungen an metallischen Kontakten[2].

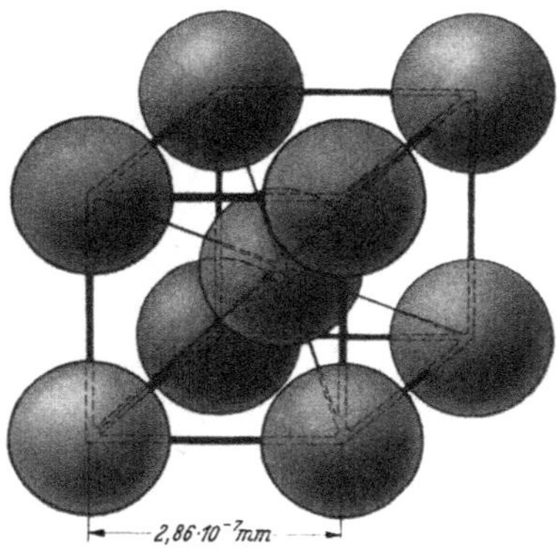

Abb. 14/1. Raumzentriertes Gitter des α-Eisens.

Die metallischen Körper haben bekanntlich einen sehr vielgestaltigen *Feinbau,* über den wir aus der Metallkunde und der Kristallphysik unterrichtet sind[3]. Das Gefüge der technischen Metalle (also nicht etwa von Metall*einkristallen*) besteht aus kristallinischen Körnern, deren Ausdehnung zwischen einigen Millimetern bis herab zu einigen 10^{-6} mm liegen kann. Ihre Grenzen bilden im allgemeinen krumme Flächen, die auf den üblichen Schliffbildern als Linien zutage treten und mit spitzen, stumpfen, auch einspringenden Winkeln zusammenstoßen. Diese Korngrenzen sind sicher oft, möglicherweise immer (Tammann), von feinsten Fremdkörperhäutchen umgeben. Die Gesamtheit dieser Gebilde bezeichnen wir als *kristallinisches Haufwerk.* Diese Kristallite selbst haben eine regelmäßige *Gitterstruktur* (Abb. 14/1). Die Abstände der Atome in solchen Gittern liegen in der Größenordnung von 10^{-7} mm [für C (Graphit) $2{,}5 \cdot 10^{-7}$, Fe (α, β, δ) 2,9, γ $3{,}6 \cdot 10^{-7}$]. Sie schwingen in dem Gitter um eine Gleichgewichtslage, und zwar bei gewöhnlicher Temperatur mit einer Schwingungsweite, die einige Zehntel des Gitterabstandes beträgt, und einer Frequenz von etwa 10^{13} Hz.

Man sollte meinen, daß bei dem prinzipiell regelmäßigen Aufbau der Kristallgitter deren natürliche Begrenzungsflächen von einer außerordentlichen Güte seien. Wir verstehen dabei unter *natürlichen Begrenzungsflächen* solche, die

[1] Vgl. Abschnitt 3532, S. 101. — [2] Vgl. F.N. 23/4.

[3] Vgl. zur Einführung: Fry: Metall als Werk- und Baustoff. Naturwiss. Bd. 23 (1935) S. 78. Lehrbücher: Sauerwald: Lehrbuch der Metallkunde. Berlin 1929. Tammann: Lehrbuch der Metallkunde. Leipzig 1932. Schmid, E. u. W. Boas: Kristallplastizität. Berlin 1935. Handbuch der Physik (Geiger-Scheel) Bd. 24/2; ferner reichstes Bildmaterial: Hanemann u. Schrader: Atlas Metallographicus. Berlin 1933. Baumann u. O. Schwarz: Handbuch der physikalischen und technischen Mechanik, Bd. 4/2, S. 363. Leipzig 1931. Bach u. Baumann: Festigkeitseigenschaften und Gefügebilder der Konstruktionsmaterialien. Berlin 1921.

durch Ausscheidung aus einer flüssigen oder gasförmigen Phase entstanden sind. Für die Güte solcher Flächen sprechen zunächst energetische Betrachtungen (KOSSEL[1]). Nach diesen sollte bei dem Aufbau eines Kristalles die Anlagerung der Bausteine (Atome, Ionen) nicht willkürlich unregelmäßig erfolgen. Wenn

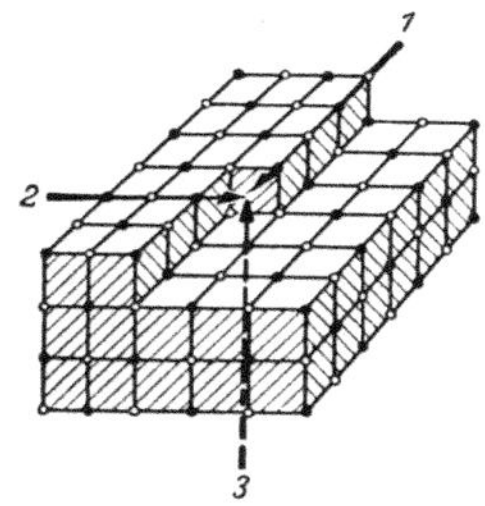

Abb. 15/1. Isograder Aufbau des Steinsalzgitters nach (100). (Nach KOSSEL.) (Die Pfeile geben die normale Anlagerung eines Atomes beim *„wiederholbaren Schritt"* an.)

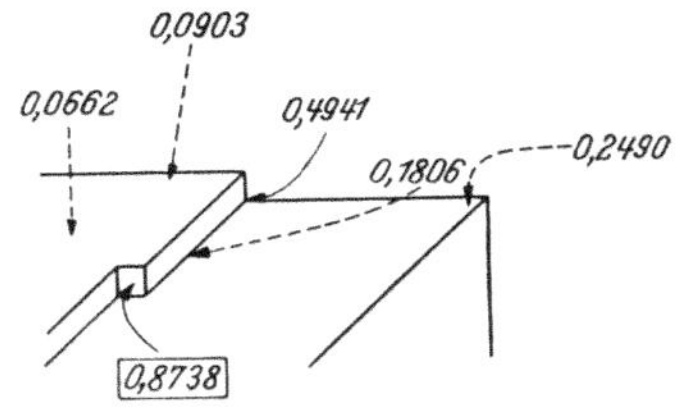

Abb. 15/2. Die wichtigsten Anlagerungsschritte am Steinsalzwürfel. (Nach KOSSEL.) (Die Zahlen geben die Energiebeträge bei der Anlagerung an.)

man die Energie untersucht, die bei einer solchen Anlagerung an verschiedenen Stellen einer in Bildung begriffenen Kristallfläche frei wird, so findet man, daß ihr Betrag ein Maximum hat bei dem sog. „wiederholbaren Schritt", nämlich der Anlagerung an eine in Bildung befindliche geradlinige Atomkette (Abb. 15/1).

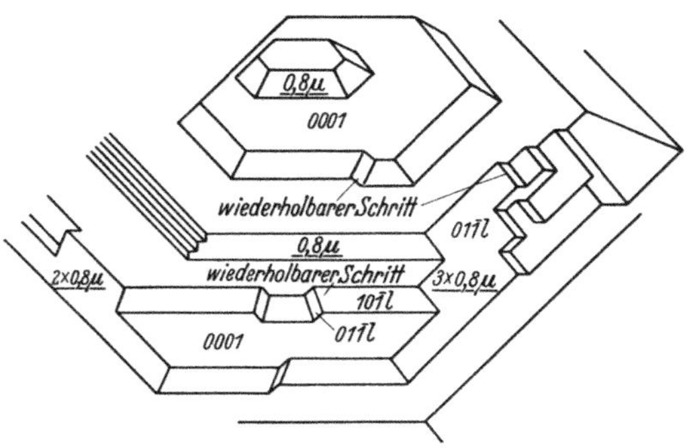

Abb. 15/3. Wachstum eines Zn- oder Cd-Kristalls, schematisch. (Nach STRAUMANIS.)

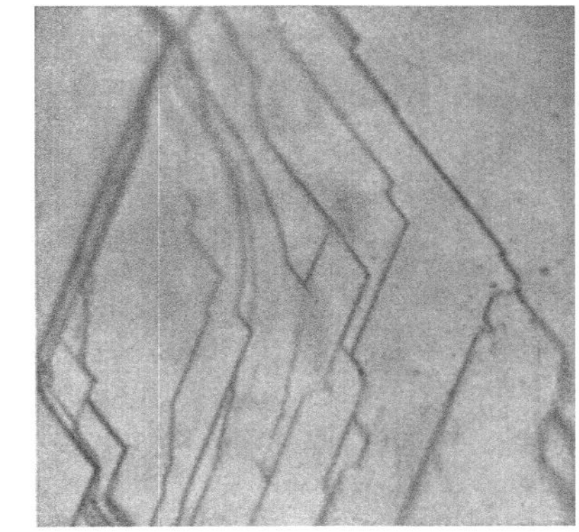

Abb. 15/4. Durch Sublimation entstehender Zinkkristall (600fache Vergrößerung). Wachstum von Flächenkeimen auf der hexagonalen Basisebene. (Nach STRAUMANIS.)

Man kann zeigen, daß aus diesem Grunde eine derartige Anlagerung bevorzugt werden muß. In Abb. 15/2 sind diese Energiebeträge für die Bildung eines Steinsalzkristalles als Beispiel angegeben. Der freiwerdende Energiebetrag bei dem wiederholbaren Schritt ist etwa das 15fache des bei einer völlig irregulären Anlagerung an einer schon bestehenden Fläche auftretenden. *Das Kristallwachstum*

[1] KOSSEL: Naturwiss. Bd. 18 (1930) S. 901f.; Göttinger Nachr. 1927 S. 135; Ann. Physik Bd. 49 (1916) S. 229; 21 (1934) S. 457. Eingehende Darstellung: SMEKAL: Handbuch der Physik (GEIGER-SCHEEL) Bd. 24/2, S. 807f. Vgl. auch STRAUMANIS: Z. physik. Chem. Abt. B 13 (1931) S. 316. Eine wichtige Reihe von Aufsätzen verschiedener Forscher über die Gestalt feinster, auf natürlichem Wege gebildeter Kristallflächen findet sich Z. Kristallogr. Bd. 89 (1934).

wird also in erster Linie durch die energetisch vorgeschriebene Folge der Atomanlagerungen bestimmt. Da aber immer auch Fremdstoffe in der Phase, aus der die Abscheidung erfolgt, vorhanden sind, und ferner Störungen mechanischer und anderer Art auftreten, so führt dies dazu, daß der Aufbau nicht mit völlig geometrischer Regelmäßigkeit erfolgt. Jeder wirkliche Kristall („Realkristall") hat sog. Baufehler (SMEKAL[1]). Die Kristalle sind daher an ihren Grenzflächen im allgemeinen terassenförmig gebaut. Derartige Flächen gehören in kleinen Bereichen, verglichen mit technisch bearbeiteten, zu den allerglättesten, die wir kennen. Dabei stellen sie immerhin noch Gebirge dar mit Höhenunterschieden, die in den günstigsten Fällen einige 10—1000 Atomabstände oder 10^{-6} bis 10^{-4} mm ausmachen. Abb. 15/3 zeigt den Aufbau eines derart wachsenden Zinkkristalles als Schema, Abb. 15/4 als Beispiel eine Fläche eines durch Sublimation, also aus der dampfförmigen Phase gewachsenen Zinkkristalles. Die Höhe der „Treppenstufen" auf diesem Bilde beträgt größenordnungsmäßig 1 μ, also einige 1000 Atomlagen. Abb. 16/1 zeigt bei starker Vergrößerung den terrassenförmigen Bau eines durch Sublimation im Vakuum entstandenen Kadmiumkristalles. An den Steilabhängen dieser Gebirge sind nach außen mehr Valenzen (chemische Bindungsmöglichkeiten) frei als in der ebenen Fläche[2] (vgl. obiges Bild von KOSSEL). Diese Stellen sind daher besonders geeignet, Fremdstoffe an sich zu fesseln. Dies ist für die chemischen Vorgänge an diesen Grenzflächen bei katalytischen Prozessen besonders wichtig. PIETSCH und SCHWAB[3] zeigen, daß glatte Kristallflächen, besonders von Einkristallen, sehr viel weniger reaktionsfähig sind als Ecken, Kanten und Störungsstellen. THIEL und ECKELL[4] haben gezeigt, daß ganz reine Zink-Einzelkristalle auf den glatten Kristallflächen in Salzsäure nicht angegriffen werden, daß dagegen an Rissen und Kanten ein Angriff erfolgt[5]. Dies alles ist in Übereinstimmung mit den oben angeführten energetischen Erwägungen und damit von allgemeiner Gültigkeit.

Abb. 16/1. Cd-Kristallschicht parallel der (001) Ebene. Vergr. 700×. (Nach STRAUMANIS.)

Wenn geschmolzene *amorphe Körper*, die also keine kristalline Struktur haben, erstarren, spielt die Oberflächenenergie (Abschnitt 26, S. 18) bei der Gestaltung der Grenzfläche eine wesentliche Rolle und führt zu einer großen Glätte des erstarrten Körpers. Aber auch dies gilt nur für sehr kleine Bereiche.

[1] SMEKAL: a. a. O. S. 795f.

[2] TAYLOR: J. physic. Chem. Bd. 30 (1926) S. 145; Proc. Roy. Soc., Lond. Abt. A Bd. 108 (1925) S. 105. VOLMER: Z. Elektrochem. 1929 S. 555. Vgl. auch LANGMUIR: Les Prix Nobel en 1932. Stockholm 1934. RIDEAL: Industrial implications of surface chemistry. Chem. Age, 1930 S. 45.

[3] PIETSCH u. SCHWAB: Z. Elektrochem. Bd. 35 (1929) S. 573. Vgl. v. GÖLER u. SACHS: Z. Physik Bd. 41 (1927) S. 905.

[4] THIEL u. ECKELL: Mitt. Korrosion u. Metallschutz (4) 1928 S. 145. Vgl. über Absorption an Kristallflächen TAMMANN u. SCHNEIDER: Z. anorg. allg. Chem. Bd. 172 (1928) S. 43.

[5] Dies hängt allerdings zum Teil wohl auch mit Gefügeänderungen an derartigen Stellen zusammen.

Auch gewisse *Lack-* und *Firnisschichten*, bei denen der Erstarrungsvorgang mit chemischen Umwandlungsvorgängen zusammenhängt, zeigen ähnliche Verhältnisse.

Wir betrachten nunmehr die Flächen, die durch mechanische Trennung von Körpern entstehen, also durch den Angriff äußerer Zug- oder Scherkräfte. Wenn man *spröde Kristalle* (z. B. Glimmer) spaltet, so daß die Trennung durch ausgesprochenes Zerreißen und nicht durch Gleitung zustande kommt, so kann man auch hier in kleineren Bereichen bis auf wenige Netzebenen genaue Oberflächen bekommen[1]. Trennungsflächen von *kristallinen Haufwerken*, also alle unsere technischen metallischen Baustoffe, die durch Zerreißen oder auch durch Scherung entstehen, sind bekanntlich unter allen Umständen sehr rauh (Abb. 17/1). Dies hängt damit zusammen, daß, wie KUNTZE[2] klargestellt hat, in kristallinischen Haufwerken durch Zug- oder Scherkräfte niemals reine Zerreißung durch Normalspannung, ebensowenig reine Gleitung zustande kommt.

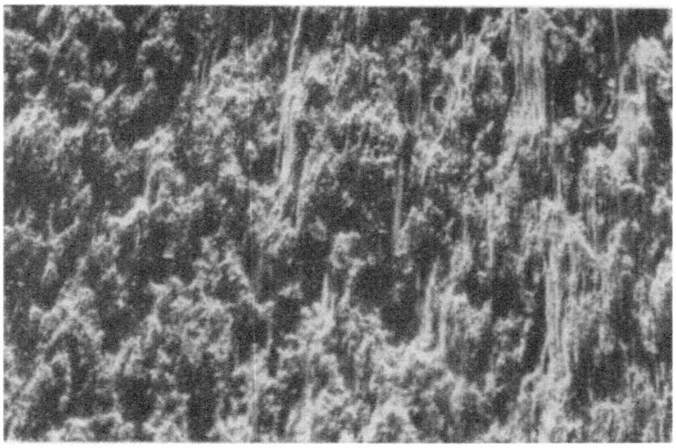

Abb. 17/1. Banale Gleitfläche an Messing (ungeätzt) nach Zerrüttungsbruch bei Schlagdruckversuch. Die hellen Kratzer deuten die Richtung der wirksamen Zugspannung in den Trennungsflächen an. (Nach KUNTZE.)

Es handelt sich praktisch immer um den von ihm als „*banale Gleitung*" bezeichneten Vorgang (Abb. 17/2), nämlich treppenförmige Trennungen, die aus abwechselnden Gleitungen und Zerreißungen zusammengesetzt sind. Auch im einzelnen Kristallkorn erfolgt die *Gleitung* (Translation) keineswegs immer auf einer einzigen der natürlichen Gleitebenen des Kristallgitters, sondern meist (ähnlich wie bei dem Auseinanderschieben eines Stoßes Spielkarten) durch Gleitungen auf verschiedenen übereinanderliegenden Gleitflächen[3] oder *Umklappen in die sogenannte Zwillingsstellung* (Abb. 18/1, 18/2). Dadurch entstehen treppen- oder terassenförmige Flächen feinster Art.

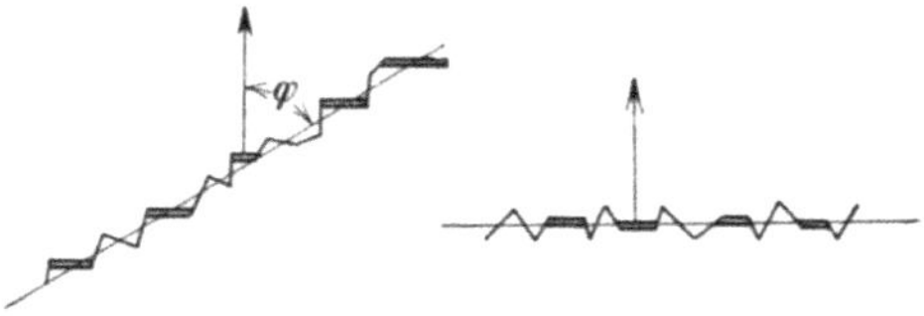

Abb. 17/2. Schematische Auflösung einer banalen Gleit- bzw. Trennungsfläche des Vielkristalls in kristalline Gleit- und Spaltelemente. Die senkrecht zur Kraftrichtung liegenden Spaltflächen sind durch Doppelstriche gekennzeichnet. (Nach KUNTZE.)

Wenn wir uns nunmehr in den Größenbereich des Atomgitters selbst begeben, so sehen wir, daß die Vorstellung einer eigentlichen Oberfläche sinnlos wird. *Feste Oberflächen sind nur sinnvoll zu definieren mit einer Genauigkeit von etwa 10^{-6} mm. Unterhalb dieser Grenze können wir nicht mehr von Flächen in gewöhnlichem Sinne sprechen* (vgl. S. 5). Wir haben es dann unmittelbar

[1] RAYLEIGH: Philos. Mag. Bd. 29 (1910) S. 96.

[2] KUNTZE: Kohäsionsfestigkeit (Mitt. dtsch. Mat.-Prüf.-Anst. Sonderheft 20). Berlin 1932.

[3] Vgl. E. SCHMID u. W. BOAS: Kristallplastizität. Berlin 1935. SAUERWALD: a. a. O. SACHS: Praktische Metallkunde, Bd. 2. Berlin 1934.

mit den Atomen zu tun. Daß diese selbst wiederum einen komplizierten Bau haben, dessen Bereich noch um mehrere Größenordnungen weiter hinabgeht, interessiert hier nicht mehr. Was wir bei unseren technischen Untersuchungen als *Mikrostruktur* der Oberfläche bezeichnet haben, ist also auch *nach unten begrenzt.* Es ist aus einer weit umfangreicheren Mannigfaltigkeit herausgegriffen.

Wir haben am Eingange unserer Betrachtungen schon ausgesprochen, daß es eine weitgehende Abstraktion des wirklichen Tatbestandes ist, wenn man von einer Oberfläche als einem zweidimensionalen geometrischen Gebilde spricht. In derselben Richtung liegen die folgenden Feststellungen:

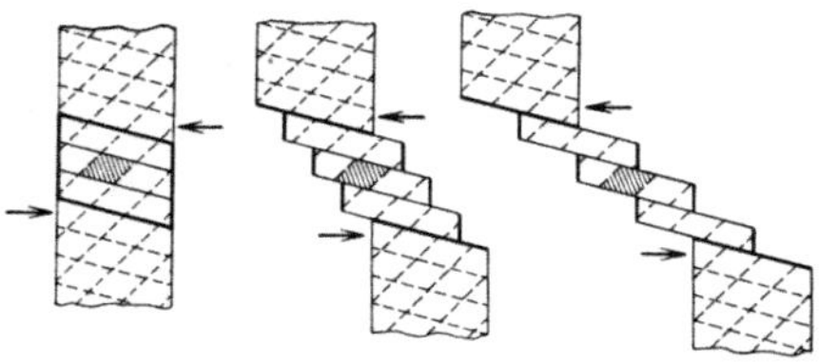

Abb. 18/1. Schematische Darstellung der Gleitung (Translation). (Nach SACHS.)

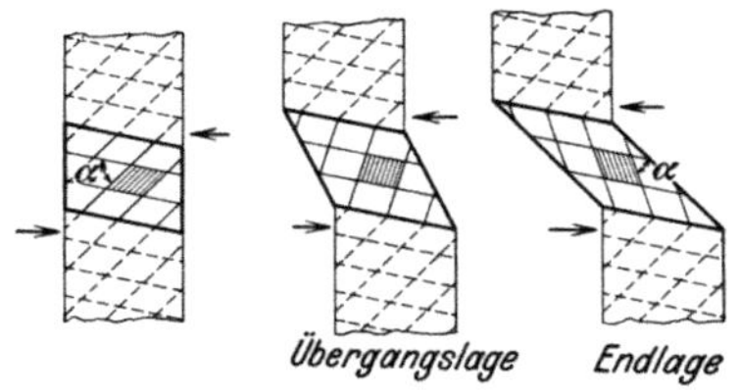

Abb. 18/2. Schematische Darstellung der Zwillingsbildung im Kristall. (Nach SACHS.)

Zunächst ist das Gefüge von metallischen Körpern, welche einmal bearbeitet worden sind, innerhalb einer dünnen Grenzschicht deutlich verändert. Fernerhin sind diesen Körpern stets feinste Schichten anderer chemischer Zusammensetzung aufgelagert, welche den Übergang in die Atmosphäre oder zu den benachbarten Körpern bilden. Es ist daher notwendig, bei der Betrachtung des Begriffs „*Oberfläche der technischen Körper*" diese *Grenzschichten* mit zu berücksichtigen.

Wir verstehen unter Oberfläche in diesem Sinne die dünne, aus zwei Teilen bestehende materielle Schicht, die den Übergang bildet einerseits zu dem ungestörten Werkstoff, andererseits zu der äußeren Atmosphäre oder den ihm anliegenden festen Körpern.

Den einen Teil wollen wir die *innere,* den zweiten aber die *äußere Grenzschicht* nennen. Diese äußere Grenzschicht befindet sich in dem elektrischen Kraftfeld über der letzten Gitternetzebene, welches eine Tiefe von etwa 2 Gitterabständen hat und den freien Bindungskräften entspricht. Jedes in diesen Bereich eintretende Atom oder Molekül wird von ihm beeinflußt.

26. Die innere Grenzschicht als Energieträger. Ihre Struktur bei bearbeiteten Körpern.

Jede Grenzschicht (Phasengrenze) eines Körpers, der mit einem Körper anderer Art oder anderen Aggregatzustandes (Phase) in Berührung ist, ist Träger eines bestimmten Energiebetrages, der sog. *freien Oberflächenenergie*[1]. Diese ist verhältnisgleich derjenigen Energie, die notwendig ist, um die Oberflächen um

[1] Zum allgemeinen Überblick vgl. Handbuch der Physik (GEIGER-SCHEEL), Bd. 7 (1927) S. 343f. Vgl. auch Handbuch der Physik Bd. 24/2 (1933) S. 761f. Vgl. SMEKAL: Handbuch der physikalischen und technischen Mechanik, Bd. 4/2 S. 33f. Leipzig 1931. Neuere Literatur bei VOLMER: „Molekulartheorie der Grenzflächen" in: Die Physik in regelmäßigen Berichten, Bd. 1 S. 141. Leipzig 1933.

die Flächeneinheit zu vergrößern. Sie hat die Dimension $\frac{\text{Energie}}{\text{Fläche}}$

$$l^2\, m \cdot t^{-2} \cdot l^{-2} = m t^{-2},$$

also die einer Kraft auf die Längeneinheit bezogen, nämlich

$$l \cdot m t^{-2} \cdot l^{-1} = m t^{-2}.$$

Man kann sie sich auch vorstellen *als die Kraft, mit der ein aus einer ebenen Oberfläche herausgeschnittener Streifen von der Breite 1 bestrebt wäre, sich in seiner Längsrichtung zusammenzuziehen* oder die äußere Kraft, welche man anbringen müßte, um dem an der Oberfläche deformierten Gitter dieselben Atomabstände zu erteilen, wie sie die Atome im Innern des Körpers aufweisen. Hierin ist die Energie der Wärmeschwingung der Atome allerdings nicht enthalten. Die Oberflächenspannung wird gemessen in dyn/cm oder im technischen Maßsystem in kg/cm. Die physikalische Einheit der Oberflächenspannung, nämlich dyn/cm, ist $1{,}02 \cdot 10^{-6}$ der technischen kg/cm. Die Oberflächenspannung der festen Körper, die wir hier erörtert haben, hat natürlich nichts zu tun mit inneren Spannungen der Oberflächenschichten, wie sie etwa als Folge von Härtevorgängen, plastischen Verformungen, ungleichmäßiger Erwärmung usw. vorhanden sein können. Die Größe der Oberflächenspannung hängt grundsätzlich auch von der Natur des Stoffes ab, mit dem der Körper in Berührung steht. Bei Flüssigkeiten ist die Oberflächenspannung eine meist zahlenmäßig gut bekannte Größe, die wesentlich ist für Erscheinungen wie Tropfenbildung, Kapillarwellen usw. Daß sie auch bei festen Körpern vorhanden ist, ergibt sich aus allgemein energetischen Betrachtungen wie auch aus der Betrachtung der Gitterkräfte an der Grenze. Während bei Flüssigkeitsoberflächen die Oberflächenspannung durch vielfältige Verfahren bestimmt werden kann, gibt es wegen der Starrheit der festen Körper kein solches, das einigermaßen zuverlässig wäre. Immerhin sind mehrere Versuche gemacht worden, die Größe der Oberflächenspannung auf theoretischem wie experimentellem Wege abzuschätzen[1]. Eine untere Grenze für die Oberflächenspannung der festen Körper bildet ihr Wert am Schmelzpunkt, welcher mehrfach bestimmt wurde. Dieser liegt in der Größenordnung einiger 100 bis über 1000 dyn/cm oder $1{,}10^{-4} \ldots 1{,}10^{-3}$ kg/cm, z. B. für

	kg/cm		kg/cm
Eisen	0,00097	Blei	0,0005
Zink	0,001	Platin	0,0018

Um einwandfreie Vorstellungen zu schaffen, sei wiederholt darauf hingewiesen, daß, wenn wir von *Oberflächenenergie* sprechen, der *Träger* einer solchen am realen Körper natürlich nicht ein zweidimensionales Gebilde sein kann, sondern

[1] Überblick bei FREUNDLICH: Kapillarchemie S. 139. Dort auch die Literatur. BORN u. STERN: Sitzgsber. Berl. Akad. Wiss. Bd. 48 (1919) S. 901. BORN u. LANDÉ: Verh. dtsch. physik. Ges. Bd. 20 (1918) S. 210. BORN: Verh. dtsch. physik. Ges. Bd. 21 (1919) S. 533. TAMMANN: NERNST-Festschr. 1912 S. 428, 437. REBOUL: C. R. Acad. Sci., Paris Bd. 155 (1912) S. 1227, Bd. 156 (1913) S. 548f. BERGGREN: Ann. Physik (4) Bd. 43 (1914) S. 61. HULETT: Z. physik. Chem. Bd. 37 (1901) S. 385, Bd. 47 (1904) S. 357. DUNDON and MACK: J. Amer. chem. Soc. 1923, S. 2479f. THOMPSON, F. C.: Trans. Faraday Soc. Bd. 17 (1922) S. 391. LIPSETT, JOHNSON and MAASS: J. Amer. chem. Soc. 1927 S. 295, 1940, 1928 S. 2701. MEISSNER, F.: Z. anorg. Chem. Bd. 109—111 (1920) S. 169. Vgl. BIGELOW and TRIMBLE: J. physic. Chem. Bd. 31 (1927) S. 1799. ANTONOFF: Philos. Mag. Juni 1926, Okt. 1927; Nature 1928 Bd. 121, S. 93.

nur eine wenn auch außerordentlich dünne *Grenzschicht*. Die Träger der Energie sind notwendig die Atome oder Moleküle in dieser Grenzschicht. Die Tiefe dieser Grenzschicht beträgt etwa 2 Netzebenen, ist also von der Größenordnung 10^{-6} bis 10^{-7} mm. In diesen ist sowohl die *Lagerung der Atome wie ihr thermischer Schwingungszustand von den Verhältnissen in der Tiefe verschieden*. Daraus ergibt sich eine Teilung der Oberflächenenergie in eine potentielle und eine kinetische. Dem potentiellen Teil der Energie entspricht eine Verzerrung der normalen Raumgitteranordnung[1], dem kinetischen entspricht eine Änderung des Schwingungszustandes der Atome in der Grenzschicht. Damit hängt auch die starke Abhängigkeit der Oberflächenspannung von der Temperatur zusammen (EÖTVÖSsches Gesetz).

Die Theorie der Oberflächenspannung ergibt, daß *sehr kleine einzelne Teilchen* und was uns hier insbesondere interessiert, feinste vorstehende Rauhigkeiten, *einen höheren Dampf- und Lösungsdruck haben als glatte große Oberflächen* (W. THOMSON). Es läßt sich zeigen, daß diese Einflüsse erst bei Dimensionen von 10^{-4} mm an merklich werden[2]. Übrigens sollte bei diesen Überlegungen immer im Auge behalten werden, daß es darauf ankommt, auf welche Weise ein derartiges vorstehendes Oberflächenteilchen zustande gekommen ist. Wir werden sehen, daß durch mechanische Bearbeitung das feinste Gefüge einer Oberfläche unter Umständen bis in die Gitterstruktur verändert wird (Abschnitt 6223, S. 145; 6226, S. 158f.). Die damit verbundene Änderung der Oberflächenenergie muß notwendig auch einen Einfluß auf die erwähnten physikalischen Größen wie Lösungstendenz, Elektrodenpotential usw. haben[3]. Auch *Kristalle* weisen auf ihren verschiedenen Flächen verschiedene *Lösungstendenz* auf[4]. Diese Dinge sind wichtig für das Problem der *Korrosion*[5], Bildung von Lokalelementen usw.

Das Problem der Oberflächenenergie fester Körper hängt ferner zusammen mit gewissen *Theorien der Zerreißfestigkeit* (Griffith), wie wir sie in Abschnitt 812, S. 183 kurz besprechen werden.

Bei Körpern, die eine *mechanische Bearbeitung*, sei es eine spanabhebende, sei es eine spanlose, durchgemacht haben, ist das *Gefüge* bis zu einer gewissen Tiefe *gestört*[6]. Das heißt, es ist von dem in den tieferen Schichten deutlich verschieden. Wir haben diesen Bereich die *innere Grenzschicht* des Körpers genannt.

---

[1] Diese Verzerrung liegt größenordnungsmäßig bei 5% des normalen Atomabstandes.

[2] Die Verdampfungserscheinungen feinster Hg-Tropfen von 10^{-4} mm Dm. stimmen gut mit der Theorie überein. Vgl. SCHÄFER: Z. Physik 77 (1932) S. 198. Die Änderung des Schmelzpunktes mit der Korngröße, die aus dieser allgemeinen Überlegung auch folgt, wird neuerdings wieder bestritten (SCHOORL: Physik. Ber. Bd. 13 S. 1662, 2140).

[3] Vgl. KATO and HAYAMI: J. Soc. mech. Eng. Japan Bd. 34 (1931) S. 78f.; Physik. Ber. 1934 S. 1271. KODAMA: J. Soc. mech. Eng. Japan Bd. 34 (1931) S. 82f.; Physik. Ber. 1934 S. 1271.

[4] Vgl. HAUSSER u. SCHOLZ: Wiss. Veröff. Siemens-Konz. Bd. 5/3 (1927) S. 144. Metallographische Anwendung beim Ätzverfahren, vgl. HANEMANN u. SCHRADER: Atlas Metallographicus, S. 58. Berlin 1933. Abhängigkeit der Adsorptionsgeschwindigkeit von der Kristallorientierung an Ni, Fe, Pa: vgl. TAMMANN u. SCHNEID: Z. anorg. allg. Chem. Bd. 172 (1928) S. 43.

[5] Vgl. MAILÄNDER: Dauerfestigkeit unter gleichzeitigem Korrosionsangriff. Werkstoffhandbuch Stahl und Eisen, Düsseldorf 1935, Blatt D 12.

[6] Vgl. Abschnitt 6223, S. 145ff. Vgl. GERMER: Physic. Rev. (2) Bd. 44 (1933) S. 1012.

Ein besonders anschauliches Beispiel zeigt Abb. 21/1, nämlich die Verformung reinsten Eisens bei der Brinelldruckprobe[1], also bei nicht spanabhebender Verformung. Hier ist die Verformungsgrenze deutlich zu sehen. — Bei der zerspanenden Verformung reicht die innere Grenzschicht bis etwa um den Betrag der früheren Spanstärke in die Tiefe des Werkstoffes hinab und bei den feinsten Vorgängen, wie Läppen und Polieren, ist sie größenordnungsmäßig 10^{-2} mm dick. Innerhalb dieser Grenzschichten finden wir deutlich Spuren von Kornzerstörungen bzw. -zerkleinerungen, systematische Umlagerungen der feinsten Gefügekörner in bestimmte Richtungen (Regelung) und schließlich Veränderungen des Kristallgitters (innere Spannungen und Gleitungen). Solche

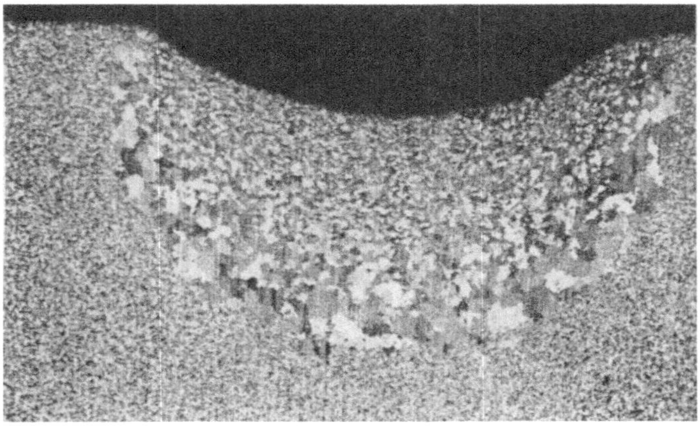

Abb. 21/1. Ausbildung der inneren Grenzschicht im reinen Eisen, welches der Brinelldruckprobe unterworfen war (Verformung durch Rekristallisation kenntlich gemacht). Vergr. 10×. (Nach NIEBERDING.)

Veränderungen bleiben natürlich auch nicht ohne Einfluß auf die physikalisch-chemischen Eigenschaften der Körper[2]. Auf diese Dinge kommen wir zurück bei der Erörterung der Technologie der Oberflächen. In vielen Fällen können

[1] Vgl. NIEBERDING: Masch.-Bau 1932 S. 263.

[2] Vgl. z. B. TAMMANN: Änderung der Eigenschaften der Metalle durch Bearbeitung. Z. physik. Chem. Bd. 80 (1912) S. 687. SCHMID u. BOAS: Kristallplastizität, S. 210f., 265f. Berlin 1935. GOUGH, HANSON and WRIGHT: Aeron. Res. Com. Rep. Mem. (M 40) 1926 Nr. 1024. SACHS u. SHOJI: Z. Physik Bd. 45 (1927) S. 776. HANSON and WHEELER: J. Inst. Met., Lond. Bd. 45 (1931) S. 229. GOERENS, P.: Ferrum Bd. 10 (1912) S. 65. ISHIGAKI: Sci. Rep. Tôhoku Univ. Sendai Bd. 15 (1926) S. 777. TAMARU: Sci. Rep. Tôhoku Univ. Sendai Bd. 19 (1930) S. 437. UEDA: Sci. Rep. Tôhoku Univ. Sendai Bd. 19 (1930) S. 473. O'NEILL: Mem. of the liter. and philosoph. Soc. of Manchester, 1861, S. 243. KAHLBAUM: Z. anorg. allg. Chem. Bd. 46 (1905) S. 217. ALKINS: J. Inst. Met., Lond. Bd. 23 (1920) S. 381. WOLFF: Diss. Danzig 1923. GEISS u. VAN LIEMPT: Ann. Physik (4) Bd. 77 (1925) S. 105. JOHNSTON u. ADAMS: Z. anorg. allg. Chem. Bd. 76 (1912) S. 274. MASIMA u. SACHS: Z. Physik Bd. 54 (1929) S. 666. HONDA and YAMADA: Sci. Rep. Tôhoku Univ. Sendai Bd. 17 (1928) S. 723. KAWAI: Sci. Rep. Tôhoku Univ. Sendai Bd. 20 (1931) S. 681. MÜLLER: Forsch.-Arb. VDI-Heft 211, 1918. JUBITZ: Z. techn. Physik Bd. 7 (1926) S. 522. SMITHELLS: Thermische Ausdehnung W. TUNGSTEN, London 1926. BEHRENS u. DRUCKER: Z. physik. Chem. Bd. 113 (1924) S. 79. CHAPPEL u. LEVIN: Ferrum, Bd. 10 (1912) S. 271. HONDA: Sci. Rep. Tôhoku Univ. Sendai Bd. 12 (1924) S. 347. GEISS u. VAN LIEMPT: Z. anorg. allg. Chem. Bd. 171 (1928) S. 317. HORT: Z. VDI Bd. 45 (1906) S. 1831. FARREN and TAYLOR: Proc. Roy. Soc., Lond. Bd. 107 (1925) S. 422. ROSENHAIN and STOTT: Proc. Roy. Soc., Lond. Bd. 140 (1933) S. 9. ONO: Verh. 3. internat. Congr. techn. Mech. Stockholm Bd. 2 (1930) S. 305. TAYLOR

diese Veränderungen durch die üblichen metallographischen Verfahren kenntlich gemacht werden[1]. Besonders gut gelingt dies, wenn man Probekörper nach der Bearbeitung einem Rekristallisationsprozeß durch Glühen unterwirft[2]. Es vereinigen sich hierbei benachbarte verformte Kristallkörner, und zwar ist die Größe der entstehenden neuen Körper abhängig von der vorausgegangenen Verformung. Sie hat vielfach ein Maximum bei einer gewissen günstigsten Verformungsgröße und nimmt ab bei geringerer und größerer Verformung. Immerhin gibt dieses Verfahren eine bequeme Möglichkeit, derartige innere Grenzschichten nachzuweisen.

Alle *feineren Untersuchungen* in dieser Richtung, insbesondere über den Feinbau der obersten Schichten, müssen mit *Röntgen-* oder *Elektronenstrahleninterferenzen* vorgenommen werden[3]. Besonders wichtig in dieser Hinsicht sind die Untersuchungen über die sog. „BEILBY-*Schicht*"[4]. Nach BEILBY soll die oberste Grenzschicht polierter, insbesondere metallischer Körper amorph sein, d. h. ungeordnete Atome in nicht regelmäßiger Anordnung enthalten. Diese Auffassung geht zurück auf noch ältere Vermutungen von RAYLEIGH[5], ist öfters bezweifelt worden[6], scheint aber nach den neuesten Feststellungen mindestens insofern richtig zu sein, daß nur noch geordnete Einzelteilchen sehr kleinen Ausmaßes, also möglicher-

and QUINNEY: Proc. Roy. Soc., Lond. Bd. 143 (1934) S. 307. KOREF u. WOLFF: Z. Elektrochem. Bd. 28 (1922) S. 477. LIEMPT, VAN: Z. anorg. allg. Chem. Bd. 129 (1923) S. 263. TAMMANN u. WILSON: Z. anorg. allg. Chem. Bd. 173 (1928) S. 156. HEYN u. BAUER: Mitt. Kgl. Mat.-Prüf.-Amt Groß-Lichterfelde 1909 S. 57. EASTICK: Met. Ind., Lond. Bd. 6 (1924) S. 22. CZOCHRALSKI u. SCHMID: Z. Metallkde. Bd. 20 (1928) S. 1. CZOCHRALSKI: Z. VDI Bd. 67 (1923) S. 533. BORELIUS, G.: Ann. Physik (4) Bd. 60 (1919) S. 381. BRANDSMA: Z. Physik Bd. 48 (1928) S. 703. GEISS u. VAN LIEMPT: Z. Physik Bd. 41 (1927) S. 867. ADDICKS: Amer. Inst. Electr. Engr. New York, Nov. 1903. TAKAHASI: Sci. Rep. Tôhoku Univ. Sendai Bd. 19 (1930) S. 265. GRÜNEISEN u. GOENS: Z. Physik Bd. 44 (1927) S. 615. CAGLIOTI u. SACHS: Z. Physik Bd. 74 (1932) S. 647. MASIMA u. SACHS: Z. Physik Bd. 56 (1929) S. 394; Bd. 51 (1928) S. 321. GEISS u. VAN LIEMPT: Z. anorg. allg. Chem. Bd. 143 (1925) S. 259. TAMMANN: Z. anorg. allg. Chem. Bd. 107 (1919) S. 1; s. bes. S. 115. Derselbe: Lehrbuch der Metallkunde, 3. Aufl. Leipzig 1923. STEINHAUS: Handbuch der Physik, Bd. 15, S. 202. Berlin 1927. SEEMANN u. VOGT: Ann. Physik (5) Bd. 2 (1929) S. 976. HONDA and SHIMIZU: Sci. Rep. Tôhoku Univ. Sendai Bd. 20 (1931) S. 460. KUSSMANN u. SEEMANN: Z. Physik Bd. 77 (1932) S. 567. TAMMANN u. DREYER: Z. anorg. allg. Chem. Bd. 199 (1931) S. 97. WASSERMANN, G.: Metallwirtsch. Bd. 11 (1932) S. 61. HEVESY and OBRUTSCHEWA: Nature, Lond. Bd. 115 (1925) S. 674. WILM: Metallurgie Bd. 8 (1911) S. 223. SCHMID u. WASSERMANN: Metallwirtsch. Bd. 9 (1930) S. 421. DEHLINGER u. GRAF: Z. Physik Bd. 64 (1930) S. 359. SCHÄFER: Naturwiss. Bd. 21 (1933) S. 207. SMEKAL: Kongreß-Akten Como. Bd. 1 (1927) S. 181. KONOBOJEWSKI u. MIRER: Z. Kristallogr. Bd. 81 (1932) S. 69; vgl. auch F.N. 20/3, 20/4, 20/5.

[1] Ein bequemes Verfahren ist auch die sog. FRYsche Ätzung, vgl. SAUERWALD: Metallkunde, S. 115f. Berlin 1929. FRY: Kruppsche Mh. Bd. 2 (1921) S. 117. MEYER u. EICHHOLZ: V. d. E. Ausschußberichte Sr. 34. TAKALA u. OKUDA: Arch. Eisenhüttenwes. Bd. 1 (1928) S. 511. KÖSTER: Arch. Eisenhüttenwes. Bd. 2 (1929) S. 503.

[2] Vgl. HANEMANN: Atlas Metallographicus. Berlin 1933. Dort zahlreiche Abbildungen; ferner CHAPPEL: Ferrum, Bd. 13 (1915/16) S. 6f.

[3] Das Grundsätzliche dieser Verfahren siehe Abschnitt 3532, S. 101 ff. Ergebnisse damit: Abschnitt 622, S. 149, Abschnitt 63, S. 172.

[4] BEILBY: Aggregation and flow of solids. London 1921. Nature, Lond. Bd. 137 (1936) S. 516. LEES u. a.: Trans. Faraday Soc. Bd. 31 9a (1935) S. 1102. Vgl. BÜTTNER: Z. Metallkde. Bd. 28 (1936) S. 91.

[5] RAYLEIGH: Proc. Roy. Inst. Bd. 16 (1901) S. 563.

[6] Z. B. KIRCHNER: Erg. exakt. Naturwiss. Bd. 11 (1932) S. 112; ferner: Nature, Lond. Bd. 129 (1932) S. 545; Trans. Faraday Soc. Bd. 31 (1935) S. 1114.

weise von dem Umfang weniger Elementarzellen, in dieser Schicht vorhanden sind. Wir kommen hierauf in Abschnitt 622, S. 160f. zurück. Fernerhin ist in diesem Zusammenhang bemerkenswert, daß, wie neuerdings gezeigt ist[1], derartige Grenzschichten in der Lage sind, mit ihnen in Berührung gebrachte Schichten eines anderen Metalls auf dem Wege der Diffusion in sich aufzunehmen derart, daß deren ursprüngliches Kristallgitter im Elektronenbeugungsbild verschwindet.

27. Die äußere Grenzschicht an festen Körpern.

Es fragt sich nun, wie der Übergang zwischen dem festen Körper und der freien Atmosphäre beschaffen ist[2]. Die Grenze zwischen einer Metallfläche und der Atmosphäre unter gewöhnlichen Umständen darf man sich nicht unstetig vorstellen in dem Sinne, daß fest im Kristallgitter verbundene Atome unmittelbar an frei bewegliche Gasmoleküle grenzen. Es gibt immer zwischen der Atmosphäre und derartigen Metallkörpern Zwischenschichten, deren Dicke und Struktur nach den Umständen verschieden ist. Wir wollen diese die *äußere Grenzschicht* nennen. Eine völlig frisch hergestellte Metallfläche, die etwa mit einem sauberen Meißel geschnitten oder die durch Bruch erzeugt worden ist, überzieht sich in der Luft nach kurzer Zeit mit einer adsorbierten Wasser- und Gasschicht[3]. Diese unter allen Umständen vorhandenen Adsorptionsschichten spielen in bezug auf den elektrischen Widerstand metallischer Kontakte[4] eine wesentliche Rolle. Eine solche Schicht ist außerordentlich viel dichter als die gewöhnliche Atmosphäre. Wir dürfen annehmen, daß sie höchstens wenige Molekül- bzw. Atomlagen dick, in vielen Fällen überhaupt einmolekular oder einatomar ist, also von der Größenordnung $10^{-7} \ldots 10^{-6}$ mm. Die Moleküle sind im allgemeinen in dichtester Besetzung praktisch unbeweglich der festen

[1] Finch and Quarrel: Nature, Lond. Bd. 137 (1936) S. 516.

[2] Das ganze Gebiet der äußeren Grenzschichten behandeln (allerdings nicht unter dem Gesichtspunkt des Technikers): Handbuch der Physik (Geiger-Scheel), Bd. 24/2; Bd. 11. Freundlich: Kapillarchemie. Leipzig 1923. Erg. exakt. Naturwiss. Bd. 12 S. 82f. Hückel: Adsorption und Kapillarkondensation. Leipzig 1928. Handbuch der Experimentalphysik Bd. 8 (2) S. 401f. Blüh u. Stark: Die Adsorption. Braunschweig 1929. Adams: The Physics and Chemistry of Surfaces. Oxford 1930. (Eine ausgezeichnet klare Zusammenstellung, besonders der physikalisch-chemischen Seite dieser Fragen). Rideal: An Introduction to Surface Chemistry. Cambridge 1926. Freundlich: Alexanders Colloid Chemistry, Bd. 1, S. 575. New York 1926. Krczil, F.: Adsorptionstechnik. Dresden u. Leipzig 1935.

[3] Über adsorbierte Gasschichten gibt es eine sehr große Literatur. Besonders in den letzten Jahren ist wieder viel darüber gearbeitet worden. Einen Überblick gibt Max Volmer: Molekulartheorie der Grenzflächen I in: Die Physik in regelmäßigen Berichten, S. 144 1933. Dort eingehender Literaturnachweis. Nachweis adsorbierten Sauerstoffes an Wolfram durch Elektronenbeugung: Boas u. Rupp: Ann. Physik (5) 1930 S. 983f. Zusammenfassung bei Dohse u. Mark: Hand- u. Jahrbuch der chemischen Physik Bd. 3/1, S. 1. 1933; ferner Blüh: Auerbach-Horts Handbuch der physikalischen und technischen Mechanik, Bd. 7, S. 553f. Vgl. die Versuche von Holm und Kirschstein über das Haften reinster Metallflächen im Vakuum und in Gegenwart verdünnter Gase. Wiss. Veröff. Siemens-Konz. Bd. 15 (1936) S. 122.

[4] Holm, R.: Wiss. Veröff. Siemens-Konz., Bd. 10/4, S. 1f. Berlin 1931. Holm, R., F. Güldenpfennig, E. Holm u. R. Störmer: Wiss. Veröff. Siemens-Konz., Bd. 10, Heft 4, S. 20f. Berlin 1931. Holm, R.: Wiss. Veröff. Siemens-Konz., Bd. 7, Heft 2, S. 217. Berlin 1929. Holm, E. u. R.: Wiss. Veröff. Siemens-Konz., Bd. 7/2, S. 272. Berlin 1929. Dort eingehende Literatur.

Oberfläche angelagert. Neuere Untersuchungen dieser adsorbierten Gasschicht mit Hilfe von Röntgenstrahlen und Elektronenstrahlen[1] haben wiederholt ergeben, daß die Atome in diesen adsorbierten Schichten in einer völlig regelmäßigen Gitteranordnung gelagert sind, so daß von einer Schicht „kristallinischen Gases“ gesprochen wurde. Zweifel dieser Auffassung gegenüber äußert KIRCHNER[2]. Solche adsorbierten Gasschichten beeinflussen die Reibung zwischen festen Körpern erheblich. Sie wirken wie eine Schmierschicht. Zahlreiche Versuche zeigen, wie die Reibung zunimmt mit der Entfernung der adsorbierten Schicht[3] im Vakuum. Der geschilderte Fall einer *reinen, nur von einer adsorbierten Gas- und Wasserschicht belegten Metallfläche entspricht jedoch keineswegs dem, was wir im allgemeinen in der Technik vor uns haben.* Bei Nichtedelmetallen, also den Eisen- und Stahlflächen, die uns vorzugsweise beschäftigen, handelt es sich bei Berührung mit Luft in der Mehrzahl der Fälle nicht nur um eine reine Adsorptionsschicht, sondern um eine, wenn auch allerfeinste *Oxydschicht,* also eine chemische Verbindung des Metalls mit dem Gase[4]. Diese wirkt in vielen Fällen als Schutzschicht gegen chemische und leichtere mechanische Angriffe und ist daher in der Praxis meist durchaus erwünscht. Sie weist aber in vielen Fällen auch Lücken auf und kann daher umgekehrt die Korrosion, z. B. bei Eisen, besonders begünstigen[5], da sie dann potential-erhöhend wirkt. Diese Schichten haben unter Umständen eine Dicke von nur 10—20 Moleküllagen[6]. Dickere Schichten dieser Art lassen sich durch Interferenzfarben (NEWTONsche Farben) quantitativ nachweisen[7]. EVANS[8] ist unter günstigen Umständen auch ihre Ablösung und unmittelbare Darstellung gelungen. Die dünnsten Schichten lassen sich noch durch feine Änderungen des optischen Verhaltens (Polarisation) bestimmen[9]. Auch durch Elektroneninterferenzen sind diese Schichten z. B. auf Aluminium und Zinn nachgewiesen und auf ihre Struktur hin untersucht worden[10].

Unsere technischen Körper kommen praktisch fast immer mit Ölen und Fetten in Berührung. Daher spielen die *Kohlenwasserstoffe* für den Bau der an ihnen vorhandenen Grenzschichten eine wesentliche Rolle. Wir bekommen am ein-

---

[1] DAVISSON and GERMER: Physic. Rev. II Bd. 30 (1927) S. 738. MURRISON, C. A.: Physik. Ber. Bd. 15 S. 947. RUPP, E.: Physik. Ber. Bd. 11 S. 5, 2153, Bd. 13 S. 1317. GERMER: Z. Physik Bd. 54 (1929) S. 408. Vgl. auch RUPP: Erg. exakt. Naturwiss. Bd. 9 (1930) S. 79. STEINHEIL: Ann. Physik (5) Bd. 19 (1934) S. 466.

[2] KIRCHNER: Elektroneninterferenzen und Röntgeninterferenzen. Erg. exakt. Naturwiss. 1932 S. 109.

[3] SHAW, P. E. u. E. W. LEAVEY: Physik. Ber. Bd. 12 S. 163. Ferner ausgiebige Versuchsergebnisse bei WERNCKE: Einfluß der Oberflächenschichten auf die Größe der Reibung. Diss. Dresden 1934.

[4] HOLM: Wiss. Veröff. Siemens-Konz. Bd. 10/4 (1931) S. 22f; dort eingehender Lit.-Nachweis.

[5] BAUER-KRÖHNKE-MASING: Die Korrosion des Eisens. Leipzig 1936. Dort reiche Literatur.

[6] BAUER usw.: a. a. O. S. 73.

[7] BAUER usw.: a. a. O. S. 98. Bollet. Wien. Ber. Bd. 77 (3) 1878 S. 177. Vgl. MÜLLER u. KÖNIGSBERGER: Z. Elektrochem. (13) 1907 S. 659, (15) 1909 S. 742.

[8] EVANS: J. chem. Soc. 1927 S. 1020.

[9] HAUSCHILD: Ann. Physik (4) Bd. 63 (1920) S. 816. — CARPENTER: Nature, Lond. Bd. 123 (1929) S. 682. FREUNDLICH, PATSCHEKE u. ZOCHER: Z. physik. Chem. Bd. 128 (1927) S. 32, Bd. 130 (1927) S. 289.

[10] STEINHEIL: Ann. Physik (5) Bd. 19 (1934) S. 466.

fachsten einen Überblick, wenn wir die Verhältnisse *bei fortschreitender Reinigung* betrachten [1].

Unter gewöhnlichen Umständen tragen bearbeitete blanke Maschinenteile eine *Fett-, Staub- und Schmutzschicht,* die 10 μ bis einige 100 μ dick zu sein pflegt. Wenn man die Oberfläche dann mit gewöhnlichen technischen Hilfsmitteln, etwa durch Abwaschen mit Petroleum oder Benzin, reinigt, so bleibt schließlich eine Oberflächenschicht übrig, die vielleicht eine Dicke von 5—1 μ hat, unter günstigen Umständen bis 50 mμ herabgeht. Diese Schicht besteht dann im wesentlichen aus adsorbierten Molekülen von Kohlenwasserstoffen irgendwelcher Art, sowie Luft und Wasserdampf. Bei weiterer Reinigung, mit reinstem Benzin, Tetrachlorkohlenstoff, Äther usw. unter Verwendung reinster Watte oder gereinigter Leinwand, wie sie etwa im Laboratorium an Meßflächen vorgenommen wird, kann man eine solche Schicht noch erheblich vermindern. Annähernd reproduzierbare Grenzschichten dieser Art haben eine Dicke von 10^{-4} bis 10^{-5} mm, wie KAUBE [2] gezeigt hat, der den Abstand aneinandergesprengter Meßklötze unter verschiedenen Reinigungsbedingungen untersuchte [3]. Diese Messungen bestätigen die früheren, sehr sorgfältigen Messungen von ROLT und BARRELL [4]. Zwischen Glas- und geschliffenen Stahlflächen finden diese Autoren für Paraffinöl eine minimale Filmdicke von $17 \cdot 10^{-6}$ mm, zwischen optisch polierten Flächen Stahl gegen Glas $5 \cdot 10^{-6}$ mm, für Vaseline und andere Öle an denselben Flächen Filmdicken von $7—8 \cdot 10^{-6}$ mm. Interessant ist auch die Ausbreitung derartiger dünnster Zwischenschichten entlang den Polierrissen derartiger Flächen, die wie Kanäle wirken [5]. Eine Schicht von der Dicke von einigen 10^{-5} mm enthält jedoch immer noch 10—100 Moleküllagen. Unter sehr günstigen Umständen gelingt es, auch diese soweit zu vermindern, daß man schließlich eine einmolekulare adsorbierte Schicht hat, die dann etwa 10^{-6} mm dick ist. Solche Schichten haften außerordentlich fest und sind mit mechanischen und chemischen Hilfsmitteln nicht zu beseitigen, es sei denn, daß man durch Kratzen oder Schaben mit einem Werkzeug auch die oberflächlichste Metallschicht entfernt. Nach kurzer Zeit tritt auch dann wieder der alte Zustand ein. Nach den Erfahrungen der physikalischen Technik kann man *völlig reine Metallflächen* nur erzeugen, indem man den Körper nach vorausgegangener mechanischer Reinigung *lange Zeit im Hochvakuum erhitzt.*

Solche dünnsten Schichten auf polierten Glas- und Metallflächen sind eingehend untersucht worden, und zwar wohl zuerst von LORD RAYLEIGH, dann von HARDY und Mitarbeitern [6]. Diese Arbeiten bezogen sich auf die Reibung

---

[1] Einen guten Überblick über technisches Reinigen gibt die Druckschrift des AWF Nr. 261 (RKW-Veröffentlichung Nr. 91): Reinigen und Entfetten von Metallteilen. Berlin 1935.

[2] KAUBE: Der Einfluß der Ansprengschicht auf die Länge der Endmaße. Diss. Dresden-Berlin 1930. PÉRARD et MAUDET: Trav. et mém. Bur. internat. poids et mesures, Bd. 17. 1921.

[3] Eine gute Zusammenstellung der Literatur bis 1929 über die Zwischenschichten beim Zusammenfügen hochwertiger Endmaße findet sich bei BERNDT-SCHULZ: Technische Längenmessungen, a. a. O.

[4] ROLT and BARRELL: Proc. Roy. Soc., Lond. A Bd. 116 (1927) S. 40.

[5] Nat. physic. Lab. Rep. 1926 S. 148.

[6] LORD RAYLEIGH: Philos. Mag. 6 Bd. 35 (1918) S. 151. HARDY: Philos. Mag. 6 Bd. 38 (1919) S. 32, 6 Bd. 40 (1920) S. 201. HARDY and IDA DOUBLEDAY: Proc. Roy. Soc., Lond. A Bd. 100 (1922) S. 550, Bd. 101 (1922) S. 487, Bd. 104 (1923) S. 25. HARDY and BIRCUMSHAW: Proc. Roy. Soc., Lond. A 108 (1925) S. 1. DOUBLEDAY: Proc. Roy. Soc., Lond. A Bd. 106 (1924) S. 341. FEACHEM and TRONSTAD: Proc. Roy. Soc., Lond. A Bd. 145 (1934) S. 127.

eines festen Körpers mit einem anderen, wobei zwischen beide eine flüssige Grenzschicht von wohldefiniertem chemischem Bau erzeugt war. An den weit besser definierten Grenzflächen flüssig-flüssig liegen sehr eingehende Forschungen vor (A. POCKELS, LANGMUIR, RIDEAL)[1]. Es handelt sich dabei im wesentlichen um den tangentialen Oberflächendruck, mit dem feinste Schichten verschieden gebauter Kohlenwasserstoffe auf einer Wasseroberfläche sich *auszudehnen* streben, und zwar in Abhängigkeit von ihrer Flächengröße und damit ihrer molekularen Flächendichte. Diese Forschungen haben auch für die Verhältnisse an der Grenzfläche flüssig-fest, also z. B. bei dünnsten Öl- und Fettschichten auf festen Körpern, sehr befruchtend gewirkt.

Schließlich liegen Untersuchungen des Polarisationszustandes des an solchen Flächen reflektierten Lichtes[2], ferner mit *Röntgen- und Elektronenstrahlinterferenzen*[3] vor, bei denen man unmittelbar einen Einblick in den Bau dieser Grenzschichten bekommt, und schließlich über die Dielektrizitätskonstante an solchen Schichten bei veränderlicher Dicke[4]. Auch die Messung des Potentialunterschiedes an Metallflächen mit und ohne adsorbierte Fettschichten führt zu deren Feststellung[5]. Das Ergebnis dieser Forschungen läßt sich etwa wie folgt zusammenfassen:

Die äußeren Grenzschichten können, wie erwähnt, einmolekular sein (also von der Größenordnung 10^{-6} mm) bei dichtester Besetzung mit Molekülen. In diesem Falle sind diese wahrscheinlich fest gebunden und relativ unbeweglich. Es kommt auf eine Fläche von etwa $4 \cdot 10^{-13}$ qmm je 1 Molekül[6]. Die kettenförmigen Moleküle mit polarem Ende sind auf der Oberfläche gleichgerichtet angeordnet. Hierbei können sie je nach den Umständen mit ihrer größten Ausdehnung parallel der festen oder flüssigen Phasengrenzfläche liegen. Bei der dichtesten Packung pflegen sie aufrecht angeordnet zu sein. Ferner gibt es Fälle dünnerer Verteilung, bei denen weit weniger Moleküle sich auf der Oberfläche befinden als ihrer dichtesten Packung entspricht. In diesem Falle scheinen die Moleküle außerordentlich beweglich zu sein[7]. Wir haben hier den merkwürdigen Fall vor uns einer ungeordneten zweidimensionalen Bewegung, die man sich vorstellen kann etwa wie das Durcheinanderlaufen vieler Billardkugeln auf einem Tische. Der Druck, den eine solche Schicht in Richtung der Fläche ausübt, gehorcht einer einfachen Beziehung, die den Gasgesetzen analog ist[8]. Das

---

[1] Literatur siehe bei FREUNDLICH, a. a. O.

[2] FEACHEM u. TRONSTAD: a. a. O.

[3] Übersicht in: Ergebnisse der technischen Röntgenkunde, Bd. 2 S. 31. Leipzig 1931. Dort wichtige Literatur. TRILLAT: C. R. Acad. Sci. Paris Bd. 188 (1929) S. 555. J. Physique Radium Bd. 10 (1929) S. 32. Ann. Physique (10) Bd. 6 (1926) S. 32. Vgl. S. 196 und F.N. 196/4. Vgl. GARRIDO u. HENGSTENBERG: Z. Kristallogr. Bd. 82 (1932) S. 477.

[4] KALLMANN u. KREIDL: Z. physik. Chem. Bd. 159 (1932) S. 330f.

[5] Vgl. JACOBS: Trans. Faraday Soc. Bd. 30 (1934) S. 303.

[6] Diese Schichten wurden von VOLLMER nachgewiesen, vgl. auch MOLL: Z. physik. Chem. Bd. 136 (1928) S. 183.

[7] Zuerst nachgewiesen von LANGMUIR: J. Amer. chem. Soc. Bd. 39 (1917) S. 1893. FREUNDLICH: Erg. exakt. Naturwiss. Bd. 12. ADAM: a. a. O. S. 43f. Gute, auch heute noch lesbare Übersichten der englischen und amerikanischen Forscher: HARKINS: Surface Energy and Surface Tension. BRAGG: Cohesion and Molecular Forces. WILSON: Surface Films as plastic solids. HARDY: Friction Surface Energy and Lubrication, alles in ALEXANDER: Colloid Chemistry. New York 1926.

[8] Vgl. die sehr lesenswerte Übersicht von ERK: Über Reibung und Schmierung in: Die Physik in regelmäßigen Berichten, Bd. 3 S. 57. Leipzig 1935.

heißt, es gilt die Gleichung

$$S F = R T, \qquad \text{(Gl. 27/1)}$$

wo S der Oberflächendruck der molekularen Schicht in dyn/cm, F deren Größe pro Mol, R eine Zahl von der ungefähren Größe der Gaskonstanten, T die absolute Temperatur. Diese Proportionalität mit der Temperatur ist einwandfrei vorhanden, während über die Größe des Faktors R in diesen Fällen noch Zweifel bestehen.

Bringt man auf die glatte Fläche eines festen Körpers, die mit einer oder weniger Moleküllagen eines Öles oder Fettes besetzt ist, einen anderen festen Körper und bewegt beide aufeinander, so hängt die *Reibung* in erster Linie von der chemischen Struktur und molekularen Lagerung der Zwischenschicht ab, daneben aber auch von der chemischen Natur der festen Körper. Diese Zusammenhänge werden wir in Abschnitt 82, S. 196 besprechen.

Adsorbierte Kohlenwasserstoffschichten beeinflussen auch die *Benetzbarkeit einer Metallfläche* durch Wasser. Zu ihrer Bildung sind nur kleinste Substanzmengen notwendig. Die Erscheinung ist von erheblicher Bedeutung für die Vorgänge bei der Dampfkondensation an solchen Flächen und auch für die Art der Dampfbildung beim Sieden. In beiden Fällen wird die Wärmeübertragung gesteigert.

Auch bei anderen technischen Prozessen spielen feinste adsorbierte Ölschichten eine Rolle, z. B. in dem großen Gebiet der Erzaufbereitung nach dem Schaumschwimmverfahren (Flotation)[1]. Fernerhin bestimmt die feinste submikroskopische Beschaffenheit der Oberflächen, deren Kraftfeld und die ihm angelagerte äußere Grenzschicht auf entscheidende Weise alle chemischen Grenzflächenvorgänge, insbesondere die der *Katalyse*. Auf sie kann im Rahmen dieser Arbeit nicht eingegangen werden[2].

Es ist behauptet worden[3], daß auch zwischen den Grenzschichten und dem Metall noch ein stetiger Übergang vorhanden sei. Gelegentlich ist davon gesprochen worden, daß an der Grenze eine Art Legierung zwischen dem Gas und dem Metall bestehe, d. h. also, daß Metall- und Gasatome durcheinander gelagert seien[4]. Dies schien lange Zeit nicht wahrscheinlich. Neuere englische Untersuchungen mit Elektronenstrahlen scheinen aber in der Tat dafür zu sprechen, daß z. B. an polierten Grenzflächen unter Umständen eine Anlagerung von Sauerstoffatomen an oder Einlagerung zwischen die Metallatome in den obersten Schichten vorhanden ist. Dies würde gut passen zu den bekannten Beobachtungen über Reiboxydation (vgl. Abschnitt 82, S. 194 und Abschnitt 83, S. 213ff.).

Alle diese wichtigen neuen Erfahrungen sind dem Ingenieur noch viel zu wenig bekannt.

---

[1] MAYER-SCHRANZ: Flotation. Leipzig 1931. LUYKEN-BIERBRAUER: Die Flotation. Berlin 1931. Vgl. HOLDE: Kohlenwasserstofföle und -fette, S. 973f. Berlin 1933.

[2] Vgl. Nobelpreisvorlesung von J. LANGMUIR: Surface Chemistry. Les Prix Nobel en 1932, Stockholm 1934. Vgl. RIDEAL: The industrial implications of Surface Chemistry. Chem. Age 1930 S. 45. KRÖGER, M.: Grenzflächen-Katalyse. Leipzig 1936. HILDITCH, T. P.: Die Katalyse in der angewandten Chemie. Leipzig 1932. SCHWAB, G. M.: Katalyse vom Standpunkt der chemischen Kinetik. Berlin 1931.

[3] Vgl. z. B. DAVISSON u. GERMER: Physic. Rev. (2) Bd. 30 (1927) S. 705.

[4] Trans. Faraday Soc. Bd. 31 (1935) S. 1108f.

3. Die Verfahren zur Oberflächenprüfung.

30. Allgemeine Einteilung der Verfahren.

Im Nachstehenden werden wir unsere Darstellung beschränken auf die Untersuchung der Oberflächengestalt im mikrogeometrischen Bereich. Wir werden besonders eingehend die mechanischen Verfahren darstellen und die optischen, soweit sie Licht aus dem sichtbaren Gebiete verwenden. In bezug auf die Verfahren der Röntgenstrahlen- und Elektronenstrahleninterferenzen werden wir nur die grundsätzlichen Gesichtspunkte behandeln.

Wenn wir alle bekannten Verfahren zur Prüfung technischer Oberflächen betrachten, so können wir folgende Einteilung[1] in große Gruppen versuchen:

1. Abtasten der Oberfläche mit dem Finger oder der Hand.

2. Verfahren zur Betrachtung der Oberflächen (Betrachtungsverfahren).

a) Mit unbewaffnetem Auge.

b) Bei entsprechender Vergrößerung und zum Vergleich solcher untereinander.

3. Verfahren zum Nachweis einzelner Fehlstellen, z. B. Eisenstaubverfahren.

4. Verfahren zur zahlenmäßigen Ermittlung der Mikrogeometrie der Oberflächen in Form von Schnittkurven (Schnittverfahren). Diese Gruppe allein gibt unmittelbar erschöpfende Auskunft über die Oberflächengestalt.

5. Verfahren, welche Maßgrößen angeben, die in einer gesetzmäßigen Abhängigkeit zu der Beschaffenheit der Oberfläche stehen (Reibung, Strömungswiderstände, Lichtreflexion und ähnliches), Röntgenstrahlen- und Elektronenstrahleninterferenzen. Diese Verfahren liefern Zahlen, welche, da von allen Flächenelementen beeinflußt, den Charakter von Mittelwerten oder Integralen haben. Wir wollen sie daher einfach die „*Integralverfahren zur Oberflächenuntersuchung*“ nennen.

31. Untersuchung der Oberflächen durch den Tastsinn.

Die einfachste Untersuchung einer Oberfläche ist die durch den Tastsinn. Die Begriffe des Sprachgebrauchs „rauh“ und „glatt“ beziehen sich ursprünglich auf Wahrnehmungen mit dem Tastsinn und nicht mit dem Auge. Als Sinneswerkzeug für die Wahrnehmung von Rauhigkeiten einer Oberfläche dienen die in der Haut eingelagerten Sinnesendstellen[2]. Diese liegen unmittelbar unterhalb der Oberhaut (Epidermis). Sie sind in sog. Papillen, kegelförmige Hervorragungen der darunterliegenden Schicht, der Lederhaut (Corium), eingebettet (Abb. 29/1), und zwar etwa 0,2 mm unter der Oberfläche. Diese Sinnesendstellen (Abb. 29/2), die MEISSNERschen Körperchen, enthalten vielfältig wie eine Wendel um einen elliptischen Kern geschlungene feinste Nerven-

---

[1] Ein guter Überblick über die damals bekannten Prüfverfahren für Oberflächen findet sich AWF.-Mitt. 1933 Heft 2 S. 14f.

[2] Eine Übersicht über die Frage des Tastsinnes (sog. „Tangorezeptoren“) gibt VON FREY in BETHE usw. Handbuch der Physiologie, Bd. 11: Rezeptoren, S. 94. Anatomisches z. B. in BRAUS: Anatomie Bd. 3. Berlin 1932. PETERSEN: Histologie und mikroskopische Anatomie Bd. 6. Berlin 1935. Vgl. auch VON FREY: Versuche über das Vibrationsgefühl. Z. f. Biol. Bd. 65 (1915) S. 203. KATZ, D.: Der Aufbau der Tastwelt. Z. f. Psychol., Erg.-Bd. 11 (1925).

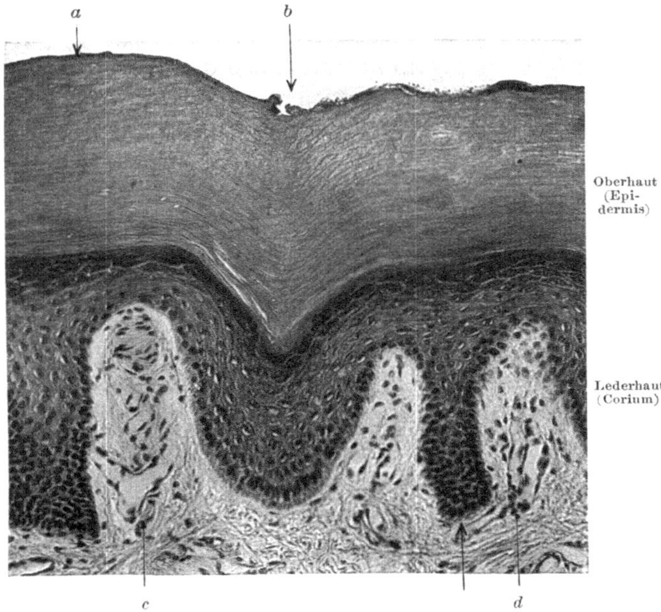

Abb. 29/1. Haut der Handfläche. Vergr. 150×. *a* Leiste, *b* Furche der Oberfläche, *c* Papille mit Tastkörperchen, *d* Papille mit Gefäßen.

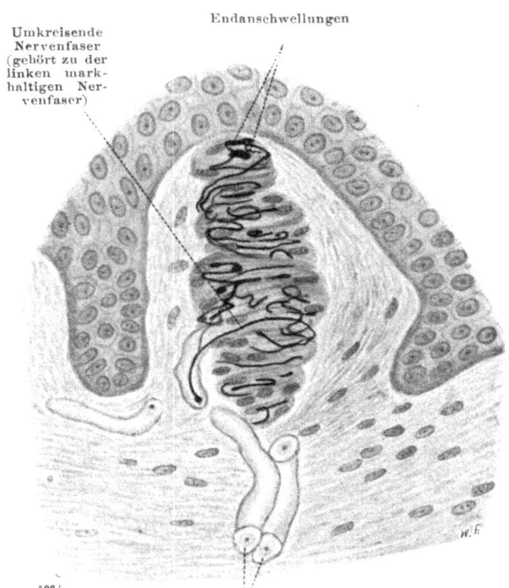

Abb. 29/2. MEISSNERsches Körperchen. Mensch. BIELSCHOWSKYs Silbermethode. Präparat von Dr. KADANOFF.

endigungen. Ihre Dichte beträgt nach v. FREY[1] 100—150 auf den Quadratzentimeter, nach anderen noch mehr. Es ist bekannt, daß nicht nur ein Normaldruck auf die Haut, sondern vor allem tangentiale Kräfte zu Erregungen der Taststellen führen, wie dies auch nach ihrer Gestalt durchaus einleuchtet. Durch welchen Vorgang im übrigen sich die Verformung der Haut in Reiz umsetzt, ist nicht mit Sicherheit bekannt. Es ist jedoch wahrscheinlich, daß es sich um Änderungen der Konzentration der Flüssigkeit im umgebenden Gewebe handelt. Die *Schwelle für die Erzeugung eines Druckreizes* in diesen Sinnesendstellen läßt sich als die Mindestarbeit messen, die zur Verformung der Haut an dieser Stelle notwendig ist. Sie beträgt größenordnungsmäßig 0,3 erg oder $\sim 0{,}3 \cdot 10^{-8}$ mkg oder $\sim 0{,}7 \cdot 10^{-8}$ g·cal. Wenn zwei benachbarte Hautpunkte, etwa durch Andrücken zweier Zirkelspitzen,

[1] FREY, VON: Abhandl. Sächs. Ges. d. Wiss. Bd. 23 (1896) S. 254.

gleichzeitig gereizt werden, so hängt es von der Entfernung dieser Reizpunkte voneinander und im übrigen von der Lage der betreffenden Körperstelle ab, ob die beiden Reize als getrennt empfunden werden oder miteinander verschmolzen als einziger Reiz wahrgenommen werden. An der Unterseite des ersten Fingergliedes liegt diese kritische Entfernung etwa bei 3—4 mm. Dies entspricht auch den Angaben von v. FREY über die Verteilung der Tastpunkte der Haut, wenigstens größenordnungsmäßig. Denn es muß bei der Reizung wenigstens ein Tastpunkt zwischen den Reizpunkten liegen, also jeweils der übernächste gereizt werden, damit die Reize nicht verschmelzen. Man sieht daraus leicht, daß es unmöglich ist, durch einfaches Auflegen des Fingers überhaupt etwas über die Rauhigkeit zu erfahren, es sei denn, die Erhöhungen und Vertiefungen lägen mehr als 3 mm auseinander.

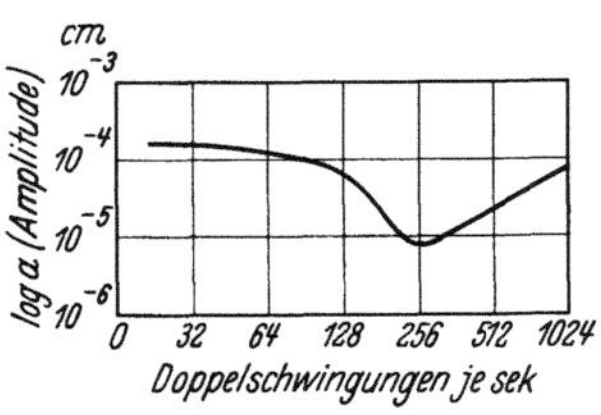

Abb. 30/1. Abhängigkeit der Tastempfindung (Amplitudenschwelle) von der Schwingungszahl. (Nach KNUDSEN.)

Ganz anders wird die Sache, wenn man mit dem Finger über eine Fläche leicht hinwegstreicht. Dann werden die Sinnespunkte von jeder Erhöhung der Unterlage gereizt, und wenn dann die Erhöhungen einigermaßen regelmäßig sind, tritt ein rhythmischer Sinnesreiz auf, von der mittleren Frequenz $f = \frac{v}{a}$, wo a der mittlere Abstand der Erhöhungen und v die Gleitgeschwindigkeit ist. Für diese rhythmischen Reize ist nun der Sinnesapparat der Haut außerordentlich empfindlich. Damit hängt es wohl zusammen, daß, *wenn wir die Rauhigkeiten einer Fläche prüfen wollen, wir nicht etwa den Finger nur aufdrücken, sondern ihn über die Fläche hinweg bewegen.* Die Empfindlichkeit der Haut für rhythmische Druckreize, der sog. „Vibrationssinn", ist mehrfach Gegenstand wissenschaftlicher Untersuchungen gewesen. Eine neuere, auch in der Methodik einwandfreie Arbeit stammt von KNUDSEN[1]. Diese stellt zunächst fest, welche Schwingungsweiten bei Berührung mit einem schwingenden Körper überhaupt noch wahrgenommen werden (Amplitudenschwelle). Die Ergebnisse sind in Abb. 30/1 aufgetragen. Man sieht, daß bei einer Frequenz von rund 260 Hz die Empfindlichkeit am größten ist. Bei dieser werden noch Amplituden bis zu 0,1 μ wahrgenommen. Außerhalb dieses günstigsten Wertes liegen die eben noch wahrnehmbaren Amplituden bei etwa 1 μ. Sehen wir nun, wie diese Feststellungen in Einklang stehen mit der Empfindung „Rauhigkeit" des tastenden Fingers. Eine Probe gezogenen Eisens wird eben noch als rauh empfunden. Die Rauhigkeit, als größter Abstand der mikrogeometrischen Erhöhungen und Vertiefungen gemessen, beträgt etwa 1—2 μ. Es entfallen etwa 8 Zacken auf den Millimeter. Bei einer Geschwindigkeit von etwa 3—5 cm/s des tastenden Fingers würde noch ein Reiz entstehen, der dem 10fachen der Wahrnehmungsschwelle entspricht. Bei größerer oder kleinerer Geschwindigkeit käme der Reiz gerade an die Schwelle der Wahrnehmbarkeit, nämlich 1 μ. Dies entspricht durchaus der Erfahrung.

Dünnes Zeichenpapier mit $h_m = 2{,}9\ \mu$[2] wird unter allen Umständen schon als rauh empfunden. Eine optische ebene Glasplatte, deren Fehler kleiner als 0,05 μ

[1] KNUDSEN: Hearing with the sense of touch. J. of gen. Psychol. Bd. 1 (1928) S. 320.

[2] Wir verstehen unter h_m die von der Grundlinie aus bestimmte mittlere Höhe einer Oberflächenprofilkurve.

ist, erweist sich dem tastenden Finger als „glatt", ebenso eine Endmaßoberfläche. Vielfältige Versuche an feinstgeschliffenen und geläppten Flächen, deren Rauhigkeiten nach dem Verfahren der Mikrointereferenzen (vgl. Abschnitt 3412, S. 57) bekannt waren, haben mir gezeigt, daß Rauhigkeiten sich noch bis zu der Grenze von 0,5 μ bequem und bis 0,1 μ bei einiger Übung nachweisen lassen. Das letztere ist besonders der Fall, wenn man sich des Fingernagels zum Tasten bedient. Es ergibt sich somit das erstaunliche Ergebnis, daß in dieser Hinsicht und unter günstigen Verhältnissen die *Empfindlichkeit des Tastsinnes das Auflösungsvermögen unserer Mikroskope übertrifft.* Wie steht es nun mit unserem Wahrnehmungsvermögen für *Verschiedenheiten des Rauhigkeitsgrades?* Abb. 31/1 zeigt nach KNUDSEN die eben noch wahrnehmbare verhältnismäßige Änderung der Schwingungsweite in Abhängigkeit von dieser (Unterschiedsschwelle). Man sieht aus dieser Kurve für $f = 256$ Hz, daß bei einer Schwingungsweite, die das 4fache der Schwelle beträgt, also 0,4 μ, der Wert $\frac{\Delta a}{a}$, also die relative Unterscheidungsschwelle 12%, bei der 64fachen Amplitude, also bei 6,4 μ etwa 4% beträgt. In der Tat lassen sich bei gewisser Übung außerordentlich geringe Unterschiede der Rauhigkeit durch den Tastsinn nachweisen.

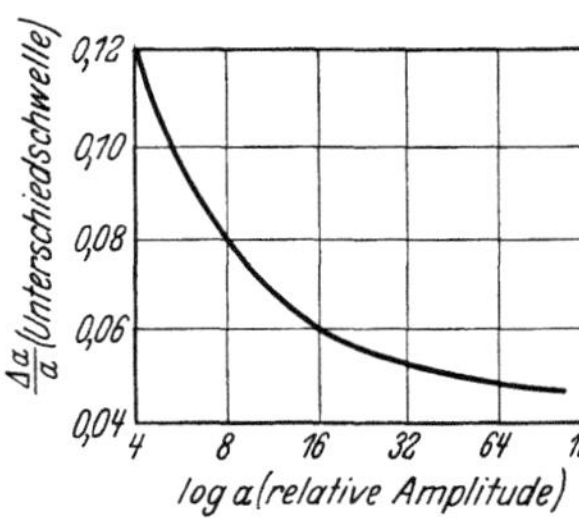

Abb. 31/1. Tastempfindung (Unterschiedsschwelle) als Funktion der Amplitude. (Nach KNUDSEN.)

Die oben entwickelte einfache Vorstellung darüber, wie die Wahrnehmung einer Rauhigkeit zustande kommt, ist natürlich nur angenähert richtig. Die Empfindung hängt sicherlich nicht nur von den Erhöhungen auf einer Fläche ab, sondern auch von den Reibungsverhältnissen zwischen dieser und dem tastenden Finger, also auch von möglicherweise vorhandenen Zwischenschichten. Es ist jedem an dem „quietschenden" Geräusch, welches entsteht, wenn man über eine feuchte Glasfläche fährt, bekannt, daß unter gewissen Umständen auf diese Weise Schwingungen entstehen können. Da der Reibungswert der Ruhe erheblich größer ist als der der Bewegung, wird bei dem Beginn der Tastbewegungen die Hautoberfläche zunächst festgehalten und, wenn dann die Bewegung erzwungen wird, sinkt die Reibung, und die tastende Hand, die elastisch gespannt war, schwingt zurück. Dadurch kommen rhythmische Beanspruchungen zustande, die an sich nichts mit der eigentlichen Rauhigkeit zu tun haben. Man sieht an diesem Beispiel einer glatten, aber feuchten Glasfläche, wie unsicher die Rauhigkeitsschätzung in dem tastenden Finger überhaupt ist. Dies mag auch der Grund sein, warum erfahrene Praktiker sich zum Tasten entweder des Fingernagels bedienen, oder auch etwa eines Kupferpfennigs oder eines ähnlichen Metallstückes, welches eine gewisse Weichheit und dabei eine fein abgerundete Berührungskante hat.

32. Betrachtungsverfahren.

321. Beobachtung der Oberfläche mit unbewaffnetem Auge.

Das *unbewaffnete Auge*, hat ähnlich wie jedes andere optische Instrument, eine *Auflösungsgrenze*, die angibt, unter welchem Winkel zwei Punkte erscheinen müssen, damit sie noch eben getrennt wahrgenommen werden. Beim Auge wird dieser Winkel bestimmt durch die Entfernung und Ausdehnung der Zäpfchen oder Stäbchen (Abb. 32/1) auf der Netzhaut[1], welche die elementaren Reizempfänger darstellen. Von ihnen ist mindestens je eines notwendig, um überhaupt eine Gesichtsempfindung zu vermitteln und es müssen mindestens je zwei *nichtbenachbarte* belichtet werden, um getrennte Empfindungen zu erzeugen. Die Ausdehnung der Zäpfchen an der empfindlichen Stelle der Netzhaut (Fovea centralis) beträgt etwa 4 μ[2], der notwendige Abstand zweier Bildpunkte somit etwa 4,5 μ. Der Abstand der Netzhaut von dem Linsenhauptpunkt (Linsenknotenpunkt) des Auges ist etwa 16 mm (vgl. Abb. 32/2). Daraus ergibt sich für die deutliche Sehweite von 250 mm der eben noch wahrnehmbare Abstand zweier Dingpunkte zu $\frac{4,5 \cdot 250}{16} = 70\ \mu = 0,07$ mm. Die Sehstrahlen, welche zwei eben noch trennbare Punkte mit dem Auge verbinden, bilden somit einen Winkel von etwa 1 Minute[3,4]. Wir vermögen also bei gewöhnlicher Betrachtung keine Einzelheiten an Körpern mehr zu unterscheiden, wenn ihr Abstand weniger als etwa 0,07...0,08 mm beträgt. Trotzdem vermögen wir bei Betrachtung von Körpern oft noch weit feinere Einzelheiten als solche wahrzunehmen. Zunächst sind dies feinste spiegelnde Flächen und sonstige Teilchen, welche Licht abbeugen. Wenn wir über deren Form auch nichts mehr aussagen können, so vermögen wir doch ihr Vorhandensein festzustellen. So können wir beispielsweise bei entsprechender Beleuchtung außerordentlich feine Schleif- und Polierrisse

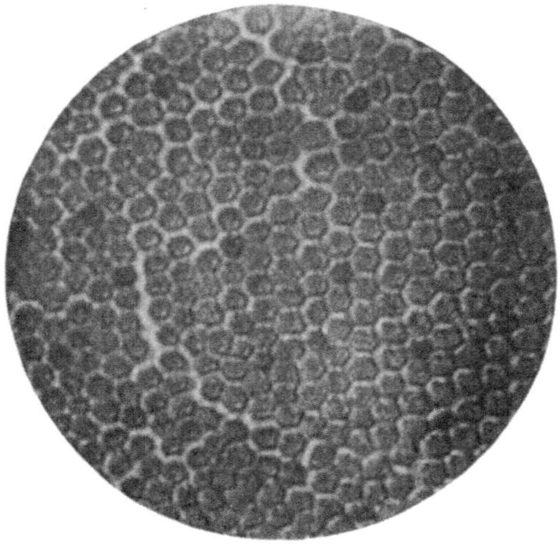

Abb. 32/1. Flachschnitt durch die Stäbchen- und Zapfenschicht der Netzhaut an der Stelle der größten Sehschärfe (Fovea). (Nach HEINE.)

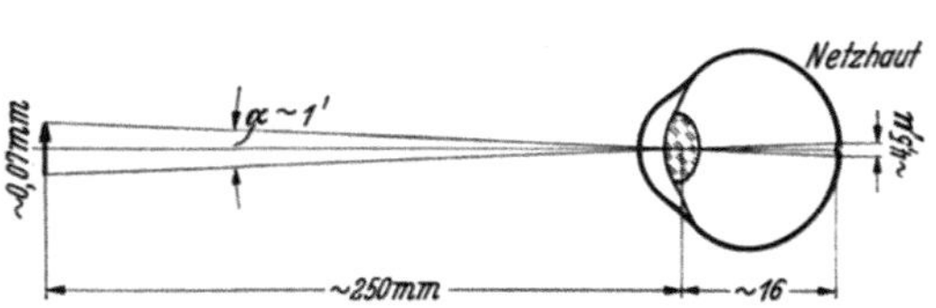

Abb. 32/2. Zum Auflösungsvermögen des Auges.

[1] REIN: Einführung in die Physiologie des Menschen, S. 435. Berlin 1936. PETERSEN: Histologie und mikroskopische Anatomie (6) S. 883. München 1935. Eingehende Darstellung bei KOLMER: Handbuch der mikroskopischen Anatomie des Menschen, Bd. 3/2. Berlin 1936. Es sei bemerkt, daß es immer noch nicht ganz sicher ist, ob die auf derartigen Bildern zu sehende 5eckige Form der Zäpfchen nicht durch den Quellungsdruck ursprünglicher zylindrischer Gebilde bei der histologischen Zubereitung der Präparate entsteht.

[2] Diese Größe schwankt individuell stark.

[3] Handbuch der normalen und pathologischen Physiologie, herausgeg. v. BETHE u. v. BERGMANN, Bd. 12/1, S. 135, 235. Berlin 1929 und BERNDT-SCHULZ: Grundlagen und Geräte technischer Längenmessungen, Berlin 1929. Anhang von SCHULZ. Dort wird auch der Einfluß dieser physiologischen Fragen auf die zweckmäßige Strichstärke bei Maßstäben usw. erörtert.

[4] Auf den Einfluß der Beleuchtung und die Erhöhung der Sehschärfe durch feinste Augenbewegungen können wir hier nicht eingehen.

wahrnehmen, deren Größe sehr wohl bis zu einem $^1/_{100}$ der oben angegebenen Grenze betragen kann. Es gibt also auch bei Betrachtung mit dem unbewaffneten Auge eine Art Dunkelfeldwirkung, wie wir sie in Abschnitt 32312, S. 45, beim Mikroskop noch eingehend behandeln werden. Unter Umständen kann die Betrachtung einer bearbeiteten Fläche mit bloßem Auge sogar Einzelheiten erschließen, die mit den nachstehend beschriebenen feineren optischen und sonstigen Verfahren nicht oder nur sehr schwer darzustellen sind. Dies

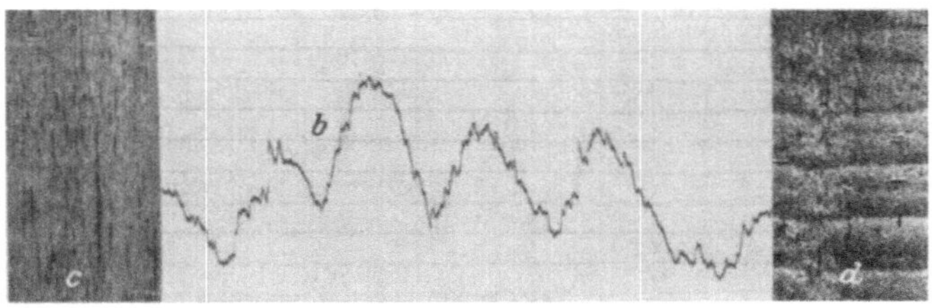

Abb. 33/1. Buchenholz, auf Kehlmaschine bearbeitet, Flugkreisdurchmesser 150 m. *b* Profilkurve der Oberfläche (1 mm = 4,4 μ) (mit Tastgerät aufgenommen), *c* Oberfläche in auffallendem Licht (0,8 natürlicher Größe), *d* dieselbe Oberfläche in schräg auffallendem Licht, Einfallwinkel etwa 20° (0,8 natürlicher Größe).

gilt besonders für periodische feinste Vertiefungen, wie sie gewöhnlich durch Schwingungen an Werkstück oder Maschine entstehen (Zittermarken). Der Grund hierfür ist der, daß bei der Betrachtung durch unwillkürliche Bewegungen der Augen oder des Kopfes das Beobachtungsorgan unter anderem auch in diejenigen Lagen kommt, in denen spiegelnde Elemente der Fläche gerade im Glanzwinkel stehen und besonders aufleuchten. Für Holz und andere halbdurchlässige Stoffe (wohl auch viele Papiere) entsteht bei streifendem Einblick eine besonders hohe Empfindlichkeit der Beobachtung feinster Neigungsänderungen der Fläche. Ein Beispiel hierfür ist Abb. 33/1. Die regelmäßigen Vertiefungen in dem Holz, die von Schlägen des Hobelmessers herrühren und in der Registrierkurve[1] gut zu sehen sind, bleiben bei Betrachtung in auffallendem Licht so gut wie nicht sichtbar, dagegen treten sie in schräg auffallendem Licht außerordentlich deutlich hervor. Der Winkel dieser feinsten Wellenlinien gegenüber der mittleren Ebene der Holzoberfläche beträgt im Mittel etwa 1° 30′. Es ist erstaunlich, daß derart geringe Winkeländerungen der Fläche noch wahrnehmbar sind. Dies hängt mit den Gesetzen der Reflexion an durchscheinenden Körpern zusammen, wie sie in den FRESNELschen Formeln festgelegt sind *(regelmäßige Reflexion)*. Wenn Licht von der Lichtstärke J auf eine spiegelnde brechende Fläche fällt (Abb. 33/2), so wird die Intensität J_r des reflektierten Strahles bestimmt durch die Gleichung[2]

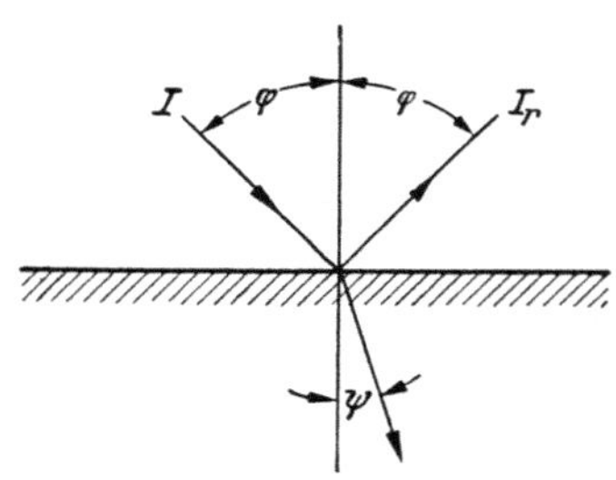

Abb. 33/2. Reflexion und Brechung an durchsichtigen Flächen.

$$J_r = \frac{1}{2}\left[\frac{\sin^2(\varphi-\psi)}{\sin^2(\varphi+\psi)} + \frac{\mathrm{tg}^2(\varphi-\psi)}{\mathrm{tg}^2(\varphi+\psi)}\right] J. \qquad \text{(Gl. 33/1)}$$

[1] Über die Registrierung derartiger Oberflächenprofile mit Hilfe des Tastgerätes vgl. Abschn. 3421, S. 61 ff.

[2] CHWOLSON: Lehrbuch der Physik, Braunschweig 1904, II/I, S. 858. Handbuch der Experimentalphysik, herausg. von WIEN und HARMS, Leipzig 1928, Bd. 18. LAUE, v.: Die Spiegelung und Brechung des Lichtes an der Grenze zweier isotroper Körper, S. 127.

Die Funktionen $F = \frac{J_r}{J}$, also die Intensität des reflektierten Lichtes im Verhältnis zu der des einfallenden Lichtes, ist in Abb. 34/1 eingetragen, ebenso deren Ableitung[1] $\frac{\mathrm{d}F}{\mathrm{d}\varphi}$. Man sieht aus diesen Kurven, wie außerordentlich stark die Intensität des reflektierten Lichtes mit dem Einfallwinkel zunimmt; während bei senkrechtem Einfall ($\varphi \approx 0$) etwa 5% des einfallenden Lichtes zurückgeworfen werden, wird an der Grenze des völlig streifenden Einfalls nahezu die gesamte Lichtmenge reflektiert. Auf dieser Eigenschaft des FRESNELschen Intensitätsgesetzes beruht im wesentlichen die merkwürdige Erscheinung, daß kleine Winkeländerungen der Fläche sichtbar werden, und zwar besonders bei Betrachtung unter sehr kleinen Winkeln.

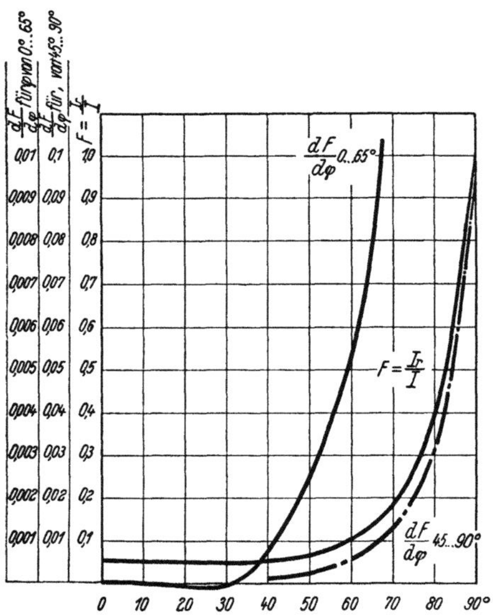

Abb. 34/1. FRESNELsche Reflexion für einen Brechungsindex von $n = 1{,}52$.

Fällt paralleles Licht auf zwei gegen die Ebene um den Winkel α geneigte Flächen (Abb. 34/2), so bilden die reflektierten Strahlen einen Winkel $2\,\alpha$ miteinander. Während bei einem Einfallwinkel von 40^0 eine Winkeländerung von $2\,\alpha = 1^0$ eine Änderung der Intensität des reflektierten Lichtes von etwa 1% hervorruft, wird diese Änderung bei einem Einfallwinkel von 85° (also nahezu streifendem Einfall) schon 9,5%. Das Auge kann unter günstigen Umständen noch Helligkeitsunterschiede von etwa 1% wahrnehmen. Unter normalen Umständen liegt die Unterschiedsschwelle etwa bei 5%. Man sieht, daß es also bei derartigen Körpern und bei streifendem Eintritt möglich ist, Winkelverschiedenheiten der Oberfläche von etwa 10′ wahrzunehmen.

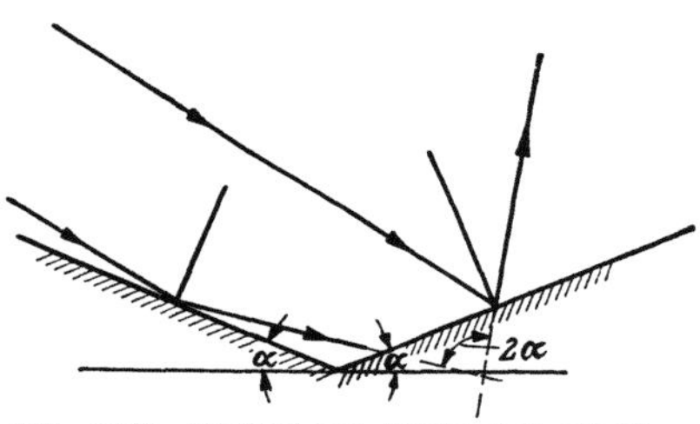

Abb. 34/2. Einfluß von Unebenheiten auf die Richtung des reflektierten Strahles.

Die Verhältnisse werden erheblich ungünstiger, wenn außer den soeben betrachteten Unebenheiten die Fläche an sich noch rauh ist, also eine diffuse Reflexion nach allen Richtungen hin stattfindet. Dieser Fall entspricht wohl den am häufigsten vorkommenden technischen Flächen. Für völlig rauhe, diffus reflektierende Körper entspricht im Gegensatz zu den Körpern mit regelmäßiger Reflexion jedem einfallenden Strahl eine Reflexion nach allen Richtungen, also eine unendliche Schar von Ausfallstrahlen. Für die Intensität gilt mit einer

[1] Die Kurve ist für einen Brechungsindex $n = \frac{\sin\varphi}{\sin\psi} = 1{,}52$ berechnet. Messungen des Verfassers mit dem Verfahren der Einbettung des Materials in Flüssigkeiten verschiedener Brechungsvermögen haben bei verschiedenen Hölzern Werte für n zwischen 1,52 und 1,55 ergeben.

gewissen Annäherung das LAMBERTsche Gesetz, wonach die Intensität des reflektierten Lichtes

$$J_r = c\, J_i \cos i \cos e \qquad \text{(Gl. 35/1)}$$

ist; i ist der Einfallwinkel, e ein beliebiger Ausfallwinkel[1]. Daraus findet sich $\frac{\mathrm{d}J_r}{\mathrm{d}e} = -c\, J_i \cos i \cdot \sin e$. Da die Änderungen von $\sin e$ bei großem e sehr gering sind, tritt bei diesen diffus reflektierenden Körpern die oben dargestellte Wirkung kleiner Winkeländerungen bei streifendem Eintritt im allgemeinen nicht auf, die wir bei regelmäßig reflektierenden, halb oder ganz durchsichtigen Körpern gefunden hatten[2]. Wenn derartige Körper jedoch mit einer durchsichtigen Schicht überzogen werden, die die Rauhigkeit ausgleicht, ist die Wirkung im Sinne der FRESNELschen Gleichung wieder vorhanden, und zwar regelmäßig sehr stark. Hierauf beruht die Erscheinung, daß *infolge von Lackierung geschliffener, gespachtelter oder mit Ölfarbe gestrichener Oberflächen oder bearbeiteter Hölzer oder durch Glasur von keramischen Körpern kleine Unebenheiten deutlich sichtbar werden,* während dies vorher kaum der Fall war.

Bei *metallischen Oberflächen* ist die Zunahme der Intensität des reflektierten Lichtes in der Gegend des streifenden Einfalls weit geringer als bei durchsichtigen oder halbdurchsichtigen Körpern[3]. Hier rufen kleine Winkeländerungen der Oberfläche bei streifender Betrachtung keine so großen Intensitätsunterschiede hervor. Da aber derartige Flächen bei guter Glätte eine Abbildung mittels Spiegelung ermöglichen, sind Unebenheiten an der Verzerrung sonst regelmäßiger Spiegelbilder merkbar. Dies ist für die Beurteilung bearbeiteter Metallflächen von Wichtigkeit.

Es lassen sich also in bezug auf die Betrachtung mit bloßem Auge *zwei Gruppen von Körperoberflächen* aufzeigen, bei denen geringe Unebenheiten an der Grenze des mikrogeometrischen Gebietes deutlich sichtbar sind und solche, bei denen dieses nicht der Fall ist.

---

[1] Die Abb. 92/2 zeigt zugleich eine zeichnerische Darstellung des LAMBERTschen Kosinusgesetzes.

[2] In der Tat liegen die Verhältnisse noch wesentlich verwickelter als nach obiger vereinfachender Darstellung. Das LAMBERTsche Gesetz ist nicht streng gültig. Auch bei rauhen Oberflächen nimmt vielfach die Lichtstärke bei streifendem Austritt schneller zu, als es dem Kosinusgesetz entspricht; auch können Größtwerte der Lichtstärke bei anderen Ausfallwinkeln vorkommen [vgl. HANS SCHULZ: Z. techn. Physik Bd. 6 (1924) S. 137 und MÜLLER-POUILLET: Physik, 12. Aufl. Bd. 2/2 (1929) S. 1137; ferner WORONKOFF u. POKROWSKI: Z. techn. Physik Bd. 20 (1923) S. 358; WORONKOFF: Z. techn. Physik Bd. 6 (1924) S. 99; POKROWSKI: Z. Physik Bd. 30 (1924) S. 66; Bd. 35 (1926) S. 34; Bd. 36 (1926) S. 390, 472; SCHULZ, HANS: Z. Physik Bd. 31 (1925) S. 496; ZÖCHER u. REINICKE: Z. Physik Bd. 33 (1925) S. 12; JENTZSCH: Z. techn. Physik Bd. 7 (1926) S. 310]. Es kann also unter gewissen Umständen, die von der Größe, Form und Lagerung der Oberflächenteilchen abhängen, auch hier „Glanz" bei streifendem Eintritt beobachtet werden. Eine solche anormale Reflexionskurve für Magnesiumoxyd-Pulver nach WORONKOFF und POKROWSKI ist unter der Bezeichnung J_r, $i = 80^0$ MgO in Abb. 92/2 mit eingetragen. Für die Messung des Glanzes dient als vorteilhaftes auch im Laboratorium verwendbares Gerät das Zeisssche Stufenphotometer. Vgl. PULFRICH: Z. Instrumentenkde. Bd. 45 (1925) S. 35; KLUGHARDT: Z. techn. Physik Bd. 8 (1927) S. 109; NAUMANN: Z. techn. Physik Bd. 8 (1927) S. 239; RICHTER: Zentr.-Ztg. Opt. Mech. 1928. In der Textiltechnik sind Messungen des „Glanzes" heute schon üblich, vgl. MENGERINGHAUSEN F.N. 91/3.

[3] LAUE, v.: a. a. O. vgl. dort Abb. 10, S. 166; vgl. DRUDE, Optik.

1. Oberflächen, bei denen geringe Unebenheiten bei streifender Betrachtung *nicht sichtbar* sind: Rauhe, matte Körper; z. B. geschliffene Hölzer, mit Mattfarbe oder Spachtel bedeckte Oberflächen, mattierte Gläser, rauhe Kartons und Papiere, gehobelte, geschliffene Metalloberflächen.

2. Körper, bei denen geringe *Unebenheiten sichtbar* werden: Gläser, emaillierte Körper, Zelluloid, polierter Hartgummi, Kunstharz, Horn usw., gehobelte Hölzer, gehobelte und lackierte Hölzer, mattierte und nachträglich lackierte Flächen (Maschinenanstrich), keramische glasierte Flächen (z. B. Porzellan), Papier und Leder von mittlerer und hoher Glätte, polierte Metalloberflächen.

Bei sehr hochwertigen spiegelnden Metallflächen und bei Betrachtung außerhalb des Glanzwinkels gibt der feine *Schleier* über der Fläche dem geübten Beobachter ein gutes Kennzeichen zur Beurteilung des Politurzustandes[1]. Bei zylindrischen Körpern ist die Breite der hellen, vorwiegend direkt reflektierenden streifenförmigen Zone ein Maß für den Oberflächenzustand. Je feiner die Oberfläche, um so schmaler ist dieser Streifen. Alle diese Dinge sind jedem Praktiker geläufig.

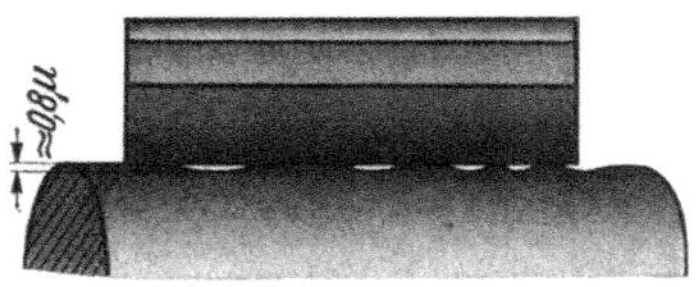

Abb. 36/1.
Lichtspaltverfahren mit Messerlineal.

Es fragt sich noch, welche Aufschlüsse wir mit bloßem Auge über die Feingestalt von Flächen bekommen können, wenn wir uns sehr genauer *Vergleichskörper* bedienen. Zu diesen gehören in erster Linie die bekannten *Messerlineale*. Wenn man die Abweichungen etwa eines zylindrischen Bolzens im mikro- und makrogeometrischen Gebiet von der strengen Zylinderform prüfen will, legt man ein Messerlineal an die Mantelfläche an (Abb. 36/1) und stellt gegenüber einer gut beleuchteten Fläche fest, ob Licht zwischen der Kante des Lineals und der Mantelfläche des Zylinders durchdringt. Die nähere theoretische Betrachtung dieses Verfahrens zeigt, daß es nicht ganz einfach ist, festzustellen, bis zu welcher Grenze sich mit diesem Verfahren Abweichungen von der Geraden noch feststellen lassen. Wir betrachten zunächst die geometrischen Fehler eines derartigen Messerlineals. Die übliche Genauigkeit der Kante eines solchen wird im allgemeinen angegeben zu $\left(2+\frac{L}{500}\right)\mu$. Die Grenze der Herstellungsgenauigkeit dürfte bei $\left(0{,}5+\frac{L}{200}\right)\mu$ liegen. Ein gewöhnliches Messerlineal von 50 mm Länge hat somit eine Genauigkeit von etwa $2\,\mu$, während ein außerordentlich gutes, wie es im Handel noch käuflich ist, bei derselben Länge eine Genauigkeit von $0{,}75\,\mu$ haben dürfte. Nun fragt es sich, welche Lichtmenge, die durch den Spalt zwischen Messerlineal und einem Drehkörper hindurchtritt, noch wahrgenommen werden kann (Abb. 37/1). Wenn paralleles Licht auf einen derartig feinen Spalt trifft, so wird es gebeugt und tritt auf der anderen Seite in einem Strahlenbündel aus, welches für verschiedene Winkel wechselnde Intensität (Beugungsstreifen) hat. Die gesamte Lichtmenge, die ins Auge tritt, wird jedoch begrenzt durch die Pupillenöffnung des Auges. Bei gewöhnlicher Sehweite beträgt der Winkel, der allein imstande ist, Licht zu empfangen, 2^0. Bei engen Spaltweiten ist das Büschel des abgebeugten Lichtes außer-

[1] Dies hängt mit dem größeren Anteil gebeugten oder diffus reflektierten Lichtes solcher Flächen zusammen. Diese Fragen werden wir bei der Erörterung der optischen Prüfverfahren näher untersuchen (Abschnitt 35317, S. 91 ff.).

ordentlich weit geöffnet, so daß nur ein Bruchteil des durch den Spalt austretenden Lichtes in das Auge gelangen kann. Es genügt für uns zu wissen, daß bei

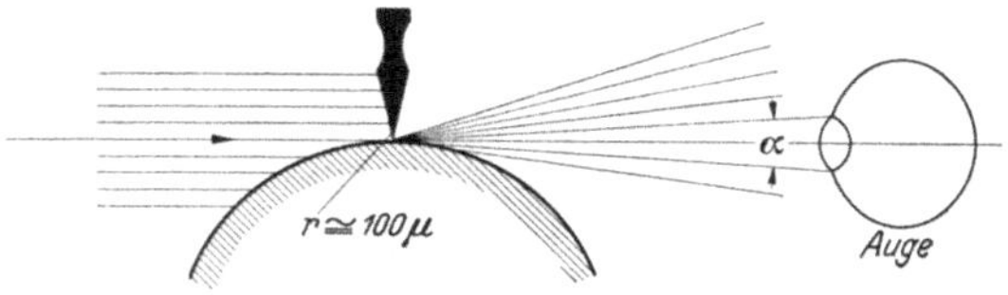

Abb. 37/1. Lichtspaltverfahren mit Messerlineal.

guter Beleuchtung (100—150 Lux) noch Spaltweiten von 0,8—1 μ, also Rauhigkeiten einer untersuchten Fläche von etwa diesem Betrage, mit diesem Verfahren noch eben festgestellt werden können[1].

322. Die photographische Darstellung von Oberflächen ohne Verwendung des Mikroskopes.

Es ist oft notwendig, Oberflächen technischer Körper bei geringen Vergrößerungen oder Verkleinerungen im Lichtbild festzuhalten (makroskopische

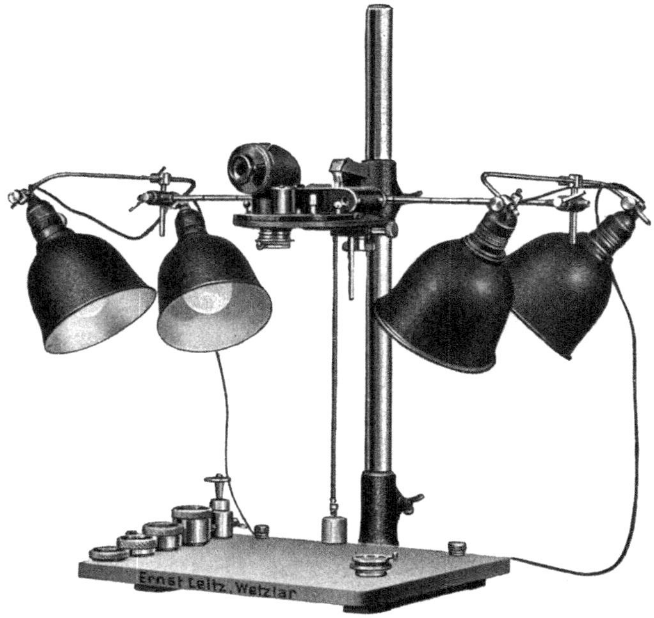

Abb. 37/2. Kleinkamera *Leica (E. Leitz-Wetzlar)* mit Einstellrevolver und Beleuchtungsapparat zur Aufnahme kleiner Gegenstände.

Aufnahmen). Tritt diese Aufgabe nur gelegentlich auf, so wird man sich einer *behelfsmäßigen Einrichtung* bedienen. In vielen Fällen genügt dazu ein gewöhnlicher photographischer Apparat, sofern dieser einen doppelten Balgauszug hat,

[1] Über die Verwendung von Messerlinealen zur Prüfung der Unebenheiten von Oberflächen an elektrischen Kochgeräten vgl. Dettmar: Mitt. Forsch.-Inst. Elektrowärmetechn. Hannover, Heft 9, S. 32/33. ETZ. 1933 S. 518. Kranold-Börner: Mitt. Hannoversche Hochschulgemeinschaft 7. Sitzg. 1935 S. 14.

um den notwendigen Bildabstand zu erreichen. Es kann auch zweckmäßig sein, besonders wenn man zahlreiche Aufnahmen hintereinander in gleicher Größe oder in Verkleinerung machen will, eine der im Handel befindlichen Kleinbildkameras zu verwenden. Deren Bilder lassen sich dann vergrößern oder auch zur Projektion benutzen. Die *Leica*[1] von *Leitz-Wetzlar* ist hierzu sehr zweckmäßig und wird häufig benutzt, besonders in Verbindung mit dem sog. Einstellrevolver, der es ermöglicht, auch bei diesem Gerät ohne Mattscheibe das Bild sehr sauber einzustellen (vgl. Abb. 37/2).

Hat man derartige *makroskopische Aufnahmen* häufiger zu machen, so bedient man sich einer der im Handel üblichen sog. makrophotographischen Geräte oder einer Sondereinrichtung hierfür, wie sie vielfach mit den großen mikrophotographischen Apparaten hierfür geliefert werden.

In allen Fällen verwende man gute Objektive mit einer Brennweite zwischen 20 und 100 mm. Solche sind beispielsweise folgende: Das Summar, Milar, Photar von *Leitz-Wetzlar* oder Mikroplanar und Mikrotar oder auch das Tessar von *Zeiss-Jena*. Für schwache Vergrößerungen verwendet man Objektive mit größerer und für starke Vergrößerungen solche mit kurzer Brennweite. Abstände von mehr als etwa 1—$1^1/_2$ m zwischen Objekt und Bild führen im allgemeinen zu Unbequemlichkeiten.

Der Abstand zwischen Gegenstand und Objektiv einerseits und von diesem zum Bild andererseits ergibt sich aus der bekannten *Linsenformel:*

$$-\frac{1}{s} + \frac{1}{s'} = \frac{1}{f}, \qquad \text{(Gl. 38/1)}$$

wo s die Dingentfernung vom Objektiv (bzw. genau dessen betreffender Hauptebene), s' die zugehörige Bildentfernung und f die Brennweite sind.

Das Vergrößerungs- oder Verkleinerungsverhältnis findet sich zu

$$\varphi = \frac{y'}{y} = \frac{s'}{s}, \qquad \text{(Gl. 38/2)}$$

wo y' die Bildgröße und y die Dinggröße ist.

Die Rechnung nach diesen Gleichungen ist etwas unbequem. Wenn man häufig mit derartigen Aufgaben zu tun hat, bedient man sich zweckmäßig eines Sonderrechenstabes, wie er von *Zeiss*[2] für diesen Zweck geliefert wird. Die erreichbare Vergrößerung wird, wie oben schon angedeutet, durch die Länge des Balgauszuges des photographischen Geräts bestimmt, bzw. durch den gesamten Abstand zwischen Gegenstand und photographischer Platte, den man zur Verfügung hat. Die beistehende Tafel gibt einige Zahlen hierüber für verschiedene Objektive. Sie sind auf ganze Zentimeter abgerundet.

Z.T. 38/1. Abstand Gegenstand — Bild in Zentimetern.
Für verschiedene Objektive und Bildmaßstäbe.

Brennweite des Objektives in cm	Maßstab (Bild : Gegenstand)				
	1 : 1	2 : 1	5 : 1	10 : 1	20 : 1
3,5	14	16	25	43	77
5,0	20	23	36	61	110
7,5	30	34	54	91	165
10	40	45	72	121	221
15	60	69	108	183	330

Als Anhaltspunkt mag ferner dienen, daß bei starken Vergrößerungen der Abstand zwischen Gegenstand und Objektiv (Objektivabstand) etwa gleich der Brennweite ist, bei schwachen etwas zunimmt, und zwar um den Betrag der Brennweite geteilt durch das Vergrößerungsverhältnis.

[1] Druckschrift *Ernst Leitz-Wetzlar:* Reproduktionsgeräte in Verbindung mit der Leica.
[2] Vgl. Druckschrift *Zeiss-Jena:* Mikro 517.

Kommt es auf die Einstellung eines genauen *Vergrößerungsverhältnisses* an, so wird man so verfahren, daß man zunächst einen Maßstab als Objekt in die Objektebene bringt und auf der Mattscheibe das Bild nachmißt. Die Größe des Sehfeldes ist, da keine Sehfeldblende vorhanden ist, an sich nicht begrenzt. Mit Rücksicht auf die Schärfe der Abbildung und auf die notwendige Helligkeit rechnet man mit einem Sehfeld, dessen Durchmesser gleich der Hälfte bis ein Drittel der Brennweite des verwendeten Objektives ist. Bei enger Blende, die entsprechend lange Belichtungszeit verlangt, kann man mit dem Bildkreis entsprechend heraufgehen. Bei der Herstellung verkleinerter Bilder dreht man das Objektiv derart, daß die Linse, welche bei Vergrößerungen dem Objekt zugewendet ist, nach der Platte liegt, da dann die Objektive sauberer zeichnen. Außerdem muß bei jeder derartigen Arbeit der *Tiefenschärfenbereich* der Objektive berücksichtigt werden. Das heißt, mit Rücksicht auf die Güte der Abbildung sollte die Ausdehnung des Gegenstandes in der Richtung der optischen Achse einen bestimmten Betrag nicht überschreiten. Dieser wird durch Abbildungsmaßstab und Blendengröße bestimmt. Die umstehende Z.T. 40/1 gibt hierfür einen Anhalt.

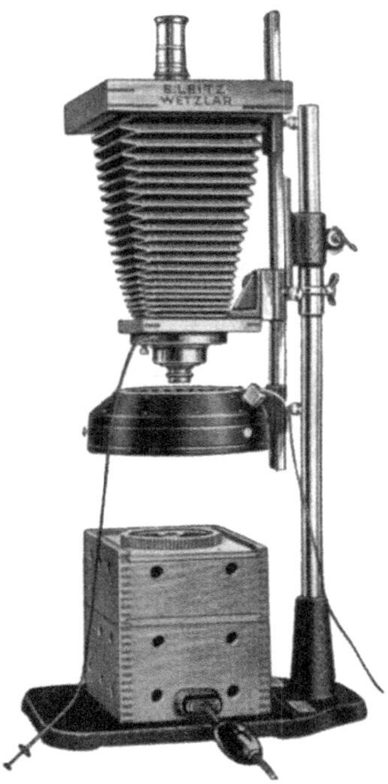

Abb. 39/1. Makrophotographisches Aufnahmegerät von *Leitz - Wetzlar* mit oberer Ringbeleuchtung und beleuchteter Auflagefläche.

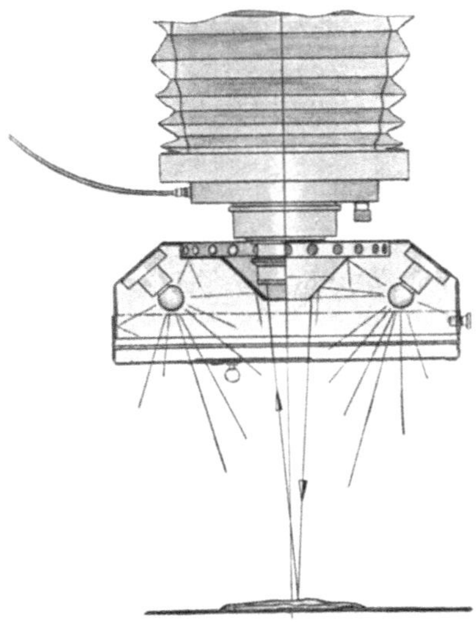

Abb. 39/2. Ringbeleuchtung zum makrophotographischen Aufnahmegerät von *Leitz-Wetzlar*.

Zur Beleuchtung der abgebildeten Gegenstände wird man im allgemeinen sich nicht des Tageslichtes bedienen, sondern mindestens einer künstlichen Hilfsbeleuchtung, die man in vielen Fällen sich behelfsmäßig einrichten kann (Nitraphotlampen). Die im Handel befindlichen makrophotographischen Einrichtungen haben zur Beleuchtung entweder um eine Tischplatte herum angeordnete verstellbare Lampen oder auch einen kegelförmigen Ringspiegel, in dem solche Lampen angeordnet sind. Abb. 39/1 zeigt die Makrokamera von *Leitz-Wetzlar* mit *Ringbeleuchtung*, Abb. 39/2 einen Schnitt durch diese. In vielen

Fällen ist allseitige Beleuchtung, die die Schattenbildung nahezu vermeidet, zweckmäßig, in anderen kann es umgekehrt wünschenswert sein, die Beleuchtung aus einer bestimmten Richtung kommen zu lassen. Dies geschieht entweder durch Abschalten einiger Lampen (makrophotographische Einrichtung von *Zeiss*) oder durch Einfügung einer Sektorblende in den Ringspiegel (Einrichtung von *Leitz*-Wetzlar). Abb. 40/1 zeigt ein Kreissägeblatt mit 2 Opallampen beleuchtet, Abb. 40/2 mit der oben beschriebenen Ringbeleuchtung. In gewissen Fällen ist es auch zweckmäßig, den Gegenstand auf eine beleuchtete Unterlage zu legen, so daß man jede Schattenwirkung auf dem Hintergrund des Bildes vermeidet und gleichzeitige Durchsichts- und Auflichtbeleuchtung bekommt. Abb. 39/1 zeigt dies an dem makrophotographischen Gerät von *Leitz*, welches mit einem besonderen

Z.T. 40/1. Tiefenschärfenbereich in Millimetern für gut korrigierte Objektive.

Verhältnis Bild : Gegenstand	Blende			
	f/6,3	*f*/9	*f*/12,5	*f*/18
1 : 2	3,8	5,4	7,5	10,8
1 : 1,5	2,7	3,7	5,2	7,5
1 : 1	1,67	2,4	3,4	4,8
2 : 1	0,94	1,35	1,87	2,7
3 : 1	0,74	1,06	1,47	2,13
4 : 1	0,66	0,94	1,31	1,88
5 : 1	0,60	0,86	1,21	1,73
6 : 1	0,58	0,82	1,13	1,63
7 : 1	0,55	0,79	1,09	1,58
8 : 1	0,54	0,76	1,05	1,52
9 : 1	0,52	0,74	1,03	1,47
10 : 1	0,50	0,72	1,01	1,45

Abb. 40/1. Kreissägeblatt, Aufnahme mit 2 Opallampen.

Abb. 40/2. Kreissägeblatt, Aufnahme mit Ringbeleuchtung. Verkleinert 0,6 ×.

Beleuchtungskasten versehen ist, der oben eine Milchglasscheibe als Unterlage für den Aufnahmegegenstand trägt.

Bei häufigen Arbeiten dieser Art wird man lernen, die *Belichtungszeit* innerhalb der durch die Art der Entwicklung noch auszugleichenden Toleranz richtig zu treffen, besonders wenn man es versteht, diese nach der Helligkeit des Mattscheibenbildes abzuschätzen. Im anderen Falle oder bei photographisch schwierigen Gegenständen wird man einige Vorversuche, gegebenenfalls mit stufenweise verstelltem Kasettenschieber, machen. Hierbei wählt man zweckmäßig die Belichtungszeiten probeweise nach einer geometrischen Reihe, also z. B. 1″, 4″, 16″, 32″, 1′.

323. Mikroskopische Beobachtung und Photographie von Oberflächen.

Die Prüfung einer bearbeiteten Oberfläche durch Betrachtung mittels einer *Lupe* oder eines *Mikroskops* im auffallenden Licht ist ein heute in Werkstatt und Laboratorium allgemein angewendetes Verfahren. Dieses gestattet nicht nur die unmittelbare Betrachtung, sondern auch mit den heute üblichen kleinen Aufsatzkameras die Herstellung guter photographischer Aufnahmen des mikroskopischen Bildes. Es gibt einen unmittelbaren Eindruck, wenn auch nicht vom Profil, so doch vom allgemeinen Charakter einer Fläche. Auch für die Betrachtung von *Innenflächen hohler Körper* (Bohrungen, Rohre, Flaschen, Kessel) unter Vergrößerung gibt es wohlausgebildete Geräte[1].

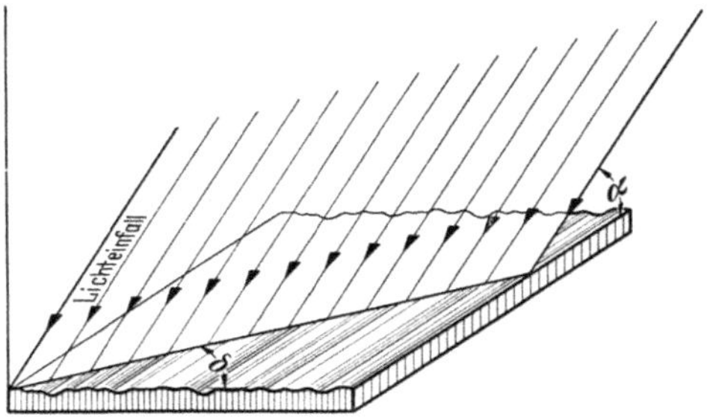

Abb. 41/1.
Höhenwinkel α und Azimut δ des Lichteinfalls.

3231. Art und Wirkung der Auflichtbeleuchtung. Die Güte der Bilder technischer Oberflächen bei mikroskopischer Betrachtung wird sehr wesentlich beeinflußt von der Art ihrer *Beleuchtung*[2]. Man kann völlig verschiedene Bilder erhalten je nach dem Winkel, unter dem das Licht auf den Gegenstand fällt. Es kommt dabei nicht nur auf den *Höhenwinkel*, sondern auch auf den *azimutalen Einfall* des Lichtes an, insbesondere bei solchen Flächen, die ausgesprochene Bearbeitungsfurchen zeigen (Abb. 41/1). Die einfachste Form der Beleuchtung, die für alle schwachen und mittleren Vergrößerungen ausreicht, ist eine über dem Objekt an dem Mikroskoptubus angebrachte elektrische Lampe von großer Flächenhelligkeit, die mit einem kleinen Kondensor versehen ist, z. B. die Epilampe von *C. Zeiss-Jena* (Abb. 41/2). Eine solche Lampe muß sowohl in der Höhenrichtung neigbar wie auch um die Betrachtungsachse azimutal drehbar sein.

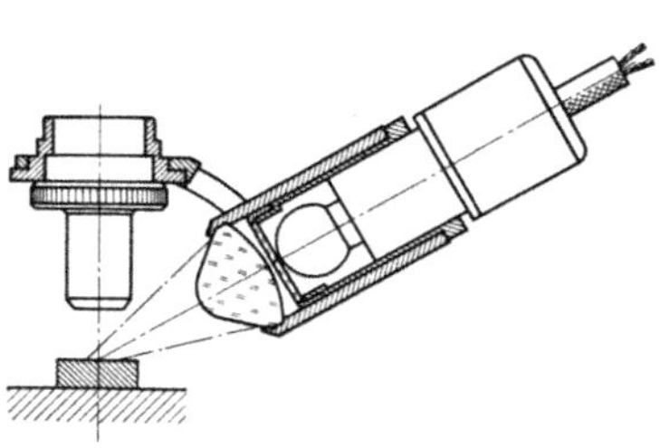

Abb. 41/2. Epilampe von *Carl Zeiss-Jena.*

Die Abb. 41/1—43/1 zeigen *dasselbe* Objekt unter verschiedenen Beleuchtungsbedingungen. Man sieht, wie unter gewissen Umständen flaue Bilder entstehen und bei einer anderen Beleuchtung sehr kontrastreiche. Dies hängt einerseits mit echter Schattenbildung zusammen, andererseits aber auch damit, daß unter günstigen Bedingungen kleine spiegelnde Flächenelemente im Glanzwinkel liegen.

[1] Eppenstein: Z. VDI Bd. 78 (1934) S. 995.

[2] Einen guten, bequem lesbaren Überblick über die optischen Grundlagen der mikroskopischen und makroskopischen Photographie in auffallendem Licht gibt die Druckschrift Mikro 505 der Firma *Carl Zeiss-Jena,* ferner eine Übersicht über die Verfahren und Geräte zur Beleuchtung im auffallenden Licht F. Hauser: Zeiss-Nachrichten H. 1, Juli 1932; vgl. auch Hauser: Z. wiss. Mikroskopie Bd. 48 (1931) S. 63f. Vonwiller: Z. wiss. Mikroskopie Bd. 49 (1932) S. 289. — Eine eingehende Darstellung der mikroskopischen Verfahren auf einem verwandten Gebiet gibt H. Schneiderhöhn u. P. Ramdohr: Lehrbuch der Erzmikroskopie, Bd. 1. Berlin 1934.

Die Abb. 42/1, 42/2 und 42/3 sind mit der erwähnten Epilampe bei *Schräglichtbeleuchtung* aufgenommen, die Abb. 42/4 und 43/1 mit dem später (S. 44) zu

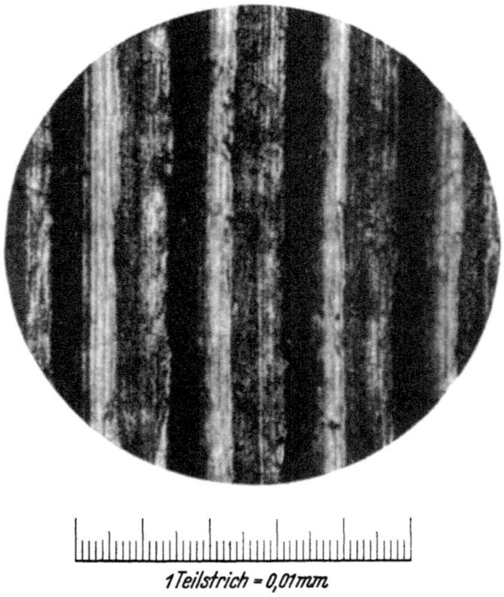

Abb. 42/1.

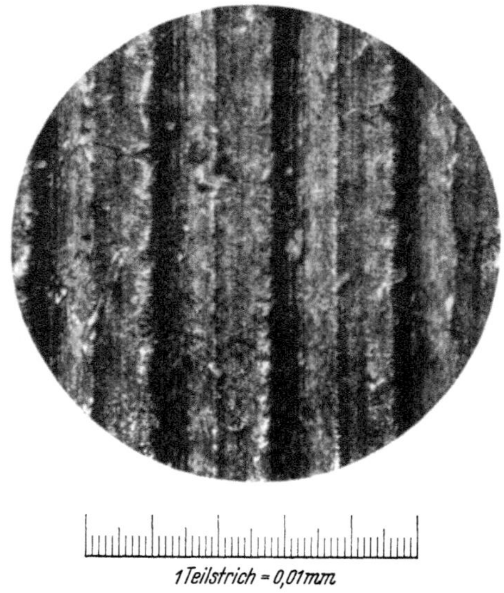

Abb. 42/2.

Abb. 42/1. Rotguß gefräst, mit *Epilampe* senkrecht zu den Fräsfurchen beleuchtet. Vergr. 81 ×. Die Beschaffenheit in der Tiefe der Furchen ist nicht erkennbar wegen der Schattenwirkung der höheren Teile.

Abb. 42/2. Rotguß gefräst, mit *Epilampe* unter 45° zu den Fräsfurchen beleuchtet. Vergr. 81 ×. Das Bild ist besser.

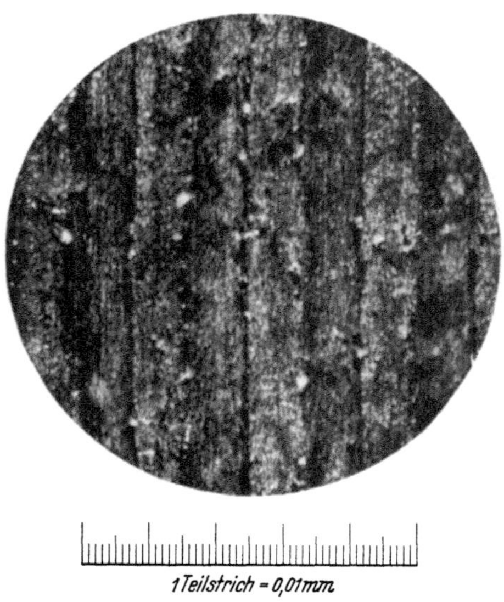

Abb. 42/3.

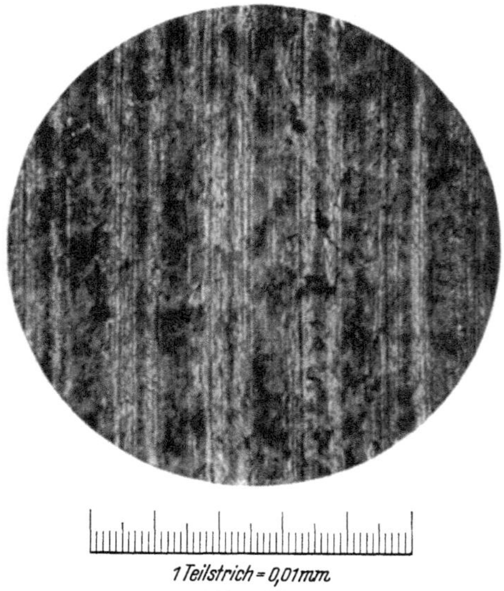

Abb. 42/4.

Abb. 42/3. Rotguß gefräst, mit *Epilampe* parallel zu den Fräsfurchen beleuchtet. Vergr. 81 ×. Das Bild ist wenig kontrastreich, es fehlt die Plastik.

Abb. 42/4. Rotguß gefräst, aufgenommen mit *Epikondensor*. Lichteinfall von oben durch das Objektiv hindurch wie beim Vertikalilluminator. Vergr. 78 ×. Das Bild ist zur Erkennung der Oberflächenfurchung unbrauchbar wegen mangelnder Kontraste. Dafür zeigt jedoch diese Beleuchtung eine bessere Wiedergabe der Feinstruktur der Oberfläche als die Abb. 42/3, da alle Richtungen in gleicher Weise berücksichtigt sind.

beschreibenden Epikondensor. Alle Bilder beziehen sich auf dieselbe Probe. Man sieht, daß bei einer verhältnismäßig rauhen Fläche, wie der vorliegenden, sich mit dem einfachen Hilfsmittel der Schräglichtbeleuchtung bei geeigneter Handhabung durchaus brauchbare Ergebnisse erzielen lassen. Bei feineren dagegen und bei starker Vergrößerung gilt dies nicht mehr. Im übrigen zeigen die Abbildungen besonders deutlich, daß es im allgemeinen nicht möglich ist, sich ein Urteil über die Höhen- und Tiefenverhältnisse und damit über das Profil einer derartigen Fläche zu bilden. Bei großer Erfahrung läßt sich ein solches gewinnen, wenn man die Beleuchtung planmäßig verändert, also etwa einen Lichteinfall von rechts in einen solchen von links, und dann sorgfältig beobachtet, welche Aufhellungen und Verdunklungen eintreten[1].

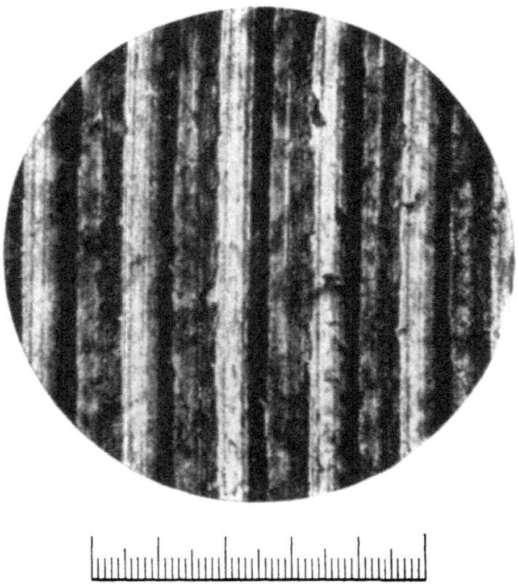

Abb. 43/1. Rotguß gefräst, aufgenommen mit *Epikondensor,* Dunkelfeldbeleuchtung mit Sektorblende (einseitige Beleuchtung). Vergr. 78×. *Sehr gutes Bild.* Höhen und Tiefen trotzdem nicht mit Sicherheit zu unterscheiden. Ein Wechsel des Lichteinfalls durch Verdrehen der Blende ermöglicht dem geübten Beobachter die Unterscheidung.

32311. Vertikalilluminatoren. Für Objektivvergrößerungen über 40mal sind die Epilampen oder ähnliche Vorkehrungen zur Beleuchtung nicht mehr brauchbar, da die Abstände zwischen Objektiv und Fläche zu klein werden. Eine Anordnung, mit der man auch bei den stärksten Vergrößerungen mit Auflichtbeleuchtung arbeiten kann, ist der altbekannte *Vertikalilluminator* (Abb. 43/2), bei dem durch einen in den Strahlengang des Mikroskopes eingeschalteten halbdurchlässigen Spiegel oder ein Prisma Licht senkrecht auf die zu betrachtende Fläche geworfen wird. Diese Vertikalilluminatoren, die zu metallographischen Beobachtungen polierter und geätzter Metallflächen viel verwendet werden, haben sich für stärkere Vergrößerungen an rauhen Flächen der Gruppen 4—7 nicht als zweckmäßig erwiesen. Dies hängt unter anderem mit den Reflexen zusammen, die von einzelnen spiegelnden Elementen des Betrachtungsgegenstandes wie auch von den Flächen des mikroskopischen Objektives ausgehen und die Bilder vielfach verschleiern.

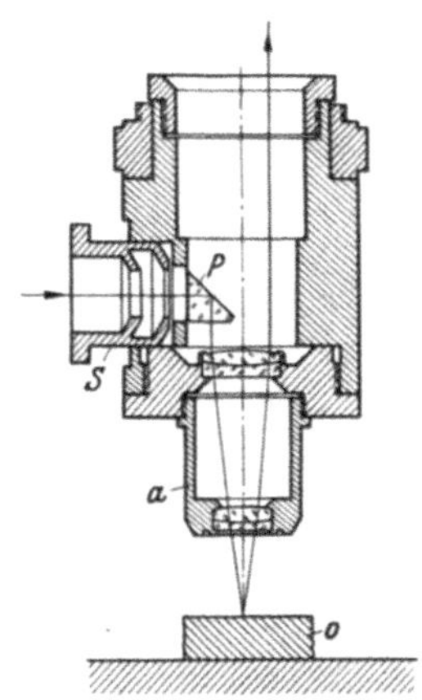

Abb. 43/2. Strahlengang im Vertikalilluminator zur mikroskopischen Beobachtung im auffallenden Licht.

32312. Einrichtungen zur Umlichtbeleuchtung (Hellfeld- und Dunkelfeldbeleuchtung). Neuerdings sind jedoch andere Konstruktionen zur Auflichtbeleuchtung entwickelt worden, die auch für diese Fälle brauchbar sind. Bei ihnen wird das zur Beleuchtung dienende Licht mit Hilfe eines Systems von ringförmigen Spiegeln oder Linsen, das *um* das Beobachtungsobjektiv herum angeordnet ist, auf das Objekt geworfen (Ultropak

[1] Vgl. Hirsch: Z. techn. Physik 1931 S. 531.

von Leitz, Epikondensor von Zeiss, Abb. 44/1, 44/2, 44/3, Univertor von E. Busch-Rathenow u. a. m.). Wir wollen diese Instrumente als „*Umlichtbeleuchtungseinrichtungen*" bezeichnen. Mit diesen lassen sich besonders gute Aufschlüsse über die Beschaffenheit der bearbeiteten Oberflächen gewinnen.

Die „Umlichtbeleuchtung" ergibt ebenso wie die oben geschilderte „Schräglichtbeleuchtung" *Auflicht-Dunkelfeld* im Gegensatz zu dem Vertikalilluminator,

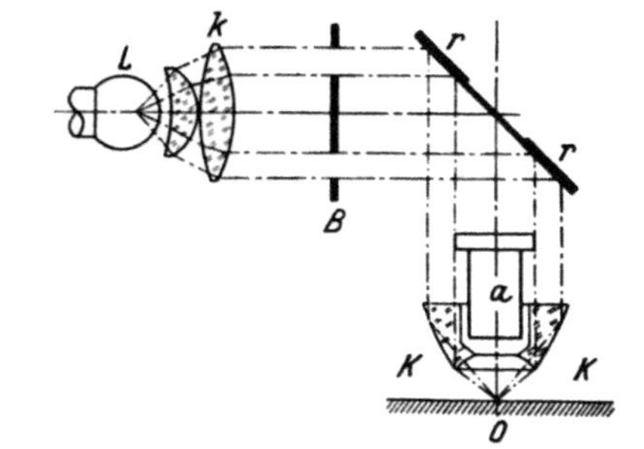

Abb. 44/1.

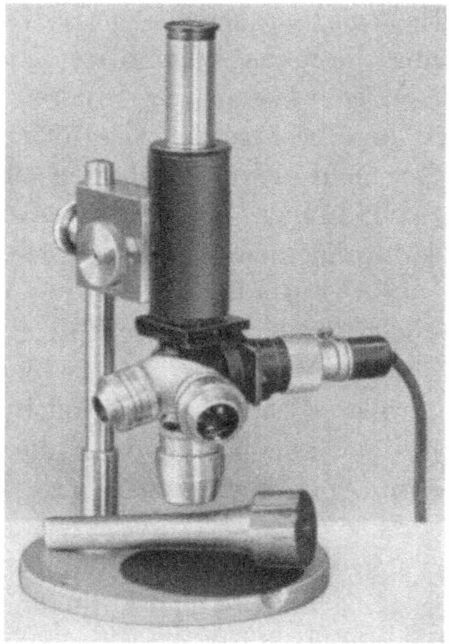

Abb. 44/2.

Abb. 44/1. Schema einer mikroskopischen Auflicht-Dunkelfeldbeleuchtung (Epikondensor von *Carl Zeiss-Jena*). Die Anordnung wirkt in der Weise, daß eine kleine, mit einem zweilinsigen Kollektor *k* versehene Lampe *L* (8 Volt 0,6 Amp.) ihr Licht gegen eine unter 45° geneigte, ringförmig versilberte Glasplatte *rr* sendet, die es senkrecht nach unten rings um das Objektiv *a* herum in den dieses umschließenden Kondensor *KK* (ringförmiger Hohlspiegel, Kardioid-Kondensor usw.) reflektiert, der es seinerseits auf dem Objekt *O* vereinigt.

Abb. 44/2. Mikroskop-Epistativ mit Epikondensor (Carl Zeiss-Jena) zur Betrachtung im auffallenden Licht mit wechselnden Vergrößerungen (Revolver zugleich für die Objektive und diese umschließende Spiegelkondensoren; dadurch ist bequemer Vergrößerungswechsel möglich).

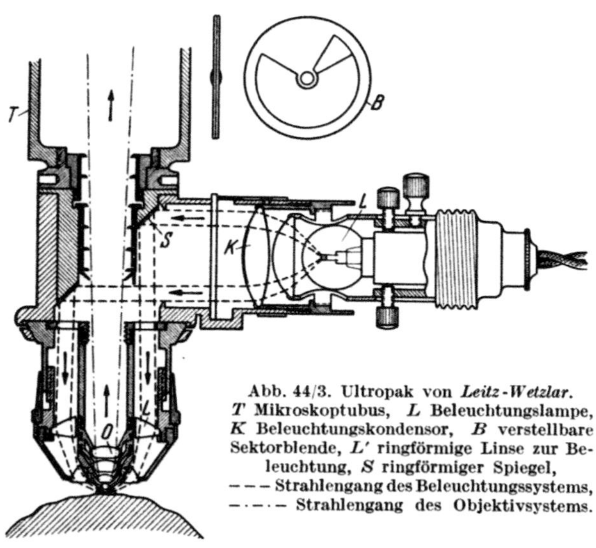

Abb. 44/3. Ultropak von *Leitz-Wetzlar*. *T* Mikroskoptubus, *L* Beleuchtungslampe, *K* Beleuchtungskondensor, *B* verstellbare Sektorblende, *L'* ringförmige Linse zur Beleuchtung, *S* ringförmiger Spiegel, – – – Strahlengang des Beleuchtungssystems, –·–·– Strahlengang des Objektivsystems.

der *Auflicht-Hellfeld* erzeugt. Das Wesen der *Dunkelfeldbeleuchtung* beruht in folgendem: Man läßt das Licht allseitig oder azimutal einseitig unter flachem Winkel auf das Objekt auffallen. Dabei kann das an den spiegelnden Teilen der Fläche zurückgeworfene Licht, sofern diese senkrecht oder nahezu senkrecht zur Beobachtungsrichtung liegen, nicht mehr in den Strahlengang des Mikroskopes kommen, und sie erscheinen notwendig dunkel (Abb. 45/2). Nur an denjenigen Teilen der Fläche, welche als ausgesprochene Störungsstellen wirken (Kratzer, Schleifrisse, Körner oder kleine Höhlungen) und damit abgebeugtes Licht allseitig zurückwerfen, kann Licht auch unter diesen Beleuchtungsbedingungen in das Mikroskop gelangen. Es erscheinen dann diese Störungsstellen hell auf dunklem Grund. Der wesentliche Vorzug dieses Verfahrens besteht darin, daß es noch einzelne Teile des Gegenstandes nachweisbar macht, die sich wegen ihrer geringen Größe sonst der Wahrnehmung bei gewöhnlicher Beleuchtung entziehen[1]. Daher ist die Verwendung der Dunkelfeldbeleuchtung für die Untersuchung hochwertigster, etwa polierter oder geläppter Flächen, von besonderer Bedeutung.

Ein Teil der erwähnten Umlichtbeleuchtungseinrichtungen erlaubt, Hellfeld und Dunkelfeld zu wechseln. So kann z. B. bei dem Zeiss-Epikondensor das Instrument durch Einschalten einer in einem Wechselschieber befindlichen kleinen Linse wie ein normaler Vertikalilluminator für Hellfeldbeleuchtung benutzt werden. Durch Einführen der in demselben Schieber befindlichen Zentralblende in den Strahlengang wird der zentrale Teil des Beleuchtungsbündels herausgeblendet, so daß Licht nur durch die ringförmigen *Spiegelkondensoren* unter schrägem Einfallswinkel auf das Objekt gelangt, somit regelmäßig reflektiertes Licht nicht mehr in den Strahlengang des Mikroskopes kommt. Damit ist die Dunkelfeldbeleuchtung verwirklicht. Auch kann hierbei durch eine verstellbare Sektorblende (vgl. *B* in Abb. 44/3) ein Teil des ringförmigen Lichtkegels herausgeblendet und so eine Beleuchtung mit bestimmtem Azimut erreicht werden.

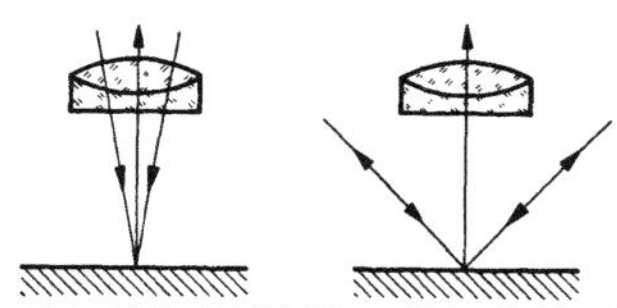

Abb. 45/1. Hellfeld- und Dunkelfeldbeleuchtung. Hellfeldbeleuchtung: Abgebeugtes und regulär reflektiertes Licht gelangen ins Mikroskop. Dunkelfeldbeleuchtung: Das regulär reflektierte Licht gelangt nicht ins Mikroskop, dagegen aber abgebeugtes Licht von den Störungsstellen.

Abb. 46/1 zeigt eine polierte Endmaßfläche im Hellfeld. Die ganze Fläche wirft Licht zurück, die Schleifrisse erscheinen dunkel auf hellem Grund. Die Bilder der Risse sind überstrahlt und nicht vollkommen befriedigend. Abb. 46/2 zeigt dieselbe Probe in Dunkelfeldbeleuchtung, wobei die größten Teile der Fläche kein Licht zurückwerfen und nur die Störungsstellen durch Schleifrisse hell auf dunklem Grund erscheinen. Man sieht, wie im Dunkelfeld eine große Mannigfaltigkeit von feinen Einzelheiten zur Darstellung kommt, die im Hellfeld nicht wahrnehmbar sind.

Abb. 46/3 und 46/4 zeigen den Einfluß des Azimuts des einfallenden Lichtes bei einseitiger Dunkelfeldbeleuchtung. Es handelt sich bei beiden Bildern um dieselben Proben in derselben Stellung. Bei Abb. 46/3 erfolgt der Lichteinfall von rechts im Bilde und bei Abb. 46/4 von oben. Man sieht, daß in beiden Fällen ein großer Teil der Schleifrisse überhaupt nicht zur Beobachtung kommt. Es gelangt nur Licht von denjenigen Rissen in das Beobachtungsgerät, welche etwa senkrecht zu ihrer Längserstreckung beleuchtet werden. Die Abb. 46/3 und 46/4 sind mit der oben beschriebenen Epilampe aufgenommen. Man sieht, daß sich auch mit einem so einfachen Hilfsmittel schon leidlich brauchbare Dunkelfeldbilder, selbst feinbearbeiteter Flächen, erzielen lassen, allerdings wesentlich unvollständiger als bei Verwendung des Epikondensors oder des Ultropak. Die Bedeutung der einseitigen Dunkelfeldbeleuchtung für die Untersuchung von rauheren Flächen haben wir oben in Abb. 42/1—43/1 gesehen.

[1] Vgl. weiter unten die Erörterung über das Auflösungsvermögen usw. (S. 52).

Es sei in diesem Zusammenhang noch ein neuerdings bekannt gewordenes Verfahren von MECHAU *(Carl Zeiss-Jena)*[1] erwähnt, welches in einfacher Weise

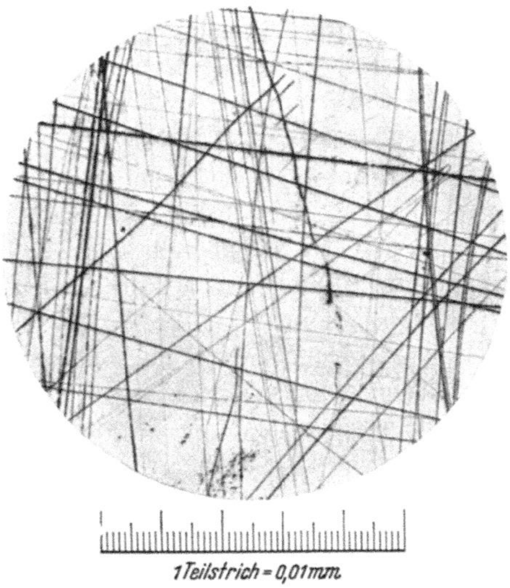

Abb. 46/1. Stahl poliert, aufgenommen mit Epikondensor, Hellfeldbeleuchtung. Vergr. 71×.

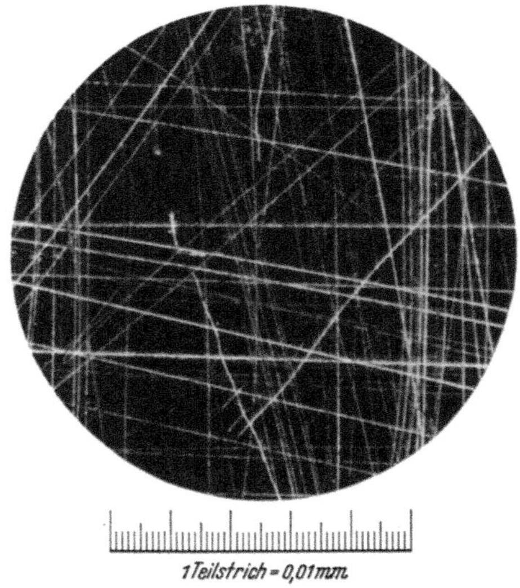

Abb. 46/2. Stahl poliert, aufgenommen mit Epikondensor, Dunkelfeldbeleuchtung. Vergr. 71×.

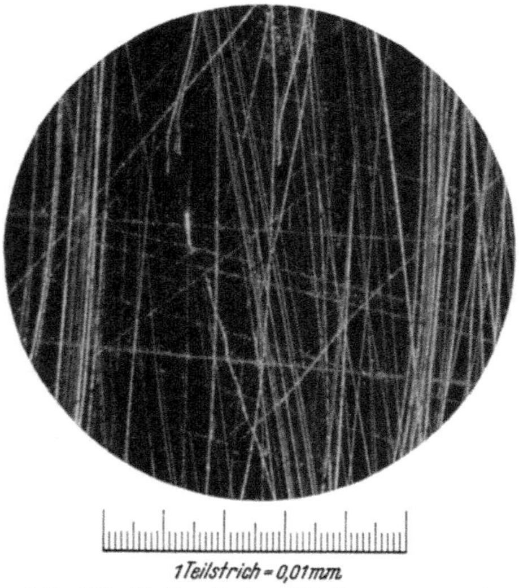

Abb. 46/3. Stahl poliert, mit Epilampe von rechts beleuchtet. Vergr. 71×. Einfluß des Azimutes.

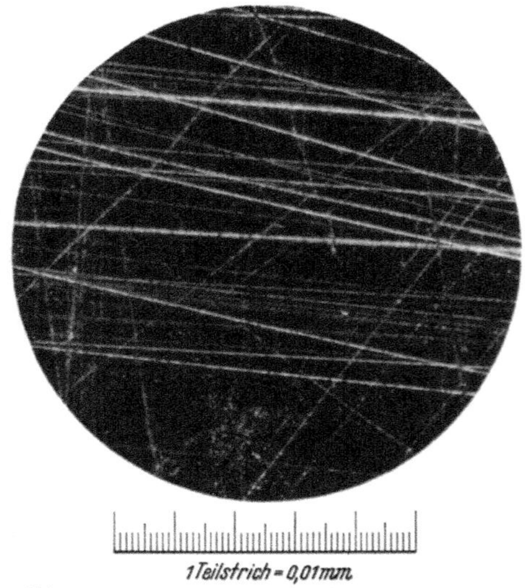

Abb. 46/4. Stahl poliert, mit Epilampe von oben beleuchtet. Vergr. 71×. Einfluß des Azimutes.

(Alle Flächen stammen von derselben Probe und sind in derselben Lage aufgenommen.)

gestattet, sehr feine Rauhigkeiten an zylindrischen oder ebenen Körpern sichtbar zu machen. Man bringt eine optisch plane Glasfläche mit der zu untersuchenden metallischen Oberfläche unter leichtem Druck in Berührung und belichtet die

[1] DRP. ang.

Berührungszone streifend durch den Glaskörper hindurch. Dann sieht man bei Beobachtung mit Lupe oder Mikroskop, etwa in Richtung des Reflexionswinkels, Bilder, welche die Mikrostruktur der Prüflingsfläche darstellen. Dies hängt damit zusammen, daß die Totalreflexion, welche normalerweise an der Fläche des Glaskörpers vorhanden ist, an den Stellen, wo eine sehr innige Berührung der beiden Körper auftritt, gestört wird. Dadurch erscheinen die Berührungsstellen dunkel auf dem sonst durch die Totalreflexion hell beleuchteten Hintergrund. Auf diese Weise ist es z. B. möglich, feinste Schleifrisse sichtbar zu machen. Das Prinzip der Versuchsanordnung zeigt Abb. 47/1.

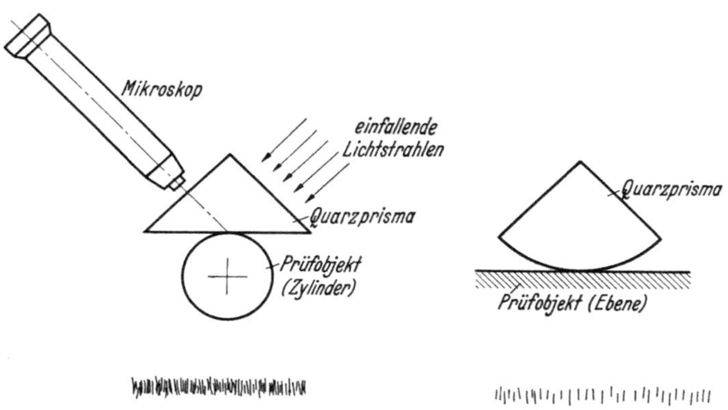

Abb. 47/1. Prüfung von Oberflächen durch die Störung der Totalreflexion. (Darunter Andeutung des Bildes.) (Nach MECHAU.)

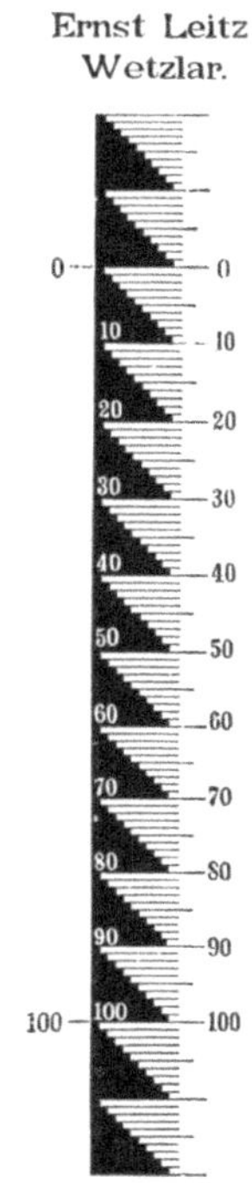

Abb. 47/2. Okular-Stufenmikrometer.

3232. Einrichtungen zur Vermessung des mikroskopischen Bildes. Vielfach tritt die Aufgabe auf, Oberflächenbilder auszumessen, d. h. Abstände einzelner charakteristischer Teile zu bestimmen. Die einfachste Einrichtung hierfür sind geritzte oder photographisch hergestellte Maßstäbe mit etwa 0,01 mm Teilung, die in der Bildebene des Okulars eingefügt gleichzeitig mit dem mikroskopischen Bild des Gegenstandes erscheinen. Solche Maßstäbe sind zweckmäßig stufenförmig geteilt (Abb. 47/2). Auch bei photographischen Aufnahmen lassen sie sich verwenden, sofern sie in fein versilberte Glasflächen eingeritzt sind, also weiß auf dunklem Grund erscheinen. Man kann dann so vorgehen, daß man die Platte zunächst mit der Skala belichtet, so daß man tiefschwarze Striche auf der sonst unbelichteten Platte bekommt und dann statt des Maßstabes den Gegenstand einstellt und diesen auf derselben Platte aufnimmt (vgl. Abb. 72/1, 72/2, 76/1).

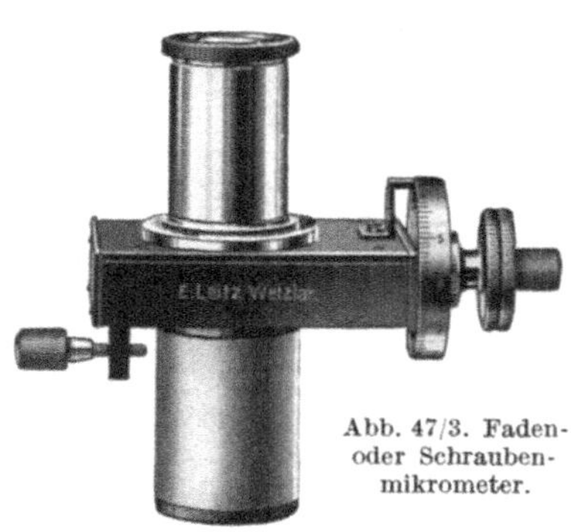

Abb. 47/3. Faden- oder Schraubenmikrometer.

Handelt es sich um zahlreiche Messungen an verschiedenen Stellen unmittelbar vor dem Mikroskop, so bedient man sich zweckmäßig eines *Okulars mit*

Fadenmikrometer (Abb. 47/3). Dieses hat einen in der Bildebene durch das Gesichtsfeld laufenden Faden, der durch eine Schraube mit Trommelteilung bewegt werden kann. Man stellt diesen Faden dann auf die verschiedenen Punkte (also z. B. die Gipfelpunkte von Bearbeitungsriefen) ein und liest die Abstände an der Teiltrommel ab. Solche Fadenmikrometer werden zweckmäßig für die jeweils benutzte Optik und Einstellung des Mikroskopes mit Hilfe einer der oben erwähnten Glasmaßstäbe geeicht.

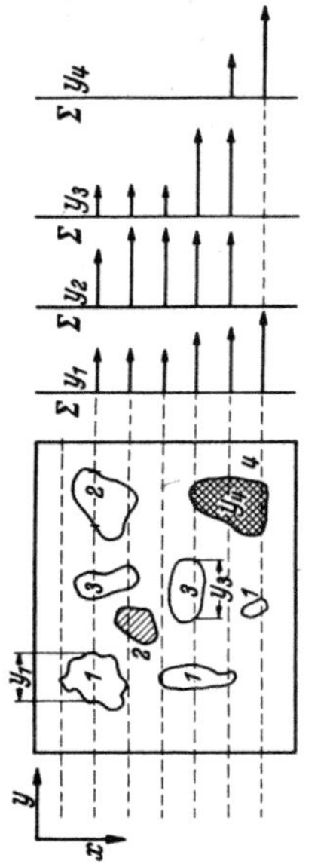

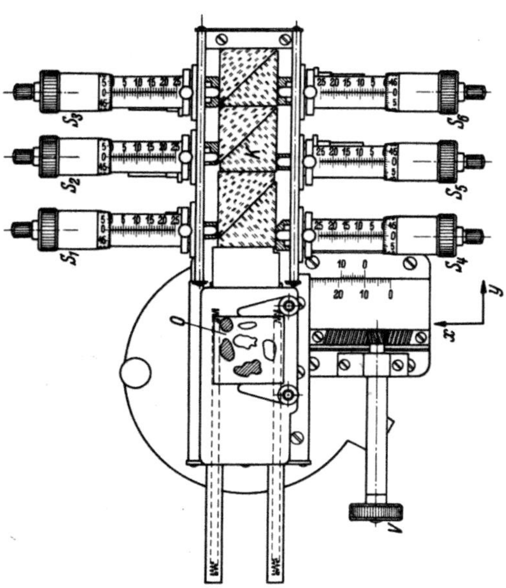

Abb. 48/1. Integrationstisch der Firma *E. Leitz-Wetzlar*. S_1—S_6 Meß-(Integrations-)Schrauben zur Verschiebung in y, O Objekt, V Verschiebung in x, K Verschiebungskeile.

Gelegentlich kommt die Aufgabe vor, die Größe gewisser Oberflächengestaltungen zu *summieren,* um ihre mittlere Größe zu ermitteln. Dies können z. B. (vgl. Tafeln 30—32) die Durchmesser von Oberflächenzerstörungen durch Korrosion und ähnliche Strukturen sein, auch die Größe von Kristallkörnern verschiedener Art (z. B. Ferrit, Zementit, Graphit usw.) in einem Schliffbild der Oberfläche. Ein brauchbares Gerät für diese Aufgabe ist der von *E. Leitz* in *Wetzlar* entwickelte, sog. *„Integrationstisch“* (Abb. 48/1 [1]). Dieser ermöglicht die Bewegung eines Fadens im Gesichtsfeld in der einen und die Einstellung eines senkrecht dazu stehenden Fadens in der anderen Richtung. Diese zweite Bewegung wird von verschiedenen Mikrometerschrauben bewerkstelligt, die auf Keile wirken und den Gegenstand verschieben. Dadurch ist es möglich, für vier Gattungen derartiger Oberflächenelemente ihre Ausdehnung getrennt zu summieren und damit ihren mittleren Anteil an der Gesamtfläche auszuwerten. Man bestimmt also (Abb. 48/1) $\Sigma\, y_1$, $\Sigma\, y_2$ usw. als Funktion von x. Auch für die Feststellung der Abbott- oder *Tragkurve* an Querschliffen, die wir in Abschnitt 55, S. 118 und 831, S. 215 ff. erörtern werden, ist dieser Integrationstisch geeignet.

[1] Freund: Z. wiss. Mikroskopie Bd. 50 (1933) S. 441. Kühlwein, Hofmann u. Krüger: Berg- u. hüttenm. Z. „Glückauf“ 1934 H. 34/35 S. 17.

3233. Mikroskopische Universalapparate zur Oberflächendarstellung. Bei der mikroskopischen Untersuchung der Oberflächen, wie wir sie im vorausgegangenen geschildert haben, wird man sich natürlich nicht immer damit begnügen, die Gegenstände nur zu betrachten, sondern man wird in vielen Fällen Wert darauf legen, sie auch photographisch aufzunehmen. Alle großen optischen Werkstätten (z. B. Carl Zeiss-Jena, Ernst Leitz G. m. b. H.-Wetzlar, Emil Busch AG.-Rathenow, C. Reichert-Wien usw.) bauen für diesen Zweck Mikroskope in Zusammenhang mit photographischen Aufnahmekammern. Auch die großen metallographischen Einrichtungen, die insbesondere von den beiden erstgenannten Firmen geliefert werden (z. B. C. Zeiss, „Neophot"), sind für unsere Zwecke brauchbar. Diese Geräte haben photographische Kammern mit beweglichem Balgauszug, wodurch unabhängig von der eigentlichen Optik die Vergrößerung verändert werden kann. Für die meisten uns beschäftigenden Aufgaben ist es jedoch weit bequemer, sich einer der kleinen aufsetzbaren photographischen Kammern mit feststehendem Plattenabstand (z. B. Leitz, „Uma") zu bedienen, wie sie ebenfalls von den größeren optischen Firmen geliefert werden. Neuerdings sind Geräte bekannt geworden, welche nicht nur den Mikroskopteil, sondern auch die photographische Kammer und die gesamte Beleuchtungseinrichtung in einem festen, aufrechtstehenden Körper vereinigen, so daß sie besonders bequem zu handhaben sind. Ein solches Gerät der Firma *E. Busch AG.-Rathenow* („Metaphot") beruht auf dem Prinzip von LE CHATELLIER, wonach die Proben mit ihrer flachen Fläche auf einen Tisch aufgelegt werden. Dies ist für viele unserer Zwecke außerordentlich praktisch. Nur da, wo es sich darum handelt, Oberflächenaufnahmen von nicht ebenen, komplizierter gestalteten Körpern zu machen, sind die Geräte, bei denen man den Gegenstand von oben auf den Mikroskoptisch legt (E. Leitz-Wetzlar, „Panphot") unter Umständen bequemer. Abb. 49/1 zeigt eines der erwähnten Universalgeräte von *E. Busch-Rathenow*. Abb. 50/1 in vergrößertem Maßstab den oberen Teil. Das Licht fällt durch den KÖHLERschen Beleuchtungsansatz *K* in den sog. Univertor *U*, der eine Einrichtung für die Umlichtbeleuchtung enthält. Darüber befindet sich der mit Kreuzsupport versehene Tisch. Darunter liegt das Okular *Ok*, welches eine Betrachtung des Bildes auch während der photographischen Aufnahme und die Scharfeinstellung für diese ermöglicht. Mit diesem Gerät können folgende Aufgaben erfüllt werden: Es können Übersichtsaufnahmen mit schwacher Vergrößerung und langbrennweitigen Objektiven gemacht werden bei gerader und schräger Beleuchtung mit verschiedenartigen

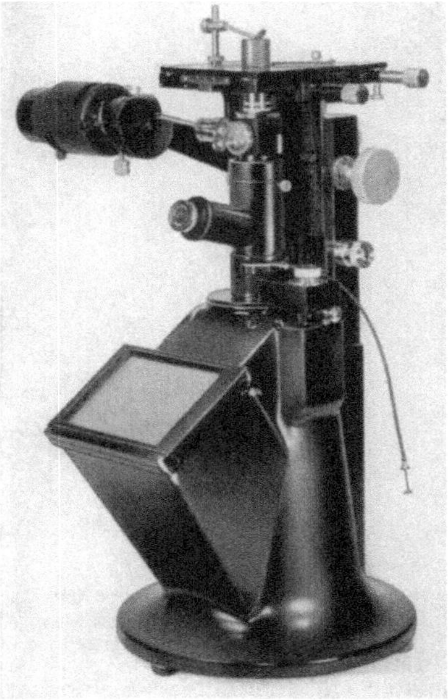

Abb. 49/1. Mikroskopisches Universalgerät (Metaphot) der Firma *Emil Busch AG.-Rathenow.*

Einfallswinkeln des Lichtes. Ferner können Umlichtaufnahmen gemacht werden, und zwar im Hellfeld und im Dunkelfeld bei verschiedener Vergrößerung. Schließlich ist das Gerät auch zur Verwendung bei durchfallendem und zugleich durch- und auffallendem Licht verwendbar, was im allgemeinen für unsere Zwecke jedoch nicht in Frage kommt. Für „Oberflächen" jedoch, wie z. B. das in Abb. 3/3 dargestellte Drahtnetz, ist dieses Beleuchtungsverfahren besonders brauchbar.

3234. Einrichtungen zum Vergleich verschiedener Oberflächenbilder. Es ist nicht möglich, auch nur die wesentlichen Einzelheiten eines Oberflächenbildes, wie es im Mikroskop oder der Lupe erscheint, im Gedächtnis festzuhalten und

Abb. 50/1. Tisch und Okularteil des *Metaphot* von *E. Busch-Rathenow*. *Ob* Objektiv, *K* Beleuchtungsansatz, *U* Einrichtung zur Umlichtbeleuchtung (Univertor), *G* Grobverstellung (am Objekttisch angreifend), *F* Feinverstellung (am Objektiv angreifend), *Ok* Okular.

später mit dem einer bestimmten Fläche zu vergleichen. Um einwandfreie Vergleiche verschiedener Bilder für den dauernden Gebrauch zu erhalten, wird man diese photographisch festhalten, was heute mit den einfachen, leicht zu benutzenden Aufsatzkameras möglich ist. Im übrigen ist es *für den Betrieb* immer zweckmäßig — ganz abgesehen von der zahlenmäßigen Festlegung der mikrogeometrischen Gestalt — *Normalflächen* (vgl. Abschnitt 95, S. 264ff.) zur Verfügung zu haben, die man mit den jeweils zu untersuchenden Flächen vergleicht. Hierfür ist z. B. ein neuerdings bekanntgewordenes Mikroskop von *E. Busch-Rathenow* besonders nützlich, welches ermöglicht, die zu untersuchende Fläche zusammen mit einer Normalfläche in demselben Gesichtsfeld zu betrachten (Abb. 51/1[1]).

3235. Stereomikroskopische Darstellung der Oberflächen. Die gewöhnliche mikroskopische Betrachtung erlaubt keine einwandfreie Beurteilung der Höhen- und Tiefenverhältnisse, wie die Abb. 42/1—42/4 und 43/1 zeigen. Eine solche läßt sich am besten bei stereoskopischer Betrachtung erreichen. So werden häufig

[1] Vgl. K. ALBRECHT: Bl. Untersuch.- u. Forsch.-Instrum. Bd. 7 (1933) S. 40. Auch zur vergleichenden Betrachtung von Innenflächen, etwa zylindrischer Gestalt, und zum Vergleich mit einer Normalfläche wird neuerdings von Busch ein ähnliches Gerät gebaut (AWF-Mitt. 1935 H. 2 S. 17). KUFFERATH: Oberflächentechn. Bd. 11 (1934) S. 211. Vgl. auch das Gerät von C. Zeiss-Jena. Z. B. Masch.-Bau Betrieb Bd. 15 (1936) S. 555. SALMONY: Schweiz. techn. Z. 1936 S. 591f.

zur Prüfung bearbeiteter Flächen die sog. *binokulare Lupe* oder das binokulare Mikroskop verwendet, die dem Beobachter ein stereoskopisches, also räumliches Bild der Oberfläche vermitteln (Abb. 51/2).

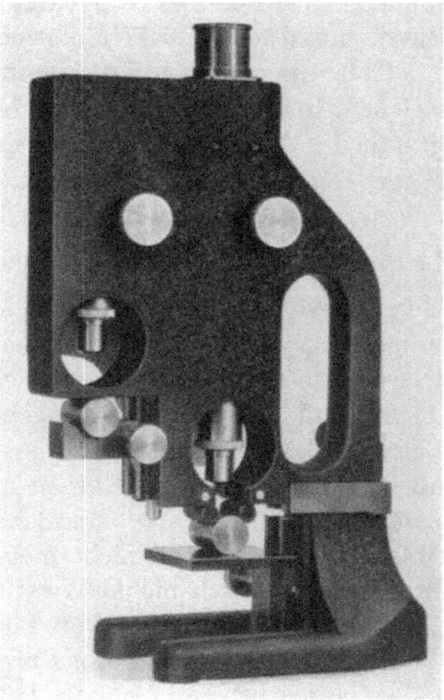

Abb. 51/1. Mikroskop zur Vergleichung der Oberflächen eines Werkstückes mit einem Normalstück, von *Emil Busch AG.-Rathenow*.

Zur Herstellung mikrophotographischer und zugleich stereoskopischer Bilder gibt es verschiedene Möglichkeiten. Für schwache und mittlere Vergrößerungen sind Doppelmikroskope mit geneigten Achsen im Handel mit zwei auf den Sehrohren aufsetzbaren Bildkammern bzw. einer Doppelkamera (DRÜNER-Kamera von *C. Zeiss-Jena*). Man kann aber schon mit weit einfacheren Hilfsmitteln gute stereoskopische Aufnahmen erhalten [1]. So kann man am Mikroskop die Austrittspupille durch eine Halbblende abdecken und mit der freibleibenden Hälfte eine Mikroaufnahme machen. Alsdann wird die andere Hälfte abgedeckt und wieder eine Aufnahme gemacht. Beide zusammen mit dem Stereoskop betrachtet, geben einen guten räumlichen Eindruck der Oberfläche. Weiter kann man das Mikroskop zwischen den beiden Aufnahmen um einen bestimmten Winkel neigen, etwa in der Art, wie dies bei den binokularen Lupen durch die Verwendung zweier im spitzen Winkel zueinanderstehender Sehrohre geschieht. Endlich besteht unter gewissen Voraussetzungen die Möglichkeit, die Probe um ein bestimmtes Stück — etwa $^1/_3$ des Objektabstandes — zwischen beiden Aufnahmen zu verschieben. Auf diese letzte Art ist z. B. die in der Beilagentafel gezeigte Stereoaufnahme einer gefrästen Rotgußfläche zustande gekommen. Es handelt sich dabei um dieselbe Probe, von der ich in Abb. 42/1—42/4 und 43/1 verschiedene Bilder gezeigt habe. Man betrachte diese Abbildung mit einem der üblichen Stereoskope und wird überrascht sein über die räumliche Wirkung der Bilder.

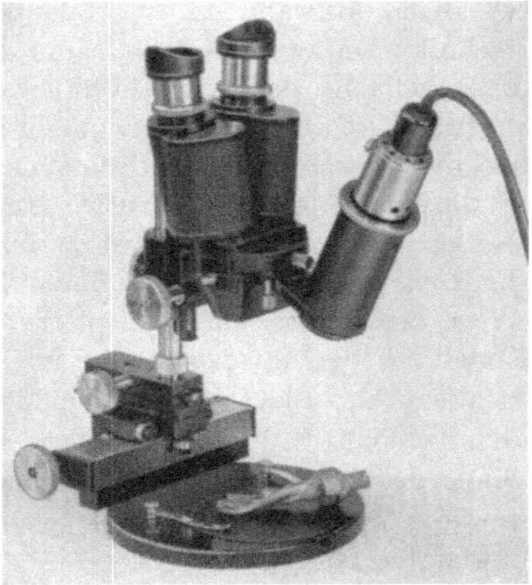

Abb. 51/2. Binokulare Lupe mit Beleuchtungslampe zur Betrachtung technischer Oberflächen, von *Carl Zeiss-Jena*.

Es besteht natürlich auch die meines Wissens bisher noch nicht angewendete

[1] Eine gute Anleitung, um mit einfachen mikrophotographischen Einrichtungen Stereoaufnahmen zu machen, gibt die Druckschrift der Firma C. Zeiss-Jena, Mikro 386.

Möglichkeit, derartige Aufnahmen unter dem Stereokomparator, einem Instrument, welches in der Kartographie zur Vermessung von Luftbildaufnahmen dient, auszuwerten, wie dies von Berndt früher vorgeschlagen worden ist.

3236. Grenze der mikroskopischen Vergrößerung. Es fragt sich nun, bis zu welcher Grenze man überhaupt mit Hilfe des Mikroskopes etwas über die Feingestalt der Oberflächen ausmachen kann. Das Auflösungsvermögen eines Mikroskopes ist bekanntlich bestimmt durch das Öffnungsverhältnis, den Quotienten aus der doppelten Apertur des Objektives und der Wellenlänge des benutzten Lichtes: $A = \frac{2a}{\lambda}$. Hierin bedeutet a die Apertur und λ die Wellenlänge. Unter gewöhnlichen Umständen können zwei Punkte des Objektes, deren Abstand A etwa 0,5—1 μ beträgt, noch eben als getrennt wahrgenommen werden. Die Grenze für die Ausdehnung eines Objekts, welches im Sinne der geometrischen Optik als Projektion abgebildet werden kann, liegt etwa bei demselben Betrag. Bei der Dunkelfeldbeleuchtung senden Störungsstellen weit kleinerer Ausdehnung (Kratzer, Körnchen), etwa auf einer polierten Fläche, noch genügend Licht in das Mikroskop, um eine Spur zu hinterlassen. Solche Objekte werden jedoch nicht mehr im eigentlichen Sinne abgebildet, d. h. über ihre Form läßt sich nichts Wesentliches aussagen.

3237. Die Verwendung von Licht mit kürzerer Wellenlänge (ultraviolettes Licht, Elektronenmikroskop). Durch Verwendung von Licht kürzerer Wellenlänge als der des sichtbaren Gebietes läßt sich grundsätzlich das Auflösungsvermögen steigern, und zwar umgekehrt proportional der Wellenlänge. Dies führt einerseits zur Mikroskopie mit ultraviolettem Licht[1], andererseits zum sog. Elektronenmikroskop[2]. Im ersteren Falle steht der Gewinn an nutzbringender Vergrößerung (etwa das 2fache gegenüber dem gewöhnlichen Licht) in der allergrößten Mehrzahl der uns interessierenden Fälle in keinem Verhältnis zu dem notwendigen Aufwand an experimentellen Hilfsmitteln und schwieriger Versuchstechnik. Im zweiten Falle lassen sich im Prinzip Vergrößerungen erzielen, die das Vielfache der bei gewöhnlicher Mikroskopie erreichbaren betragen. Der Aufwand ist aber noch weit größer als beim ultravioletten Licht, und außerdem ist die Anwendung einschränkenden Bedingungen unterworfen, wie starker Erwärmung der Proben usw. Immerhin ist es durchaus *denkbar, daß für besondere Fragestellungen auf dem Gebiet der Oberflächenuntersuchung das Elektronenmikroskop in der Zukunft Ergebnisse bringt*, die auf keinem anderen Wege erreichbar sind. Beispielsweise ist der Bau strahlender, also glühender Oxydkathoden auf diese Weise untersucht worden. Die Verfahren der Röntgenstrahlen- und Elektronenstrahleninterferenzen werden wir in dem späteren Abschnitt 3532, S. 101ff. darstellen, da sie grundsätzlich keine Abbildungen im Sinne der geometrischen Optik geben. Sie vermitteln nämlich nur Mittelwerte gewisser Strukturgrößen und gehören somit begriffsmäßig in das Gebiet der Integralverfahren.

3238. Zusammenfassende Betrachtung der photographischen und mikroskopischen Verfahren. Unsere Betrachtungen lassen sich wie folgt zusammenfassen: Für rauhere Flächen der Gruppen 1—4 unserer Zusammenstellung auf S. 10 und 12,

[1] Köhler, A.: Naturwiss. Bd. 21 (1933) S. 165.

[2] v. Borries u. Ruska: Z. VDI Bd. 79 (1935) S. 518f. Z. VDI Bd. 80 (1936) S. 989, 1075. Dort auch Literatur. Sommerfeld u. Scherzer: Zeiss-Nachr. 1935 Heft 9 S. 14. Brüchl: AEG-Mitt. 1934 S. 45.

also einschließlich der feingeschlichteten, genügt zur Darstellung im allgemeinen ein gewöhnliches Mikroskop mit einer bequem verstellbaren Einrichtung für schräg auffallendes Licht. Gut brauchbar hierfür ist z. B. die sog. Epilampe. Diese Flächen können auch mit Umlichtbeleuchtungseinrichtungen, wie dem Ultropak oder dem Epikondensor, dargestellt werden, wobei in der Mehrzahl der Fälle die Dunkelfeldbeleuchtung, möglicherweise mit einseitigem Azimut (Sektorblende), zweckmäßig ist. In einzelnen wenigen derartigen Fällen kann sich auch die Hellfeldbeleuchtung empfehlen. Für feinere und feinste Flächen (Gruppe 5—7) dürfte in der Mehrzahl der Fälle die Verwendung der allseitigen Dunkelfeldbeleuchtung zweckmäßig sein. Dabei muß natürlich beachtet werden, daß diese zur genaueren quantitativen Beurteilung der aufgezeigten Störungsstellen bei starken und stärksten Vergrößerungen nur mit Vorbehalt zu gebrauchen ist. In diesen Fällen kann man schließlich nur allgemein sagen, daß Stellen, die heller erscheinen als andere, wahrscheinlich auch größere Dimensionen haben. Für die Dunkelfeldbeleuchtung muß man, ähnlich wie bei dem eng damit verwandten ultramikroskopischen Verfahren bei der Betrachtung kolloidaler Teile, zufrieden sein, wenn man *feststellt, daß ein Objekt unterhalb einer gewissen Ausdehnung vorhanden ist,* ohne daß man im einzelnen genaue Angaben darüber machen kann.

Eine besondere und nicht ganz einfache Aufgabe ist die Darstellung außerordentlich langwelliger, sehr flacher Vertiefungen glatter Körper, z. B. der sog. *Rattermarken,* wie sie beim Drehen, Hobeln und Fräsen häufig auftreten. Mit bloßem Auge sind sie verhältnismäßig leicht zu sehen. Mit normalen photographischen Aufsichtsaufnahmen sind sie in der Regel nur schwer oder gar nicht darzustellen. Auch ihre einwandfreie vergrößerte Aufnahme mit normalen Hilfsmitteln ist erstaunlich schwierig. Man kommt hierbei jedoch zum Ziel, wenn man die Probe mit möglichst annähernd parallelem Licht beleuchtet und bei nicht allzu starker Vergrößerung aufnimmt. Hierbei ist es wichtig, daß auch das abbildende Büschel einen möglichst kleinen Winkel hat[1]. Letzteres wird erreicht entweder mit einem Teleobjektiv oder, wie in den dargestellten Fällen (Tafel 8, Abb. 17 a und b), mit einem vor die Kamera gesetzten Fernrohr. Mit einem solchen lassen sich bei unmittelbarer Beobachtung leicht auch die Neigungswinkel derartig flacher Rillen messen, indem man die Probe auf einem Drehtisch befestigt und jeweils auf den Glanzwinkel der regulären Reflexion auf der einen oder anderen Seite der Rille einstellt.

33. Das Eisenpulververfahren und das elektro-akustische Verfahren zum Feststellen von Rissen.

Sehr feine und dabei tiefe Risse bearbeiteter Werkstücke sind bei der mikroskopischen Betrachtung schwer und nur bei sehr sorgfältiger Arbeit festzustellen. Für die Praxis besonders wichtig sind Härte- und Schleifrisse, die unter Umständen nur eine Breite von einigen μ haben und deren Tiefe sehr wohl von der Größenordnung des Millimeters sein kann. Es ist seit einigen Jahren ein Verfahren bekannt geworden, mit dessen Hilfe man das Vorhandensein solcher Risse und ihren Verlauf an der Oberfläche bequem feststellen kann, wenn es auch

[1] Vgl. das auf Anregung von Prandtl durch Nadai entwickelte Verfahren zur Darstellung der Oberflächengestalt von Fließzonen plastischer Körper. Nadai: Der bildsame Zustand der Werkstoffe. Berlin 1927. S. 62 und Schweiz. Bauztg. Bd. 83 (1924) Nr. 14, 15.

keinen Aufschluß zu geben vermag über ihr Profil. Dieses Verfahren beruht auf der Störung, die künstlich erzeugte magnetische Kraftlinien im Werkstücke an der betreffenden Stelle erleiden[1] (Abb. 54/1). Die Magnetisierung kann entweder so erfolgen, daß man den Körper mit einem elektrisch erregten Magnetjoch in Verbindung bringt, so daß die Kraftlinien ungefähr in der Richtung seiner Längserstreckung liegen oder auch indem man den Körper von einem Strom durchfließen läßt, wobei dann die Kraftlinien senkrecht zur Stromrichtung verlaufen. Wegen der um das mehrtausendfache geringeren magnetischen Permeabilität in dem von Luft, Öl oder dgl. erfüllten Querschnitt des Risses tritt eine außerordentliche Verminderung der Kraftliniendichte an dieser Stelle ein und ein erheblicher Teil der Kraftlinien verläuft außerhalb der Oberfläche in der Luft. Wenn man feinstes Eisenpulver auf die Oberfläche des Werkstückes aufschlämmt, wird dieses an den Störungsstellen zusammengedrängt und die gestörte magnetische Leitfähigkeit wieder hergestellt. Abb. 54/2a und b zeigen ein auf diese Weise behandeltes Werkstück, auf welchem die Risse bequem sichtbar sind. Das Verfahren ist offenbar für die Kontrolle in der Werkstatt besonders geeignet, vielleicht auch für gewisse Fragen der Werkstoffprüfung im Laboratorium. Die mikroskopische Betrachtung, besonders im Dunkelfeld, erlaubt die mit dem magnetischen Verfahren nachzuweisenden Fehlstellen wohl auch sichtbar zu machen, doch entfernt nicht so schnell und bequem. Für die Kontrolle größerer Werkstücke zum Zwecke der Feststellung derartiger Risse kommt das Mikroskop daher nicht in Frage, dagegen zum genauen Studium ihres Verlaufs, wozu man sich eines auch auf das Werkstück aufsetzbaren Instrumentes bedienen kann.

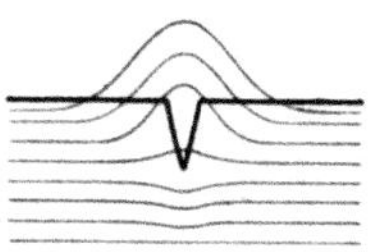

Abb. 54/1. Verlauf magnetischer Kraftlinien in der Nähe eines Oberflächenrisses.

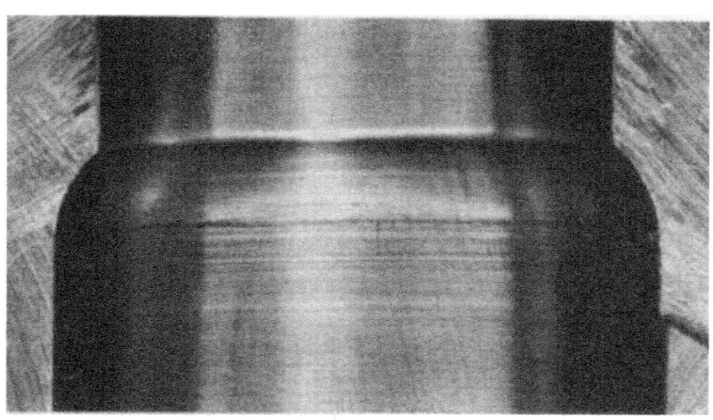

a

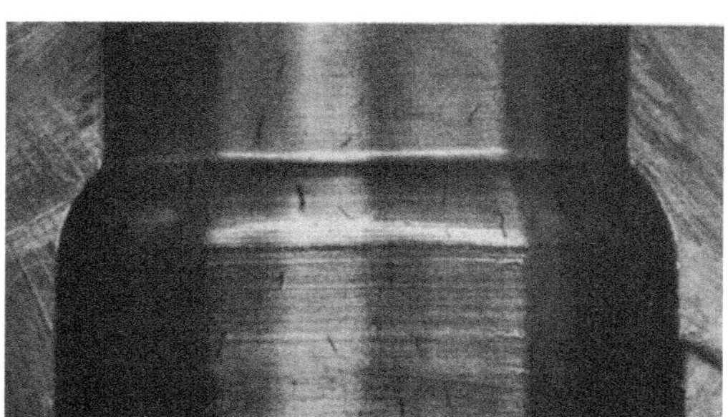

b

Abb. 54/2a u. b. *Eisenpulververfahren.* Hohler Maschinenteil von legiertem Stahl. a In gewöhnlichem Zustand, b nach Aufbringung des Eisenpulvers auf den magnetisierten Teil.

Anstatt die Änderung des Kraftlinienflusses durch aufgeschwemmte Feilspäne festzustellen, kann man diese auch zur Erzeugung eines Stromstoßes

[1] Berthold: Z. VDI 1935 S. 477. Masch.-Schad. 1935 Heft 9 S. 139. Vgl. auch AWF-Mitt. 1935 Heft 10 S. 82. Vgl. auch Masch.-Bau Betrieb Bd. 14 (1935) S. 305. v. Schwarz: Techn. Z. prakt. Metallbearb. Bd. 44 (1934) S. 483. Demag-Nachr. Bd. 10 (1936) S. B 10. Meinecke, W.: Masch.-Bau Betrieb Bd. 15 (1936) S. 86. Messkin: Arch. Eisenhüttenwes. Bd. 4 (1930) S. 215.

in einer über die Oberfläche des Prüflings bewegten Spule benutzen[1]. Bei diesem auf Anregung von GERLACH durch KIESSKALT, SCHWEITZER und PFAFFENBERGER entwickelten Verfahren wird die Magnetisierung durch permanente Magnete erzeugt, die an zwei Stellen mit entgegengesetzter Polrichtung auf das Werkstück aufgesetzt werden. Die Prüfspule, welche in einem entsprechenden Handgriff geschützt gelagert ist, ist mit einem elektrischen Schwingungskreis verbunden. Die Änderung der elektromotorischen Kraft beim Überfahren der Fehlstelle wird soweit verstärkt, daß sie in einem Kopfhörer deutlich gehört werden kann. Dieses Gerät soll speziell zur Untersuchung von Schweißnähten gut brauchbar sein.

34. Schnittverfahren.

340. Theoretisches über Verfahren zur Darstellung fastregelmäßiger Flächen.

Wir betrachten im nachstehenden zunächst die geometrischen und analytischen Möglichkeiten zur Darstellung fastregelmäßiger (quasiregulärer) Flächen. *Wir verstehen unter letzteren solche, deren Abweichungen (Fehler) senkrecht zu einer entsprechend gelegten geometrisch einfachen Fläche klein sind im Vergleich zu deren linearer Ausdehnung* (vgl. Abb. 55/1, wo $\Delta\ x$ klein ist gegen y und z). Die folgenden Betrachtungen beziehen sich naturgemäß ebenso auf makrowie mikrogeometrische Verhältnisse.

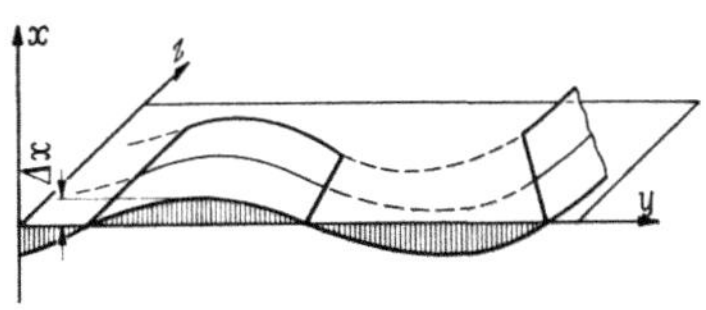

Abb. 55/1. Fastregelmäßige (quasireguläre) Flächen, z. B. $\Delta\ x$ klein gegen y und z.

Die Darstellung solcher fastregelmäßiger Flächen erfolgt in den meisten Fällen zweckmäßig durch *Scharen von Schnittkurven.* Entstehen diese durch den Schnitt der vorgegebenen Fläche mit gekrümmten Flächen, so entstehen doppelt gekrümmte Kurven, die sich zeichnerisch nicht bequem darstellen lassen. Man schneidet daher die quasiplanen rauhen Flächen, also solche, die angenähert eben sind, zweckmäßig durch Scharen paralleler Ebenen. In diesem Falle erhält man ebene Schnittkurven, die zeichnungsfähig sind. Analytisch ist dies leicht zu übersehen.

Die vorgegebene beliebige Fläche sei

$$F\ (x,\ y,\ z) = 0, \qquad \text{(Gl. 55/1)}$$

diese werde geschnitten durch eine zweite beliebige Fläche

$$\Phi\ (x,\ y,\ z) = 0. \qquad \text{(Gl. 55/2)}$$

Dann entsteht eine *doppelt gekrümmte Schnittkurve,* die durch obige beide Gleichungen oder zwei andere daraus ableitbare Funktionen in x, y, z dargestellt werden können. Indem man in der zweiten Fläche die Koordinate z beliebige Werte annehmen läßt, bekommt man *Scharen* von Kurven. Bei quasizylindrischen Flächen kann man zu einer bequemen Darstellung kommen, indem man diese mit Zylinderflächen schneidet, die konzentrisch zu dem Grundzylinder sind und die Schnittkurven in die Ebene abwickelt. Bei rauhen Kugelflächen könnte man durch konzentrische Kugelflächen schneiden und diese mit einem der bekannten Verfahren darstellen[2]. Erfolgt der Schnitt durch eine Ebene:

---

[1] BERTHOLD: Z. VDI Bd. 79 (1935) S. 482.

[2] Kugelflächen lassen sich bekanntlich nicht in die Ebene abwickeln. Über ihre Darstellung vgl. GROLL: Kartenkunde. Slg Göschen Nr. 30 S. 599. Leipzig u. Berlin.

$$Ax + By + Cz + D = 0, \qquad \text{(Gl. 56/1)}$$

so läßt sich aus (Gl. 55/1) die Schnittkurve ermitteln, die als ebene Kurve nach entsprechender Transformation sich in zwei Größen u und v darstellen läßt

$$f(u, v) = 0. \qquad \text{(Gl. 56/2)}$$

Führt man die Schnitte parallel einer der zur Darstellung der Fläche dienenden

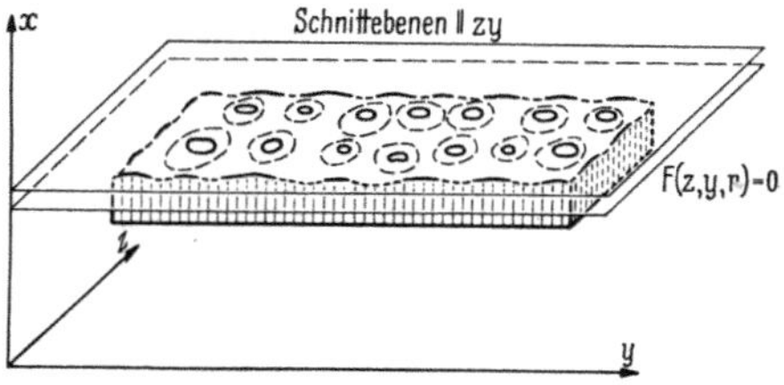

Abb. 56/1. Schichtlinien (Interferenzverfahren, Lichtschnittverfahren).

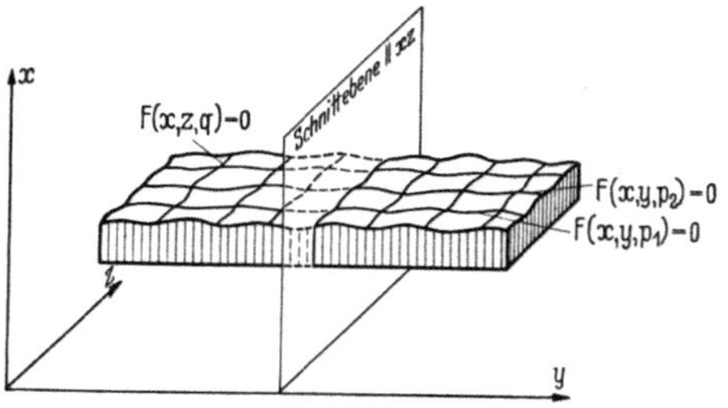

Abb. 56/2. Profillinien (Tastverfahren, Lichtschnittverfahren).

Koordinatenebene, so bekommt man ebene Schnittkurven in je zwei Koordinaten x, y, z. Die Gleichungen der Schnittkurven werden aus (Gl. 56/1)

$$F(x, y, p) = 0, \qquad \text{(Gl. 56/3)}$$

wenn die Schnittebene parallel der xy-Ebene im Abstand p geführt wird, wobei die Schnittreihe durch die verschiedenen Werte p_1, p_2 usw. entsteht.

$$F(x, z, q) = 0, \qquad \text{(Gl. 56/4)}$$

wenn die Schnitte parallel der xz-Ebene liegen,

$$F(y, z, r) = 0, \qquad \text{(Gl. 56/5)}$$

wenn die Schnitte parallel der yz-Ebene geführt werden.

Bei Flächen, die nur geringe Abweichungen gegenüber ebenen Flächen haben *(quasiplane Flächen)*, entstehen durch Schnitte, die ungefähr in der Richtung ihrer größten Ausdehnung fallen, sog. *Schichtlinien* (Abb. 56/1), durch Schnitte, die wesentlich senkrecht zu ihr liegen, sog. *Profillinien* (Abb. 56/2). Durch geometrische Konstruktion lassen sich natürlich aus Schichtlinien Profile und umgekehrt darstellen (vgl. S. 60, Abb. 60/1).

341. Erzeugung und Vermessung von Schichtlinien.

3411. Das Lichtschnittverfahren zur Erzeugung von Schichtlinien. Wenn man in einem dunklen Raum dünne, praktisch parallele Lichtbündel auf eine flach gekrümmte Fläche ungefähr in deren Hauptausdehnung auffallen läßt, so erzeugen diese dort, wo sie auf die gekrümmte Fläche treffen, leuchtende äquidistante Schichtlinien (Abb. 57/1). Das Grundprinzip dieses Verfahrens im makroskopischen Gebiet ist seit langem bekannt[1] und zur Herstellung von Porträtbüsten verwendet worden. Neuerdings hat es BAUERSFELD[2] angewendet, um die Gestalt einer

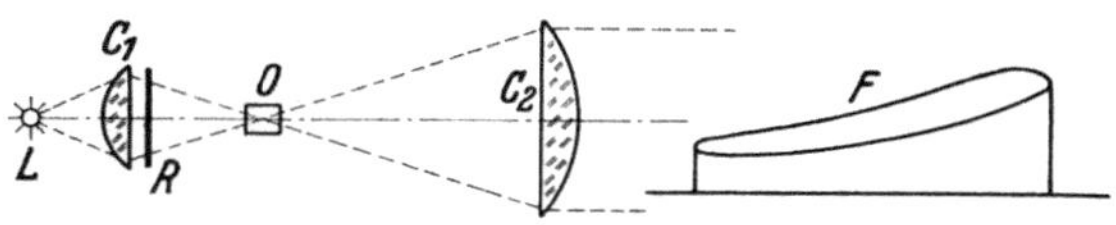

Abb. 56/3. Anordnung zur makroskopischen Darstellung von Lichtschnitten (BAUERSFELD: a. a. O.).

L Lichtquelle, *R* Linienraster, *O* Projektionsobjektiv, *F* Membranfläche, C_1 Kondensor, der die Lichtquelle in die Blendenebene des Objektivs abbildet, C_2 Kondensor, der das von der Mitte der Objektivblende ausgehende Strahlenbüschel parallel richtet.

---

[1] Vgl. Abschnitt 342, S. 60, F.N. 80/2. — [2] BAUERSFELD: Ing.-Arch. Bd. 5 (1934) S. 69.

verformten dünnen elastischen Haut nach dem erweiterten PRANDTL*schen Membrangleichnis* zu untersuchen. Wenn man nämlich eine solche mit dem Querschnittsmodell eines umströmten Körpers, etwa eines Tragflügels, fest verbindet und aus der Gleichgewichtsebene zwangsweise heraushebt, so entsprechen die Schichtlinien der verformten Membran den Strömungslinien um einen derartigen Körper in einer reibungslosen Flüssigkeit. Abb. 56/3 zeigt die einfache optische Anordnung für diesen Versuch, welche auch für viele andere Zwecke brauchbar ist, Abb. 57/1 die nach diesem Verfahren erzielten Schichtlinien.

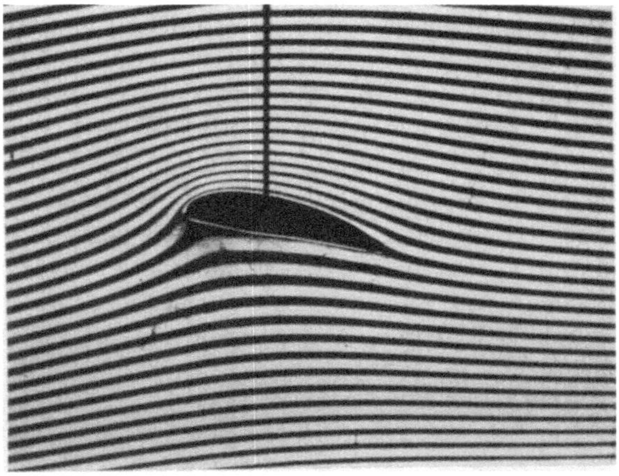

Abb. 57/1. Darstellung von Schichtlinien auf einer gespannten Membran zur Ermittlung von Stromlinien mit Hilfe des Lichtschnittverfahrens. (Nach BAUERSFELD.)

3412. Interferenzkurven als Schichtlinien. Schichtlinien von spiegelnden Flächen mit geringer Abweichung von der Ebene lassen sich optisch durch Interferenzkurven darstellen. Diese entstehen durch Interferenz des Lichtes zwischen der zu untersuchenden Fläche und einer in geringem Abstand darüber befindlichen planparallelen Glasplatte. Sie sind Kurven gleicher Dicke[1], d. h. die Punkte gleicher Helligkeit innerhalb einer Kurve haben gleichen Abstand von der planparallelen Vergleichsfläche. Der Abstand von einer Kurve bis zur nächsten entspricht einem Höhenunterschied von $^1/_2\,\lambda$, wo λ die Wellenlänge des verwendeten Lichtes ist. Abb. 57/2 zeigt die Entstehung derartiger Schichtlinien für verschiedengestaltete Oberflächen und Abb. 57/3 photographische Aufnahmen solcher.

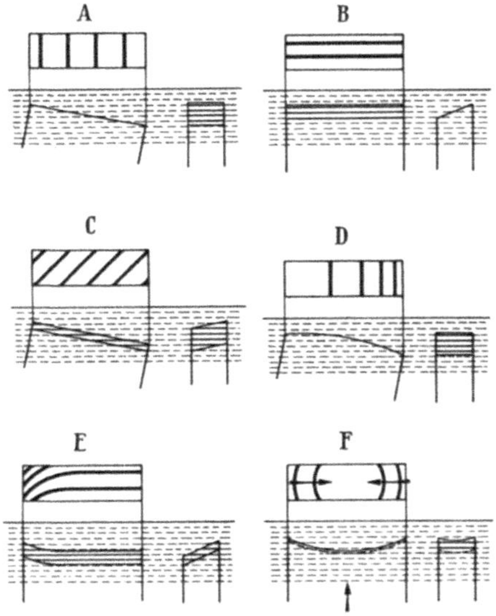

Abb. 57/2. Entstehung von Interferenzkurven als Schichtlinien an Endmaßflächen bei deren Untersuchung im Interferenzkomparator.

Abb. 57/3. Photographische Aufnahme von Interferenzkurven an der Oberfläche polierter stählerner Endmaße.

Das bekannteste technische Gerät zur Erzeugung und Beobachtung derartiger Interferenzkurven im makroskopischen Gebiet ist der KÖSTERsche

[1] Eine eingehende Darstellung findet sich bei BERNDT-SCHULZ: Technische Längenmessungen, 2. Aufl. Berlin 1929.

Interferenzkomparator, welcher eine Weiterentwicklung der FIZEAU- bzw. MICHELSONschen Interferometer ist[1].

Wenn die zu untersuchenden *Höhenunterschiede im mikrogeometrischen* Bereiche liegen, so sind sie mit diesen Geräten nicht mehr ohne Vergrößerung zu beobachten. Ein neuerdings bekannt gewordenes Gerät von LINNIK[2] ermöglicht die Erzeugung von Interferenzstreifen und deren Beobachtung mit Hilfe des Mikroskops. Abb. 58/1 zeigt das Grundsätzliche der Anordnung. Das Licht, das monochromatisch sein soll, tritt seitlich in den Mikroskopansatz ein und wird in der bekannten Weise durch die Trennungsfläche zweier aufeinanderliegenden Prismen geteilt. Der eine Strahl wird (wie beim Opakilluminator) nach unten gegen das Objekt *M* gespiegelt und von diesem zurück in das Mikroskop geworfen. Der andere, diesem kohärente Strahl durchdringt zunächst die Prismenfläche, wird an der Vergleichsfläche *S* zurückgeworfen und gelangt dann durch Spiegelung an der Prismenfläche ebenfalls in das Mikroskop, wo er mit dem ersten Strahl zur Interferenz kommt. LINNIK gibt an, daß er mit dieser Einrichtung feine Furchen von 0,1 μ Tiefe auf einer Endmaßfläche gemessen habe. Abb. 59/1 zeigt einen Ausschnitt aus einer derartigen Mikrointerferenzaufnahme einer geläppten Endmaßfläche bei 200facher Vergrößerung. Aus den Bögen *in* den Schleifrinnen ist deren Tiefe deutlich ersichtlich (1 Streifenabstand = 0,27 μ). Diese ergibt sich zu 0,05 μ. Das Verfahren ist naturgemäß nur auf gut spiegelnde Proben anwendbar, aber dann recht wertvoll.

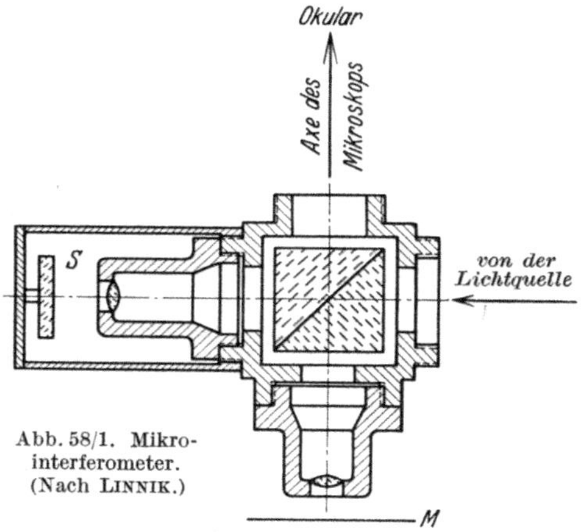

Abb. 58/1. Mikrointerferometer. (Nach LINNIK.)

3413. Darstellung von Schichtlinien durch sogenanntes Tuschieren mit Farbe oder durch stufenweises Abtragen des Werkstoffes. Auch die beim „Tuschieren“ geschabter Maschinenteile mit Hilfe einer Richtplatte und Farbe entstehenden Flecken zeigen in ihrer Umgrenzung nichts anderes als derartige Schichtlinien. Diese kommen dadurch zustande, daß die Tuschierfarbe durch das Reiben mit der Richtplatte an den höchsten Stellen des Werkstückes bis auf eine gewisse Mindestdicke beseitigt wird[3].

Das eben geschilderte Verfahren des Reibens auf der Richtplatte läßt sich auch im mikrogeometrischen Gebiet verwenden, wobei man es außer-

[1] Vgl. auch BERNDT: Techn. Längenmessungen a. a. O. Abb. 107.

[2] LINNIK, W.: C. R. Acad. URSS. 1934. Ref. Z. Instrumentenkde. Bd. 54 (1934) S. 462, vgl. Masch.-Bau Betrieb Bd. 15 (1936) S. 556.

[3] Für sehr feine geläppte Flächen ist dieses Verfahren gelegentlich nach Mitteilung von Ob.-Ing. BÜTTNER-Jena in folgender Weise angewendet worden: Man reibt die fast ebene Fläche mit einem hauchdünnen Überzug feinen Fettes ein und reibt dann das Ganze auf einer optisch ebenen polierten Glasplatte oder bei zylindrischen Bolzen u. ä. mit einem Messerlineal. Die Stellen, an denen der Fettüberzug weggerieben ist, sind deutlich sichtbar. Es lassen sich Unterschiede von etwa 0,2 μ noch nachweisen. Vgl. auch Nat. physic. Lab. Rep. 1921. BERNDT: Techn. Längenmessungen a. a. O. S. 105.

ordentlich empfindlich machen kann. Als Vergleichsstück für ebene Flächen bedient man sich zweckmäßig einer genauen, gehärteten, stählernen Richtplatte *(Werkzeugmacherplatte)*. Solche von *Zeiss-Jena* hergestellten Platten aus gehärtetem Stahl haben eine

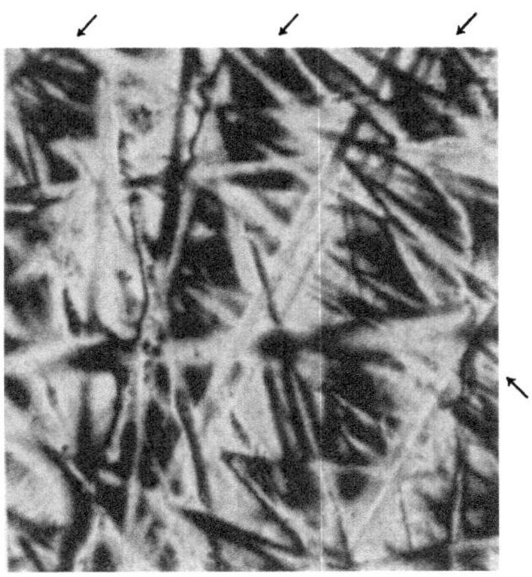

Abb. 59/1. Untersuchung einer geläppten Endmaßfläche mit Interferenzstreifen im mikroskopischen Gebiet. Vergr. 200×.
→ bedeutet die Lage der breiten Interferenzstreifen.

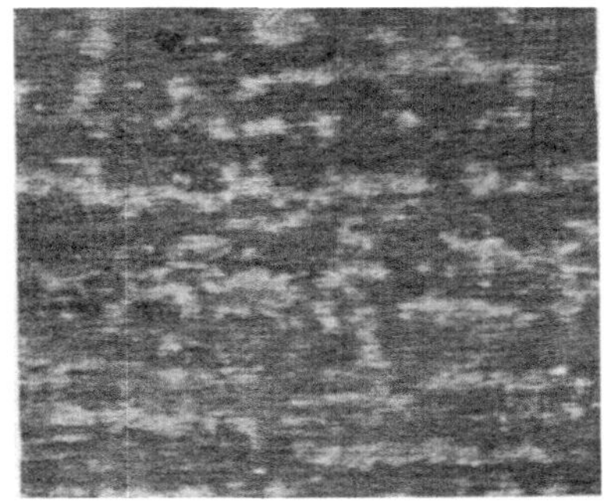

Abb. 59/2. Schichtlinien, erzeugt durch Anreiben eines Werkstücks auf der Werkzeugmacherplatte. Angeläpptes Stahlband (Hellfeldbeleuchtung). Die hellen Stellen sind die angeläppten. Höhenunterschiede $< 1\,\mu$. Vergr. 5×.

garantierte Genauigkeit von etwa 0,3 μ. Abb. 59/2 zeigt ein gewalztes Stahlband, welches durch einfaches Reiben auf einer derartigen Platte an den

Abb. 59/3. Geschliffene Bolzen. Unregelmäßigkeiten durch Anläppen sichtbar gemacht. a_1 feinstgeschliffen, a_2 dieselbe Fläche, angeläppt, b_1 feingeschliffen, b_2 dieselbe Fläche, angeläppt. Vergr. etwa 2 : 3.

Abb. 59/4. Geschliffene Schraubenfläche, nachträglich angeläppt. Die Rattermarken sind durch das Anläppen als helle Stellen sichtbar geworden. Vergr. 2×.

höchsten Stellen blank poliert ist. Die blanken Stellen geben deutlich die Grenzen der unregelmäßigen Erhöhungen dieses Stahlbandes in Form von Schichtlinien an. Auch andere Flächen lassen sich durch Anläppen derart prüfen. Abb. 59/3 zeigt zwei Bolzen, von denen der eine auf einer Rundschleifmaschine mit gröberem Schliff, der andere mit feinerem Schliff geschliffen war und die dann (auf der linken Seite der Abbildung) angeläppt worden sind.

Die hellen Stellen geben die feinen Erhöhungen des mikrogeometrischen Profiles in Form von Schichtlinien an. Ein drittes Beispiel für eine Schraubenfläche zeigt Abb. 59/4. Es handelt sich um ein geschliffenes Schraubengewinde, welches nachträglich angeläppt worden ist und deutlich feinste Unregelmäßigkeiten zeigt. Vor dem Anläppen waren die Schraubenflächen bei der Betrachtung mit bloßem Auge vollkommen gleichförmig.

Das Verfahren läßt sich auch für rauhere Werkstücke, z. B. geschlichtete und grobgedrehte, anwenden. Besonders einfach läßt sich die größte Rauhigkeit *H* bestimmen, indem man vorsichtig soviel von dem Werkstück wegschleift oder auf andere Weise abträgt, bis von den ursprünglichen Bearbeitungsriefen nichts mehr zu sehen ist (BERNDT[1]). Dieses Verfahren ist neuerdings von HOFMANN[2] wieder aufgegriffen worden. Auch zur Bestimmung der Dicke von galvanischen und anderen Deckschichten läßt es sich verwenden[3].

Neuerdings ist angeregt worden, das Schichtlinienverfahren zur Untersuchung sowohl der Rauhigkeit wie der Unebenheit von gesägten Hölzern zu verwenden[4]. Dies geschieht derart, daß man das Holz mit einem nicht in die Tiefe dringenden Farbstoff einfärbt und dann hintereinander mehrere Hobelspäne von geringer Dicke abnimmt. Die Grenze zwischen dem gefärbten und dem nichtgefärbten Holz gibt die entsprechenden Schichtlinien.

342. Erzeugung und Vermessung von Profillinien.

Profillinien werden bekanntlich auch in der Kartographie verwendet[5]. Bei der Untersuchung technischer Flächen nach dem Tast- und Lichtschnitt-

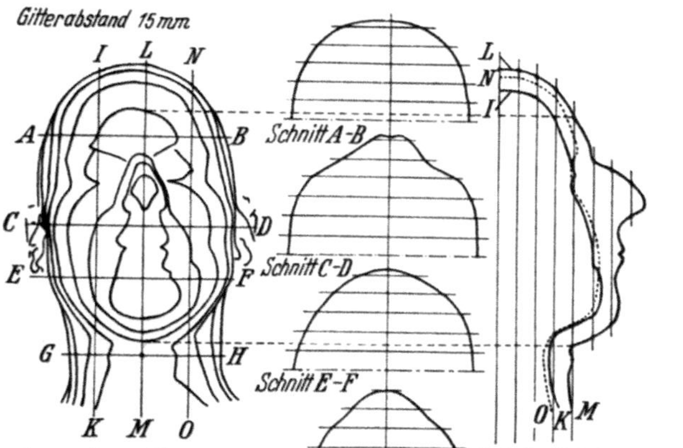

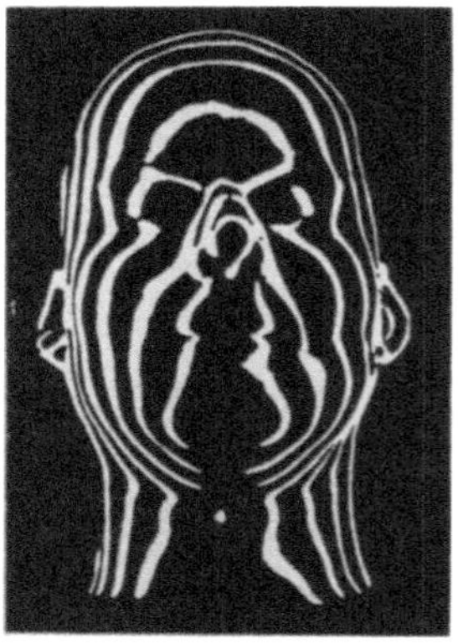

Abb. 60/1. Photographierte Schichtlinien eines menschlichen Kopfes und ihre Auswertung.

[1] BERNDT: Feinmech. u. Präz. Bd. 32 (1924) S. 135. Loewe-Not. Bd. 8 (1924) S. 28.

[2] HOFMANN: Über die technische und wirtschaftliche Bedeutung von Drehstahlformen. Diss. Stuttgart 1934. Vgl. auch KOTTHAUS: Z. VDI Bd. 80 (1936) S. 207. Die ursprüngliche Anwendung des Verfahrens durch den erstgenannten Forscher ist an den angegebenen Stellen nicht zitiert worden.

[3] MESLE, W. BLUM u. A. BRENNER: Bur. Stand. J. Res. Bd. 16 (1936) S. 171. Ref. Masch.-Bau Betrieb Bd. 15 (1936) 552.

[4] VORREITER: Holztechn. Bd. 15 (1935) S. 349.

[5] Zur allgemeinen Unterrichtung vgl. z. B. GROLL: Kartenkunde. Slg Göschen Nr. 30 S. 599. Berlin u. Leipzig.

verfahren kommen sie ausschließlich zur Anwendung. Da durch entsprechende Scharen von Schicht- oder Profillinien die Eigenart der Flächen innerhalb der durch den Abstand der Schnitte gegebenen Grenzen vollkommen bestimmt wird, lassen sich naturgemäß durch Anwendung elementarer Verfahren der darstellenden Geometrie aus den einen die anderen oder überhaupt Schnitte in beliebiger Richtung entwickeln. Ein Beispiel hierfür gibt Abb. 60/1. In dieser wird gezeigt, wie aus Schichtlinien, die mit dem Lichtschnittverfahren hergestellt sind, Profile und Querschnitte eines verwickelten Körpers gewonnen wurden [1].

3421. Das Tastverfahren.

34210. Allgemeines. Es ist naheliegend, die Profilkurven rauher Flächen dadurch aufzuzeichnen, daß man sie mit einem Fühlstift abtastet und dessen Bewegungen senkrecht zur Oberfläche aufzeichnet. Dieses sog. *Fühlstift-* oder *Tastverfahren*

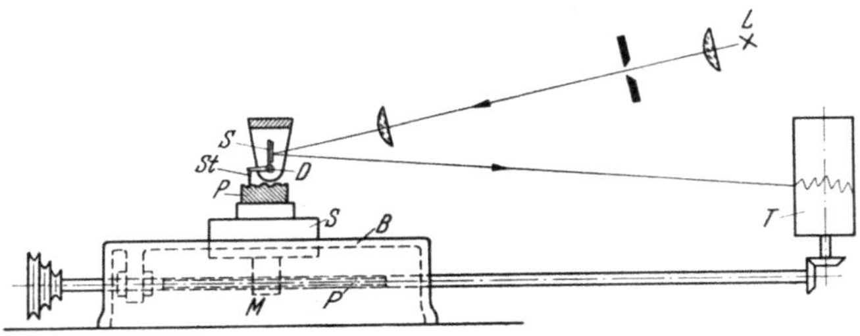

Abb. 61/1. Grundsätzlicher Aufbau eines Gerätes zur Untersuchung rauher Oberflächen nach dem Tastverfahren. *P* Zu untersuchende Probe, *B* Bett des Gerätes, *S* Schlitten, *M* Mutter, *D* Drehpunkt bzw. Gelenk, *S* Spiegel, *L* Lichtquelle, *T* Trommel mit lichtempfindlichem Papier, *St* Taststift.

wurde vom Verfasser erstmals angegeben [2]. Abb. 61/1 zeigt die grundsätzliche Anordnung jedes derartigen Gerätes, Abb. 62/1 die erste Ausführung des Verfassers [2]. Hierbei wurden mit zwei nebeneinander angeordneten Fühlstiften gleichzeitig zwei Profilkurven auf demselben Kurvenblatt photographisch aufgenommen.

Zur Aufzeichnung diente das sehr zweckmäßige photographische Registriergerät von TH. EDELMANN-München. Zum Einzeichnen einer durchlaufenden Höhenskala auf dem Film wurde eine photographische Schwarz-Weiß-Skala durch eine besondere Einrichtung auf den Film projiziert. Weitere Abbildungen von Geräten nach diesem Verfahren, die später gebaut wurden, finden sich in den unten angeführten Veröffentlichungen von KIESEWETTER, FIRESTONE, DURBIN und ABBOTT, SHAW, CLAYTON, WALLICHS [3].

Die Aufzeichnung erfolgt am einfachsten mit Hilfe eines Spiegels, der einen Lichtstrahl ablenkt, wobei die Bewegungen auf einem Filmstreifen festgehalten werden. Abb. 63/1 gibt als Beispiel zwei mit dem Tastgerät aufgenommene Kurven. Dieses Verfahren wurde später von KIESEWETTER [4] auf Veranlassung

[1] SCHMALTZ: Klin. Wschr. Bd. 13 (1934) S. 144. Z. VDI Bd. 78 (1934) S. 1173.
[2] SCHMALTZ: Z. VDI Bd. 73 (1929) S. 1461f.
[3] Lit. s. F.N. 64/3, F.N. 65/1, 65/2, 65/3, 65/4, 65/5. Eine übersichtliche Darstellung des Grundaufbaues aller Tastgeräte findet sich bei WALLICHS: Schleif- u. Poliertechn. Bd. 12 (1935) S. 192.
[4] KIESEWETTER, W.: Diss. Dresden 1931. Eine besonders sorgfältige Arbeit, die auch sonstige Verfahren der Oberflächenuntersuchung kritisch würdigt.

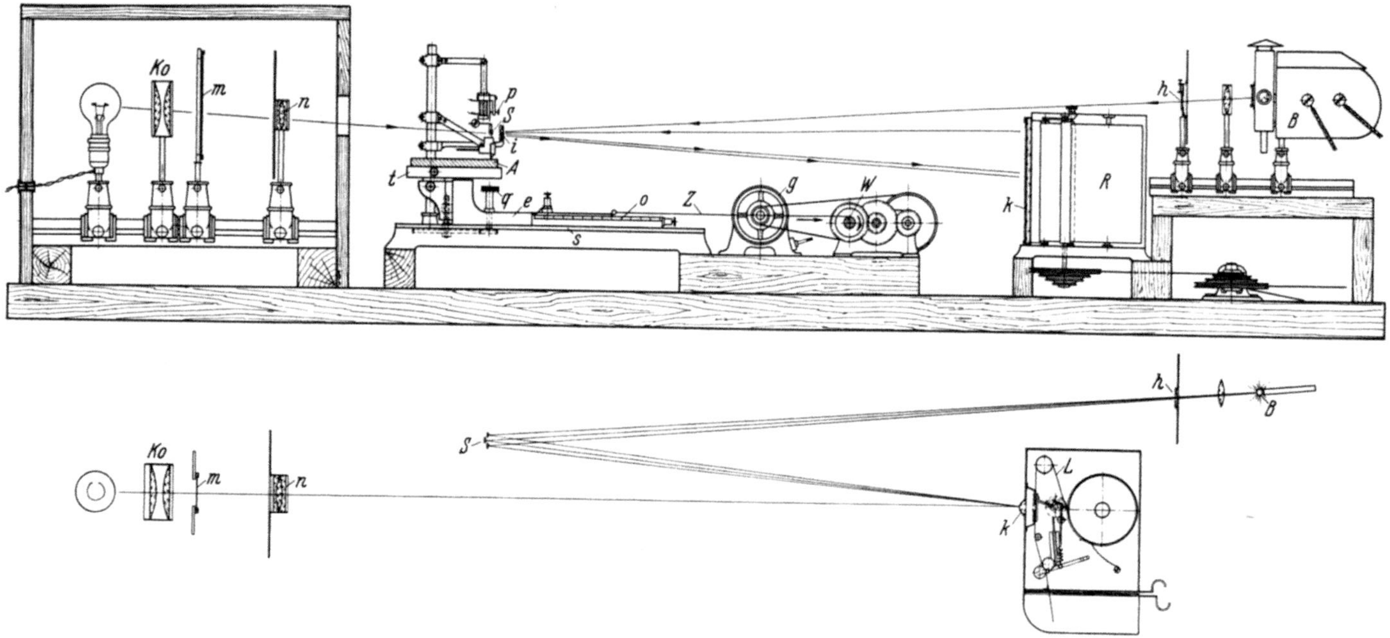

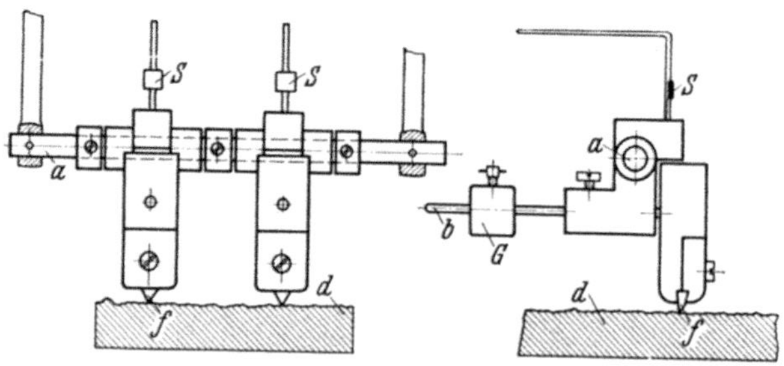

Abb. 62/1. Abtastgerät nach SCHMALTZ.
A Probestück, *t* mit Kugelgelenk justierbarer Tisch, *q* Mikrometerverstellung des Tisches, *s* Schlittenbahn, *F* Fühlstifte, *a* Achse, *G* Gegengewicht, *S* Spiegel, *Z* Zugfaden, *W* Vorgelegewelle, *g* Antriebsmotor, *i* Beleuchtungslinse, *k* Zylinderlinse, *R* photographischer Registrierapparat nach EDELMANN, *L* lichtempfindliches Papier, *B* Bogenlampe oder Glühlampe, *h* Spaltblende, *m* schwarz-weiß-Skala, *n* Projektionsobjektiv zur Ordinatenschreibung, *p* elektromagnetisches Signal zur Längenschreibung, *O* elektrische Konstante für das Signal.

von BERNDT durch Einführung eines Kreuzfedergelenkes, zweckmäßige Lagerung des Drehpunktes usw., verbessert. Abb. 64/1 zeigt den Lagerstuhl und Schlitten in der Ausführung des *Dresdener Instituts für Meßtechnik*. KIESEWETTER hat das Tastverfahren zu einer eingehenden und sorgfältigen Untersuchung bearbeiteter Metallflächen benutzt. Eine weitere Arbeit mit diesem Verfahren stammt von HARRISON[1] (1931), der sich statt des Spiegels *elektrischer Übertragungsmittel* bedient hat. Dieser benutzte zum Abtasten der Fläche eine der handelsüblichen elektrischen Grammophonaufnahmedosen in Verbindung mit einer Grammophonnadel und übertrug die erhaltenen Stromschwankungen auf einen Lautsprecher oder einen Oszillographen. Man überlegt sich leicht, daß

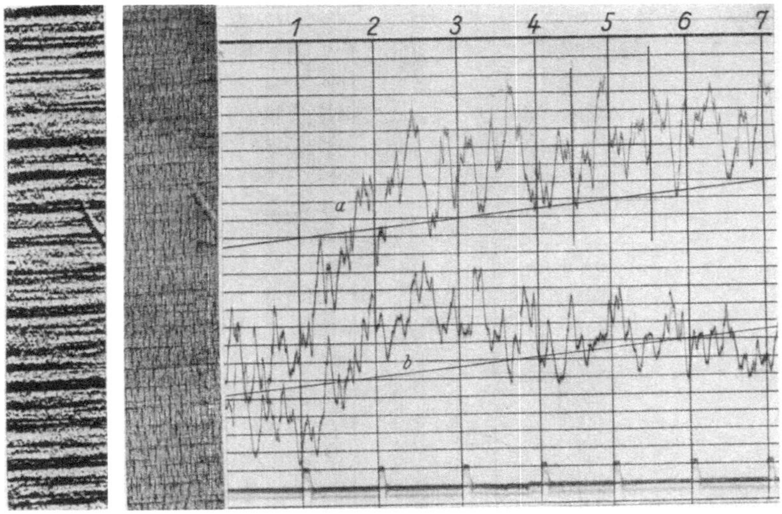

Abb. 63/1. Beispiel zweier mit dem Tastgerät aufgenommenen Kurven *a* und *b* nach SCHMALTZ. Feingesägtes Buchenholz. Höhenmaßstab 1 mm = 4,5 μ. Abszissenmaßstab 1...2...3...4... je 10 mm. *c* Aufnahme der Probe bei gewöhnlicher Beleuchtung, *d* Aufnahme der Probe bei Schräglicht.

nach dem Induktionsgesetz für die erzeugte Spannung die Zahl der sekundlich geschnittenen Kraftlinien maßgebend ist, somit bei konstanter Abtastgeschwindigkeit die Spannung proportional dem ersten Differentialquotienten der Profilkurve, also ihrer Steilheit, wird, nicht aber ihren Ordinaten selbst[2]. Diesen grundsätzlichen Fehler hat LINDAU[3] vermieden, indem er statt des Induktionsvorganges die Änderung der Kapazität eines Kondensators nach bekanntem Verfahren benutzt hat. Damit bekommt man außerordentlich große Übersetzungen, ohne daß sich jedoch dieser große Aufwand an experimentellen Hilfsmitteln wirklich lohnte. Dies liegt an dem noch eingehend zu besprechenden, mit der Ausdehnung des Taststiftes zusammenhängenden Fehler.

[1] HARRISON, R. E. W.: Trans. Amer. Soc. mech. Engr. 1931 paper Nr. MSP—53—12 ASA-Bull. 1931 Nr. 67 S. 4.

[2] Durch denselben grundsätzlichen Fehler und aus einigen anderen Gründen sind die zahlenmäßigen Ergebnisse von SCHNECKENBURGER: Über schwefellegierten Stahl (Diss. Aachen 1932) unbrauchbar. Sie sind mit keinen anderen Rauhigkeitszahlen zu vergleichen.

[3] LINDAU, A.: Tatsächlicher und gemessener Feinheitsgrad geschliffener Flächen. Braunschweig 1934.

Für gesägte Holzflächen, bei denen die Rauhigkeit bekanntlich außerordentlich groß ist, wurde von MARCHIT[1] ein primitives, aber für diesen Zweck durchaus brauchbares Tastgerät entwickelt, welches mittels eines Schreibstiftes und zwei hintereinander geschalteten Hebeln die Bewegungen einer Tastspitze in einer Übersetzung von etwa 1 : 35 auf einer bewegten Papierfläche aufzeichnet.

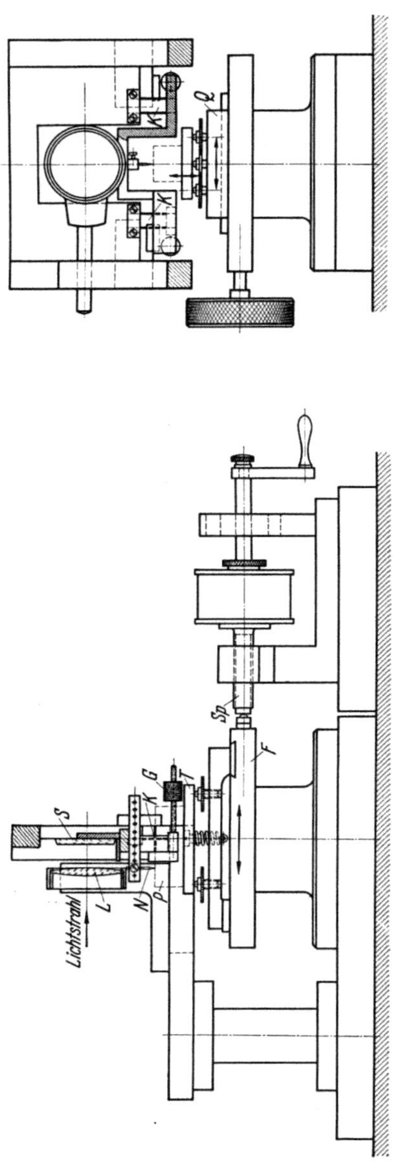

Abb. 64/1. Lagerstuhl des Tastgerätes von KIESEWETTER-BERNDT. *T* einstellbarer Tisch, *F* Längsschlitten des Tisches, *Q* Querschlitten des Tisches, *K* Kreuzfedergelenke, *N* Fühlstift, *G* Gegengewicht, *L* Sammellinse, *S* Spiegel; *Sp* Spindel zum Vorschub des Tisches.

Andererseits ist auch versucht worden, auf jeden vergrößernden Mechanismus zu verzichten. Man kann die Bewegung des Fühlstiftes nämlich dadurch aufzeichnen, daß man dieselbe durch einen Diamanten auf einer Glasplatte einritzt. Dieses Verfahren geht wohl auf PABST (1926)[2] zurück, der es zu Registrierungen von Schwingungen benutzte. Von KIESEWETTER wurde es versuchsweise auch in Verbindung mit dem Fühlhebel angewendet. Hierbei können die Kurven auch in dünne, durch Kathodenzerstäubung hergestellte Metallschichten eingeritzt werden. Auf diese Weise ergeben sich Kurven, die durch Betrachtung unter dem Mikroskop der Beobachtung zugänglich gemacht werden. Eine 100—800fache Vergrößerung bietet bei den feinen Strichbreiten keine Schwierigkeiten. Dieses Vorgehen ist, da es naturgemäß erhebliche Meßdrucke verlangt, für feinere Flächen mit Fehlerquellen behaftet, die wir noch erörtern werden.

Weitere Untersuchungen mit dem Tastverfahren, wobei wieder der Registrierspiegel Anwendung gefunden hat, stammen von FIRESTONE, DURBIN und ABBOTT (1932 und 1933)[3] und SHAW

[1] MARCHIT: Internat. Holzmarkt. Wien 1931 Nr. 28/30. VORREITER: Holztechn. Bd. 15 (1935) S. 336f.

[2] PABST: VDI-Z. Bd. 73 (1929) S. 1629. KIESEWETTER: a. a. O. S. 43.

[3] FIRESTONE, F. A., F. M. DURBIN and E. J. ABBOTT: Met. Progr. Bd. 21 (1932) Nr. 4 S. 57. ABBOTT, E. J. and F. A. FIRESTONE: Mech. Engng. 1933 S. 569; Automot. Ind. 1933 S. 204. Vgl. Nat. physic. Lab. Rep. 1934; Z. VDI Bd. 80 (1936) S. 701. Die Angabe, daß sich mit dem dort dargestellten Gerät eine Meßgenauigkeit von 0,05 μ erzielen lasse, ist in dieser Allgemeinheit mindestens irreführend. Vgl. S. 65, Abschnitt 34211.

(1934[1]), fernerhin SCHIMZ[2], auch WALLICHS und OPITZ (1933[3,4]), die es bei Zerspanungsuntersuchungen und der anschließenden Prüfung der Oberflächen benutzt haben. CLAYTON (1935[5]) hat bei einer Untersuchung von Wellenzapfen im Zusammenhang mit Lagerproblemen das Taststiftverfahren aufgegriffen, aber statt der Registrierung der Gesamtkurve diese aus Einzelbeobachtungen mit einem Autokollimationsfernrohr zusammengesetzt. Dies hat übrigens KIESEWETTER bei den Vorversuchen zu seiner Arbeit ebenfalls getan. WALLICHS[6] veröffentlicht die Zeichnung eines beweglichen Tastgeräts, bei dem das Werkstück feststeht und der Fühlstift gegen dieses bewegt wird. Das Gerät wird an Werkstücke, die sich in der Bearbeitungsmaschine befinden, herangebracht und steht auf einem besonderen Stativ. Es soll brauchbar sein zum Abtasten von Werkstücken im Betriebe. Ob auf diese Weise nicht vorwiegend die Schwingungen des Bodens gegen das Werkstück aufgezeichnet werden, scheint mindestens naheliegend und sollte in jedem Einzelfall geprüft werden.

34211. Einfluß der linearen Ausdehnung der Meßfläche auf das Ergebnis der Messung. Zu dem Tastverfahren ist zunächst grundsätzlich folgendes zu sagen.

Es läßt sich der allgemeine Satz aufstellen:

Bei Längenmeßwerkzeugen, die das Werkstück körperlich berühren, wird die gemessene Länge bestimmt durch die Lage der am meisten hervorragenden Punkte des Prüflings, denen die Meßfläche (der Tastkörper) anliegt.

Fernerhin wird sie beeinflußt durch die Verformungen beider wie auch den Veränderungen der auf ihnen befindlichen Grenzschichten unter dem Einfluß des Meßdrucks. Innerhalb der Ausdehnung der Meßfläche vermögen solche Geräte über die mikrogeometrische Gestalt des Werkstückes keinerlei Angaben zu machen.

Die Meßfläche bestimmt somit denjenigen Bereich der Profilkurve des Meßstückes, innerhalb dessen keine Einzelheiten mehr wahrgenommen werden können (vgl. Abb. 5/1). Hieraus ergibt sich die Forderung:

Die Ausdehnung der Meßfläche muß klein sein gegenüber den Abständen der feinsten Unregelmäßigkeiten des rauhen Körpers, die man noch feststellen will. Andererseits darf sie nicht so klein sein, daß unter den notwendigen Meßdrucken merkliche Berührungsfehler (Verformungen) entstehen[7].

Damit sind zwei Forderungen in bezug auf die Größe der Meßfläche aufgestellt, die sich im entgegengesetzten Sinne auswirken. Die Meßverfahren der Werkstatt benutzen vergleichsweise ausgedehnte Meßflächen (Größenordnung 10 mm[8]). Sie sind somit nur zur Bestimmung makrogeometrischer Verhältnisse brauchbar, denen die üblichen Maßangaben der technischen

---

[1] SHAW: Machinist Bd. 78 (1934) Nr. 35 S. 502f.

[2] SCHIMZ: Arch. Eisenhüttenwes. Bd. 5 (1931/32) Heft 1.

[3] WALLICHS, A. u. H. OPITZ: Masch.-Bau Bd. 12 (1933) S. 303. Techn. Z. prakt. Metallbearb. Bd. 44 (1934) Heft 9/10 S. 183.

[4] WALLICHS, A.: Schleif- u. Poliertechn. Bd. 12 (1935) S. 191.

[5] CLAYTON: Engineering 1933 S. 325f.

[6] Techn. Z. prakt. Metallbearb. Bd. 44 (1934) S. 183.

[7] Vgl. BOCHMANN: Die Abplattung von Stahlkugeln ... durch den Meßdruck. Diss. Dresden, o. J.

[8] Mit kleineren Meßflächen ausgestattete Feinmeßgeräte, wie z. B. das Optimeter usw., sind zur Feststellung mikrogeometrischer Verhältnisse wegen der viel zu hohen Meßdrucke (also wegen mangelnder Übereinstimmung mit unserer zweiten oben aufgestellten Forderung) nicht brauchbar.

nungen auch entsprechen. Sie vermögen keine Aussagen zu machen über die Mikrogeometrie der Werkstücke (vgl. Abb. 5/1).

34212. Bedingungen für das Tastorgan bei dem Tastverfahren. Der beim Tastverfahren verwendete Fühlstift spielt ebenfalls die Rolle einer solchen Meßfläche im Sinne unserer obigen Betrachtung und sollte den im vorigen Abschnitt aufgestellten Bedingungen für seine Ausdehnung entsprechen. Will man eine bearbeitete Oberfläche mit einem Taststift einigermaßen verzerrungsfrei darstellen, so muß man fordern, daß sein Krümmungsradius nicht größer als etwa $^1/_{10}$ der kleinsten Unregelmäßigkeiten an den auszumessenden Profilkurven sei.

Selbstverständlich aber wäre es falsch, als Vergleich für die zulässige Abmessung der Tastspitze bei bearbeiteten Metallflächen etwa den Radius einer Bearbeitungsrille heranzuziehen. Denn das Tastverfahren soll ja mehr aussagen als etwa nur den allgemeinen Rhythmus der Bearbeitungsfurchen (Vorschub). Dieser läßt sich mit jedem Meßmikroskop bestimmen. Die Forderung, die man an das Tastverfahren stellen muß, ist die, daß es auch die feinere Gestalt der Profilkurve *innerhalb* eines Arbeitsabschnittes genügend genau wiedergibt.

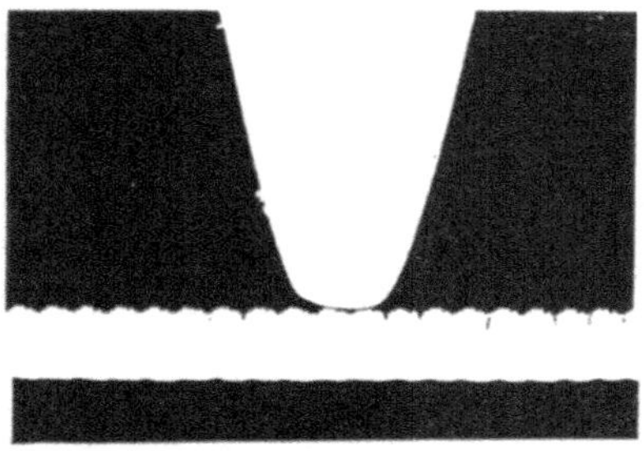

Abb. 66/1. Fühlstift (Grammophonnadel) auf einer mit Diamant feinstgedrehten Fläche. Vergr. 170×.

Am häufigsten sind als Taststifte Grammophonnadeln verwendet worden. Diese haben einen Krümmungsradius von rund 20—30 μ. Man sieht also, daß der *Fühlstift* die Gestalt auf der Drehbank geschruppter und geschlichteter Flächen schon etwas verzerrt wiedergeben muß, daß er aber für *geschliffene und feinstgedrehte Flächen unbrauchbar* ist. Dies zeigt am anschaulichsten Abb. 66/1, in welcher mit derselben 170fachen Vergrößerung nach dem später zu beschreibenden Lichtschnittverfahren das Profil einer mit Diamant feinstgedrehten Fläche und zugleich die Spitze einer Grammophonnadel dargestellt ist[1]. KIESEWETTER hat diese wesentliche Fehlerquelle bei der Verwendung des Taststiftes für feine Oberflächen deutlich erkannt und theoretisch untersucht[2]. Abb. 67/1 zeigt an zwei praktischen Beispielen Profilkurven und die zugehörigen Bewegungen des Taststiftes. Das Beispiel a) entspricht etwa einem feinen Maßstabstrich, das Beispiel b) dem Profil einer feingeschlichteten oder feinstgedrehten Fläche. Das wesentliche Ergebnis dieser geometrischen Untersuchung ist folgendes:

1. An den hohlen Stellen einer Profilkurve entsteht statt des konkaven Bogens eine Spitze. Ein aus Kreisbogen gebildetes Profil (vgl. Abb. 67/1 b) wird vom Taststift an den spitzen Durchschneidungsstellen der Kreisbogen rund aufgezeichnet und hingegen spitz an deren tiefsten, also runden Stellen. Das heißt somit, daß Profile, die aus konkaven Bögen bestehen, konvex und konvexe Bögen konkav, also spiegelbildlich, dargestellt werden.

2. *Ein Taststift von endlicher Krümmung gibt den Maximalabstand der höchsten und tiefsten Stellen der Kurve, also die Rauhigkeit H, zu klein an. Bei Flächen*

[1] SCHUMACHER stellt (Masch.-Bau Betrieb 1935 S. 379) die Behauptung auf, die Fehler wegen der endlichen Abrundung der Taststiftspitze seien für praktische Zwecke „belanglos". Diese Behauptung ist für alle feineren Flächen falsch. Im übrigen hängt sie natürlich ab von den Ansprüchen, die man an die *wissenschaftliche* Brauchbarkeit einer solchen Profilkurve stellt. — [2] KIESEWETTER: Auf S. 38 a. a. O. seiner Arbeit.

geringer Rauhigkeit, z. B. geschliffenen oder feingedrehten, kann der Fehler weit über 50% betragen.

3. Der Fehler wächst mit der Steilheit der Profilkurve. Bei sehr flachen Profilkurven kann er vernachlässigbar klein werden[1].

Bei dem aufgezeichneten Beispiel einer fein- bzw. feinstgedrehten Fläche von einem Vorschub von 0,15 mm und einer Rillenhöhe von 4 μ gibt die Taststiftkurve nur eine Höhe von etwa 1,5 μ mit einer gewöhnlichen Grammophonnadel von 30 μ Krümmungshalbmesser. Man vergleiche damit das nach dem Lichtschnittverfahren gut ausgezeichnete Profil eines rechteckigen Maßstabrisses in Tafel 4/6 und die Profilbilder feinstgedrehter, geschlichteter und geschliffener Flächen in Tafel 10, 12, 18—22, 24, 31.

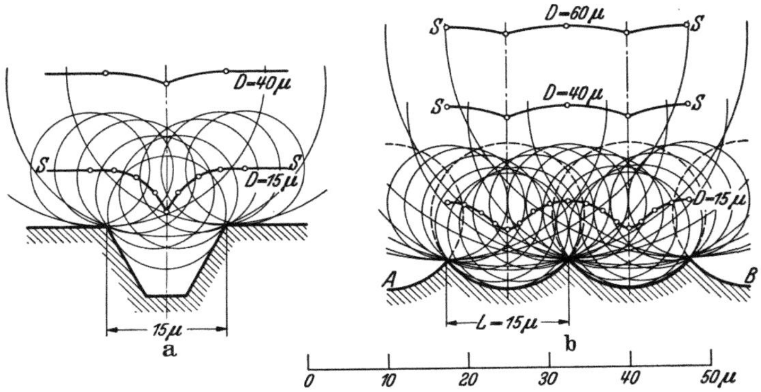

Abb. 67/1. Profilkurven und die zugehörigen Wege von Taststiften über diesen. *D* Durchmesser des Taststiftes, *S*—*S* aufgezeichnete Kurve, *A*—*B* wirkliches Profil.

34213. Größe der zu erwartenden Fehler. Ein gutes Urteil über die bei der Untersuchung mit dem Taststift auftretenden Fehler gibt die Arbeit von LINDAU[2]. Dieser hat bei *geschliffenen* Flächen die mit dem Taststift ermittelten Rauhigkeiten mit denjenigen verglichen, die sich aus dem Querschliffverfahren bei Untersuchung des wirklichen Profiles ergeben. Er findet z. B., wenn

R_{qu} die aus dem Querschliff ermittelte mittlere Rauhigkeit in μ,

R_t die mit einem Taststift von 75 μ Durchmesser ermittelte mittlere Rauhigkeit in μ ist:

$$R_{qu} = 1{,}7\ R_t^{0{,}742}. \qquad \text{(Gl. 67/1)}$$

Daraus ergibt sich der prozentuale Fehler in μ:

$$F = 100 \frac{R_{qu} - R_t}{R_t} = 100 \left(\frac{1{,}7}{R_t{}^{0{,}26}} - 1 \right). \qquad \text{(Gl. 67/2)}$$

Dies ergibt z. B. für $R_t = 5\ \mu$ ein $R_{qu} \sim 5{,}6\ \mu$ und $F = 12\%$. Für $R_t = 1\ \mu$ wird $R_{qu} = 1{,}7\ \mu$ und der Fehler $F = 70\%$.

[1] Ich kann der Angabe von BERNDT [Masch.-Bau Betrieb Bd. 14 (1935) S. 568] nicht zustimmen, daß das Fühlstiftverfahren in *vielen* Fällen bis zu Unterschieden von 0,5 μ brauchbar sei. Diese Fälle dürften zu den großen Ausnahmen gehören. Sie kommen praktisch vor bei geläppten Flächen, welche in der Tat verhältnismäßig langwellige, außerordentlich flache Vertiefungen aufweisen können. Aber auch bei diesen würde es gerade die feinsten noch übrig gebliebenen Polierrisse nicht wiedergeben.

[2] LINDAU: Tatsächlicher und gemessener Feinheitsgrad geschliffener Flächen (Forschungsarbeiten auf dem Gebiet Schleifen und Polieren, Heft 2). Braunschweig 1934.

Abb. 68/1 zeigt die zu erwartenden Fehler in Abhängigkeit der mit einem Stift von $D = 75\,\mu$ gemessenen Rauhigkeit[1]. *Es ist dabei wohl zu beachten, daß diese* LINDAU*sche Gleichung nur für geschliffene Flächen gilt, die eine ganz bestimmte charakteristische Form haben.* Für feinstgedrehte Flächen z. B. dürften die Fehler größer, für geläppte wahrscheinlich kleiner sein.

Wenn es sich also um Flächen mittlerer Rauhigkeit handelt und man auf die richtige Wiedergabe feiner Einzelheiten verzichtet, wird man mit den üblichen Taststiften es zwar erreichen können, die bessere von der schlechteren Fläche für die Zwecke des Betriebes zu unterscheiden, nicht aber zahlenmäßige Angaben über die Rauhigkeit zu machen.

34214. Oberflächenverletzung durch den Taststift. Zu den Verzerrungsfehlern, die der Taststift notwendig bedingt, kommt noch der durch die elastische und auch plastische Verformung der Probe entstehende hinzu (Verformungsfehler). Es läßt sich zeigen, daß jede derartige Tastspitze auch bei sehr geringen Auflagedrucken noch die Oberfläche ritzt und infolgedessen bei der Registrierung falsche Angaben liefern muß[2]. Dies ergibt sich schon, wenn man mit Hilfe der HERTZschen Gleichungen[3] die bei sehr geringen Meßdrucken entstehenden Spannungen im Werkstoff überschlägt. Diese erreichen selbst bei Meßdrucken von 0,5 g schon unzulässig große Werte, die zu einer feinen Zerstörung der Oberfläche führen[4]. Welche Anritzung einer feinen Oberfläche durch eine darüber geführte Grammophonnadel bei den üblichen Meßdrucken der Tastgeräte entsteht, zeigen Abb. 69/1 u. 69/2.

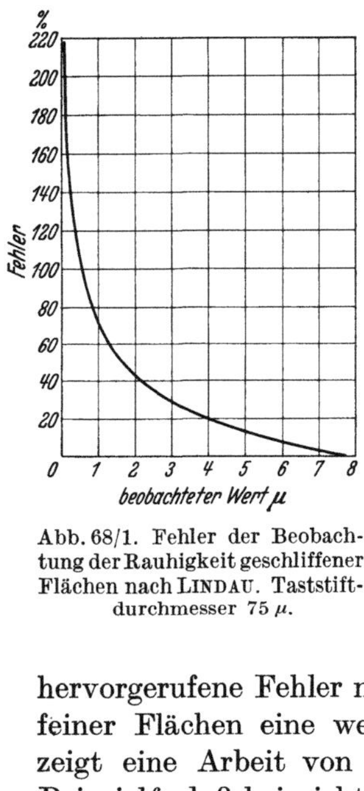

Abb. 68/1. Fehler der Beobachtung der Rauhigkeit geschliffener Flächen nach LINDAU. Taststiftdurchmesser 75 μ.

Im allgemeinen kann man wohl trotzdem damit rechnen, daß die an sich kleinen Verformungen durch den Taststift beim Überfahren einer rauhen Fläche einigermaßen gleich bleiben und daher der durch sie hervorgerufene Fehler nur gering ist. Er spielt nur bei der Untersuchung sehr feiner Flächen eine wesentliche, dann aber entscheidende Rolle. — Übrigens zeigt eine Arbeit von FLEMMING[5], ebenso wie ein früher von mir gegebenes Beispiel[6], daß bei nicht allzugroßen Ansprüchen an Genauigkeit und geschickter Wahl der Versuchsbedingungen man sogar von einem so weichen Stoff wie Papier noch brauchbare Tastkurven bekommen kann.

34215. Einfluß von Schwingungen beim Tastverfahren. Eine weitere wohl zu beachtende Fehlerquelle sind Schwingungen des Teiles, der den Taststift und den

[1] Ich habe auf diese Verhältnisse in Erwiderung auf eine Arbeit von WALLICHS [Schleif- u. Poliertechn. Bd. 13 (1936) S. 32 u. 55] hingewiesen.

[2] Aus diesem Grunde ist auch die von ABBOTT, DURBIN und FIRESTONE gelegentlich verwendete Diamantspitze von $2\,\mu$ Radius unbrauchbar.

[3] Vgl. BOCHMANN: F.N. 65/7.

[4] Die Angabe bei KIESEWETTER (a. a. O. S. 31), daß bei 0,8 g Auflagedruck und $60\,\mu$ Durchmesser der Tastspitze die Materialspannung 40,9 kg/qmm werde, beruht offensichtlich auf einem Rechenfehler. Der wahre Wert beträgt etwa 185 kg/qmm, übersteigt also die Quetschgrenze des Werkstoffes.

[5] FLEMMING: Diss. Dresden 1935.

[6] SCHMALTZ: Z. VDI Bd. 73 (1929) S. 1462.

Spiegel trägt, besonders bei Verwendung von Federgelenken. SHAW hat in seiner Arbeit (vgl. F.N. 65/1) hierauf nachdrücklich aufmerksam gemacht. Solche Schwingungen lassen sich bei steilen Profilkurven nur vermeiden bei sehr kleinen Vorschubgeschwindigkeiten (10—30 mm in der *Stunde*) und Anordnung einer Dämpfungseinrichtung (SHAW). Außerdem ist erschütterungsfreie Aufstellung sehr zweckmäßig[1].

Die oben angestellten Überlegungen lassen sich folgendermaßen zusammenfassen:

34216. Nutzbare Vergrößerung beim Tastverfahren. *Die Grenze der noch erfaßbaren Strukturen wird durch Gestalt und Eigenschaften der Fühlstiftspitze gesetzt.*

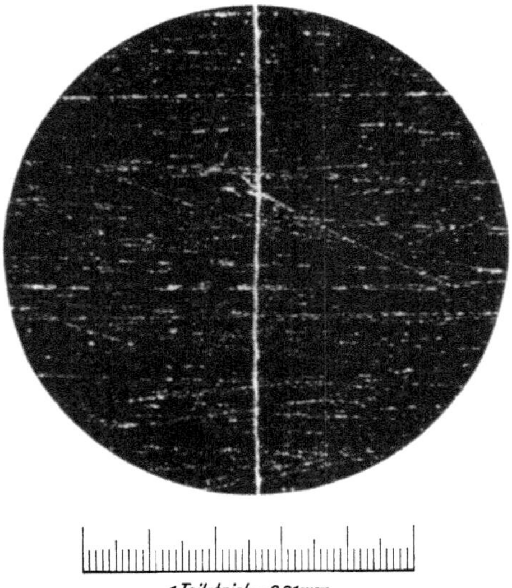

Abb. 69/1. Belastung 2 g.

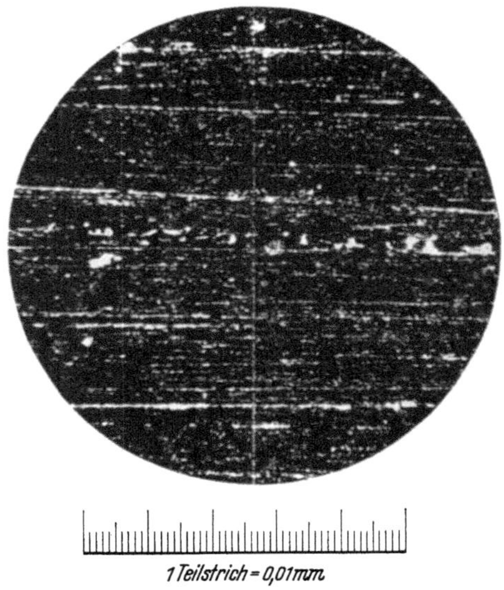

Abb. 69/2. Belastung 0,2 g.

Abb. 69/1 u. 69/2. Anritzung einer geschliffenen Stahlfläche beim Abtasten mit Grammophonnadel (Dunkelfeldbeleuchtung). Vergr. 78×.

Mit dieser läßt sich im allgemeinen nicht unter 30 μ Durchmesser herabgehen. Man kann daher beim Tastverfahren das „Auflösungsvermögen" ebensowenig durch Verwendung sehr großer optischer und elektrischer Übersetzungen steigern, wie beim Mikroskop durch Verwendung eines stärkeren Okulars. Die Grenze der noch erfaßbaren Strukturen liegt bei der Spitze des Fühlstiftes selbst[2].

[1] SCHUMACHER wundert sich darüber, daß das Tastverfahren oft wesentlich größere Rauhigkeiten ergebe als sich aus der Krümmung der Bearbeitungsschneide und dem Vorschub berechnen lasse. Hierzu ist zunächst zu sagen, daß jede derartige Berechnung des Profils aus den Abmessungen der Schneide höchst unsicher ist. Natürlich kann sehr wohl die Profilkurve eine größere Amplitude aufweisen, als sich aus den rein geometrischen Verhältnissen ergibt (vgl. z. B. Tafel 3/3b, Tafel 5/10b). Im übrigen dürften aber die starken, von SCHUMACHER angegebenen Abweichungen mit solchen kleinsten Erschütterungen der Apparatur zusammenhängen. Denn der Fehler, der durch den endlichen Radius des Taststiftes entsteht, wirkt in umgekehrter Richtung.

[2] LINDAU hat versucht, der in der Verwendung des Taststiftes begründeten Ungenauigkeit zu begegnen (a. a. O.). Er hat mit Hilfe der später zu beschreibenden Querschliffmethode, die einen materiellen Schnitt durch die Probe führt, die Profile geschliffener Oberflächen untersucht und sie mit solchen verglichen, die das Tastverfahren ergibt. Er hat sodann erfahrungsmäßige Berichtigungsgrößen bestimmt, die dazu dienen sollen, aus den mit dem

34217. Taststiftverfahren für gekrümmte Flächen. Für die Untersuchung gekrümmter Flächen ist das Tastgerät nur bedingt geeignet. Wenn man nämlich einen derartigen Körper am Taststift vorbeibewegen will, so kann dies nur mit Hilfe einer Drehung um den jeweiligen Krümmungsmittelpunkt geschehen. Das nächstliegende ist in diesem Falle der Vergleich mit einer möglichst glatten Meisterfläche, indem der ganze Spiegelapparat auf dieser geführt und nur die dann noch übrigbleibenden Fehler aufgenommen werden. Diesen Weg haben ABBOTT und FIRESTONE[1] beschritten. Die Fehlerquellen, die aus den Unvollkommenheiten der Meisterfläche hervorgehen, sind offensichtlich. Für die Untersuchung der Rauhigkeit von Zahnflanken umgeht BÜRGER[2] diese Schwierigkeit, indem er das Spiegelgerät selbst durch eine Evolventenführung am *Zeiß*schen Zahnradprüfer abwälzt und dem Registrierpapier einen entsprechenden ungleichförmigen Vorschub gibt. Auf diese Weise bekommt er eine praktisch vollkommene Führung und die aufgezeichneten Kurven geben die übrigbleibenden Fehler. Ob allerdings die Kurven in ihren feineren Eigentümlichkeiten noch völlig wirklichkeitstreu sind, bleibt wegen der endlichen Ausdehnung der Fühlstiftspitze sehr zweifelhaft.

34218. Vorteile des Taststiftverfahrens. Gegenüber den geschilderten Nachteilen hat aber das Taststiftverfahren einen großen *Vorteil*, nämlich die Unabhängigkeit der Ordinaten- und Abszissenmaßstäbe. Es ist durch Zusammendrängen des Längsmaßstabes gegenüber dem Höhenmaßstab, d. h. also durch entsprechende Wahl der Filmgeschwindigkeit oder Vergrößerung der Ausschläge möglich, verhältnismäßig lange Stücke der Profilkurve festzuhalten. Bei gleichem Maßstabverhältnis hingegen (also bei den später zu beschreibenden Querschliff- und Lichtschnittverfahren), bekommt man für verhältnismäßig kleine Längen der Probe schon sehr große Bildlängen bei nur einigermaßen zureichender Vergrößerung. Dies ist für praktische Untersuchungen sehr unbequem. Es wäre daher außerordentlich wertvoll, wenn es gelänge, einen Weg zu finden, das Taststiftverfahren von dem entscheidenden Einwand wegen der zu großen Abmessung der Taststiftspitze zu befreien. Dies aber, fürchte ich, ist unmöglich.

34219. Kritik neuerer Arbeiten, die das Tastverfahren verwenden. Man wird nach dem Ausgeführten den Arbeiten[3], die sich des Tastverfahrens für feingeschlichtete und noch feinere Flächen bedient haben, mit großer Vorsicht begegnen müssen.

Sie kranken alle daran, daß ihre Verfasser der naheliegenden Versuchung erlegen sind, eine aufgezeichnete „schöne Kurve" auch für eine wirklichkeits-

---

Tastverfahren gemessenen Rauhigkeiten die wirklichen zu ermitteln. Diese Umrechnung ist natürlich unsicher und gilt nur für die von LINDAU untersuchten, *geschliffenen* Flächen, wahrscheinlich auch nur für solche, bei denen im Schleifwerkzeug Kristallkörner einer bestimmten Beschaffenheit vorhanden sind. Immerhin hat LINDAU *das große Verdienst*, zuerst Zahlen über die Rauhigkeit geschliffener Flächen beigebracht und diese im Gegensatz zu manchen ähnlichen Arbeiten wissenschaftlich kritisch behandelt zu haben.

[1] Siehe F.N. 64/3.

[2] BÜRGER: Diss. Dresden 1935.

[3] Vgl. auch meine eigenen ersten Ergebnisse mit der ursprünglichen Versuchsanordnung des Tastgerätes. Diese sind, soweit sie sich auf *feine* und feinste Flächen beziehen, nur größenordnungsmäßig richtig.

getreue zu halten, ein Fehler, dem man übrigens öfter bei Arbeiten mit selbstschreibenden Geräten begegnet[1].

3422. Das Abdruckverfahren.

Es ist früher öfters versucht worden, das Profil der rauhen Oberflächen dadurch zu ermitteln, daß man Abdrücke von ihnen mit Hilfe von erstarrenden Gelatinelösungen oder ähnlichen Stoffen herstellt. Diese werden dann nach der in der biologischen Untersuchungstechnik üblichen Weise in Paraffin eingebettet oder im gefrorenen Zustand auf dem Mikrotom geschnitten[2]. Nach der Herstellung eines normalen Mikroskoppräparates auf einem gläsernen Objektträger werden diese Profilschnitte, deren Dicke zwischen 0,1 und 0,01 mm liegt, unter dem Mikroskop untersucht. Es sind für das Abdruck- oder Abgußverfahren die verschiedenartigsten Stoffe (Gelatine, Agar-Agar, Zelluloid, Elastine usw., vgl. KIESEWETTER, a. a. O.) vorgeschlagen worden. Auch Abdrücke in Amalgam sind verwendet worden (SCHLIPPE, a. a. O.).

Diese Verfahren sind zur Untersuchung ausgedehnter Flächenstücke durchweg praktisch unbrauchbar[3], einerseits da die feineren Oberflächeneigentümlichkeiten überhaupt nicht genügend genau übertragen werden, andererseits wegen der unübersehbaren nachträglichen Veränderungen der kolloidalen Stoffe. Neuerdings hat RÄMSCH[4] seine Brauchbarkeit zusammen mit anderen Verfahren bei der Untersuchung des Profiles von Maßstabstrichen verwendet. Als Aufgußmasse diente in Azeton gelöstes Zelluloid. Das Verfahren arbeitete bei wenig ausgedehnten Objekten verhältnismäßig besser, obwohl es auch hier deutlich erkennbare Fehler zeigte.

3423. Das Verfahren der Querschliffe.

Es ist, wie oben angedeutet, versucht worden, einen wirklichen Schnitt senkrecht zu der Oberfläche des Werkstücks zu führen und die Profilkurve mikroskopisch aufzunehmen. Hierbei wird das Werkstück nahe an der zu untersuchenden Stelle auseinandergetrennt, die Schnittfläche vorsichtig mit der Feile bearbeitet und schließlich mit den üblichen metallographischen Verfahren[5] geschliffen und poliert. Auch für Glas ist das Verfahren brauchbar[6].

---

[1] WALLICHS hat z. B. in einer Arbeit über „Messung der Oberflächengüte" (Schleif- u. Poliertechn. 1935 Nr. 10 S. 191) das Tastverfahren auf feinstbearbeitete Automobilkolben und Kolbenbolzen angewendet. Dabei hat er Rauhigkeiten gefunden, die bei den Bolzen im Mittel etwa bei 0,1 μ, bei den Seitenflächen der Kolbenringnuten bei 3 μ liegen sollen. Es ist anzunehmen, daß die angegebenen Zahlen für die Bolzen um weit mehr als 100%, bei den Ringnuten um etwa 30—50% zu klein sind. Dies geht u. a. aus den Vergleichsmessungen von LINDAU hervor (Forschungsarbeiten Schleifen und Polieren, Heft 2, S. 23f. Braunschweig 1934). Messungen des Verfassers mit dem Querschliff- und Lichtschnittverfahren an ähnlichen Oberflächen bestätigen dies. Die Arbeit ist ein Beispiel dafür, wie man das Tastverfahren *nicht verwenden* soll. Zuschriftenwechsel SCHMALTZ-WALLICHS zu dieser Frage: Schleif- u. Poliertechn. 1936 S. 32 u. 55.

[2] THOMAS: Engineering Bd. 116 (1923) S. 449f. Vgl. BERNDT: Loewe-Notizen 1925 S. 145, 1934 S. 28. SCHLIPPE: Diss. Dresden 1927. KIESEWETTER: Diss. Dresden 1931. Vgl. auch (für andere Zwecke) RAYLEIGH in KAISER: Handbuch der Spektroskopie, S. 412.

[3] Vgl. KIESEWETTER: a. a. O. S. 10—18. — [4] RÄMSCH: Diss. Dresden 1936.

[5] SAUERWALD: Lehrbuch der Metallkunde, S. 208f. Berlin 1929. GOERENS: Einführung in die Metallographie. Halle 1926. GOERENS u. MAILÄNDER: Handbuch der Experimental-Physik, Bd. 5. Leipzig 1930. Vgl. auch HANEMANN-SCHRADER: Atlas metallographicus. Berlin 1933. HEYN u. BAUER: Metallographie. Berlin 1926. HAARDT: Metallographisches Schleifen und Polieren. Schleif- u. Poliertechnik Bd. 12 (1935) S. 69. Werkstoffhandbuch Stahl u. Eisen, Bd. 5, S. 11. Düsseldorf 1935. — [6] RÄMSCH: a. a. O.

34231. Verwendung einer elektrolytischen Schutzschicht. Damit hierbei die feinen Teile der Oberflächen nicht verletzt werden, ist es nötig, dieselben während des Schleifens und Polierens mit einer Schutzschicht zu bedecken. Zu diesem Zweck hat wohl zuerst ROSENHAIN (1914[1]) die Oberfläche elektrolytisch mit einer verhältnismäßig dicken Kupferschicht belegt. SAWYER (1931[2]) hat dieses Verfahren auf eine große Reihe technischer Flächen angewendet. Abgesehen von der Umständlichkeit, die mit diesem elektrolytischen Verkupferungsprozeß notwendigerweise verbunden ist, besteht auch eine gewisse Gefahr der Veränderung der Oberfläche, und zwar besonders an den feinen Spitzen und hervortretenden Teilen. Eine Arbeit von RÄMSCH[3] verwendet das Verfahren zur Untersuchung des Profiles von Maßstabstrichen. Die Ergebnisse sind dabei

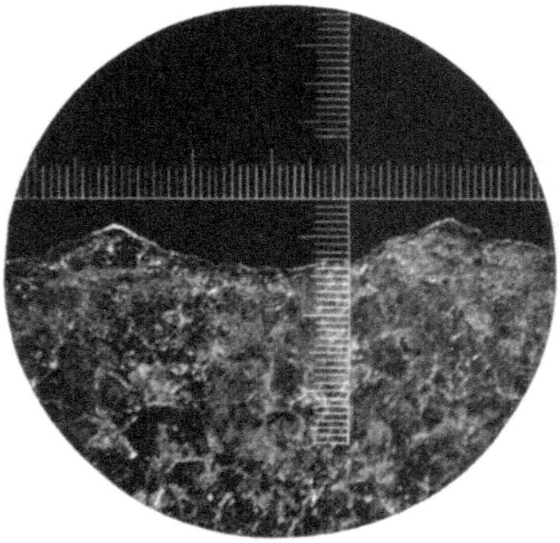

Abb. 72/1.

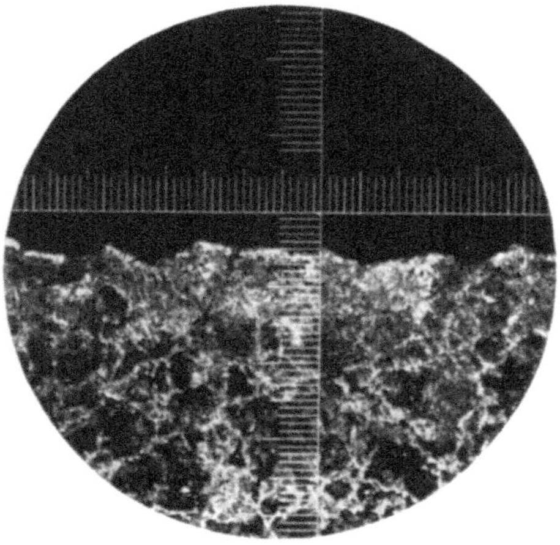

Abb. 72/2.

Abb. 72/1. Querschliffverfahren, Stahl gehobelt (▽ ▽). Vergr. 90×.

Abb. 72/2. Querschliffverfahren, Stahl gehobelt (▽ ▽ ▽). WOODsches Metall abgeschmolzen nach der Ätzung mit HNO_3. Vergr. 90×.

außerordentlich befriedigend. Übrigens kommt es nach beiden Autoren sehr erheblich darauf an, daß der elektrolytische Überzug besonders langsam und sorgfältig aufgebracht wird. Das elektrolytische Verfahren benötigt nach RÄMSCH allein einen Zeitraum von 75 Stunden.

34232. Verwendung von aufgeschmolzenen Schutzschichten. Anstatt die elektrolytische Schutzschicht zu verwenden, umgießt SCHILKEN (1931[4]) die zu untersuchenden Proben mit einer Legierung aus Weißmetall, ebenso RAPATZ[5]. Ich selbst habe dieses Verfahren durch Aufgießen von WOOD*schem Metall* als Schutzschicht auf die zu untersuchende Fläche abgeändert. Der niedrige Schmelzpunkt der Legierung (70°) bietet absolute Sicherheit, daß die Oberfläche nicht durch Temperatureinflüsse verändert wird. Das Metall wird nach sorgfältigster Reinigung von Fett entweder unter destilliertem Wasser in gut gereinigten Gefäßen

[1] ROSENHAIN, W.: Introduct. to Physical Metallurgy 1914 S. 245.

[2] SAWYER, C. B.: ASA-Bull. 1931 Nr. 67 S. 12. Vgl. auch LINDAU: a. a. O.

[3] RÄMSCH: Diss. Dresden 1936.

[4] SCHILKEN, W.: Mitt. Forsch.-Anst. Gutehoffnungshütte Konzern 1 Bd. 92 (1931) Heft 4.

[5] RAPATZ: Arch. Eisenhüttenwes. Bd. 3 (1930) S. 717f. Vgl. auch LINDAU: Forschungsarbeiten auf dem Gebiete des Schleifens und Polierens, Heft 2. Braunschweig 1934.

oder im Vakuum aufgeschmolzen. Man kann nach der üblichen metallographischen Herrichtung des Querschnittes das WOODsche Metall in Wasser von 75° wieder entfernen. Der wesentliche Vorteil dieses Verfahrens ist der, daß man starke und stärkste Vergrößerungen anwenden kann und daß man auch einen Einblick in das Gefüge unmittelbar unter der Oberfläche bekommt. Insbesondere können durch Ätzen wie üblich die Gefügeteile voneinander unterschieden werden. Nie aber kann man mit Sicherheit ausschließen, daß beim Polierprozeß Veränderungen an der zu untersuchenden Kante zustande kommen. So habe ich öfters beobachtet, daß wegen der verschiedenen Härte des Eisens und des WOODschen Metalls bei dem Polieren eine gewisse Abrundung der Proben an der Trennfuge zustande kommt, die naturgemäß eine Verzerrung des Profiles zur Folge hat. Vielleicht werden auch gelegentlich feinste Spitzen der Probe an der Trennfuge abgerissen, ohne daß dies beobachtet werden kann[1]. Dennoch halte ich das Verfahren in der Hand eines kritischen Beobachters für außerordentlich wertvoll. Für feine und feinste Flächen ist es allen anderen Verfahren überlegen (vgl. LINDAU: a. a. O.). Ich gebe in Abb. 72/1 und 72/2 zwei Beispiele für die Ergebnisse, die das Verfahren liefern kann. Weitere Beispiele auf den Bildtafeln.

3424. Das Lichtschnittverfahren.

34240. Grundsätzliches zum Lichtschnittverfahren. Die Erwägung, daß jede Berührung der zu untersuchenden Oberflächen mit einem materiellen, die Gestalt übertragenden Körper oder eine mechanische Bearbeitung der Probe zum Zwecke der Darstellung der Profilkurven mit Fehlerquellen verknüpft ist, hat mich zur Entwicklung eines rein optischen Verfahrens zur Darstellung solcher Profile veranlaßt[2]. Dieses wird als *Lichtschnittverfahren* oder auch als *Verfahren der Schattengrenze* (EPPENSTEIN[3]) bezeichnet[4].

Man denke sich eine Oberfläche O nach Art der Abb. 73/1 und lasse auf diese ein dünnes ebenes Lichtbündel auffallen. Ein Beobachter B_1, der in Richtung der Lichtebene blickt, sieht deren Spur auf der Fläche als gerades Lichtband, so als ob die Projektion auf eine völlig glatte Fläche erfolgte. Beim Aufblick in Richtung in einem anderen Winkel zur Lichtebene oder der Fläche O (Beobachter B_2) erscheint das Lichtband als eine Profilkurve der Fläche. Es ist auf diese Weise ein „Lichtschnitt" geführt worden, der einen materiellen Schnitt durch die Fläche ersetzt.

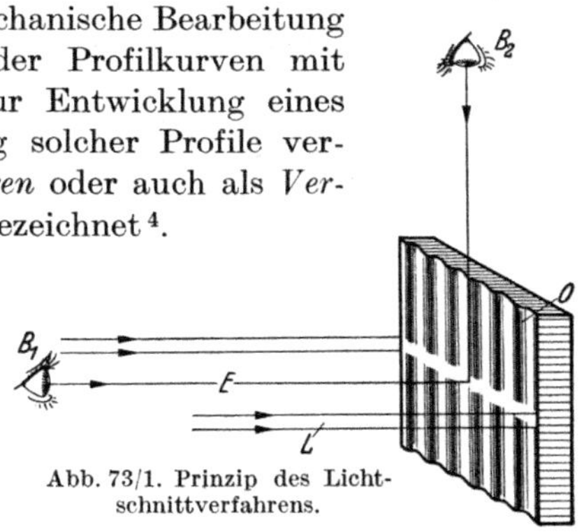

Abb. 73/1. Prinzip des Lichtschnittverfahrens.

[1] Möglicherweise werden die Fehler vermieden und damit noch bessere Ergebnisse erzielt, wenn man zu dem neuerdings auch für Metallproben vielfach üblichen Polieren auf Pech übergeht. Vgl. MOHR: Z. Metallkde. Bd. 21 (1929) S. 234. Vgl. auch ZEERLEDER: Aluminium Bd. 17 (1935) S. 245.

[2] Zuerst dargestellt G. SCHMALTZ: Naturwiss. Bd. 20 (1932) S. 315—316; Zeiss-Nachr. Juli 1934. Heft 7 S. 6.

[3] EPPENSTEIN: Z. VDI Bd. 78 S. 993f.

[4] Das Verfahren wurde seinerzeit ohne Kenntnis der zur Herstellung von Porträtbüsten früher bekanntgewordenen Lichtschnittverfahren entwickelt.

Am einfachsten werden die Verhältnisse, wenn die Lichtebene normal zur Hauptrichtung der Fläche auffällt und tangential zu ihr betrachtet wird. Es ändert sich jedoch nichts Grundsätzliches bei beliebig anderen Einfallsrichtungen des Lichtes und des Sehstrahles, sofern diese nur nicht zusammenfallen. Man muß nur in diesen Fällen gewisse angebbare Verzerrungen des Normalprofiles mit in Kauf nehmen. Für die Güte der optischen Abbildung ist die Richtung der Beleuchtungs- und Beobachtungsachse zum Gegenstand jedoch nicht gleichgültig. Bei den von RÄMSCH[1] untersuchten Maßstabstrichen z. B. werden die meisten Profile am besten ausgezeichnet, wenn man die optische Anordnung so trifft, wie ich sie ursprünglich angegeben habe, d. h. die Beleuchtung normal und Betrachtung tangential zur Fläche. Es gibt jedoch Flächen, bei denen man mit dieser Anordnung, die praktisch der Dunkelfeldbeleuchtung entspricht,

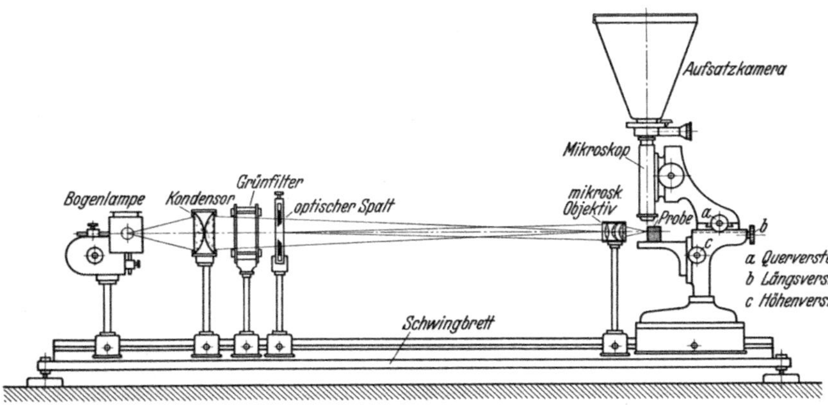

Abb. 74/1. Laboratoriumsanordnung zur mikroskopischen Darstellung von Profilkurven (Lichtschnittverfahren).

nicht die besten Ergebnisse erzielt. Bei ihnen erzielt man bessere Ergebnisse in Hellfeldbeleuchtung. Das bedeutet, daß man in diesen Fällen Beleuchtungs- und Beobachtungsachse symmetrisch zur Flächennormalen anordnet (im allgemeinen unter 45^0), so daß ein- und ausfallender Strahl dem Reflexionsgesetz gehorchen. Im Fall der senkrechten Beleuchtung und tangentialen Betrachtung erhält man das unverzerrte Profil, im zuletzt erwähnten Fall wird dieses im Verhältnis $\frac{1}{\cos 45} = 1{,}42$ vergrößert. Sehr spitzwinkliger Lichteinfall, wie er gelegentlich angewendet worden ist, empfiehlt sich erfahrungsgemäß zur Untersuchung rauher Flächen nicht, da die Tiefenschärfe der Beleuchtungsobjektive dann nicht ausreicht.

Bei dem später (Abschnitt 34241, S. 77) beschriebenen „Zusatzgerät" zum normalen Mikroskop kann man je nach der Beschaffenheit der Probe die günstigsten Winkelverhältnisse praktisch feststellen.

Das Lichtschnittverfahren läßt sich naturgemäß sowohl im makroskopischen wie im mikroskopischen Gebiet verwenden. Beispiele dafür finden sich auf

[1] Dies zeigt sich deutlich an vergleichenden Versuchen, die RÄMSCH (a. a. O.) gemacht hat, die sich mit den Erfahrungen des Verfassers decken.

auf den Tafeln 19, 25, 27. Im Rahmen der gegenwärtigen Aufgabe interessiert in erster Linie seine Anwendung im mikrogeometrischen zur Untersuchung rauher Flächen.

34241. Oberflächenprüfgeräte nach dem Lichtschnittverfahren. Wir beschreiben zunächst die hierfür in Betracht kommenden Geräte und Versuchsanordnungen. Abb. 74/1 zeigt einen laboratoriumsmäßigen Aufbau zur Anwendung im mikroskopischen Gebiet. Mit ihm ist ein Teil der später darzustellenden Oberflächenaufnahmen hergestellt worden. Ich halte diese Anordnung für viele wissenschaftliche Zwecke und den Laboratoriumsgebrauch immer noch für die beste und universellste.

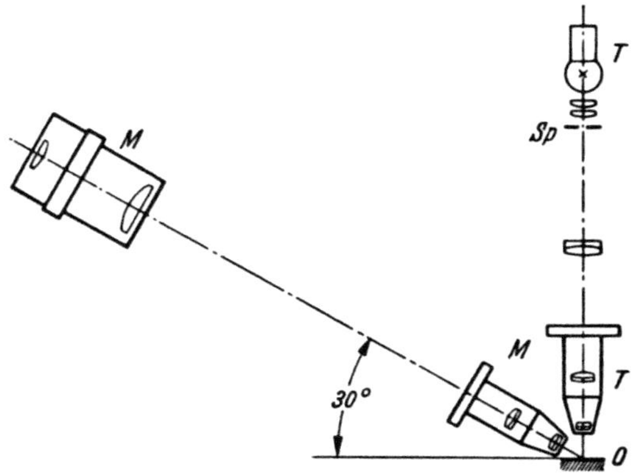

Abb. 75/1.
Schema des Mikroskops zur Oberflächenprüfung.

Zur Erzeugung des Lichtschnittes dient ein verstellbarer beleuchteter Spalt. Dieser wird mit einem optischen System, als welches zweckmäßig ein Mikroskopobjektiv dient, auf der Probe abgebildet. Zur möglichst günstigen Ausnutzung der Lichtquelle wird diese mit Hilfe eines Kondensors auf dem abbildenden Objektiv und der vor den Kondensor gesetzte Spalt mit Hilfe des erwähnten Objektives auf der Probe abgebildet (KÖHLERsches Prinzip [1]). Ferner ist es zweckmäßig, ein Grünfilter (Wellenlänge $\sim$ 550 mμ) in den Strahlengang einzuschalten, um von den letzten Fehlern der Farbenkorrektion des Mikroskopes frei zu werden und damit die Abbildung zu verbessern.

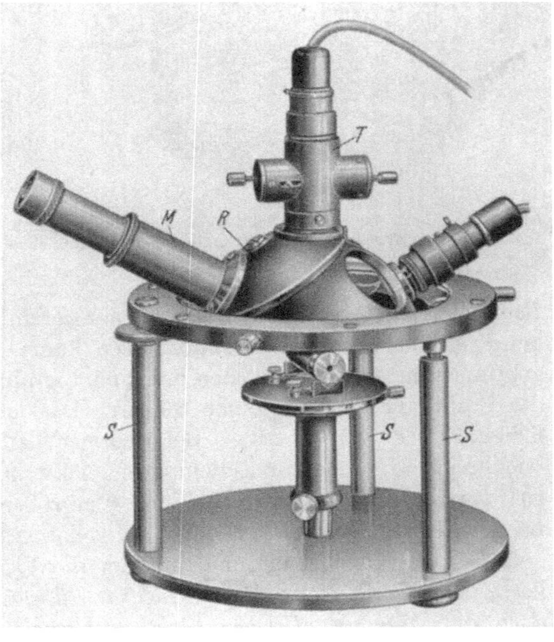

Abb. 75/2. Mikroskop zur Oberflächenprüfung.

Die Betrachtung bzw. photographische Aufnahme geschieht durch ein Mikroskop mit einer der handelsüblichen photographischen Kammern. Es ist zweckmäßig, wenn der Tisch des Mikroskopes unabhängig in der Höhe verstellbar ist. Fernerhin empfiehlt es sich, das den Tubus tragende Oberteil des Mikroskopes in einer Kreuzschlittenführung anzuordnen.

[1] KÖHLER: Vgl. Zeiss-Nachr. 1933 Heft 5 S. 1.

In Zusammenarbeit mit der Firma *Carl Zeiss-Jena* ist später ein *Gerät zur Oberflächenprüfung* entstanden, das für den Prüfraum wie das Laboratorium gleich brauchbar ist. Die Lage der optischen Achsen ergibt sich aus Abb. 75/1. Ein Beleuchtungssystem mit einem Mikroskopobjektiv *T* bildet den Spalt *Sp* auf der Fläche ab. Der entstehende Lichtschnitt wird unter etwa 30⁰ zur Fläche beobachtet. Abb. 75/2 zeigt das ausgeführte Gerät. Auf 3 Füßen ruht über dem die Probe tragenden Tisch eine Platte, die auf einer drehbaren Kugelschalenfläche den Beleuchtungstubus *T* und den Beobachtungstubus *M* trägt. Die Platte ist durch Mikrometerschrauben in zwei Richtungen verstellbar und außerdem um die Normale zur Fläche drehbar. Auf das Beobachtungsrohr kann entweder ein gewöhnliches Okular oder ein

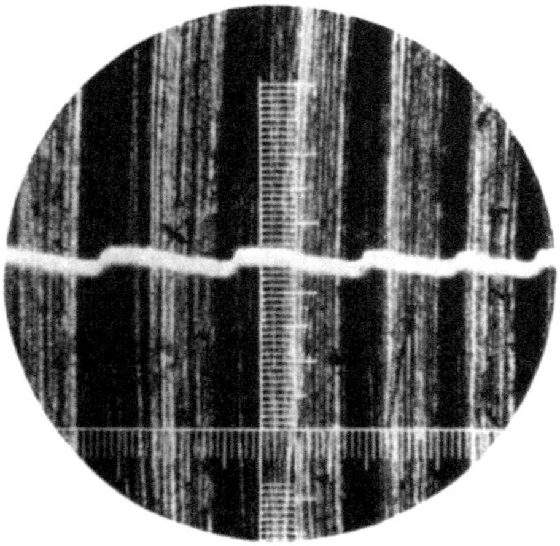

Abb. 76/1. Aufsichtsaufnahme in Schräglichtbeleuchtung, zugleich mit Profilaufnahme (Lichteinfall von rechts). Vergr. 82×. Leichtmetall plangedreht.

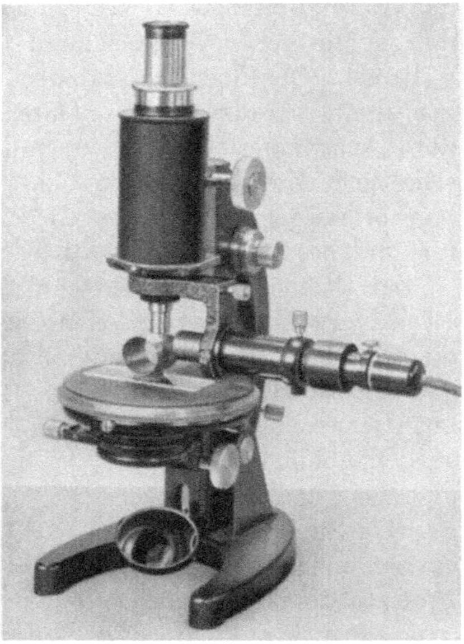

Abb. 76/2. Zusatzgerät zum gewöhnlichen Mikroskop zur Untersuchung von Oberflächen nach dem Lichtschnittverfahren.

Fadenmikrometer aufgesetzt werden, mit deren Hilfe man die größte Schwankung der Profilkurve unmittelbar ausmessen kann. Außerdem kann auf das Beobachtungsrohr eine der üblichen mikrophotographischen Kammern aufgesetzt und die Profilkurve aufgenommen werden. Das letztere ist für alle wissenschaftlichen Zwecke zweckmäßig. Bei richtiger Leitung des photographischen Entwicklungsverfahrens zur Erzielung möglichst harter Bilder (was sehr wesentlich ist) vertragen diese gut noch eine Vergrößerung bis etwa 10fach, entweder beim späteren Ausmessen oder auf photographischem Wege. Das Rohr *H* enthält eine Hilfsbeleuchtung, mit der die Fläche der Probe aufgehellt werden kann. Das Gerät bietet die *Möglichkeit, dieselbe Stelle der Probe im Profil als auch in schräg auffallendem Licht zu betrachten.* Hierzu dient die Revolverwechseleinrichtung. Mit ihr läßt sich Beleuchtungs- und Betrachtungsrohr vertauschen, so daß man dann die Fläche von der Seite beleuchten und senkrecht mikroskopisch betrachten kann. Auf diese Weise ist es auch bei einiger Vorsicht möglich, eine Aufsichtsaufnahme und das zugehörige Profil auf dieselbe Platte zu bringen, wodurch außerordentlich eindrucksvolle Bilder entstehen

(Abb. 76/1). Das Gerät kann von den Füßen abgenommen und auf größere Werkstücke aufgesetzt werden. Die Vergrößerung durch das Mikroskop ist etwa 82fach.

Für die Verwendung eines normalen Mikroskops ist ein Spaltbeleuchtungstubus allein als einfaches und leicht einstellbares Zusatzgerät in der aus Abb. 76/2 ersichtlichen Art vorgesehen. Der senkrecht zur optischen Achse des Mikroskops verlaufende Beleuchtungstubus entwirft auf der Fläche das Spaltbild, das bequem in die Bildebene des Betrachtungsmikroskops eingestellt werden kann.

34242. Aufsetzbarer Oberflächenprüfer. Neben den geschilderten Geräten, die im wesentlichen für den Laboratoriumsgebrauch bestimmt sind, wird neuerdings noch ein Gerät als „*Aufsetzbarer Oberflächenprüfer*" gebaut. Dieses ist so

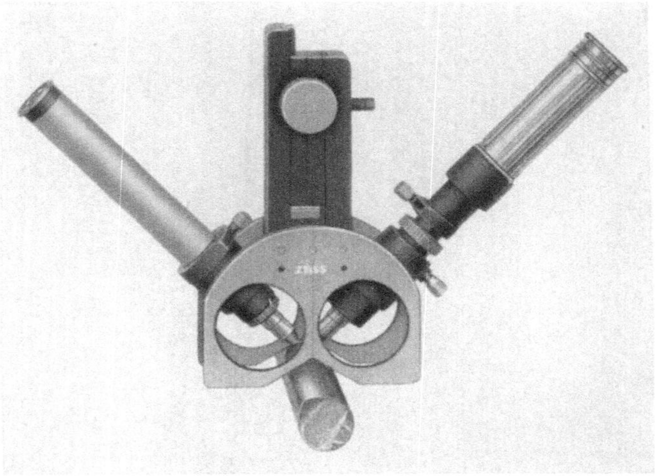

Abb. 77/1. Aufsetzbarer Oberflächenprüfer *(Carl Zeiss-Jena)*.

ausgebildet, daß es auf Werkstücke, auch wenn sie sich in der Maschine befinden, aufgesetzt werden kann (Abb. 77/1). Es kann aber auch in einem Stativ verwendet werden und zur Untersuchung flacher Proben oder großer Werkstücke dienen (Abb. 78/1). Die optischen Achsen sind bei diesem Gerät so angeordnet, daß die Normale zur Fläche symmetrisch zu diesen liegt, und zwar mit ihnen einen Winkel von je 45^0 bildet.

34243. Grenze des Lichtschnittverfahrens. Die Grenze des beschriebenen Verfahrens der mikroskopischen Lichtschnitte liegt in folgendem: Da das Betrachtungsmikroskop senkrecht oder geneigt zur untersuchenden Fläche angeordnet werden muß, kann es nicht beliebig nah an jeden Punkt der Oberfläche herangebracht werden. Die anwendbare Vergrößerung ist somit bestimmt durch den Arbeitsabstand der zu verwendenden Objektive. Die nach dem Verfahren unter günstigen Umständen noch praktisch erreichbaren Vergrößerungen liegen zur Zeit bei etwa 350fach.

Fernerhin ist die Abbildungsgenauigkeit begrenzt durch das Auflösungsvermögen der Mikroskope. Dieses wächst bekanntlich umgekehrt mit der Wellenlänge des benutzten Lichtes und direkt mit dem Öffnungsverhältnis des verwendeten Objektives. Unter gewöhnlichen Umständen können Unregelmäßigkeiten der Profilkurve von etwa 0,5 μ noch eben dargestellt werden. Dies bezieht sich auf zwei unmittelbar benachbarte Punkte. Liegen diese Punkte etwas weiter auseinander, so ist es möglich, auch noch etwas geringere Abweichungen von der Geraden darzustellen. Daraus ergibt sich, daß die geschilderte optische Prüfmethode für feingeschliffene und feinstgedrehte Flächen noch gut brauchbar ist, für geläppte und polierte jedoch keine wesentlichen Resultate mehr zu ergeben vermag[1].

In der früher erwähnten Arbeit von RÄMSCH[2] finden sich im Zusammenhang mit der Untersuchung feiner und feinster Maßstabstriche vergleichende Aufnahmen desselben Profils nach dem *Querschliff- und dem Lichtschnittverfahren.*

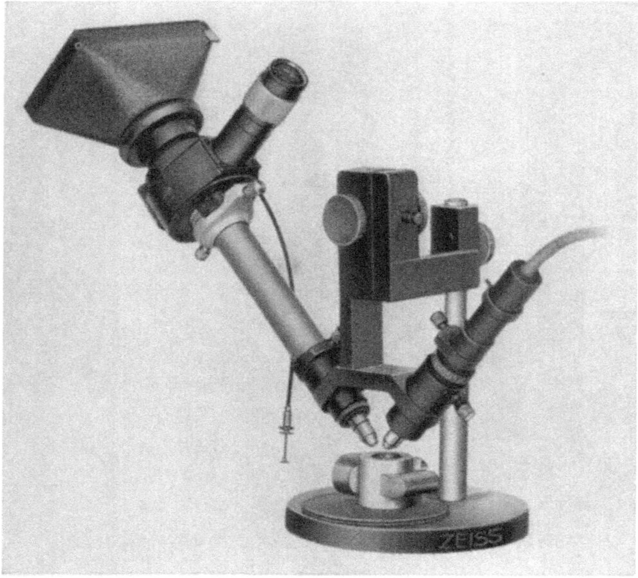

Abb. 78/1. Aufsetzbarer Oberflächenprüfer *(Carl Zeiss-Jena).*

Die *Übereinstimmung ist außerordentlich gut.* Die zahlenmäßig festgestellten Abweichungen dürften innerhalb der Grenzen der natürlichen Meßfehler liegen.

Bei Proben, die halb oder ganz durchsichtig sind (rauhes Glas, Papier, Marmor), werden die mit dem Verfahren erzielbaren Bilder nicht so gut als bei praktisch undurchsichtigen Werkstoffen. Dies liegt daran, daß auch die nicht an der Oberfläche zurückgeworfenen, sondern eindringenden und dann diffus

[1] Nachdem dieses Verfahren seit 1932 bekannt geworden war, erschien 1934 eine Arbeit von SCHUMACHER: Die Rauhigkeit von Oberflächen (Diss. Stuttgart 1934). In dieser Arbeit beschreibt SCHUMACHER eine Versuchsanordnung, bei der er an einem Zeiss schen Metallmikroskop mit Hilfe eines photographischen Objektives ein schwach konvergentes Lichtbündel in spitzem Winkel auf die Fläche wirft und die Lichtschnittkurven photographisch aufnimmt. Die veröffentlichten Kurven sind so ungenau, daß sie für eine gewissenhafte zahlenmäßige Auswertung nicht in Betracht kommen. Dies kann auch nicht anders sein, da die Erfahrung zeigt, daß nur die allerbeste optische Abbildung des Spaltes für die mikroskopische Anwendung des Verfahrens ausreicht. Ein Photoobjektiv ist hierfür im mikrogeometrischen Bereich nicht zu gebrauchen. Außerdem ist natürlich die Anforderung an die Tiefenschärfe um so größer je größer die Rauhigkeit ist.

[2] RÄMSCH: Diss. Dresden 1936.

zurückgestreuten Anteile des Lichtes in das Mikroskop gelangen. Diese können unter Umständen das Bild völlig verschleiern. In vielen Fällen kann man dies vermeiden, indem man die Oberfläche der Probe vorsichtig mit einem roten Farbstoff (Eosin) anfärbt, der das aus der Tiefe zurückkommende Licht photographisch unwirksam macht. Bei Papierproben ist dies natürlich nicht ganz unbedenklich.

BERNDT[1] macht darauf aufmerksam, daß man sich in gewissen Fällen, z. B. bei Glas, damit helfen kann, daß man die Oberfläche abdeckt und durch den Prüfling hindurch beobachtet. Dies geht nur dann, wenn die zweite Oberfläche optisch glatt ist, ebenso die Fläche, durch die hindurch beobachtet wird. Auch muß bei nichttangentialer Beobachtung zum Lichtschnitt die Verzerrung durch Brechung in dem zu untersuchenden Stoffe berücksichtigt werden. Dieses Verfahren hat RÄMSCH[2] zu Untersuchungen von Maßstabrissen in Glasproben mit Erfolg angewendet. Feinste spitze Vertiefungen der Oberfläche, wie z. B. Härterisse, sind naturgemäß mit dem Lichtschnittverfahren ebensowenig wie mit dem Tastverfahren darzustellen.

Ein offensichtlicher Nachteil des Lichtschnittverfahrens gegenüber dem Tastverfahren besteht darin, daß die Vergrößerung in beiden Koordinatenrichtungen dieselbe ist. Will man also eine starke Vergrößerung der Rauhigkeiten erhalten, so bekommt man wegen der Kleinheit des mikroskopischen Gesichtsfeldes nur ein verhältnismäßig sehr kleines Stück der Probe auf das Bild und kann sich über die Gesamtstruktur leicht täuschen. Deshalb ist es notwendig, in solchen Fällen mehrere Aufnahmen zu machen und diese zusammenzusetzen. Theoretisch wäre es denkbar, eine astigmatische Optik für das Lichtschnittverfahren zu bauen, welche das Bild in einer Achsenrichtung verzerrt, derart, daß die Vergrößerung in der einen Koordinate anders ist wie in der anderen. Viel weiter würde man damit, abgesehen von den großen optischen Schwierigkeiten, natürlich auch nicht kommen.

34244. Auswertung der mit den Profilgeräten erzielten Bilder. Die Auswertung der Profilkurven, welche eines der beschriebenen Verfahren liefert, geschieht im allgemeinen so, daß man deren Ordinaten über einer noch festzulegenden Basislinie bestimmt. Welche rechnerischen Möglichkeiten zur Ermittlung eines Rauhigkeitsmaßes auf Grund dieser Zahlen bestehen, werden wir später noch eingehend erörtern. Zunächst behandeln wir die Ausmessung der Ordinaten selbst.

Will man nur eine allgemeine Zahlenangabe haben, die als vorläufige Orientierung ausreicht, so mißt man zweckmäßig den Abstand (H) zwischen den höchsten und tiefsten Punkten der Profilkurve (vgl. Abschnitt 5, S. 112ff.), und zwar zweckmäßig in verschiedenen Abschnitten. Im Profilmikroskop kann dies unmittelbar mit Hilfe eines Okular-Schraubenmikrometers (vgl. S. 47) geschehen, das einen im Gesichtsfeld beweglichen Faden hat. Dies ist der einfachste und schnellste Weg, der für alle Zwecke der gewöhnlichen Praxis und zur Betriebskontrolle ausreicht. Bei den neuen Profilmikroskopen werden auch Glasmaßstäbe mitgeliefert, die auswechselbar in das Okular eingeschoben werden können und es ermöglichen, unmittelbar eine bestimmte Rauhigkeitsgröße abzulesen und am Werkstück zu kontrollieren.

---

[1] BERNDT: Masch.-Bau Betrieb Bd. 14 (1935) S. 568.

[2] RÄMSCH: Diss. Dresden 1936.

Will man aber, wie es vielfach zweckmäßig ist, die Profilkurven für die Dauer festhalten und eine Reihe von Ordinatenwerten bestimmen, die dann zur Berechnung des Rauheitswertes benutzt werden sollen, so photographiert man zunächst die Kurve mit einer kleinen Aufsatzkamera, welche auf dem Mikroskoptubus befestigt wird. Die Bilder lassen sich dann entweder auf der Platte oder der Kopie bequem ausmessen. Für gröbere Strukturen genügt hierzu eine mit einem quadratischen Netz versehene Glasplatte, für feinere verwendet man zweckmäßig ein *Kreuzschlittenmikroskop*, bei dem mindestens für die eine Koordinate ein durch Schraube bewegter Schlitten mit Meßtrommel vorhanden sein muß (Abb. 80/1). Die Vergrößerung des Meßmikroskopes sollte der Unschärfe des Plattenbildes angepaßt sein. Im allgemeinen dürfte sie zweckmäßig zwischen 10- und 20fach liegen. Die Ausmessung der photographischen Bilder mit Hilfe eines derartigen Gerätes sollte eigentlich für alle wissenschaftlichen Zwecke die Regel bilden, da man bei sorgfältiger Arbeit die Meßgenauigkeit gut um eine Größenordnung gegenüber der gewöhnlichen Betrachtung im Profilmikroskop steigern kann. Vielfältige Erfahrung hat gelehrt, daß eine Genauigkeit von 0,5 bis 1 μ der wirklichen Fläche bei der mikroskopischen Auswertung der Bilder tatsächlich erzielt werden kann.

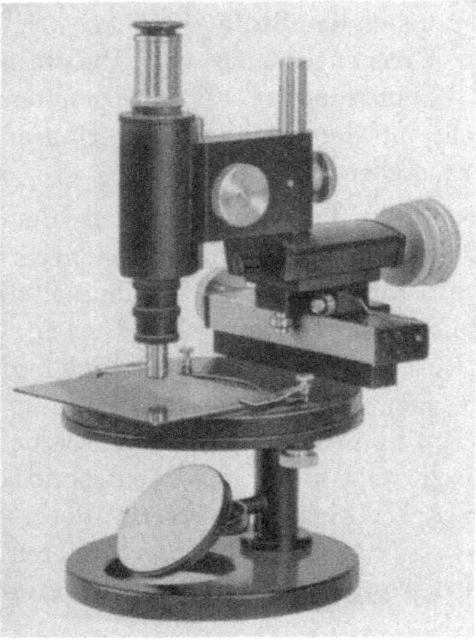

Abb. 80/1.
Kreuzschlittenmikroskop zur Ausmessung der Oberflächenprofilbilder *(Carl Zeiss-Jena)*.

34245. Lichtschnittverfahren bei geringer Vergrößerung. Das Lichtschnittverfahren zur Darstellung von Profillinien läßt sich, wie oben schon erwähnt[1], auch im *makroskopischen Gebiet*, also bei geringen Vergrößerungen oder auch bei verkleinerter Aufnahme der Kurve vielfältig anwenden. Ein Vorläufer dieses Verfahrens waren zahlreiche Vorschläge zur Aufnahme von Lichtschnitten menschlicher Köpfe für die mechanische Herstellung von Porträtbüsten[2]. Uns interessiert die Anwendung auf technische Zwecke, z. B. die Darstellung von Zahnradprofilen in verschiedenen Schnittebenen, die Untersuchung von Schneiden an Werkzeugen[3] usw. Beispiele hierfür finden sich Tafel 19, 25, 27. Man wird, solange keine handelsüblichen Geräte hierfür bestehen, sich diese Versuchsanordnungen jeweils im Laboratorium mit vorhandenen Mitteln zusammenstellen. Zur Projektion des Spaltes verwende man im makroskopischen Gebiet gute photographische Objektive, ebenso wie für die Aufnahme der Kurven. Bauersfeld hat das Verfahren dazu benutzt, Schichtlinien einer durchgebogenen Gummimembran aufzunehmen, wobei diese zur Darstellung von Stromlinien

---

[1] Vgl. S. 56 die Anwendung zur Erzeugung von Schichtlinien.
[2] Z. B. DRP. 60807, 102005, 109654.
[3] Schumacher hat schon auf diese Möglichkeit hingewiesen. Vgl. RKW-Nachr. 9. Jg. (1935) S. 58.

nach einer Erweiterung des PRANDTLschen Seifenhautgleichnisses diente [1], vgl. Abschnitt 3411, S. 56.

34246. Anwendung des Lichtschnittverfahrens zur Strömungsuntersuchung. Eine, wie mir scheint, sehr nützliche Anwendung des Lichtschnittverfahrens zur Untersuchung der *Strömung* von *Flüssigkeiten und Gasen* in der Nähe von Wänden läßt sich auf folgende Weise gewinnen: Man projiziert das Spaltbild durch die strömende Flüssigkeit hindurch auf die rauhe Fläche. In der Flüssigkeit befinden sich schwebende, sehr feine Teilchen, etwa Lykopodium, Lithopone oder Aluminiumstaub. Deren Bahnen innerhalb der Lichtebene werden zusammen mit dem Profil aufgenommen. Wenn man die Beleuchtung in einem bekannten Takte unterbricht, bekommt man unmittelbar die Komponente der Geschwindigkeit in der Lichtebene auf die photographische Platte. Einige Ergebnisse dieses Verfahrens finden sich in Abschnitt 85, S. 244.

35. Integralverfahren zur Untersuchung der Oberflächen.

350. Allgemeines.

Wir haben in der Einführung schon darauf hingewiesen, daß es zahlreiche Verfahren zur Oberflächenprüfung gibt, mit denen man nicht die mikrogeometrischen Verhältnisse selbst ermittelt, sondern *Maßzahlen, die in irgendeiner Weise mit der Gestalt der Flächen zusammenhängen.* Es handelt sich dabei immer um Größen, die den Charakter von Integralen oder Mittelwerten haben, da sie von *jedem einzelnen Flächenelement beeinflußt werden.* Wir sprechen in diesen Fällen von den Integralverfahren zur Ermittlung eines Rauhigkeitswertes. Diese lassen sich einteilen in mechanische, physikalisch-chemische und optische Verfahren. Je nach der Bedeutung, die wir ihnen zumessen, seien sie mehr oder weniger ausführlich dargestellt.

351. Mechanische Integralverfahren.

Ein typisches Integralverfahren mechanischer Art ist das von FLEMMING (1930 [2]). Ein Gerät mit ähnlichem Grundgedanken wurde von BOCKEMÜHL (1930 [3]) vorgeschlagen.

FLEMMING tastet die rauhe Fläche mit einem Fühlhebel ab, wobei als Tastorgan Stifte mit kugelförmig gekrümmter Endfläche dienen. Die Krümmung dieser Taststifte ist abgestuft von $r = 50$ mm bis $r = 0{,}05$ mm. Das Wesentliche des Gerätes [4] besteht darin, daß es mit einem Reibgesperre versehen ist, mit dem die Bewegungen in einer Richtung (z. B. nach oben) selbsttätig summiert werden, während Bewegungen in der anderen Richtung ohne Einfluß auf die Einstellung des Instrumentes bleiben. Das Verhältnis der von dem Instrument aufgezeichneten Summe aller Erhebungen über eine bestimmte Länge der Profilkurve zu dieser ist die der weiteren Untersuchung der Fläche zugrunde gelegte Größe. Diese ist also

$$U = \frac{\sum_{o}^{x} \frac{\Delta y}{\Delta x} \cdot \Delta x}{x}, \qquad \text{(Gl. 81/1)}$$

[1] BAUERSFELD: Ing.-Arch. Bd. 5 (1934) S. 69.

[2] FLEMMING: Beitrag zur Bestimmung der Oberflächengüte. Diss. Dresden 1935, vgl. AWF-Mitt. 1936 S. 58. Z. VDI Bd. 80 (1936) S. 792.

[3] BOCKEMÜHL: DRP. 544330. — [4] FLEMMING: DRP. 541796.

wobei zu beachten ist, daß nur jeweils die *positiven* oder negativen $\frac{\Delta x}{\Delta y}$ bei der Summierung berücksichtigt werden. Der Wert der Summe ist offensichtlich unabhängig von der Lage einer gewählten Basislinie. FLEMMING bezeichnet diese Größe U als die mittlere Neigung der Profilkurve. Man übersieht leicht, daß z. B. zwei Kurven bei gleicher Vergrößerung der Ordinaten und Abszissenwerte, also z. B. eine periodische Kurve bei konstantem Verhältnis zwischen Amplitude und Wellenlänge, denselben Meßwert ergeben müssen. Ihre Rauhigkeit wäre aber durchaus verschieden. Besonders deutlich wird dies an den beiden Kurven in Abb. 82/1, welche mit einem einzigen Taststift untersucht, denselben Zahlenwert ergeben. FLEMMING untersucht aber das Profil nicht mit einem einzigen Taststift, sondern mit mehreren solcher mit verschiedener Krümmung. In unserem vereinfachten Beispiel (Abb. 82/1) sieht man, daß das Meßergebnis mit den beiden Krümmungen r_1 und r_2 schon ausreichen muß, um die beiden einzigen Bestimmungsstücke[1] a und h der Kurve zahlenmäßig zu ermitteln. Man kann also erwarten, daß bei einer *beliebig* gestalteten Profilkurve die Abtastung mit mehreren Radien Werte gibt, die in einer Beziehung zu dem Charakter der Kurven stehen. Man denkt dabei etwa an die Bestimmung der FOURIER-Koeffizienten einer periodischen Kurve mit dem harmonischen Analysator. Im Falle des FLEMMINGschen Gerätes ist aber die Beziehung zwischen den verschiedenen Meßwerten und dem Charakter einer beliebigen Profilkurve praktisch unübersehbar trotz einiger allgemeinen Überlegungen, die FLEMMING in dieser Hinsicht anstellt. FLEMMING gibt Beispiele für die Abhängigkeit der bei verschiedenen rauhen Flächen praktisch ermittelten Werte U von dem Radius r der Fühlstifte. Die Gestalt dieser Funktion benutzte er zur Kennzeichnung der Kurven. Alles in allem hat man nach den bis jetzt vorliegenden Ergebnissen nicht den Eindruck, das FLEMMINGsche Gerät vermöchte ein für allgemeine Fälle brauchbares Rauhigkeitsmaß zu liefern.

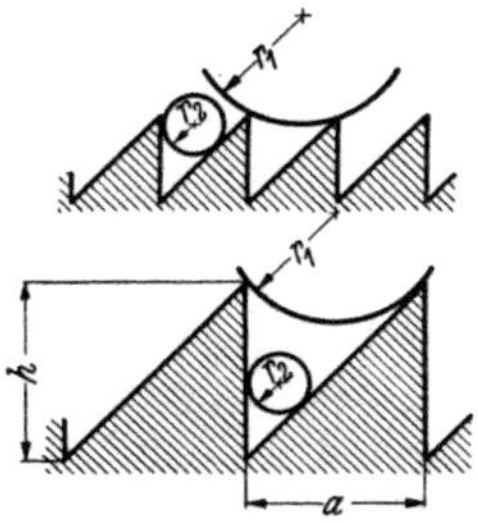

Abb. 82/1. Zum FLEMMINGschen Rauhigkeitsmesser. Diese beiden Profile geben mit dem FLEMMINGschen Rauhigkeitsmesser mit *einem* Taststift denselben Gesamtausschlag auf gleiche Kurvenlänge x bezogen.

Nach einem Vorschlag von MAINKA (1922[2]) soll der Energieverlust eines durch die rauhe Oberfläche abgebremsten Pendels benutzt werden. Die Versuchswerte dürften wahrscheinlich nicht nur von der Gestalt der Fläche, sondern auch den Eigenschaften des Werkstoffes beeinflußt werden.

BECK (1932[3]) läßt zwischen der rauhen Fläche und einer auf diese gesetzten polierten Scheibe Luft von innen nach außen oder umgekehrt strömen. Der Druckverlust bzw. die durchströmende Luftmenge werden in Beziehung zur Rauhigkeit gesetzt. BECK hat mit diesem Verfahren ursprünglich den Oberflächencharakter von Papierproben durch eine empirische Skala festzulegen versucht. Es wurde späterhin von WEHMHOFF, SIMMONS und BOYCE (1933[4]) geprüft und zur Untersuchung von Papier angewendet.

[1] Dieses Maß nennt FLEMMING die Öffnungsweite. — [2] MAINKA: DRP. 378835.

[3] BECK, J.: Der graphische Betrieb, Jan. 1932 S. 2. Vgl. auch W. BRECHT u. W. STEADEL: Zellstoff u. Papier Dez. 1931. J. BECK: Paper trade Journal June 30, 1932.

[4] WEHMHOFF, B. L., R. M. SIMMONS and D. H. BOYCE: Paper Trade J. Bd. 46 (1933) Nr. 4 S. 96.

Kratz (1934 [1]) hat das Verfahren zum erstenmal auf bearbeitete Holzoberflächen übertragen und zur laufenden Kontrolle bei Schleifversuchen an Holz benutzt.

Ich habe mit einer laboratoriumsmäßigen Anordnung das Verfahren nachgeprüft und gefunden, daß es gut wiederholbare Werte gibt, wenn man erstens die Pressung der Luft genügend konstant erhält und dann für gleichmäßigen Auflagedruck der Meßdüse sorgt. Bei weichen Werkstoffen, wie Holz, ist dies besonders wichtig. Die Werte, die man erhält, stehen natürlich nur in einer unübersichtlichen Beziehung zur Mikrogeometrie der Fläche. Außerdem ist zu beachten, daß, wenn eine zweidimensionale Rauhigkeit vorliegt, die Fläche also ausgesprochene Bearbeitungsfurchen hat, man einen Wert erhält, der im wesentlichen von dem Widerstand in der Furchenrichtung allein abhängt. Die Genauigkeit der Messungen dürfte $\pm 5\%$ nicht unterschreiten. Man hat also hier ein typisches Integralverfahren nach unserer Bezeichnung vor sich. Zur Festsetzung rein empirischer Werte dürfte es durchaus brauchbar sein.

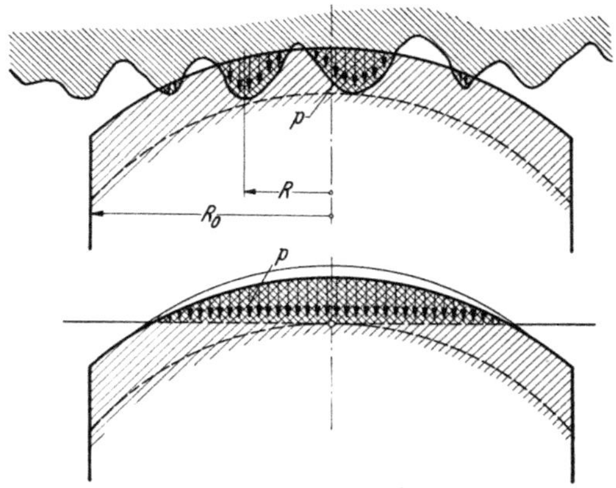

Abb. 83/1. Berührung eines sphärischen Prüfkörpers mit einer rauhen und einer glatten Fläche. (Gerät von Tornebohm.)

Ein weiteres mechanisches Integralverfahren ist das von Tornebohm [2]. Dieses beruht auf folgendem Gedankengang: Ein gehärteter Stahlkörper mit kugelförmiger Endfläche wird mit einer gewissen Vorlast mit der zu prüfenden Fläche in Berührung gebracht. Die weitere Annäherung des Prüfkörpers an die Fläche unter einer Zusatzlast wird gemessen, und zwar wird die Zusatzlast so groß gemacht, bis eine Verschiebung von $0{,}00004'' = \sim 0{,}1\,\mu$ zustande kommt. Die Zusatzlast soll ein Maß für die Rauhigkeit des Körpers sein derart, daß, je rauher die Fläche ist, um so geringer die Last notwendig wird, um diese Eindringung hervorzurufen. Der Grundgedanke des Tornebohmschen Gerätes ist leicht zu übersehen (Abb. 83/1). Die bei der Eindringung zu leistende Arbeit wird

$$A = \int p \cdot x \, d\, R\,, \qquad \text{(Gl. 83/1)}$$

wo p die jeweils in einem Flächendifferential herrschende Spannung und x den zugehörigen Verschiebungsweg bedeuten. Die Größen p entsprechen bei *völlig glatten und sich reibungsfrei berührenden* Flächen der Spannungsverteilung, wie sie der Hertzschen Theorie zugrunde liegt. Bei rauhen Flächen wird p beeinflußt von der Gestalt der jeweiligen mikrogeometrischen Rauhigkeiten, die mit dem kugelförmigen Körper in Verbindung sind. Die Größe x hängt einerseits von dem Krümmungsradius des Druckkörpers und der Lage des Flächenelementes auf der Druckzone, andererseits aber auch von der *Gestalt dieser Rauhigkeiten* ab. Hinzu kommt noch

[1] Kratz, E.: Diss. Dresden 1932. Vgl. auch Z. VDI Bd. 78 (1934) S. 202.
[2] Tornebohm: Amer. Mach., Lond. Bd. 80 (1936) S. 447.

folgendes: Die HERTZsche Theorie berücksichtigt nicht die Arbeit, welche durch tangentiale Verschiebungen zwischen den beiden sich berührenden Flächen entgegen der Reibung geleistet werden muß. Diese tangentialen Reibungskräfte hängen wiederum von den Größen p und damit von der mikrogeometrischen Gestalt der rauhen Fläche, von den Krümmungsverhältnissen und schließlich auch (was nicht unwichtig sein dürfte) von der Art der äußeren Grenzschicht usw. ab. Daß also mit einer derartigen Versuchsanordnung wirklich die Mikrogeometrie der Oberfläche einen Einfluß hat auf die Belastung, die notwendig ist, eine bestimmte Eindringung hervorzurufen, liegt auf der Hand. Aber die Mikrogeometrie im ganzen umfaßt naturgemäß nicht nur die mittlere Größe der Erhebungen der rauhen Fläche, sondern auch deren genaue Form. So ergibt sich schon aus unseren oben angestellten Erwägungen, daß die gefundenen Werte z. B. auch von der Verteilung der einzelnen Erhöhungen, den Neigungswinkeln usw. abhängen müssen. Im übrigen ist zu bedenken, ob außer der Mikrogeometrie der Fläche auch andere Umstände eine Rolle spielen. TORNEBOHM gibt an, erstens, daß er innerhalb des elastischen Gebietes geblieben sei, und daß bei seinen Versuchen kein Einfluß der Materialkonstanten auf die Messung nachzuweisen gewesen sei. Dies dürfte innerhalb der Meßfehler zutreffen, da der Elastizitätsmodul bei verschiedenen Werkstoffen innerhalb derselben Größenordnung bleibt.

Die Brauchbarkeit des Verfahrens für wissenschaftliche Zwecke kann wohl erst festgestellt werden, wenn durch eingehende Vergleiche mit Profilaufnahmen derartiger Flächen eine *Eichung* des Verfahrens vorgenommen worden und zahlenmäßig nachgewiesen ist, inwieweit auch die mikrogeometrische Form der Rauhigkeiten und die Materialkonstanten eine Rolle spielen. Immerhin kann man bei diesem von einem erfahrenen Fachmann der Feinmeßtechnik stammenden Verfahren annehmen, daß es als technologisches Verfahren für viele Zwecke brauchbar ist.

352. Physikalisch-chemische Integralverfahren.

3520. Allgemeines. Die im folgenden Abschnitt zu besprechenden Untersuchungsverfahren verfolgen alle das gleiche Ziel, die „wahre Oberfläche“ des zu prüfenden Stückes zahlenmäßig festzulegen, und zwar im Verhältnis zu der scheinbaren Oberfläche, die man aus den linearen Abmessungen des idealisierten und vollkommen glatt angenommenen Prüflings errechnen kann. Es ist von vornherein klar, daß die *wahre Oberfläche* unter Umständen ein bedeutend Vielfaches jener scheinbaren Oberfläche ausmachen kann. Der Quotient aus der wahren und der scheinbaren Oberfläche (wir wollen ihn K_0 nennen) ist, ebenso wie die Länge der Profilkurve, eine *für die Bestimmung der Rauhigkeit ungeeignete Maßzahl.* Denn er bleibt *bei allen geometrisch ähnlichen Formen der Oberflächenstruktur unverändert.* Dies wird bei der Erörterung der zur Kennzeichnung der Rauhigkeit verwendeten mikrogeometrischen Größen noch gezeigt werden (vgl. Abschnitt 5, S. 112ff.).

3521. Bestimmung der wahren Größe von Oberflächen aus aufgebrachten Oxydschichten. CONSTABLE (1927[1]) versucht, aus Oxydschichten, die künstlich

[1] CONSTABLE: Proc. Roy. Soc., Lond. A S. 115 (1927) S. 570. Vgl. WILKINS: J. chem. Soc. Bd. 1 (1930) S. 1304.

auf das zu untersuchende Metall aufgebracht werden, Rückschlüsse auf die wahre Oberfläche zu machen. Die bekannten Anlauffarben, die bei Oxydation eines Metalles an seiner Oberfläche entstehen, sind auf Interferenzen des Lichtes innerhalb der Oxydhäute zurückzuführen. Aus der Farbe, in der diese Schicht erscheint, kann man auf ihre Dicke schließen[1]. Zu Meßzwecken muß diese natürlich völlig gleichmäßig ausgebildet sein und somit unter definierten Verhältnissen erzeugt werden. Wenn man bei der Oxydation durch Messung des Druckabfalles in einem abgeschlossenen Raumteil die aus der Luft aufgenommene Sauerstoffmenge bestimmt, kann man die Masse des gebildeten Oxyds errechnen und damit auch die wahre oxydierte Oberfläche des betreffenden Materials angeben. CONSTABLE hat diese Untersuchung zum erstenmal an Kupfer, allerdings mit einem etwas anderen Endziel als der Oberflächenbestimmung, durchgeführt und WILKINS (1930) a. a. O. hat das Verfahren planmäßig geprüft. Er findet, daß die wahre Oberfläche sich unter Umständen kleiner ergeben kann als die scheinbare, aus den linearen Abmessungen des Probestückes abgeleitete. Das ist natürlich unmöglich. Man kann vermuten, daß für diese Erscheinung Einschlüsse der Probe verantwortlich zu machen sind, die an der Oxydation nicht teilgenommen haben, so daß die wahre Oberfläche nicht gemessen werden kann. Das Verfahren dürfte also für die Untersuchung technischer Oberflächen, wenigstens heute, noch unbrauchbar sein.

3522. Bestimmung der Größe der Oberflächen aus der Beladung der Fläche mit Wasserstoff (BOWDEN und RIDEAL). F. B. BOWDEN und E. K. RIDEAL (1928[2]) untersuchen die mit einem elektrolytischen Auf- oder Abtransport von Wasserstoff auf eine Elektrode verbundene Potentialänderung, die gegen eine dritte Hilfselektrode gemessen wird. Sie stellen fest, daß dieses Potential E mit den auf den Quadratzentimeter entfallenden „wahren Oberfläche" F und der auf dieselbe aufgebrachten Wasserstoffmenge m durch die lineare Beziehung

$$E = K \cdot \frac{m}{F} + \text{const.} \qquad \text{(Gl. 85/1)}$$

verbunden ist, wobei K für alle Metalle denselben Wert besitzen soll. Diese Beziehung gilt zu Anfang eines jedes Prozesses, der die Kathode mit Wasserstoff belädt, solange das natürliche Lösungsbestreben noch keine merklichen Korrektionen dieser Gleichung bedingt. Sind diese Voraussetzungen erfüllt, dann kann man die zur Erzeugung eines bestimmten, immer konstanten Potentials erforderliche Wasserstoffmenge oder, was bis auf einen konstanten Faktor dasselbe ist, die Ladungsmenge, die diesen Transport durchgeführt hat, als Maß für die wahre Oberfläche nehmen. Die Ladungsmenge errechnet sich als das Produkt aus Stromdichte und Zeit. Der Vergleich mit der idealen, vollkommen glatten Oberfläche läßt einen Rückschluß auf das Verhältnis der wahren und scheinbaren Oberfläche zu. Die zur Bestimmung dieses Verhältnisses nötige Vergleichsfläche wird durch eine Quecksilberoberfläche hergestellt, von der man annehmen kann, daß sie den Grenzwert darstellt, dem die technischen Flächen mit fortschreitender Bearbeitungsgüte zustreben. Die Durchführung derartiger

[1] Vgl. F.N. 24/6—24/8 ferner: GREBE in Handbuch der Physik (GEIGER-SCHEEL), Bd. XX, S. 19. MÜLLER-POUILLET: Lehrbuch der Physik (11). Bd. II,1, S. 684f. Braunschweig 1926. ROLLET: Wiener Ber. 77 (3) 1878, S. 177. Über derartige Oxydhäute: BAUER-KRÖHNKE-MASING: Korrosion des Eisens, S. 98. Leipzig 1936. Vgl. oben S. 24, F.N. 24/4.

[2] BOWDEN and RIDEAL: Proc. Roy. Soc. (A), Lond. Bd. 120 (1928) S. 80.

Messungen ist mit einem erheblichen Laboratoriumsaufwand und nur unter Anwendung großer Vorsichtsmaßregeln möglich, da die geringsten Spuren von Sauerstoff und andere Verunreinigungen die Meßergebnisse nicht wiederholbar machen. Einige Ergebnisse dieser Arbeit sind in Z.T. 86/1 zusammen mit anderen wiedergegeben.

Z.T. 86/1. Ergebnisse von Messungen der wahren Oberfläche.
Die Zahlen geben das Verhältnis K_0 der *wahren* Oberfläche zu der *scheinbaren*, d. h. also zu der Projektion der wahren Oberfläche auf die Ebene.

Material und Bearbeitung	K_0	
	nach BOWDEN und RIDEAL	nach ERBACHER
Ag mit HNO_3 geätzt	37—51	
geschmirgelt	16	2,53 [1]
Hg rein	1,0	
Pt blank	2,1	
schwarz	1830	
Ni poliert	9,7—13,3	1,17 [2]
angelassen	7,7—10,8	
elektrolytisch niedergeschlagen	9,5—12	
gewalzt	3,5— 5,8	

3523. Bestimmung der Größe der Oberflächen aus der Beladung mit radioaktiven Stoffen (ERBACHER). ERBACHER (1933[3]) untersucht in einer wertvollen Arbeit, die sich wohl noch am ehesten mit der uns hier beschäftigenden Fragestellung berührt, die Austauschvorgänge zwischen Metallatomen und edleren Ionen, die sich in einer Lösung, in die das Metall eingetaucht wird, befinden. Bei einer solchen Anordnung wird ein gewisser Teil des Versuchsstückes gelöst und dafür werden auf ihm edlere Ionen ausgeschieden. Die so auf dem untersuchten Metall entstehende Schicht von edlen Atomen kann je nach den herrschenden Umständen entweder einatomar oder aus vielen Atomlagen aufgebaut sein. Durch geeignete Führung des Versuches kann man dafür sorgen, daß die Belegung in einatomarer Schicht erfolgt. Das Kennzeichen dafür ist die Spannung, die durch die Auflagerung der einatomaren Schicht infolge der gebildeten Lokalelemente entsteht.

Um die abgeschiedene Menge der edlen Atome zu bestimmen, mischt man der Lösung gewisse *radioaktive isotope Atomarten* bei, deren abgeschiedene Menge aus ihrer Strahlung bestimmt wird. Unter der Voraussetzung, daß die Schicht einatomar und in der sog. dichtesten Kugelpackung gelagert ist, läßt sich die wahre Oberfläche ermitteln. Die Einzelheiten müssen in der Veröffentlichung selbst nachgelesen werden.

Einige mit diesem Verfahren gewonnenen Ergebnisse zeigt Z.T. 86/1. Besonders interessant ist die Feststellung, daß das Verhältnis der wahren und scheinbaren Oberfläche bei geschmirgelten *Flächen unabhängig von der Korngröße* ist. Eine einfache geometrische Überlegung läßt erkennen, daß bei gleichbleibenden Winkelverhältnissen der schneidenden Kristallkante des Schmirgels dies auch in der Tat der Fall sein muß (vgl. Abb. 154/3[4]).

[1] Unabhängig vom Material. — [2] Unabhängig von der Körnung des Schmirgels.
[3] ERBACHER: Z. physik. Chem. A Bd. 163 (1933) S. 196, 215, 231.
[4] Vgl. auch Abschn. 5, S. 112 ff. und S. 84 unten.

Über die Ergebnisse, die mit allen diesen Verfahren erhalten wurden, kann man zusammenfassend sagen, daß sie vielleicht in theoretischer Hinsicht eine befriedigende Möglichkeit zur Messung der wahren Oberfläche abgeben können, jedoch im Hinblick auf die Probleme der Praxis noch nahezu unbrauchbar sind. Sie erfassen je nach dem angewandten Verfahren nur die für die aufgebrachten Stoffe (Wasserstoff, Sauerstoff, Edelmetall) aktiven Stellen, und es weichen daher die praktisch gewonnenen Resultate, wie aus Z.T. 86/1 zu erkennen ist, stark voneinander ab. Ich habe trotzdem diese Verfahren geschildert, weil sie, wie die Arbeit von ERBACHER zeigt, vielleicht für spätere Untersuchungen neue Ansatzpunkte geben können.

3524. Bestimmung der Größe der Oberflächen aus der Bestimmung des Dampfdruckes aus einer Fläche bei höheren Temperaturen (LANGMUIR). LANGMUIR (1913) hat ein Verfahren zur Bestimmung des Dampfdruckes von Metallen bei hohen Temperaturen entwickelt, indem er die Verdampfung von Metallfäden im Vakuum untersucht. Die auf diese Art ermittelten Werte weichen um ein Beträchtliches von denen ab, die durch andere Verfahren geliefert werden. WILKINS (1930 [1]) hat darauf hingewiesen, daß für diese Erscheinung die Tatsache verantwortlich zu machen ist, daß die wahre und die scheinbare Oberfläche bei den benutzten Metallfäden nicht übereinstimmt und macht den Vorschlag, aus dem Verhältnis des nach LANGMUIR gemessenen Dampfdruckes und dem auf andere Weise bestimmten Dampfdruck den Quotienten aus wahrer und scheinbarer Oberfläche zu errechnen. Ob diese Überlegung zutrifft und auf diese Weise die wahre Oberfläche wirklich ermittelt werden kann, ist noch nicht abzusehen.

353. Optische Verfahren.

3531. Verfahren mit Licht gewöhnlicher Wellenlänge.

35311. Qualitative Beurteilung der Spiegelbilder. Das einfachste Verfahren, eine einigermaßen glatte Oberfläche qualitativ zu prüfen, beruht darauf, daß

Abb. 87/1. Kugellagerring ohne und mit Spiegelschliff. [Aus: Werkst.-Techn. Bd. 29 (1935) S. 453.]

man das Spiegelbild eines gegliederten Gegenstandes (Maßstab, gezahntes Sägeblatt usw.), welches auf der Fläche entsteht, auf seine Güte betrachtet. Dieses Verfahren wird *in der Werkstatt* seit jeher verwendet. Es gibt natürlich nur qualitative Ergebnisse, ist aber für viele Zwecke nützlich. Ein Beispiel gibt Abb. 87/1.

[1] WILKINS: Nature, Lond. Bd. 125 (1930) S. 236.

REICHEL[1] hat neuerdings versucht, dieses Verfahren auch zur *quantitativen* Bestimmung feinbearbeiteter Oberflächen auszunutzen. Er projiziert ein schachbrettartiges Flächenmuster, welches am einen Ende grob ist und nach dem anderen Ende zu immer feiner wird, auf eine weiße Fläche. Der Strahlengang wird geknickt durch einen dazwischengeschalteten Prüfling, der als Spiegel wirkt. Es wird dann diejenige Stelle des Rasters bestimmt, welche auf dem Schirm noch genügend deutlich abgebildet wird. Diese soll ein Maß für die Güte der Oberfläche geben. Es ist zu erwarten, daß dieses Verfahren für Flächen mittlerer Feinheit, also etwa unserer Gruppen 3—5 (Abschnitt 23, S. 10f.), brauchbar ist, und es wäre für die Praxis eine erfreuliche Bereicherung, wenn, auf dieser Idee aufbauend, ein betriebsbrauchbares Gerät entwickelt würde. Für die feinsten, gut spiegelnden Flächen (geläppte, polierte Meßflächen verschiedener Güte) dürfte es nicht ausreichen. Ich selbst habe früher Versuche gemacht unter Anwendung des sog. Doppelsternverfahrens, welches seit langem zur Prüfung der Güte von Fernrohren im Gebrauch ist. Es wurden dabei zwei weitentfernte, sehr feine Lochblenden von geringem gegenseitigem Abstand von der Prüffläche gespiegelt und in einem der üblichen Ablesefernrohre beobachtet. Der Winkel der beiden Sehstrahlen war in der Größenordnung von 1′. Es wurde versucht, den Winkel zu finden, bei dem die beiden Bilder nicht mehr deutlich getrennt werden können. Es zeigte sich aber, daß bei den *besten Flächen* die Unschärfe der Abbildung durch das Beobachtungsgerät von derselben Größenordnung war wie die der spiegelnden Fläche, so daß ich das Verfahren wieder aufgegeben habe. Es ist daher zu erwarten, daß auch bei dem REICHELschen Gerät, welches mit viel einfacheren Mitteln arbeitet, die feinsten Flächen nicht mehr genügend unterschieden werden können.

35312. Abbildung von Rastern auf der Fläche (REICHEL). Auf einem ähnlichen Gedanken beruht ein früherer Vorschlag von REICHEL[2], der auf dem zu untersuchenden Werkstück das Bild eines Rasters entwirft und meint, es könne jeder Oberfläche ein Raster zugeordnet werden, das auf dieser deutlich erscheint. Dieses deutlich abgebildete Raster soll im Rahmen einer nach Feinheiten gestuften Rangreihe eine Maßzahl für die Rauhigkeit abgeben.

Ich habe dieses Verfahren laboratoriumsmäßig versucht, indem ich mit einem mikrophotographischen Objektiv das Bild eines Kreuzrasters bei stets veränderter Vergrößerung auf den Werkstücken abgebildet habe. Es ist mir hierbei nicht gelungen, eindeutige und wiederholbare Ergebnisse zu bekommen.

35313. Abtasten der Fläche mit Lichtstrahl, der auf Photozellen fällt. Zur werkstattmäßigen Prüfung bearbeiteter Flächen gibt es ein amerikanisches Gerät[3], das die zu untersuchende Oberfläche (Rundkörper) längs einer Schraubenlinie mit einem Lichtstrahl abtastet. Die Intensität des an der Oberfläche reflektierten Strahles wird durch eine Photozelle kontrolliert. Sinkt die Reflexionsfähigkeit des Prüflings an irgendeiner Stelle unter den vorgeschriebenen einstellbaren Wert, so wird durch die Photozelle über eine Relaiseinrichtung eine Auswerfervorrichtung in Tätigkeit gesetzt und das Werkstück als unbrauchbar ausgeschieden. Eine derartige Prüfung ist natürlich nur für feinstbearbeitete

[1] REICHEL: Masch.-Bau Betrieb Bd. 14 (1935) S. 880.
[2] REICHEL: Masch.-Bau Betrieb Bd. 12 (1933) S. 360.
[3] Gerät des Ingenieur-Laboratoriums: Ann.-Arbor Mich. USA. nach AWF-Mitt. 1933 Heft 2 S. 16. Vgl. F. A. FIRESTONE u. H. B. VINCENT: Mech. Engng. Bd. 54 (1932) S. 647.

Flächen möglich, da sie allein die zu dieser Untersuchung erforderliche metallische Reflexionsfähigkeit aufweisen. Es ist sehr wohl denkbar, daß das Verfahren in der Massenfabrikation hochwertiger Teile ausgezeichnete Dienste leisten kann.

Das Verfahren dient nur zur Feststellung einer Unregelmäßigkeit der Oberfläche, ohne über diese quantitative Angaben zu machen.

35314. Das Verfahren von Köhler und Kraft. Eine gewisse Verwandtschaft damit hat das Politurprüfverfahren von Köhler und Kraft, welches

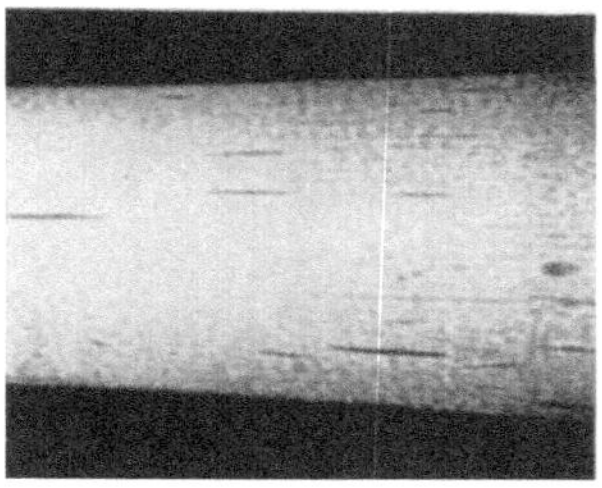

Abb. 89/1.
Zylinder mit Hochglanzläppung zeigt noch Schleifrisse vom Läppschliff.

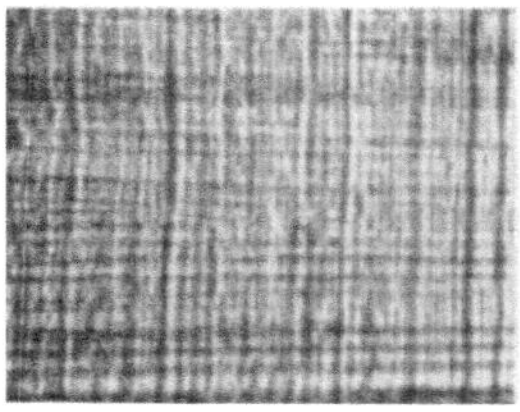

Abb. 89/2.
Mit einer Glätträumnadel geräumtes Pleuellager. Mit unbewaffnetem Auge eine spiegelnde Fläche.

nicht nur angibt, daß eine Störung an einer hochwertigen Oberfläche vorhanden ist, sondern über deren Gestalt und Ausdehnung wenigstens einen ungefähren Überblick gewährt[1]. Das Verfahren ist von außerordentlicher Empfindlichkeit. Die polierte Fläche (z. B. die Kugel oder Rolle eines Wälzlagers, eine polierte Meßfläche, ein geräumtes Lager oder ähnliches) wird dabei von einer sehr feinen Lichtquelle, die z. B. durch verkleinerte Abbildung einer Punktlampe verwirklicht ist, beleuchtet. Das von dem Gegenstand zurückgeworfene Licht wird auf einem gekrümmten Schirm aufgefangen (Abb. 89/3). Störungsstellen auf der Oberfläche erscheinen als Schatten (Abb. 89/1, 89/2 und 90/1 a u. b). Das Verfahren ist den sog. Schlierenverfahren nahe verwandt[2].

Abb. 89/3. Politurprüfgerät nach Köhler und Kraft.

35315. Bestimmung des Grenzwinkels der regulären Reflexion (Jentzsch). Jentzsch (1926[3]) hat bei Untersuchungen über die reguläre Reflexion monochromatischen Lichtes an einer rauhen Oberfläche darauf hingewiesen, daß für

[1] Vgl. Eppenstein: Z. VDI Bd. 78 (1934) S. 1114.

[2] Vgl. Schardin: Das Toeplersche Schlierenverfahren. VDI-Forschgsh. Nr. 367, insbes. S. 30.

[3] Jentzsch: Z. techn. Physik Bd. 7 (1926) S. 310. Vgl. Kiesewetter: a. a. O. S. 19f.

jede Fläche ein Grenzwinkel besteht, oberhalb dessen die Fläche nicht mehr diffus, sondern regelmäßig reflektiert. Dieser Grenzwinkel ist geeignet, unter gewissen Voraussetzungen als Maß für die Rauhigkeit zu dienen[1]. Bei der Theorie der Erscheinung geht man zunächst von der Vorstellung aus, daß die Fläche treppenförmig gebaut sei und aus parallelen, mehr oder weniger hochliegenden Spiegeln bestehe. Man weiß, daß zwei parallele spiegelnde Flächenelemente im Abstand h den an ihnen reflektierten kohärenten Lichtstrahlen den Gangunterschied

$$\Delta\lambda = 2\,h \cdot \cos i \qquad \text{(Gl. 90/1)}$$

erteilen, wo i der Einfallswinkel ist. Die Güte der Abbildung durch die spiegelnde Fläche hängt also sowohl von der Wellenlänge des benutzten Lichtes

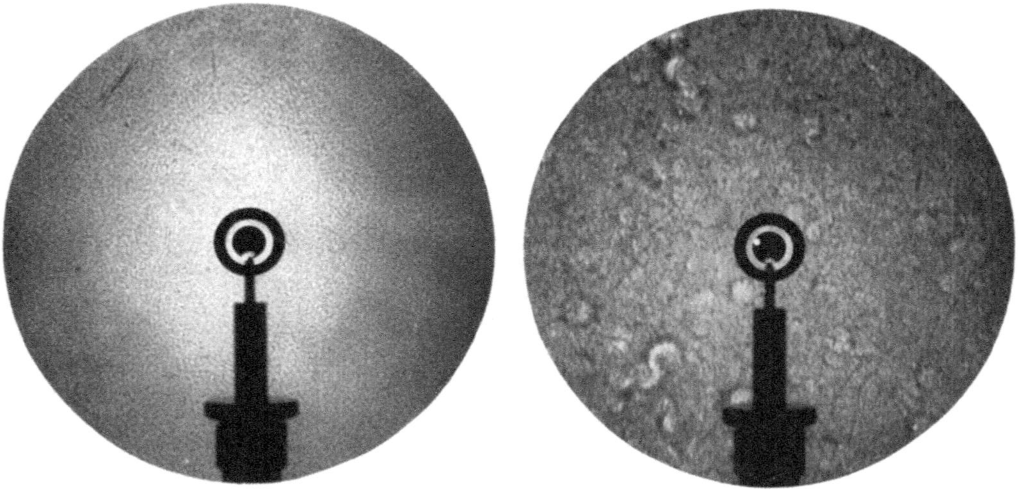

a b

Abb. 90/1a u. b. Politurprüfverfahren nach Köhler und Kraft. a Polierte Stahlkugel hoher Güte, b polierte Stahlkugel mittlerer Güte, mit Fehlstellen.

wie auch dem Ein- bzw. Ausfallswinkel i ab. Nach Rayleigh ist die Abbildung gerade noch scharf zu nennen, wenn $\Delta\lambda = \frac{\lambda}{8}$ wird. Jentzsch bestimmt denjenigen Grenzwinkel i, bei welchem eine scharfe Abbildung zustande kommt. Auf diese Weise läßt sich bei gemessenen i der Wert für h errechnen. Kiesewetter[2] hat in seiner Arbeit dieses Verfahren geprüft und kommt zu dem Schluß, daß es nur in gewissen Fällen zu relativen Messungen brauchbar ist, da die absoluten Werte von h zu klein gemessen werden. Dies ist nicht allzu erstaunlich, da die Voraussetzung, daß die Fläche aus parallelen treppenförmig gelagerten Spiegeln gebaut sei, in den meisten Fällen nur ganz angenähert zutrifft. Immerhin scheinen die von Kiesewetter nach diesem Verfahren gemessenen Werte größenordnungsmäßig richtig zu sein, ebenso wie die kurzen Angaben von Jentzsch.

35316. Reflexionsfähigkeit für verschiedene Wellenlängen (T. H. Meyer, Gorton). Ein anderes Verfahren beruht auf der Untersuchung der Flächen mit Licht von stetig veränderter Wellenlänge. Wir haben oben gesehen, daß die

[1] Vgl. auch v. Reis: Probleme des Glaspolierens. Z. VDI Bd. 76 (1932) S. 182.
[2] Kiesewetter: Diss. Dresden 1931 S. 27.

Grenze der scharfen Abbildung nicht nur vom Reflexionswinkel, sondern *auch von der Wellenlänge des verwendeten Lichtes* abhängt. Es ist z. B. bekannt, daß man die sehr langwelligen Wärmestrahlen etwa eines warmen Ofens mit einem gewöhnlichen rauhen Blech, wie mit einem guten Spiegel, zurückwerfen kann (vgl. S. 251). Es muß somit eine Grenzwellenlänge geben, bei der das Licht von einer rauhen Fläche nicht mehr diffus gestreut, sondern nach dem Reflexionsgesetz zurückgeworfen wird (vgl. Abschnitt 861, S. 251). Auf Grund solcher Überlegungen hat T. H. MEYER (1914[1]) den Verlauf der von einer rauhen Fläche zurückgestrahlten Intensität bei konstantem Einfallswinkel als Funktion des Ausfallswinkels verfolgt und diese Funktion für verschiedene Wellenlängen bestimmt. Er fand, wie zu erwarten, daß der Intensitätsanstieg für hinreichend kurze Wellen allmählich erfolgt, wenn man sich dem Winkel der regulären Reflexion nähert. Für genügend lange Wellen hingegen steigt die Intensität des reflektierten Lichtes in der Nähe des Winkels der regulären Reflexion sehr plötzlich. Die Fläche wirkt in diesem Falle wie ein ebener Spiegel. Aus der *Grenzwellenlänge*, bei der diese Erscheinung zum erstenmal auftritt, sind Rückschlüsse auf die Rauheit der Oberfläche möglich.

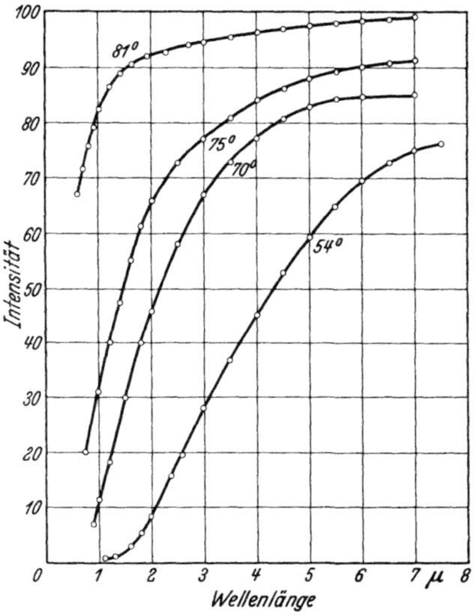

Abb. 91/1.
Reflexion an einer feingeschliffenen Glasfläche. (Nach GORTON.)

Ähnliche Messungen hat GORTON (1916[2]) angestellt. Die Ergebnisse einer solchen Messung sind in Abb. 91/1 wiedergegeben. Die Abszissen bedeuten Wellenlängen in μ, die Ordinaten relative Intensitäten, die durch Vergleich mit dem Reflexionsvermögen einer möglichst hochwertigen Fläche aus demselben Material erhalten wurden. Die bei den Kurven angeschriebenen Zahlen bedeuten die Einfallswinkel. Das wiedergegebene Beispiel bezieht sich auf Messungen an einer rauhen Glasplatte. Sie lassen, namentlich bei großen Einfallswinkeln, einen raschen Anstieg der reflektierten Intensität erkennen, die sich alsdann nur noch wenig von der einer gut reflektierenden Fläche unterscheidet.

35317. Bestimmung des gestreuten Lichtes für verschiedene Ausfallswinkel (SCHMALTZ). Ich selbst habe seit längerer Zeit Untersuchungen der Reflexionsfähigkeit rauher Flächen mit gewöhnlichem Licht angestellt mit dem Ziel, auf diese Weise ein Maß für deren Güte zu bekommen. Diese Untersuchungen sind besonders interessant in dem Gebiet der hochwertigen (geläppten und polierten) Flächen, für die die Tastmethode völlig versagt und das Profilmikroskop nur noch ganz unsichere Werte ergibt.

Die Frage der Reflexionsfähigkeit von Flächen geringen Rauhigkeitsgrades ist schon lange Gegenstand technisch-physikalischer Untersuchungen[3]. Dabei

[1] MEYER, T. H.: Verh. dtsch. physik. Ges. 1914 S. 126.
[2] GORTON: Physic. Rev. (2) Bd. 7 (1916) S. 66.
[3] In der physikalischen Literatur sind zahlreiche Reflexionsmessungen an rauhen Flächen bekanntgeworden, die die Abweichungen vom LAMBERTschen Gesetz (vgl. S. 35) untersuchen.

spielt das Problem der als „Glanz“ bezeichneten Eigenschaft eine Rolle. Diese ist kein eindeutig physikalischer Begriff. Sie hängt auch mit sinnesphysiologischen Erscheinungen zusammen[1]. Das, was aber eindeutig gemessen werden kann, ist einerseits die regelmäßige Reflexion, also die im Glanzwinkel zurückgestrahlte Intensität, und andererseits die diffuse, d. h. diejenige, welche im Gebiet außerhalb des Glanzwinkels, und zwar für verschiedene Richtungen zurückgestrahlt wird.

Fällt auf eine vollkommen spiegelnde Fläche ein Lichtstrahl, so wird er streng nach dem Reflexionsgesetz reflektiert, d. h. die Intensität des ausfallenden Lichtes ist für jeden Winkel außerhalb des Ausfallswinkels (Glanzwinkels) β (Abb. 29/1) gleich Null. Für vollkommen rauhe, diffus reflektierende Flächen gilt hingegen das LAMBERTsche Gesetz, d. h. die Intensität des ausfallenden Lichtes

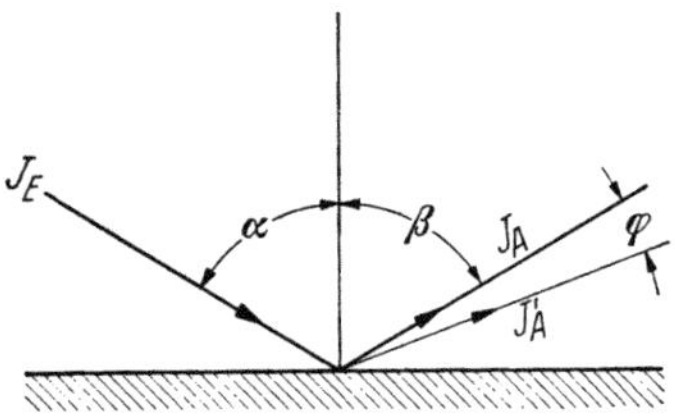

Abb. 92/1.

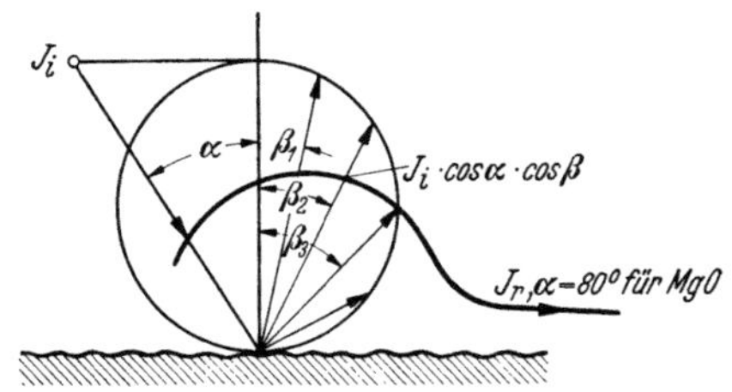

Abb. 92/2.

Abb. 92/1. Reguläre Reflexion an vollkommener Fläche.
Abb. 92/2. Diffuse Reflexion. LAMBERTsches Gesetz und anormale Reflexion für Magnesiumoxyd. (Nach WORONOKOFF und POKROWSKI.)

ist proportional dem Kosinus des Einfalls- und dem des Ausfallswinkels (Abb. 92/2) (LAMBERTsches Gesetz)

$$J_A = J_E \cdot \cos\alpha \cdot \cos\beta. \qquad \text{(Gl. 92/1)}$$

Wenn sie auch für unsere technischen Zwecke nicht unmittelbar in Frage kommen, seien einige im nachstehenden aufgeführt: SCHULZ, HANS: Z. techn. Physik Bd. 6 (1924) S. 137 und MÜLLER-POUILLET: Physik, 12. Aufl. Bd. 2,2 (1929) S. 1137; ferner WORONKOFF u. POKROWSKI: Z. Physik Bd. 20 (1923) S. 358; WORONKOFF: Z. techn. Physik Bd. 6 (1924) S. 99. POKROWSKI: Z. Physik Bd. 30 (1924) S. 66; Bd. 35 (1926) S. 34; Bd. 36 (1926) S. 390, Bd. 36 (1926) S. 472. SCHULZ, HANS: Z. Physik Bd. 31 (1925) S. 496. ZÖCHER u. REINICKE: Z. Physik Bd. 33 (1925) S. 12. JENTZSCH: Z. techn. Physik Bd. 7 (1926) S. 310. Es kann also unter gewissen Umständen, die von der Größe, Form und Lagerung der Oberflächenteilchen abhängen, auch hier „Glanz“ bei streifendem Eintritt beobachtet werden. Eine solche anormale Reflexionskurve für Magnesiumoxyd-Pulver nach WORONKOFF und POKROWSKI ist unter der Bezeichnung Jr, $i = 80^0$ MgO in Abb. 92/2 mit eingetragen. Vgl. auch KLUGHARDT: Z. techn. Physik Bd. 8 (1927) S. 109. (Bestimmung des Glanzes mit dem Stufenphotometer, insbesondere an Papieren. Dort auch Literatur.) Derselbe: Zentr.-Ztg. Opt. Mech. 1930 S. 89. RICHTER: Zentr.-Ztg. Opt. Mech. 1928 Nr. 28. HEIBER: Untersuchungen über maschinelles Feinschleifen lackierter Flächen. Diss. Dresden 1934 (Verwendung des Stufenphotometers). Über die Verwendung des „PRIEST-LANGE“-Photometers zur Untersuchung von technischem Email bei verschiedenen Wellenlängen siehe The American Enameler (Baltimore, Maryland, USA.), Bd. IX, 1936 (Febr., März, April). Die Prüfung des *Reinigungs*vorganges beim Waschen von Geweben vgl. MENGERINGHAUSEN: Z. VDI Bd. 80 (1936) S. 151.

[1] Vgl. H. ZOCHER u. F. REINICKE: Über die Entstehung des Glanzeindrucks. Z. Physik Bd. 33 (1925) S. 12. Einen guten Überblick über die Fragen geben KEMPF u. FLÜGGE: Z. Instrumentenkde. Bd. 49 (1929) S. 1. Vgl. auch SCHULZ: Z. Physik. Bd. 31 (1925) S. 497.

Die Rückstrahlung eines derart diffus reflektierenden nichtdurchlässigen Körpers kommt bekanntlich dadurch zustande, daß jedes kleine Teilchen der rauhen Oberfläche das Licht nach allen Seiten abbeugt und wie ein kleiner selbstleuchtender Körper wirkt. Die rauhen technischen Oberflächen, insbesondere feinstbearbeiteter Metallkörper, entsprechen im allgemeinen weder dem einen noch dem anderen Grenzfall, sondern vereinigen in ihrem Verhalten die beiden erwähnten Gesetzmäßigkeiten. Man kann sie betrachten wie eine Fläche, welche aus unregelmäßig gelagerten Flächenelementen zusammengesetzt ist, die spiegeln, also dem Reflexionsgesetz gehorchen, und außerdem dazwischengelagerten Rauhigkeiten, welche eine diffuse Streuung des Lichtes hervorrufen. Aus dem Zusammenwirken beider Erscheinungen ergibt sich die Intensität des rückgestrahlten Lichtes als Funktion des Ausfallswinkels. Diese hängt zusammen mit der statistischen Verteilung, sowohl der spiegelnden Flächenteile wie auch der beugend wirkenden Elemente[1], sowie deren Größe und Form. Man kann also über die Struktur solcher Flächen etwas aussagen, wenn man die Intensität des Lichtes in der Nachbarschaft derjenigen Richtung mißt, die dem

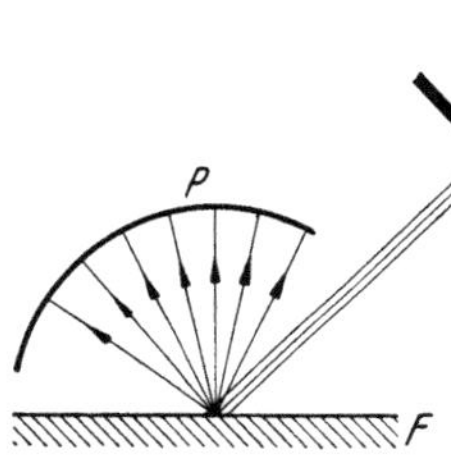

Abb. 93/1. Versuchsanordnung zur Sichtbarmachung der diffusen Reflexion. *L* Lichtquelle, *O* Linse, *F* reflektierende Fläche, *P* kreisförmig angeordneter photographischer Film.

strengen Reflexionsgesetz entspricht und sie als Funktion des Winkels φ (Abb. 92/1) aufträgt. Je höher die Güte der Fläche ist, d. h. also, je mehr spiegelnde Elemente sie enthält und je mehr deren Lage statistisch mit der Lage der mittleren Oberfläche zusammenfällt, um so höher wird die Intensität des ausgestrahlten Lichtes in der dem Reflexionsgesetz entsprechenden Ausfallsrichtung sein. Je mehr die spiegelnden Flächen regellos verteilt und diffus strahlende Teile vorhanden sind, um so weniger wird die Intensitätsverteilung des austretenden Lichtes dem Idealfall der spiegelnden Reflexion entsprechen.

Man kann die *Verteilung des zurückgestrahlten Lichtes* durch einen einfachen Versuch zur Darstellung bringen, wenn man die Fläche mit einem engen Bündel zu nahezu parallelen Lichtes beleuchtet und das zurückgestrahlte Licht photographiert (Abb. 93/1[2]). Abb. 94/1 bis 94/5 und 95/1—2 zeigen das Ergebnis dieses Versuchs für drei polierte Flächen verschiedener Güte zusammen mit den zugehörigen mikroskopischen Dunkelfeldaufnahmen. Es ist interessant zu sehen, wie groß der Einfluß der im Dunkelfeld sichtbaren Oberflächenstruktur auf die Menge des gestreuten Lichtes ist. Die Probe Abb. 94/1 ist eine sehr gute

[1] Diese sind systematisch erörtert von SCHULZ: Z. Physik Bd. 31 (1925) S. 497.

[2] Nach Abschluß der nachstehend beschriebenen Untersuchungen wurde dem Verfasser die Arbeit von GEROLD: „Zur Prüfung der Oberflächenbeschaffenheit von Blechen" bekannt [Stahl u. Eisen Bd. 51 (1931) S. 104], die zu diesem Zweck sich ebenfalls verschiedener Anordnungen zur Messung des diffus reflektierten Lichtes bedient. Dort auch ein Gerät zur Messung mittels Photozelle.

Abb. 94/1. Endmaßfläche von sehr hoher Güte, Probe Z 1. Dunkelfeldaufnahme. Vergr. 100×.

Endmaßfläche. Abb. 94/3 stammt von einer guten Endmaßfläche, die aber im Dunkelfeld immerhin eine deutliche Strichpolitur aufweist. Abb. 95/1 und 95/2 stammen von einer fein geschliffenen Meßfläche (Stahl). Die Abb. 94/2, 94/4, 95/2 geben die zugehörigen Aufnahmen des Streulichtes.

Dieses *einfache Verfahren gibt eine gute Anschauung* von der verschiedenen Güte einer hochwertigen Fläche. Wenn es aber darauf ankommt, für diese eine zahlenmäßige Angabe zu machen, so ist es notwendig, die Stärke des rückgestrahlten Lichtes zu messen. In den nachfolgenden Darstellungen ist die rückgestrahlte Intensität

Abb. 94/2. Diffuse Reflexion der Probe 94/1 nach Versuchsanordnung Abb. 93/1.

als Funktion des Winkels φ (Abb. 92/1) aufgetragen, also die Abweichung von dem Winkel der regulären Reflexion (Glanzwinkel). Eine solche Photometrierung führt zur Ermittlung der sog. „*Streu-Indikatrix*". Bei gleichmäßig „statistischer" Verteilung der streuenden Flächenelemente um eine mittlere Lage ist zu erwarten, daß die Gestalt der *Intensitätskurve etwa* einer GAUSS*schen Verteilungsfunktion* entspricht. Häufen sich auf einer Fläche die Orientierungen der Flächenelemente gegen eine oder mehrere Mittellagen, wie es bei Flächen mit regelmäßig angeordneten Bearbeitungsmerkmalen immer vorkommt, so können außer

Abb. 94/3. Endmaßfläche, feine Strichpolitur mit Polierschmirgel, Probe L 7. Dunkelfeldaufnahme. Vergr. 100×.

Abb. 94/4. Diffuse Reflexion der Probe 94/3 nach Versuchsanordnung Abb. 93/1.

Abb. 95/1. Meßfläche, fein geschliffen, Stahl, Probe L 2. Dunkelfeldaufnahme. Vergr. 100×.

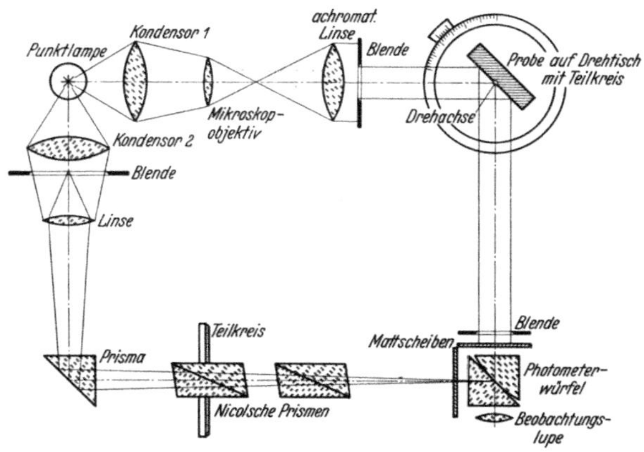

Abb. 95/3. Photometeranordnung zur Untersuchung der Rückstrahlung an bearbeiteten Oberflächen.

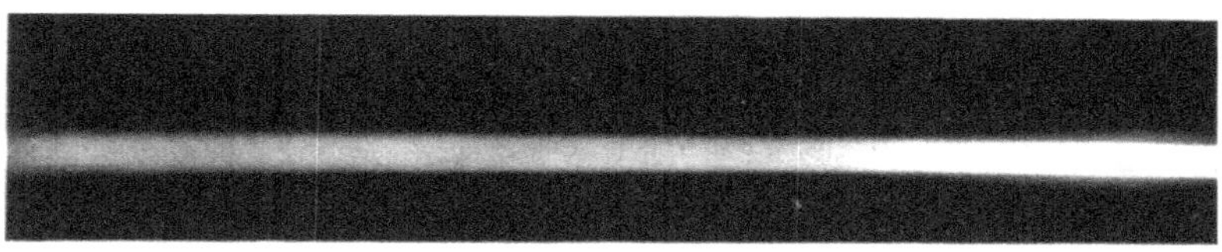

Abb. 95/2. Diffuse Reflexion der Probe 95/1 nach Versuchsanordnung Abb. 93/1.

Abb. 95/4. Stahl mit Topfscheibe geschliffen. Dunkelfeldaufnahme. Vergr. 78×.

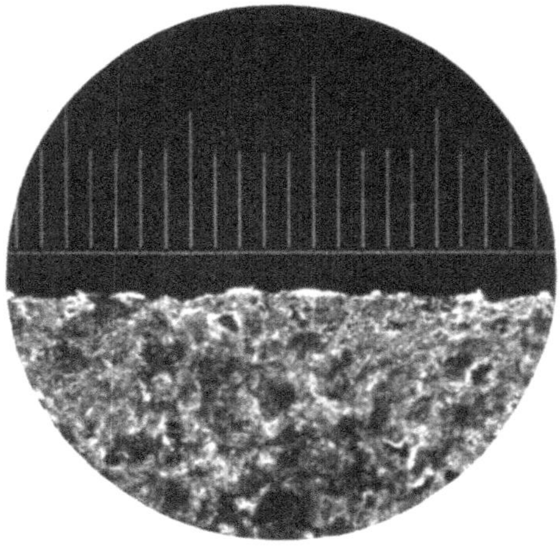

Abb. 95/5. Querschliff der Probe nach Abb. 95/4 mit HNO_3 geätzt. Vergr. 360×.

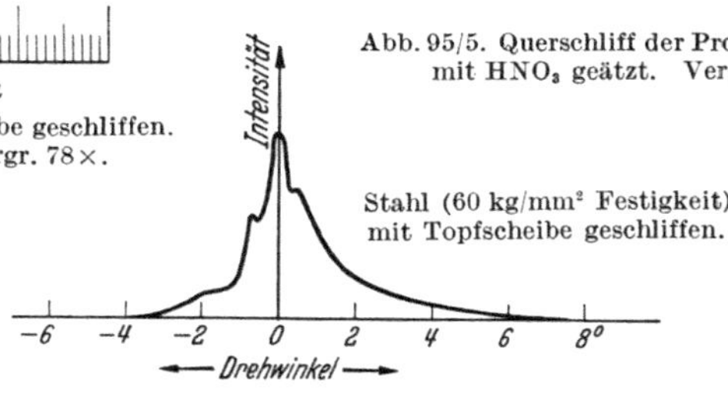

Abb. 95/6. Verteilung des reflektierten Lichtes der Probe nach Abb. 95/4 und 95/5 quer zu den Schleifrissen.

dem Maximum an der Stelle des Reflexionswinkels noch ein oder mehrere *Nebenmaxima* auftreten (vgl. Abb. 95/6). Auf Grund dieser Überlegungen habe ich Untersuchungen über die Rückstrahlung feiner und feinstbearbeiteter Metallflächen vorgenommen. Verwendung fand dabei zunächst eine laboratoriumsmäßig

Abb. 96/1. V2AN4-Stahl (Blech) geschliffen. Vergr. 78×.

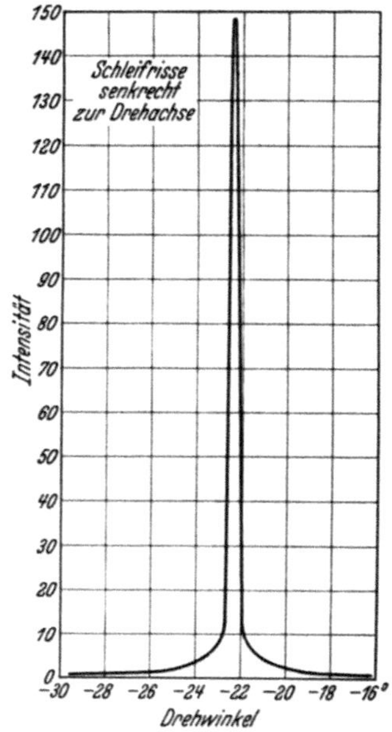

Abb. 96/3. Intensität des Streulichtes beim V2AN4-Blech, Abb. 96/1 (Schleifrisse senkrecht zur Drehachse).

zusammengebaute Einrichtung mit NICOLschen Prismen zum Photometrieren (Abb. 95/3), später das *Zeiss*sche Stufenphotometer mit einem Spezialkollimator. Für die feinsten Flächen reicht das Gerät in seiner handelsüblichen Form jedoch nicht aus, da die zur Beleuchtung bzw. Abbildung dienenden

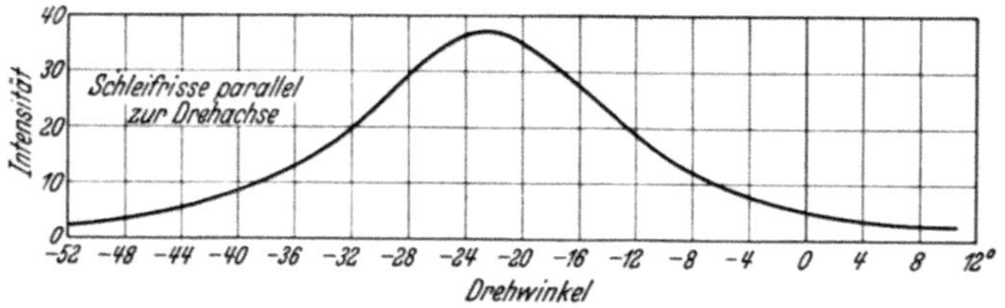

Abb. 96/2. Intensität des Streulichtes beim V2AN4-Blech, Abb. 96/1 (Schleifrisse parallel zur Drehachse).

Abb. 96/1—3. Streuung des reflektierten Lichtes an rauhen Flächen. Einfluß des Azimutes.

Büschel für die steilen Kurven nicht eng genug sind und somit auch die Erfassung der Nebenmaxima im allgemeinen nicht ermöglichen. Abb. 95/6 zusammen mit Abb. 95/4 und Abb. 95/5 zeigen, wie durch die Unsymmetrie der Profilkurve, welche die Bearbeitung hervorgerufen hat, nicht nur ein Hauptmaximum der Intensitätskurve, sondern auch einige Nebenmaxima entstanden sind. Abb. 96/1—3 zeigen den Einfluß des Azimutes. Es handelt sich um ein geschliffenes Blech aus V2AN4-Stahl. Quer zur Richtung der Schleifrisse fällt

Abb. 97/1. V2A-Stahl, geschliffen. Vergr. 78× (Dunkelfeld).

Abb. 97/2. V2A-Stahl, poliert. Vergr. 78× (Dunkelfeld).

die Intensitätskurve flach ab, während sie in der Richtung der Schleifrisse selbst ein außerordentlich steiles Maximum hat, also sehr gut spiegelt.

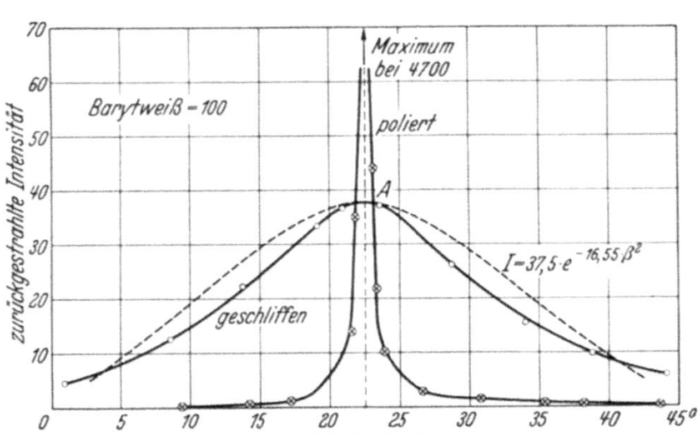

Abb. 97/3. Zurückgestrahlte Intensität als Funktion des Einfallswinkels β, Ausfallwinkel $45^\circ - \beta$; Schleifrisse parallel zur Drehachse; ---- Gausssche Fehlerkurve.

Abb. 97/1—3. Lichtreflexion an einer geschliffenen Fläche.

Abb. 97/1—3 zeigen den Einfluß der Oberflächengüte. Es handelt sich beide Male um V2A-Stahl, der in einem Fall geschliffen und im anderen poliert ist. Die Höchstwerte der Rückstrahlung verhalten sich wie 1 : 100.

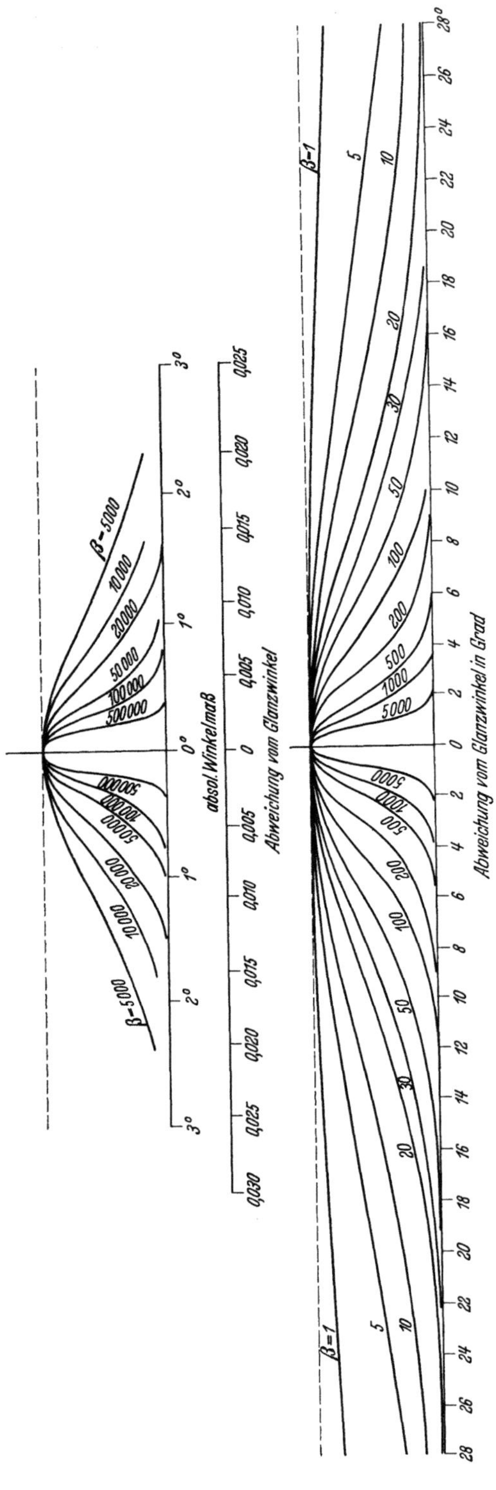

Abb. 98/1. GAUSSsche Fehlerfunktion zur Darstellung der Lichtreflexion an rauhen Flächen.

35318. Angenäherte Darstellung der Streuindikatrix als GAUSSsche Fehlerfunktion. Diese Kurven lassen sich, wie erwähnt, in vielen Fällen *angenähert* als GAUSSsche Verteilungskurven darstellen. Die Konstanten dieser Kurven charakterisieren dann die Güte der Fläche. Die GAUSSsche Verteilungsfunktion läßt sich schreiben:

$$y = \alpha\, e^{-\beta \varphi^2}. \quad \text{(Gl. 98/1)}$$

Hierbei bedeutet φ den Winkel, um welchen die Beobachtungsrichtung von dem Ausfallswinkel bei regelmäßiger Reflexion abweicht (Abb. 92/1). Die Konstante α, welche von der Beleuchtungsstärke abhängt, wird zweckmäßig 1 gesetzt, dann ist die Konstante β für die Fläche charakteristisch, und zwar entspricht einem größeren Wert von β die steilere Kurve und damit die besser bearbeitete Oberfläche. Abb. 98/1 zeigt diese Funktion für verschiedene Werte von β. Man kann nun eine derartige Rückstrahlungskurve und damit die zugehörige Oberfläche durch den Parameter β kennzeichnen, wenn man diejenige GAUSSsche Kurve zugrunde legt, der sie sich möglichst gut anpaßt. Es besteht aber noch eine andere sehr anschauliche Möglichkeit hierfür. Man kann nämlich den *Winkel* γ angeben, *bei welchem auf der Verteilungskurve die gestrahlte Intensität gerade auf die Hälfte der im Glanzwinkel gestrahlten Intensität gesunken ist (Halbwertwinkel)*. Ich gebe hierüber in Z.T. 99/1 einige vorläufige Beobachtungsergebnisse.

35319. Verfahren der Photometrierung hochwertiger Flächen. Dunkelfeldphotometrierung (SCHMALTZ). Für sehr hochwertige Flächen werden die Verteilungskurven

Z.T. 99/1. Intensität des diffus reflektierten Lichtes, annähernd dargestellt als GAUSSsche Fehlerfunktion

$$J_R = \alpha \cdot e^{-\beta \varphi^2},$$

wo γ der Halbwertwinkel für den $J_R = \frac{1}{2} J_{\max}$,

φ die Abweichung des Beobachtungsstrahles vom Glanzwinkel.

Probe	β	γ in Grad
Stahl gehobelt, feingeschlichtet	10—20	13,9
V2A-Stahl geschliffen	20—50	11,1
Stahl geschliffen	20—50	8,3
V2A-Stahl glänzend gebeizt	200	3,2
Stahl geschabt	5000	0,7
V2A-Stahl poliert	$> 1 \cdot 10^6$	0,2

außerordentlich steil. Der Halbwertwinkel γ beträgt nur einige Minuten und ist mit den bekannten Photometern wegen des viel größeren Öffnungswinkels des zur Beleuchtung dienenden Lichtes überhaupt nicht bestimmbar. Man kann aber auf folgende Weise zu einem sehr empfindlichen Vergleich der Güte hochwertiger Flächen kommen.

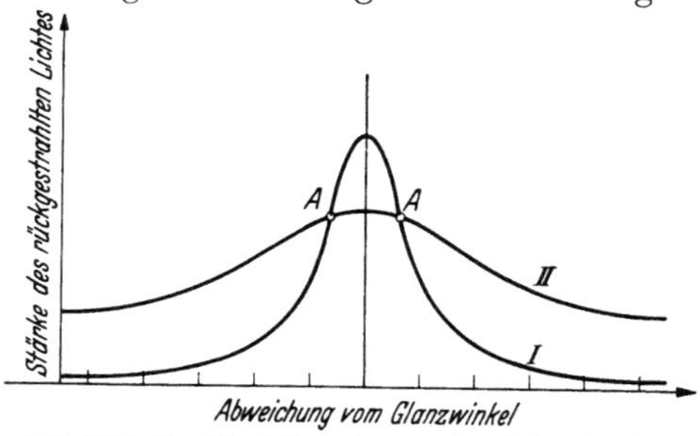

Abb. 99/1. Zwei Verteilungskurven des rückgestrahlten Lichtes zur Erläuterung des Grundgedankens der Dunkelfeldphotometrie.

In Abb. 99/1 seien die Verteilungskurven für zwei Flächen I und II von verschiedener Güte dargestellt. Die Fläche I ist die hochwertigere. Sie strahlt im Glanzwinkel etwa 1,5mal mehr als die Fläche II. Da nun die Verteilungskurven der weniger guten Flächen entsprechend flacher sind, so müssen notwendig beide Kurven sich schneiden, wie dies in der Abbildung dargestellt ist, wo die Durchschneidungsstellen mit A bezeichnet sind. Die Abb. 97/3 gibt übrigens ein praktisches Beispiel für diese Überschneidung. An diesen Stellen A (Abb. 99/1), also etwas außerhalb des Glanzwinkels, strahlen beide Flächen gleichviel Licht zurück, obwohl sie von verschiedener Güte sind. *Das Verhältnis ihrer Rückstrahlung kehrt sich aber außerhalb dieser Punkte A um*, derart, daß die Fläche II nunmehr besser strahlt als die gute Fläche I. Dies hängt damit zusammen, daß keine unmittelbar spiegelnden Flächenelemente mehr vorhanden sind, sofern nur noch das von den Unregelmäßigkeiten der Oberfläche herrührende Licht in das Photometer gelangt. *Die Strahlung der guten Fläche sinkt verhältnismäßig sehr schnell, die schlechtere Fläche hingegen streut auch außerhalb des Glanzwinkels noch erhebliche Lichtmengen.* Während im Glanzwinkel der Unterschied des von den Flächen rückgestrahlten Lichtes nur einige Prozent betragen mag, wobei die bessere Fläche die hellere ist, strahlt außerhalb des Durchschneidungspunktes die schlechtere Fläche ein Vielfaches des Lichtes zurück, welches die gute Fläche liefert. Das Verhältnis der Strahlung beider Flächen kann in diesem Winkelbereich sehr wohl 1 : 100 bis 1 : 1000 betragen.

Man kann also derartige Flächen am empfindlichsten so vergleichen, daß man, ohne die gesamten Verteilungskurven aufzunehmen, für eine einzige, zweckmäßig weit vom Glanzwinkel entfernte Richtung die Intensität des rückgestrahlten Lichtes bestimmt. Wir wollen dieses Verfahren als *Dunkelfeldphotometrie* bezeichnen. Es ist so, als ob man in einer Dunkelfeldaufnahme einer Fläche (z. B. Abb. 101/1 und 101/2) alles Licht, welches von den einzelnen Störungsstellen ausgeht, zusammenfaßte und photometrierte. Naturgemäß ist die Festsetzung des Winkels, von dem aus photometriert wird, willkürlich und die so gewonnenen Vergleichzahlen haben keine allgemeingültige Bedeutung. Hierauf kommt es aber auch in der Mehrzahl der Fälle nicht an. Eine laboratoriumsmäßige einfache Meßanordnung, wie ich sie für diesen Zweck verwendet habe, zeigt Abb. 100/1. Hierbei wird die Fläche mit einem unter etwa 25—30° auffallenden parallelen Lichtbündel beleuchtet. Gemessen wird das in Richtung der Flächennormalen zurückgestreute Licht, und zwar wird es

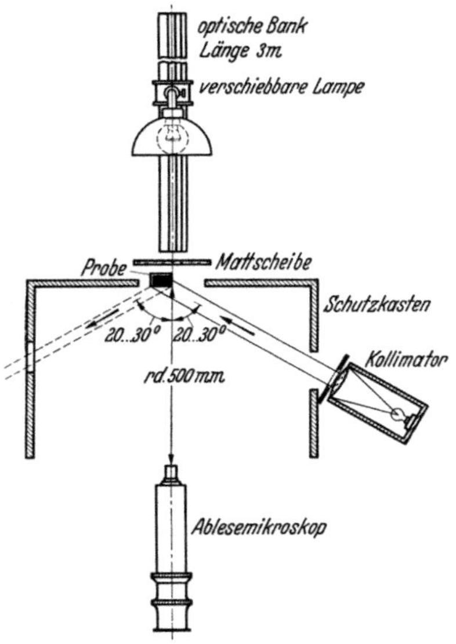

Abb. 100/1. Anordnung zur Prüfung polierter Flächen nach dem Verfahren der Dunkelfeldphotometrie.

Z.T. 100/1. Vergleich hochwertiger Stahlflächen nach dem Verfahren der Dunkelfeldphotometrie (SCHMALTZ).

Probe		Bearbeitung und Kennzeichen	Intensität J	Gütezahl $G = 100/J$
1	Z1	Stahl poliert, Oberfläche von sehr hoher Güte, im Dunkelfeld nur vereinzelte Schleifrisse und Nebenstörungen, die auf Gaseinschlüsse zurückgehen, erkennbar (vgl. Abb. 101/1)	< 0,05	> 2000
2	Z 114	Stahl poliert, normale Endmaßfläche, Störungen zahlreicher, noch keine ausgesprochene Strichstruktur erkennbar	0,17	590
3	Z 3	Stahl poliert, viele äußerst feine Störungen erkennbar, die im Dunkelfeld einen wolkenartigen Untergrund ergeben	0,35	290
4	Rn	Grenzlehrdorn, verchromt und geläppt	0,69	140
5	L 8	Stahl poliert mit Polierpaste, Dunkelfeldbild fast wie vorstehend	1,0	100
6	L 7	Stahl, feine Strichpolitur mit Polierschmirgel, im Dunkelfeld sind feine parallele Schleifrisse erkennbar, die bei sehr günstiger Beleuchtung mit bloßem Auge wahrnehmbar sind, gut spiegelnd (vgl. Abb. 101/2)	5,5	18
7	Rn	Meßfläche einer Rachenlehre mit der Kupferfeile von Hand geläppt, schlecht spiegelnd, Schleifrisse mit bloßem Auge erkennbar	8,4	12
		Stahl, sehr fein geschliffen, nicht mehr spiegelnd:		
8	L 2	Meßfläche I	40	2,5
9	Z 4	Meßfläche II	56	1,8
10	Z 113	Meßfläche III	73	1,4

verglichen mit der Strahlung einer Mattscheibe, die durch eine Lampe in veränderlichem Abstand von hinten beleuchtet wird.

Z.T. 100/1 gibt einige mit diesem Verfahren erzielten Ergebnisse an. Sie enthält Zahlen für Flächen verschiedener Güte, die aber alle schon im Gebiete der *Feinstbearbeitung* liegen. Die Zahlentafel enthält die Intensität des zurückgestrahlten Lichtes, die man *umgekehrt proportional* der Güte der Fläche ansetzen kann. Die letzte Spalte enthält diese als Gütezahl in der Form $G = 100/J$.

Die beistehenden beiden Abb. 101/1 und 101/2 zeigen Dunkelfeldaufnahmen als Beispiele der in der Tafel enthaltenen Proben, und zwar die beste Probe Z 1 und die 6. Probe L 7. Diese sind mit gewöhnlichem Auge noch kaum zu unterscheiden. Im Dunkelfeld sieht man deutlich, daß bei der besten Probe die

Abb. 101/1. (Z 1) Endmaßfläche von sehr hoher Güte. Vergr. 100×. $J = 0{,}05$, $G \geqq 2000$.

Abb. 101/2. (L 7) Gute Meßklotzfläche, feine Strichpolitur. Vergr. 100×. $J = 5{,}5$, $G = 18$.

Schleifrisse nahezu verschwunden sind, während sie bei der Probe Nr. 6 das Bild noch beherrschen. Ihre Gütezahlen nach dem Verfahren der Dunkelfeldphotometrie verhalten sich etwa wie 1 : 110, unterscheiden sich somit bei der Dunkelfeldphotometrierung ganz außerordentlich.

Die ersten 3—4 Flächen unserer Zahlentafel, welche dem bloßen Augenschein nach praktisch keine Unterschiede mehr aufweisen, sind immerhin noch um das 14fache voneinander verschieden.

Ich halte dieses Verfahren für alle hochwertigen Flächen für sehr brauchbar. Es ist, wie schon jetzt erkennbar ist, für die praktische Untersuchung hochwertiger polierter und geläppter, auch feinstgeschliffener Flächen, besonders im Meßwerkzeugbau, gut zu verwenden. Auch für zylindrische Flächen ist es brauchbar, wenn man nur zum Vergleich ein so kleines Flächenstück verwendet, daß dessen Zentriwinkel kleiner ist als der Winkel der beleuchtenden und abbildenden Büschel der Photometereinrichtung.

3532. Verfahren mit Röntgen-, Elektronen- und Molekularstrahlen. Wir haben seither die Untersuchungsverfahren behandelt, die Licht gewöhnlicher Wellenlänge $\lambda > 0{,}4 \cdot 10^{-3}$ mm verwenden. Für gewisse Zwecke unseres Aufgabengebietes kommen jedoch auch diejenigen Verfahren in Betracht, die sich der *Röntgen-* und *Elektronenstrahlen* bedienen, also mit Wellenlängen von $\lambda \sim 10^{-7}$ mm arbeiten. Die Wellenlänge dieser Strahlen ist etwa von derselben Größenordnung wie die Gitterabstände der Elementarbausteine der festen Körper. Sie dringen in erheblichem Maße in den festen Körper ein, werden an seinen Atomen reflektiert (abgebeugt) und treten miteinander in Interferenz. So entsteht eine Verteilung der Intensität des austretenden Lichtes, die in einer gesetzmäßigen Beziehung steht zu der Anordnung der Gitterbausteine (LAUE, BRAGG).

Wie früher schon erwähnt, kann die Untersuchung eines Körpers mit Röntgenlicht nach den Interferenzverfahren keine Auskunft über seine Gestalt als Projektion nach den Gesetzen der geometrischen Optik geben. Wir können dagegen mit ihr Aussagen machen über die relative Lage der Atome im Gitter, unter Umständen auch über den Bau von Molekülen und die Lage und Größe der Kristallite in Haufwerken und Pulvern. Diese Aussagen haben aber nur die Bedeutung *statistischer Mittelwerte über einen größeren Bereich.* Wir sind somit berechtigt, die Verfahren der Röntgenstrahleninterferenzen zu den *Integralverfahren* nach unserer früheren Einteilung zu zählen.

Die Untersuchung der Struktur der technischen Baustoffe in tieferen Schichten liegt außerhalb unserer Aufgabe. Wir fassen aber den Begriff der Oberfläche nicht als den eines streng zweidimensionalen geometrischen Gebildes auf. Wie früher erörtert, rechnen wir ihm auch die innere und äußere Grenzschicht zu und verstehen im technisch-physikalischen Sinne unter ihr eine flächenhaft ausgedehnte, sehr dünne, somit dreidimensionale Schicht. Zur Untersuchung des Baues solcher Schichten sind die Verfahren der Röntgen- und Elektronenstrahleninterferenzen hervorragend geeignet. Immerhin muß dieses große Gebiet der Spezialliteratur vorbehalten bleiben[1]. Wir geben im nachstehenden nur einen ganz kurzen Überblick zur Vervollständigung unserer Systematik der Verfahren.

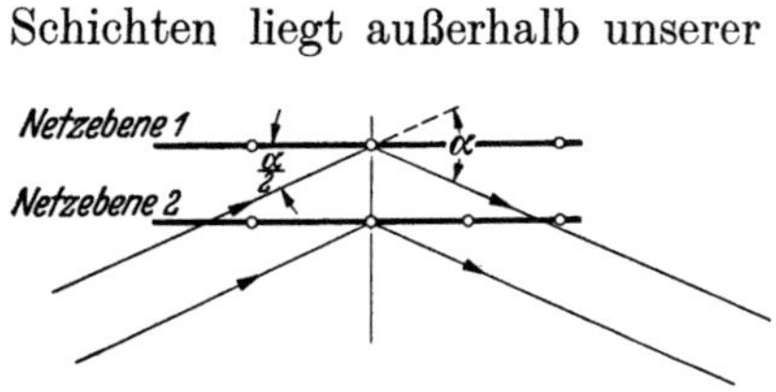

Abb. 102/1. Reflexion von Röntgenstrahlen am Kristallgitter.

Wenn Röntgenlicht in ein Kristallgitter einfällt und zurückgeworfen wird, so besteht für den Vorgang die fundamentale Beziehung (BRAGG) (Abb. 102/1)

$$2\,a \sin\frac{\alpha}{2} = n\,\lambda\,, \qquad \text{(Gl. 102/1)}$$

wo a der Abstand der Netzebenen im Gitter,
α der Winkel zwischen dem einfallenden und dem reflektierten Strahl,
λ die Wellenlänge des benutzten Röntgenlichtes,
n eine kleine ganze Zahl.

Diejenigen Strahlen, welche der obigen Bedingung gehorchen, sind es, die sich durch Interferenz verstärken und mit maximaler Intensität aus dem Gitter austreten. *Dadurch wird diese Gleichung zur Grundlage aller Strukturuntersuchungen mit Röntgenlicht.*

[1] GLOCKER: Materialprüfung mit Röntgenstrahlen. Berlin 1936. SIEGBAHN, MANNE: Spektroskopie der Röntgenstrahlen. Berlin 1931. Handbuch der Physik (GEIGER-SCHEEL) Bd. 23,2 S. 22,2. Berlin 1933; insbes. Aufsatz EWALD. SCHMID, E.: Mitt. dtsch. Mat.-Prüf.-Anst. Sonderheft 21 (1933) S. 70. KOHLRAUSCH: Prakt. Physik, S. 812f. Leipzig 1935. SCHLEEDE u. SCHNEIDER: Röntgenspektroskopie und Kristallanalyse. Berlin 1929. EGGERT u. SCHIEBOLD: Erg. techn. Röntgenkde. Leipzig 1930. KIRCHNER: Elektroneninterferenzen und Röntgeninterferenzen in Erg. exakt. Naturwiss. Bd. 11 S. 64f. Berlin 1932. DEHLINGER: Röntgenforschung in der Metallkunde. Erg. exakt. Naturwiss. Bd. 10 S. 325. Berlin 1931. Handbuch der Experimentalphysik (WIEN-HARMS), Bd. 7 S. 2. Leipzig 1928. LAUE u. MISES: Stereoskopische Bilder von Kristallgittern. Berlin 1926.

Es gibt nun verschiedene Verfahren der Erzeugung von Röntgeninterferenzen, die wir in den beigefügten schematischen Darstellungen erläutern (Abb. 103/1 bis 104/1). Ihnen allen ist gemeinsam, daß Röntgenlicht in die zu untersuchenden

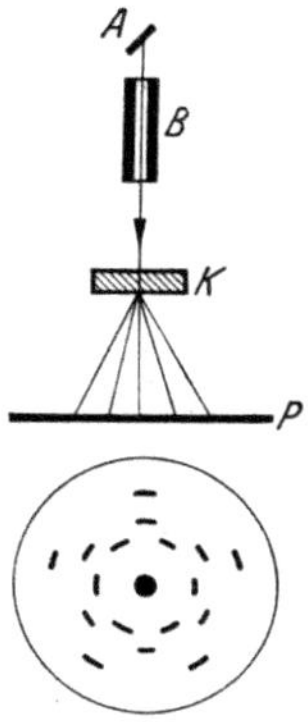

a
Abb. 103/1.
LAUE-Verfahren.

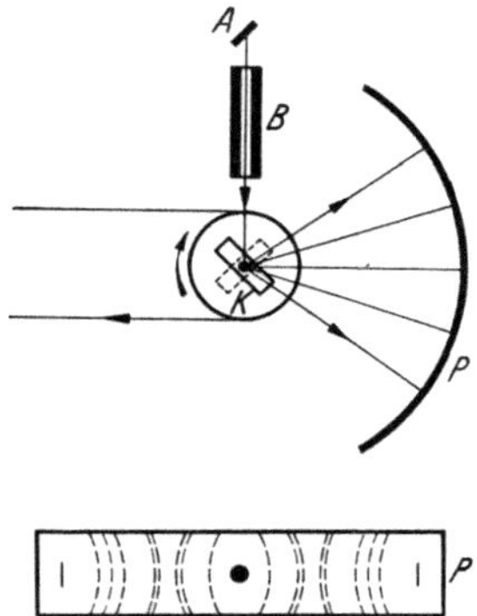

b
Abb. 103/2. Drehkristall-Verfahren (DEBYE-SCHERRER).

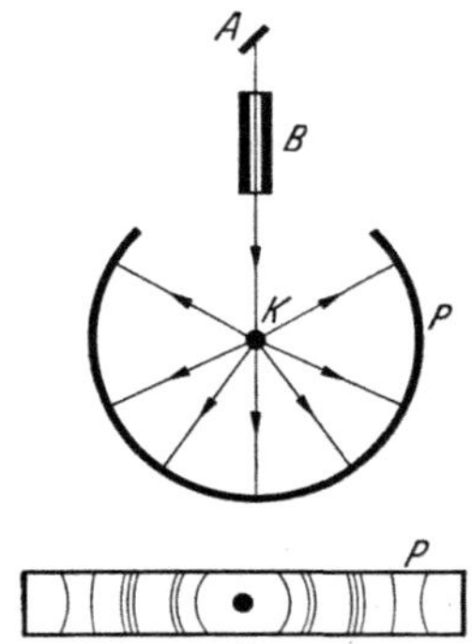

c
Abb. 103/3.
DEBYE-SCHERRER-Verfahren.

Es bedeuten: A Antikathode, B Blende, K Werkstoffprobe, P photographischer Film.

Körper eindringt und zurückgeworfen wird. Es wird je nach der Versuchsanordnung entweder der Winkel α oder die Wellenlänge λ variiert. Durch Interferenz kommen Auslöschungen und Verstärkungen der Strahlung in bevorzugten Richtungen zustande. Die Stellen maximaler Intensität werden auf der photographischen Platte oder einem gebogenen Film oder schließlich in einer Ionisierungskammer bestimmt und aus ihrer Lage unter Zugrundelegung der obigen Beziehungen auf die Lage der Netzebenen im Gitter und deren mittlere Besetzung mit Atomen geschlossen. Es gibt zwei Gruppen dieser Verfahren.

Die erste Gruppe (LAUE-Verfahren und Drehkristallverfahren) hat zur Voraussetzung die Untersuchung eines einzigen Kristalles, also nicht die von Haufwerken. Das LAUE-Verfahren verwendet „weißes" Röntgenlicht, d. h. eine Strahlung aller Wellenlängen, wobei die Aussonderung der zur Interferenz kommenden Wellen sich aus der BRAGGschen Bedingungsgleichung ergibt (Abb. 103/1). Das *Drehkristallverfahren* (Abb. 103/2) hingegen verwendet Licht von einer einzigen Wellenlänge (monochromatisches Röntgenlicht) und erzielt die Aussonderung durch kontinuierliche Drehung des Kristalles, wobei bei gewissen Lagen die Interferenz eintritt.

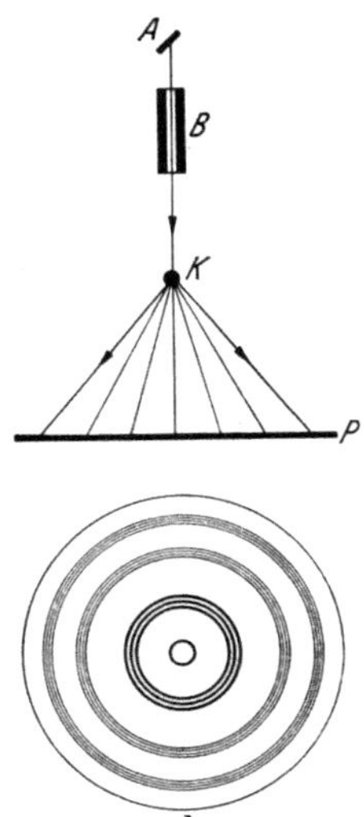

d
Abb. 103/4.
DEBYE-SCHERRER-Verfahren.

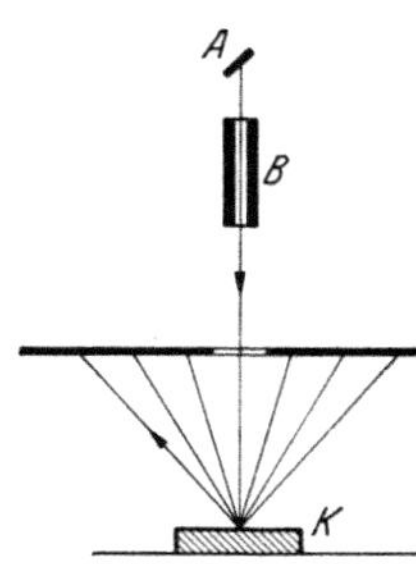

e
Abb. 103/5.
DEBYE-SCHERRER-Verfahren.

Ein grundsätzlich anderes Verfahren ist das von DEBYE-SCHERRER in seinen verschiedenen Abwandlungen (Abb. 103/4, 103/5 und 104/1). Das Wesentliche dieses besteht darin, daß eine Mannigfaltigkeit vollkommen statistisch, also regellos gelagerter Kristalle (Pulver oder polykristalline Körper, Haufwerke) dem Röntgenlicht dargeboten wird. Die Aussonderung nach der BRAGGschen Beziehung kommt dadurch zustande, daß nur Licht von denjenigen Kristallen zur Beobachtung kommt, deren zufällige Lagerung dieser entspricht.

Aus diesem Grunde eignen sich gerade die verschiedenen Abwandlungen des DEBYE-SCHERRER-Verfahrens besonders zur Untersuchung des Baues in den Grenzschichten unserer technischen Körper. Die genannten Verfahren ermöglichen grundsätzlich folgende Feststellungen:

1. Ermittlung der Kristallstruktur, d. h. der Anordnung der Atome im Gitter.

1a) Als wichtige Unteraufgabe: Feststellung von Veränderungen im Kristallgitter durch innere Spannungen.

2. Bestimmung der mittleren Kristallgröße in polykristallinen Pulvern oder Haufwerken.

3. Feststellung von Abweichungen der statistischen Verteilung der Kristallite: bevorzugte Lagen („Regelungen, Texturen“).

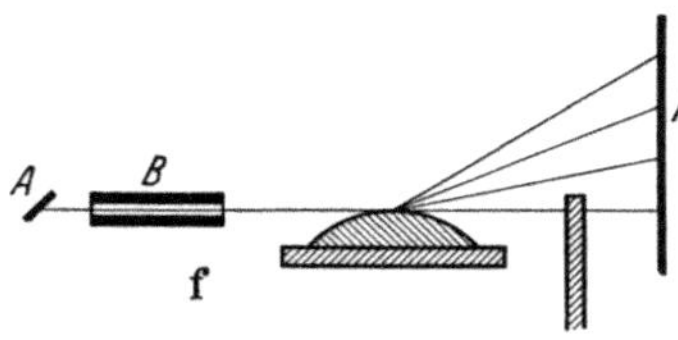

Abb. 104/1. Verfahren nach TRILLAT.

Bei den Aufgaben 1a, 2 und 3 spielt nicht nur die geometrische Lage und Gestalt der von den interferierenden Strahlen erzeugten Spur eine Rolle, sondern vor allem auch deren Intensität.

Bei den DEBYE-Aufnahmen erzeugen die interferierenden Strahlen konzentrische Ringe oder Teilstücke von solchen auf Platte und Film. Bei feinen Kristalliten sind diese Ringe dünn und scharf. Ihre Halbwertbreite (Breite, bei der die Intensität auf die Hälfte gesunken ist) wächst in einer angebbaren Beziehung zu der Teilchengröße.

Beim Vorhandensein von *Lageregelungen* (etwa durch Kaltbearbeitung) werden die Ringe derart verändert, daß in bevorzugten Teilen des Umfanges die Intensität zunimmt, in anderen abnimmt oder ganz verschwindet[1]. Da es sich hier um Intensitätsbestimmungen handelt, ist es im allgemeinen nicht möglich, zahlenmäßige Ergebnisse von solcher Schärfe zu erzielen, wie bei reinen Strukturbestimmungen, etwa nach dem LAUE- oder Drehkristallverfahren.

Das DEBYE-Verfahren hat nach einer eleganten Abwandlung von TRILLAT (Abb. 104/1) durch tangentiale Bestrahlung einer gekrümmten Fläche auch Anwendung zur Untersuchung der äußeren Grenzschicht gefunden, wobei in Ergänzung der früher erwähnten Verfahren Aufschlüsse über die Lagerung adsorbierter Kohlenwasserstoffmoleküle gewonnen wurden[2].

Wir haben seither nur von den Interferenzen gesprochen, die durch Röntgenstrahlen, also Licht von sehr kurzer Wellenlänge, zustande kommen. Nach den bekannten Theorien von DE BROGLIE und SCHRÖDINGER müssen sich bewegte Korpuskeln ebenso verhalten wie eine Wellenstrahlung. Es kann für sie eine „Wellenlänge“ angegeben werden, die sich berechnet zu

$$\lambda = \frac{h}{m\,v}, \qquad \text{(Gl. 104/1)}$$

wo h das PLANCKsche Wirkungsquantum,
m die Masse des bewegten Teilchens und
v seine Geschwindigkeit.

[1] Vgl. S. 172. — [2] Vgl. F.N. 24/1.

Elektronen, wie sie etwa aus einer Glühkathode austreten und in der Kathodenstrahlröhre durch ein elektrisches Feld beschleunigt und durch Blenden innerhalb eines engen Winkelbereiches ausgesondert werden, stellen einen derartigen Fall dar. Man spricht dann von „*Elektronenstrahlen*“[1]. Abb. 105/1 zeigt das Schema einer Anordnung für Untersuchungen mit Elektronenstrahlen nach KIRCHNER[2]. Die Geschwindigkeit der Elektronenstrahlen ergibt sich aus dem bekannten Verhältnis $\frac{e}{m}$ der Ladung und Masse des Elektrons und der Stärke des beschleunigenden Feldes. Nach einigen Umrechnungen ergibt sich die „Wellenlänge“ des Elektronenstrahles zu

$$\lambda = \sqrt{\frac{150}{V}} \cdot 10^{-7}\,\mathrm{mm}, \qquad \text{(Gl. 105/1)}$$

wo V die beschleunigende Spannungsdifferenz in Volt. Damit wird z. B. für

V	λ mm $\cdot\, 10^{-7}$
1000	0,37
10000	0,012
50000	0,005

Diese „Wellenlängen“ sind (meist erheblich) kleiner als die der Röntgenstrahlen. Ihre Eindringungstiefe in feste Körper ist (wegen des Geschwindigkeitsverlustes

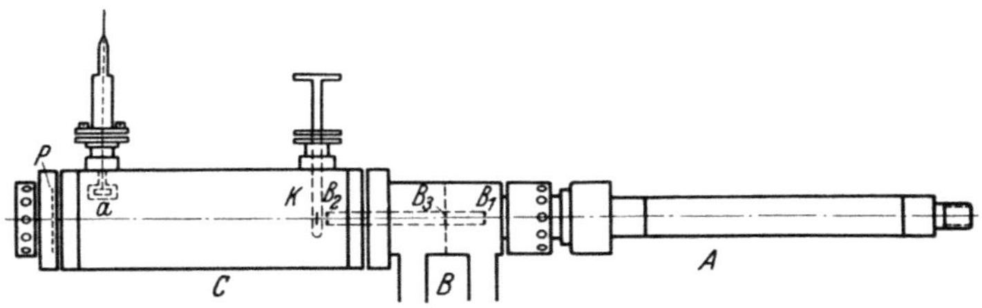

Abb. 105/1. Anordnung zur Untersuchung mit Elektronenstrahlinterferenzen nach KIRCHNER. *A* Strahlrohr; *B* Pumpensnsatz; verschiebbarer Auffänger für elektrometrische Messungen; B_1, B_2, B_3 Blenden; *a* Materialprobe; *P* photogr. Platte.

der geladenen Teile in Gittern usw.) weit geringer als die der Röntgenstrahlen. Ein Elektronenstrahl von 30 kV verläßt z. B. bei einer Eindringungstiefe von $\cong 2 \cdot 10^{-6}$ mm beim Wiederaustritt einen Kristall schon mit einer Verschwächung von 95%[3]. Dies bedeutet, daß in einem solchen Falle praktisch nur etwa 5—6 Netzebenen an der Entstehung der Interferenzen beteiligt sind. Die Elektronenstrahleninterferenzen eignen sich aus diesem Grunde besonders gut zur Untersuchung feinster Oberflächenrauhigkeiten sowie der Verhältnisse in den inneren und äußeren Grenzschichten und sind auch zu diesem Behufe ausgiebig angewendet worden. Zum Beispiel erhält man völlig verschiedene Interferenzbilder, wenn man ein Metall (Gold) auf Oberflächen verschiedener submikro-

[1] Einen vorzüglichen Überblick über das Gebiet bei F. KIRCHNER: Elektroneninterferenzen und Röntgeninterferenzen. Erg. exakt. Naturwiss. Bd. 11. Berlin 1932. Dort reichhaltige Literaturangaben. Vgl. KOHLRAUSCH: Praktische Physik, S. 828. Leipzig 1935. FRISCH, R. u. O. STERN: Beugung von Materiestrahlen. Handbuch der Physik von GEIGER-SCHEEL, Bd. 22,2 S. 313f. Berlin 1933. RUPP: Erg. exakt. Naturwiss. Bd. 9 (1930) S. 79. Vgl. auch KIRCHNER: Ann. Physik (5) Bd. 11 (1931) S. 741. THOMPSON, G. P.: Proc. Roy. Soc. A., Lond. Bd. 128 (1930) S. 128, A. Bd. 133 (1931) S. 1. MARK, H. u. R. WIERL: Fortschr. chem. u. phys. Chemie Bd. 21 (1931).

[2] KIRCHNER: Ann. Physik a. a. O.

[3] KIRCHNER: Erg. exakt. Naturwiss. Bd. 11 S. 86. Berlin 1932.

skopischer Feinheit aufdampft[1]. Abb. 106/1 zeigt die Verteilung der Intensitäten reflektierter Elektronenstrahlen an einem Ni-Einkristall nach Davisson und Germer. Die Kurven entsprechen verschiedenen Voltgeschwindigkeiten. Abb. 106/2 zeigt im Gegensatz dazu das Beugungsbild von Elektronenstrahlen

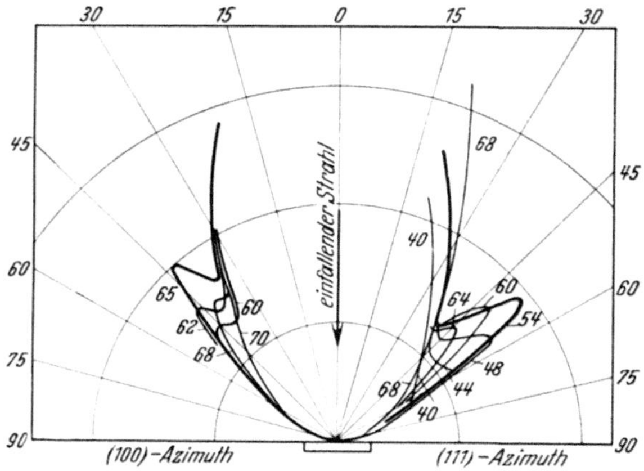

Abb. 106/1.

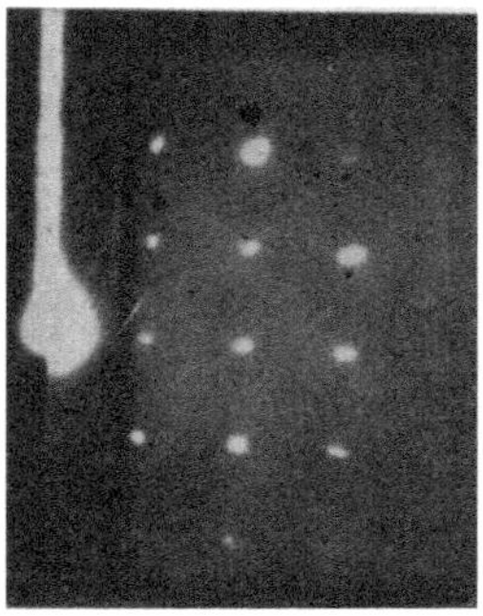

Abb. 106/2.

Abb. 106/3.

Abb. 106/1. Intensitätsverteilung zweier zurückgeworfener Elektronenstrahlen in Abhängigkeit vom Ausfallswinkel und der Voltgeschwindigkeit an Ni-Einkristall. (Nach Davisson und Germer.)

Abb. 106/2. Beugung schneller Elektronen an der geätzten Fläche eines Cu-Einkristalles. (Der längliche Fleck links gehört zur Apparatur.) (Nach G. P. Thompson.)

Abb. 106/3. Strahlengang zu Abb. 106/2.

bei nahezu streifendem Einfall (Schema dazu Abb. 106/3) auf die geätzte Fläche eines Kupfer-Einkristalles nach G. P. Thompson[2]. Das Bild entspricht einem sogenannten Kreuzgitterspektrum. Abb. 106/4 zeigt ein mit Elektronenstrahlen

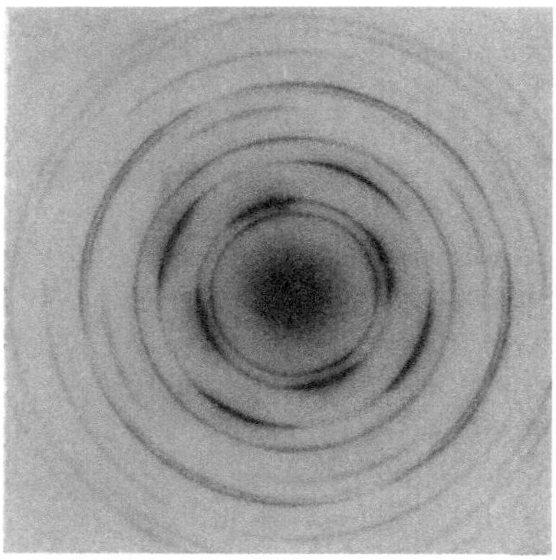

Abb. 106/4. Blattgold (100) parallel zur Blättchenebene.

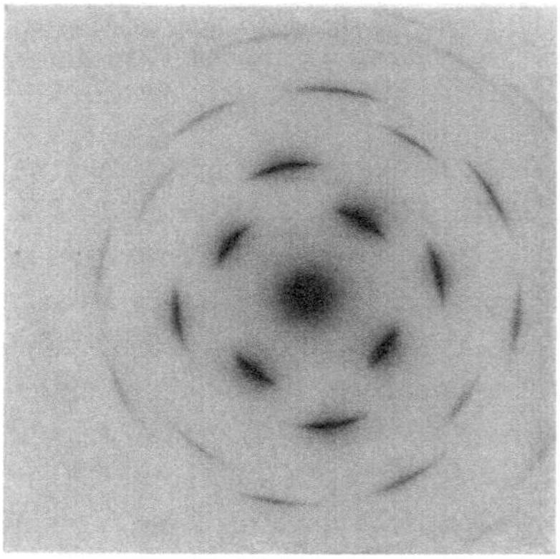

Abb. 106/5. Gleiches Blattgold wie Abb. 106/4, zwei Stunden auf 420° erhitzt.

(Nach J. J. Trillat und v. Hirsch.)

erhaltenes „Debye-Scherrer-Bild" einer geschlagenen Goldfolie nach J. J. Trillat und v. Hirsch[3] und Abb. 106/5 seine Veränderung nach zweistündigem Glühen auf 420°. Man sieht aus diesen Beispielen[4], wie aussichtsreich dieses

[1] Kirchner: a. a. O. S. 109f.
[2] Thompson, G. P.: Proc. Roy. Soc., Lond. Bd. 133 (1931) S. 1.
[3] Vgl. F. Kirchner: a. a. O. S. 107f.
[4] Weitere Beispiele Abschnitt 6223, S. 149 und Abschnitt 63, S. 172.

Verfahren für die Untersuchung von Grenzschichten und ihren feinsten Veränderungen ist.

Aus denselben Überlegungen, die wir oben für bewegte Elektronen angestellt haben, lassen sich auch grundsätzlich Beugungserscheinungen mit sogenannten *Molekularstrahlen* erzeugen. Diese werden hergestellt, indem Gase aus einem sehr dünnen Rohr in ein hohes Vakuum (10^{-5} mm Hg) eintreten. Beim Auftreten auf die Oberfläche eines festen Körpers werden diese reflektiert. Ihre Lage wird mit Hilfe eines feinen Manometers als Auffänger bestimmt[1]. Damit wurde das Spiegelungsvermögen und damit indirekt die Rauhigkeit von polierten Oberflächen bestimmt.

4. Kritischer Überblick über die betrachteten Verfahren zur Oberflächenprüfung.

Im vorausgegangenen Abschnitt habe ich die Verfahren zur Prüfung der Oberflächen dargestellt, soweit sie mir bis jetzt bekanntgeworden sind und vorwiegend für wissenschaftliche Zwecke in Frage kommen[2].

Es erscheint zweckmäßig, nunmehr rückblickend zu prüfen, was die einzelnen Verfahren leisten können und für welche Zwecke sie in erster Linie in Frage kommen.

40. Allgemeine Bedingungen für Meß- und Prüfverfahren.

Für ihre Beurteilung lassen sich einige *allgemeine Überlegungen* anstellen, welche auf jedes Meßverfahren zutreffen. Es ist zweckmäßig, von diesen auszugehen:

Jedes Verfahren zur zahlenmäßigen Prüfung von Eigenschaften oder Zuständen (Meßverfahren) hat zur Aufgabe, eine Zuordnung zwischen diesen und einer vorgegebenen Reihe solcher Eigenschaften zustande zu bringen.

Die vorgegebene Reihe der Eigenschaften oder Zustände werde die *Normalreihe* genannt. Ein Beispiel für eine solche Normalreihe sind die aufeinanderfolgenden Striche eines Millimetermaßstabes. Diese ist arithmetisch, d. h. eine lineare Funktion der Einheit. Es kommt aber auch häufig vor, daß als Normalreihe eine weit kompliziertere Funktion der zugrunde gelegten Einheit Verwendung findet. Ferner gibt es Fälle mehrdimensionaler Normalen, wie z. B. bei der Bestimmung von Farben[3].

Die Normalreihe muß folgende Bedingungen erfüllen:

1. Sie muß wiederholbar *(reproduzierbar)*, d. h. jederzeit durch ein bekanntes Verfahren zu verwirklichen sein. Dieses letztere kennzeichnen wir durch die *Normal-Meßvorschrift*.

---

[1] Frisch, R. u. O. Stern: Handbuch der Physik von Geiger-Scheel, Bd. 22/2 S. 338. Berlin 1933.

[2] Ein Hinweis auch auf ausgesprochene Werkstattverfahren findet sich AWF-Mitt. Bd. 15 (1933) S. 14f.

[3] *Auch die Rauhigkeit einer Fläche mit ausgesprochenen Bearbeitungsriefen läßt sich natürlich nicht mit einer eindimensionalen Reihe vergleichen, da sie selbst ein zweidimensionales Gebilde ist.* Man wird indes zunächst dem Begriff der Rauhigkeit eine eindimensionale Funktion zugrunde legen, da dies allein zweckmäßig ist. In den erwähnten Fällen, wo die Rauhigkeit in einer Koordinatenrichtung von der in der anderen verschieden ist, wird man es vorziehen, zwei verschiedene Rauhigkeitszahlen für die Fläche anzugeben, etwa so wie man bei anisotropen Körpern verschiedene Elastizitätszahlen in den verschiedenen Achsenrichtungen annimmt.

2. Die *Normalreihe und die ihr zugrunde liegende Meßvorschrift sollen „rationell" sein.* Das heißt sie sollen so gewählt werden, daß bei möglichst vielen praktischen Fragestellungen eine einfache Beziehung zu der Meßgröße besteht.

Die *Zuordnung* einer gegebenen Größe (Eigenschafts- oder Zustandsgröße) zu der Normalreihe kann entweder unmittelbar, d. h. mit Hilfe desselben Meßverfahrens erfolgen, welches zur Aufstellung der Normalreihe gedient hat, oder mittelbar, also mit Hilfe eines völlig anderen Verfahrens. In diesem Falle entsteht im Prinzip eine zweite Reihe, die wir *Prüfreihe* nennen wollen. Die Zuordnung zwischen der Prüfreihe und der Normalreihe muß dann durch *Eichung* des für die zweite Meßvorschrift in Anwendung kommenden Gerätes herbeigeführt werden.

Die Zuordnung zwischen Normalreihe und Prüfreihe soll ebenfalls rationell sein. Damit dies der Fall ist, sind folgende Bedingungen zu erfüllen:

1. Die Zuordnung muß eindeutig sein, d. h. eine durch die zweite Meßvorschrift gewonnene Größe darf nur einer einzigen Größe der Normalreihe entsprechen. Das heißt:

Einem Fortschreiten auf der Normalreihe von einer Größe zur anderen muß an jeder Stelle auch ein Fortschreiten auf der zugeordneten Reihe und umgekehrt entsprechen.

Schließlich ist es zweckmäßig, noch eine Genauigkeitsbedingung aufzustellen, derart, daß

2. einem Fortschreiten auf der Normalreihe um einen bestimmten verhältnismäßigen Betrag mindestens ein Fortschreiten um einen gewissen Verhältnisbetrag auf der zweiten Reihe entspricht.

Es sei also die Normalreihe der zu untersuchenden Größe etwa

$$a_1,\ a_2,\ a_3\ \ldots\ldots\ a_{n-1},\ a_n,$$

die durch die Normalmeßvorschrift gewonnen worden und festgelegt sind. Dann kann man durch eine zweite völlig andere Meßvorschrift eine Reihe von Größen b bestimmen (Prüfreihe), die eindeutig einer einzigen Größe a der Normalreihe entspricht. Es darf aber an keiner Stelle der Reihe eine einzige Größe b durch das Prüfverfahren mehr als einer Größe a (etwa a_2 und a_3) zugeordnet werden. Solche Fälle sind keineswegs immer ausgeschlossen, sondern kommen beim Vergleich verschiedenartiger Meßverfahren häufiger vor als man im allgemeinen glaubt.

Fernerhin soll an jeder Stelle der Reihe b einer Zunahme von b auch eine Zunahme von a entsprechen. Am kürzesten lassen sich die oben angegebenen Bedingungen so ausdrücken:

Die Funktion $F(b) = a$ muß stetig und monoton sein, sie braucht aber keineswegs linear zu sein.

An jeder Stelle der Reihe darf der Differentialquotient $\frac{da}{db}$ einen bestimmten Wert nicht unterschreiten.

41. Anwendung der allgemeinen Bedingungen für Meß- und Prüfverfahren auf die Verfahren zur Oberflächenuntersuchung.

Wir betrachten nunmehr die geschilderten Verfahren der Oberflächenprüfung im Lichte der eben entwickelten allgemeinen Bedingungen für rationelle Prüfverfahren.

Was die Aufstellung der Normalreihe für den Begriff der Rauhigkeit angeht, so glaube ich, daß es zweckmäßig ist, von der möglichst genau zu ermittelnden *Mikrogeometrie der Oberfläche* auszugehen und aus dieser eine oder mehrere Zahlen zu ermitteln, die als Rauhigkeitsmaß gelten sollen. Dies entspricht der Forderung, daß die Normalreihe, also das Rauhigkeitsmaß rationell sei: Es soll nämlich mit einer möglichst großen Zahl von Fragen, die von der Oberflächenbeschaffenheit abhängen, in einer einfachen Beziehung stehen. *Alle* mechanischen *Fragen, die mit der Oberflächenbeschaffenheit zusammenhängen*, wie z. B. Dauerfestigkeit, Reibung, insbesondere mit Flüssigkeiten, Abnutzung, alle wärmetechnischen und elektrodynamischen Fragen in bezug auf Oberflächen, also z. B. die des Wärmeüberganges, der Dampfbildung an geheizten, der Staubsammlung an geladenen Oberflächen, *können wissenschaftlich nur behandelt werden, wenn man die mikrogeometrische Gestalt der Fläche kennt.*

Auch für die Fragen der Fertigung ist es zunächst wichtig, die wirkliche Gestalt einer Fläche zu kennen. Denn nur auf Grund einer solchen Kenntnis wird man in der Lage sein, sie planmäßig zu beeinflussen bzw. herzustellen. Welche Zahl man im übrigen aus der bekannten Gestalt der Fläche ermitteln und als Rauhigkeitsmaß verwenden will, ist eine Frage, die wir später (Abschnitt 5, S. 112ff.) eingehend prüfen wollen. Wahrscheinlich wird man sich für einfache Fragestellungen mit einer einzigen Zahl begnügen und bei größeren Ansprüchen noch weitere Kennziffern hinzufügen. So wie man etwa in erster Annäherung einen Baustoff durch seine Zugfestigkeit kennzeichnet und zur genaueren Bestimmung die Dehnungsziffer und weitere hinzufügt.

In dem Abschnitt „Normung der Flächen" werde ich vorschlagen, *der Normenreihe geometrische (d. h. also nicht mechanische oder sonstige physikalische) Maßgrößen zugrunde zu legen*, so daß für die unmittelbare Einordnung in diese nur die Schnittverfahren in Frage kommen. Alle anderen Verfahren müssen dann geeicht werden, um die Beziehung zwischen Prüfreihe und der Normenreihe herzustellen.

Wenn man den hier entwickelten grundsätzlichen Erwägungen zustimmt, wird man alle wie auch immer gearteten *Integralverfahren* zur Festlegung der Rauhigkeit einer Oberfläche im strengen Sinne, also zur *Aufstellung der „Normalreihe"* nicht verwenden. Es kann vielmehr nur ein Verfahren zur Aufstellung der Normalreihe *dienen, welches es ermöglicht, die Fläche durch Profil- oder Schichtlinien darzustellen.* Dies sind die oben als *Schnittverfahren* bezeichneten.

Das schlechteste dieser Verfahren ist zweifellos das Abdruckverfahren. Ich glaube, daß es, nachdem die anderen bekanntgeworden sind, sowohl wegen seiner Umständlichkeit, wie wegen seiner Fehlerquellen nicht mehr in Betracht kommt. Wie die Dinge heute liegen, *kommen von den Schnittverfahren nur in Frage: das Tastverfahren, das Verfahren der Querschliffe und das Lichtschnittverfahren.* Die Fehlerquellen, die mit dem Tastverfahren verbunden sind, habe ich in Abschnitt 3421, S. 61ff. eingehend dargestellt. Wie groß der Fehler im einzelnen ist, hängt von dem Profil der Fläche ab. Er kann so groß sein, daß die Kurve, die mit dem Taststift aufgezeichnet wird, völlig unbrauchbar wird. Er kann aber auch nur so klein werden, daß man ihn praktisch vernachlässigen kann.

Ich glaube, man kann sagen, daß das *Taststiftverfahren* für mechanisch bearbeitete Flächen bis zu einer Rauhigkeit von etwa 50 μ bis allerhöchstens 30 μ herab genügend genau arbeitet. Für feinere Flächen sind die Fehler im allgemeinen für *wissenschaftliche* Zwecke zu groß. Sind die zu untersuchenden Flächen außerordentlich langwellig, wie es z. B. bei polierten Flächen vorkommt, welche Unterschiede von > 1—0,5 μ bei Wellenlängen von 10—20 μ (abgesehen von den feinsten Polierrissen) zeigen, so kann auch das Tastverfahren brauchbare Resultate liefern und sogar wesentlich bessere als das Lichtschnittverfahren.

Für feinstgedrehte und geschliffene Flächen, für geschliffene oder geriebene, bei denen es sich besonders um verhältnismäßig spitze Bearbeitungsfurchen handelt, ist das *Tastverfahren* zur Ermittlung der Profile überhaupt *unbrauchbar*. Begnügt man sich mit der bescheidenen Forderung, nur eine sogenannte ,,Rangordnung" verschieden rauher Flächen aufzustellen, so kann das Tastverfahren auch in diesen Fällen noch brauchbare Ergebnisse liefern. Voraussetzung dabei ist aber, daß es sich um Flächen handelt, die in ähnlicher Weise bearbeitet sind (*nur* geschliffene oder *nur* feinstgedrehte). Dann nämlich kann man etwa damit rechnen, daß die Profile ungefähr geometrisch ähnlich oder wenigstens vergleichbar bleiben. Will man hingegen z. B. feingeschliffen und feinstgedrehte Flächen vergleichen, so kann bei Anwendung des Tastverfahrens auch diese ,,Rangordnung" verloren gehen.

Das *Lichtschnittverfahren* seinerseits liefert bei vernünftiger Handhabung praktisch verzerrungsfreie Kurven[1]. Seine Anwendung wird zunächst dadurch begrenzt, daß bei stärkeren Vergrößerungen die abbildenden Objektive vielfach nicht nahe genug an die Fläche herangebracht werden können. Unter günstigen Verhältnissen ist es möglich, Vergrößerungen bis etwa 350fach zu erreichen. Die untere Grenze mikrogeometrischer Feinheiten, die mit dem Verfahren noch dargestellt werden können, ist durch die Lichtwellenlänge gegeben, welche jede mikroskopische Abbildung begrenzt. Strukturen unterhalb 0,5 μ kann das Verfahren in keiner Weise mehr kenntlich machen. Aber auch zwischen den Grenzen 0,5 μ und etwa 10 μ ist es notwendig, um wirklich gute Ergebnisse zu erzielen, die Profilkurven photographisch aufzunehmen und dann unter dem Mikroskop auszumessen. Mit einer einfachen Betrachtung ist in diesen Fällen nicht viel gewonnen. Die Ausmessung der Rauhigkeit mit Hilfe eines Okularschraubenmikrometers oder einer Strichplatte gibt hingegen für Zwecke des Betriebs noch durchaus brauchbare Ergebnisse.

Der Nachteil des Lichtschnittverfahrens liegt darin, daß die Vergrößerung in beiden Koordinatenrichtungen dieselbe ist, also bei starker Vergrößerung nur ein verhältnismäßig sehr geringes Stück der Fläche untersucht werden kann. In

[1] SCHUMACHER vergleicht [Masch.-Bau Betrieb Bd. 14 (1935) S. 379] Ergebnisse zwischen dem von mir angegebenen Profilmikroskop mit Profilkurven, die mit dem Tastverfahren gewonnen sind. Diese Vergleiche sind zur Beurteilung der beiden Verfahren nicht nur unzureichend, sondern irreführend. Die Kurven des Taststiftverfahrens sind offensichtlich zeichnerisch nachgezogen und die nach dem Lichtschnittverfahren erzielten Bilder sind, besonders in dem ersten Teil der Veröffentlichung, so schlecht, daß sie zur Beurteilung des Verfahrens völlig unbrauchbar sind. Dies kann nur damit zusammenhängen, daß der Hersteller dieser Bilder es nicht verstanden hat, mit dem Gerät umzugehen. Wirklich gute Bilder mit dem Lichtschnittverfahren lassen sich nur erzielen, wenn man das Gerät sorgfältig einstellt und die Bilder mit der Lupe auf der Mattscheibe nachprüft. Bei richtiger Handhabung des Verfahrens dürften die Verhältnisse so liegen, daß zwar die mit dem Lichtschnittverfahren erzielten Kurven nicht so gestochen scharf sind wie die, welche man bei guter Optik mit dem Tastverfahren erzielen kann, daß sie aber andererseits nicht mit den unvermeidlichen systematischen Fehlern behaftet sind, die das Tastverfahren an sich hat und die wir eingehend oben erörtert haben.

wichtigen Fällen wird man daher die Oberfläche an möglicherweise aneinanderschließenden Stellen untersuchen müssen, was immer unbequem ist.

Was das Verfahren der *Querschliffe* angeht, so ist dieses, wenn eine Zerstörung des Probestückes möglich ist, außerordentlich wertvoll und kann in vielen Fällen vielleicht sogar als das beste aller Verfahren bezeichnet werden. Es kann bei unvorsichtiger Handhabung gewisse Ungenauigkeiten in der Wiedergabe feinster Strukturverhältnisse liefern, hat aber den Vorteil, daß es auch einen *Einblick unter die Oberfläche* in die Struktur des Körpers gewährt. Die Tatsache, daß es in der Flächenrichtung dieselbe Vergrößerung gibt, wie normal zu ihr, ist ein Nachteil, den es mit dem Lichtschnittverfahren gemein hat.

Man wird also je nach den Umständen, die in Frage kommen, das eine oder das andere Verfahren wählen müssen. Die weiteste Anwendungsmöglichkeit hat, wie ich glaube, zur Zeit das Lichtschnittverfahren, auch für die Zwecke der Werkstatt.

Wir sagten oben, daß zur Aufstellung einer Normalreihe der Rauhigkeit, also gewissermaßen als Normalmeßverfahren, die *Integralverfahren* ausscheiden. Damit ist aber keineswegs gesagt, daß diese Verfahren mindere Bedeutung hätten. Es ist sehr wohl möglich, daß für die Zwecke der Praxis sich mit einem entsprechenden Integralverfahren eine Prüfreihe schaffen läßt, die durch Eichung eine eindeutige Zuordnung zu der aufzustellenden Normenreihe und eine genügend feine Unterscheidung im Sinne der allgemeinen Bedingungen 1 und 2 ermöglicht.

Es ist möglich, daß unter den mechanischen wie optischen Integralverfahren solche sind, die diese Bedingungen erfüllen. Für die mechanischen Integralverfahren (z. B. den FLEMMINGschen oder den BECKschen Rauhigkeitsprüfer) müßte dies noch näher untersucht werden.

Was die optischen Integralverfahren angeht, so halte ich es für möglich, daß für die hochwertigsten Flächen das Verfahren der Dunkelfeldphotometrie (S. 100) der Forderung nach einer rationellen Zuordnungsmöglichkeit entspricht. Soweit ich bei meinen seitherigen Untersuchungen feststellen konnte, sind diejenigen Flächen, welche das Verfahren der Dunkelfeldphotometrie als die besseren bezeichnet, auch von dem Gesichtspunkt des Betriebes bzw. des Konstrukteurs aus die besseren. Fernerhin lassen sich zwei Flächen mit diesem Verfahren noch deutlich unterscheiden, die von dem Herstellungsprozeß her kaum mehr unterscheidbar sind. Für die Flächen der Gruppe 4—6 dürfte vielleicht auch das Spiegelungsverfahren von REICHEL Möglichkeiten weiterer Entwicklung bieten. Für feinste Flächen hat auch das Verfahren der *Mikrointerferenzen* noch eine sehr große Enwicklungsmöglichkeit.

Es wird oft gegen die Verfahren, die die Reflexionsfähigkeit polierter Oberflächen zur Gütebestimmung verwenden, eingewandt, daß bei ihnen kleine Rauhigkeiten der Oberflächen wohl erfaßt würden, nicht aber tiefe, sehr schmale Einrisse. Oder mit anderen Worten: Bei diesen Verfahren sei eine gutpolierte Oberfläche ohne tiefe Risse von einer ebenso guten, aber mit gelegentlichen tiefen Furchen, nicht zu unterscheiden. Hierzu ist zunächst zu sagen, daß sehr tiefe Risse mit kleinem spitzen Winkel natürlich weder mit der Tastmethode noch dem Lichtschnittverfahren usw. erfaßt werden können. Bei dem Verfahren der Dunkelfeldphotometrie dagegen, wie wir es im vorstehenden beschrieben haben, spielen gerade derartige Störungen der Oberflächen eine entscheidende Rolle, da sie die Stellen sind, von denen große Mengen abgebeugten

Lichtes ausgehen und gemessen werden. Es dürfte also die Dunkelfeldphotometrie gerade für diese hochwertigen Flächen, die nur noch einige übriggebliebene Schleif- oder Polierrisse haben, besonders geeignet sein.

In bezug auf die *physikalisch-chemischen* Integralverfahren glaube ich, daß diese für alle praktischen Zwecke ausscheiden. Es ist aber sehr wohl denkbar, daß sie für wissenschaftliche Forschungen, besonders über den Poliervorgang und ähnliche Fragen, zu wichtigen Ergebnissen führen können.

Nunmehr gehen wir zu den *Betrachtungsverfahren* über, die uns nur eine mehr oder weniger allgemeine Vorstellung über die wirkliche geometrische Gestalt der Flächen vermitteln. Die Betrachtungsverfahren sind wertvoll für die Werkstatt und können bis zu einem gewissen Grade die oben angegebenen Bedingungen für die Einordnung einer Fläche in eine vorgegebene Reihe erfüllen, wenn man eine entsprechende Sammlung von Normalflächen zur Verfügung hat. Ist dies nicht der Fall, so kommen sie für Meßzwecke überhaupt nicht in Frage.

5. Bestimmung eines zahlenmäßigen Maßes für die Rauhigkeit.

50. Allgemeinste Art der Darstellung einer Profilkurve.

Daß man die Profilkurve einer rauhen Oberfläche nicht durch eine einzige Zahl erschöpfend zur Darstellung bringen kann, bedarf keiner Erörterung. Wegen der Entstehungsweise der technischen Flächen aus einem gleichmäßig fortschreitenden Arbeitsprozeß kann man mit Recht annehmen, daß die Profilkurven annähernd periodische Funktionen sind. Ihr Funktionswert wird innerhalb gewisser Grenzen um die reguläre Funktion (Gerade, Kreisbogen), die dem idealen Körper entspricht, schwanken. Mit genügender Annäherung wird man sie immer durch eine FOURIERsche Reihe darstellen können[1], gegebenenfalls mit einer großen Anzahl von Koeffizienten. Es wird dann die Abweichung von der regulären Kurve (Gerade, Kreisbogen usw.) im Prinzip so dargestellt:

$$\begin{aligned}\Delta y = F(x) = a_0 + a_1 \cos x + a_2 \cos 2x + \ldots a_n \cos nx \\ + b_1 \sin x + b_2 \sin 2x + \ldots b_n \sin nx. \qquad \text{(Gl. 112/1)}\end{aligned}$$

Die Koeffizienten a und b sind die Amplituden der übereinander gelagerten Cosinus- und Sinuswellen. Die höheren Koeffizienten entsprechen den Wellen mit kürzerer Periode.

Es ist also die rauhe aber nahezu ebene Fläche diejenige, bei der die Koeffizienten der ersten Glieder verschwinden, während die der höheren Glieder von Bedeutung sind. Die glatte aber unebene Fläche hat umgekehrt nur Koeffizienten in den niederen Gliedern. Eine Darstellung der Schnittkurven nach diesem Verfahren (harmonische Analyse) gäbe also in der Tat in den Koeffizienten der Reihe das Mittel zur Beurteilung von Ebenheit und Rauhigkeit[2].

Für praktische Zwecke kommt dieses Verfahren wegen seiner Umständlichkeit nicht in Frage. Auch hätte die Angabe einer größeren Anzahl von Koeffizienten schon um deswillen keinen Wert, weil sie in keiner unmittelbar anschaulichen Weise mit der Form der Kurve zusammenhängen.

---

[1] SCHMALTZ: Z. VDI Bd. 73 (1929) S. 1461f. Vgl. Hütte (26) I S. 188.

[2] Die obige Darstellung gilt streng nur für wirklich periodische Kurven; im anderen Falle nehmen die Koeffizienten die Gestalt von Integralen an.

51. Vereinfachte Darstellung der Profilkurve innerhalb eines Arbeitsabschnittes.

Es soll nun untersucht werden, auf welche Weise man zu einer vereinfachten Darstellung und Kennzeichnung der Profilkurven gelangen kann. Wir nehmen, wie oben schon dargelegt, an, daß die Profilkurve wegen des gleichmäßig vorschreitenden Arbeitsvorganges annähernd periodisch ist. Wenn wir etwa den Abstand $\Delta\, x = s$ zwischen zwei höchsten Punkten Q und R der Kurve ins Auge fassen (Abb. 113/1) und weiter auf der Kurve zu einem Punkte Q_1 fortschreiten, dessen Ordinate y_1 ist, so finden wir wiederum im Abstande $\Delta\, x = s$ von diesem einen Punkt R_1, dessen Ordinate mindestens annähernd ebenfalls gleich y_1 ist. Diesen Abstand s, in welchem auf der Kurve immer annähernd dieselben Ordinaten wiederkehren, nennen wir ihre *Periode* oder einen *Arbeitsabschnitt,* der im allgemeinen dem Vorschub des Werkzeuges entspricht. Man kann natürlich auch das Reziproke des Vorschubs oder des Arbeitsabschnittes zur Kennzeichnung benutzen[1]. Die Größe $\frac{1}{s} = Z$ entspricht dann im Sinne des Vergleichs mit einer Welle der Frequenz oder etwa bei gedrehten Flächen der Rillenzahl oder der *Feinheit* der Längskurve.

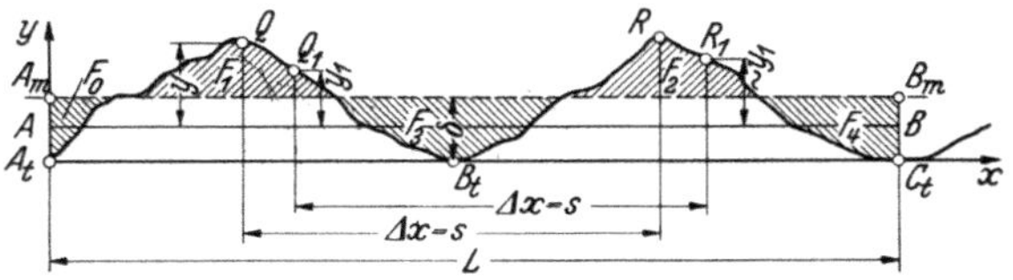

Abb. 113/1. Periodische Eigenschaft einer Profilkurve.

Wir wollen nunmehr erörtern, in welcher Weise man die Eigenart der Kurve durch eine oder wenige Zahlen angenähert kennzeichnen könne.

52. Die mittlere Höhe der Profilkurve. Grundlinie oder mittlere Gerade als deren Basis.

In Abb. 113/1 sei ein Kurvenstück $y = F\,(x)$ gezeichnet. Die Linie A—B, die die x-Achse darstellt, habe zunächst eine beliebige Lage auf der y-Achse, sie sei von der Länge L. Dann läßt sich in bezug auf diese Linie die mittlere Höhe der Kurve berechnen als

$$h = \frac{1}{L}\int_A^B y\,dx. \qquad \text{(Gl. 113/1)}$$

Diese mittlere Höhe ist veränderlich mit der Lage der Bezugsgeraden A—B. Es läßt sich aber eine Linie A_m — B_m angeben, für die das Integral den Wert Null annimmt. Diese Linie schneidet die Kurve und hat die Eigenschaft, daß $\Sigma\,\delta^2 = \min$ ist, wo δ der jeweilige senkrechte Abstand der Kurve von dieser Linie für verschiedene Abszissen ist. Diese Linie heißt auch die *mittlere Gerade.* Sie geht durch den Schwerpunkt der Kurve (Linie) $y = F\,(x)$. Da für sie voraussetzungsgemäß das Integral (Gl. 113/1) verschwindet, muß sie die Kurve so teilen, daß die über und unter ihr liegenden Flächenstücke gleich werden. Wenn man das *Vorzeichen der Ordinatenwerte nicht berücksichtigt,* also die Abweichungen nach unten wie nach oben ebenso positiv ansetzt, bekommt man einen endlichen Wert für die mittlere Höhe. Diese berechnet sich also zu

$$\bar{h} = \frac{\Sigma\,|\delta|}{n}, \qquad \text{(Gl. 113/2)}$$

---

[1] Vgl. BAUER: Masch.-Bau-Betr. Bd. 14 (1935) S. 81.

wo $\bar{h}$ die mittlere Höhe, $|\delta|$ die Ordinaten oder Abweichungen von der mittleren Geraden ohne Berücksichtigung des Vorzeichens bedeuten.

Es ist prinzipiell möglich, wie oben schon angegeben, auch von einer beliebigen anderen Basislinie aus eine mittlere Höhe zu berechnen, so z. B. von der durch die tiefsten Punkte der Kurve gelegten Linie A_t, B_t, C_t (Abb. 113/1). Der Nachteil dieser Berechnungsweise ist folgender: Ein einziger, durch eine Zufälligkeit besonders hoch- oder tiefliegender Punkt („Ausreißer") verändert ihre Lage und den Betrag der von ihr aus berechneten mittleren Höhe um den vollen Betrag. Ebenso beeinflußt eine kleine Ungenauigkeit beim Zeichnen der Basislinie den so erhaltenen Wert der mittleren Höhe. Immerhin läßt sich dieser Nachteil, wie wir im Kapitel Normung (Abschnitt 97, S. 267) sehen werden, durch entsprechende Vorschriften für die Bestimmung der Grundlinie einigermaßen ausgleichen[1]. Bei der mittleren Geraden als Basislinie treten diese Nachteile nicht auf. Denn ihre Lage hängt von *allen* gemessenen Ordinaten ab. Der Vorteil aber der durch die tiefsten Punkte der Profilkurve gelegten Geraden als Basislinie und nur dieser besteht darin, daß man aus ihrem Produkt mit der zugehörigen mittleren Höhe die *Profilfläche* bzw. das *Volumen des rauhen Materials* selbst bekommt im Gegensatz zum anderen Berechnungsverfahren, bei dem die mittlere Höhe auf die mittlere Gerade bezogen ist. Dieser Unterschied ist sehr wesentlich. Bezieht man die mittlere Höhe auf eine Basislinie A_t — B_t, welche durch die tiefsten Punkte geht, so wird sie ermittelt aus den Flächen A_t — Q — B_t — R — C_t und der Basislänge L, also A_t — C_t. Benutzt man die mittlere Gerade als Basis zur Bestimmung der mittleren Höhe, so berechnet sich diese aus den oberhalb liegenden Flächenstücken F_1, F_2 und etwa den unterhalb liegenden F_0, F_3, F_4, von denen die ersteren im Material, die letzteren in der Luft liegen. Die so berechnete mittlere Höhe ist kein Maß mehr für das Volumen des rauhen Materials, mit dem sie nur in einem allgemeinen unbestimmbaren Zusammenhang steht. Im letzten Fall liegt die mittlere Höhe $\bar{h}$ symmetrisch zur mittleren Geraden, und zwar je zur Hälfte unter- und oberhalb derselben.

Man sieht also, daß, wenn es sich etwa um die wichtige Fragestellung dreht, wie groß die Fläche des über den tiefsten Punkten liegenden rauhen Materials oder das Volumen des rauhen Materials über der tiefsten Ebene sei, diese Darstellung höchst ungeeignet ist. Trotzdem habe ich sie in meinen früheren Arbeiten verwendet, da sie mathematisch einwandfrei und genauer ist als die Ermittlung der mittleren Höhe h_m auf der Grundlinie. Auch LINDAU (a. a. O.) ist mir mit dieser Berechnungsweise gefolgt und SCHUMACHER (a. a. O.) hat sie mit seiner sogenannten „Nivellierfläche" verwendet[2].

Für die Normung der Rauhigkeitsgrade der Flächen bin ich jedoch zu der Auffassung gekommen, daß es zweckmäßiger ist, von der Basislinie auszugehen, *wenn man diese so definiert, daß zufällig besonders tiefliegende Teile herausfallen.* Ich komme auf diese Frage bei der Besprechung der Normung der Oberflächen zurück.

---

[1] Auch WALLICHS hat eine solche Anwendungsvorschrift gegeben, nach der sog. „Ausreißer" der Kurve in vernünftiger Weise unberücksichtigt bleiben (vgl. F.N. 114/2).

[2] Vgl. über verschiedene Auswertungsarten von der Grundlinie aus: WALLICHS u. DEPIEREUX: Automob.-techn. Z. Bd. 39 (1936) S. 1. Vgl. auch WALLICHS u. DEPIEREUX: Werkst.-Techn. Bd. 27 (1933) Heft 21 f. WALLICHS u. FRANK: Arch. Eisenhüttenwes. Bd. 7 (1933/34) S. 417.

Will man dagegen die mittlere Gerade als Grundlinie zur Berechnung der mittleren Höhe benutzen, so kann dies nach zwei Verfahren geschehen. Entweder man planimetriert die Überschuß- und Unterschußflächen aus und macht sie durch mehrmaliges Verschieben der Basislinie gleich. Oder aber man ermittelt die Lage der mittleren Geraden durch die bekannte Rechnung mit kleinsten Quadraten[1, 2]. Bei geringen Ansprüchen an die Genauigkeit kann man sie wohl auch nach Augenmaß durch die Kurve legen oder durch mehrmaliges Probieren und Planimetrieren der oberhalb und unterhalb gelegenen Flächenstücke erhalten. Jedenfalls ist die *mittlere Höhe die wesentliche Charakteristik der Kurve*. Es sei ausdrücklich darauf aufmerksam gemacht, daß

die mittlere Höhe der Profilkurve von ihrer Frequenz bzw. Wellenlänge einer Kurve unabhängig ist, also nichts über diese aussagen kann.

Denn wenn man die periodische Kurve aus einzelnen Ordinatenstreifen zusammengesetzt denkt, so ist der *Mittelwert der Länge dieser Streifen offensichtlich unabhängig von ihrer Reihenfolge*. Es ist also möglich, durch beliebige Gruppierung der Ordinatenstreifen Kurven beliebiger Frequenz und Form zusammenzustellen. Dies zeigen als Beispiel Abb. 115/1—115/3, auf denen alle Kurven dieselben Ordinatenstreifen enthalten und somit alle *dieselbe mittlere Höhe haben*.

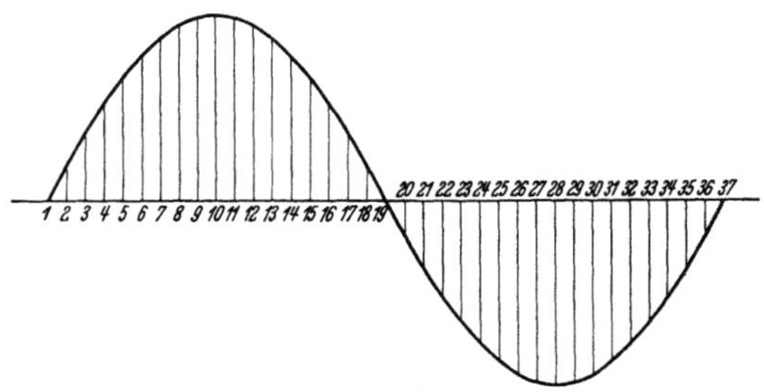

Abb. 115/1. Die Ausgangskurve. Durch Umstellen der unendlich schmal gedachten Ordinatenstreifen können Kurven verschiedener Frequenz, aber gleicher mittlerer Höhe und auch mit gleicher ABBOTT-Funktion (Abschnitt 55, S. 118) erzeugt werden.

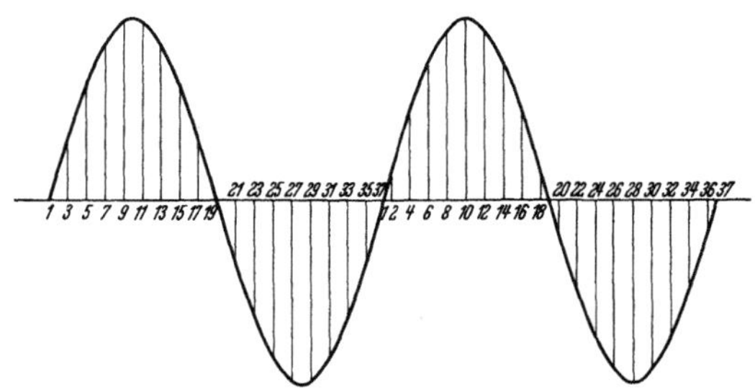

Abb. 115/2. Kurve mit doppelter Frequenz, dadurch entstanden, daß aus den angeschriebenen Intervallen der Ausgangskurve nur jeder zweite der unendlich schmalen Ordinatenstreifen zum Aufbau einer neuen Kurve verwendet wird.

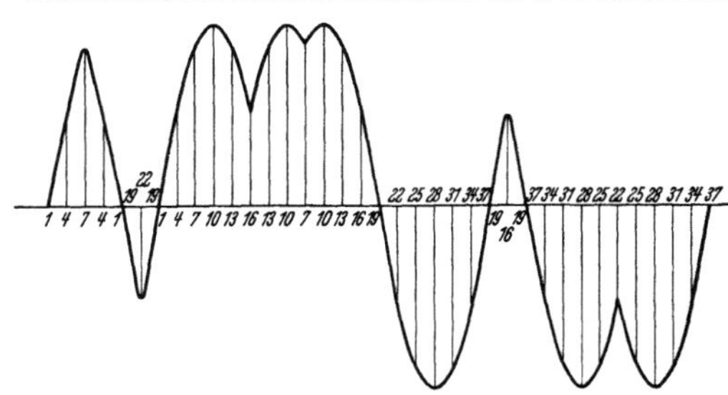

Abb. 115/3. Aus der Ausgangskurve entstandene willkürliche Kurve.

[1] SCHUMACHER erfindet für die allgemein bekannte mittlere Gerade einen neuen Namen „Nivellierlinie“ und spricht davon, daß diese „rein aus dem gefühlsmäßigen Abschätzen“ gezogen werden müsse (a. a. O. S. 11). Dies ist nicht der Fall. In allen Fällen, wo es sich für wissenschaftliche Zwecke um eine genaue Ermittlung der mittleren Höhe handelt, sollte man sich eines der angegebenen Verfahren bedienen.

[2] Eine bequeme Übersicht über das Rechnen mit kleinsten Quadraten findet man bei KOHLRAUSCH (Praktische Physik, S. 19f. Leipzig und Berlin 1935). Das Verfahren liefert in einem einzelnen Rechnungsgang die Lage der mittleren Geraden und die im weiteren zu besprechende Schwankung oder mittlere Höhe. Die Rechnung gestaltet sich wie folgt: Man habe, ausgehend von einer beliebig gelegten Basislinie, die man in gleiche Teile geteilt hat, die senkrechten Abstände der Profilkurve gemessen. Diese seien

53. Die relative Länge der Kurve.

Eine weitere theoretisch denkbare Möglichkeit zur Kennzeichnung der Profilkurve wäre die Betrachtung des Quotienten aus ihrer absoluten Länge und ihrer Basis (relative Länge). Bei zweidimensionaler Betrachtung der Flächen selbst ergibt sich eine entsprechende Zahl aus der absoluten Fläche und ihrer Projektion (vgl. Abschnitt 3522, Z.T. 86/1). Man bezeichnet diese wohl zweckmäßig als *relative Fläche.* Die relative Länge einer periodischen Kurve hängt offenbar sowohl von den Amplituden als auch der Wellenlänge (Frequenz) ab. Die Zusammenhänge sind jedoch außerordentlich verwickelt. Im übrigen ist diese Maßbestimmung auch deswegen nicht brauchbar, weil *zu einer bestimmten Länge der Kurve keineswegs nur eine einzige Kurve gehört,* sondern eine unendliche Anzahl von solchen (ein zwischen zwei Punkten befestigter Faden, dessen Länge größer als deren Abstand ist, kann beliebige Form annehmen). Die relative Länge der Profilkurve bzw. relative Fläche ist immer > 1. Es gibt, wie wir gezeigt haben (S. 84ff.), Ansätze zu experimentellen Verfahren, mit denen man die absolute Oberfläche eines Metallstückes und damit die Länge einer Profilkurve bestimmen kann.

54. Der Formfaktor oder Völligkeitsgrad.

Es läßt sich aber noch eine einfache Zahl gewinnen, die eng mit der Eigenart der Profilkurve zusammenhängt. Ich schlage vor, diese als den *Formfaktor*

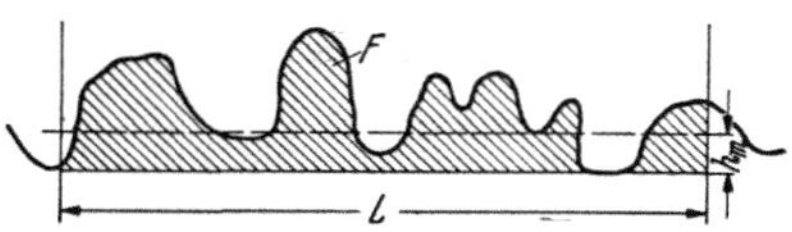

Abb. 116/1. Berechnung der mittleren Höhe von der Grundlinie aus.
h_m **mittlere Höhe,** L **Arbeitsabschnitt.**

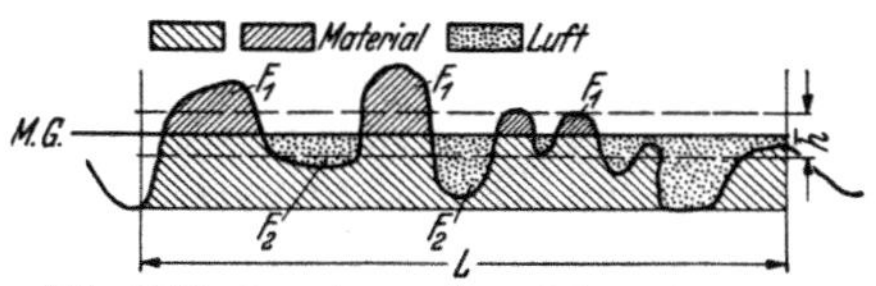

Abb. 116/2. Berechnung der mittleren Höhe von der mittleren Geraden aus.
$M.G$ **mittlere Gerade,** $\bar{h}$ **mittlere Höhe.**

oder auch als *Völligkeitsgrad* K zu bezeichnen. Es ist dies der Quotient aus der mittleren und der größten Höhe der Kurve. Hierbei macht es allerdings einen wesentlichen Unterschied, ob die mittlere Höhe von der Basislinie, die durch die tiefsten Punkte der Kurve gezogen ist, aus berechnet wird oder von der mittleren Geraden. Diese beiden mittleren Höhen h_m und $\bar{h}$ sind naturgemäß nicht gleich, wie oben schon erörtert wurde (vgl. S. 114). Da die auf

---

$y_1, y_2 \ldots . y_n$ für die den gleichen Intervallen entsprechenden Abschnitte $x_1, x_2 \ldots . x_n$. Dann bilde man:

$$A = \frac{\Sigma x\, \Sigma xy - \Sigma y\, \Sigma x^2}{(\Sigma x)^2 - n\, \Sigma x^2}$$

$$B = \frac{\Sigma x\, \Sigma y - n\, \Sigma xy}{(\Sigma x)^2 - n\, \Sigma x^2}.$$

Diese Größen A und B sind die Koeffizienten der Gleichung

$$F(x) = A + B_t,$$

die der mittleren Geraden entspricht. Dann berechnet man aus dieser Gleichung die Werte $f(x)$ für alle Werte $x_1, x_2 \ldots . x_n$ der mittleren Geraden und die Differenzen

$$\delta = y - f(x),$$

d. h. die Abweichungen der Profilkurve von der mittleren Geraden. Die Größe $\bar{h} = \frac{\Sigma\,|\delta|}{n}$ ist dann die mittlere Höhe von der mittleren Basis als Grundlinie.

die Grundlinie bezogene mittlere Höhe aus Flächen berechnet wird, die ausschließlich im festen Material und nicht zum Teil in Luft liegen (wie bei Größe $\bar{h}$), so ist es zweckmäßig, zur Berechnung des Formfaktors oder Völligkeitsgrades K sich der ebenfalls auf die Grundlinie bezogenen mittleren Höhe h_m zu bedienen, also

$$K = \frac{h_m}{H}\,. \qquad \text{(Gl. 117/1)}$$

Dann erst gewinnt der Formfaktor oder Völligkeitsgrad seinen wahren Sinn: *Er gibt ein Maß für die Verteilung des Materials über der Grundlinie* und steht damit auch mit dem Verlauf der Abnutzung in Beziehung.

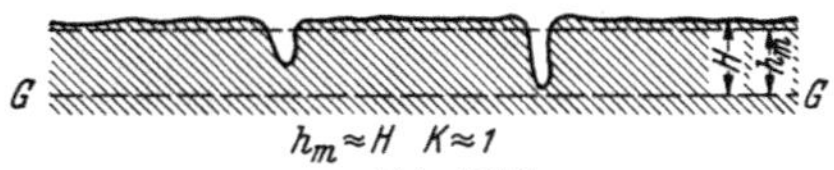

Abb. 117/1.

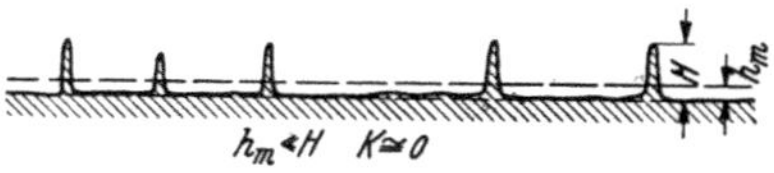

Abb. 117/2.

Abb. 117/1 u. 117/2. Verschiedene Völligkeitsgrade.

Dieser Sinn des Völligkeitsgrades wird am klarsten durch die Unterscheidung zweier Grenzfälle, einmal desjenigen, wo eine nahezu ebene Fläche nur einige tiefe Riefen enthält (Abb. 117/1) und zum zweitenmal des Falles, wo auf einer nahezu ebenen Fläche spitze Grate vorhanden sind (Abb. 117/2). Geschliffene Flächen liegen im allgemeinen immer zwischen diesen beiden Extremen. Im ersten

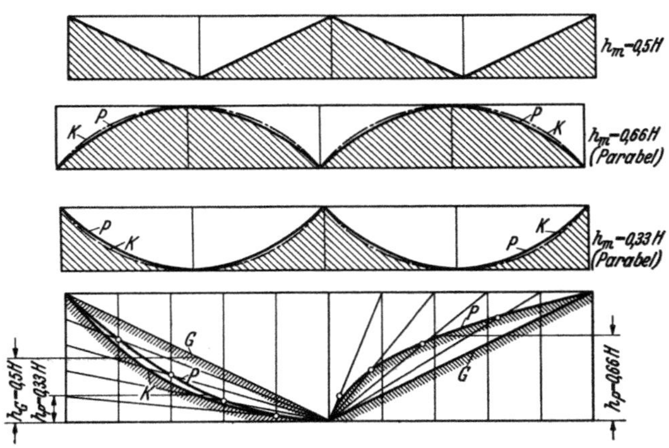

Abb. 117/3. Mittlere Höhe der Dreiecks-, Parabel- und Kreisprofile. Konstruktion der Profile (doppelter Maßstab als oben).

Fall ist die mittlere Höhe h_m nahezu gleich der maximalen Höhe H. Der Völligkeitsgrad ist somit sehr nahe gleich 1. Im zweiten Fall (Abb. 117/2) ist die mittlere Höhe sehr klein gegenüber der maximalen Höhe H und der Völligkeitsgrad wird nahezu gleich Null. Diese Beispiele zeigen deutlich den Sinn dieser neu eingeführten Größe.

In Abb. 117/3 sind zur Erläuterung drei charakteristische Fälle übereinandergezeichnet, nämlich das einfache Dreiecksprofil, das konvexe und das konkave Parabelprofil. Diese Profile sind stark überhöht, so daß sie von den praktisch vorkommenden Profilen natürlich stark abweichen. Darunter ist die Konstruktion der Profile verdeutlicht und die zugehörigen mittleren Höhen eingetragen, die sich alle auf die Grundlinie beziehen.

Man sieht leicht, daß beim einfachen *Dreiecksprofil* (auch bei nichtgleichschenkligen Dreiecken) die *mittlere Höhe gleich der Hälfte der gesamten Höhe*, also der Völligkeitsgrad $K = 0{,}5$ ist. Da die Parabelfläche bekanntlich $F = \frac{2}{3}\,xy$ ist, *so wird die mittlere Höhe des konvexen Parabelprofiles* $\frac{2}{3}H$ und $K = 0{,}66$. Die mittlere Höhe der aus zwei *konkaven Parabelbögen gebildeten Profilkurven wird* entsprechend $\frac{1}{3}H$ und $K = 0{,}33$. Wir ersparen uns hier die einfachen Rechnungen, aus denen dies hervorgeht.

Im übrigen läßt sich sagen, daß *alle periodischen, gewindeartigen Profile, deren Formfaktor kleiner als 0,5 ist, konkaven Charakter haben und spitz sind* oder richtiger: durch konkave Kurven ersetzt werden können, *alle anderen, deren Formfaktor größer als 0,5 ist, nach oben gewölbt, also konvex* und abgerundet sind oder durch solche Kurven ersetzt werden können.

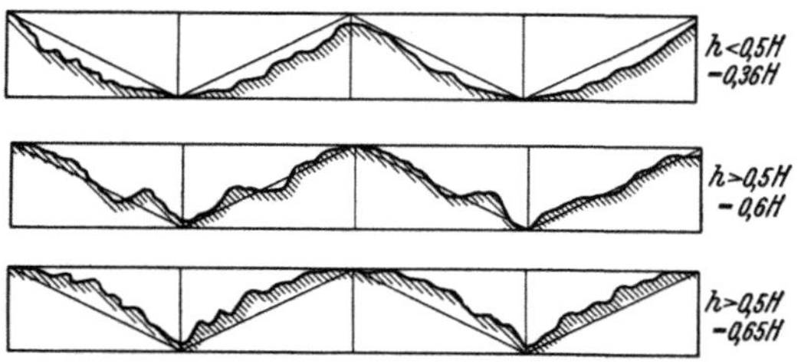

Abb. 118/1. Beispiele von Profilkurven mit Formfaktoren (Völligkeitsgraden) von 0,36—0,65.

Bei einiger Übung kann man die ungefähre Größe des Formfaktors der Kurve ansehen, ohne irgendwelche Rechnungen anstellen zu müssen. Abb. 118/1 zeigt einige solcher Profile mit Völligkeitsgraden $> 0{,}5$ und $< 0{,}5$ als Beispiele. Auf den Abbildungen der aufgenommenen Profilkurven in den Bildtafeln 1—32 habe ich die Völligkeitsgrade jeweils angegeben. Außerordentlich interessant sind die Bestimmungen des Völligkeitsgrades, die Lindau[1] an geschliffenen Flächen vorgenommen hat, ohne allerdings diesen allgemeinen Begriff zu verwenden. Das Mittel aus sehr zahlreichen Messungen ergibt sich zu 0,165. Die Werte meiner eigenen Bestimmungen liegen im allgemeinen höher.

Wir werden später sehen, daß der Völligkeitsgrad auch wichtig ist für die Beurteilung des Abnutzungsproblemes.

Wir gehen nunmehr über zu Möglichkeiten, die ganze Profilkurve zu charakterisieren an Stelle von Teilstücken.

55. Die Ordinatenkurve von Abbott- oder Tragkurve.

Der Amerikaner Abbott[2] hat zur Kennzeichnung der Profilkurven folgendes Verfahren eingeschlagen: Man denke sich von oben her die Profilkurve schrittweise abgetragen oder mit anderen Worten: verschiedene Schnittebenen durch sie gelegt. Man bestimmt die gesamte Länge der in der Profilkurve liegenden Teile der Schnittebene und trägt diese als Funktion des Abstandes der Schnittebene von der Basislinie auf (Abb. 118/2). Man bekommt dann bestimmte Kurven, die in einer Beziehung stehen zu der

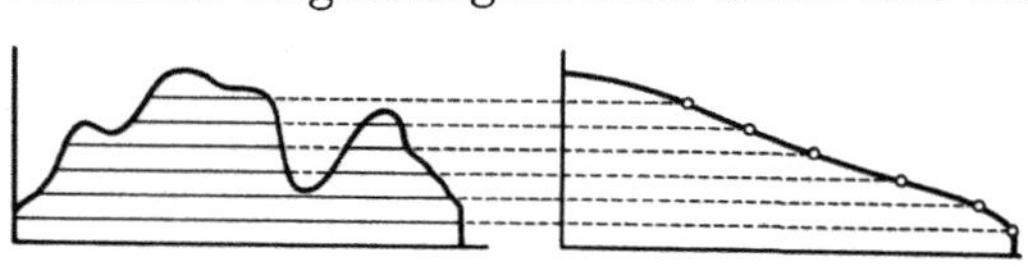

Abb. 118/2. Konstruktion der Tragkurve (Abbottsche Funktion).

[1] Lindau: a. a. O. S. 28.

[2] Abbott, E. J. and F. A. Firestone: Mech. Engng. Sept. 1933 S. 570. Vgl. auch die Arbeit von Clayton: Engineering 1935 S. 325f. Ferner Meyers: Amer. Mach., Lond. Bd. 80 (1936) S. 96.

ursprünglichen Profilkurve. Abb. 119/1 zeigt den Verlauf dieser Kurve für Rillenprofile, die aus konkaven Kreisbogen zusammengesetzt sind, wie sie etwa bei gedrehten Flächen vorkommen. Kennzeichnend hierbei ist, daß die Abbottsche Funktion sehr schnell ansteigt. Man kann diese Kurve etwa auch die *Tragkurve* des Profils nennen, da sie die Zunahme der tragenden Fläche eines rauhen Maschinenteiles bei zunehmender Abflachung darstellt. Man sieht leicht, daß die Abbott- oder Tragkurve unabhängig von der Wellenlänge der periodischen Funktion ist. Einander ähnliche periodische Kurven, deren Wellenlänge kurz ist gegenüber der Gesamtlänge, geben dieselbe Tragfläche als Funktion des Abstandes von der Höhe. Daß dieser Satz von der Unabhängigkeit der Abbott-Kurve von der Frequenz oder Wellenlänge immer gilt, sieht man leicht durch folgende

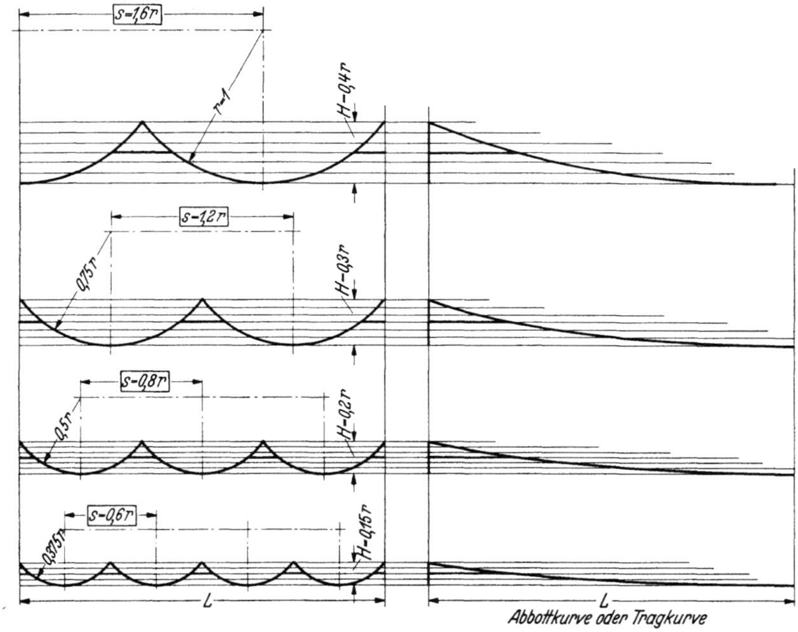

Abb. 119/1. Konstruktion der Abbott-Funktion für aus Kreisbogen zusammengesetzte Profile.

Überlegung: Die Abbott-*Kurve ist nichts anderes als die ursprüngliche Profilkurve mit umgeordneten, d. h. aneinander geschobenen Ordinatenstreifen.* Dabei muß die Umordnung so vorgenommen werden, daß alle Ordinatenstreifen stufenweise abnehmen und daß diejenigen gleicher Größe nebeneinander zu liegen kommen. In Abb. 115/1—115/3 ist gezeigt, wie durch Umordnen der Ordinatenstreifen einer Sinuslinie verschiedene Kurven entstehen können, die naturgemäß immer dieselbe Abbott-Funktion haben. Dieser Satz ist besonders wichtig bei den späteren Erörterungen über die Druckfestigkeit rauher Flächen und des Abnutzungsproblemes. Außerdem lassen sich noch zwei weitere Aussagen über die Eigenschaften der Abbott-Kurve machen, auf deren Beweis wir verzichten, da sie völlig anschaulich sind. Es ergeben sich somit folgende 4 Sätze über die Tragkurve:

1. Die Tragkurve oder Abbott-*Funktion entsteht durch Umordnung der Ordinatenstreifen der ursprünglichen Kurve nach fallender oder steigender Größe.*

2. Solange die Profilkurve keine hinterschnittenen Profile aufweist, ist die Tragkurve eine monotone Funktion, d. h. eine solche, deren Neigung (Differentialquotient) stetig zu- oder abnimmt.

3. Periodische Kurven mit gleicher Höhe und verschiedener Frequenz, bei denen also nur der Abszissenmaßstab durch Multiplikation mit einem konstanten Faktor auseinandergezogen oder zusammengedrängt ist, geben bei Betrachtung zusammengehöriger Kurvenstücke dieselben Tragkurven.

4. Die Neigung der ABBOTT-*Kurve an einer beliebigen Stelle entspricht dem Mittelwert der Neigungen der Profilkurve an derselben Stelle, wobei das Vorzeichen der Neigungen bei der Mittelbildung nicht berücksichtigt wird.*

Wir geben in Abb. 218/1—218/4 bei der Benutzung der Tragkurven zur Erörterung des Abnutzungsproblemes zwei Beispiele von Profilen mit den zugehörigen ABBOTT-Kurven[1].

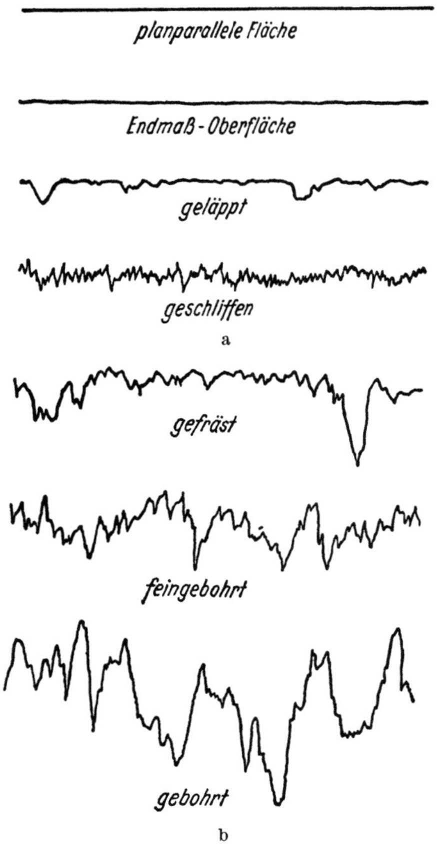

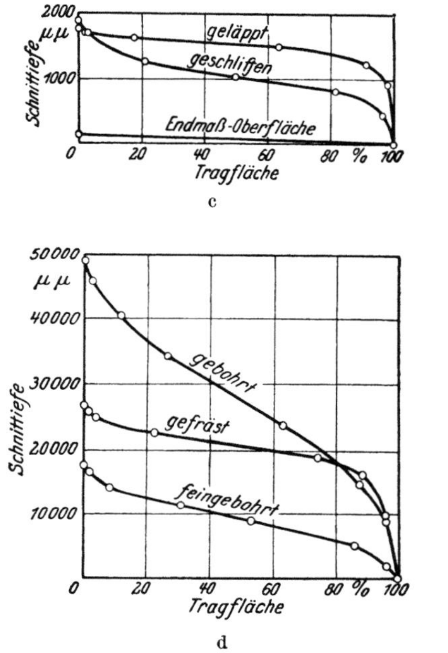

Abb. 120/1 a—d. Mit Tastgerät aufgenommene „Profilkurven" nach SCHROEDER nebst den zugehörigen ABBOTT-Kurven.

SCHROEDER[2] hat Profilkurven von geschliffenen Flächen mit Hilfe der ABBOTT-Funktion untersucht. Abb. 120/1 a—d zeigten einige der von ihm ermittelten Kurven[3]. Er macht einen Vorschlag zur Kennzeichnung der Oberflächen auf Grund der ABBOTT-Kurve. Er schlägt vor, die in der ABBOTT-Kurve enthaltenen Tragflächen in 3 Abschnitte zu teilen von 2—25%, 25—75% und 75—98% der gesamten Tragfläche (also der Projektion der rauhen Fläche) und anzugeben,

[1] Vgl. SCHMALTZ: Werkst.-Techn. Bd. 30 (1936) S. 1.

[2] SCHROEDER, A.: Masch.-Bau Bd. 13 (1934) S. 375. MEYERS a. a. O. stellt die Überlegungen von SCHROEDER nochmal an, ohne ihn zu zitieren.

[3] Für die hier interessierende Frage mag es belanglos sein, daß die dargestellten Kurven durch die Größe des verwendeten Taststiftes wahrscheinlich stark verzerrt sind.

bis zu welcher Tiefe der rauhen Fläche diese Tragflächen gehen. Ein Beispiel dafür gibt die nachstehende Tabelle aus der SCHROEDERschen Arbeit:

Z.T. 121/1. ABBOTT-Funktion in verschiedener Tiefe und bei verschiedenen Oberflächen (nach SCHROEDER).

Stufen	2–25% $\mu\mu$	25–75% $\mu\mu$	75–98% $\mu\mu$
Endmaßoberfläche	25	75	25
Geläppte Fläche	100	175	500
Geschliffene Fläche	550	425	600
Gefräste Fläche	2750	3500	13500
Feingebohrte Fläche	4500	5500	5500
Gebohrte Fläche	11000	15750	12750

56. Die Ordinatenverteilungskurve.

Es gibt grundsätzlich noch eine andere Möglichkeit, eine derartige komplizierte Profilkurve mit einer einfacheren Funktion zu kennzeichnen. In der Großzahlforschung (Kollektivmaßlehre) ist es bekanntlich üblich, eine Mannigfaltigkeit von Größen dadurch zu beschreiben, daß man die Häufigkeit ihres Vorkommens in Abhängigkeit von deren Größe bestimmt und zeichnerisch aufträgt. Dies kann man auch mit den Ordinaten einer Profilkurve tun. Man mißt von einem größeren Kurvenstück die Ordinaten, etwa über der Grundlinie, und trägt die Häufigkeit der Ordinaten in Abhängigkeit von ihrer Größe auf. Abb. 121/1 zeigt eine solche Kurve am Beispiel solcher Flächen. In die aus der geradlinigen Verbindung der Ordinaten entstandene Zackenkurve ist eine ausgeglichene Kurve andeutungsweise eingezeichnet. Bei der geringen Anzahl der Ordinaten ist dies eigentlich nicht berechtigt. Die Kurven sind nur aus der Ausmessung von je 30 Ordinaten gewonnen. Je größer die Anzahl der Ordinaten ist, um so mehr ist zu erwarten, daß die Kurven eine glatte Form annehmen. Praktische Bedeutung hat auch diese Darstellung zunächst wohl noch nicht.

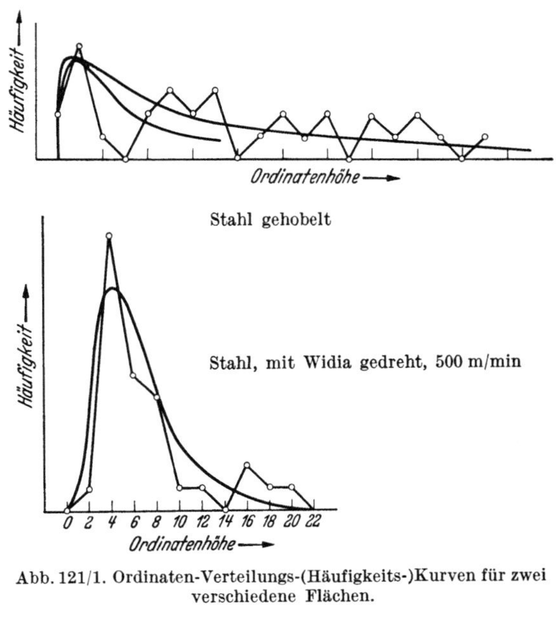

Abb. 121/1. Ordinaten-Verteilungs-(Häufigkeits-)Kurven für zwei verschiedene Flächen.

57. Die Frequenzkurve.

Da keine der seitherigen Verfahren die Wellenlängen (Frequenz) der Kurve berücksichtigen, wird man noch nach einer Maßgröße suchen müssen, die auch dieser Rechnung trägt. SCHUMACHER[1] hat dies versucht, indem er zu einer Darstellung dieser Verhältnisse die „Zahl der tragenden Spitzen" als Funktion der Höhe aufträgt. Vielleicht ist es noch übersichtlicher, die Durchschneidungen der Kurve für verschiedene Höhenlinien abzuzählen und aufzutragen.

Die gemeinsame Betrachtung der ABBOTTschen Ordinatenfunktion (Tragkurve) und der Kurve der Durchschneidungspunkte (Frequenzkurve) gibt zusammen mit der Angabe der mittleren Höhe schon eine gute Kennzeichnung der Profilkurve. Diese ist allerdings nicht mehr in einer oder einigen wenigen Zahlen auszudrücken und steht auch nur noch in einer nicht recht anschaulichen Beziehung zur Profilkurve selbst.

Eine solche Kennzeichnung der Profilkurve durch eine Zahl und zwei weitere Kurven ist aber für alle praktischen Fälle vollkommen unmöglich und auch für wissenschaftliche Zwecke kaum durchführbar.

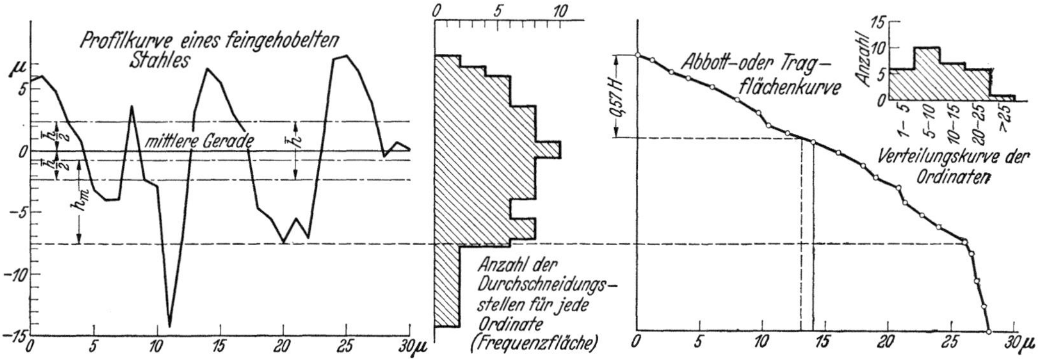

Abb. 122/1. Verschiedene Darstellungsmöglichkeiten einer Profilkurve.

In Abb. 122/1 habe ich für ein praktisch ausgewertetes Profil (feingehobelter Stahl) die verschiedenen Auswertungsmöglichkeiten nebeneinander dargestellt, nämlich

1. die mittlere Gerade mit der mittleren Höhe h,
2. die Anzahl der Durchschneidungsstellen in Funktion der Höhe,
3. die Tragkurve (ABBOTT-Kurve),
4. die Verteilungskurve der Ordinaten.

58. Kennzeichnung der Profilkurve durch mittlere Höhe und Wellenlänge.

Für bearbeitete Flächen mit einigermaßen regelmäßigem Arbeitsabschnitt läßt sich dessen Länge durch Mittelwertbildung (Auszählung der Riefen über einer bestimmten Länge), wie dies schon BAUER[2] vorgeschlagen hat, genügend genau bestimmen. Wie die Bilder auf unseren Tafeln zeigen, ist diese Größe für viele Fälle leicht erkennbar. Für geschliffene und geläppte Flächen allerdings

[1] SCHUMACHER: Diss. Stuttgart 1934, S. 15.
[2] BAUER: Masch.-Bau-Betrieb Bd. 14 (1935) S. 81.

kann man überhaupt nicht von einem ausgeprägten Arbeitsabschnitt sprechen. Bei den ersteren Flächen aber ist es anschaulich, wenn man die mittlere Höhe $\bar{h}$ als Funktion des Arbeitsabschnittes (Vorschubs) aufträgt. Auf diese Weise wird jede Fläche charakterisiert durch einen Punkt in der Ebene oder auch durch einen Vektor, der durch diesen Punkt bestimmt ist.

Abb. 123/1 und 123/2 zeigen das Ergebnis zahlreicher Messungen von Drehproben in dieser Darstellung. Man sieht aus diesen Bildern, daß keine eindeutige Gesetzmäßigkeit zwischen Rauhigkeit und Vorschub im praktischen Betrieb besteht. Die Meßpunkte für verschiedene Bearbeitungsarten liegen in einem gewissen zweidimensionalen Bereich der Mannigfaltigkeit Vorschub —

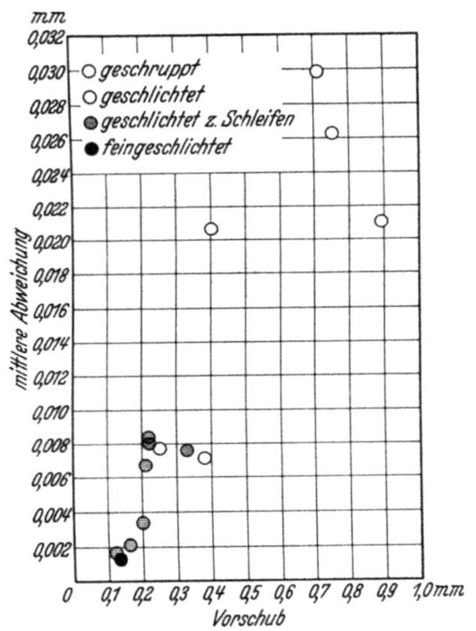

Abb. 123/1. Meßergebnisse an *gedrehten* Flächen. (Mittlere Höhe $\bar{h}$ über der mittleren Geraden.)

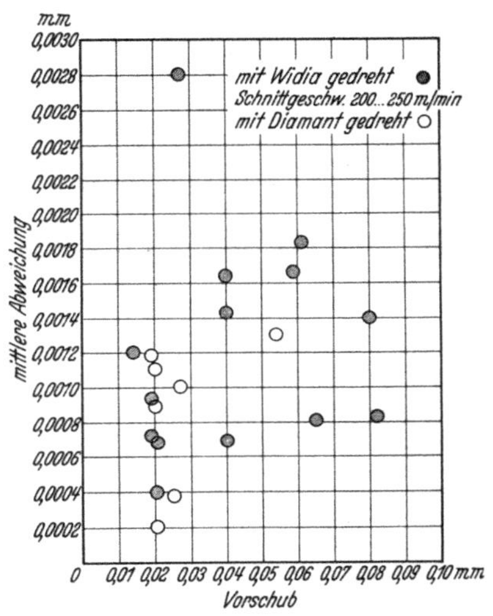

Abb. 123/2. Meßergebnisse an *feinstgedrehten* Flächen. (Mittlere Höhe $\bar{h}$ über der mittleren Geraden.)

mittlere Höhe $\bar{h}$. Ihr Zusammenhang ist also nicht durch eine eindeutige Funktion zwischen diesen zwei Größen auszudrücken. Man kann nur etwa allgemein sagen, daß die rauhere Fläche auch mit dem größeren Vorschub bearbeitet worden ist, was selbstverständlich ist. Das kann auch gar nicht anders sein, denn wir werden (S. 127) sehen, daß die Rauhigkeit in der Vorschubrichtung im quadratischen Verhältnis mit dem Vorschub wächst und umgekehrt mit dem Radius der Schneide. Der Betriebsmann hat aber seither die Schneidenradien keineswegs systematisch dem Vorschub angepaßt. Erst wenn dies der Fall wäre, könnten unsere Schaubilder, die von Proben aus den verschiedensten Werkstätten gewonnen sind, eine klare Gesetzmäßigkeit zum Ausdruck bringen. Dabei ist aber immer noch unberücksichtigt geblieben, daß die vielfältigen Einflüsse der Materialeigentümlichkeiten und sonstigen Schneidenbedingungen noch eine nahezu unübersehbare Rolle spielen. Daraus ergibt sich, daß der Vorschlag von Bauer, zur Kennzeichnung der Rauhigkeit von Flächen, die mit Meißeln bearbeitet sind, den Rillenabstand allein zu verwenden, nicht ausreicht.

59. Vorschlag zur Kennzeichnung der Profilkurve aus mittlerer Höhe, Völligkeitsgrad oder Formfaktor und Wellenlänge.

Zusammenfassend läßt sich also folgendes sagen:

Die in erster Linie für die Kennzeichnung der Profilkurve brauchbaren Zahlen sind die maximale Höhe H, die mittlere Höhe (und zwar entweder von der Grundlinie oder der mittleren Geraden ausgehend), die Länge des Arbeitsabschnittes (Wellenlänge) und der Formfaktor oder Völligkeitsgrad. Man wird, je nach der Fragestellung, die man behandeln will, auch zwei von diesen Größen allein verwenden können. *Die mittlere Höhe ist unter allen Umständen die entscheidende Größe.* Die Wellenlänge halte ich für weniger wichtig, den Völligkeitsgrad wegen seines Einflusses auf die Abnutzungsverhältnisse dagegen für wichtiger.

In meinem vorläufigen Vorschlag *für die Normung der Flächen sind die maximale Höhe H, ausgehend von der Grundlinie, und der Völligkeitsgrad verwendet.*

6. Zur Technologie bearbeiteter Metallflächen.

61. Die Oberflächen bei der spanabhebenden Verformung. Faktoren, die sie bestimmen.

Nach der Betrachtung der praktischen Ergebnisse, die wir bei der Untersuchung bearbeiteter Flächen erzielt haben, wollen wir versuchen, *die erhaltenen Formen auf Grund der Vorgänge bei der Bearbeitung zu verstehen.* Wir betrachten zunächst die zerspanende Formgebung.

Die Mikrogeometrie einer durch zerspanende Verformung hergestellten Oberfläche hängt weitgehend von dem Gefüge des Werkstoffes[1] und den Umständen bei der Bearbeitung[2] ab. Solche Einflüsse sind z. B. der Anstellwinkel und die Form[3] der Schneide und deren Oberflächenzustand[4], deren Veränderungen durch Abnutzung, fernerhin in nicht unwesentlichem Grade

---

[1] JUNG, A.: AWF-Mitt. Bd. 16 (1934) Heft 7 S. 53 (sehr gute Übersicht). SCHILKEN, W.: Mitt. Forsch.-Anst. Gutehoffnungshütte Bd.1 (1931) Heft 4 S. 92. WALLICHS u. KREKELER: Forsch.-Inst. Kraftfahrwesen. Ber. Nr. 2 (Stahlguß). WALLICHS u. DABRINGHAUS: Zerspanbarkeit des Gußeisens. Ber. Lab. Werkzeugmasch. T. H. Aachen 1930. WALLICHS u. OPITZ: Daselbst. Ber. Nr. 20 (Automatenstahl).

[2] ROSENHAIN, W. und A. C. STURNEY: Proc. Instn. mech. Engr. Bd. 1 (1925) S. 141. KLOPSTOCK, H.: Berichte des Versuchsfeldes für Werkzeugmaschinen. T. H. Berlin, Heft 8. Berlin 1926. RAPATZ, F.: Arch. Eisenhüttenwes. Bd. 3 (1930) S. 717. [Auszug: Stahl u. Eisen Bd. 50 (1930) S. 806.] SCHWERD, F.: Stahl u. Eisen Bd. 51 (1932) S. 481. Z. VDI Bd. 76 (1932) S. 1257. WALLICHS u. OPITZ: Z. VDI Bd. 77 (1933) S. 925. SCHALLBROCH: Z. VDI Bd. 77 (1933) S. 966. WALLICHS: Masch.-Bau Bd. 13 (1934) S. 548. v. ZEERLEDER: Aluminium Bd. 17 (1935) S. 245. REICHEL: Masch.-Bau Bd. 14 (1935) S. 679. LEYENSETTER: Z. VDI Bd. 77 (1933) S. 1377. Überblick über das Schrifttum bis 1933: Masch.-Bau-Betrieb Bd. 12 (1933) S. 218. Vgl. auch BRÖDNER: Zerspanung und Werkstoff. Berlin 1934. BOSTON: A Bibliography an the cutting of metals. Ann. Arbor. Mich. USA. 1935.

[3] ROSENHAIN, W. u. A. C. STURNEY: a. a. O. LEYENSETTER, W.: Masch.-Bau Bd. 11 (1932) S. 257. WALLICHS, A. u. A. DABRINGHAUS: Gießerei Bd. 49 (1930) S. 1169; Bd. 50 (1930) S. 1197. GOTTWEIN, K.: Berichte über betriebswissenschaftliche Arbeiten, Bd. 3. Berlin 1930. Kühlen und Schmieren bei der Metallbearbeitung. Berlin 1928. REICHEL, W.: Werkzeugmasch. Bd. 36 (1933) S. 61; Masch.-Bau Betrieb Bd. 12 (1933) S. 61.

[4] Vgl. Hartmetallwerkzeuge, Behandlung und Verwendung. AWF-Schrift 258. Berlin 1934.

die Schnittgeschwindigkeit[1], die Temperatur an der Schneide[2], die Kühlung und Schmierung des Spanes und der Schneide durch Flüssigkeiten[3], die Eigenschaften der Arbeitsmaschinen, insbesondere ihre statische Verformung und ihre Schwingungen während des Bearbeitungsvorganges[4], schließlich auch Verformungen des Werkstückes usw.

62. Quer- und Längsrauhigkeit.

Die einfache Anschauung einer durch Drehen, Hobeln, Fräsen, Schleifen usw. bearbeiteten Fläche (Abb. 125/1) zeigt, daß eine Unterscheidung getroffen werden muß zwischen:

1. Der Rauhigkeit in der Vorschubrichtung $V_1 - V_2$ (Querrauhigkeit). Diese kann annähernd aus der Geometrie des Meißels und seiner Bewegung abgeleitet werden und wird erst in zweiter Linie von den Verformungsvorgängen bei der Zerspanung bestimmt.

2. Der Rauhigkeit in der Schnittrichtung $S - S'$ (Längsrauhigkeit). Diese hängt im wesentlichen von dem Vorgang bei der Zerspanung ab. Erst

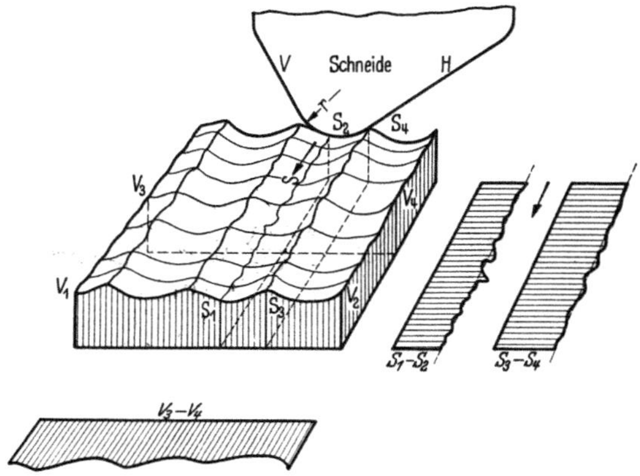

Abb. 125/1. Querrauhigkeit und Längsrauhigkeit einer mit Meißeln bearbeiteten Fläche.

[1] AWF 258 Hartmetallwerkzeuge. Berlin 1934. Wallichs, A. u. H. Opitz: Masch.-Bau Bd. 12 (1933) S. 303; Bd. 11 (1932) S. 503. Leyensetter, W.: Z. VDI Bd. 52 (1932) S. 1376. Fehse, A.: Loewe-Notizen Bd. 17 (1932) S. 34. Vgl. auch AWF-Mitt. Bd. 15 (1933) Nr. 12 S. 98 bzw. Bd. 16 (1934) Nr. 5 S. 37 und Masch.-Bau Bd. 13 (1934) S. 558. Reichel, W.: Techn. Kurzber. Z. wirtschaftl. Fertigg. Okt. 1932, H. 10, Hauptgruppe III, Metallbearbeitung. Z. wirtschaftl. Fertigg. 1932 Heft 10/11. Festschrift Techn. Hochsch. Breslau 1935 S. 355. Schumacher, H.: Die Rauhigkeit von Oberflächen (Diss. Stuttgart 1934). Vgl. auch Schumacher: Masch.-Bau Bd. 14 (1935) S. 379.

[2] Herbert, E. G.: Amer. Mach., Lond. Bd. 27 (1926) 3, 3, 4, 10/4. Engineering Bd. 121 (1926) S. 213. Vgl. auch H. Klopstock: Werkst.-Techn. Bd. 26 (1926) S. 663. Gottwein, K.: Masch.-Bau Bd. 4 (1925) S. 1129; Bd. 5 (1926) S. 505; Zerspanung, Sonderheft Masch.-Bau 1926 S 26. Berichte über betriebswiss. Arbeiten, Heft 3. Berlin 1930. Schwerd, F.: Z. VDI Bd. 77 (1933) S. 211. Crisan: Werkzeug Bd. 7 (1931) S. 133. Reichel: Masch.-Bau Bd. 11 (1932) S. 473. Gottwein, K. u. W. Reichel: „Werkzeugmaschinen für spangebende Formung" in Dubbel: Taschenbuch für den Maschinenbau, Bd. II, 6. Aufl., S. 616. Berlin 1935. Reichel, W.: Masch.-Bau-Betrieb Bd. 15 (1936) S. 187, 495. Festschrift Techn. Hochsch. Breslau 1935.

[3] Frank, R.: Diss. Aachen 1933. Reichel, W.: Werkzeugmasch. 1932 Heft 22, Bd. 36 S. 411. Masch.-Bau Betrieb Bd. 12 (1933) S. 61. Essen. Anz. 1932 Heft 15. Masch.-Bau Bd. 14 (1935) S. 679. Gottwein, K.: Kühlen und Schmieren bei der Metallbearbeitung. Berlin 1928. Masch.-Bau-Betrieb Bd. 6 (1927) S. 221. Bericht über betriebswissenschaftliche Arbeiten, Bd. 3. Berlin 1930.

[4] Büttner, C.: Masch.-Bau Bd. 12 (1933) Heft 12 S. 291. Qualitätssteigerung im Werkzeugmaschinenbau. Berlin 1933. Klopstock, H.: Bericht des Versuchsfeldes für Werkzeugmaschinen. T. H. Berlin 1926 Heft 8 S. 14f. Reichel, W.: Masch.-Bau Bd. 10 (1931) S. 265. Krug: Masch.-Bau Bd. 10 (1931) S. 505. Schlesinger: Z. VDI Bd. 73 (1929) S. 1565. Vgl. auch Taylor-Wallichs: Dreharbeit und Werkzeugstähle. Berlin 1920. Eisele: Masch.-Bau 1935 S. 133. Karpinski: Masch.-Bau Bd. 14 (1935) S. 139.

in zweiter Linie wird sie beeinflußt durch elastische Verformungen des Werkzeugs, des Werkstücks und der Maschine. Auch in den einfacheren Fällen ist sie schwer zu übersehen und einer eindringenden mathematischen Behandlung heute noch nicht zugänglich.

621. Die Rauhigkeit in der Vorschubrichtung (Querrauhigkeit).

6211. Geometrie der Rillenform als erster Einfluß auf die Querrauhigkeit. Man übersieht leicht (Abb. 126/1), daß die Profilkurve in der Vorschubrichtung entsteht durch die Spur, die die vordere Seite V und die hintere Seite H der Schneide (Haupt- und Nebenschneide) auf dem Werkstück hinterlassen. Hierüber hat KLOPSTOCK[1] schon eingehende Betrachtungen angestellt, ebenso SIMON[2]. Besonders der erstere hat die mathematischen Zusammenhänge zwischen der Fläche des bei dem Schnitt stehenbleibenden Materials *(Restquerschnitt)*, der Schneidenform und der Vorschubgröße[3] entwickelt.

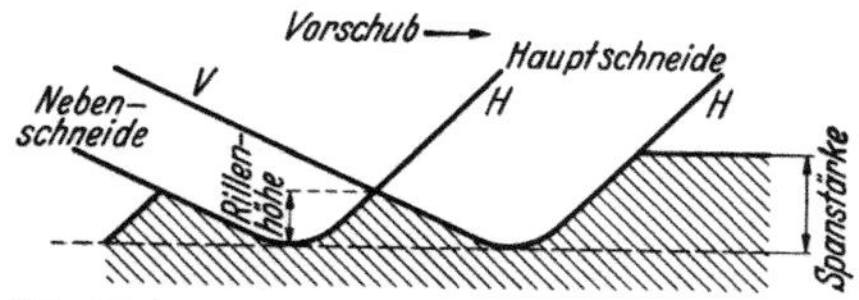

Abb. 126/1. Das theoretische Oberflächenprofil als Spur der Haupt- und Nebenschneide des Schneidstahles.

Im übrigen sind komplizierte mathematische Entwicklungen bei der Errechnung des sogenannten Restquerschnittes und der Rillenform unangebracht. Denn die Form der Rille bei der Bearbeitung mit Stählen ist zwar grundsätzlich von der Form des Werkzeuges abhängig, aber noch von sehr vielen anderen Zufälligkeiten, so daß *ein theoretisch genau ermitteltes Profil nur eine Annäherung an die wirkliche Form darstellt.* Am einfachsten übersieht man die Zusammenhänge für den Fall einer symmetrisch abgerundeten Schneide. Auch für die üblichen Dreh- und Hobelstähle mit geraden Flanken und abgerundeter Spitze lassen sie sich im allgemeinen ebenso betrachten, da in der großen Mehrzahl der Fälle die geradlinigen Teile der Schneiden die Rillenform nicht mehr wesentlich beeinflussen. Man kann die Rundung der Schneide kurzerhand als *Parabel* behandeln und zweckmäßig nicht als Kreisbogen. Hierdurch werden die Rechnungen außerordentlich einfach und übersichtlich. Die Abweichungen zwischen Kreisbogen und Parabel sind bei kleineren Zentriwinkeln praktisch belanglos. Man sieht dies leicht, wenn man die Parabel in Polarkoordinaten darstellt. Es ergibt sich dann bei zahlenmäßiger Auswertung, daß z. B. bei einem Zentriwinkel von 20° der Parabelbogen erst um 1,5% vom Kreisbogen abweicht.

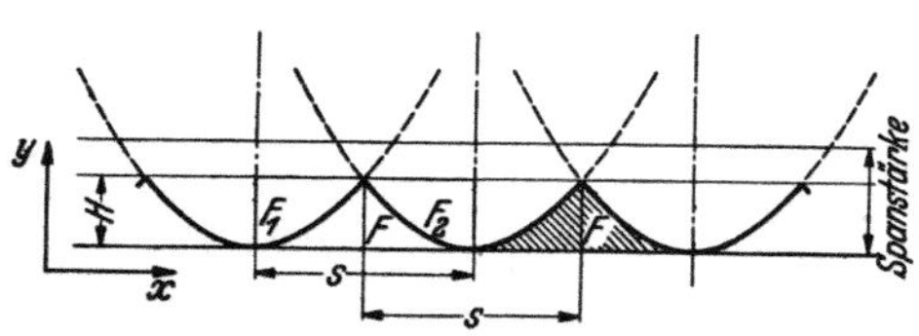

Abb. 126/2. Darstellung der Profilkurve aus Parabelbögen.

In Abb. 126/2 ist die parabolische (kreisförmige) Schneide in zwei Stellungen gezeichnet, die um die Vorschubgröße s gegeneinander versetzt sind. Der

[1] KLOPSTOCK, H.: Berichte des Versuchsfeldes für Werkzeugmaschinen aus der Technischen Hochschule Berlin, H. 8. Berlin 1926.

[2] SIMON, E.: Werkst.-Techn. Bd. 23 (1929) S. 357.

[3] SCHUMACHER hat dann (Diss. Stuttgart 1934) ähnliche Betrachtungen angestellt, jedoch ohne diese seine Vorgänger zu nennen.

stehengebliebene Werkstoff (in der Abbildung schraffiert) ist *unabhängig* von der Spanstärke. Die schraffierte Fläche F ist der *Restquerschnitt*. Dieser ist von Bedeutung bei der Untersuchung der *Abnutzung* bearbeiteter Oberflächen. Er bestimmt auch die Menge des Materials, welches bei einem dem Drehen nachfolgenden *Schleifprozeß* abgetragen werden muß.

Der Restquerschnitt F ergibt sich als Differenz der beiden halben Parabelflächen F_1 und F_2 von der Fläche sH

$$F = sH - (F_1 + F_2). \qquad \text{(Gl. 127/1)}$$

Die Parabelfläche ist bekanntlich

$$F_1 = F_2 = \frac{2}{3}\, xy, \qquad \text{(Gl. 127/2)}$$

wenn der Nullpunkt des Koordinatensystems im Scheitel gelegen ist. Also mit $\frac{s}{2} = y$ und $H = x$

$$F = sH - \frac{4}{3}\,\frac{s}{2} \cdot H = \frac{1}{3}\, sH. \qquad \text{(Gl. 127/3)}$$

Dabei wird die auf die Grundlinie bezogene mittlere Höhe

$$h_m = \frac{F}{s} = \frac{1}{3}\, H. \qquad \text{(Gl. 127/4)}$$

Der Zusammenhang zwischen maximaler Höhe H, Vorschub s und Schneidenradius R ist folgender:

Parabelgleichung:

$$y^2 = 2\, px$$

$$\frac{s}{2} = \sqrt{2\, pH} \quad \text{oder}$$

$$s = \sqrt{8\, pH}, \qquad \text{(Gl. 127/5)}$$

wo $p = R$ die Krümmung im Scheitel.

$$H = \frac{s^2}{8\, R} \qquad \text{(Gl. 127/6)}$$

daraus mit Gleichung 127/4

$$h_m = \frac{1}{24}\,\frac{s^2}{R}. \qquad \text{(Gl. 127/7)}$$

Aus Gleichung 127/3 mit 127/6 findet sich

$$F = \frac{1}{3}\,\frac{s^3}{8R} = \frac{1}{24}\,\frac{s^3}{R} = s \cdot h_m. \qquad \text{(Gl. 127/8)}$$

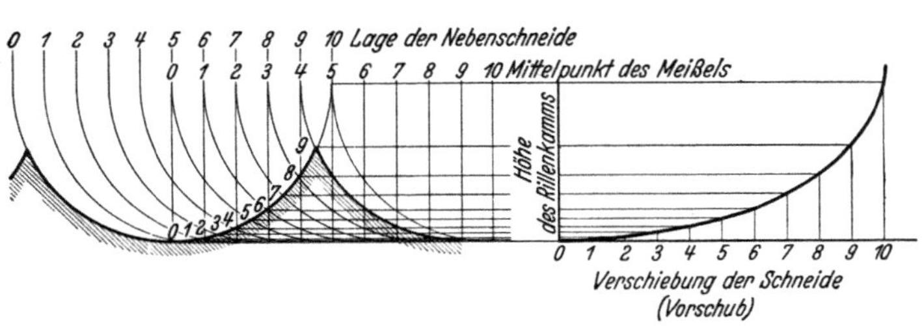

Abb. 127/1. Die quadratische Beziehung zwischen Vorschub und Höhe des Rillenkammes bei einer kreisförmigen Schneide.

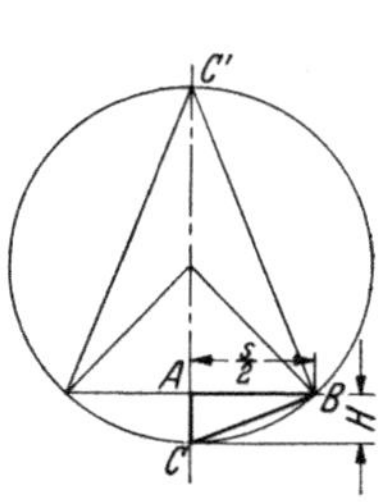

Abb. 127/2. Zur Geometrie des kreisförmigen Rillenkammes.

Abb. 127/1 gibt ein einfaches Bild von dem geometrischen Zusammenhang zwischen Vorschub und Höhe des Rillenkammes. Gleichung 127/6 läßt sich auch (Abb. 127/2) für den *Kreisbogen* leicht übersehen, wenn man (was bei diesen flachen Bögen immer zulässig ist), die Sehnenhöhe gegenüber dem Abrundungsdurchmesser vernachlässigt. Es wird dann:

$$\frac{AB}{AC} = \frac{AC'}{AB} \quad \text{und} \quad \frac{s}{2H} \cong \frac{4R}{s}$$

$$s \cong \sqrt{8\,RH}. \qquad \text{(Gl. 128/1)}^{1}$$

Aus den obigen Entwicklungen (Gleichung 127/1—127/8) ersieht man:

1. Die größte *Höhe* (Tiefe) des Rillenkammes H *wächst mit dem Quadrat des Vorschubs*[2] und *umgekehrt mit dem Schneidenradius. Sie ist unabhängig von der Spanstärke.*

2. *Die mittlere Höhe* h_m (von der Grundfläche aus gerechnet), *ist* $^1/_3$ *der größten Höhe* H. Sie wächst ebenfalls mit dem Quadrat des Vorschubs und im umgekehrten Verhältnis zum Radius der Schneide.

3. *Will man bei wachsendem Vorschub die maximale Höhe* H *oder die mittlere Höhe* h_m, also die *Rauhigkeit der Fläche, konstant halten, so muß das Verhältnis* $\frac{s^2}{R}$ *konstant bleiben*, d. h. *man muß den Radius der Schneide im Quadrat mit dem Vorschub wachsen lassen.* Im praktischen Betrieb ist dies nur bedingt möglich.

4. Die *Fläche des Rillenkammes oder der Restquerschnitt wächst mit der dritten Potenz des Vorschubs und ist dem Schneidenradius umgekehrt proportional.* Sie ist unabhängig von der Spanstärke. Diese Feststellung ist z. B. wichtig für die zweckmäßige Wahl der Verhältnisse beim Vordrehen zum Schleifen.

Es schien mir wichtig, diese einfachen Zusammenhänge für den abgerundeten Dreh- und Hobelstahl hier nochmals in knapper Form auszusprechen, da sie vielfach durch komplizierte Rechnungen unübersichtlich gemacht worden sind. Das, was den Konstrukteur und den Betriebsmann an dieser Frage interessiert, glaube ich, ist in den obigen vier Festsetzungen enthalten.

6212. Verformungsvorgänge als zweiter Einfluß auf die Querrauhigkeit. Die seitherigen Betrachtungen haben sich nur mit der theoretischen Form der Bearbeitungsriefen quer zur Schnittrichtung beschäftigt, wie sie sich aus der Geometrie der bewegten Schneide ergeben. Der Vergleich der aus der Bewegung runder Schneiden zu erwartenden Profilkurven mit denjenigen, die auf den Tafeln dieser Arbeit dargestellt sind, zeigt, daß neben dem Einfluß des Meißelprofils noch völlig andere vorhanden sind. Schon bei dem einfachen Vorgang des Ziehens einer rechteckigen Furche mit einem Stahl, wie er bei der Herstellung von Maßstabstrichen vorkommt (Tafel 4/6), sieht man, daß am Rande der Furche sich das Material aufwölbt und anstaucht[3]. Ähnliches geschieht auch an dem abgerundeten Meißel beim Drehen und Hobeln. Im übrigen ist zu beachten, daß der Werkstoff keineswegs gleichförmig ist und infolgedessen vielfach einzelne Kristalle oder sonst zusammenhängende Körner herausgerissen, andere nur losgerissen, verformt und

---

[1] Es sei nochmals darauf hingewiesen, daß diese Gleichungen nur für flache Segmente bzw. kleine Zentriwinkel genügend genau sind. Für einen Zentriwinkel von 180° mit $H = R$ wird nach Gleichung (128/1) $s = \sqrt{8R^2}$
$= 2{,}8\,R$ anstatt, wie es sein müßte, $s = 2\,R$.

[2] SCHUMACHER behauptet (RKW-Nachr. 1935 S. 58), die Riefenhöhe nähme quadratisch mit dem Vorschub *ab*. Das ist falsch, das Umgekehrte ist richtig.

[3] Vgl. RÄMSCH: Diss. Dresden 1936.

wieder zusammengestaucht werden. Alle diese Umstände beeinflussen die tatsächlich entstehende Rillenform.

Hinzu kommen dann die Unregelmäßigkeiten in der *Führung des Werkzeuges* durch die Maschine. Die feinen, weder durch die Gestalt der Schneide noch die Verformungserscheinungen des Werkstoffs erklärbaren Unregelmäßigkeiten der Kurve, besonders bei feinstgedrehten Werkstücken (vgl. Tafel 10, 11), hängen wohl in erster Linie mit *unregelmäßigen Bewegungen der Bearbeitungsmaschinen* zusammen, die wir früher schon erwähnt haben. In diesem Zusammenhang wird meist bei Drehbänken nur an die Lagerung der Spindel gedacht, während die Bewegung des Werkzeugschlittens eine mindestens ebensogroße Rolle spielt[1]. Es ist jedem Praktiker bekannt, wie außerordentlich sich die Güte einer gedrehten Oberfläche verbessern läßt, wenn durch Nachstellen der Leisten am Bettschlitten, sorgfältiges neues Eintuschieren oder Einschleifen, die feinsten Zitterbewegungen aus dem Schlitten entfernt worden sind. Die zahlreichen Aufnahmen der Querrauhigkeit auf den Bildtafeln zeigen, wie die wirklichen Profile bei verschiedenen Bearbeitungen aussehen.

622. Die Rauhigkeit in der Schnittrichtung (Längsrauhigkeit).

Wir kommen nunmehr zu der Betrachtung der Rauhigkeit in der Schnittrichtung. Man hat seither, wenn man von der Rauhigkeit bearbeiteter Flächen sprach, meist nur diejenige in der Vorschubrichtung im Auge gehabt, wohl weil sie bequemer zu untersuchen war. Die in der Schnittrichtung ist aber mindestens ebenso wichtig und viel schwieriger zu verstehen. Hier sollte man aus den rein geometrischen Verhältnissen nichts anderes als gerade oder kreisbogenförmige Profilformen erwarten, die der theoretischen Spur des Meißels entsprechen. Daß dies nicht der Fall ist, hängt mit den höchst verwickelten Vorgängen bei der Spanentstehung zusammen.

Es ist versucht worden, die bei der spanabhebenden Verformung in der Schnittrichtung entstehenden *Formen* nach *Typen* zu unterscheiden[2], nämlich dachziegelförmige, schuppenförmige, blättchenförmige usw. Die Abbildungen zeigen derartige Profile. Mit einer solchen Gliederung der Oberflächengestalt nach verschiedenen Typen ist jedoch nur wenig gewonnen, solange man sie nicht aus den Bedingungen ihrer Entstehung heraus begreift. Dazu aber ist es *notwendig, auf den spanabhebenden Vorgang selbst, und zwar bis in seine Mikrogeometrie zurückzugehen.*

6221. Zusammenhang der Profilkurve mit dem Vorgang bei der Spanentstehung. Typische Spanformen. Aufbauschneide. Forschungen von Schwerd. Eine der grundlegenden Arbeiten in dieser Richtung ist die von Rosenhain und Sturney[3]. Weitere Untersuchungen, die sich alle mehr oder weniger mit dem Bildungsprozeß der Späne vor der Schneide beschäftigen, sind später in großem Umfange gemacht worden, und zwar zum großen Teil von deutschen Forschern[4]. Einen

---

[1] Vgl. Büttner: a. a. O. S. 19f. — [2] Schimz: Stahl u. Eisen Bd. 51 S. 1402.

[3] Rosenhain, W. and A. C. Sturney: Proc. Instn. mech. Engr. Bd. 1 (1925) S. 141; Engineering Bd. 119 (1925) S. 151f.

[4] Klopstock, H.: Z. VDI 69 (1925) S. 215. Berichte des Versuchsfeldes für Werkzeugmaschinen an der Technischen Hochschule Berlin, Heft 8. Berlin 1926. Kurrein, M.: Werkst.-Techn. Bd. 21 (1927) S. 612 (theoretische Arbeit). Patkay, St: Werkst.-Techn. Bd. 22 (1928) S. 679, Bd. 23 (1929) S. 3, 35. Herbert, E. G.: Inst. mech. Engr., Lond. 1928 S. 775. Okoshi, M.: Sci. Pap. Inst. physic. chem. Res., Tokyo Bd. 12 (1929/30) S. 167, Bd. 14 (1930) S. 193. Simon, E.: Werkst.-Techn. Bd. 23 (1929) S. 356. Rapatz, F.:

entscheidenden Fortschritt mit völlig neuen Verfahren brachte aber erst die Forschungsarbeit von SCHWERD[1]. Diese hat uns wohl den bis jetzt tiefsten Einblick in die Elementarvorgänge der Zerspanung verschafft.

Die Profilkurven des Werkstücks in der Schnittrichtung zeigen folgende Eigentümlichkeiten: Die Grenzlinie des Werkstoffs entspricht nur annähernd der theoretischen Spur des Werkzeugs. In vielen Fällen weicht sie erheblich von ihr ab. *Bei spröden Stoffen,* z. B. Gußeisen, Hartguß, harten Bronzen oder Leichtmetallegierungen, findet man stumpfwinklige, rauhe Einbrüche in den Werkstoff mit rauhen Profillinien, die aneinanderschließen, manchmal auch durch glattere Stellen unterbrochen sind. Es erweist sich bei näherer Betrachtung, daß diese Einbrüche vielfach den Grenzen größerer Kristallkörner oder Kristallkonglomerate entsprechen. Bei anderen derartigen Stoffen finden sich auch muschelförmige Ausbrechungen dieser Art. Bei *zähen Stoffen* findet man bei geringen Geschwindigkeiten (Abb. 130/1) in regelmäßigen Abständen nach außen erweiterte, keilförmig in die Oberfläche

Abb. 130/1. Bearbeitete Oberfläche. $t = 0{,}66$ mm; $v =$ kurz vor dem Stillstand, etwa 2 m/min.

Abb. 130/2. Bearbeitete Oberfläche St. 42.11. $v = 25$ m/min; $t = 0{,}33$ mm/Uml.; $b = 2{,}5$ mm. Vergr. 10×.

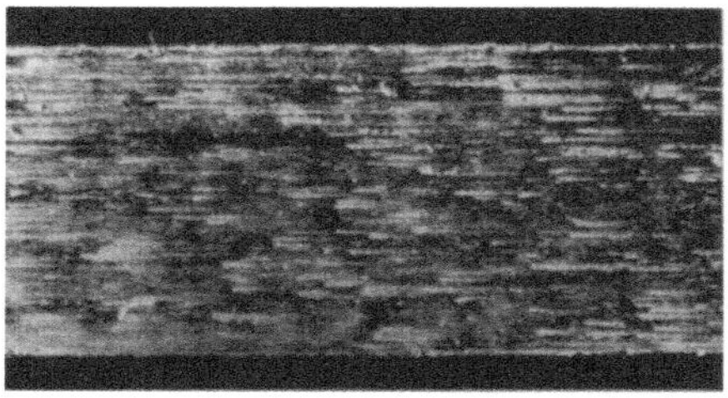

Abb. 130/3. Bearbeitete Oberfläche St. 42.11. $v = 600$ min; $t = 0{,}33$ mm/Uml.; $b = 2{,}5$ mm. Vergr. 10×.

eindringende Spalten (in der englischen Literatur "gaps"). Bei höheren Geschwindigkeiten beginnen diese zu verschwinden (Abb. 130/2 und 130/3) und werden vielfach von den später noch zu schildernden Deckschuppen zugeschmiert.

Arch. Eisenhüttenwes. Bd. 3 (1929/30) S. 717. Auszug in Stahl u. Eisen Bd. 52 (1932) S. 1037. WALLICHS, A. u. H. Opitz: Arch. Eisenhüttenwes. Bd. 5 (1930/31) S. 251; Z. VDI Bd. 77 (1933) S. 924. — WALLICHS, A.: Berichte über betriebswissenschaftliche Arbeiten, Bd. 4, 1. Berlin 1930. REICHEL, W.: Technische Kurzberichte der Zeitschrift für wirtschaftliche Fertigung, Okt. 1932, H. 10, Hauptgruppe III, Metallbearbeitung. LEYENSETTER, W.: Masch.-Bau Bd. 11 (1932) S. 503. LEEUW, DE: Amer. Mach., Lond. Bd. 55 (1921) S. 222. ERNST and MARTELLOTTI: Mech. Engng. Bd. 57 (1935) S. 487. Weitere Literatur vgl. KRONENBERG: Grundzüge der Zerspanungslehre, 1927. BRÖDNER, E.: Zerspanung und Werkstoff. Berlin 1934.

[1] SCHWERD, F.: Stahl u. Eisen Bd. 51 (1931) S. 481. Z. VDI Bd. 76 (1932) S. 1257. *Von den nachfolgenden Abbildungen verdanke ich Nr. 130/1, 130/2, 130/3, 132/1, 134/1, 134/2, 136/3, 137/1, 137/2, 138/1, 138/2, 139/1 der Freundlichkeit von Prof.* SCHWERD-Hannover. Vgl. CRANZ und SCHARDIN: Z. VDI Bd. 79 (1935) S. 1075 (Hochfrequenzkinematographie, dort weitere Literatur).

Mit steigender Schnittgeschwindigkeit gehen die Schnittflächen vielfach durch die Einzelkristalle hindurch. Es finden sich Profilkurven, die flach unterhalb der theoretischen Spur des Werkzeugs in das Material eindringen, um dann meist in einem scharfen Absatz auf die theoretisch zu erwartende Profilhöhe oder auch über sie sich zu erheben. Abb. 131/1 zeigt ein derartiges Profil in der Darstellung von ROSENHAIN und STURNEY[1]. Die

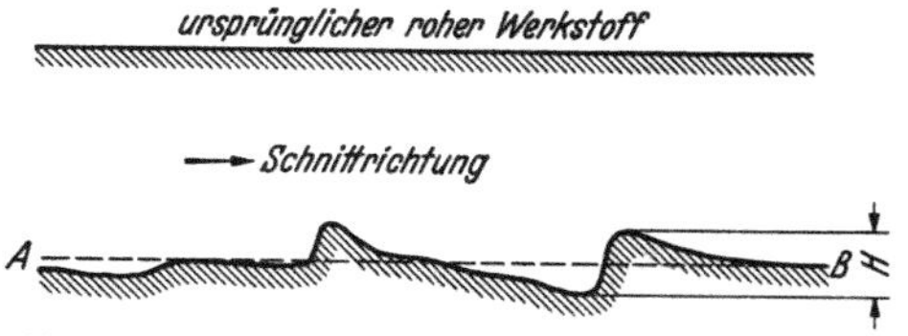

Abb. 131/1. Profilkurve von gedrehtem Stahl in der Schnittrichtung. (Nach ROSENHAIN und STURNEY.) $A-B$ mittlere Gerade.

← Bearbeitungsrichtung

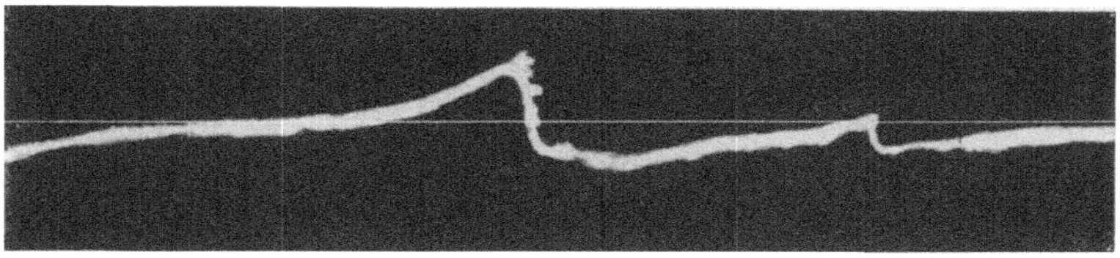

Abb. 131/2. Stahl gedreht, roh geschruppt, Vergr. 75×. Schnitt in der Bearbeitungsrichtung ←, Schuppenbildung.

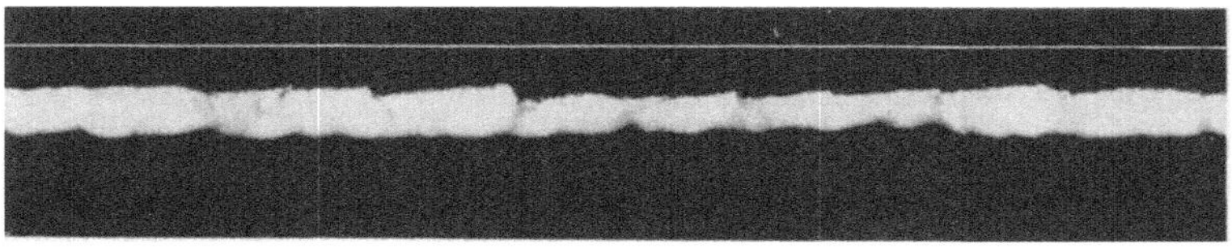

Abb. 131/3. Stahl plangedreht, Vergr. 82×. Schnitt in der Bearbeitungsrichtung ←.

Aufnahmen 131/2 und 131/3 zeigen Aufnahmen des Verfassers mit Hilfe des Lichtschnittverfahrens, die dem Typus des von ROSENHAIN und STURNEY angegebenen Profils durchaus entsprechen. Die auf diesen Bildern zu sehenden scharfen Absätze und die eben erwähnten sogenannten Deckschuppen hängen im wesentlichen mit der Entstehung der Aufbauschneide zusammen, die wir später eingehend betrachten. Abb. 131/4 zeigt die zu Abb. 131/3 gehörige Aufsichtsaufnahme der plangedrehten Fläche. Die Abb. 130/1 bis 130/3 zeigen die seit langem bekannte Tatsache, daß die *Beschaffenheit der Oberflächen sich mit der Schnittgeschwindigkeit sehr erheblich ändert,* und zwar wird sie bei hohen Geschwindigkeiten durchweg glatter[2]. Die Angabe, daß sie bei einer bestimmten Schnittgeschwindigkeit einen Bestwert erreicht, um dann wieder schlechter zu werden (WHITACKER-Ring), dürfte auf einem Irrtum beruhen.

Abb. 131/4. Stahl plangedreht, Vergr. 23×. Aufsicht, dieselbe Probe wie Abb. 131/3.

[1] a. a. O. F.N. 129/3.

[2] RAPATZ, LEYENSETTER, SCHWERD, WALLICHS u. OPITZ: a. a. O. u. a.

Wenn man die auf diesen Bildern und bei den Aufnahmen mit dem Lichtschnittverfahren in Erscheinung tretenden Gebilde, die wie Schuppen aussehen, nach dem Querschliffverfahren untersucht, so sieht man, daß es sich meist um überhängende *sägezahnartige oder zipfelartige Gebilde* handelt, die aus Werkstoff bestehen, der sein Gefüge deutlich verändert hat (Abb. 132/1). An diesem Schliffbild ist besonders bemerkenswert, daß die Gefügekörner bis auf dünnste *lamellare Schichten durch Gleitung* (Translation) *verformt* und verbogen sind. Diese letztere Erscheinung, die auch bei anderen Verformungsvorgängen beobachtet wird, pflegt man als *Biegegleitung* zu bezeichnen[1] (vgl. Abb. 132/2). Wir werden später feststellen, daß *diese Gebilde Teile des sogenannten Schneidenansatzes oder der Aufbauschneide* sind, die teils an der Schneidbrust, teils am Rücken der Schneide in zwei getrennten Bruchstücken von der Schneidkante abwandern.

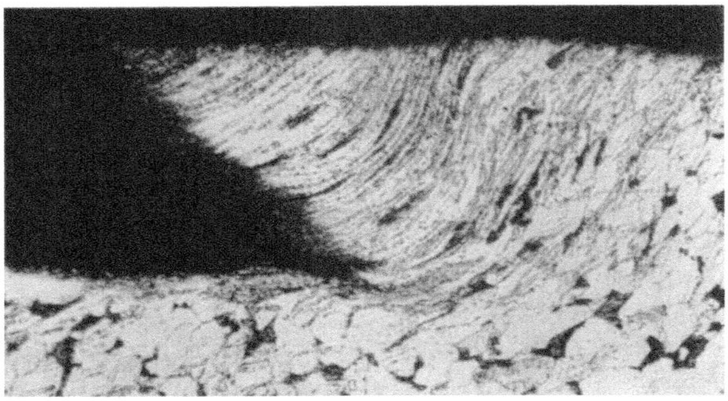

Abb. 132/1. Deckschuppe oder Zipfel, St. 42.11. $v = 10$ m/min; $t = 0{,}33$ mm/Uml. Vergr. 55×.

Wichtig für die Beurteilung der Entstehung dieser Gebilde ist, daß die Spitzen entgegen der Schnittrichtung liegen.

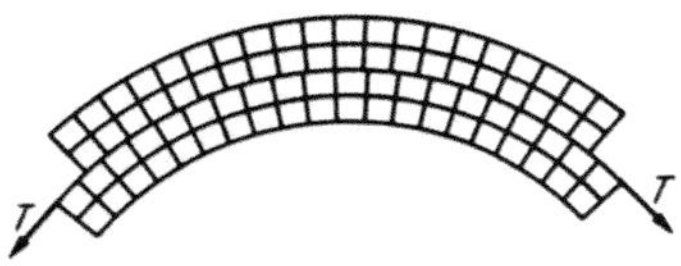

Abb. 132/2. Schema der Biegegleitung. (Nach POLANYI.)

Alle Erscheinungen, die wir hier im Auge haben, *hängen mit den Elementarvorgängen der Zerspanung* zusammen. *Nichts von ihnen kann verstanden werden, wenn man nicht auf die Verlagerung der einzelnen Gefügekörner und auf deren Formänderung selbst zurückgeht. Die elementare Verformung aber ist das Ursprüngliche des Vorgangs, von dem aus die äußeren Kräfte an der Schneide erst verständlich werden.* Man kann nur sehr angenähert, wie es früher[2] und gelegentlich auch neuerdings noch versucht wird, die Deformationen aus theoretisch angesetzten Kräften verstehen. *Der Weg zum Verständnis der äußeren Kräfte führt über die Vorgänge bei der Verformung.* Dies ergibt sich schon aus den Grundlagen der Elastizitätstheorie, denn bei gegebenen Deformationen findet man die Kraft durch Differentiation. Bei gegebenen Kräften ist aber die Deformation nur durch das viel schwierigere Problem der Lösung einer Differentialgleichung mit Berücksichtigung entsprechender Randbedingungen zu ermitteln.

---

[1] Vgl. SAUERWALD: Metallkunde, S. 66. Berlin 1929. SCHMID u. BOAS: Kristallplastizität, S. 295. Berlin 1935 (s. obige Abbildung). MÜGGE: Neues Jahrb. Min. Bd. 1 (1898) S. 155. POLANYI: Z. Kristallogr. Bd. 61 (1925) S. 49.

[2] FISCHER, H.: Die Werkzeugmaschine, Bd. I. Berlin 1905. LEEUW, DE: Metal cutting tools. Amer. Mach., Lond. Bd. 55 (1921) S. 222. REICHEL: Technische Kurzberichte der Zeitschrift für wirtschaftliche Fertigung, Okt. 1932 Heft 10.

Wenn man zunächst *in erster Annäherung den Werkstoff als Kontinuum* betrachtet, so gibt es bekanntlich eine ganze Anzahl von Ansätzen für die Bedingungen, unter denen der Bruch auftritt und damit naturgemäß auch für die Lage der Bruchgrenzen. Als solche werden z. B. gewählt die größte Zug- oder Druckspannung, die größte Dehnung, die größte Schubspannung und neuerdings der Ansatz der konstanten Formänderungsarbeit. Je mehr aber die Verformungen sich größenordnungsmäßig in dem Gebiet der Kristallite selbst abspielen, um so unsicherer wird die Vorstellung von der Kontinuität und Homogenität des Werkstoffes, die ja am Ende nur einen statistischen Sinn haben kann. Um so mehr nähern wir uns dann *Erscheinungen, die von den Verformungen im einzelnen Kristallit* (vgl. Abb. 132/1) *und dementsprechend von der mittleren Lagerung der kristallographischen Hauptachsen in dem Körper beeinflußt werden.* Im Kristallit selbst erfolgen die Verformungen bekanntlich nach Gleitebenen, deren kristallographische Achsen festliegen (vgl. unsere Erörterungen über spanlose Verformung, Abschnitt 63, S. 161f.).

Durch die vorstehenden Bemerkungen soll keineswegs irgendetwas Neues über die unseres Erachtens noch wesentlich ungeklärte Frage der Beziehung zwischen mikrogeometrischer Verformung und Kräften bei der Zerspanung beigebracht werden, sondern nur auf die Schwierigkeit des Problems hingewiesen und auf die *Unsicherheit, die allen in den Werkstoff hineingezeichneten Kräftepolygonen* bei der Betrachtung der uns hier beschäftigenden Vorgänge *beiwohnt.* Mangels eingehender theoretischer Kenntnis dieser Dinge werden wir uns auch im nachstehenden zunächst der Kontinuumsbetrachtung der Vorgänge im Werkstoff bei allem Vorbehalt bedienen müssen.

Im übrigen ist es wichtig, im Auge zu behalten, daß die Eigenschaften des Werkstoffs während des kurzen Vorgangs der Zerspanung keineswegs konstant sind, sondern sich sowohl mit der Temperatur[1] wie auch mit der Verformungsgeschwindigkeit[2] ändern. Außerdem bringt jede derart durchgreifende Verformung eine Verfestigung des Werkstoffs mit sich. *Aus allen diesen Gründen ist es notwendig, den Span bei seiner Bildung und unter betriebsmäßigen Geschwindigkeiten zu beobachten,* wenn man einen klaren Einblick in die Entstehung der Werkstückoberflächen bekommen will. Dies ist bei den älteren Versuchen der Engländer, insbesondere der ausgezeichneten Arbeit von Rosenhain und Sturney, schon versucht worden. Nur sind bei diesen die verwendeten Schnittgeschwindigkeiten so gering, daß sie über die Verhältnisse bei den heute verwendeten nichts Zuverlässiges mehr aussagen. Noch weniger aber können Stillstandaufnahmen für feinere Untersuchungen ausreichen.

Nach diesen vorbereitenden Erwägungen wenden wir uns den einzelnen typischen Formen der Späne und ihrer Bildungsgeschichte zu.

Rosenhain und Sturney, unterscheiden im wesentlichen drei Formen der Spanbildung, zwischen denen Übergänge bestehen. Sie alle beeinflussen die

---

[1] Werkstoffhandbuch Stahl u. Eisen. Düsseldorf 1935. E 1.

[2] Ludwik: Elem. d. techn. Mechanik 1909 S. 47. Cossebaum: Ann. Physique Bd. 34 (1911) S. 106. Seehase: Forsch.-Arb. Ing.-Wes. 1915 Heft 182. Meyer: Forsch.-Arb. Ing.-Wes. 1927 Heft 295 S. 627. Siebel u. Pomp: Mitt. Kais. Wilh.-Inst. Eisenforschg., Düsseld. Bd. 10 (1928) S. 637. Deutler: Physik. Z. Bd. 33 (1932) S. 247.

Gestalt der erzeugten Oberfläche, jede von ihnen in besonderer Weise. Diese Formen sind:

1. der Reißspan (tear type of chip),
2. der Scherspan (shear type),
3. der Fließspan (flow type).

Die nähere Betrachtung zeigt indes, daß es sich eigentlich nur bei dem Reißspan und dem Scherspan um zwei grundsätzlich verschiedene Typen handelt. *Der Scherspan und Fließspan beruhen hingegen im wesentlichen auf demselben mechanischen Vorgang.* Im übrigen gibt es zwischen jeder der genannten Gattungen Übergangszustände, die Merkmale des einen und des anderen gleichzeitig aufweisen. Gerade solche sind von ROSENHAIN und STURNEY und auch später noch von anderen Beobachtern vielfach festgestellt worden, so daß

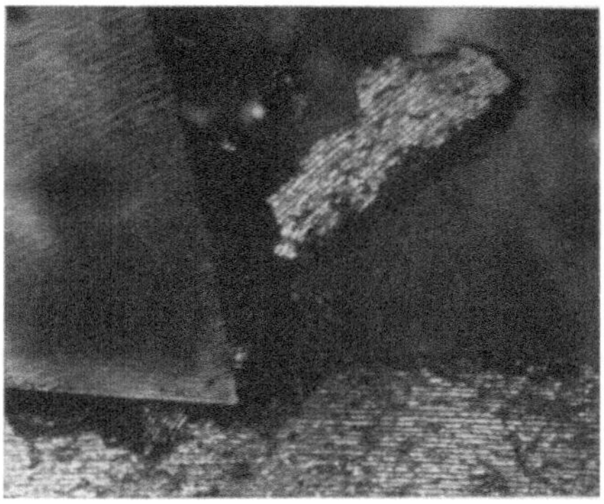

Abb. 134/1. Reißspan, Hartguß. $v = 25{,}4$ m/min; $t = 1{,}19$ mm/Uml.; $b = 3$ mm; $\gamma = 10°$. Vergr. 5×.

Abb. 134/2. Reißspan, Grauguß. $v = 50$ m/min; $t = 1{,}2-1{,}6$ mm/Uml.; $\gamma = 15°$. Vergr. 10×.

die Trennung der Typen nicht immer so deutlich zustande gekommen ist, wie es unter günstigen Verhältnissen hätte der Fall sein können.

Wir betrachten zunächst den *Reißspan* (Abb. 134/1 und 134/2). Dieser tritt in seiner kennzeichnenden Form nur *bei sprödem Material* auf (Messing in entsprechendem Zustand, Grauguß, Hartguß usw.). Er ist im wesentlichen verantwortlich für die erste oben geschilderte Gruppe rauher Oberflächen, bei denen es sich um Ausbrüche von Körnern oder Kornverbänden aus dem Werkstück handelt. Der Vorgang vor der Schneide besteht beim Reißspan darin, daß, wenn eine gewisse Grenze der *Normalspannungen* erreicht ist, das Material in unregelmäßigen Brocken beinahe explosionsartig vor der Schneide abbricht und ausreißt. Eine wesentliche plastische Verformung tritt bei dieser Art der Spanbildung nicht auf. Vielfach ist die Spannung in diesen Materialbrocken so groß, daß sie in einzelne kleine Elemente zerstäuben und mit hoher Geschwindigkeit von der Schneide weggeschleudert werden (Abb. 134/2).

Es ist gelegentlich versucht worden, auch für den Reißspan den Winkel zwischen der Schneidbrust und der Ebene, in der das Wegbrechen des Materials erfolgt, theoretisch zu bestimmen. Abgesehen von den oben (S. 132ff.) angedeuteten Bedenken gegenüber einer derartigen Betrachtungsweise dürften solche Berechnungen aber vor allem aus folgendem Grunde nur in einer entfernten Beziehung zu der Wirklichkeit stehen.

Bei den spröden Materialien, die für das Auftreten von Reißspänen charakteristisch sind, handelt es sich, wie die hier beigefügten Bilder zeigen, vielfach um ein *Wegbrechen entlang den Korngrenzen des Werkstoffs*, also in keineswegs vorauszusehenden Richtungen, während die meisten Betrachtungen der genannten Art von der Vorstellung homogenen und isotropen Materials ausgehen. Aus dem Obengeschilderten darf beim Reißspan im allgemeinen nicht erwartet werden, daß das Einreißen in der Schnittrichtung erfolgt. Sehr oft treten Einbrüche in den Werkstoff auf, die weit unter die Spur des Werkzeugs hineinragen. Bei geeigneten Grenzbedingungen, nicht zu großer Spanstärke, zweckmäßig gewählten Spanabgangswinkeln und Schnittgeschwindigkeiten, kann man es erreichen, daß annähernd die theoretisch gewünschte Profilkurve erreicht wird. Im allgemeinen ist die geschilderte Form der Spanbildung jedoch der Erzielung einer guten Oberfläche nicht günstig.

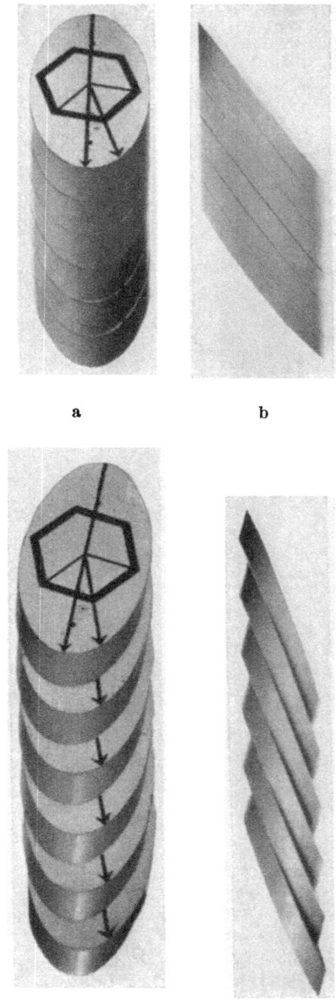

a b c d

Abb. 135/1 a—d. Schema der Gleitung (Translation). (Nach SCHMID und BOAS.) a und b Ausgangszustand, c und d nach der Dehnung.

Eine Gruppe für sich, die von dem Reißspan grundsätzlich verschieden ist, bilden der *Scherspan* und der *Fließspan*. Es ist falsch, den Scherspan, wie es vielfach geschieht, als Übergangserscheinung zwischen dem Reißspan und Fließspan zu betrachten. Man wird dem mechanischen Vorgang eher gerecht, wenn man zunächst den Fließspan betrachtet, der die einfachere Form von beiden darstellt und (SCHWERD) den *Scherspan als eine Abweichung oder Störungsform dieses. Beide Formen beruhen* im Gegensatz zum Reißspan *auf ausgesprochenen Gleitvorgängen*. Das Material gleitet in Ebenen, deren Winkel einigermaßen konstant ist, vor der Schneidbrust weg. *Beim reinen Fließspan handelt es sich um einen völlig kontinuierlichen Vorgang.* Die Abstände der Gleitebenen oder die Dicken der durch Gleitung entstehenden Lamellen sind außerordentlich klein, oft nur mikroskopisch festzustellen, so daß oft mehrere Gleitebenen auf ein einzelnes Gefügekorn kommen. Es handelt sich im Grenzfall offenbar um das *Urphänomen jeder Deformation kristallinischer Körper, nämlich reine Gleitung oder Translation in den Netzebenen.* Es ist nicht unwichtig, diesen Vorgang am Einkristall zum Vergleich heranzuziehen. Abb. 135/1 a—d zeigt das Modell einer derartigen Translation an einem Einkristall,

Abb. 136/1 die Gleitlinienbildung bei einem Zink-Einkristall, Abb. 136/2 solche an einem Zinn-Kristall nach MASING und POLANYI. Es sei ausdrücklich bemerkt, daß es bei diesen Schubvorgängen nicht notwendig ist, daß die äußere Kraft in der Richtung der Gleitlinien wirksam sei, sondern nur daß sie eine Komponente in dieser Richtung habe. Naturgemäß ist der Vorgang am Einkristall in seiner großen Einfachheit nur sehr annähernd vergleichbar mit den Vorgängen in den vielkristallinischen Haufwerken unserer Werkstoffe. Wie der Übergang von den Vorgängen beim Einkristall zum Vorgang im Haufwerk etwa verstanden werden muß, findet sich z. B. erörtert bei E. SCHMID und W. BOAS[1].

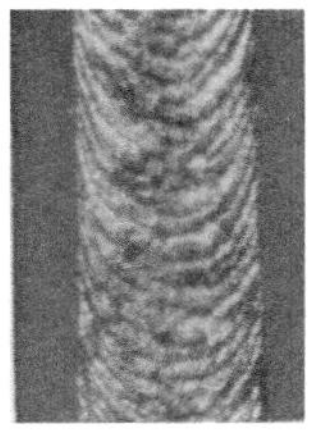

Abb. 136/2.

Abb. 136/1.

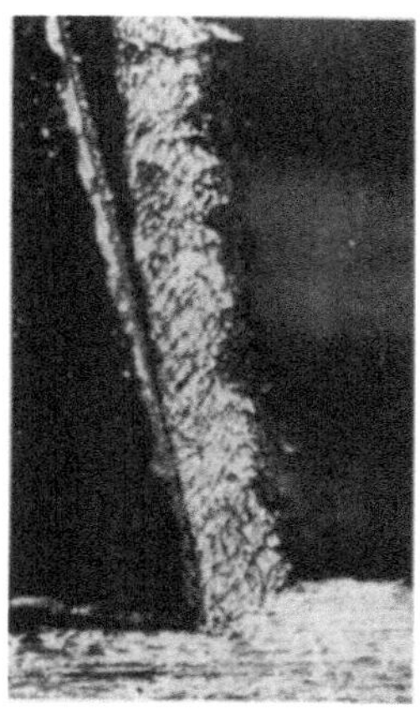

Abb. 136/3.

Abb. 136/1. Translation eines Zink-Einkristalles bei einfacher Reckung. (Nach SCHMID und BOAS.)

Abb. 136/2. Gleitflächenbildung bei Reckung eines Einkristalles von Sn. (Nach MASING und POLANYI.)

Abb. 136/3. Fließspan, St. 42.11. $v = 108$ m/min; $t = 0{,}33$ mm/Uml.; $\gamma = 15^0$. Vergr. 2,5×.

Abb. 136/3 zeigt die Bildung eines reinen Fließspans. Die Ähnlichkeit der Gleitlinienbildung in diesen Fällen mit den Vorgängen am Einkristall ist außerordentlich eindrucksvoll. Reine Fließspäne werden erzielt bei gleichmäßigen, nichtspröden Werkstoffen und zureichender Starrheit des Systems: Werkzeug, Werkstück, Maschine. Begünstigt wird ihre Bildung dadurch, daß die Spanstärke nicht allzu groß wird.

Beim *Scherspan* erfolgt ebenfalls ein *Gleiten* in der Richtung der natürlichen Gleitebenen. Jedoch geschieht dieses im makroskopischen Gebiet, und zwar *aussetzend* (diskontinuierlich), so daß einzelne Spanelemente von größeren Abmessungen entstehen (Abb. 137/1 a und b). Diese können entweder voneinander völlig getrennt sein oder, wie es oft der Fall ist, noch lose zusammenhängen. Im allgemeinen ist der Scherspan eine *Störungsform des Fließspans*[2]. Unter gewissen Bedingungen (insbesondere bei nicht genügender Starrheit des Systems) ist die *Grenze zwischen beiden Spanformen labil.* Es kann vorkommen, daß durch eine kleine, nicht übersehbare Störung von außen oder im Gefüge des Werkstoffes der Fließspan plötzlich auf eine gewisse Zeit diskontinuierlich wird, also in den Scherspan übergeht und dann wieder in der alten Weise abläuft. Dieser Fall ist jedem Betriebsmann bekannt. Man beobachtet dann

[1] SCHMID, E. u. W. BOAS: a. a. O. S. 302f. „Deutung der Eigenschaft vielkristalliner technischer Werkstoffe auf Grund des Einkristallverhaltens“. SAUERWALD: Lehrbuch der Metallkunde, S. 113f. Berlin 1929. „Die Verformung polykristalliner Körper und der Einfluß der Korngrenzen.“

[2] Diese Auffassung steht im Widerspruch zu den meist üblichen Darstellungen der Spanbildung.

auf der Werkstückoberfläche glatte Flächenteile, die plötzlich von rauheren abgelöst werden. Es ist wahrscheinlich, daß bei genügend plastischem Werkstoff

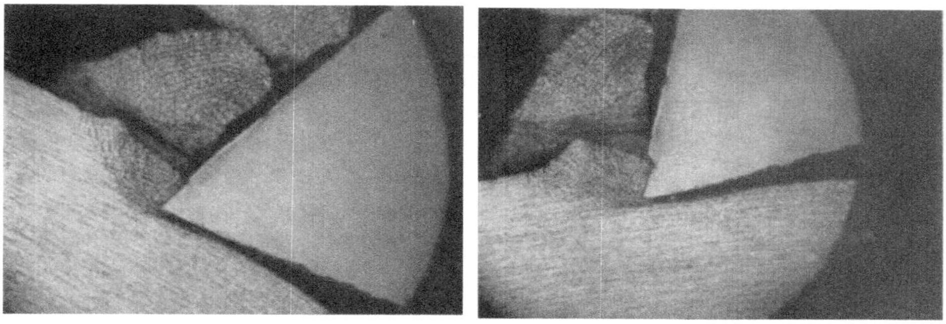

a b

Abb. 137/1a und b. Scherspäne. Aufnahmen aus einem Film. Zeitabstand der beiden Aufnahmen 0,015 Sek. Belichtungszeit je etwa $0{,}2 \cdot 10^{-6}$ Sek. St. 42.11. $v = 5$ m/min; $t = 1{,}33$ mm/Uml.; $b = 3{,}5$ mm; $\gamma = 15^0$. Vergr. 2,5×.

und genügender Starrheit des Systems überhaupt kein Scherspan auftritt, sondern immer nur kontinuierliches Gleiten in der Form des Fließspans.

Es gibt, wie früher erwähnt, *Übergangsformen* zwischen dem Scherspan und Fließspan, die wesentlich dadurch gekennzeichnet sind, daß dem eigentlichen Schervorgang ein Einreißen in der Spanwurzel nachfolgt, wobei zunächst die durch Schub innerhalb der natürlichen Gleitebenen gebildete Schuppe an der Spanwurzel einreißt und dann durch ein Biegungsmoment abgebrochen wird, dessen Kraft der normale Druck an der Schneide und dessen Hebelarm der senkrechte Abstand bis zur Einreißstelle darstellt (Abb. 137/2). Solche Fälle sind von ROSENHAIN und STURNEY schon früher geschildert worden[1].

Abb. 137/2. Scherspan mit Einreißen vor der Schneide. Messing. $v = 21{,}7$ m/min; $t = 1{,}2$ mm/Uml.; $\gamma = 15^0$. Vergr. 3×.

Wenn wir die vorausgegangenen Schilderungen der Spantypen überblicken und nunmehr nach der *Ursache der bei der Zerspanung entstehenden rauhen Oberflächen* fragen, so haben wir bis jetzt nur zwei Dinge gesehen, einerseits das Ausbrechen einzelner Werkstückbrocken vor der Schneide, wobei die Bruchgrenze unter ungünstigen Umständen weit unter dem theoretischen Weg der Schneidkante verläuft, und fernerhin die Tatsache, daß einzelne Brocken vor der Schneidbrust abgeschert werden, wobei unter gewissen Umständen auch ein *Einreißen vor der Schneide* erfolgt, welches unterhalb der Werkzeugspur liegen kann. Damit ist aber die wichtigste

[1] ROSENHAIN u. STURNEY (a. a. O.) geben ein Schaubild für die Bereiche der verschiedenen Spanformen. Da diese Forscher jedoch nur bei verhältnismäßig geringen Geschwindigkeiten und zum Teil außergewöhnlichen Werkstoffen gearbeitet haben, dürfte dieses Schaubild heute kaum mehr von praktischer Bedeutung sein.

und häufigste Ursache des Auftretens rauher Oberflächen noch nicht ermittelt, insbesondere nicht die eingangs unserer Betrachtung geschilderte Bildung von *Schuppen oder Zipfeln.* Erst den Untersuchungen von SCHWERD[1] ist es gelungen, Reihenlichtbilder des Zerspanungsvorganges bei sehr hoher Geschwindigkeit, sehr kurzen Belichtungszeiten ($\sim 10^{-6}$ Sek.) und verhältnismäßig starker Vergrößerung zu machen. Ihnen verdanken wir einen weiteren Einblick in die Vorgänge. *Es ergibt sich aus diesen, daß die wesentliche Ursache für das Entstehen einer rauhen Oberfläche beim Fließspan und Scherspan und ihren Grenzformen die sogenannte Aufbauschneide ist* (Abb. 138/1). Diese ist schon lange bekannt, bei den Engländern unter dem Namen "built-up edge"[2]. Sie tritt nur bei zähen Werkstoffen auf, bei spröden dagegen nicht.

Abb. 138/1. Aufbauschneide oder Schneidenansatz.
$v = 22{,}5$ m/min; $t = 0{,}4$ mm/Uml.; $\gamma = 10^0$.
Vergr. 3×.

Abb. 138/2 a—d gibt eine Serie derartiger Reihenlichtbilder, welche das periodische Entstehen und Verschwinden des Schneidenansatzes deutlich zeigen. Die *Aufbauschneide besteht aus meist lamellaren Gefügekörnern* oder Teilstücken von solchen, die verquetscht, d. h. bis in die Gitterstruktur hinein verformt und zusammengebacken sind (vgl. Abb. 132/1). Diese Körner haften dann für eine gewisse Zeit auf der Schneidbrust fest. So entsteht vor der Schneide zwischen ihr und dem Span und auch noch innerhalb einer gewissen Zone im Werkstück selbst ein *Druck- oder Staukörper*, dessen Form denjenigen etwa entspricht, die man auch bei anderen plastischen Verformungsvorgängen kennt[3]. Es ist so, als ob die Aufbauschneide für eine gewisse Zeit die Rolle der Schneide selbst

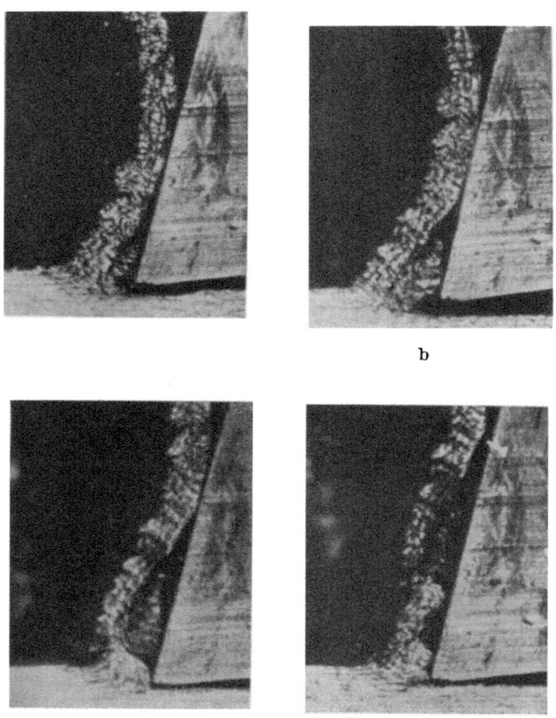

b

c d

Abb. 138/2 a–d. Verschwinden und Neubildung der Aufbauschneide.
$v = 16{,}25$ m/min; $t = 0{,}5$ mm/Uml.; $b = 2{,}8$ mm/Uml.; $\gamma = 10^0$.
Es sind einige Bilder aus dem Film weggelassen.
Zeitabstände: a—b 0,017 Sek.; b—c 0,0099 Sek.; c—d 0,0096 Sek.
Vergr. 6×.

[1] Vgl. außer den F.N. 130/1 gegebenen Arbeiten die Zusammenfassung in Z. VDI Bd. 80 (1936) S. 233.

[2] HERBERT: Trans. Amer. Soc. mech. Engr. Bd. 48 (1926); Proc. Instn. mech. Engr. Bd. 12 (1928) S. 14. — [3] Vgl. RATHJE: Der Schneidvorgang im Sande. Forsch.-Arb. VDI Nr. 350.

übernähme, bis sie vom fließenden Span losgerissen und mitgenommen wird und sich kurz darauf eine neue bildet. Man kann leicht verstehen, daß das Auftreten und Anwachsen der Aufbauschneide und das plötzliche Wegschieben derselben die Vorgänge entscheidend beeinflußt. Es ist, grob gesprochen, etwa so, als ob die Brust- und Schneidkante des Meißels dauernd in Bewegung wären. *Die Aufbauschneide selbst befindet sich in einem dauernden Zustand von Entstehen und Vergehen.* Wenn sie eine gewisse Größe erreicht hat, sind die Staukräfte des verfestigten Spanes groß genug, sie zu zerquetschen. Es werden dann *Teile* von ihr *als dünne Blättchen einerseits mit dem Span an der Schneidbrust entlang geschoben, andererseits aber auch über das Werkstück. Dadurch entstehen die erwähnten, im Querschnitt zipfelartigen, in der Aufsicht*

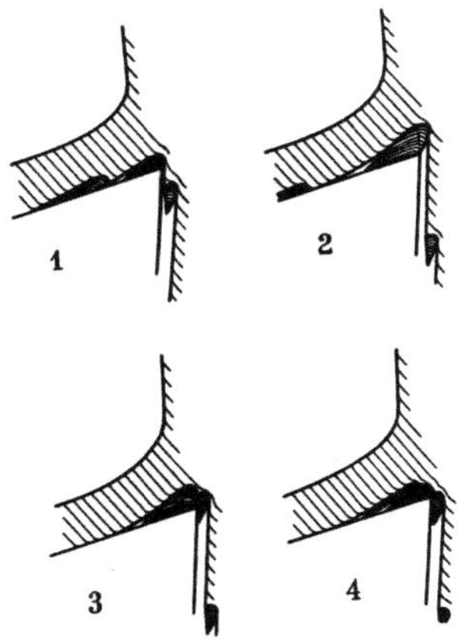

Abb. 139/1. Vorgang bei der Bildung der Aufbauschneide. (Nach SCHWERD.)

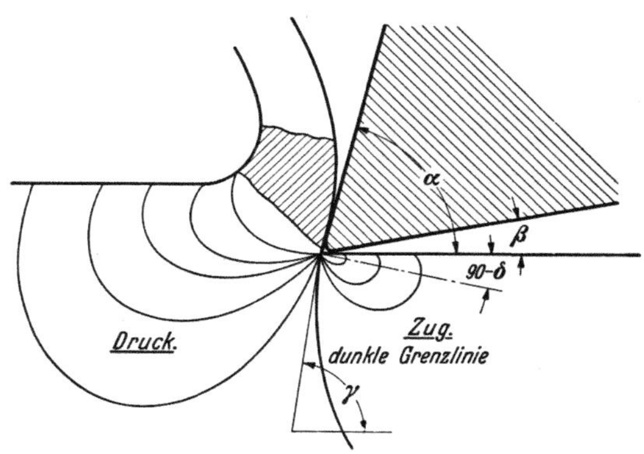

Abb. 139/2.

schuppenartigen Gebilde, deren Spitze entgegen der Bewegungsrichtung des Spans liegt. SCHWERD hat dies klar geschildert. Wir geben das von ihm entworfene Schema in Abb. 139/1 wieder. Es scheint, daß unter der Wirkung des Schneidenansatzes auch die tiefen Spalten entstehen, die, besonders bei geringer Geschwindigkeit, periodisch die Oberfläche aufreißen und von denen wir früher schon gesprochen haben. Es ist wahrscheinlich, daß unter der sehr starken Pressung zwischen Schneidenansatz und unverletztem Werkstoff derart große Spannungen in der Bewegungsrichtung selbst entstehen, daß das Material quer zu ihr aufgerissen wird.

Wir wollen nunmehr im nachstehenden versuchen, uns eine Vorstellung darüber zu machen, wie die *Bildung des Schneidenansatzes* (Aufbauschneide) und sein periodisches Entstehen und Vergehen *im einzelnen* verstanden werden könne. Dies kann naturgemäß nur mit sehr großem *Vorbehalt* in bezug auf die Richtigkeit der Darstellung geschehen[1]. Abb. 139/2 zeigt zunächst in Anlehnung

[1] NADAI: Der bildsame Zustand der Werkstoffe. Berlin 1927. Insbes. S. 80f. WYSS: Die Kraftfelder in festen elastischen Körpern. Berlin 1926. SIEBEL: Die Formgebung im bildsamen Zustande. S. 25f. Düsseldorf 1932. Ferner die grundlegende Arbeit von PRANDTL: Die Eindringungsfestigkeit plastischer Baustoffe. Z. angew. Math. Mech. Bd. 1 (1921) S. 15. RATHJE: VDI-Forsch.-Heft Nr. 350. Berlin 1931. ERNST and MARTELLOTTI: Mech. Engng. Bd. 57 (1935) S. 487.

an eine spannungsoptische Untersuchung von COKER[1,2] die sogenannten *Isoklinen* des Spannungsfeldes vor einer Schneide. Die punktierte Linie *A—B*, die in dem spannungsoptischen Bild als schwarze (ausgelöschte) Linie erscheint, gibt *die Grenze an, in der Spannungsfreiheit herrscht*[3]. Sie trennt (bei den Versuchen von COKER) das Gebiet reiner Druckspannungen vor der Schneidbrust von dem der Zugspannungen am Schneidrücken. Die COKERschen Versuche können uns nur einen allgemeinen Überblick über die Spannungsverteilung vor der Schneide *innerhalb der Elastizitätsgrenze* geben. Sie dürften also annähernd nur die Verhältnisse richtig darstellen für das Gebiet außerhalb der Aufbauschneide selbst, nicht aber innerhalb dieser.

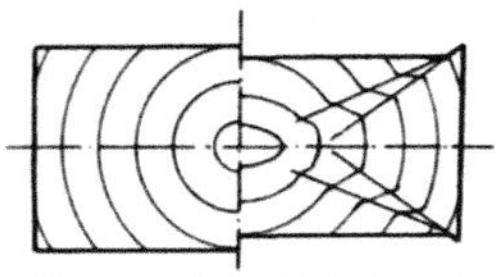

Abb. 140/1. Verzerrung eines zwischen reibenden Platten gedrückten Prismas (links vor, rechts nach der Verformung.) (Nach NADAI.)

Die Aufbauschneide entsteht, wie schon erwähnt, durch ausgesprochen plastische Verformung und nachfolgende Verfestigung der Gefügekörner in unmittelbarer Nähe der Schneide. Hiervon können wir uns eine Vorstellung machen, wenn wir von den *allgemeinen Erfahrungen über die Vorgänge beim Eindringen praktisch starrer Körper in plastische Baustoffe* ausgehen. Es ist bekannt, daß bei dem einfachen Druckversuch, wenn etwa ein Körper zwischen zwei Druckplatten gestaucht wird, die Zerstörung in der Weise vor sich geht, daß von einer Druckkante aus *Gleitflächensysteme* ausstrahlen, die sich in der Mitte schneiden. Die zwischen diesen Gleitflächen liegenden Stücke des Körpers wirken wie ein in ihn vordringender Keil und treiben die übrigen Teile nach den Seiten hinweg. Ein derartiger prismatischer Druckkörper pflegt hierbei in 4 Teile zu zerfallen. Abb. 140/1 zeigt diese Verformung schematisch[4], Abb. 140/2 zeigt einen solchen Probekörper aus Paraffin nach Versuchen von NADAI. Auch bei dem Fall des Eindringens eines

Abb. 140/2. Druckkegel in einem Probekörper aus Paraffin (Längsschnitt, nach NADAI.) (Die Pfeile geben die Druckkräfte an.)

---

[1] COKER: Proc. Instn. mech. Engr. Bd. 1 (1925) S. 357. Vgl. COKER u. CHAKKO: Daselbst 1922 S. 567. BAUTZ, W.: Polarisationsoptische Ermittlung der Spannungsverteilung. Z. VDI Bd. 80 (1936) S. 1144. Vgl. auch COKER u. FILON: A Treatise on Photo Elasticity. Cambridge 1931. FÖPPL u. NEUBER: Festigkeitslehre mittels Spannungsoptik. München u. Berlin 1935.

[2] Zur Erklärung der Isoklinen und der spannungsoptischen Untersuchungen überhaupt, vgl. LEHR: Spannungsverteilung in Konstruktionselementen. Berlin 1934. Ferner COKER: Philos. Mag. Lond. (6) 1910 S. 740. SCHULZ: Betrieb Bd. 3 (1921) S. 405. FÖPPL, L.: Z. VDI Bd. 76 (1932) S. 505.

[3] Derartige schwarze Linien bei polarisationsoptischen Spannungsuntersuchungen im ebenen Spannungszustand können bedeuten: 1. Stellen, die völlig frei von beiden Hauptspannungen sind, 2. solche, bei denen die Differenz der Hauptspannungen gleich Null ist, 3. sogenannte Isoklinen, nämlich Linien, bei denen die Richtung der Hauptspannungen mit dem Achsenkreuz von Polarisator und Analysator bestimmten Polarisationsebene zusammenfällt. Vgl. LEHR: Spannungsverteilung a. a. O. S. 16.

[4] Diese ursprünglich kreisförmigen Linien sind als Drehriefen auf dem Werkstück gedacht, deren Formveränderung die Verformung des Werkstoffes anzeigen.

quasi-starren Körpers in einen bildsamen findet sich ein ähnlicher Vorgang: Von den Zonen gleichen Druckes, die unter der Einwirkung der Pressung erzeugt werden, strahlen *Gleit- oder Rutschflächen* aus, zwischen denen der Werkstoff gleitet[1]. Diese Flächen, oder beim ebenen Spannungszustand diese *Gleitlinien, haben stets den gleichen Winkel* mit den Linien gleichen Druckes, der im wesentlichen von der inneren Reibung des Werkstoffes bestimmt wird. PRANDTL[2] hat nun den technisch wichtigen, einfachsten Fall untersucht, bei welchem ein gerader Stempel in einen unendlich ausgedehnten, durch eine Ebene begrenzten Körper bildsamen Materials eingepreßt wird (Abb. 141/1). Die linke Seite der Abbildung zeigt die Spannungstrajektorien bei diesem Vorgang, die rechte die „*Stromlinien*" der plastischen Bewegung. PRANDTL zeigt, daß der Vorgang so verläuft, daß unter dem Stempel ein keilförmiges Stück Werkstoff $A—B—C$ in den Körper eingedrückt wird, daß sich diesem benachbart zwei Druckkörper CAD und $B—C—D'$ bilden, welche wie diesen angelagerte Gegenkeile wirken und schließlich den Werkstoff in den Bereichen $A—D—E$ bzw. $B—D'—E'$ nach außen herausdrücken. Die Pfeile auf der rechten Seite des Bildes geben die Bewegungsrichtung an[3].

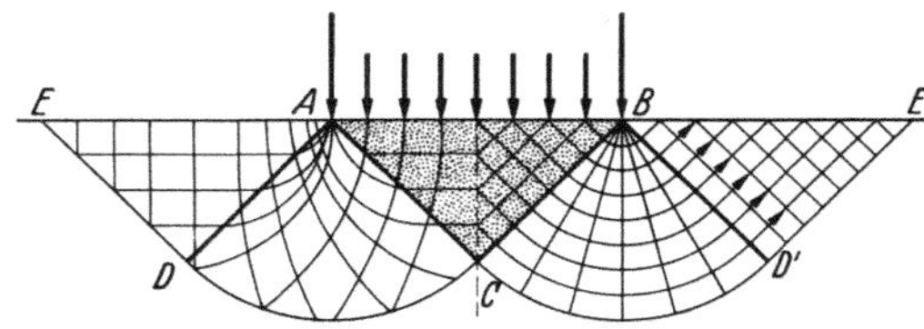

Abb. 141/1. Eindringen einer stumpfen Schneide in einen plastischen Körper. (Nach PRANDTL.) Linke Hälfte: Spannungstrajektorien. Rechte Hälfte: Stromlinien des Werkstoffes.

Der uns vorliegende Fall des *Eindringens einer keilförmigen Schneide* unter Spanbildung ist weit verwickelter als der oben betrachtete Vorgang, und wir vermögen nur auf Grund einer Ähnlichkeitsbetrachtung uns eine Vorstellung davon zu machen, wie die Druckflächen und die Fließlinien (Stromlinien) vor der Schneide verlaufen (Abb. 141/2). Entsprechend den beiden in den Werkstoff vordringenden Flächen der Schneide bildet sich ein *blattförmiger Staukörper mit zwei Ausbuchtungen*, von denen die eine entsprechend der Größe und Druckwirkung weit ausgedehnter ist als die andere. Die einfache Anschauung lehrt, daß entsprechend Abb. 141/1 eine Tendenz zum Wegquetschen des plastisch verformten Stau- oder Druckkörpers besteht, und zwar einerseits entlang der Schneidbrust

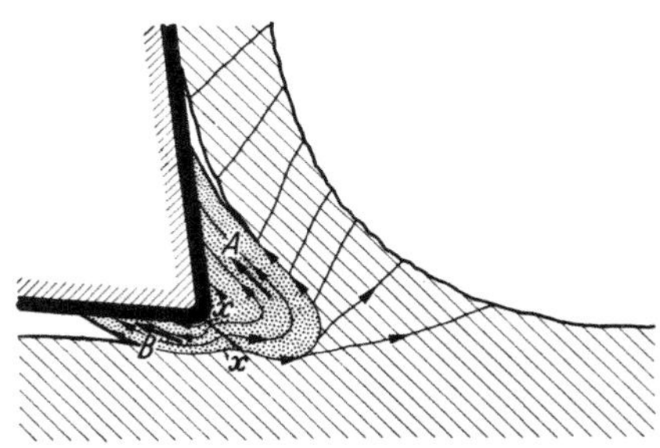

Abb. 141/2. Fließlinien im Staukörper vor einer keilförmigen Schneide (Schneidenansatz). $x—x$ Scheidelinie der Fließrichtungen.

[1] Vgl. die Sichtbarmachung dieser Gleitflächen durch die schönen Versuche von FRY mit dem FRYschen Ätzverfahren in Kruppsche Mh. Bd. 2 (1921) S. 117. Vgl. F.N. 22/1.

[2] PRANDTL: Z. angew. Math. Mech. Bd. 1 (1921) S. 15. Vgl. fernerhin HENCKY: Z. angew. Math. Mech. Bd. 3 (1923) S. 241. NADAI: Der bildsame Zustand der Werkstoffe. Berlin 1927. Vgl. dagegen SACHS: Handbuch der Experimentalphysik, Bd. 5, S. 130. Leipzig 1930. Derselbe: Z. techn. Physik Bd. 8 (1927) S. 132.

[3] Die Vorgänge beim Eindringen von stumpfen Schneiden in plastische Körper haben große Ähnlichkeit mit denselben Vorgängen in Sand und Erde. Vgl. RATHJE: a. a. O. Ferner RAMSPECK u. R. MÜLLER: Z. VDI Bd. 80 (1936) S. 1127. Insbes. Abb. 9.

in Richtung des groß eingezeichneten Pfeiles A, andererseits in Richtung des Schneidrückens, entsprechend dem Pfeil B. Der Vorgang verläuft nun aber nicht kontinuierlich, sondern periodisch. Bei dem Vordringen der Schneide und des *Staukörpers* werden immer neue Werkstoffelemente an dessen Front *plastisch verformt* und zugleich *verfestigt*, bis der Staukörper eine solche Gestalt angenommen hat, daß auf ihn wirkende Kräfte der Umgebung so groß sind, daß der Staukörper in der Mitte, und zwar etwa auf der Linie x—x auseinandergleitet und die beiden Hälften desselben, von denen die größere die der Schneidbrust anliegende ist, weggeschoben werden. Dies entspricht dann genau dem von SCHWERD angegebenen Schema (Abb. 139/1). Es sei noch darauf hingewiesen, daß wahrscheinlich die Reibung an den Flächen der Schneide eine entscheidende Rolle spielt und die Lage der Berührungskräfte zwischen Schneide und Staukörper und damit die Form der „Stromlinien" in diesen wesentlich beeinflußt. Dies deckt sich auch mit den Erfahrungen der Praxis über den *Einfluß einer Schmierung der Schneide von Meißeln*[1].

Wir haben oben schon gezeigt, daß die *Güte einer Oberfläche* außerordentlich stark *mit der Schnittgeschwindigkeit zunimmt* (vgl. unsere Abb. 130/1 bis 130/2). Dies hängt damit zusammen, daß *bei hohen Geschwindigkeiten der Schneidenansatz verschwindet* und damit die wesentliche Ursache für die Störung der glatten Oberfläche. Es bleibt somit noch die wesentliche Frage zu klären, warum dies der Fall ist. Bei unseren metallischen Werkstoffen *hängen*, insbesondere bei hohen Verformungsgeschwindigkeiten, *die Spannungen nicht mehr allein von den ihnen aufgezwungenen Deformationen ab*, sondern *sind auch eine Funktion der Ableitung der Verformungen und der Spannungen nach der Zeit. Die Deformationen werden ebenso von den Elastizitätsbeiwerten bestimmt wie auch, ähnlich den Verhältnissen zäher Flüssigkeiten, von der inneren Reibung*, die eine Beziehung zwischen den Verschiebungsgeschwindigkeiten und den inneren Kräften zur Folge hat. Man kann ihr Verhalten durch folgenden einfachen Ansatz wenigstens annähernd beschreiben[2]:

$$\frac{1}{\beta}\frac{\partial S}{\partial t} = \frac{\partial P}{\partial t} + \frac{1}{\tau} P . \qquad \text{(Gl. 142/1)}$$

Hierin bedeuten:

P die zu einem bestimmten Zeitpunkt herrschende Spannung,

S die an einer Stelle des Körpers vorhandenen Deformationen,

β hat den Charakter eines Elastizitätsbeiwertes,

τ eine Größe vom Charakter einer Zeit, und zwar die sogenannte *Relaxationszeit* (Erschlaffungszeit).

Deren Bedeutung wird leicht aus folgender Betrachtung ersichtlich: Die Ableitung der Deformation nach der Zeit, vervielfacht mit einem Elastizitätsmodul, wird bei zähflüssigen Körpern bestimmt erstens durch die Ableitung

---

[1] COKER (a. a. O.) weist darauf hin, daß die Spannungstrajektorien im spannungsoptischen Versuch wesentlich anders aussehen bei geschmierten Versuchsschneiden und ohne eine solche Schmierung.

[2] Diese Darstellung entspricht der bei MADELUNG: Die mathematischen Hilfsmittel des Physikers, S. 248. Berlin 1936. Nur ist der Einfachheit halber die vektorielle Schreibweise des allgemeineren räumlichen Problems in die des ebenen Problems übertragen. Vgl. auch P. LUDWIK: Elemente der technologischen Mechanik. Berlin 1909. KIRSCH, B.: Über Stoß, Relaxation und Sprödigkeit. Wien u. Leipzig 1921.

der Spannung nach der Zeit und noch durch ein zusätzliches Glied, welches die Spannung selbst und die Relaxationszeit enthält. Wird die Verformungsgeschwindigkeit $\frac{\partial S}{\partial t} = 0$, so folgt aus Gl. 142/1 durch Integration $P = P_0 \cdot e^{-\frac{t}{\tau}}$ (Gl. 143/1). Das heißt, eine in einem Zeitpunkt vorhandene Spannung P_0, die einem bestimmten Verformungszustand entspricht, bleibt nicht bestehen, sondern *klingt ab*, und zwar auf Grund der inneren Reibung des Körpers. Für $t = \tau$ ist die Spannung auf den $\frac{1}{e}$ Teil gesunken. Wird $\tau = \infty$, so wird aus Gl. 142/1 die gewöhnliche Gleichung des elastischen Spannungszustandes, nämlich

$$\frac{\partial P}{\partial t} = \frac{1}{\beta}\,\frac{\partial S}{\partial t}, \qquad \text{(Gl. 143/1)}$$

wonach die Spannungsänderung verhältnisgleich der Änderung der Deformation wird.

Setzt man $\frac{\partial S}{\partial t}$ gleich der *Verformungsgeschwindigkeit* V, so wird für langsam veränderliches V und kleines τ (also große Entspannungsgeschwindigkeit) oder geringe innere Reibung

$$P = \frac{\tau}{\beta} \cdot V. \qquad \text{(Gl. 143/2)}$$

An diesem Grenzfalle hängt also die Spannung nur von der *Geschwindigkeitsverteilung ab*, wie es bei Flüssigkeiten der Fall ist. *Je größer hingegen die Verformungsgeschwindigkeit* $\frac{\partial S}{\partial t}$ *wird, um so größer wird die Geschwindigkeit der Spannungszunahme und um so geringer wird der Einfluß des konstanten Gliedes, welches die Relaxationszeit enthält*, d. h. um so schneller wird die Grenzspannung erreicht, bei der die Zertrennung des Körpers erfolgt.

Der Ablauf der Spannungen als Funktion der Deformationen $P = F(S)$ *wird somit bei derartigen Baustoffen bestimmt von dem Verhältnis der beiden Größen* β *und* τ, welche einerseits die Zunahme der Spannung mit der Verformung, andererseits deren Abnahme mit der Zeit bestimmen. Die Größe $R = \frac{\tau}{2\beta}$ ist die *innere Reibung*[1]. Ein anschauliches Beispiel für Körper mit merklich kleiner Erschlaffungszeit oder großer innerer Reibung ist z. B. *Pech*. Bei diesem Körper wird der Spannungsverlauf erheblich von der Deformationsgeschwindigkeit bestimmt: Ein stabförmiger Körper aus Pech biegt sich zwischen zwei Auflagepunkten unter seinem Eigengewicht bei genügend langer Zeit um große Beträge durch. Unter dem Schlage eines Hammers zerspringt er.

Wenn man diese Überlegungen auf unseren Fall überträgt, so wird es anschaulich, wenn es auch noch keineswegs quantitativ gezeigt werden kann, daß bei geringen Schnittgeschwindigkeiten sich ein Staukörper aus verformten Kristalliten bilden und als Aufbauschneide keilförmig den Span vor sich hertreiben kann, daß aber bei hohen Geschwindigkeiten der Vorgang ausschließlich von dem Anteil $\frac{\partial S}{\partial t}$ in unserer Gleichung bestimmt und die Bruchspannung unmittelbar vor der Schneide erreicht wird, wobei dann die Trennung mitten

[1] Es sei darauf hingewiesen, daß diese Darstellung die „Verfestigung", welche bei jeder starken Verformung eines kristallinen Haufwerkes aufzutreten pflegt, nicht enthält. Für diese ist keine mathematische Darstellung bekannt. Sie hat aber im ganzen dieselbe Tendenz, wie wir sie aus obiger Gleichung abgeleitet haben. Aus der obigen Betrachtung wird auch anschaulich, warum bei *spröden* Körpern kein Schneidenansatz auftritt.

durch das zunächst liegende Gefügekorn geht. Damit wird der vielfach geäußerte Gedanke verständlich, daß *für die plastische Deformation als Bedingung zur Bildung des Schneidenansatzes eine gewisse Mindestzeit notwendig sei, unterhalb der dieser nicht mehr zustande kommt.*

Man kann dies auch so ausdrücken: Der Schneidenansatz kann nur dann entstehen, wenn die Verformung der einzelnen Gefügekörner an seiner Front, die innerhalb der Kristallite aus Gleitungen möglicherweise auch aus Zwillingsbildungen besteht, mindestens von derselben Größenordnung ist wie die Eindringungsgeschwindigkeit der Schneide. *Ist dies nicht mehr der Fall, so kann sich kein Schneidenansatz bilden.*

Es ist auch daran gedacht worden, wie dies schon RAPATZ[1] geäußert hat, daß bei hohen Geschwindigkeiten der *Einfluß der Temperatur* wesentlich ist, derart, daß für ganz kurze Zeit in unmittelbarer Nähe der Schneide der Werkstoff teigig wird. Da die Temperatur von der Schneidkante nach innen sicherlich einen sehr großen Gradienten hat, würde wenige hundertstel Millimeter unter der Oberfläche die Temperatur zum Erweichen des Materials nicht mehr zureichen. Man könnte sich denken, daß unter solchen Umständen das Material fein über die Oberfläche geschmiert wird, etwa so wie der weiche Verputz, mit dem der Weißbinder eine rauhe Wand zustreicht. Wieweit auch solche Vorstellungen bei unserem Problem eine Rolle spielen, kann heute jedoch in keiner Weise gesagt werden.

Es muß späterer Forschung vorbehalten bleiben, im Sinne dieser verschiedenen Möglichkeiten klarzustellen, *wie die Eigenschaften unserer Werkstoffe sich einerseits mit der Verformungsgeschwindigkeit*[2], *andererseits mit der Temperatur*[3] *ändern. Diese Fragen sind bekanntlich auch für die Vorgänge der spanlosen*

[1] RAPATZ: Arch. Eisenhüttenwes. Bd. 3 (1929/30) S. 717. Auszug in Stahl u. Eisen Bd. 52 (1932) S. 1037. SCHILKEN: Mitt. Forsch.-Anst. Gutehoffnungshütte 1931 Heft 4.

[2] Die meisten hierüber bekannt gewordenen Zahlen (LUDWIK, BACH) reichen bei weitem nicht bis in das Gebiet, welches uns hier beschäftigt. Vgl. auch SIEBEL u. POMP: Einfluß der Formänderungsgeschwindigkeit auf den Verlauf der Fließkurve von Metallen. Mitt. Kais.-Wilh.-Inst. Eisenforschg., Düsseld. Bd. 10 (1928) S. 63. Über den Zusammenhang der Festigkeitseigenschaften mit Temperatur und Formänderungsgeschwindigkeit, s. auch: SCHMID u. BOAS: Kristallplastizität, S. 151. Berlin 1935. SCHMID, E. u. G. SIEBEL: Mg. Z. Elektrochem. Bd. 37 (1931) S. 447. HAASE, O. u. E. SCHMID: Zn, Sn, Bi, Kristallerholung. Z. Physik Bd. 33 (1925) S. 413. POLANYI, M. u. E. SCHMID: Zn, Cd. Naturwiss. Bd. 17 (1929) S. 301. BOAS, W. u. E. SCHMID: Zn, Cd. Z. Physik Bd. 61 (1930) S. 767. FAHRENHORST, W. u. E. SCHMID: Zn. Z. Physik Bd. 64 (1930) S. 845. MEISSNER, W., M. POLANYI u. E. SCHMID: Zn, Cd. Z. Physik Bd. 66 (1930) S. 477. BOAS, W. u. E. SCHMID: Cd. Z. Physik Bd. 57 (1929) S. 575. WEERTS, J.: Al. VDI-Forsch.-Heft 1929 S. 323. BOAS, W. u. E. SCHMID: Al. Z. Physik Bd. 71 (1931) S. 703. HANSON, D. u. M. A. WHEELER: Dauerstandsversuch Al. J. Inst. Met., Lond. Bd. 45 (1931) S. 229. EDWARDS, C. A. u. L. B. PFEIL: Fe. J. Iron Steel Inst. Bd. 109 (1924) S. 129; Bd. 112 (1925) S. 79. MASING, A. u. M. POLANYI: Sn. Erg. exakt. Naturwiss. Bd. 2 (1933) S. 177. POLANYI, M. u. E. SCHMID: Sn; Kristallerholung. Z. Physik Bd. 32 (1925) S. 684. OBINATA, I. u. E. SCHMID: Sn. Z. Physik Bd. 82 (1933) S. 224. GEORGIEFF, M. u. E. SCHMID: Bi. Z. Physik Bd. 36 (1926) S. 759. POLANYI, M. u. E. SCHMID: Kristallerholung. Verh. dtsch. physik. Ges. Bd. 4 (1923) S. 27. GROSS, R.: Kristallerholung. Z. Metallkde. Bd. 16 (1924) S. 344. KOREF, F.: Kristallerholung. Z. Metallkde. Bd. 17 (1926) S. 213. STRAUMANIS, M.: Gleitschichtendicke Zn. Z. Kristallogr. Bd. 83 (1932) S. 29.

[3] Vgl. Werkstoffhandbuch Stahl und Eisen. Düsseldorf 1927. E 1. Vgl. ferner E. COTEL: Z. Bergwes. Preuß. Bd. 73 (1925) B 45/7. HENNECKE, H.: Werkstoff-Ausschuß Verein der Eisenhüttenleute Nr. 94 (1926). HOUDREMONT, E. u. H. KALLEN: Stahl u. Eisen Bd. 47 (1927) S. 826f. OBERHOFFER, P.: Das technische Eisen, 2. Aufl. Berlin 1925.

Verformung von höchster Wichtigkeit und berühren sich an dieser Stelle mit denen der Zerspanung. Die mikromechanische Verformung an der Front des Schneidenansatzes hat eine bedeutsame Ähnlichkeit mit dem Vorgang der spanlosen Verformung, etwa beim Pressen plastischen Werkstoffes durch Düsen.

6222. Rattermarken. Es bleibt uns noch übrig, auf die sogenannten Rattermarken einzugehen, wie sie insbesondere bei der Bildung von Scherspänen und sprödem Material aufzutreten pflegen. Diese Rattermarken haben eine ganz andere Entstehungsursache als die Vorgänge bei der normalen ungestörten Spanbildung. Sie hängen mit elastischen Schwingungen des Werkzeugs, der Maschine oder des Werkstücks oder beider zusammen, wie sie durch die periodischen Veränderungen der Schnittkräfte bedingt werden. Die Größe der Schnittkräfte hängt stark von der Stellung des Meißels zum Werkstück ab. Während man bei einer geringen radialen Verschiebung des Meißels eine Änderung des Schnittdrucks etwa proportional der Veränderung des Spanquerschnitts erwarten könnte, ändert sich bei einer Durchbiegung des Meißels, also z. B. beim Drehstahl bei einer Bewegung desselben in vertikaler Richtung, auch der Spanabgangswinkel um einen gewissen Betrag. Jede derartige Veränderung bedeutet eine Änderung des Schnittdrucks. Es ist nun durchaus denkbar, daß unter gewissen ungünstigen Verhältnissen eine Art Rückkopplung eintritt und periodisch elastische Veränderungen in dem System Werkstück-Schneide-Maschine in Resonanz kommen mit den Veränderungen der Schnittkräfte, die ihnen entsprechen. Dies führt dann, besonders wenn die Dämpfung gering ist, zu den sogenannten Rattermarken. Auf diese Verhältnisse hat neuerdings EISELE in einer Arbeit über die Wechselwirkung zwischen Werkzeug und Werkzeugmaschine besonders hingewiesen[1,2].

6223. Die Zustände der inneren Grenzschicht nach spanabhebender Bearbeitung. Es ist seit langem bekannt, daß *durch spanabhebende Bearbeitung* bis zu einer gewissen Tiefe unterhalb der Oberfläche des Werkstücks *Spannungen erzeugt* werden. Daß dies grundsätzlich so sein muß, ergibt sich einerseits aus der Tatsache, daß die Spanabhebung selbst eine plastische Verformung darstellt, welche naturgemäß nicht unmittelbar an der neu entstehenden Oberfläche Halt macht[3]. Fernerhin hängt die Erscheinung aber wohl auch damit zusammen, daß von der Verformung der Randzone unausgeglichene Wärmespannungen zurückbleiben müssen. Die Möglichkeit derartiger Spannungen wird von nahezu allen Untersuchern, die sich neuerdings mit dem Zerspanungsvorgang beschäftigt haben, erwähnt bzw. angedeutet[4].

---

[1] EISELE: Masch.-Bau 1935 S. 133. Vgl. auch LEYENSETTER: Z. VDI 1933 S. 1376. Vgl. auch TORNEBOHM über Arbeitsspindeln unter Belastung. Werkst.-Techn. Bd. 30 (1936) Heft 3.

[2] Über die photographische Darstellung von Rattermarken, siehe Abschnitt 3238, S. 52.

[3] Vgl. unsere Ausführungen über den Schneidenansatz S. 138ff.

[4] RENNINGER, M.: Metallwirtsch. Bd. 50 (1934) S. 889. KÖRBER, F. u. J. MEHOVAR: Mitt. Kais.-Wilh.-Inst. Eisenforschg., Düsseld. Bd. 17 (1935) Lief. 7 Abh. 277. SCHILKEN, W.: Mitt. Forsch.-Anst. Gutehoffnungshütte Bd. 1 (1931) Heft 4 S. 92. MODERSOHN, F.: Masch.-Bau/Betrieb Bd. 9 (1930) S. 465. HOHAGE, R.: Arch. Eisenhüttenwes. Bd. 9 (1936) S. 332. GOTTWEIN, K.: Masch.-Bau/Gestaltung-Betrieb, Sonderheft Zerspannung 1926 S. 26. Masch.-Bau Bd. 4 (1925) S. 1129, Bd. 5 (1926) S. 505. HERBERT, E. S.: Masch.-Bau/Betrieb Bd. 6 (1927) S. 991 u. 1050. LEYENSETTER, W.: Masch.-Bau/Betrieb Bd. 11 (1932) S. 259; Z. VDI Bd. 77 (1933) S. 1376, Bd. 78 (1934) S. 1085. RAPATZ, F.: Arch. Eisenhüttenwes. Bd. 4 (1929/30) S. 717. SALOMON, C.: Werkzeugmasch. Bd. 33 (1929)

Die Arbeiten von SCHILKEN[1] und SCHIMZ[2] geben einige Hinweise auf die *Vorgänge am einzelnen Gefügeelement* und dabei auch auf den Einfluß von Beimischungen (z. B. *P* und *S*) im Eisen. Schon die metallographische Untersuchung zeigt, daß der Werkstoff unterhalb der Oberfläche weitgehend verändert wird. SCHWERD[3] hat darauf hingewiesen, daß selbst scheinbar glatte Oberflächen, wie sie beim Fließspan entstehen, noch kein sicheres Zeichen dafür sind, daß die Oberfläche „gesund" sei. Dies ist nur unter gewissen günstigen Bedingungen der Fall, zu denen in erster Linie eine hohe Schnittgeschwindigkeit gehört.

In einer neuen Arbeit hat sich RUTTMANN[4] mit diesen Bearbeitungsspannungen beschäftigt und versucht, sie mit Hilfe des HEYNschen Spannungsmeßverfahrens[5] darzustellen. Dieses besteht bekanntlich darin, daß man von einem Körper, in welchem man innere Spannungen vermutet, vorsichtig den Werkstoff schichtenweise abträgt und die Verformungen mißt. Diese letzteren entstehen offenbar dadurch, daß die in diesen Zonen früher vorhandenen Spannungen wegfallen und damit das gesamte Spannungsfeld des Körpers, welches einschließlich der Randspannungen in sich im Gleichgewicht war, nunmehr gestört wird. Bei zylindrischen Körpern ist die einfachste Anwendung des HEYNschen Verfahrens die Feststellung von *Längenänderungen* und die diesen entsprechenden *Längs-, Zug- oder Druckspannungen.* Naturgemäß darf nicht vergessen werden, daß dieses Verfahren einem grundsätzlichen Einwand unterworfen ist, der sich nicht ausschalten läßt: Es ist denkbar, daß gerade bei der Abtragung einzelner Schichten zur Feststellung der inneren Spannungen wiederum solche von neuem gesetzt werden. Immerhin machen es die RUTTMANNschen Versuche, bei denen außerordentlich vorsichtig vorgegangen wurde (Spanstärken nicht größer als 0,1 mm, langsames Drehen mit scharfem Stahl und Kühlung), wahrscheinlich, daß die dadurch entstehenden Fehler zwar vorhanden aber nicht groß waren. Die rechnerische Behandlung dieses Verfahrens der Spannungsmessung ist einfach und muß an den angegebenen Stellen[6] nachgelesen werden. Die RUTTMANNschen Versuche geben überraschend hohe Spannungswerte für die Randzone von 1—2 mm Tiefe, und zwar verlaufen diese im allgemeinen derart, daß in einer äußeren Schicht Längsdruckspannungen vorhanden sind, welche an einer bestimmten Stelle Null werden und dann in verhältnismäßig geringe Zugspannungen übergehen. Wir geben als Beispiel Abb. 147/1. Diese zeigt für drei verschiedene Bearbeitungsarten den Spannungsverlauf einer Probe von 30 mm ursprünglichem Durchmesser, und zwar für zwei Stahlproben I und II. Deren Kennzeichnung war wie folgt:

S. 477. SCHWERD, F.: Stahl u. Eisen Bd. 51 (1931) S. 481; Z. VDI Bd. 76 (1932) S. 1257, Bd. 77 (1933) S. 211, Bd. 80 (1936) S. 233. FRIEDRICH, H.: Masch.-Bau/Gestaltung-Betrieb, Sonderheft Zerspanung 1926 S. 48; Z. VDI Bd. 58 (1914) S. 379. Vgl. A. THUM: Z. VDI Bd. 75 (1931) S. 1328.

[1] Vgl. SCHILKEN: F.N. 124/1, 129/2. — [2] SCHIMZ: Diss. Aachen 1930 S. 38f.

[3] SCHWERD: F.N. 130/1, 138/1.

[4] RUTTMANN, W.: Technische Mitteilungen Krupp Bd. 4 (1936) S. 89. Vgl. auch Masch.-Bau/Betrieb Bd. 15 (1936) S. 557.

[5] HEYN, E.: Stahl u. Eisen Bd. 37 (1917) S. 412. Materialienkunde für den Maschinenbau, Bd. 2 A, S. 281. Berlin 1912. HEYN, E. u. O. BAUER: Stahl u. Eisen Bd. 31 (1911) S. 760. Vgl. auch SACHS in Handbuch der Experimentalphysik, Bd. 5, S. 95. Leipzig 1930.

[6] HEYN: a. a. O.

Z.T. 147/1.

	C %	Si %	Mu %	P %	S %	Ni %	Cr %	Wo %
Stahl I	0,15	0,51	0,39	0,018	0,025	9,0	18,3	—
Stahl II.	0,30	0,21	0,52	0,010	0,010	4,36	1,11	0,74

	Streckgrenze kg/mm²	Zugfestigkeit mm/kg²	Dehnung %	Einschnürung %	Wärmebehandlung
Stahl I	31	64	59	69	1/4 Std. 1050°/Luft
Stahl II.	99	111	18	64	1/4 Std. 850°/Luft

Die Bearbeitungsarten der Proben waren:

A. „schnell" gedreht ohne Kühlung von 36 mm Durchmesser auf 30 mm, Spandicke etwa 3 mm, Vorschub etwa 0,1 je Umdrehung, $v = 32$ m/min.

B. „langsam" gedreht mit Kühlung, wie A, doch $v = 3{,}2$ m/min.

C. „schnell" gedreht mit Kühlung, wie A, doch $v = 32$ m/min[1].

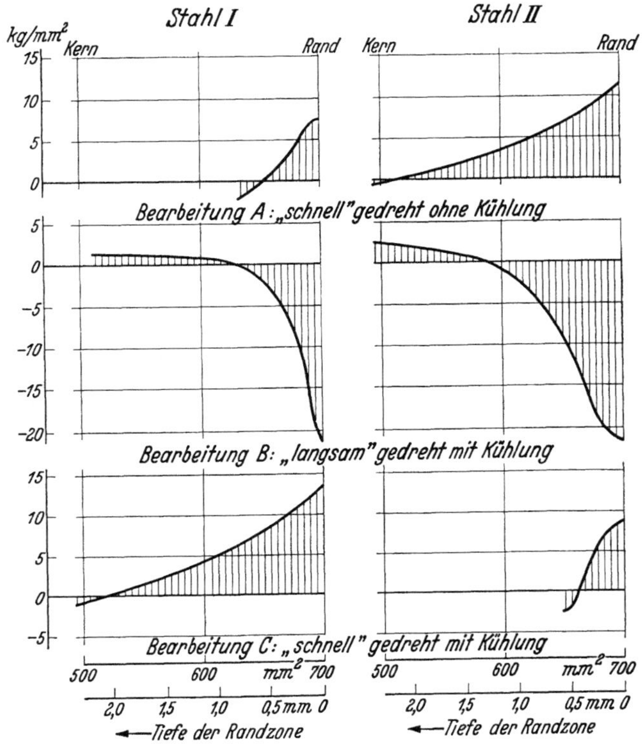

Abb. 147/1. Innere Spannungen in der Grenzschicht gedrehter Körper. (Nach RUTTMANN.)

Spannungswerte in der Randzone wie im Versuch C, welche bis auf 20 kg/mm² heraufgehen, sind immerhin schon ausserordentlich beachtlich.

Es wäre wünschenswert, wenn diese Versuche möglichst auch noch mit anderen Spannungsmeßverfahren fortgesetzt würden.

Das Obengeschilderte stellt die Vorgänge und Zustände bei der Zerspanung dar, wie sie sich makroskopisch und mikroskopisch mit normalen optischen Hilfsmitteln und Spannungsmeßverfahren, mit Hilfe der Funkenkinematographie und der metallographischen Verfahren feststellen lassen. Die

[1] Geglühte und nichtbearbeitete Proben zeigten bei derselben Art der Prüfung Anfangsspannungen von etwa —5 kg/mm² in einer Randzone von etwa 2,5—3,4 mm. Ob diese im Werkstoff trotz des vorherigen Ausglühens vorhanden waren oder durch die oben angedeuteten prinzipiellen Versuchsfehler vorgetäuscht waren, ist nicht ohne weiteres zu entscheiden. Die in Abb. 147/1 dargestellten Kurven zeigen die Bearbeitungsspannungen, nachdem von den erhaltenen Versuchswerten die erwähnten Anfangsspannungen abgesetzt waren.

untere Grenze der letzteren liegt grundsätzlich bei dem Auflösungsvermögen unserer Mikroskope. Damit können jedoch die Vorgänge in oder an dem einzelnen Gefügekorn oder Kristallit nicht erfaßt werden. Zu deren Untersuchung gibt es, wie früher auseinandergesetzt[1], nur ein Mittel, die Verfahren der *Interferenzen von Röntgenstrahlen* oder *Elektronenstrahlen.* Das heißt ein Herabgehen mit der Wellenlänge des Lichtes um 2—3 Größenordnungen oder, vereinfacht ausgedrückt, die Verwendung einer Sonde, die fein genug ist, um in das Kristallgitter selbst einzudringen. Untersuchungen mit diesen Verfahren an Oberflächen, die durch spanabhebende Verformung entstanden sind, stehen noch in den Anfängen, haben aber schon beachtliche Ergebnisse gebracht. THOMASSEN und MC CUTCHEON[2] haben die Veränderung der inneren Grenzschicht beim Drehen und Fräsen in dieser Weise untersucht. Dies geschah in der Weise, daß

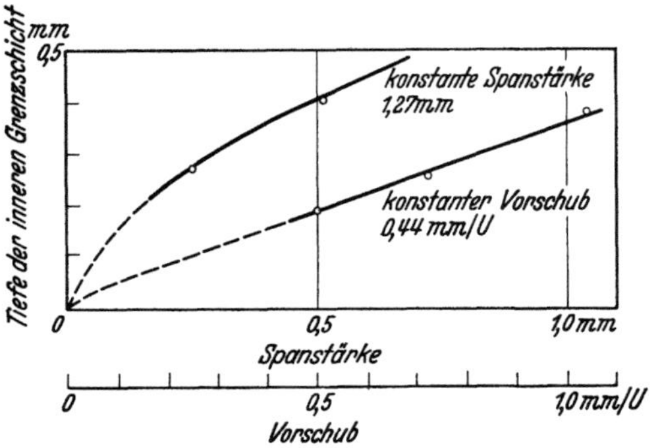

Abb. 148/1. Tiefe der inneren Grenzschicht beim Drehen. (Nach THOMASSEN und MC CUTCHEON.)

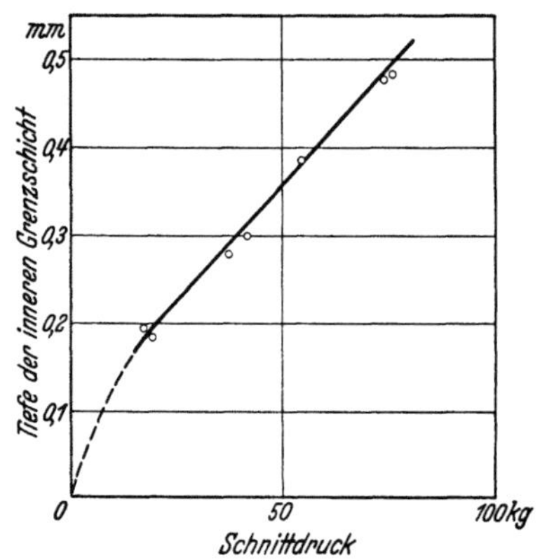

Abb. 148/2. Tiefe der inneren Grenzschicht beim Drehen. (Nach THOMASSEN und MC CUTCHEON.)

sie von sorgfältig geglühtem Werkstoff[3] zunächst Interferenzkurven nach dem DEBYE-SCHERRER-Verfahren aufgenommen haben. Dann wurde das Stück mit einer Schnittgeschwindigkeit von 12 m/min auf der Drehbank bearbeitet und die Grenzschicht durch vorsichtiges Ätzen um einen gewissen gemessenen Betrag abgetragen, worauf eine neue Aufnahme gemacht wurde. Dieses Abtragen des Werkstoffes und Feststellen der Struktur wurde in mehreren Stufen vorgenommen, so daß die Lageänderung der Kristallite und die Verformung des Gitters in Abhängigkeit von der Schichttiefe festgestellt werden konnte. Das Verfahren wurde solange wiederholt, bis eine Schicht erreicht war, die in ihrem Feingefüge dem ursprünglichen Werkstoff entsprach. Abb. 148/1 und 148/2 geben die Tiefe der veränderten Schicht an, und zwar erstens in Abhängigkeit von der Spanstärke, zweitens vom Vorschub je Umlauf und drittens vom Schnittdruck, der gleichzeitig gemessen wird. Die Abbildungen sind auf metrische Maße umgezeichnet. Außerordentlich interessant ist, daß die *Tiefe der verformten Zone nahezu streng proportional mit dem Schnittdruck zunimmt.* RENNINGER[4] hat diese Untersuchungen mit ähnlichen Verfahren fortgesetzt.

[1] Abschnitt 3532, S. 101 ff.

[2] THOMASSEN and MC CUTCHEON: Mech. Engng. Bd. 56 (1934) S. 155.

[3] MESSING: 61,7% Cu, 35,0% Zn, 3,2% Pb.

[4] RENNINGER, M.: Metallwirtsch. Bd. 13 (1935) S. 889. Vgl. auch WEVER: Mitt. Kais.-Wilh.-Inst. Eisenforschg., Düsseld. Bd. 5 (1924) S. 69. Siehe auch Abschnitt über Polieren, S. 159 ff.

Er gibt klar an, was auf diese Weise ermittelt werden kann, nämlich

1. Vorgänge der Kornzerstörung bzw. -zerkleinerung,
2. innere Spannungen, damit Veränderungen der Gitterkonstante des Kristalls,
3. eine Regelung des Gefüges, d. h. eine systematische Umlagerung von feinsten Gefügeelementen in eine bestimmte Richtung.

Alle drei Erscheinungen wurden von ihm auf diese Weise nachgewiesen.

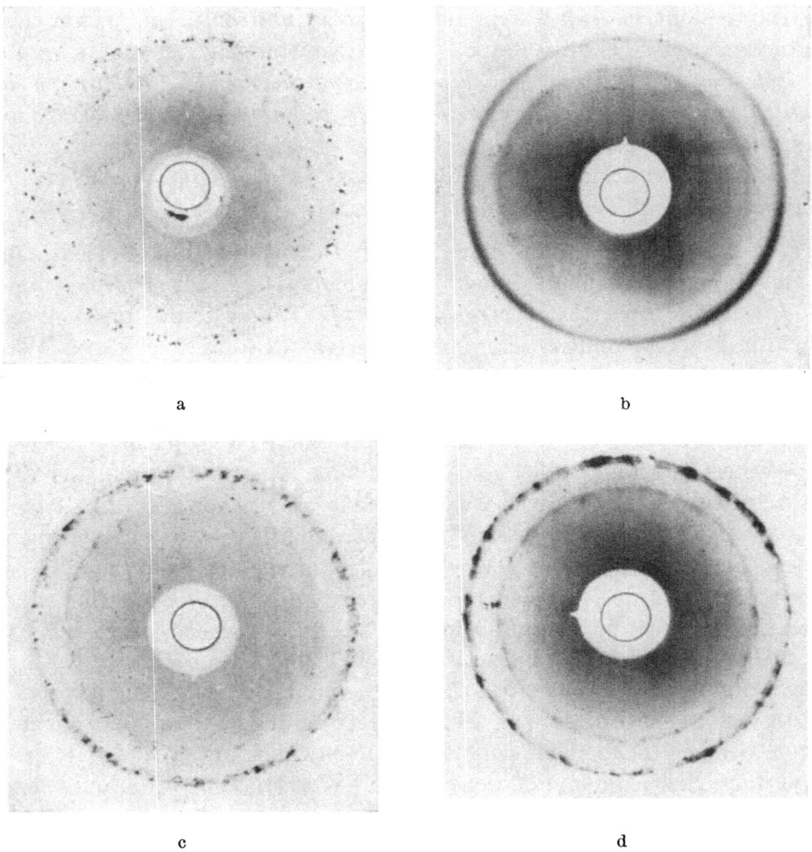

Abb. 149/1 a—d. Einfluß der Bearbeitung auf das Gefüge. (Nach RENNINGER.) DEBYE-Aufnahmen (220 Ring) verschiedener Proben.
a unbearbeiteter Werkstoff; b mit großer Schnittiefe gehobelt; c gedreht 200 m/min; d gedreht 20 m/min.

Abb. 149/1 a—d geben eine Vorstellung von derartigen Röntgeninterferenzbildern. Diese sind von RENNINGER als DEBYE-Aufnahmen nach dem *Rückstrahlverfahren* (Abb. 103/5) erhalten. Ein enges gerichtetes Bündel weicher Röntgenstrahlen strahlte auf die Fläche und wurde in einem Streukegel zurückgeworfen, der auf einen Film auffiel. Aufnahme a zeigt die Spur der auftreffenden Strahlen bei ausgeglühtem, nichtbearbeitetem Material, b eine Aufnahme desselben Materials, nachdem es mit großer Schnittiefe abgehobelt wurde. Zwei weitere Aufnahmen c und d zeigen den Einfluß der Schnittgeschwindigkeit, und zwar beim Drehen; c entspricht 200 m/min d, 20 m/min. RENNINGER findet (Abb. a und b) an derart beleuchteten Flächen ein Verschwinden der Reflexe, die von den einzelnen Kristalliten herrühren, also eine Kornzertrümmerung oder Zerkleinerung, vielleicht auch innere Spannungen, fernerhin aus der ungleichmäßigen Intensitätsverteilung längs des Ringes (b) Anzeichen für eine *Regelung* des Gefüges infolge der Verformung. Zahlenmäßige Zusammenhänge mit den Veränderlichen beim Schneidvorgang (Schnittiefe, Vorschub, Stahlform usw.) sind bis jetzt noch nicht aufgedeckt. Deutlich ist der *Einfluß der Schnittgeschwindigkeit.* RENNINGER stellt fest, daß kein ausgeprägter Unterschied im Wesen des Verformungszustandes bei großen und kleinen Schnittgeschwindigkeiten vorhanden ist. *Indes geht bei geringen Schnittgeschwindigkeiten die Verformung außerordentlich viel tiefer unter die Oberfläche als bei großen.* Schließlich gelingt es RENNINGER auch, zahlenmäßige kristallographische Angaben zu machen über die Art der Umordnung des Gefüges. Es besteht *keine Ähnlichkeit* dieser Gefügeregelung mit der beim Walzvorgang beobachteten.

6224. Zusammenfassendes über die bei Bearbeitung mit Meißeln (Drehen und Hobeln) entstehenden Flächen. Zusammenfassend läßt sich über die Frage *Oberflächenbeschaffenheit und Zerspanungsvorgang,* soweit die Bearbeitung mit Meißeln in Frage kommt, unserer Meinung nach etwa folgendes sagen: Während die älteren Arbeiten über den Zerspanungsvorgang sich im wesentlichen mit den auftretenden Kräften und der Abnutzung (Standzeit) der Werkzeuge beschäftigen, haben die neueren sich zur Aufgabe gemacht, festzustellen, von welchen Umständen bei der Spanbildung die Oberflächenbeschaffenheit eines bearbeiteten Werkstücks abhängt. Wie aber schon die alte Arbeit von TAYLOR zeigt, gibt es ungemein viele Veränderliche, die den Zerspanungsvorgang beeinflussen. Ein Verändern aller dieser im Lauf einer einzelnen Untersuchung würde zu einer uferlosen und völlig unübersichtlichen Arbeit führen. Man sollte in Zukunft nicht mehr, wie es meist geschehen ist, die Oberflächenbeschaffenheit nur als eine nebenher beobachtete Erscheinung betrachten, sondern, wie in den Arbeiten von RAPATZ, WALLICHS und OPITZ und LEYENSETTER, diese zur abhängigen Veränderlichen machen und die übrigen Größen (Schneidenform, Schnittgeschwindigkeit, Art der Kühl- bzw. Schmierflüssigkeit, Gefügeeigenschaften des Werkstoffs usw.) zu unabhängigen. Dies setzt natürlich ein brauchbares Verfahren zur zahlenmäßigen Festlegung der Oberflächenkurven voraus.

Im übrigen wird man immer wieder auf das Studium des *elementaren Vorganges der Spanbildung* selbst zurückgreifen müssen. Dann wird man die inneren Gesetze des Zerspanungsvorganges als Geschehnisse innerhalb der Feinstruktur erkennen und damit erst wird die Vorarbeit für die Erzeugung technischer Oberflächen auf wissenschaftlicher Grundlage geschaffen sein. Hier ist wahrscheinlich noch *für lange Zeit ein wichtiges Feld der Forschung* zu bearbeiten. Erst wenn das vollendet ist, wird man die Zerspanung auch wieder als *wirtschaftliche Aufgabe* betrachten können. Diese läßt sich etwa in folgender Form aussprechen:

Es sei aus Gründen der Gestaltung eine gewisse Mindestgüte der Oberfläche vorgeschrieben (abhängige Veränderliche). Die für die Zerspanung in Frage kommenden Größen (Form und Werkstoff der Schneide, Schnittgeschwindigkeit usw., also die unabhängigen Veränderlichen), sind danach so zu wählen, daß mit einem wirtschaftlichen Mindestaufwand diese vorgeschriebene Oberfläche erzeugt wird.

Die für die Oberflächenbearbeitung entstehenden Kosten wachsen von einer gewissen Grenze ab sehr stark mit der Oberflächengüte, und zwar unter Umständen auch sprunghaft, wenn nämlich ein zweiter Span oder ein neues Oberflächen-Verfeinerungsverfahren (z. B. Schleifen oder Läppen) hinzukommt. Der Konstrukteur wird sich über den Zusammenhang zwischen Oberflächengüte und Kostenaufwand vollkommen im klaren sein müssen, um zu beurteilen, ob die von ihm vorzuschreibende Güte sich wirtschaftlich rechtfertigen läßt.

Ein Beispiel aus diesem großen Gewebe ineinandergreifender Fragen ist das folgende:

Im allgemeinen haben die beim Drehen und Hobeln entstehenden Flächen in der Schnittrichtung eine geringere Rauhigkeit als in der Vorschubrichtung. *Für das Schruppdrehen oder das Feindrehen vor dem Schleifen sollte aber als Regel gelten, daß die Rauhigkeit in der Bearbeitungsrichtung etwa gleich der in der Vorschubrichtung ist* (vgl. Abb. 125/1, 131/4). Da man nämlich die Rauhigkeit in der Vorschubrichtung (Querrauhigkeit) verhältnismäßig einfach beeinflussen kann, z. B. durch Verändern des Schneidenradius oder des Vorschubs, die Rauhigkeit in der Schnittrichtung aber nicht, so wäre es auf diese Weise möglich zu vermeiden, daß bei dem nachfolgenden Schlicht- oder Schleifvorgang mehr Material als notwendig weggenommen werden muß, oder mit anderen Worten: daß die Materialzugabe größer wird als notwendig. *Richtig wäre indes, die Abrundung der Schneide und den Anstellwinkel so zu wählen, daß die Rauhigkeit in der Vorschubrichtung nicht größer wird als in der Schnittrichtung.*

Diese ganze Frage ist seither noch nicht wesentlich in Angriff genommen worden, bietet jedoch Aussicht auf wirtschaftlich mindestens ebenso wertvolle Lösungen wie die reine Untersuchung der Schnittkräfte oder der Standzeit.

6225. Die Oberflächenbeschaffenheit gefräster Oberflächen[1]. Die theoretische Form gefräster Flächen ist einfach zu ermitteln. Sie ergibt sich in derselben Weise wie die Rillenform eines runden Drehspanes. Die Tiefe der Bearbeitungswellen bei einem Walzenfräser wird unabhängig von der Spanstärke

$$H = \frac{s^2}{4\,D}\,, \qquad \text{(Gl. 151/1)}$$

wo s der Vorschub pro Umdrehung und D der Fräserdurchmesser ist. Man wird im allgemeinen gut daran tun, so zu rechnen, als ob der Fräser nur eine einzige Schneide hätte. Der Betrag der Unrundheit eines auch sauber geschärften Fräsers wird in vielen Fällen von derselben Größenordnung wie die Tiefe H sein. Das bedeutet, daß das *Oberflächenprofil letztlich nur von dem am meisten vorstehenden Zahn bestimmt wird.* Wegen des quadratischen Gliedes im Zähler und auch aus Gründen, die mit der Spanbildung zusammenhängen, wird man, wenn größere Oberflächengüte verlangt wird, lieber den Vorschub verringern als den Fräserdurchmesser vergrößern. Ein Fräser von $D = 75$ mm und $s = 2$ mm/Umdr. gibt theoretisch eine größte Rauhigkeit $H = 13\,\mu$. Will man die Hälfte, also $6{,}5\,\mu$ zulassen, so wird man im allgemeinen den Vorschub auf das

[1] Vgl. Stock: Fräserhandbuch. Berlin 1933. Bahlecke: Berichte über betriebswissenschaftliche Arbeiten, Bd. 4. Berlin 1930. Eisele: Masch.-Bau/Betrieb Bd. 14 (1935) S. 133. Eine mit modernen Hilfsmitteln arbeitende Untersuchung über die Spanbildung beim Fräsen s. Ernst u. Martellotti: Mech. Engg. Bd. 57 (1935) S. 487.

$\sqrt{\frac{1}{2}}$ fache, also um 30% auf 1,4 mm/Umdr. vermindern, nicht aber den Durchmesser auf 150 mm erhöhen. Im übrigen muß man immer beachten, daß auch eine gefräste Fläche keineswegs genau der theoretischen Form entspricht. Tafel 14/34b und Tafel 15/34d zeigen z. B. Querschnitte von Flächen, die mit Walzenfräsern bearbeitet sind. Man sieht, wie gelegentlich Gefügekörner aus dem Verbande herausgerissen worden sind. Im übrigen spielen gerade bei gefrästen Flächen die sogenannten Rattermarken oft eine sehr wesentliche Rolle[1]. Diese dürften nicht nur mit Biegungs-, sondern oft auch mit Torsionsschwingungen des Fräsdornes und schließlich auch mit Schwingungen von Tisch und Werkstück zusammenhängen.

In diesem Zusammenhang sei noch auf die Frage des sogenannten *gleichläufigen Fräsens* hingewiesen. Es handelt sich dabei darum, ob es zweckmäßig sei, einen Walzenfräser in der Vorschubrichtung laufen zu lassen oder entgegen

a b

Abb. 152/1. Werkstück, bei a gegenläufig, bei b gleichläufig gefräst.

dieser. Diese Frage ist durch den Bau von besonderen „Gleichlauffräsmaschinen" und die Empfehlung des gleichläufigen Fräsens im Schrifttum viel erörtert worden[2]. Nach neueren Ergebnissen[3] scheint die durch einen Walzenfräser erzeugte Schnittfläche wirklich wesentlich besser zu sein, sofern eigens hierfür gebaute Maschinen bzw. Frästische Verwendung finden (Abb. 152/1).

Zur Beurteilung dieser Frage ist es zweckmäßig, die Kräfte am Fräszahn bzw. am Werkstück für den einen oder anderen Fall ins Auge zu fassen[4]. Hierbei ist besonders der Verlauf der Kräfte beim Austritt bzw. Eintritt eines Zahnes an der Übergangsstelle A der bearbeiteten Fläche in die Schnittkurve erörtert worden (Abb. 153/1). In beiden Fällen nehmen, rein geometrisch gesehen, die Spanquerschnitte stetig ab bzw. zu und werden an der Stelle A Null. Dasselbe

[1] Gute Beispiele bei Bahlecke: a. a. O.

[2] Jereczek: Z. VDI Bd. 80 (1936) S. 237. Derselbe: Masch.-Bau Bd. 15 (1936) S. 433. Kreide: Masch.-Bau Bd. 15 (1936) S. 249.

[3] Vgl. Vorführungen einiger Firmen auf der technischen Messe 1936.

[4] Über die Kräfte am Zahn des Fräsers vgl. (immer noch) Fischer: Werkzeugmaschine, S. 17. Berlin 1905. Ferner Salomon: Z. VDI Bd. 72 (1928) S. 1619. Salomon: Diss. München 1924. Beckh: Masch.-Bau Bd. 5 (1926) S. 497. Bahlecke: Berichte über betriebswissenschaftliche Arbeiten, Bd. 4. Berlin 1930. Stock-Z. 1932 H. 1 S. 3. Eisele: Diss. Stuttgart 1931. Schroeder: Masch.-Bau Bd. 13 (1934) S. 541. Kiekebusch u. Pohl: Masch.-Bau Bd. 14 (1935) S. 253. (Diese Arbeiten stehen nur in einem losen Zusammenhang mit dem Problem.)

sollte auch mit den Kräften am Fräser der Fall sein. Es wird aber von den Anhängern des Gleichlauffräsens wohl die im wesentlichen richtige Auffassung vertreten, daß dieser Verlauf zwar beim gleichläufigen Fräsen wirklich auftrete, nicht aber beim gegenläufigen Fräsen. Wegen der unvermeidlichen Federung im System Werkstück-Werkzeug-Maschine weiche der Fräser beim Eintritt in den Schnitt, also beim gegenläufigen Fräsen, zunächst nach oben aus. Es entstehe ein Klemmen (Keilwirkung) zwischen Zahn und Werkstück in dem kleinen Winkelbereich $\varDelta\,\alpha$ (Abb. 153/1), bis schließlich die elastischen Gegenkräfte so groß seien, daß sie das Anschneiden des Zahnes erzwingen. Diesen hypothetischen Verlauf der Vertikalkräfte haben wir in Abb. 153/1 angedeutet. Beim gleichläufigen Fräsen, wo der Zahn oben in das Werkstück mit der größeren Spanstärke eintritt und dann bei A zwanglos ausläuft, soll eine solche Druckspitze nicht auftreten. Diese und ähnliche Unterschiede (z. B. die unter gewissen Umständen auch nach oben gerichteten Vertikalkomponenten in der Gegend von B beim gegenläufigen Fräsen) im Verlauf der Kräfte sollen der Grund für die zweifellos höhere Oberflächengüte beim Gleichlauffräsen sein. Beim gegenläufigen Fräsen findet man in der Tat auch unter günstigen Verhältnissen vielfach, wenn auch schwach ausgeprägte Rattermarken[1]. *Auffallend ist,* daß beim Gleichlauffräsen gewöhnlich keine glänzend glatte, sondern eine fein matte *„sammetartige“ Oberfläche* erzielt wird. Es erscheint wichtig, mit den modernen Verfahren der Oberflächenprüfung das Profil dieser zu untersuchen und vor allem auch durch das Verfahren der Querschliffe, möglicherweise unter Zuhilfenahme der Rekristallisation als Indikator für die Verformung[2], zu sehen, wie die innere Grenzschicht des Werkstoffes in beiden Fällen gegenüber dem Werkstoff in der Tiefe verändert ist. Nach dem äußeren Ansehen kann man zwar die Rauhigkeit der Oberflächen etwa vergleichen, nicht aber ihre „Gesundheit“ (SCHWERD), auf die es wesentlich ankommt[3].

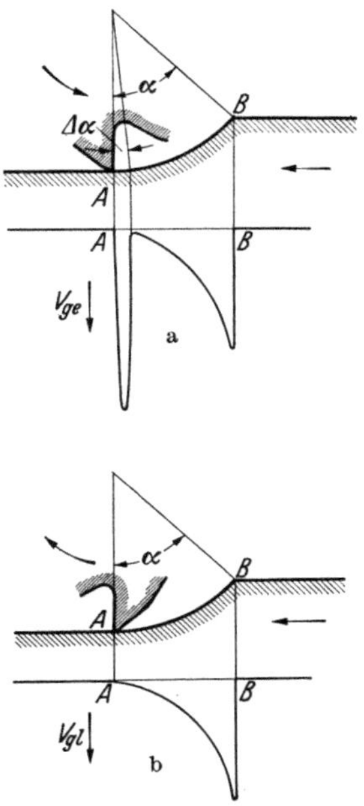

Abb. 153/1. a Vorgang beim gegenläufigen Fräsen; b Vorgang beim gleichläufigen Fräsen.

Voraussetzung für die geschilderte Wirkung beim Gleichlauffräsen ist unter allen Umständen die, daß die Führung und Bewegung des Tisches durch die Vorschubsorgane vollkommen satt und spielfrei erfolgt und daß auch durch entsprechende Ausbildung der Befestigungsdorne und Zwischenringe jede Möglichkeit zu Ratterbewegungen innerhalb vernünftiger Grenzen ausgeschaltet wird.

Eine gründliche *Klärung aller Verhältnisse* beim gleichläufigen und gegenläufigen Fräsen kann wohl nur durch praktisch verzögerungsfreie Untersuchung der Schnittdruckkräfte z. B. mit Piezoquarzen und Oszillograph, Funkenphotographie der Spanbildung und metallographische *Untersuchung der inneren Grenzschicht* gewonnen werden. Hier liegt eine dankbare Aufgabe für weitere Forschung.

---

[1] Vgl. auch EISELE: Masch.-Bau Bd. 14 (1935) S. 133. — [2] Vgl. S. 21ff. — [3] Vgl. S. 146.

6226. Die Oberflächenbeschaffenheit geschliffener, geläppter usw. Flächen. Die vorausgegangenen Betrachtungen haben die Frage behandelt, wie die Beschaffenheit von Oberflächen beim Bearbeiten mit Meißeln, Drehen, Hobeln und Fräsen aus den elementaren Verformungsvorgängen verstanden werden könne. Wir untersuchen nunmehr die Oberflächen, die beim Schleifen, Polieren

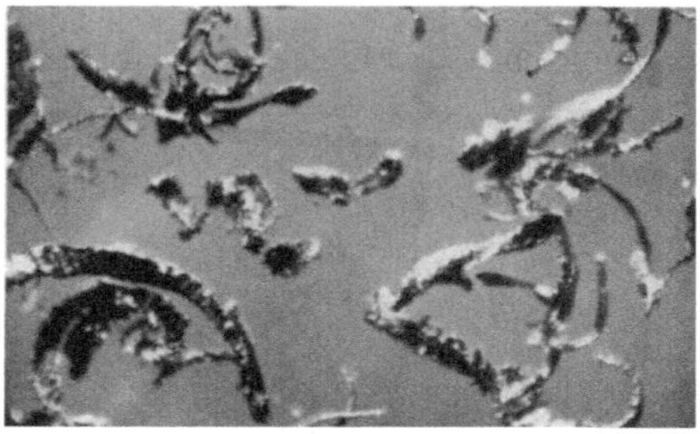

Abb. 154/1. Schleifspäne von Messing. Vergr. 48×.

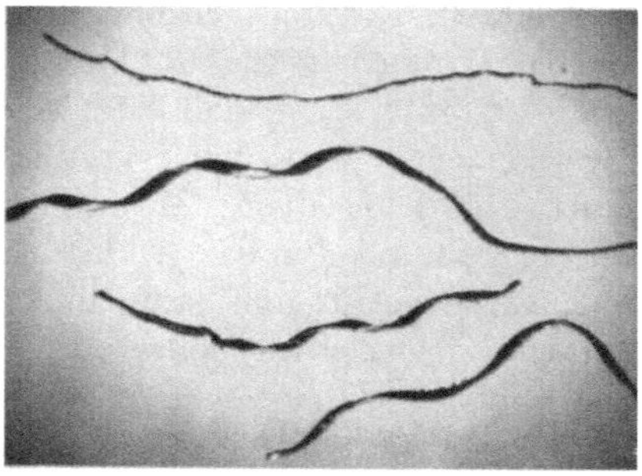

Abb. 154/2. Schleifspäne von Stahl.

und Läppen entstehen. *Wir können annehmen, daß beim Schleifen von Metall mit kristallinischen Schleifmitteln die Zerspanung, wenigstens im Prinzip, so erfolgt wie bei der Bearbeitung mit Meißeln.* Eine mikroskopische Untersuchung der beim Schleifen abgenommenen Späne[1] zeigt, daß sie, obschon viel feiner

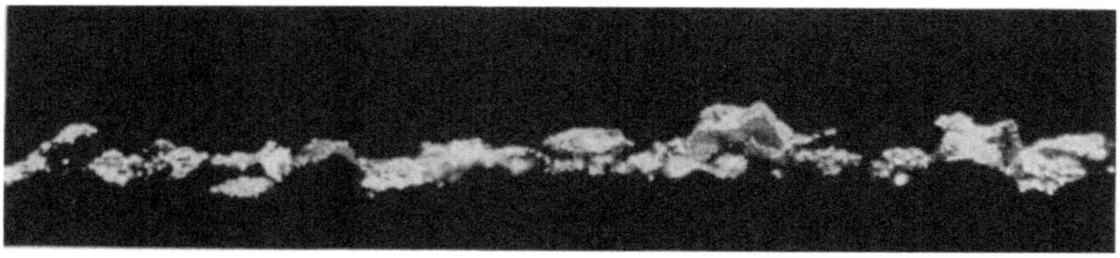

Abb. 154/3. Schmirgel Nr. 5. Vergr. 8×.

als die bei den vorgenannten Verfahren erhaltenen, ihnen in ihrem Bau ähnlich sind. Es handelt sich meist um spiralige Locken, die offenbar den Fließspänen entsprechen. Nur hat der Schleifspan vielfach die Form eines schmalen, um eine Längsachse tordierten Bandes (Abb. 154/2). Dies läßt sich wahrscheinlich auch aus den vielfach negativen Spanwinkeln (DIN 168) der Schleifkörner verstehen (Abb. 154/3). Aber auch typische Scherspäne, wie man sie beim Drehen oder Hobeln von sprödem Werkstoff findet, kommen vor (Abb. 154/1).

Geschliffene Oberflächen sind im allgemeinen dadurch gekennzeichnet, daß sie eine *praktisch unendlich große Anzahl von Bearbeitungsspuren* aufweisen. Wenn man versucht, unter dem Mikroskop die Schleifrisse auf die Längeneinheit auszuzählen, so findet man mit zunehmender Vergrößerung des Mikroskops auch eine entsprechend zunehmende Anzahl von Schleifrissen (Abb. 155/1). Man überlegt sich leicht, daß dies so sein muß.

Der einfachste Fall ist der des *Planschliffs* mit einer Topf- oder Ringscheibe. Es wird eine sehr große Anzahl von Schleifkörnern über die Fläche hinweggeführt.

[1] Krug: Z. VDI Bd. 71 (1927) S. 1109f.

von denen jedes an einer anderen Stelle sitzt und innerhalb der Grenzen zwischen dem tiefsten und höchsten vorstehenden Korn verschieden hoch liegt. Dadurch entstehen verhältnismäßig sehr lange Schleifrisse, die (wenigstens wenn das Werkzeug größere Abmessungen hat als das Werkstück) erst durch das Austreten jedes einzelnen Kornes oder durch vorzeitiges Ausbrechen desselben ihr Ende finden. Anders beim *Rundschleifen.* Hier tritt jedes einzelne Schleifkorn in das Werkstück kurz vor der theoretischen Berührungsstelle zwischen Scheibe und Werkstück ein und nach einem kurzen Weg wieder aus. Die Spur der Körner ist zykloiden- oder praktisch kreisbogenförmig. Man bekommt, wie leicht zu sehen ist, zwischen dem Radius des niedrigsten und höchsten Kornes eine durch den Zufall ihrer Lagerung bestimmte zusammengesetzte Kurve (Abb. 155/2). Die mittlere Lage der so entstehenden Bögen hängt einerseits ab von dem Verhältnis der Schneidradgeschwindigkeit zur Umlaufsgeschwindigkeit des Werkstücks und andererseits von dem Verhältnis der Krümmungen beider. Die Bahnen der nachfolgenden Körner überschneiden vielfach die der vorausgegangenen, so daß die endgültigen Spuren ganz verschiedene Länge haben. Während beim *Außenschleifen* die Krümmungen in entgegengesetzter Richtung liegen, liegen sie beim *Innenschleifen* in derselben Richtung. Dadurch wird die Schmiegung entsprechend besser, die Verweilzeit des einzelnen Kornes im Werkstück größer und damit wächst sein Schneidweg[1].

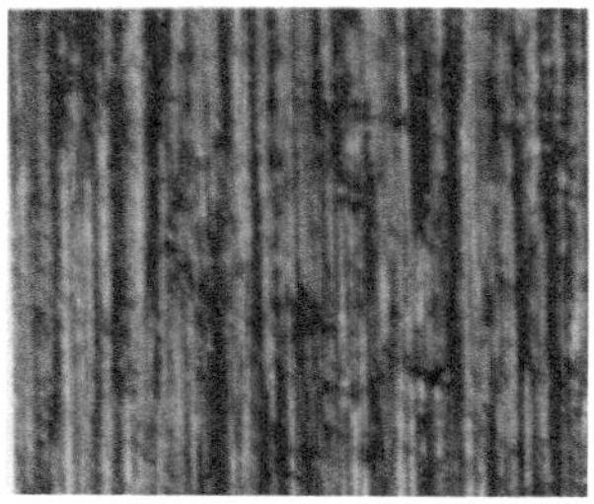

Abb. 155/1. Motorwelle geschliffen (amerikanische Fabrik). Vergr. 190 ×.

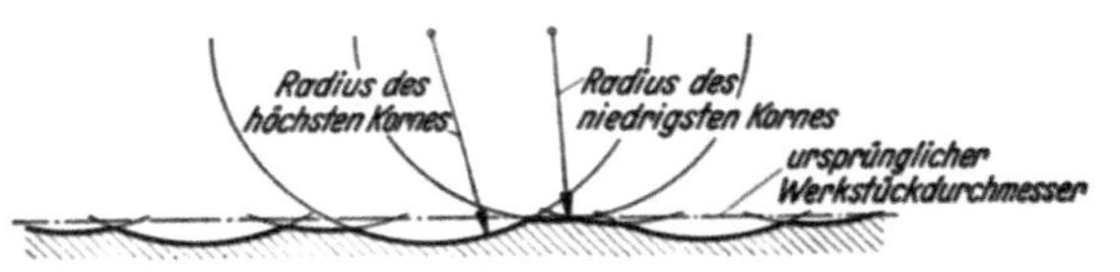

Abb. 155/2. Profilkurve beim Schleifen in der Schnittrichtung. Die runde Werkstückoberfläche ist abgewickelt.

Daß die mikrogeometrische Gestalt des Werkstücks in der Schleifrichtung wirklich diesen Überlegungen entspricht, sieht man am besten dann, wenn eine geschliffene Fläche durch nachträgliches Läppen geglättet worden ist, so daß ein Teil der Schleifrisse entfernt wurde und nur die tiefsten stehengeblieben sind. Man kann auf diesem Wege übrigens den Verlauf der Schleifrisse nach der Tiefe und damit die Abbott-*Funktion* oder *Tragkurve* ermitteln (vgl. Abschnitt 3413, S. 59ff.). Abb. 155/3 zeigt ein

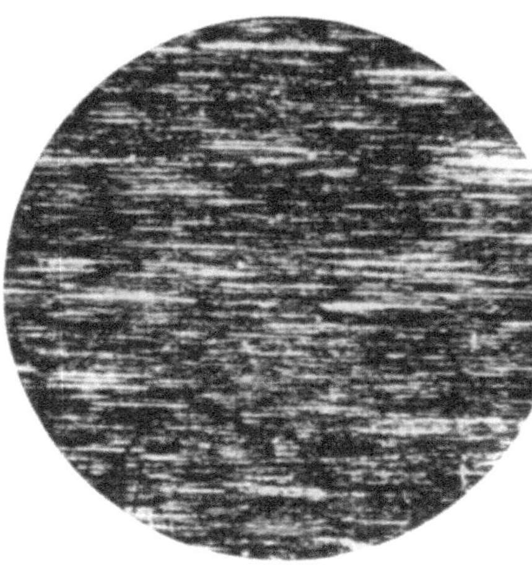

Abb. 155/3. Stahl 60 kg geschliffen und geläppt. Vergr. 82 ×.

[1] Zur Theorie des Schleifens. Vgl. die Arbeiten von Krug: Werkst.-Techn. 1929 S. 310; Masch.-Bau 1925 S. 875; VDI-Z. 1927 S. 1109. Sahm: Werkst.-Techn. 1928 S. 314. Uhlig: Werkst.-Techn. 1929 S. 173. Bachmann: Beiträge zur Kenntnis der Zerspanung von Gußeisen und Stahl auf der Innenschleifmaschine. Diss. Dresden, o. J.

derartiges Beispiel einer geschliffenen und nachträglich geläppten Stahlfläche einer deutschen Werkzeugmaschinenfabrik. Die durch Anläppen erzeugte spiegelnde Fläche erscheint bei der Dunkelfeldaufnahme schwarz. In ihr

Abb. 156/1. Gelaufener Automobilbolzen. Vergr. 195×.

liegen die noch übrig gebliebenen Reste der Schleifrisse. (Vgl. im Gegensatz dazu Tafel 17, 18, 19, 21, 22 von geschliffenen Flächen, die ebenfalls im Dunkelfeld aufgenommen wurden.) Etwas ähnliches kann natürlich zustande kommen, wenn eine geschliffene Fläche der Abnutzung unterworfen wird. Abb. 156/1 zeigt einen längere Zeit gelaufenen Automobil-Kolbenbolzen bei Aufnahme im Dunkelfeld. Die ausgedehnten schwarzen Teile der Fläche zeigen keinerlei Störungsstellen mehr, dürften also bis auf mindestens 0,1 μ glatt sein. Übriggeblieben sind diejenigen Teile der Schleifrisse, die

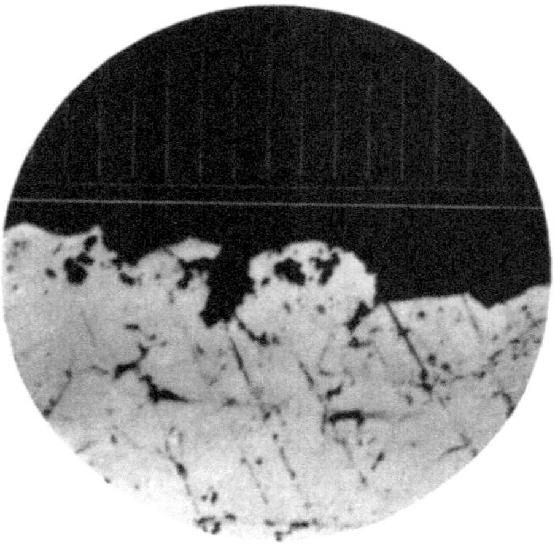

Abb. 156/2. Kolbenbolzen geschliffen. Vergr. 360×.

Abb. 156/3. Schleifspuren (Stahl). (Nach KRUG.)

tiefer waren als die geläppte Fläche. Ihnen haben sich wahrscheinlich im Laufe der Zeit noch neue Risse hinzugesellt, die von Schmutz im Schmieröl usw. herrühren.

Bei *spröden Materialien* (Gußeisen, gegossenen Leichtmetallen usw.), unter Umständen aber auch bei Konstruktionsstählen, kommt es genau wie bei der Zerspanung mit Meißeln auch zu feinsten Scherspänen und vor allem zum *Ausbrechen einzelner Gefügeteile.* Abb. 156/2 zeigt die Oberfläche eines geschliffenen Kolbenbolzens bei sehr hoher Vergrößerung, bei dem diese Erscheinung deutlich zu sehen ist. Auch noch andere Umstände können Abweichungen von der einfachen, geometrisch verständlichen Oberflächengestalt geschliffener Flächen zur Folge haben. Abb. 156/3 zeigt die Aufsicht einer geschliffenen Planfläche von Stahl. Auffällig sind die merkwürdigen, sich verdickenden und dann plötzlich abbrechenden Schleifspuren. Diese sind wahrscheinlich so zu verstehen: Ein Staukegel des Werkstoffes vor einem einzelnen Schleifkorn gibt plötzlich auf einer Gleitfläche nach und gibt damit dem Korn den Weg frei. Diese Erscheinungen, die an das periodische Auftreten des Schneidenansatzes erinnern, verdienen noch gründliche Bearbeitung.

In diesen Fällen kann die Gestalt der Oberfläche in keiner Weise vorausgesehen werden und es entstehen *Rauhigkeiten, die von dem Gefüge des Werkstoffs erheblich mitbedingt werden.*

Die Spanbildung, welche immer auf irgendwelchen Gleitvorgängen beruht, pflanzt sich natürlich ebenso wie bei der Bearbeitung mit Meißeln in die *innere Grenzschicht* fort. Einen Einblick in diese kann uns nur die metallographische Forschung[1] und die Untersuchung mit Röntgen- und Elektronenstrahlen geben. Wir kommen auf diese Frage zusammen mit den beim Polieren auftretenden Änderungen des Gefüges zurück.

Abb. 157/1. Feinstgeläppte Endmaßfläche höchster Präzision. Vergr. 100×.

Von der *Gestalt geschliffener Flächen zu der geläppter und polierter* gibt es stetige *Übergänge.* Bei den allerfeinsten geschliffenen und schlechten geläppten Flächen lassen sich kleine regelmäßige Rauhigkeiten mit dem Lichtschnittverfahren noch nachweisen (Tafel 18/42b, Tafel 19/43b). Das Querschliffverfahren (vgl. Tafel 24/57c) geht noch etwas weiter. Schließlich kommt man aber an eine Grenze, bei der alle Verfahren der unmittelbaren Darstellung durch Profilkurven versagen. Die Flächen erscheinen dann einwandfrei glatt. Bei der Betrachtung in Aufsicht, und zwar im Dunkelfeld aber zeigen sie immer noch gewisse Bearbeitungsmerkmale, die die Profilverfahren nicht mehr nachzuweisen erlauben (Tafel 21). Mit dem Verfahren der Mikrointerferenzen (Abschnitt 3412, S. 58f.) läßt sich auch die Tiefe dieser bestimmen. Bei feingeläppten Flächen (Abb. 157/1) liegt sie zwischen 0,1—0,05 μ. Bei bester Politur verschwinden schließlich auch sie und es sind nur ab und zu einige Gasblasen sichtbar, die von dem ursprünglichen Schmelzprozeß des Materials herrühren (Abb. 158/1). Man kann also annehmen, daß, abgesehen von diesen, etwaige Rauhigkeiten der Oberflächen größenordnungsmäßig unterhalb etwa 0,05 μ liegen. Auch bei diesen Flächen läßt sich bei geeigneter empfindlicher Versuchsanordnung (Abschnitt 35317, insbesondere S. 100) noch ein gewisser Anteil diffus reflektierten Lichtes nachweisen. Ein Beweis dafür, daß auch sie in Wirklichkeit keineswegs vollkommen glatt sind.

Was nun das Wesen des *technologischen Vorgangs beim Polieren* angeht, so bestand früher, und zum Teil auch heute noch in England und Amerika, die Auffassung[2], daß eine Erwärmung, vielleicht sogar ein Schmelzen der aller-

---

[1] Vgl. J. Czochralski: Metall u. Erz Bd. 13 (1918) S. 381.

[2] Beilby: Aggregation and flow of solids. London 1921. Beilby hat in diesem außerordentlich lesenswerten und geistreichen Buch eine große Serie eigener Versuche nieder-

feinsten Schichten, zustande komme und daß schließlich unter dem Einfluß der „Oberflächenspannung" die glatte Oberfläche geschaffen werde. Hierbei sollen auch Teile des Poliermittels bei dem Schmelzprozeß in das Material hineingeraten. Dabei bestand die Meinung, daß diese feinsten Oberflächenschichten amorphen Charakter haben, also völlig ungeordnete Atome enthalten. Diese angeblich amorphe Schicht wird vielfach als BEILBY-Schicht bezeichnet, da Sir BEILBY ihre Existenz zuerst behauptet hat. Heute dürfte wohl als ziemlich sicher feststehen, daß die etwas primitive Vorstellung eines Schmelzvorganges der obersten Schichten beim Polieren und eine Ausrichtung rauher Oberflächenteile unter dem Einfluß der „Oberflächenspannung" nicht zutrifft. Eine andere Frage ist jedoch die nach dem atomaren Bau der obersten Schichten. In einer Arbeit über die feineren Vorgänge beim Schleifen und Polieren macht HAMBURGER [1] darauf aufmerksam, daß auch bei allerfeinstem Reiben, z. B. beim Wischen mit feiner Watte oder Leder über eine polierte Metallfläche, schon Partikel losgerissen werden, die mit keinem optischen Verfahren, auch der Ultramikroskopie, mehr sichtbar gemacht werden können. Es ist aber möglich, sie durch das Verfahren der sog. physikalischen Entwicklung [2], bei dem sie als Keime zum Niederschlag von Silber aus Lösungen dienen, noch wahrnehmbar zu machen. Untersuchungen verschiedenster Art zeigen, daß hochglänzend

Abb. 158/1. Dunkelfeldaufnahme einer Endmaßfläche allerhöchster Güte. Die weißen Punkte sind Gasblasen im Werkstoff. Polierrisse sind nicht mehr vorhanden. Die Fläche ist so gut, daß sie wegen ihrer Empfindlichkeit gegen Verletzungen als Endmaßfläche praktisch nicht verwendet werden kann. Vergr. 100×.

gelegt, die sich mit den feinsten Oberflächenveränderungen beim Schleifen, Polieren und ähnlichen Vorgängen, auch bei chemischen Angriffen usw., beschäftigen. Das Buch enthält eine Fülle origineller Beobachtungen und erinnert an die alte Tradition qualitativ beobachtenden Forschens. Vgl. auch DESCH: The Chemistry of solids. Cornell University Press 1934.

[1] HAMBURGER: Z. Metallkde. Bd. 25 (1933) S. 29f. Dort auch reichliche Literaturangaben. — [2] Vgl. GERLACH: Erg. exakt. Naturwiss. Bd. 3 (1924) S. 191.

polierte Metallflächen physikalische Eigenschaften haben, die von denen des übrigen Materials abweichen (Löslichkeit, elektro-motorische Kraft, photoelektrischer Effekt, Härte usw. [1]).

Eine endgültige Entscheidung über das, was in der inneren Grenzschicht bei dem Schleifen, Läppen und Polieren wirklich geschieht, kann nur die Untersuchung mit *Röntgen- und Elektronenstrahlen* (vgl. Abschnitt 3532, S. 101ff.) geben[2]. G. P. THOMSON[3] glaubte gefunden zu haben, daß polierte Metalle keine Elektronenbeugungsringe geben und schloß daraus, daß die oberste Schicht amorph sei. FRENCH[4] hat diese Arbeiten fortgeführt und verwaschene Ringe gefunden, die er ähnlich gedeutet hat. KIRCHNER[5] hingegen hat ebenfalls an polierten Flächen verwaschene Beugungsringe gefunden, deren Bedeutung wir später besprechen werden. GERMER[6] kam zu ähnlichen Feststellungen. W. BOAS und E. SCHMID[7] haben an metallischen Einkristallen gearbeitet, welche natürlich weit einfachere Verhältnisse darbieten als die technischen Haufwerke. Dafür gibt deren Arbeit aber auch das Grundsätzliche des Vorganges in viel reinerer Form. BOAS und SCHMID nahmen an geschliffenen und polierten Probestücken *Reflexionsdiagramme* auf mit langwelligem, also zur Untersuchung der Struktur dünner Schichten besonders geeignetem Röntgenlicht[8]. Sie benutzten zu den Versuchen Einkristalle von Aluminium, Kupfer, Zink und Antimon. Diese wurden auf einer rotierenden Scheibe um etwa 0,5 mm mit Schmirgelpapier Nr. 2 abgeschliffen, dann nachgeschliffen mit Papier 1 *G* und schließlich mit Tonerde zweierlei Feinheitsgrades ebenfalls auf einer rotierenden Scheibe poliert. Die Proben wurden darauf in der üblichen Weise solange stufenweise abgeätzt und untersucht, bis das gewöhnliche Gefüge des Ausgangszustandes angetroffen wurde. Das Ergebnis war folgendes: In einer sehr *dünnen obersten Grenzschicht* ist nach der Bearbeitung *das Kristallgefüge* gegenüber dem Ausgangszustand außerordentlich feinkörnig geworden. Es muß eine völlige Umbildung erlitten haben, denn die Auslöschung der DEBYE-SCHERRER-Kreise zeigt, daß eine Rekristallisation als Folge ausgedehnter Kornzerstörungen stattgefunden hat. In einer darunterliegenden zweiten Schicht trifft man gleichzeitig verschiedene Gitterlagen, was auf eine durchgreifende Störung und starke Umformung schließen läßt. Bei diesen Versuchen, welche natürlich von den betriebsmäßigen Verhältnissen der Werkstattschleifvorgänge noch erheblich weit entfernt sind, ergab sich etwa folgende Dicke der Schichten:

Z.T. 159/1.

Metall	Feinkristalline Oberschicht μ	Verformte Zwischenschicht μ
Aluminium	15	30
Kupfer	5	20
Zink, parallel zur Basis .	15	160
,, senkrecht zur Basis	30	300
Antimon	20	100

[1] SPRING: Bull. Acad. Roy. Belg. 1903 S. 1033. — [2] Vgl. auch S. 22 und S. 149.
[3] THOMSON, G. P.: Proc. Roy. Soc., Lond. Bd. 128 (1930) S. 641.
[4] FRENCH: Proc. Roy. Soc., Lond. Bd. 140 (1933) S. 637.
[5] KIRCHNER: Nature Bd. 129 (1932) S. 545.
[6] GERMER: Physic. Rev. Bd. 43 (1933) S. 724.
[7] BOAS, W. u. E. SCHMID: Naturwiss. Bd. 20 (1932) S. 416f. (Diese sehr beachtenswerte Arbeit sollte im Original nachgelesen werden.) Siehe auch BOAS u. SCHMID: Mitt. dtsch. Mat.-Prüf.-Anst. Sonderheft 21 (1933) S. 39.
[8] Vgl. W. BOAS u. E. SCHMID: Metallwirtsch. Bd. 10 (1931) S. 917.

Auch in England, wo die Vorstellung der amorphen Oberflächenschicht polierter Körper (BEILBY-Schicht) allgemein verbreitet war, wurde neuerdings wieder über diese Frage gearbeitet. Beobachtungen von FINCH und QUARREL[1] mit Elektroneninterferenzen haben das erstaunliche Ergebnis gezeigt, daß polierte Oberflächen die Eigenschaft haben können, Kristalle eines fremden Metalls bei gewöhnlicher Temperatur aufzulösen bzw. durch Diffusion in sich aufzunehmen. Wenn derartige Fremdkristalle auf einem polierten Metall bei gewöhnlicher Temperatur im Vakuum aufgedampft (sublimiert) wurden, erschien deren Beugungsbild, verschwand aber dann nach wenigen Sekunden wieder. Eine abgeätzte polierte Schicht, die also zweifellos kristallinisch war, hatte nicht diese Eigenschaft. Man kann sich dieses Phänomen grob etwa so versinnbildlichen wie das Verschwinden von aufgestäubten Kochsalzkristallen auf einem feuchten Löschkarton. Immerhin dürfte nunmehr feststehen, daß die mit weichen Elektronenstrahlen erhaltenen Interferenzenbilder polierter Schichten nur noch verwaschene Ringe ergeben. KIRCHNER[2] glaubt diese so deuten zu können, daß feinste Rauhigkeiten, die für die Bildung der Interferenzen allein verantwortlich seien, durch den fortschreitenden Polierprozeß verschwinden und dadurch die Ringe immer verwaschener werden. Einwandfrei amorphe Körper ebenso wie Flüssigkeiten ergeben[3] keine, also auch keine sogenannten verwaschenen Ringe.

Zusammenfassend läßt sich wohl sagen, daß über den atomaren Bau der obersten Schicht auch heute noch keine endgültige Klarheit herrscht[4]. Mindestens aber dürfte feststehen, daß in der Tat *die alleroberste Schicht eine ausgesprochen andere Struktur hat als ein gewöhnliches kristallinisches Haufwerk*. Ob man diese amorph nennen will, ist vielleicht zum Schluß nur eine Frage der Definition. Recht unregelmäßig angeordnete feinste Kristallite, die nur aus wenigen Elementarzellen bestehen, mit Gitterabständen zwischen 10^{-7} und 10^{-6} mm, würden wahrscheinlich derartige Beugungsbilder ergeben. Diese Vorstellung ist auch um deswillen einleuchtend, weil sie einen unmittelbaren Übergang zu den oben erwähnten Beobachtungen von BOAS und SCHMID (S. 159) gibt.

Wir können also mit allem Vorbehalt folgendes feststellen:

Es besteht *kein grundsätzlicher Unterschied zwischen dem, was man gewöhnlich zerspanende Verformung nennt*, also der Bearbeitung mit Meißeln einerseits *und dem Schleifen und schließlich dem Polieren andererseits*[5]. Es ist wahrscheinlich so, daß auch beim Polieren es sich um eine feinste Abtrennung von Material, Verschmieren desselben in feinste Vertiefungen, Verformen der Kristallite, unter Umständen auch mit nachfolgenden Rekristallisationsprozessen und schließlich auch Störungen des tieferen Gitteraufbaues handelt. Dafür, daß Schmelz-

[1] FINCH and QUARREL: Nature, Lond. Bd. 137 (1936) S. 516.

[2] KIRCHNER: Erg. exakt. Naturwiss. Bd. 11 Berlin 1932. Nature, Lond. Bd. 129 (1932) S. 545. — [3] Nach persönlicher Mitteilung von Prof. KIRCHNER.

[4] Eine wichtige, sehr eingehende Diskussion über die ganze Frage hat neuerdings in der Faraday Society stattgefunden und muß dort [Trans. Faraday Soc. Bd. 31/9a (1935) S. 1102f.] nachgelesen werden. Dort und bei FINCH u. QUARREL (a. a. O.) findet sich auch die Literatur nahezu vollständig. Die neueste Arbeit von DOBINSKI: Nature, Lond. Bd. 138 (1936) S. 31 zeigt, daß neuerdings auch in England die frühere Auffassung der amorphen Schicht in Zweifel gezogen wird.

[5] Dies bezieht sich auf Metalle. Die Verhältnisse bei Glas sind hier nicht berücksichtigt. Wahrscheinlich liegen diese, schon wegen des anderen Aufbaues des Ausgangsmaterials, völlig anders als beim Metall.

vorgänge im Spiele sind, gibt es keine entscheidenden Beweise. Noch weniger dafür, daß polierte Flächen durch das Vorhandensein einer echten amorphen Schicht ausgezeichnet sind, also sich von allen anderen bearbeiteten Oberflächen grundsätzlich unterscheiden. Diese Auffassung ist deshalb so befriedigend, weil sie einen *stetigen Übergang zwischen den verschiedenen technologischen Vorgängen* schafft, während man früher der Meinung war, daß mindestens der Poliervorgang etwas völlig Wesensverschiedenes von der eigentlichen zerspanenden Verformung sei. Andererseits bildet die Betrachtung der plastischen Verformungsvorgänge in den Grenzschichten wiederum den Übergang zu der eigentlichen spanlosen Verformung, die uns weiterhin beschäftigt.

63. Die Oberflächen bei spanloser Formung.

Über die Theorie des plastischen Zustandes und die Technologie der spanlosen Formung gibt es zahlreiche Übersichten und Lehrbücher[1]. Die *Zusammenhänge* des spanlosen Verformungsvorganges *mit der Oberflächenbeschaffenheit* sind dagegen noch nicht systematisch behandelt. Wir wollen daher im nachstehenden an sich bekannte Tatsachen unter diesem Gesichtspunkte zusammenstellen.

Die *technischen Anforderungen an die Oberflächenbeschaffenheit* spanlos verformter Werkstücke liegen innerhalb sehr weiter Grenzen:

Beim Auswalzen von Vorblöcken, Knüppeln usw. oder beim Schmieden großer Werkstücke spielt die mikrogeometrische Gestalt der Oberflächen überhaupt keine, die makrogeometrische nur eine verhältnismäßig geringe Rolle. Bei Stahlblechen unter 3 mm (Feinbleche nach DIN 1623) werden recht verschiedenartige Ansprüche an die Oberflächenbeschaffenheit gestellt, leider

[1] LUDWIK: Elemente der technologischen Mechanik. Berlin 1909. SACHS, G.: Mechanische Technologie der Metalle. Leipzig 1925. Spanlose Formung der Metalle. Berlin 1931. Praktische Metallkunde, II. Berlin 1934. Dieser Band des ausgezeichneten Werkes sollte von jedem gelesen werden, der sich mit der spanlosen Formung beschäftigt. Der Verfasser hat einige der besonders anschaulichen Abbildungen dieses Buches unter Quellenangabe daraus entnommen. SIEBEL, E.: Die Formgebung im bildsamen Zustand. Düsseldorf 1932. Taschenbuch für Eisenhüttenleute, Düsseldorf. Handbuch des Walzwerkswesens. Düsseldorf 1930. Tafelwalzen und Walzenkalibrieren. Dortmund 1923. SCHWEISSGUTH: Schmieden und Pressen, Freiformschmieden. Berlin 1923. KIRSCH: Beitrag zum Studium des Fließens, insbesonders bei Eisen. Mitt. techn. Vers.-Anst. Bd. 5 (1887) S. 69f., Bd. 6 (1888) S. 37, Bd. 7 (1889) S. 9. KICK: Das Gesetz der proportionalen Widerstände. Leipzig 1885. Mechanische Technologie. Leipzig 1908. SAUERWALD: Lehrbuch der Metallkunde, S. 269f. Berlin 1929. KÖRBER: Forschungen über die bildsame Verformung. Naturwiss. Bd. 22 (1934) S. 565. GÖHRE: Werkzeuge und Pressen der Stanzerei. Berlin 1935. NADAI: Der bildsame Zustand der Werkstoffe. Berlin 1927. KURREIN: Werkzeuge und Arbeitsverfahren der Pressen. Berlin 1912. LITZ: Spanlose Formung. Berlin 1926. COTEL: Grundlagen des Walzens. Halle. BRAUN: Maschinen und Werkzeuge des Gesenkschmiedens. Berlin 1935. PATER: Das Pressen der Metalle. Berlin 1930. JOOS: Masch.-Bau-Betrieb Bd. 14 (1935) S. 372, Drücken. STODT: Einrichtungen und Werkzeuge der Schmiede. 1936. MEHDORN: Masch.-Bau-Betrieb Bd. 15 (1936) S. 3 (Preßstoffe). TAMMANN: Z. f. Metallkde. Bd. 28 (1936) S. 6 (dort auch Literatur).

Zur Systematik der spanlosen Formung vgl. SIEBEL: a. a. O. SACHS: a. a. O. Werkstoffhandbuch Stahl und Eisen. Düsseldorf. Abschnitt T 21 (Warmformgebung), Abschnitt T 31 (Kaltverformung). REJTÖ: Einige Prinzipien der theoretischen mechanischen Technologie der Metalle. Berlin 1927. *Maschinenfabrik Weingarten, vorm. Hch. Schatz A.-G., Weingarten* (Württ.) Ausgewählte Kapitel der spanlosen Formung für Konstruktion und Betrieb. 1936. SCHULER: Taschenbuch für wirtschaftliche Blechbearbeitung, 2. Auflage. Göppingen (Württ.): L. Schuler A.-G. o. Jahr.

jedoch nur in allgemeiner Weise gekennzeichnet[1]. So wird bei solchen Blechen aus St. V. 23 verlangt, daß die Oberfläche „zunderfrei“ sei, während kleine Narben und „mäßig rauhe Oberfläche“ zugelassen werden [2]. Bei sogenannten Karosserieblechen St. X. 23 wird verlangt, daß die Oberfläche „einwandfrei matt oder blank sei“. Bei feingezogenen Drähten oder Flachstählen (DIN 175, 497, 667), bei kaltgewalztem Federstahl, bei tiefgezogenen und geprägten Gegenständen ist die Oberflächengüte meist von erheblicher Bedeutung. Auch hier liegen die Anforderungen innerhalb weiter Grenzen. So z. B. beim Tiefziehen: *Gezogene Haus- und Küchengeräte* aus Eisen- und Stahlblech, welche mit Email überdeckt werden, dürfen Rauhigkeiten H von einigen $100\,\mu$ aufweisen, Teile, die *ohne Nacharbeit spritzlackiert* werden, wie gezogene Karosserieteile, Beleuchtungskörper, eiserne Möbel usw., dagegen nur solche von einigen $10\,\mu$ und weniger. Die makrogeometrischen Fehler aber dürfen in diesen Fällen viel größer sein. Andererseits gibt es Werkstücke, die nach der spanlosen Formung, insbesondere dem Ziehen, „gefeint“ oder „geglänzt“ werden

Abb. 162/1. Gepreßte Profilstange aus Aluminiumlegierung mit Düsenrauhigkeiten (abgenutzte Düse).

(SCHROEDER[3]), oder die schließlich galvanische Überzüge bekommen, denen meist eine ebensolche Behandlung der Oberflächen vorausgeht. Bei diesen ist z. B. die beim Tiefziehen entstehende Oberflächenrauhigkeit nur insofern von Bedeutung, als durch sie die für das „Feinen“ oder „Glänzen“ aufzuwendenden Kosten nicht zu hoch werden dürfen (Grenze etwa $50\,\mu$).

Die endgültige Gestalt des Werkstücks wird bei der spanlosen Formung naturgemäß zunächst *durch die des formenden Werkzeugs bestimmt* (Kalibrierwalzen, Matritzen, Preßdüsen, Ziehwerkzeuge usw.). *Dies gilt nicht nur für deren makrogeometrischen, sondern auch für den mikrogeometrischen Bereich.* Abb. 162/1 stellt als Beispiel eine gepreßte Profilstange aus Aluminium dar, auf deren Oberfläche deutlich die Spuren der rauhen Düse sichtbar sind. Daneben zeigt sich gerade bei der spanlosen Formung besonders eindrucksvoll, was wir in diesem Buch immer wieder betont haben, nämlich, daß *technologisch gesehen, die Oberfläche ein körperliches Gebilde und ein materieller Teil der Werkstücke selbst* ist. Sie wird nicht nur von der Gestalt des Werkzeuges, sondern aufs stärkste auch

---

[1] Vgl. Werkstoffhandbuch Stahl u. Eisen, Q 51—5. Düsseldorf 1932.

[2] Man sieht an dem Beispiel der durchaus allgemein gehaltenen Angaben über die Oberflächenbeschaffenheit, wie wichtig eine zahlenmäßige Normung der Oberflächengüte wäre.

[3] SCHROEDER: Masch.-Bau-Betrieb Bd. 11 (1932) S. 205.

von den Vorgängen in dem inneren Bereich des Körpers mitbestimmt. Abb. 163/1 gibt ein Beispiel hierfür, nämlich die Fließspuren einer gepreßten Messingstange. Man sieht, wie verwickelt der dreidimensionale Verformungsvorgang bei einem derartigen Verfahren sein kann[1]. Es ist ohne weiteres klar, daß diese inneren Verschiebungen der Stoffteile, auch bei einer gewissen Einschränkung durch das Werkzeug, keine makro- wie mikrogeometrisch einfache Begrenzungsfläche ergeben können. Der Einfluß dieser Verschiebungen tritt besonders dann in Erscheinung, wenn der Werkstoff sich nach der eigentlichen Verformung noch in einem Zustand der Bildsamkeit befindet oder durch nochmaliges Glühen in ihn gebracht wird, so daß *Nachwirkungen* oder sonstige Veränderungen auftreten. Abb. 163/2 zeigt einen derartigen Vorgang, durch den das Werkstück unbrauchbar geworden ist. Ein Messingrohr, welches an sich nahezu vermeidbare Gaseinschlüsse hatte, wurde nach dem Preßvorgang nochmals geglüht. Dabei haben die in der inneren Grenzschicht liegenden feinsten Gasblasen sich aufgebläht und die ursprünglich glatte Oberfläche verformt.

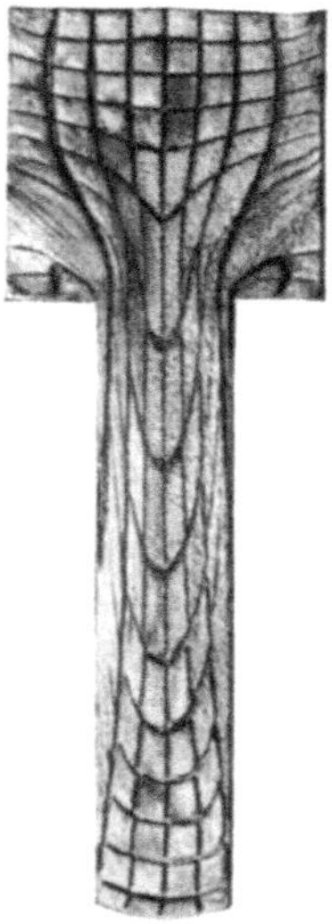

Abb. 163/1. Innere Fließspuren einer gepreßten Messingstange. (Nach SACHS.)

Aus den vorausgegangenen Betrachtungen läßt sich eine Einteilung der durch spanlose Verformung erzielten Oberflächen gewinnen, indem wir *zwischen freien und gebundenen unterscheiden. Unter freien Oberflächen verstehen wir solche, die während der Verformung wenigstens innerhalb gewisser Grenzen sich beliebig bewegen können. Gebundene Oberflächen hingegen entstehen, wenn bei dem Verformungsvorgang die Bewegung des Werkstoffes durch ein ruhendes Werkzeugteil eingeschränkt oder durch ein bewegtes bestimmt wird. Während bei den freien Oberflächen die Gestalt durch*

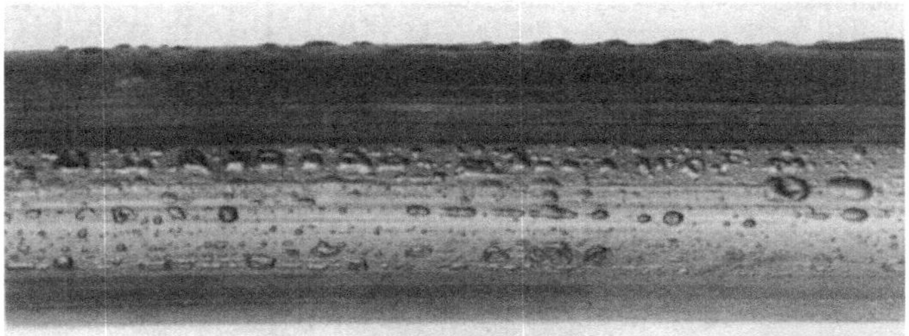

Abb. 163/2. Gasblasen auf einem gepreßten und nochmals geglühten Messingrohr.

die Stoffwanderung im Innern des Werkstückes zustande kommt, hängt die der gebundenen Oberfläche von der makro- und mikrogeometrischen Form des Werkzeugs (Walze, Gesenk, Prägestempel, Kordelwerkzeug usw.) ab. Bei den meisten Verfahren der spanlosen Verformung verläuft der Vorgang derart, daß freie und gebundene Oberflächen gleichzeitig entstehen, oder zunächst freie am Ende des Prozesses zu gebundenen werden.

[1] Vgl. SACHS: Prakt. Metallkunde II, Berlin 1934, S. 1.

Nachstehend geben wir einige Beispiele zur Erläuterung dieser Einteilung: *Freie Oberflächen* entstehen beim Freiformschmieden, ferner beim Stauchen, z. B. von Radscheiben, Flanschen, Bunden (Abb. 164/1), beim Recken, also beim Ausschmieden von Vierkant- und Rundstäben oder beim Breiten. Es handelt sich hier um Gestaltungen, die etwa mit dem Handschmiedehammer, dem Dampf- oder Lufthammer unter der hydraulischen Presse, der Spindelpresse, der Schmiedemaschine usw. vorgenommen werden. *Gebundene Oberflächen* entstehen u. a. beim Gesenkschmieden, beim Pressen und Prägen. *Gebundene zusammen mit freien Oberflächen* an demselben Werkstück entstehen beim Auswalzen von Vorblöcken, und zwar die ersteren an den Werkstoffteilen, die den Kalibrierwalzen anliegen, die letzteren an den Teilen, die sich im Walzspalt quer zur Walzrichtung frei bewegen können (Abb. 164/2). Abb. 164/3 zeigt als Beispiel ein Werkstück mit gebundener und freier Oberfläche, nämlich eine gewalzte Stange aus Zink mit übermäßig starker Verformung. Die breiten Flächen des Profils sind in ihrer Form durch die Walzen bestimmt, und zwar haben sie, offenbar entsprechend deren verschiedener Glätte, auch Stellen verschiedener Oberflächengüte. Die schmalen Teile, welche den freien Oberflächen entsprechen, zeigen Einrisse durch zu starke Querverformung.

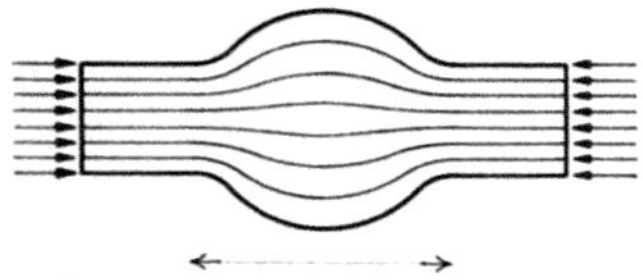

(Erwärmter Teil des Werkstücks)
Abb. 164/1. Entstehung einer freien Oberfläche beim Stauchvorgang.

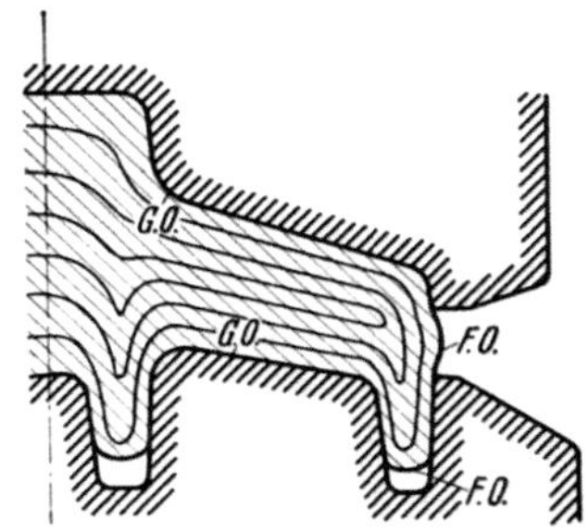

Abb. 164/2. Freie Oberflächen (*FO*) und gebundene Oberflächen (*GO*) beim Pressen, Prägen oder Walzen.

Abb. 164/3. Gewalzte Stange aus Zink mit übermäßig freier Verformung. Einfluß der Oberflächenbeschaffenheit der Walzen an der flachen Seite (gebundene Oberfläche), Einrisse an den Schmalseiten (freie Oberfläche).

Bei gewissen Werkstückteilen beim Tiefziehen, beim Kümpeln, beim Pressen und beim Kaltspritzen[1] (Abb. 164/4) gibt es *Übergänge zwischen freien (FO) und gebundenen Oberflächen (GO)*. Dies kann dann der Fall sein, wenn der Körper nur einseitig an dem Werkzeug anliegt, auf den anderen Seiten aber freie Verschiebungen erleidet oder wenn (wie z. B. gelegentlich beim Tiefziehen) die Spaltweite zwischen den beiden Werkzeugteilen größer ist als die Dicke des zwischen ihnen sich bewegenden Werkstoffes, oder der Druck des Faltenhalters

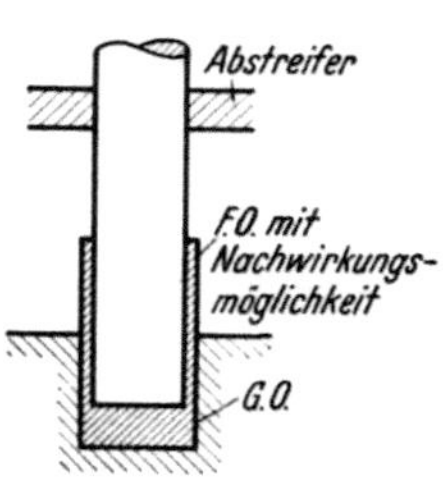

Abb. 164/4. Halbfreie und gebundene Oberflächen beim Kaltspritzen.

[1] Z. VDI Bd. 80 (1936) S. 132. Masch.-Bau-Betrieb Bd. 14 (1935) S. 151.

nicht stark genug ist, um die freie Querbewegung des ringförmigen Teiles der Ronde zu verhindern. Beim Pressen und Gesenkschmieden kann es vorkommen, daß zunächst freie Oberflächen entstehen, die erst am Ende des Vorgangs bei der endgültigen Berührung mit dem Werkzeug in gebundene übergehen (vgl. die Darstellung des Pressens oder Gesenkschmiedens einer Kugel, S. 166).

Im nachstehenden betrachten wir die *spanlose Formung* zunächst *in idealisierter Form, indem wir den Werkstoff als homogen und isotrop ansehen.* Sodann wollen wir uns den wirklichen Vorgängen dadurch nähern, daß wir ein kristallines Haufwerk mit gleichförmiger Verteilung (statistische Isotropie) betrachten, und schließlich lassen wir auch diese Voraussetzung fallen und erörtern die Verformung eines Haufwerkes mit verschiedenen Richtungseigenschaften (Texturen). Der einfachste Fall der *Gestaltung einer freien Oberfläche* ist der Vorgang bei reiner Stauch- oder Zugbeanspruchung eines ursprünglich glatten Körpers. Abb. 165/1 zeigt, wie beim Kaltrecken eines Stabes nach Überschreitung der Streckgrenze, also unter einer im wesentlichen unveränderten Zugkraft, *Fließbänder* oder Fließfiguren[1] entstehen, zwischen denen sich der mittlere Teil des Stabes um einen geringen Betrag δ seitwärts verschieben kann. Etwas ähnliches beobachtet man beim Stauchen (Abb. 165/2). Die Neigung dieser Fließstreifen liegt größenordnungsmäßig bei 45^0 zur Achse[2]. Sie entspricht nahezu den Ebenen bzw. Richtungen der größten Schubspannung im isotropen Kontinuum. Diese Fließbänder, welche wir im Zug- und Stauchversuch in elementarer Form beobachten können, entsprechen prinzipiell gewissen Störungen der Werkstückoberfläche, die bei Kaltverformungsprozessen, z. B. dem Tiefziehen, auftreten. (Die S. 173f. erwähnten Streckfurchen gehören *nicht* hierher.)

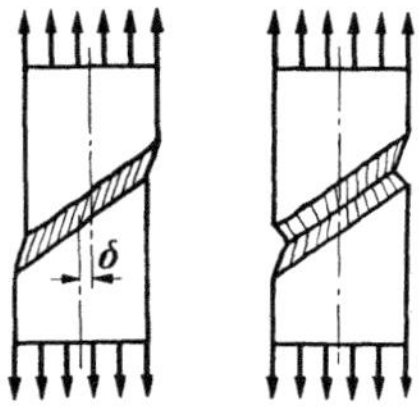

Abb. 165/1. Schema der Entstehung von Fließbändern beim Recken.

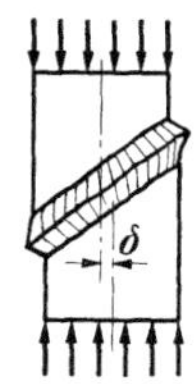

Abb. 165/2. Entstehung von Fließbändern beim Stauchen (Schema).

Bei dem Pressen oder Schlagen im Gesenk ist der Fließvorgang viel verwickelter. Ihm liegt stets eine *statisch unbestimmte Stoffbewegung* zugrunde[3]. Das Innere des Werkstückes läßt sich in diesen Fällen aufteilen in Bereiche I mit behinderter Formänderung (bei denen also der Körper irgendwelchen Werkzeugflächen anliegt, wo er normal völlig und tangential durch Reibungskräfte behindert ist[4], also schon gebundene Oberflächen vorhanden sind), in Hauptformänderungsbereiche II, in welchen die wesentlichen Fließvorgänge stattfinden

[1] Lüders: Dinglers polytechn. J. 1860 S. 155. Hartmann: Distributions et déformations dans les metaux soumis à des défaits. Paris 1896. Fry: Kruppsche Mh. Bd. 2 (1921) S. 117. Strauss u. Fry: Stahl u. Eisen Bd. 41 (1921) S. 1133. Jevons: J. Iron Steel Inst. Bd. 111 (1925) S. 191. Kirsch: Mitt. K. techn. Versuchsanst. Berlin Bd. 6 (1888) S. 35. Nadai: Z. angew. Math. Mech. Bd. 1 (1921) S. 20, Bd. 3 (1925) S. 442. Siebel u. Pomp: Mitt. Kais.-Wilh.-Inst. Eisenforschg., Düsseld. Bd. 8 (1926). Sachs: Z. techn. Physik Bd. 8 (1927) S. 132.

[2] Nadai: a. a. O. S. 60f. Scholl: Z. VDI Bd. 69 (1925) S. 406.

[3] Vgl. Nadai u. Siebel: Hütte, 26. Aufl. I S. 330. Vgl. ferner Kick-Riedel: Z. VDI 1923 S. 566. Scholl: Z. VDI 1925 S. 406. Siebel u. Hühne: Mitt. Kais.-Wilh.-Inst.-Eisenforschg., Düsseld. Bd. 13 (1931) S. 43. Siebel: Formgebung im bildsamen Zustand, Teil III, S. 69. Düsseldorf 1932.

[4] Daher wird in Gesenken vielfach Graphitschmierung und „Gasschmierung" angewendet. Vgl. Schweissguth: Schmieden und Pressen, S. 15. Berlin 1923.

und in Randzonen III, in denen der Werkstoff nur wenig fließt[1]. Diese letzteren Zonen pflegen während des ganzen Vorganges oder einer gewissen Phase desselben freie Oberflächen zu sein. Abb. 166/1a und b zeigen am Beispiel des Gesenkschmiedens einer Kugel aus einem ursprünglich zylindrischen Stück die Ausbildung dieser Zonen, deren Grenzen natürlich nicht so ausgeprägt sind, wie sie das Schema angibt. Abb. 166/2 zeigt ein solches Werkstück in verschiedenen Zuständen der Verformung. Es ist bemerkenswert, daß die Profilkurve des gestauchten Körpers sich recht genau mit diesen theoretischen Überlegungen deckt.

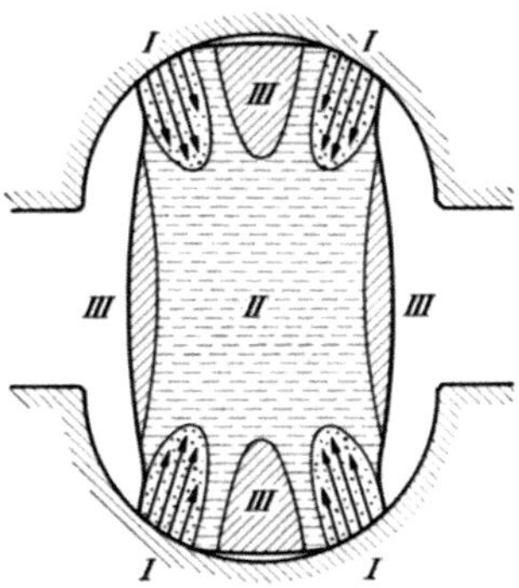

a

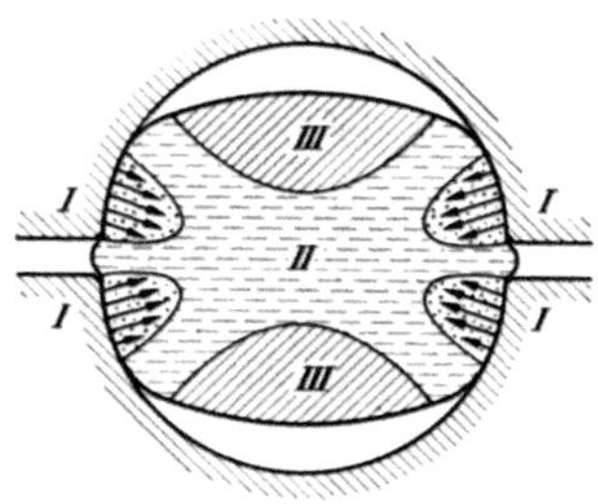

b

Abb. 166/1 a und b. Oberflächenbildung beim Gesenkschmieden einer Kugel aus einem Zylinder.

Die im obigen dargestellten Bilder der Verformung beziehen sich zunächst nur auf das makrogeometrische Gebiet und sind in bezug auf die mikrogeometrischen Vorgänge außerordentlich *vereinfacht, da sie auf der Voraussetzung homogenen und isotropen, plastisch verformbaren Werkstoffes beruhen. Die Vorgänge der Großverformung,* auch wenn

Abb. 166/2. Oberflächen des Werkstücks beim Gesenkschmieden einer Kugel (3 Verformungszustände).

sie sich im ganzen so wie oben betrachten lassen, *bauen sich aber stets auf Verformungen innerhalb der Kristallite sowohl und Verschiebungen der Kristallite gegeneinander auf und ergeben so im mikrogeometrischen Gebiet einen verwickelten Bau der verformten Oberflächenteile.*

Ein Beispiel hierfür an besonders grobkristallinem Gefüge zeigt Abb. 167/1, einen blechförmigen Stab von Aluminium, bei welchem während des Zug-

[1] Vgl. Nadai u. Siebel: Hütte, 25. Aufl. I S. 330. Vgl. auch die Erörterungen über die Stoffbewegung beim Eindringen von Schneiden. Abschnitt 622, S. 140ff.

versuchs durch Verschiebungen der Kristalle gegeneinander und Gleitungen innerhalb dieser die ursprüngliche Ebenheit völlig zerstört und eine Oberfläche entstanden ist, die sich aus verschieden geneigten einzelnen Kristallflächen

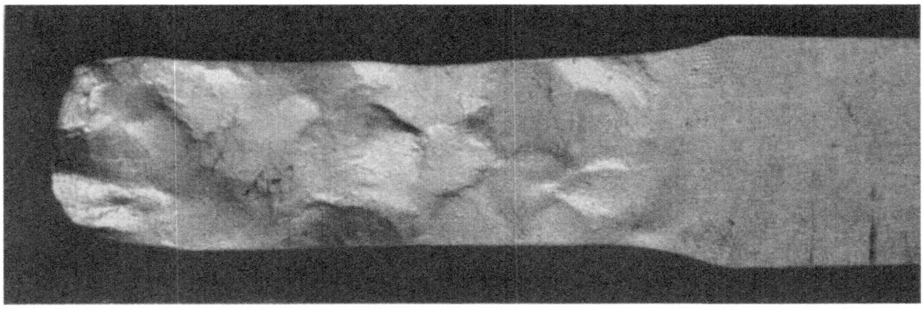

Abb. 167/1. Oberfläche eines gereckten, ursprünglichen glatten, grob kristallinischen Aluminiumstabes.

zusammensetzt. Man sieht an diesem besonders eindrucksvollen Beispiel, wie die *Korngröße bei der spanlosen Verformung,* soweit freie oder nahezu freie Oberflächen entstehen, von der Verformung der Kristallite wesentlich bestimmt wird. Der hier dargestellte Fall liegt wegen der ungewöhnlichen Größe der Kristallite eigentlich noch im makrogeometrischen Gebiet. Abb. 167/2 und 167/3 zeigen daneben die mikrogeometrische Bedeutung der Korngröße an zwei Tiefziehproben, nämlich einerseits an feinkörnigem Eisenblech und andererseits an grobkörnigem Aluminiumblech[1]. Fernerhin zeigen unsere Abb. 175/3, 175/4 ähnliche Verschiebungen kristalliner Schollen an einer Tiefziehprobe bei starker Vergrößerung.

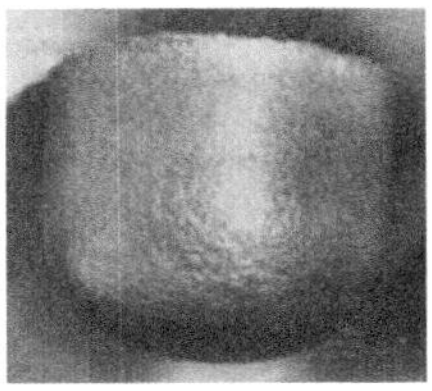

Abb. 167/2. Oberfläche von grobkörnigem Aluminiumblech beim Tiefziehen. (Nach SACHS.)

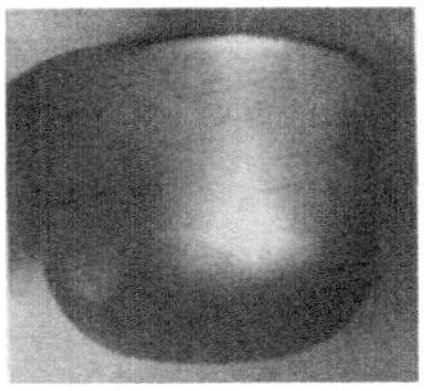

Abb. 167/3. Oberfläche von feinkörnigem Eisenblech beim Tiefziehen. (Nach SACHS.)

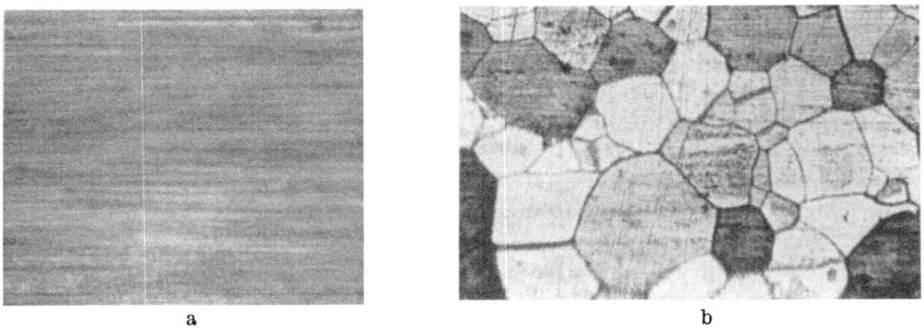

a b

Abb. 167/4a und b. a Reinaluminium hartgewalzt (etwa 90% Verformung), nahezu reine Faserstruktur (geätzt Flußsäure + HCl). Vergr. 2×. b Reinaluminium nach dem harten Walzen geglüht, rekristallisiert. Sonst wie a.

Kaltverformungen, insbesondere Walzen, ändern das kristalline Gefüge eines Werkstoffes aufs stärkste. Beispiele hierfür sind Abb. 167/4a und b. Abb. 167/4a stellt ein hart gewalztes Aluminiumblech dar. Die Verformung

[1] SACHS: Praktische Metallkunde, Teil II S. 52. Berlin 1934.

betrug etwa 90%. Die geätzte Probe zeigt nahezu reine Faserstruktur. Diese ist aus einem ursprünglich ungeordneten Haufwerk entstanden. Durch Glühen und Rekristallisieren ist dann das in Abb. 167/4b dargestellte Gefüge aus der gewalzten Probe entstanden. Nochmaliges starkes Walzen würde dann wiederum eine Faserstruktur wie Abb. 167/4a herstellen. *Der ganze Vorgang ist also wesentlich reversibel.*

Die instrakristallinen Verformungen lassen sich bekanntlich stets entweder auf Gleitungen oder Zwillingsbildungen[1] zurückführen, welche dann, soweit sie sich in der Nähe der Oberfläche abspielen, eine erhöhte Rauhigkeit zur Folge haben. Zwei Beispiele hierfür geben Abb. 168/1 und 168/2[2], welche einerseits Gleitlinien auf der Oberfläche eines gestauchten Körpers, andererseits die Bildung

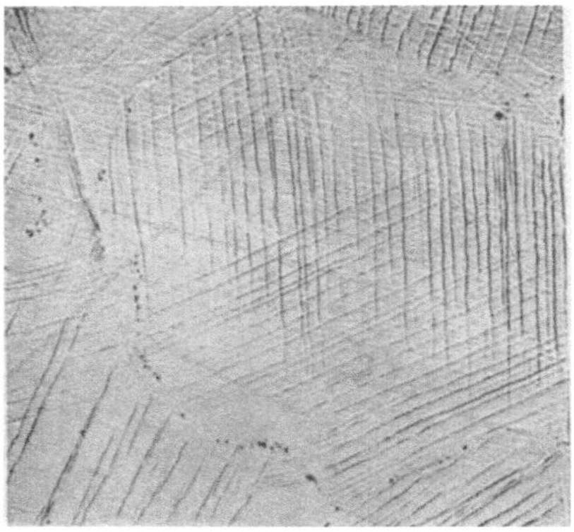

Abb. 168/1. Gleitlinien auf der Oberfläche eines gestauchten, polierten Kupferkörpers (gegossen). Vergr. 160×. Ungeätzt.

Abb. 168/2. Verformungszwillinge in Zink. Vergr. 8×. Geätzt mit konz. HCl + $KClO_3$.

von Verformungszwillingen an polierten Proben zeigen. Ein besonders schönes Beispiel für den *Einfluß der mikrogeometrischen Verformung an der Oberfläche*

---

[1] Vgl. Abschnitt 25, S. 17ff. SCHMID, E. u. W. BOAS: Kristallplastizität, S. 204f. Berlin 1935. SCHMID, E.: Erhaltung des Gitters nach Kaltbearbeitung. Naturwiss. Bd. 20 (1932) S. 530. CZOCHRALSKI: Moderne Metallkunde. Berlin 1924. TAYLOR, G. I.: Trans. Faraday Soc. Bd. 24 (1928) S. 121. GROSS, R.: Z. Metallkde. Bd. 16 (1924) S. 344. YAMAGUCHI: Sci. Pap. Inst. physic. chem. Res., Tokyo. Bd. 11 (1929) S. 151. KONOBOJEWKI, S. u. I. MIRER: Z. Kristallogr. Bd. 81 (1932) S. 69. POLANYI, M.: Z. Physik Bd. 7 (1921) S. 149. REGLER, F.: Z. Physik Bd. 71 (1931) S. 371. BURGERS, W. G. u. P. C. LOUWERSE: Z. Physik Bd. 67 (1931) S. 605. CZOCHRALSKI: Z. Metallkde. Bd. 17 (1925) S. 1. DAVEY, W. P.: Gen. electr. Rev. Bd. 28 (1925) S. 588. ARKEL, A. E. VAN: Physica Bd. 5 (1925) S. 208; Naturwiss. Bd. 13 (1925) S. 662. DEHLINGER, U.: Z. Kristallogr. Bd. 65 (1927) S. 615; Z. Metallkde. Bd. 23 (1931) S. 147. CAGLIOTI, V. u. G. SACHS: Z. Physik Bd. 74 (1932) S. 647. WOOD, W. A.: Philos. Mag. Bd. 14 (1932) S. 656. THOMASSEN, L. and J. E. WILSON: Physic. Rev. Bd. 43 (1933) S. 763. SCHMID, E. u. G. WASSERMANN: Metallwirtsch. Bd. 9 (1930) S. 421. BURGERS, W. G.: Z. Physik Bd. 58 (1929) S. 11. WOOD, W. A.: Nature, Lond. Bd. 129 (1932) S. 760. FAHRENHORST, W. u. E. SCHMID: Mitt. dtsch. Mat.-Prüf.-Anst. Sonderheft 21, S. 52. Berlin 1933. HENGSTENBERG, J. u. H. MARK: Naturwiss. Bd. 17 (1929) S. 443. SAUERWALD: Lehrbuch der Metallkunde, S. 108f. Berlin 1929. Zusammenstellung von Literatur bei E. SCHMID: Z. Metallkde. Bd. 19 (1927) S. 154; Proc. int. Congr. Appl. Mech. 1924 Delft, 1926 Zürich.

[2] Aus SACHS: Praktische Metallkunde, Teil II, S. 28. Berlin 1934.

von plastisch verformten Körpern geben die Abb. 169/1 und 169/2. Sie stellen das mikrogeometrische Oberflächengebirge an freien Fließzonen dar, wie es

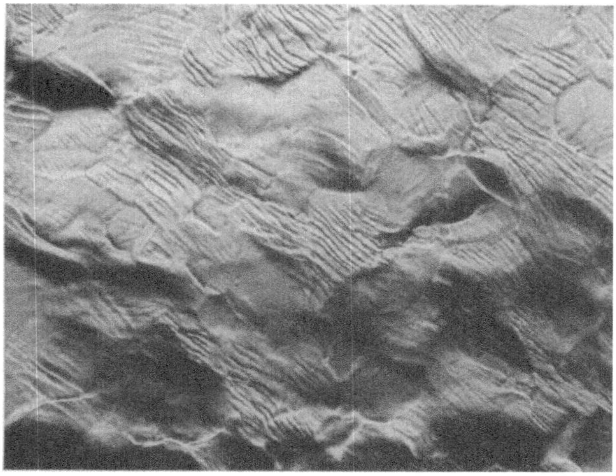

Abb. 169/1. Oberflächengebirge am Rande einer Fließfigur von gestauchtem weichen Eisen. **Streifung** der Ferritkörner. (Nach NADAI.)

NADAI auf Anregung von PRANDTL mit einem besonderen Beleuchtungsverfahren[1] aufgenommen hat. *Sind im übrigen die zu verformenden Körper*

Abb. 169/2. Oberflächengebirge von weichem Eisen am Rande einer Fließfigur eines verbogenen Stabes. Die Kristallite sind schichtenweise verworfen und plastisch verformt. Streifung in den Körnern. Vergr. 70×. (Nach NADAI.)

ausgesprochen *inhomogen* und haben sie Fremdkörpereinschlüsse, beispielsweise von Schlacken usw. oder feinste Trennungszonen, die von früheren Verformungsprozessen herrühren, so treten vielfach bei der Verformung ganz unregelmäßig

[1] NADAI: a. a. O. S. 62. Vgl. Schweiz. Bauztg. Bd. 83 (1924) Nr. 14. Schema vgl. Abb. 165/1 und 165/2.

feine Oberflächenrisse und allgemeine Zerrüttungen auf, wie sie in Abb. 170/1 an einem Stab von spröder Bronze dargestellt sind[1]. Bei Blechen, insbesondere bei Kesselblechen, spielen *feine Risse in der Oberfläche* eine wichtige und gefährliche Rolle. MATEJKA[2] hat diese genauer untersucht, und zwar an einem sehr umfangreichen Material unter Verwendung der Häufigkeitsrechnung (Kollektivmaßlehre). Er hat gezeigt, daß solche Haarrisse „begünstigt" werden durch Vorgänge bei der Schmelzung (niedriger Mangangehalt des Bades, zu kurze Schmelzung, falsche Gestaltung der Kokille usw.) und daß sie verursacht werden durch falsche Vorwärmung, falsche Führung des Walzprozesses usw.[3].

Abb. 170/1. Fein verteilte Anrisse eines Zugstabes aus Bronze als Beispiel stofflicher Inhomogenität. Vergr. 2×. (Nach KUNTZE.)

Bei den vorausgegangenen Betrachtungen haben wir uns, ausgehend von dem idealen homogenen und isotropen Körper, der Wirklichkeit dadurch genähert, daß wir die Vorgänge im idealen kristallinen Haufwerk betrachtet haben. Diese Annäherung entspricht jedoch immer noch nicht ganz der Wirklichkeit, nämlich deswegen, weil *in den meisten Fällen die Kristalle in dem Haufwerk nicht statistisch gleichmäßig verteilt sind.* Dies hängt mit den Vorgängen beim Gießen des Ausgangswerkstoffes, mit *Rekristallisationen* bei der Wärmebehandlung und vor allem dem Einfluß vorausgegangener spanloser Verformungen (z. B. Walzen) zusammen. Ein Beispiel hierfür haben wir oben schon an der Struktur eines gewalzten Aluminiumbleches (Abb. 167/4a u. b) gesehen. Wir machen nunmehr den letzten notwendigen Schritt, der uns von dem idealisierten homogenen und isotropen Körper wegführt, indem wir auch die sog. *Texturen*[4] *der kristallinen Haufwerke* berücksichtigen. In diesen Fällen sind die Kristallite in gewissen ausgezeichneten Richtungen gelagert oder in diesen verformt, so

---

[1] KUNTZE: Kohäsionsfestigkeit. Mitt. dtsch. Mat.-Prüf.-Anst., Sonderheft 20. Berlin 1932.

[2] MATEJKA: Arch. Eisenhüttenwes. Bd. 2 (1929) S. 682. Haarrisse auf der Oberfläche von Blechen. Diss. Aachen 1927. Die sehr aufschlußreichen dort gezeigten Abbildungen können leider hier nicht wiedergegeben werden. Vgl. ferner MEERBACH: Der Werkstoff für den Dampfkesselbau. Berlin 1932. OBERHOFF: Das technische Eisen. Berlin 1925. TAFEL: Walzen und Kalibrierwalzen. Dortmund 1923.

[3] Die Einzelheiten müssen in der Originalarbeit nachgelesen werden.

[4] Über derartige Texturen gibt es ein sehr ausgedehntes Schrifttum. Vgl. WEVER u. SCHMID: Z. Metallkde. Bd. 22 (1930) S. 133, dort Angabe von Schrifttum. v. GÖLER u. SACHS: Z. Physik Bd. 56 (1929) S. 447f. HERMANN u. SACHS: Metallwirtsch. Bd. 13 (1934) Heft 40, 41, 43. Vgl. Z. VDI Bd. 79 (1925) S. 216. WEVER: Mitt. Kais.-Wilh.-Inst. Eisenforsch., Düsseld. Bd. 5 (1924) S. 69. ONO, A.: Mem. Coll. Engng. Kyushu Imp. Univ. Fukuota Bd. 2 (1922) S. 242. ETTISCH, M., M. POLANYI u. K. WEISSENBERG: Z. Physik Bd. 7 (1921) S. 181. MARK, H., M. POLANYI u. E. SCHMID: Z. Physik Bd. 12 (1922) S. 58. MARK, H. u. K. WEISSENBERG: Z. Physik Bd. 14 (1923) S. 328. MARK u. WEISSENBERG: Z. Physik Bd. 16 (1923) S. 314. TAYLOR, G. J. and F. ELAM: Proc. Roy. Soc., Lond. Bd. 102 (1923) S. 643. POLANYI, M.: Z. Physik Bd. 17 (1923) S. 42. CZOCHRALSKI, J.: Z. Metallkde. Bd. 15 (1923) S. 60, 126. SCHMID, E. u. W. BOAS: Kristallplastizität, S. 318f. Berlin 1935.

daß Häufigkeitsmaxima für besondere Lagen der kristallographischen Achsen entstehen. Dies hat zur Folge, daß die *mechanischen Eigenschaften*, insbesondere die Dehnbarkeit eines Stoffes, *für verschiedene räumliche Richtungen verschieden sind und bei einer nachfolgenden spanlosen Verformung, beispielsweise dem Tiefziehen, der Stoff sich in verschiedenen Richtungen verschieden verhält.* Solche Texturen können, wie schon erwähnt, durch vorausgegangene starke Verformung, wie beim Walzen, Ziehen usw. aber auch durch Glühen hervorgerufen werden. Abb. 171/1 zeigt die *verschiedene Dehnung* eines gewalzten Bleches in Abhängigkeit von der Richtung.

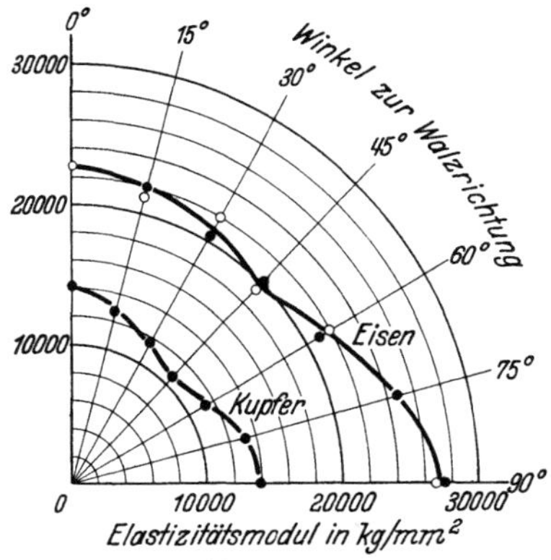

Abb. 171/1. Richtungsabhängigkeit des Elastizitätsmoduls in gewalztem Kupfer- und Eisenblech. (Nach Versuchen von WEERTS und von GOENS und SCHMID.) (Aus SACHS.)

Die Feststellung solcher ausgezeichneten Kristallagerungen geschieht mit Hilfe der *Röntgeninterferenzen*[1]. Wir geben als Beispiel

SCHMID, E. u. G. WASSERMANN: Metallwirtsch. Bd. 9 (1930) S. 698. FULLER, M. L. and G. EDMUNDS: Amer. Inst. min. metallurg. Engr. Techn. Publ. 1934 Nr. 524. KÖRBER, F.: Mitt. Kais.-Wilh.-Inst. Eisenforsch. Düsseld. Bd. 3 (1922) S. 1; Z. Elektrochem. Bd. 29 (1923) S. 295; Stahl u. Eisen Bd. 48 (1928) S. 1433. WEVER, F. u. E. SCHMID: Mitt. Kais.-Wilh.-Inst. Eisenforsch., Düsseld. Bd. 11 (1929) S. 109; Z. Metallkde. Bd. 22 (1930) S. 133. SCHMID, W. E.: Z. techn. Physik Bd. 12 (1931) S. 552. SACHS, G. u. E. SCHIEBOLD: Naturwiss. Bd. 13 (1925) S. 964. BOAS, W. u. E. SCHMID: Z. techn. Physik Bd. 12 (1931) S. 71. BURGERS, W. G.: Metallwirtsch. Bd. 11 (1932) S. 251. DEHLINGER, U.: Metallwirtsch. Bd. 12 (1933) S. 48. SYKES: Trans. Amer. Inst. min. metallurg. Engr. 1921 Nr. 1032 S. 1. BAIN, E .C. and ZAY JEFFRIES: Chem. metallurg. Engng. Bd. 25 (1921) S. 775. CAGLIOTI, V. u. G. SACHS: Mitt. dtsch. Mat.-Prüf.-Anst. Sonderheft 21, S. 42. Berlin 1933. SEIDL, E.: Mitt. dtsch. Mat.-Prüf.-Anst. Sonderheft 21 S. 46. Berlin 1933. VALOUCH, M. A.: Mitt. dtsch. Mat.-Prüf.-Anst. Sonderheft 21, S. 64. Berlin 1933. SCHMID, E. u. G. WASSERMANN: Handbuch der physik. und technischen Mechanik Bd. 4/2 (1931) S. 319. SCHRÖDER, E. u. G. TAMMANN: Z. Metallkde. Bd. 16 (1924) S. 201. TAMMANN, G. u. W. RIEDELSBERGER: Z. Metallkde. Bd. 18 (1926) S. 105. BECKER, HERZOG, JANCKE u. POLANYI: Z. Physik Bd. 5 (1921) S. 61. ETTISCH, POLANYI u. K. WEISSENBERG: Z. physik. Chem. Bd. 99 (1921) S. 332. WOOD, W. A.: Philos. Mag. Bd. 11 (1931) S. 610. VALOUCH, M. A.: Metallwirtsch. Bd. 11 (1932) S. 165. WEISSENBERG, K.: Z. Physik Bd. 8 (1921) S. 20. VARGHA, G. v. u. G. WASSERMANN: Metallwirtsch. Bd. 12 (1933) S. 511. SCHMID, E. u. G. WASSERMANN: Z. Metallkde. Bd. 23 (1931) S. 87. SISSON, W. A.: Met. and Alloys Bd. 4 (1933) S. 192. VARGHA, G. v. u. G. WASSERMANN: Z. Metallkde. Bd. 25 (1933) S. 310. GLOCKER u. WIDMANN: Z. Metallkde. Bd. 18 (1927) S. 41. SCHMID, E. u. G. WASSERMANN: Metallwirtsch. Bd. 10 (1931) S. 409. GLOCKER u. KAUPP: Z. Metallkde. Bd. 16 (1924) S. 377. KÖSTER, W.: Z. Metallkde. Bd. 18 (1926) S. 112. EWING and ROSENHAIN: Philos. Trans. Roy. Soc., Lond. Bd. 193 (1900) S. 353. STRAUMANN, R.: Dtsch. Uhrm.-Ztg. 1931 Nr. 2. Vgl. auch: Helv. phys. Acta Bd. 3 (1930) S. 463. KURDJUMOW, G. u. G. SACHS: Z. Physik Bd. 62 (1930) S. 592. CZOCHRALSKI: Moderne Metallkunde. Berlin 1924. SEIDL, E. u. E. SCHIEBOLD: Z. Metallkde. Bd. 17 (1925) S. 221, Bd. 18 (1926) S. 241.

[1] Vgl. Abschnitt 3532, S. 101. HERMANN u. SACHS: a. a. O. WEVER: Z. Physik Bd. 28 (1924) S. 69f. SACHS u. SCHIEBOLD: Z. VDI Bd. 69 (1925) S. 1557. Naturwiss. Bd. 13 (1925) S. 964. Frhr. v. GÖLER u. SACHS: Z. Physik Bd. 56 (1929) S. 477. BOAS u. SCHMID: Z. techn. Physik Bd. 12 (1931) S. 71. WEVER u. SCHMIDT: Mitt. Kais.-Wilh.-Inst. Eisenforsch., Düsseld. Bd. 11 (1929) S. 169. CRAMPTON: Trans. Amer. Inst. min. metallurg. Engr., Inst. Met. Div. 1933 S. 194. Frhr. v. GÖLER: Zugversuche an Kristallen. Diss. Techn. Hochsch. Berlin 1929. MARK u. WEISSENBERG: Z. Physik Bd. 16 (1923) S. 314. KONOBOJEWSKY: Z. Physik Bd. 39 (1926) S. 415.

nach v. Göler und Sachs in Abb. 172/1 eine Debye-Scherrer-Aufnahme eines nahezu isotropen Bleches, d. h. eines solchen mit statistisch annähernd gleichmäßiger Verteilung der Kristallrichtungen, in Abb. 172/2 eine ähnliche Aufnahme eines gewalzten Bleches mit ausgesprochener Walztextur,

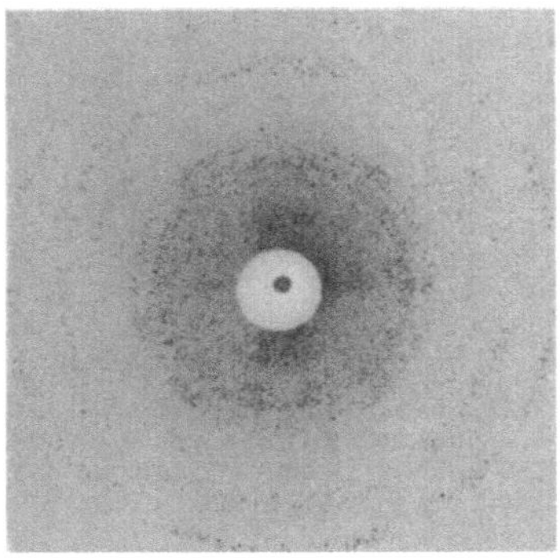

Abb. 172/1. Röntgenaufnahme von Nickel 99,2% gewalzt und $^1/_2$ Stunde bei 900° geglüht. Nahezu gleichförmige statistische Verteilung der Kristallite. (Nach v. Göler und Sachs.)

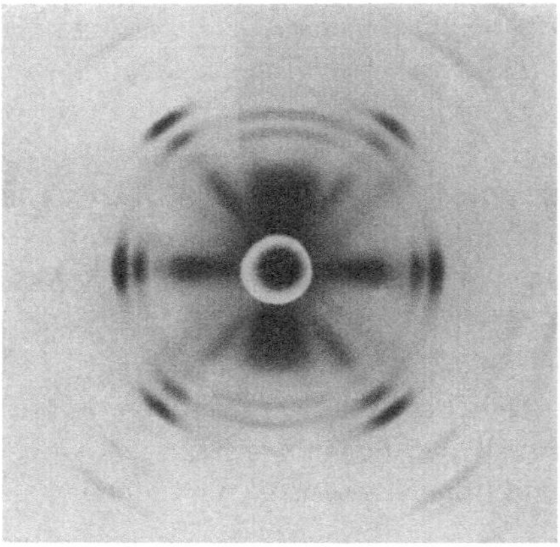

Abb. 172/2. Röntgenaufnahme von gewalztem Nickelblech senkrecht zur Walzebene. Deutliche Anisotropie. (Nach v. Göler und Sachs.)

d. h. bevorzugten Lagen der Kristallite [1]. Nach entsprechender Auswertung dieser Diagramme läßt sich eine anschauliche Darstellung der Verteilung der Kristallrichtungen geben, indem man in stereographischer Projektion die Durchstoßpunkte bestimmter Achsen der Kristallebenen auf der Projektion einer Kugelfläche aufzeichnet und deren Dichtigkeitsverteilung zur Darstellung bringt [2]. Man gewinnt auf diese Weise sogenannte *Polfiguren,* aus denen die Art und Stärke der Anisotropie einer bestimmten Probe festgestellt werden kann. Hierfür geben wir ein Beispiel in Abb. 172/3. Nähere Einzelheiten über die Konstruktion solcher Polfiguren, welche die mittlere Verteilung der Achsenlagen aus vielen ähnlichen Aufnahmen vermittelten, muß im Schrifttum [2] nachgelesen werden.

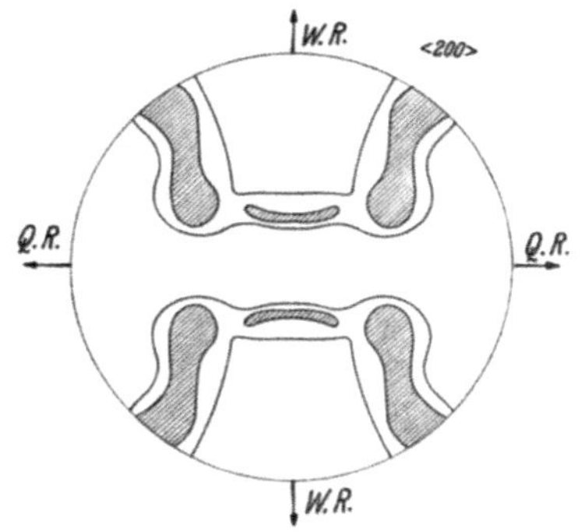

Abb. 172/3 Polfigur für die Würfelfläche (200) eines starkgewalzten kubischen Materials (Nickel, Kupfer oder Aluminium). *W.R.* Walzrichtung, *Q.R.* Querrichtung. (Nach v. Göler und Sachs.)

Eine wichtige Folge dieser Texturen ist, wie erwähnt, bei gewalzten Blechen, daß die *Dehnung in verschiedenen Richtungen verschieden* ausfällt. Dies macht sich insbesondere beim Tiefziehen bemerkbar. Abb. 173/1 zeigt, wie ein gezogener Hohlkörper aus einem derartigen Blech

[1] Vgl. v. Göler und Sachs: a. a. O.

[2] Wever: a. a. O. Derselbe: Z. Physik Bd. 28 (1924) S. 69. Rinne, F.: Einführung in die kristalline Formenlehre, 4. Aufl., S. 218. Leipzig 1922. Uspenski, N. u. S. Konobejewski: Z. Physik Bd. 16 (1923) S. 215. Vgl. auch E. Schiebold: Z. Physik Bd. 9 (1922) S. 180. Schmid, E. u. W. Boas: Kristallplastizität, S. 52f. Berlin 1935. Wever u. Schmid: Z. Metallkde. Bd. 22 (1930) S. 137, dort Literatur.

mit ausgesprochener Textur keinen reinen Zylinder ergibt, sondern an der Berandung zur Bildung sogenannter Zipfel[1] neigt, deren Beseitigung für den

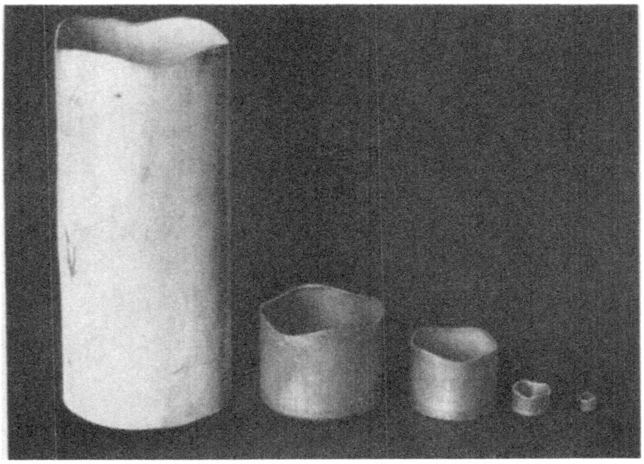

Abb. 173/1. Gezogene Hohlkörper aus verschiedenen Metallen mit Zipfelbildung, verursacht durch Walztextur. (Nach SACHS.)

Betriebsmann eine schwierige Aufgabe darstellt. Beim Tiefziehen von Blechen mit Texturen entstehen ferner an Stellen geringer Verformung, insbesondere

Abb. 173/2. Boden eines tiefgezogenen Hohlkörpers mit Furchenbildung (Walztextur).

unterhalb der Streckgrenze (etwa bei Dehnungen von 10%), vielfach *Streckfurchen*, welche bei höherer Dehnung ausbleiben. Hierfür zeigt Abb. 173/2

[1] Vgl. SACHS: Praktische Metallkunde II, S. 74f. Berlin 1934. Vgl. auch K. KAISER: Z. Metallkde. Bd. 19 (1927) S. 435. AUMANN, W.: Masch.-Bau Bd. 7 (1928) S. 105. Frhr.

ein Beispiel, nämlich Streckfurchen in dem Boden eines gezogenen Hohlkörpers aus Bandstahl von 1 mm, dessen stark verformte Seitenwände

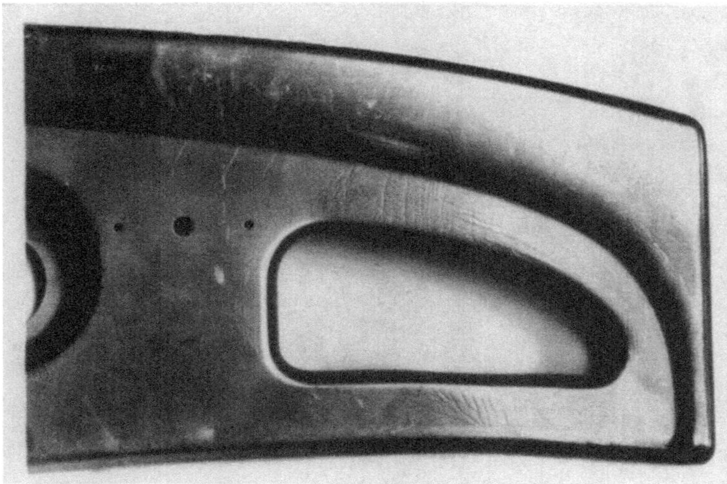

Abb. 174/1. Gezogener Karosserieteil mit Streckfurchen, verursacht durch Walztextur.

hingegen glatt sind. Die Streckfurchen liegen ziemlich genau quer zur Walzrichtung. Ähnliche Streckfurchen zeigt Abb. 174/1 an einem Karosserieblech, und zwar nur an den wenig verformten flachen Stellen. Die Praxis verwendet zur Beseitigung der Walztexturen einerseits ausgiebiges *Glühen*[1] und ferner neuerdings ein sogenanntes *Walken des Bleches,* welches zu einem wichtigen Hilfsmittel der Ziehtechnik geworden ist. Abb. 174/2 zeigt den Schnitt durch eine derartige Walkmaschine *(Maschinenfabrik Weingarten),* in der z. B. Ziehbleche durch Recken und Biegen in entsprechender

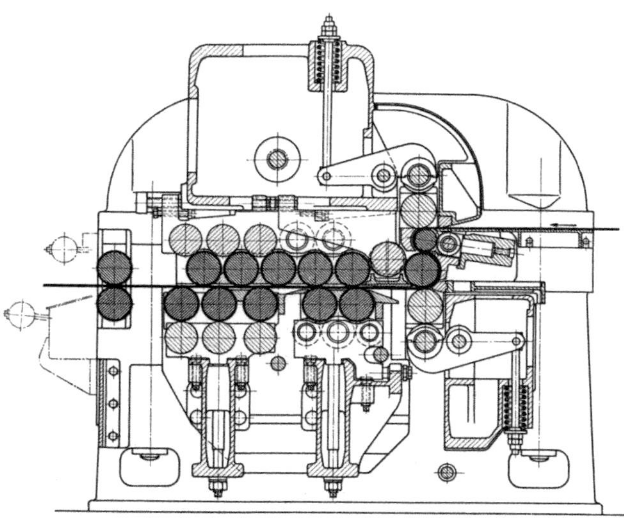

Abb. 174/2. Schnitt durch eine Blechwalkmaschine zur Beseitigung von Walztexturen. (Maschinenfabrik Weingarten.)

v. Göler u. G. Sachs: Z. Physik Bd. 56 (1929) S. 495. Phillips, A. and G. Edmunds: Proc. Amer. Soc. Test. Mat. Bd. 29 II (1929) S. 438. Bassett, W. H. and J. C. Bradley: Trans. Amer. Inst. min. metallurg. Engr., Inst. Met. Div. 1933 S. 181. Straw, W. A., M. D. Helfrick and C. R. Fischrupp: Trans. Amer. Inst. min. metallurg. Engr., Inst. Met. Div. 1931 S. 317. Crane: Trans. Amer. Inst. min. metallurg. Engr., Inst. Met. Div. 1931 S. 284. — [1] Vgl. F.N. 173/1.

Richtung in ihrem Gefüge soweit gelockert und verformt werden, daß sie auch bei einem verwickelten Ziehvorgang saubere, nicht faltige Oberflächen ergeben. Allerdings bleibt diese Eigenschaft gleichmäßiger Dehnbarkeit nur eine gewisse Zeit nach dem „Walken“ erhalten.

Ein guter Überblick über das seither Gesagte läßt sich an dem Beispiel eines tiefgezogenen Hohlkörpers aus Messingblech gewinnen. Abb. 175/1 zeigt einen solchen, dessen Oberflächenbeschaffenheit wir an verschiedenen Stellen festgestellt haben. Diese sind auf der Übersichtsabbildung angegeben und die entsprechenden

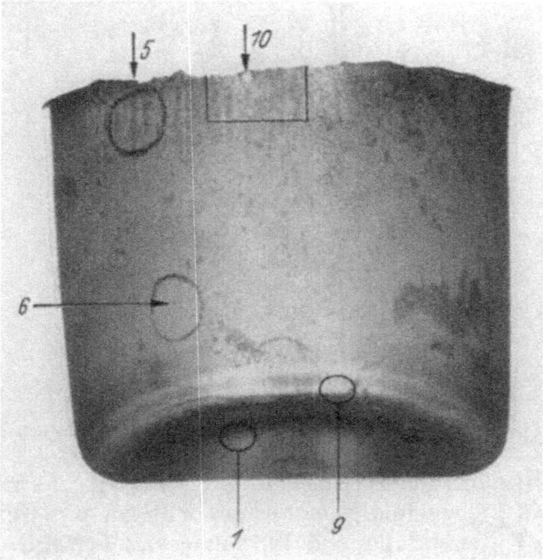

Abb. 175/1. Tiefgezogener Hohlkörper mit verschiedener Oberflächenbeschaffenheit. Natürliche Größe.

Abb. 175/2. Stelle 1 des Hohlkörpers. Vergr. 280×.

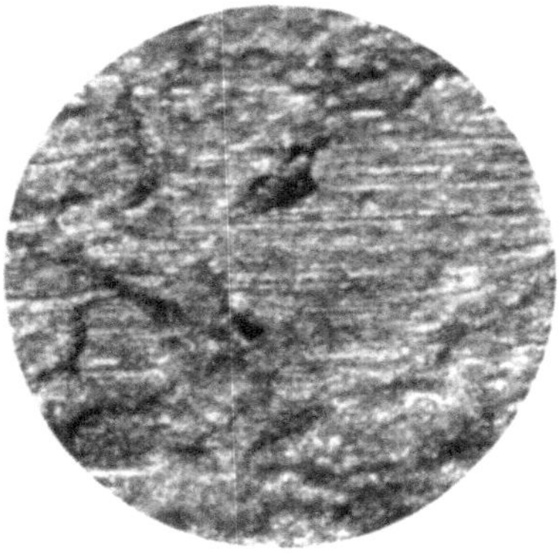

Abb. 175/3. Stelle 5 des Hohlkörpers. Vergr. 120×.

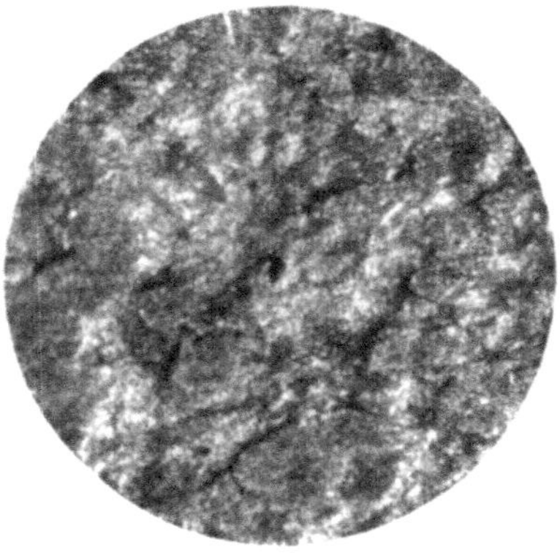

Abb. 175/4. Stelle 6 des Hohlkörpers. Vergr. 120×.

Oberflächenbilder (Abb. 175/2 bis 176/2) nach Dunkelfeldaufnahmen mit dem Leitzschen Ultropak beigefügt. Bekanntlich sind die Verformungen eines derartigen kreisförmigen Zuschnittes beim Übergang in den topfartigen Körper außerordentlich verwickelt[1]. Rein theoretische Erwägungen über sie dürften

[1] Vgl. Sellin: Handbuch der Ziehtechnik. Berlin 1931. Ziehtechnik in der Blechbearbeitung. Berlin 1926. Über den Einfluß der Rundung von Ziehring und Ziehstempel im Anschlag. Forsch.-Arb. Ing.-Wes. 1930. Ber. betriebswiss. Arb. Bd. 3 (1930) S. 18; Masch.-

nur eine gewisse Annäherung an die Wirklichkeit geben. *Das Verfahren der Röntgeninterferenzen führt hingegen* (wenigstens mit einer gewissen Genauigkeit) *zu der Ermittlung der wirklichen Verformungszustände.* Aufschlußreich in dieser

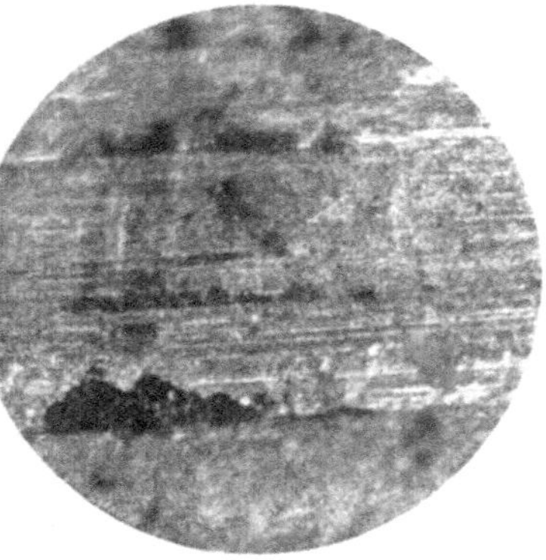

Abb. 176/1. Stelle 9 des Hohlkörpers. Vergr. 120×.

Abb. 176/2. Stelle 10 des Hohlkörpers. Vergr. 10×.

Bau-Betrieb Bd. 3 (1923/24) S. 229, 482. BRASCH, H.: Das Ziehen unregelmäßig geformter Hohlkörper. Berlin 1925. GUNTARIS: Vom Ziehen und vom Sicken. F. Stoll jun. 1926. FISCHER, F.: Über Oberflächendehnung, Faltenbildung und -verhinderung beim Hohlgefäßziehen. Selbstverlag 1927. Diss. Stuttgart 1927. CHRISTOPH, K.: Prüfung von Feinblechen. Diss. München 1929. DRAEGER: Einfluß der Abrundungen beim Ziehen von Hohlkörpern aus dünnen Blechen. Ber. betriebswiss. Arb. Bd. 2 VDI-Verlag 1929. Diss. Dresden 1929. KACZMAREK: Die moderne Stanzerei. Berlin 1929. LITZ: Spanlose Formung. Berlin 1926. MUSIOL: Rechnerische und zeichnerische Methode der Zuschnittsermittlung in der Ziehpressentechnik. Leipzig 1908. DINGLERS polytechn. J. Bd. 315 (1900) S. 428, 442. Die Kalibrierung der Ziehwerkzeuge, Stahleisen. Düsseldorf 1907. Stahl u. Eisen Bd. 27 (1907) S. 477, 513, 551. POMP u. WALTHER: Einfluß der Stichabnahme und der Glühtemperatur auf kaltgewalzte Feinbleche. Mitt. Eisenforsch. Bd. 2 (1929) S. 31. RUHRMANN: Bördeln und Ziehen in der Blechbearbeitungstechnik. Berlin 1926. SOMMER: Versuche über das Ziehen von Hohlkörpern. Forsch.-Arb. VDI 1926 Heft 286; Masch.-Bau-Betrieb Bd. 4 (1925) S. 1171. FRANKLIN, J.: Diemaking and Die Design. New York 1923. LUCAS: Dies and Die Making, 1897. SMITH OBERLIN: The press working on Metals. WOODWORTH: Dies, their construction and use. SACHS, G.: Mitt. dtsch. Mat.-Prüf.-Anst. Sonderheft 16 1931 S. 11—38, Auszug: RIEM, W.: Z. Metallkde. Bd. 24 (1932) S. 157—161; dort findet sich ausführlich älteres Schrifttum. Ferner E. ACKERMANN: Diss. Dresden 1930. Werkst.-Techn. Bd. 26 (1932) S. 4. EISENKOLB, F.: Stahl u. Eisen Bd. 52 (1932) S. 357. LINICUS, W. u. G. SACHS: Werkst.-Techn. Bd. 26 (1932) S. 233. SACHS, G.: Z. VDI Bd. 72 (1928) S. 734. LODE, W.: Z. Physik Bd. 36 (1926) S. 913. Forsch.-Arb. VDI 1928 Heft 303. LUDWIK: Elemente der technologischen Mechanik. Berlin 1909. Z. österr. Ing-. u. Arch.-Ver. Bd. 67 (1915) S. 597. LUDWIK, P. u. R. SCHEU: Stahl u. Eisen Bd. 45 (1925) S. 373. GRIMSTON: J. Inst. Met., Lond. Bd. 39 (1928 I) S. 255f. SCHMIDT, M.: Arch. Eisenhüttenwes. Bd. 3 (1929) S. 213. SCHLESINGER: Werkst.-Techn. Bd. 19 (1925) S. 831f. KÜHNER, O.: Werkst.-Techn. Bd. 23 (1929) S. 556, Bd. 21 (1927) S. 629. Z. Metallkde. Bd. 22 (1930) S. 190; Z. VDI Bd. 77 (1933) S. 469. Wirkungsgrad und Wirtschaftlichkeit der Friktionspressen. Göppingen 1926. HERMANN u. SACHS: Metallwirtsch. Bd. 13 (1934). GECKELER: Z. angew. Math. Mech. Bd. 8 (1928) S. 341. KUMMER, H.: Masch.-Bau-Betrieb Bd. 5 (1926) S. 657, Bd. 6 (1927) S. 764. FISCHER, G. R.: AEG-Mitt. 1927 S. 419, 1929 S. 483. LITTEN-DUBOIS: Masch.-Bau-Betrieb Bd. 12 (1933) S. 255. BRASCH, H. D.: Forsch.-Arb. VDI 1925 Heft 268. CRANE: Plastic Working of Metals, S. 161. New York 1931. EKSERGIAN: Met. Ind., Lond. Bd. 30 (1927) S. 405, 433, 459, 483. Stahl u. Eisen Bd. 47 (1927) S. 1340. SIEBEL: Stahl u. Eisen Bd. 47 (1927) S. 1340. SIEBEL u. POMP: Mitt. Kais.-Wilh.-Inst. Eisenforsch. Düsseld., Bd. 11 (1929) S. 139. SOMMER, M. H.: Z. VDI Bd. 78 (1934) S. 1195. GOEDERITZ, A. H. F.: Z. Metallkde. Bd. 26 (1934) S. 49. AUF DER HEYDE: Werkstatt u. Betrieb Bd. 69 (1936) S. 101f.

Hinsicht ist eine Arbeit von HERMANN und SACHS[1]. In Abb. 177/1 haben wir auf Grund dieser die radialen, normalen und tangentialen Verformungen für jede Zone der Ronde aufgetragen, so wie sie sich aus den Röntgeninterferenzen ergeben haben. Diese lassen sich in Form eines Deviators zusammenfassen, der den Verformungszustand angibt. Wir folgen in dieser Hinsicht der Kennzeichnung von LODE[2]. Dieser verwendet hierfür eine Größe:

$$\nu = \frac{2\,\dot{\varepsilon}_2 - \dot{\varepsilon}_1 - \dot{\varepsilon}_3}{\dot{\varepsilon}_1 - \dot{\varepsilon}_3}. \qquad \text{(Gl. 177/1)}$$

Hierin ist:

$$\dot{\varepsilon} = \frac{\partial \varepsilon}{\partial t}$$

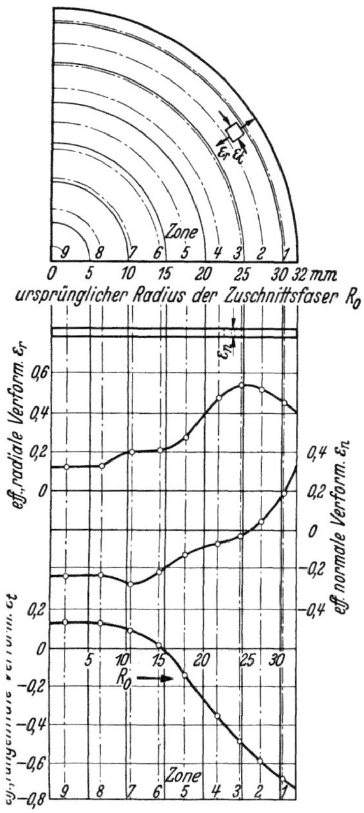

Abb. 177/1.

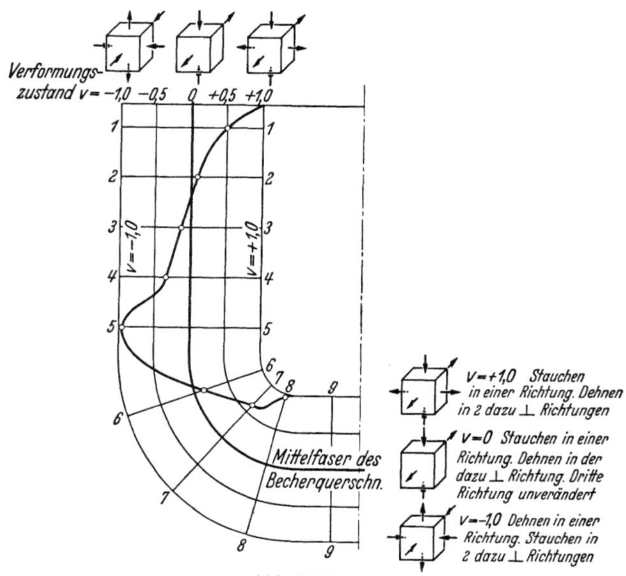

Abb. 177/2.

Abb. 177/1. Verformung eines kreisförmigen Zuschnittes beim Tiefziehen eines zylindrischen Hohlkörpers, ermittelt mit Hilfe von Röntgeninterferenzen. (Nach HERMANN und SACHS.)

Abb. 177/2. Verformungszustände eines gezogenen Hohlkörpers ermittelt durch Röntgeninterferenzen. (Nach HERMANN und SACHS.)

die Verformungsgeschwindigkeit in der Hauptrichtung 1 und analog $\dot{\varepsilon}_2$, $\dot{\varepsilon}_3$ für die beiden anderen Achsen. Es bedeutet dann:

$\nu = +1$ Stauchen in einer Richtung und Dehnen in zwei dazu senkrechten Richtungen,

$\nu = -1$ Dehnen in einer Richtung und Stauchen in zwei dazu senkrechten Richtungen,

$\nu = 0$ Stauchen in einer Richtung und Dehnen in einer dazu senkrechten Richtung, während die 3. Richtung unverändert bleibt.

Abb. 177/2 zeigt (nach HERMANN und SACHS) den Verformungszustand eines solchen gezogenen Hohlkörpers, wie er auf Grund von Röntgeninterferenzen

[1] HERMANN u. SACHS: Metallwirtsch. Bd. 13 (1934) Heft 40, 41, 43.

[2] LODE: Z. Physik Bd. 36 (1926) S. 913. Forsch.-Arb. VDI 1928 Heft 303. Die mathematischen Zusammenhänge hierüber müssen im Original und in der Arbeit von HERMANN und SACHS nachgelesen werden.

ermittelt wurde, in dieser Darstellungsart, und zwar sind die Größen ν für die verschiedenen Zonen auf der Mittelfaser des Hohlkörpers als Achse aufgetragen. Wenn wir nun diese Feststellungen mit unseren Oberflächenbildern vergleichen, so bekommen wir eine Vorstellung von den außerordentlich vielfältigen Einflüssen der Verformung auf die Oberfläche. Während die Stelle 10 sehr feinkörnig und etwas porös erscheint, die Stelle 1 in ihrem äußeren Aussehen sich kaum von dem des ursprünglichen Blechs unterscheiden, zeigen die Stellen 5 und 6 besonders starke Verschiebungen großer Kristalle und kristallinischer Schollen. Die Stelle 9 zeigt, und zwar sehr deutlich, den Einfluß der Oberflächenrauhigkeit

a b

Abb. 178/1 a und b. Übermäßig starke Faltenbildung eines stark überzogenen Hohlkörpers bei schlechtem Faltenhalterdruck. (Nach HERMANN und SACHS.)

des Ziehringes. Wir haben es an dieser Stelle also mit einer Oberfläche zu tun, die von dem mikrogeometrischen Zustand des Werkzeuges bestimmt worden ist.

Schließlich bleibt noch zu erwähnen ein Vorgang, der an der Grenze der mikro- und makrogeometrischen Bereiche liegt und insbesondere beim Tiefziehen die Oberflächen der Körper wesentlich beeinflußt. Wir meinen die bekannte *Faltenbildung*[1]. Diese kommt dann zustande, wenn das Blech durch Druckkräfte (also im Falle des gezogenen Hohlkörpers durch solche tangentialer Art, vgl. Abb. 177/1, 177/2) erheblich gestaucht wird. Wenn dann eine mikrogeometrisch freie Oberfläche vorhanden ist, d. h. also beim Ziehvorgang der Faltenhalter nur schwach aufliegt oder der Ziehspalt im Verhältnis zur Blechstärke zu groß ist, kommen regelmäßige wellenförmige Ausknickungen des Werkstoffes vor, im Gegensatz zu der eigentlichen Kornverschiebung. Diese wären auch bei völlig isotropem und homogenem Werkstoff, wie ihn die gewöhnliche Elastizitätstheorie voraussetzt, zu erwarten. Solche Vorgänge sind für diesen Fall auch theoretisch zu behandeln[2], z. B. für die Knickung von Stäben, das Einbeulen

[1] HERMANN u. SACHS: Metallwirtsch. Bd. 13 (1934) Heft 40, 41, 43; dort auch Lit. Vgl. auch die interessante Arbeit über das Ziehen von Pappe. SCHERER: Diss. Dresden 1932. Vgl. hierüber auch das Schrifttum F.N. 161/1.

[2] FÖPPL, A.: Vorlesungen über technische Mechanik, 4. Aufl. Bd. 5. Leipzig u. Berlin 1922. Vorlesungen über technische Mechanik, 9. Aufl. Bd. 3 S. 313—334, 358—387. Leipzig u. Berlin 1922. FÖPPL, A. u. L.: Drang und Zwang, Bd. 1 S. 88f., Bd. 2 insbes. S. 372 bis 388. München u. Berlin 1920. FLÜGGE: Statik und Dynamik der Schalen. Berlin 1934.

von Rohren, Trommeln und ähnlichen Körpern. Abb. 178/1 a und b gibt ein Beispiel für diese Faltenbildung an einem gezogenen Hohlkörper. Wenn der Werkstofffluß quer zur Ebene eines derartigen Bleches wesentlich verhindert wird, so entstehen statt dieser Faltungen nur Verschiebungen der Kristallschollen, so wie wir sie in Abb. 175/3 beobachten können.

Die obigen Darlegungen haben kein an sich neues Material erbringen können. Sie haben es aber unter neuen Gesichtspunkten dargestellt. Wesentlich für den Leser dürfte auch hier der *Ausblick auf weitere Forschungsarbeit* sein. Es tritt bei der Untersuchung der spanlosen Formung vielleicht deutlicher als in den übrigen Abschnitten dieses Buches zutage, wie notwendig es ist, daß die technologische Arbeit sich aller nur erreichbaren Hilfsmittel bedient, also neben der gründlichen theoretischen Behandlung, die sich nicht nur auf den idealisierten isotropen Körper stützen darf, die Verwendung aller metallographischen Verfahren und vor allem derjenigen der Röntgeninterferenzen.

7. Form und Beschaffenheit typischer, durch Bearbeitung erzeugter Oberflächen (Ergebnisse).

Die Bildtafeln 1—32 (am Ende dieses Buches) geben eine Auswahl aus einer großen Sammlung von Oberflächenaufnahmen der verschiedensten Bearbeitungsarten und der verschiedensten Herkunft. Es handelt sich meist um Proben, die mir von deutschen und amerikanischen Fabriken zur Verfügung gestellt wurden[1].

71. Art der verwendeten Darstellungsverfahren.

Auf den Tafeln sind die Aufnahmen im allgemeinen nach der Art der Oberflächenbearbeitung und im übrigen nach fortschreitender Rauhigkeit geordnet. In den meisten Fällen wurde das Lichtschnittverfahren, sei es mit dem Mikroskop zur Oberflächenprüfung, sei es mit einem besonders zusammengestellten Laboratoriumsgerät, verwendet. Wo es auf besonders hohe Vergrößerungen ankam, wurde das sog. Zusatzgerät mit einem gewöhnlichen Mikroskop und Aufsatzkamera benutzt. Zahlreiche andere Aufnahmen sind nach dem Querschliffverfahren mit dem von mir angegebenen Aufguß von WOODschem Metall hergestellt.

Die Schräglichtaufnahmen sind zum Teil mit der Epilampe gemacht, gelegentlich auch mit dem Profilmikroskop bei weit geöffnetem Spalt. In jedem Falle ist das benutzte Licht stark konvergent.

Bei den Aufnahmen ist soweit wie möglich angegeben: Die Art des Betriebes, von dem die Probe stammt und die Art der Bearbeitung, die Vergrößerung, fernerhin die aus der Auswertung der Proben gewonnenen Zahlen für die größte Rauhigkeit H und die mittlere, auf die Grundlinie bezogene Rauhigkeit h_m, beide in μ; schließlich der Formfaktor oder Völligkeitsgrad $K = \frac{h_m}{H}$. Auf den

[1] Einige wenige Proben haben der früher mehrfach erwähnten Arbeit von KIESEWETTER schon zugrunde gelegen und wurden mir von Prof. BERNDT freundlichst zur Verfügung gestellt.

Proben ist eine Bezugslinie eingeritzt, die es dem Benutzer ermöglicht, Einzelheiten der Kurven abzugreifen. In einzelnen Fällen sind Maßstäbe in zwei Koordinaten auf den Proben dargestellt, welche durch unmittelbares Einphotographieren eines in 0,01 mm geteilten Maßstabes erhalten worden sind.

72. Art der untersuchten Proben.

Die Tafeln zeigen zunächst Beispiele für die spanabhebende Bearbeitung durch Hobeln und Drehen einschließlich des Feinstdrehens mit Diamant und Widia. Die Taf. 8/18a bis Taf. 9/20b zeigen den bekannten Einfluß der Geschwindigkeit für $v = 125$—600 m.

Nach dem Hobeln und Drehen folgen die Darstellungen gebohrter, gefräster, gesägter und geschliffener Flächen.

Schließlich sind in Taf. 24 polierte und geläppte Flächen gezeigt, wie sie im Meßwerkzeugbau üblich sind. Für diese feineren Flächen sind auch einige Querschliffprofile bei hohen Vergrößerungen gezeigt worden. Wenn diese auch wegen der sehr großen Feinheit der Flächen nahezu keine Einzelheiten mehr enthalten, so sind sie doch eben aus diesem Grunde wertvoll. Übrigens wird der Leser, wenn er ein Haarlineal an diese Bilder anlegt, doch gelegentlich feine, langwellige Unregelmäßigkeiten finden, die ihm sonst entgehen.

73. Untersuchte Konstruktionsteile.

Unabhängig von der Art der Bearbeitung zeigen Taf. 22—25 auch Oberflächen von Konstruktionsteilen, die heute im Vordergrund des Interesses stehen, z. B. Zylinder, Kolben und Kolbenringe von Verbrennungsmotoren, Endmaß- und Meßwerkzeugflächen, Wälzlagerteile und schließlich Zahnräder. Hierbei sind auch die verschiedenen modernen Bearbeitungsverfahren der Zahnflanken berücksichtigt. Außer den Zahnrädern zeigen die Bildtafeln noch einige Beispiele, daß es möglich ist, das Lichtschnittverfahren auch im *makroskopischen Gebiet* zu verwenden, z. B. zur Untersuchung ganzer Zahnprofile, der Schneide eines Hobelmessers usw.

Taf. 4/6 stellt einen Maßstabstrich von etwa 100 μ Breite dar. Ein derartiges Profil ist durch das Tastverfahren überhaupt nicht darzustellen.

Die Taf. 30—32 geben Beispiele für die Verwendung des Lichtschnittverfahrens zur Untersuchung der *Korrosionserscheinungen* an einem von vielen Beispielen, nämlich den fortschreitenden Zerstörungsvorgang an der Oberfläche einer Kupfer-Aluminium-Probe in Kalilauge. Taf. 32/75 zeigt die Korrosion einer Messingprobe in gewöhnlicher Laboratoriumsluft.

8. Zusammenhang der Oberflächenbeschaffenheit der Baukörper mit anderen Fragen.

81. Oberflächenbeschaffenheit und Festigkeit.

811. Der Einfluß der mikrogeometrischen Oberfläche auf die Zug- und Biegefestigkeit, insbesondere bei Wechselbeanspruchung.

Über die Zusammenhänge der Festigkeit, insbesondere der Wechselfestigkeit, mit der Beschaffenheit der Oberflächen ist eingehend gearbeitet worden[1], allerdings meistens ohne zahlenmäßige Bestimmung der *feineren* mikrogeometrischen Verhältnisse und der Strukturveränderungen in der inneren Grenzschicht. Es ist lange bekannt, daß die Festigkeit der Körper, insbesondere ihre Wechselfestigkeit, sehr erheblich von ihrem Oberflächenzustand beeinflußt wird. *Körper mit glätteren Oberflächen haben* bei gleichen sonstigen Umständen *eine höhere Festigkeit.* Im übrigen ist naturgemäß die *Grundlage aller Betrachtungen auf diesem Gebiet nicht die geometrische Form des Profils allein,* sondern auch der Bau der inneren Grenzschicht und schließlich der gesamte Körper in seinen makroskopischen Verhältnissen *(„Gestaltfestigkeit"* im weiteren Sinne). Das bedeutet, daß bei allen Untersuchungen dieses Problems auch die technologische Seite berücksichtigt werden sollte, nämlich die *Frage, durch welchen Bearbeitungsvorgang eine bestimmte Oberflächenform zustande gekommen ist* (vgl. Abschnitt 6223, S. 145 ff.), wobei zu den Bearbeitungsvorgängen naturgemäß auch alle beabsichtigten oder nebenher auftretenden Kaltverformungen zu rechnen sind. Zum Beispiel geben eine mit feinem Drehstahl hergestellte flache runde Rille, eine eingeschliffene und polierte und schließlich eine durch

[1] THUM u. BUCHMANN: Dauerfestigkeit und Konstruktion. Berlin 1932. FÖPPL, BECKER u. v. HEYDEKAMP: Die Dauerprüfung der Werkstoffe. Berlin 1929. MAILÄNDER: Ermüdungserscheinungen und Dauerversuche. Werkstoffbericht Nr. 28 (Verein der Eisenhüttenleute. Düsseldorf 1924). HEROLD: Die Wechselfestigkeit metallischer Werkstoffe, insbesondere S. 97f. Berlin 1934. Derselbe: Z. VDI Bd. 73 (1929) S. 1261. ARMBRUSTER: Einfluß der Oberflächenbeschaffenheit auf den Spannungsverlauf und die Schwingungsfestigkeit. Berlin 1931. Dort auch Literatur. LUDWIK: Int. Verb. Mat.-Prüf. Zürich. Kongr. Gruppe A, S. 190. Zürich 1931; Metallwirtsch. Bd. 10 (1931) S. 705. MAILÄNDER: Metallkde. Bd 20 (1928). KRUPPsche Mh. Bd. 12 (1931) S. 242. MOORE and KOMMERS: The Fatigue of metals. Univ. Illinois Bull. Engng. Exp. Stat. Series 1922; The Fatigue of metals. McGraw Hill Book Comp. Inc. London 1927; The Fatigue of metals. New York 1927. LEHR: Metallkde. Bd. 20 (1928) S. 78; Sparwirtsch. Bd. 9 (1931) S. 271. JÜNGER: Mitt. Forsch.-Arb. Gutehoffnungshütte 1931 S. 8, 45. FISCHER: Z. VDI Bd. 76 (1932) S. 450. FISCHER gibt für den Einfluß des Oberflächenzustandes feiner Flächen Zahlen von 5—30%; Mitt. Gutehoffnungshütte Heft 3 (VDI-Verlag). THOMAS: Engineering Bd. 116 (1923) S. 449; Technical report of the Aeronautical Research Committee Bd. 2 (1923/24). Siehe auch GÜNTHER: Der Einfluß der Oberflächenbeschädigungen auf die Biegungsschwingungsfestigkeit. Berlin 1929; Mitt. WÖHLER-Inst. Heft 2 S. 45. Berlin 1929. ZANDER: Der Einfluß von Oberflächenbeschädigungen auf die Biegungsschwingungsfestigkeit. Berlin 1929. GOUGH, H. I.: Fatigue of metals. London 1924. INGLIS, C. E.: Trans. Instn. Naval Archit. Teil I 1913 S. 219. GRIFFITH, A. A.: Advisory Committee for Aeronautics, Report T. 1, S. 275. Dezember 1918, B 2 G, Strength and Design-general 35. NISHIKARA, KINO, KAWAKURA: Soc. Mech. Engrs. Japan Bd. 35 (1932) S. 1017. HANKINS, BECKER and MILLS: J. Iron Steel Inst. Bd. 133 (1936) S. 390. Einen guten Überblick über die physikalische Seite der Frage, insbesondere der Unterschied der sogenannten „technischen" und der molekularen Festigkeit, siehe bei SMEKAL: Kohäsion der Festkörper in AUERBACH-HORT: Handbuch der physikalischen und technischen Mechanik, Bd. 4, 2. Leipzig 1931.

Walzen oder Drücken hergestellte Rille keineswegs dieselben Festigkeitsverhältnisse an dem Probekörper, auch wenn sie bei der üblichen Betrachtung anscheinend dasselbe Profil haben [1]. Eine solche umfassende Betrachtungsweise bedeutet ebenso die Untersuchung der gesamten Spannungsverteilung, also auch die Berücksichtigung etwa aufgedrückter zusätzlicher innerer Spannungen (Thum), wie die Frage der Gefügeänderung oder Regelung in der Grenzschicht (Verfestigung durch Kaltverformung). Gerade diese Gesichtspunkte sind in der neueren Zeit von besonderer Wichtigkeit geworden [2].

Der Einfluß der Bearbeitungsriefen wurde, wie es auch naheliegend ist, meist im Zusammenhang mit dem Problem der Kerbwirkung betrachtet. Die gewöhnlich untersuchten Kerben an Probestäben liegen in ihren Abmessungen in der Größenordnung von 1 mm. Es scheint aber höchst zweifelhaft, ob die feineren und feinsten Verhältnisse im mikrogeometrischen Gebiet sich ohne weiteres aus der Ähnlichkeit von Spannungszuständen mit derartigen rillenförmigen Profilformen ableiten lassen, deren Abmessungen 10—10000mal größer sind [3]. Solange es sich um Bearbeitungsriefen von einigen Zehntel Millimetern handelt, mag dies noch zutreffen. Sobald man aber mit Bearbeitungsverfahren zu tun hat, deren Spuren oft sehr erheblich unterhalb dieser Grenze liegen und dabei nur statistisch gleichförmig sind wie bei dem feinen und feinsten Schleifen, so wird man an Wirkungen denken müssen, die das Gefüge und selbst das Kristallgitter unmittelbar beeinflussen [4]. Eine Aufklärung der Zusammenhänge in diesen Fällen ist sicherlich nur zu gewinnen, wenn man sich zunächst der feinsten Verfahren der Oberflächenuntersuchung selbst bedient. Man wird aber außerdem auch die Grenzschicht untersuchen müssen, etwa mit dem Querschliffverfahren, welches zugleich die Profile liefert, und vor allem mit *Röntgen- und Elektroneninterferenzen*, welche die Vorgänge in dem submikroskopischen Bereich und im Gitter selbst klarstellen [5].

Bei jeder derartigen Untersuchung muß man notwendig von einem *Normalzustand* der Oberflächen ausgehen, auf den man alle anderen Versuche beziehen kann. Es erscheint mir ausgeschlossen, hierfür einen auf der Rundschleifmaschine, wenn auch noch so sauber geschliffenen Körper zu verwenden, denn

[1] Auf diese Dinge hat u. a. schon Armbruster a. a. O. deutlich hingewiesen.

[2] Föppl u. Heydekampf: Metallwirtsch. Bd. 9 (1929) S. 1087. Döring: Das Drücken der Oberfläche usw. Mitt. Wöhler-Inst. Berlin 1930; ferner Mitt. Wöhler-Inst. Heft 2, 6, 8, 10, 14, 15. Berlin 1930/33. Oschatz: Mitt. Mat.-Prüf.-Anst. Techn. Hochsch. Darmstadt Heft 2. Berlin 1933. Staedel: Mitt. Mat.-Prüf.-Anst. Techn. Hochsch. Darmstadt Heft 4. Berlin 1933. Thum u. Bautz: Forschg. Ing.-Wes. Bd. 6 (1935) S. 121. Thum: Z. VDI Bd. 75 (1931) S. 1328, vgl. dabei auch den wichtigen Zuschriftenwechsel zwischen Föppl und Thum: Z. VDI Bd. 77 (1933) S. 1335f., in welchem die Bedeutung der Verfestigung der Oberflächenschicht einerseits und der inneren Spannungen andererseits erörtert werden.

[3] Siehe die spätere Erörterung über die Bedeutung submikroskopischer Risse.

[4] Herr Professor Thum hatte die Freundlichkeit, mir auf meine Anfrage in diesem Zusammenhang mitzuteilen, daß seiner Meinung nach die Oberflächenverletzungen von feinst bearbeiteten Körpern wegen ihrer statistischen Gleichförmigkeit nur unbedeutende Spannungserhöhungen zur Folge hätten, da sie sich gegenseitig in ihrer schädlichen Wirkung entlasten. Im makrogeometrischen Gebiet sind von Thum derartige Entlastungen festgestellt worden [Forschg. Ing.-Wes. Bd. 2 (1931) S. 345]. Immerhin scheint es zweckmäßig, die heute noch ausstehende Aufklärung über die Verhältnisse im mikrogeometrischen Gebiet und in der inneren Grenzschicht durch weitere Forschung herbeizuführen, besonders im Hinblick auf die Einflüsse der Bearbeitungsart.

[5] Vgl. Abschnitt 3532, S. 101, 6223, S. 148f., 63, S. 172, 177.

gerade die geschliffene Oberfläche hat, wie wir gesehen haben, eine außerordentlich verwickelte Oberflächengestalt und ist dadurch gekennzeichnet, daß verhältnismäßig spitzwinklige feinste Riefen in beinahe unendlicher Anzahl vorhanden sind. Geschliffene Oberflächen wirken sicherlich in bezug auf die Festigkeit der Körper weit ungünstiger als feinere Oberflächen, die wir herzustellen durchaus in der Lage sind. Insofern verdienen die Versuche von LEHR[1] Vertrauen, als sie sich auf den *polierten Zustand* einer Oberfläche als *Vergleichsnormale* beziehen. Allerdings sollte auch hierbei die sicher noch erhebliche Gefügeveränderung in der inneren Grenzschicht (bis zur Tiefe von der Größenordnung 10^{-2} mm) mitbetrachtet werden. Viele der seitherigen Versuchsergebnisse leiden, wie erwähnt, daran, daß sie über die wahre Gestalt der Oberfläche keine genügend genauen Angaben enthalten. *Immerhin steht aber soviel fest, daß die Bearbeitungsriefen die Festigkeit, insbesondere die Wechselfestigkeit, aufs stärkste beeinträchtigen. Je kleiner der Abrundungsdurchmesser am Grunde einer Riefe und je tiefer und spitzwinkliger* diese ist[2], um so kleiner wird das Verhältnis zwischen der Wechselfestigkeit eines solchen Werkstückes zu dem eines sorgfältig polierten Stückes aus gleichem Werkstoff[3]. Einige Werte der nachstehenden Tabelle zeigen dies[4]:

Z.T. 183/1.

Name des Forschers	Oberflächenbearbeitung	Größte Verminderung der Schwingungsfestigkeit gegenüber jener bei polierter Oberfläche in %
M. und K. [5]	Schmirgel Nr. 0	2—3
M. und K.	„ „ 1	4
M. und K.	„ „ 3	6
M. und K.	Mit Staubfeile bearbeitet	7,5
L. [6]	Hohlkehle, poliert, $R = 2$ mm	11
M. und K.	Gedreht	12
M. und K.	Mit Schlichtfeile bearbeitet	14
L.	Grob gedreht	15
M. und K.	Grob gefeilt	18—20
L.	Hohlkehle, poliert, $R = 0{,}5$ mm	77

812. Einfluß submikroskopischer Oberflächenrisse auf die Festigkeit.

(Theorie von GRIFFITH.)

Die Z.T. 183/1 gibt einen ungefähren Überblick über den Einfluß des Oberflächenzustandes und der Bearbeitungsverfahren auf die Festigkeit. Es handelt sich bei den seither bekannten Untersuchungen noch um verhältnismäßig grobe

[1] LEHR: Z. Metallkde. Bd. 20 (1928) S. 78; Masch.-Bau Bd. 8 (1929) S. 610; Sparwirtsch. Bd. 9 (1931) S. 271; Z. VDI Bd. 75 (1931) S. 1401. Unterlagen für wirklichkeitsgetreue Festigkeitsrechnung. Berlin 1932.

[2] Hier verdienen die älteren theoretischen Untersuchungen von WIEGHARD über die Spannung an Spalten [Z. f. Math. u. Physik Bd. 55 (1907) Heft 1/2] herangezogen zu werden.

[3] ARMBRUSTER: a. a. O. S. 58. LEHMANN, R. (Diss. Dresden 1931) u. W. GANS (Diss. Dresden 1934) haben den Einfluß der Abrundung am Grunde eines Gewindes und den des Oberflächendrückens bei Gewinden auf die Dauerschlagfestigkeit gezeichnet.

[4] Zusammenstellung bei HEROLD: Wechselfestigkeit metallischer Werkstoffe, S. 120. Wien 1934.

[5] MOORE and KOMMERS: The Fatigue of metals. London 1927.

[6] LUDWIK: Metallwirtsch. Bd. 10 (1931) S. 705.

Unregelmäßigkeiten der Körperoberflächen. Es ist aber wahrscheinlich, daß auch *viel feinere* Störungen der Oberfläche noch *von wesentlicher Bedeutung* sind. Vielleicht ist dieser Einfluß sogar weit größer als man heute meist annimmt[1]. Für gewisse Fälle ist es für den Konstrukteur gut zu wissen, daß mit abnehmender Temperatur dieser Einfluß stark ansteigt (Sprödigkeit). Dem Techniker verhältnismäßig wenig bekannt sind die Forschungen von GRIFFITH[2] und die Gesichtspunkte über die Vorgänge beim Zerreißen von Körpern, welche durch diese Arbeiten entstanden sind. Durch die Entwicklung der Gittertheorie der Kristalle und damit der Kräfte, die zwischen den Atomen bzw. Ionen vorhanden sind, ist es möglich geworden, eine Berechnung der sogenannten „molekularen Festigkeit" zu geben, d. h. der Zerreißfestigkeit, welche theoretisch in einem vollkommen regelmäßigen Elementargitter vorhanden sein muß. Es muß allerdings hier schon darauf hingewiesen werden, daß diese *Überlegungen zunächst nur für vollkommen spröde Körper zutreffen.* Eine Übertragung auf plastisch verformbare Körper, also die Mehrzahl unserer Werkstoffe, ist nur mit Vorbehalt möglich. Es ist seit langem bekannt, daß die theoretische Festigkeit (Kohäsion) z. B. bei Ionenkristallen, wie Steinsalz, um mehrere Größenordnungen größer ist als die sogenannte „technische Zerreißfestigkeit", die man im wirklichen Körper beobachtet. GRIFFITH u. a. haben in diesem Zusammenhang die Vorstellung von der überragenden Bedeutung des Oberflächenzustandes für die Zerreißfestigkeit entwickelt. Sie nahmen an, daß *im praktischen Fall jede Zerstörung eines realen Körpers ihren Ausgang nimmt von feinsten Oberflächenrissen und daß die Festigkeit letzten Endes mitbestimmt wird von deren Abmessungen.* Nach dieser Theorie ist die *technische Festigkeit diejenige Spannung, bei der die gefährlichsten Risse ausbreitungsfähig werden.* Das ist dann der Fall, wenn die bei einer „virtuellen" Erweiterung des Risses von den elastischen Kräften geleistete Arbeit die beim Zerreißen zur Oberflächenvergrößerung erforderliche Energie decken kann[3]. GRIFFITH hat zunächst theoretisch die Spannungsverhältnisse an einer dünnen unendlichen Platte entwickelt, an der sich ein langer, sehr schmaler Riß befindet und die Zugspannungen ausgesetzt ist. Er findet unter anderem, daß für die Zerstörung einer solchen Platte die Beziehung bestehen muß:

$$\sigma_{\max} = S\sqrt{\frac{2\,l}{\varrho}}, \qquad \text{(Gl. 184/1)}$$

wo $\sigma_{\max}$ die maximale auftretende Zugspannung am Ende des dünnen Risses, l dessen Länge und ϱ dessen Krümmungshalbmesser am Ende sind.

GRIFFITH hat nun Versuche gemacht, zunächst an kugeligen Glasgefäßen, die mit Flüssigkeitsinnendruck belastet waren und die mit Diamant eingeritzte

[1] Einen guten Überblick über die gesamten Fragen, die damit zusammenhängen, gibt SMEKAL: „Kohäsion der Festkörper" in AUERBACH-HORT: Handbuch der physikalischen und technischen Mechanik, Bd. 4, 2 S. 1f. Leipzig 1931. Vgl. SMEKAL: „Technische Festigkeit und molekulare Festigkeit". Naturwiss. 1922 S. 799. Vgl. den gut lesbaren Überblick über die „Physikal. Grundlagen der Metallplastizität" bei SCHLECHTWEG: Techn. Mitt. Krupp Bd. 4 (1936) S. 29.

[2] GRIFFITH: Philos. Trans. Roy. Soc., Lond. A Bd. 221 (1920) S. 163; Proc. Inst. internat. Congr. appl. mechan. S. 55. Delft 1924 Vgl. auch JENKEL: Z. Elektrochem. Bd. 38 (1932). REINKOBER: Physik. Z. Bd. 31 (1930) S. 243. Vgl. Handbuch der Physik GEIGER-SCHEEL Bd. 6 S. 453f. OROWAN: Z. Physik Bd. 82 (1933) S. 235. Eine Diskussion der GRIFFITHschen Theorie bei OROWAN: Z. Physik Bd. 86 (1933) S. 195f.

[3] Vgl. OROWAN: a. a. O. S. 197.

feine Risse verschiedener Länge hatten, deren Breite in der Größenordnung von 10^{-4} mm lag. Die Proportionalität der Bruchspannung mit der Wurzel aus der Rißlänge hat sich hierbei bestätigt. Die Theorie von dem entscheidenden Einfluß feinster Oberflächenrisse auf die Zerreißfestigkeit schien eine sehr beachtliche Stütze zu finden durch die Untersuchungen von JOFFÉ[1]. Dieser hat Zerreißversuche an Steinsalz *unter Wasser* vorgenommen, wobei die Oberflächenschicht vorsichtig aufgelöst wurde. Hierbei ergaben sich Festigkeitswerte, die um mindestens eine Zehnerpotenz höher als die gewöhnliche („technische") Festigkeit des Steinsalzes sind und sich der theoretischen Festigkeit des Kristallgitters näherten. Es muß allerdings darauf hingewiesen werden, daß es noch andere und wahrscheinlich bessere Deutungen der JOFFÉschen Versuche gibt, z. B. die von POLANYI[2] und von EWALD und POLANYI, SMEKAL[3]. Diese Deutungen gehen entweder auf eine Verfestigung der Oberflächenschicht durch vorangehende Verformung bei dem Eintritt des Reißvorganges oder auf kapillares Eindringen von Wasser in Lockerstellen des Kristallgefüges zurück. Jedenfalls ist eine allgemein anerkannte Erklärung des JOFFÉ-Effektes heute noch nicht vorhanden. Diese Untersuchungen beziehen sich zunächst auf *amorphe Körper* (Glas) und Ionenkristalle (Steinsalz). Ob und in welcher Weise sich ihre Ergebnisse auch auf *kristallinische Haufwerke,* wie die technischen Metalle, übertragen lassen, ist zur Zeit noch unklar. Es ist bekannt, daß die Reißfestigkeit eines metallischen Haufwerkes von der Korngröße abhängt, und zwar mit dieser erheblich abnimmt (MASING und POLANYI[4]), fernerhin daß, mindestens von einer gewissen oberen Korngrenze abwärts, die Bruchflächen immer durch das Kristallkorn und nicht die Korngrenze gehen. Es ist z. B. nach diesen Forschern bei einem Kornquerschnitt von $80\,\mu^2$ die Reißfestigkeit 15 kg/mm^{-1} und bei $50000\,\mu^2$ die Zerreißfestigkeit nur 5 kg/mm^{-1}. Danach wäre die Größe $\sigma\sqrt{Q}$ annähernd konstant, wo σ die Zerreißfestigkeit und Q den Kornquerschnitt bedeuten. Diese Versuche wurden bei der Temperatur der flüssigen Luft angestellt, um sich dem idealen Zustand der Sprödigkeit des Kristalles zu nähern. OROWAN[5] glaubt nun im Zusammenhang mit den Rechnungen für die Spannungserhöhung durch submikroskopische Risse von INGLIS[6], die sich nur wenig von den Rechnungen von GRIFFITH unterscheiden, und die er auf Einrisse ins einzelne Gefügekorn anwendet, zeigen zu können, daß die Beziehung $\sigma\sqrt{Q} = C$ wirklich zutreffen muß. Aber auch diese Vorstellungen erscheinen noch keineswegs einwandfrei gesichert[7]. Trotzdem diese Fragen, wie man sieht, sich gegenwärtig noch durchaus im Fluß befinden, haben sie

---

[1] JOFFÉ u. Mitarbeiter: Z. Physik Bd. 22 (1924) S. 286. Eingehende Literatur-Zusammenstellung und kritische Betrachtung des „JOFFÉ-Effekts" bei E. SCHMID u. W. BOAS: Kristallplastizität, S. 361. Berlin 1935.

[2] EWALD u. POLANYI: Z. Physik Bd. 28 (1924) S. 29; Physic. Rev. Bd. 43 (1933) S. 366.

[3] SMEKAL: a. a. O.

[4] MASING, G. u. M. POLANYI: Z. Physik Bd. 28 (1924) S. 169; vgl. ferner für Messing: BASSET, W. H. and C. H. DAVIS: Trans. Amer. Inst. min. metallurg. Engr. Bd. 60 (1919) S. 428 (nach Versuchen von SYKES). Eisen: EDWARDS, C. A. and L. B. PFEIL: J. Iron Steel Inst. Herbst-Meet. 1925. ISHIGAKI, T.: Sci. Rep. Tôhoku Univ. Sendai Bd. 16 (1927) S. 285. Stahl: RAWDEN: Sci. Pap. Bur. Stand. Nr. 397.

[5] OROWAN: Z. Physik Bd. 82 (1933) S. 235, Bd. 86 (1933) S. 200f.

[6] INGLIS: Trans. Instn. Nav. Archit., Lond. Bd. 55 (1) (1913) S. 219.

[7] Völlig andere Erklärungen hierfür bei BLANK: Physik. Z. Bd. 34 (1933) S. 333. ZWICKY: Helv. phys. Acta Bd. 6 (1933) S. 210.

alle eine Bedeutung für das uns beschäftigende Problem des Zusammenhangs zwischen feinsten Oberflächenrissen und technischer Festigkeit.

Submikroskopische Risse von solcher Feinheit, wie sie hier vorausgesetzt sind, lassen sich außerordentlich schwer feststellen. Natürlich liegen sie weit jenseits dessen, was sich mit dem Tastverfahren oder dem Lichtschnittverfahren irgendwie nachweisen ließe. Möglicherweise liegt ihre Breite noch gerade an der Grenze der Dunkelfeldmikroskopie.

813. Indirekter Einfluß der äußeren Grenzschicht auf die Festigkeit.

Daß auch die äußere Grenzschicht fester Körper in indirekter Weise, und zwar wahrscheinlich durch eine Beeinflussung der inneren Grenzschicht, die Festigkeit der Körper beeinflussen kann, zeigen z. B. Versuche von FLORENSKY u. a.[1]. ROSENHAIN und TEDDINGTON[2] fanden bei gewissen Silikaten durch Luftangriff oder einfaches Ziehen zwischen den Fingern der Probestücke schon Festigkeitsveränderungen bis zu 50%.

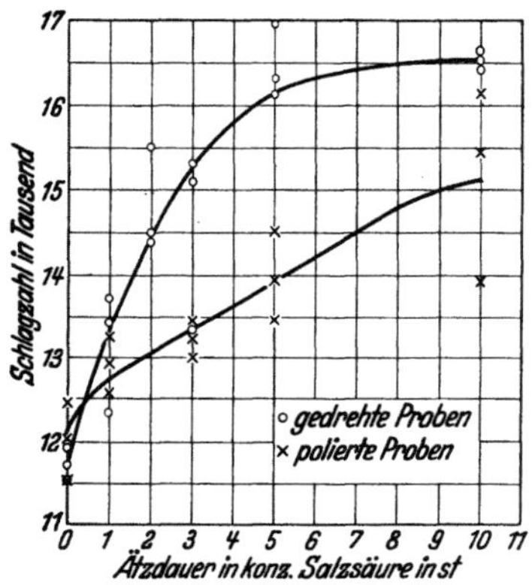

Abb. 186/1. Einfluß des Ätzens mit HCl auf die Dauerschlagzahl. (Nach KÄNDER und SCHULTZ.)

Diese Dinge lassen sich wohl nur so verstehen, daß unter der Einwirkung des äußeren Mediums in vielen Fällen feinste Veränderungen der Oberflächenbeschaffenheit zustande kommen. Ich habe z. B. bei frischen Messingoberflächen, auf die im vorliegenden Falle äußerst schwach konzentrierte HCl- und H_2O-Dämpfe der Laboratoriumsluft einwirkten, in wenigen Minuten deutliche Veränderungen des Bildes im Dunkelfeld wahrgenommen.

Den *Ingenieur* haben diese Dinge seither nicht beschäftigt, da die durch die üblichen Bearbeitungsverfahren, vielleicht mit Ausnahme des allerfeinsten Polierens, herstellbaren Oberflächen noch sehr rauh sind verglichen mit den Größen, wie sie bei der GRIFFITHschen Theorie vorausgesetzt werden. Wie außerordentlich rauh eine polierte Oberfläche noch ist, sehen wir nicht nur aus den Dunkelfeldbildern usw., sondern vor allem auch aus den physikalischen Bestimmungen der wahren Oberflächengröße (Z.T. 86/1). Wenn im mikrogeometrischen Gebiet eine geschmirgelte Fläche 16mal, eine polierte 10—13mal größer ist als ihre makroskopisch gemessene Projektion, kann man sich eine Vorstellung von der Rauheit des wirklichen Oberflächenzustandes machen. Die Erfahrungen bei der chemischen Einwirkung auf Oberflächen sollten aber in diesem Zusammenhang zu denken geben[3]. Die Arbeiten von KÄNDER und SCHULTZ[4] haben gezeigt, daß es durch vorsichtiges Ätzen von Proben mit rauher Oberfläche möglich ist, deren Wechselfestigkeit erheblich zu steigern (Abb. 186/1) Diese Wirkung, welche vollkommen entgegengesetzt ist den Verhältnissen bei

[1] Zitiert bei OROWAN: a. a. O. S. 206.

[2] ROSENHAIN u. TEDDINGTON: Intern. Kongr. Materialprüf. Amsterdam Bd. 1 (1927) S. 36.

[3] HEROLD: a. a. O. S. 131f., insbesondere S. 142. Dort auch Literatur.

[4] KÄNDER u. SCHULTZ: Werkstoffbericht VDE Bd. 48 (1924).

grober Korrosion, beruht vielleicht auf der Ausrundung oder Beseitigung vorhandener Oberflächenkerben oder Risse[1]. Es ist interessant, daß, wie die Abbildung zeigt, bei gedrehten Proben der Einfluß weit stärker ist als bei polierten. Dies ist auch verständlich, da es sich bei den gedrehten Proben etwa um eine Vergrößerung des Krümmungsradius der Rillen handelt, während bei den polierten wahrscheinlich um ein Beseitigen allerfeinster Risse. Die Ähnlichkeit dieser Ergebnisse mit den Ergebnissen von JOFFÉ (s. S. 185) liegt auf der Hand. Wieweit diese Dinge für den Praktiker von irgendwelcher Bedeutung sind, ist noch nicht abzusehen[2].

814. Mikromechanische Druckfestigkeit der Oberfläche.

Eine völlig andere Frage ist die *Druckfestigkeit einer rauhen Oberfläche im mikrogeometrischen Gebiet.* Es handelt sich dabei um die Zusammenhänge zwischen Verformung und Kräften an den feinen und feinsten Erhöhungen bearbeiteter Oberflächen. Der einfachste Fall ist der, wenn eine rauhe bearbeitete Oberfläche mit einer völlig glatten anderen Fläche in Berührung steht; der nächste Fall wäre der, daß auch die Gegenfläche rauh ist (vgl. Abb. 5/1). Über diese Dinge liegen meines Wissens überhaupt noch keine Ergebnisse vor, obschon gerade sie für viele wichtige Fragestellungen des Maschinenbaues, u. a. auch als Vorstufe für die gründliche Behandlung des Abnutzungs- und Verschleißproblems, wie auch der Preß- und Festsitze und gewissen Fragen der Wärmeübertragung (S. 254) von großer Wichtigkeit sind.

Ich habe einige Vorversuche angestellt, um zu sehen, in welcher Weise die Verformung bei der Berührung rauher Oberflächen im ersten der beiden angeführten Fälle vor sich geht. Abb. 188/1 zeigt die Verformung bei der Berührung eines rauhen Probekörpers von St. 37.12 mit einer polierten gehärteten Chromnickelstahlfläche. Die beigeschriebenen Druckspannungen sind nur auf die makrogeometrisch gemessene Fläche bezogen (p_{nom}). Die wirkliche Tragfläche ist aus diesen Bildern nicht so genau zu ermitteln, als daß sich die Druckspannung der mikrogeometrischen Tragflächen bestimmen ließe. Wenn man wirklich brauchbare Ergebnisse erzielen will, sollte man derartige Arbeiten wohl auch im Sinne von Standzeitversuchen ansetzen. Denn die Vorversuche haben gezeigt, daß die *Verformung*, d. h. das Fließen des Werkstoffs, *sehr langsam vor sich geht* und erst nach längerer Zeit zum Stillstand kommt. Immerhin geben die Bilder eine Vorstellung von der Art der auftretenden Vorgänge.

Wir wollen nun versuchen, die *Tragfähigkeit* einer solchen *bearbeiteten Fläche* mit *rillenförmigem Profil* abzuschätzen, und zwar im Vergleich mit einer völlig glatten ebenen Fläche. Die Tragfähigkeit hängt von zwei Größen ab:

1. Von dem Verhältnis der Summe aller Elementartragflächen zur Projektion der rauhen Fläche, die wir Grundfläche nennen wollen.

2. Von der Gestalt der einzelnen tragenden Rillen. Wir betrachten diese beiden Einflüsse gesondert:

---

[1] Ähnliche Ergebnisse für Glas siehe bei BRODMANN: Nachr. Ges. Wiss. Göttingen 1894 S. 44.

[2] Es scheint mir hier wie auch an anderen Stellen dieses Buches wichtig, nicht nur auf unmittelbar brauchbare Ergebnisse hinzuweisen, sondern auch auf solche, die in die Zukunft weisen und Anregung zu neuen Untersuchungen geben können.

1. Wenn die zunächst scharfkantige Rille (Abb. 189/1), sei es durch Abnutzung oder irgendeinen Bearbeitungsprozeß (Schleifen, Läppen) um die Größe h_1 abgetragen wird, so entstehen Tragflächen von der Größe l, welche mit zunehmendem h' wachsen. Die Größe

$$c = \frac{\Sigma l}{L}$$

gibt die Tragfähigkeit der rauhen gegenüber der völlig glatten Fläche an, soweit sie von der *Größe* der Elementarfläche allein abhängt. Diese Größe hängt einerseits ab von dem Verhältnis $k = \frac{s}{r}$, zwischen Vorschub und Schneidenradius, andererseits von der Höhe h_1. Dies haben wir früher schon bei Erörterung der sog. ABBOTT-*Funktion* oder *Tragkurve* besprochen. Die Länge l wird

$$l = 2\left(\frac{s}{2} - r \sin\alpha\right) \qquad \text{(Gl. 188/1)}$$

Abb. 189/2 gibt eine Darstellung dieser Größe und damit eine bequeme Möglichkeit, *die spezifische Auflagefläche oder Tragfähigkeit* für alle praktisch vorkommenden Fälle zu berechnen. Beispiel: Es sei $r = 2{,}5$ und $s = 3{,}0$, somit der Faktor $k = 1{,}2$. Dann findet sich aus dem Schaubild, daß beispielsweise in einer Schicht, die um $h_1 = 0{,}4$ mm unterhalb des Rillenkamms oder $h_0 = 0{,}1$ über der tiefsten Stelle liegt, die tragende Fläche 52% der völlig glatten Fläche oder die Verschwächung 48% beträgt[1].

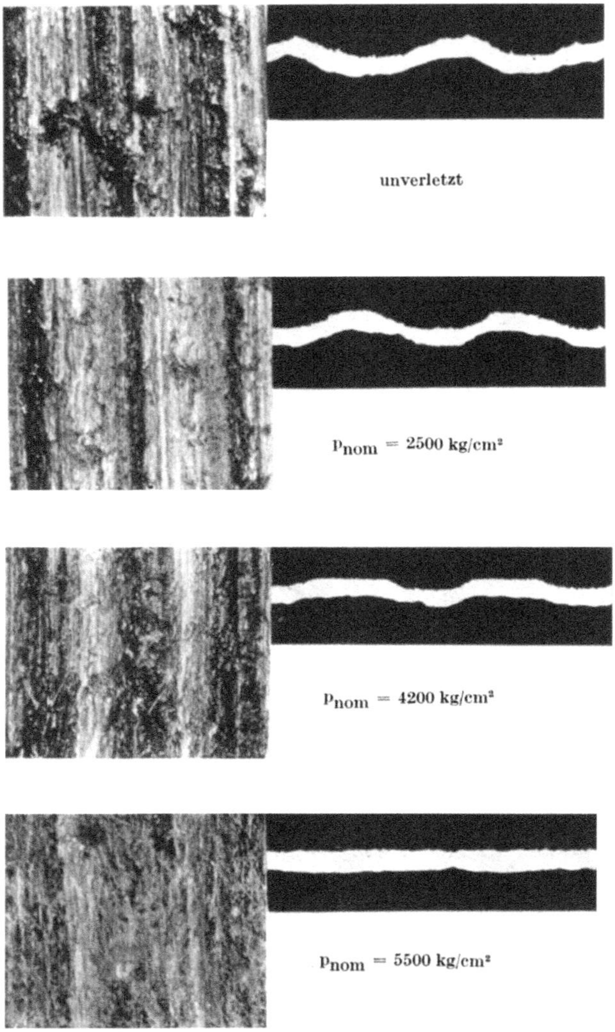

Abb. 188/1. Verformung einer rauhen Fläche bei Druck gegen eine harte glatte Gegenfläche. (Ohne Schmierung.) Vergr. 53×.

---

[1] Die Größe H findet sich in dem Schaubild an derjenigen Stelle, wo die Kurven in die Vertikale übergehen. Will man statt der Größen h_1, welche etwa einer Abnutzung des Rillenprofils entspricht, die Größen h_0, welche der Tiefe der Rille entsprechen, als Argument verwenden, so muß man in dem Schaubild von der Stelle H aus rückwärts in die Leiter eingehen oder sich die Größe h_0 aus $H - h_1$ vorher berechnen.

2. Bei dieser Überlegung war jedoch vorausgesetzt, daß die kleinen schneidenförmigen Elementarflächen dieselbe *Härte* haben wie eine große glatte tragende Fläche, d. h. daß sie bei demselben spezifischen Flächendruck ins Fließen kommen. Dies ist aber bei derart keilförmigen Gebilden nicht der Fall. *Es ist vielmehr notwendig, die gesamte mikrogeometrische Gestalt einer derartigen Rille*

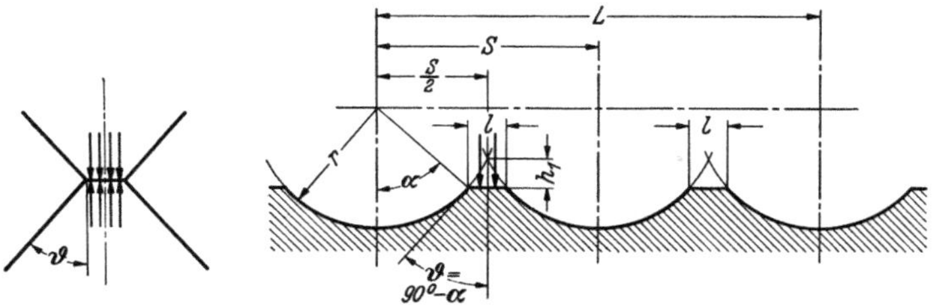

Abb. 189/1. Anwendung der PRANDTLschen Schneidentheorie auf die Festigkeit von Bearbeitungsriefen.

mit in Betracht zu ziehen und die Form in der Nachbarschaft der tragenden Elementarfläche mit zu berücksichtigen. Diese feinere Betrachtung ist möglich, wenn man sich der schon bestehenden und auch experimentell nachgeprüften Ergebnisse über die Festigkeit von Schneiden bedient. Man könnte auch daran

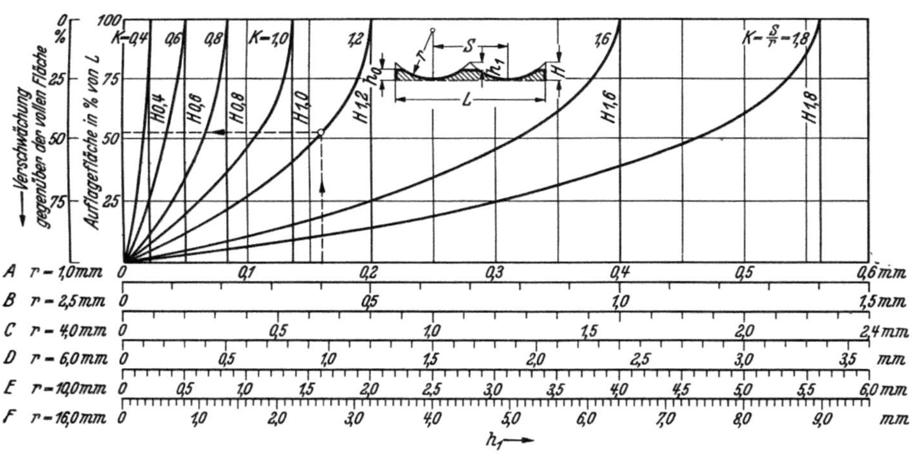

Abb. 189/2. Druckfestigkeit von Flächen mit Bearbeitungsriefen.

denken, eine Schätzung der Spannungen, die an kleinsten, sich berührenden Oberflächenteilen auftreten, auf Grund der HERTZschen Formeln vorzunehmen. Die HERTZschen Gleichungen gelten jedoch bekanntlich nur für das elastische Gebiet. Eine sehr viel näherliegende und dabei noch einfachere Annahme gaben die theoretischen Untersuchungen von PRANDTL[1], die von NADAI[2] experimentell nachgeprüft worden sind. Nach diesen Untersuchungen, die gut

[1] PRANDTL: Nachr. Ges. Wiss. Göttingen, Math.-physik. Kl. 1920 S. 74; Z. angew. Math. Mech. Bd. 1 (1921) S. 15. „Über die Eindringungsfestigkeit (Härte) plastischer Baustoffe und die Festigkeit von Schneiden.“ Proc. 1. internat. Congr. appl. mechan. Delft 1925 S. 43.

[2] NADAI: Versuche über die plastischen Formänderungen von keilförmigen Körpern. Z. angew. Math. Mech. Bd. 1 (1921) S. 20.

miteinander in Übereinstimmung stehen, läßt sich die *Härte* eines belasteten keilförmigen Körpers, der oben abgeflacht ist (Abb. 189/1), folgendermaßen ansetzen:

$$\sigma_K = \sigma_D\,(1+\vartheta). \qquad \text{(Gl. 190/1)}$$

Hierin bedeutet ϑ den Halbwinkel der keilförmigen Schneide, σ_D die Druckfestigkeit des Materials und σ_K die Härte oder den Flächendruck auf dem gepreßten keilförmigen Körper, bei dem er ins Fließen kommt. Man sieht, daß für $\vartheta = 0$ die Widerstandsfähigkeit (Härte) einer derartigen Schneide gleich der Druckfestigkeit ist und daß sie für $\vartheta = \frac{\pi}{2}$, wo die Schneide in die Ebene übergeht, ihr Maximum erreicht. PRANDTL hat den letzteren Fall genauer untersucht. Sein Ansatz enthält noch den Neigungswinkel der sogenannten Grenzgeraden, der von dem Werkstoff abhängt. Die Festigkeit wird aber in allen Fällen für die Ebene mindestens

$$\sigma_K \geqq \sigma_D\left(1+\frac{\pi}{2}\right) \geqq 2{,}57\,\sigma_D\,. \qquad \text{(Gl. 190/2)}$$

Je nach der Lage der Grenzgeraden kann sie noch höhere Werte annehmen. Wir wollen nun sehen, was sich mit diesem einfachen Ansatz für unsere Fragestellung ermitteln läßt. Wir betrachten eine Oberfläche, die mit kreisbogenförmigen Bearbeitungsrillen versehen ist, an denen vielleicht oben durch die Abnutzung schon eine kleine Tragfläche entstanden ist (Abb. 189/1). Wir machen nun beispielsweise zur Bedingung, daß die Widerstandsfähigkeit eines derartigen Profils nicht mehr als 20% gegenüber der völlig glatten Fläche verschwächt sein soll. Dann ergibt sich folgendes. Die Widerstandsfähigkeit soll mindestens betragen:

$$W = \frac{\sigma_K}{\sigma_D} = 1+\vartheta = 0{,}8\left(1+\frac{\pi}{2}\right) = 2{,}02\,. \qquad \text{(Gl. 190/3)}$$

Daraus ergibt sich

$$\vartheta = 1{,}02,\quad \beta^0 = 58{,}4^0.$$

Es ist ferner (Abb. 189/1) der halbe Schneidenwinkel

$$\vartheta = 90 - \alpha,$$

somit

$$\alpha = 0{,}55,\quad \alpha^0 = 31{,}6^0$$

und

$$\sin\alpha = \frac{s}{2R} = \sin\,0{,}55 = 0{,}52\,. \qquad \text{(Gl. 190/4)}$$

Daraus ergibt sich das Verhältnis zwischen zulässigem Vorschub und Schneidenradius

$$\frac{s}{R} = 1{,}04\,. \qquad \text{(Gl. 190/5)}$$

Der Vorschub beim Arbeiten mit abgerundeten Meißeln sollte also mit Rücksicht auf die Druckfestigkeit (Härte) nicht größer als der Schneidenradius gewählt werden.

Diese Rechnung kann natürlich nur einen ungefähren Anhalt über die wirklichen Verhältnisse geben, denn sie läßt außer Betracht die Materialverfestigung, nachdem die erste Verformung eingetreten ist. Fernerhin aber entspricht sie nur in etwa den PRANDTLschen Voraussetzungen, bei dessen Ansatz angenommen war, daß das Material außerhalb der Schneide beliebig frei wegfließen kann. In unserem Falle dagegen ist es so, daß neben der einen Rille sich schon die nächste befindet, die auch unter Druck steht, so daß der Fließvorgang naturgemäß anders verlaufen wird als bei PRANDTL. Wir glauben aber annehmen zu dürfen, daß für eine vorläufige Abschätzung der Festigkeitsverhältnisse die obige einfache Rechnung genügt.

Abb. 191/1 zeigt die Härte, d. h. die zulässige spezifische Druckbelastung einer derartigen Rille, bezogen auf die völlig glatte ebene Grundfläche, deren Widerstandsfähigkeit gleich 100 gesetzt ist. Dieses enthält auf der Abszisse wiederum die Radien, auf der Ordinate die Größen $\frac{1+\vartheta}{1+\frac{\pi}{2}}$ oder in der daneben gezeichneten Leiter die Verschwächung in Prozenten gegenüber der gewöhnlichen ebenen Tragfläche, also $\left(1-\frac{1+\vartheta}{1+\frac{\pi}{2}}\right)100$. Da diese Größe nur von dem Winkel ϑ, also von der Höhe h und dem Radius allein abhängen, spielt nunmehr die Vorschubsgröße keine Rolle mehr. Es ergibt sich also beispielsweise für den Radius

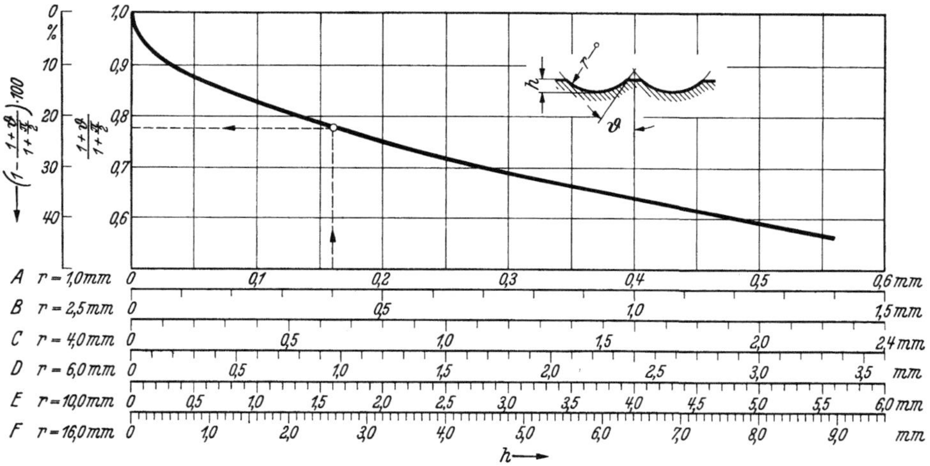

Abb. 191/1. Druckfestigkeit rillenförmiger Oberflächenprofile.

2,5 mm in einer Höhe von $h = 0{,}4$ über der tiefsten Stelle eine Abnahme der Druckfestigkeit auf 0,77, also um 23%. Man kann an Hand dieses Schaubildes nun entweder ablesen, welchen Radius man wählen muß, um bei einer bestimmten Höhe eine noch eben zulässige Verschwächung zu bekommen oder umgekehrt, welche Verschwächung bei gegebenem Radius und gegebener Rillenhöhe eintritt. Im vorgegebenen Beispiel war $r = 1{,}0$, $h = 0{,}15$, $k = 1{,}2$, $s = 1{,}2$. Es findet sich aus der Länge der Elementarflächen eine Tragfähigkeit von 0,52 und wegen der Schneidenform eine Verschwächung auf 0,77. Also beträgt in diesem Falle *die gesamte Tragfähigkeit* $W = 0{,}52 \cdot 0{,}77 = 0{,}4$ der glatten ebenen Fläche.

Die obigen Betrachtungen sind nicht nur ein wichtiger Hinweis für die zweckmäßige Wahl der Abrundungs- und Vorschubsverhältnisse bei der Bearbeitung mit Meißeln. Sie stehen auch, wie wir noch sehen werden, in Zusammenhang mit Vorgängen bei der Abnutzung derartiger rauher Flächen.

815. Technologische Folgerungen aus der Beziehung zwischen Oberflächenbeschaffenheit und Festigkeit.

Wir wollen uns nunmehr überlegen, welche technologischen Folgerungen zu ziehen sind aus dem im Vorausgegangenen geschilderten heutigen Stand unserer Kenntnis von der Bedeutung der Oberflächenbeschaffenheit für die Festigkeit eines Werkstücks. Je höher die Ansprüche in bezug auf die Betriebssicherheit eines Maschinenteiles sind, um so mehr wächst die Bedeutung dieses Gesichtspunktes. In dieser Richtung liegt die *Bedeutung aller der Verfahren, welche bewußt innere Spannungen* durch vorausgegangene plastische Verformung des Materials *hervorrufen,* um auf diesem Wege die gesamte Widerstandsfähigkeit des Werkstücks zu steigern. Dazu gehören ebenso die Erzeugung örtlicher innerer Spannungsfelder, wie sie von THUM und seinen Schülern[1] entwickelt worden ist, wie auch das große Gebiet der allgemeinen Verfahren, bei denen die Oberflächen kalt verformt werden, wie Walzen, Drücken, Prägepolieren, Aufkugeln, Aufdornen usw. die aus anderen Gründen eine besondere Glätte und Maßhaltigkeit hervorrufen, bei denen aber auch als wichtige Nebenwirkung der erwähnte Einfluß auftritt[2]. Auch das wichtige Walzen von Schrauben an Stelle des Schneidens gehört hierher[3]. Bei dem Feinstdrehen mit Hilfe einer mehrfach fazettierten Diamantschneide spielen wahrscheinlich auch schon derartige Einflüsse, wenigstens auf die innere Grenzschicht, eine Rolle. Als vorläufige Vermutung kann man wohl folgendes aussprechen: *Wenn man fertigungstechnisch die Wahl hat in bezug auf die letzte Bearbeitungsstufe der Oberfläche, und zwar einerseits zwischen spanabhebender Bearbeitung einschließlich Schleifen und Polieren, andererseits der spanlos verlaufenden, oder wie es* SCHROEDER[4] *ausdrückt, den Verfahren des „Spanglänzens" und denen des „Preßglänzens", sollte man immer die letzteren vorziehen, vorausgesetzt allerdings, daß man die notwendige Genauigkeitsbedingung* (Toleranz) *dabei einhalten kann,* was, heute wenigstens, nicht immer der Fall sein dürfte.

82. Oberflächenbeschaffenheit und Reibung.

Es kann nicht unsere Aufgabe sein, das Problem der Reibung in seinem vollen Umfange darzustellen. Im Rahmen dieser Arbeit beschränken wir uns auf seinen *Zusammenhang mit der Oberflächenbeschaffenheit und auf den Einfluß der Grenzschichten.*

Bekanntlich pflegt man drei Fälle der Reibung zu unterscheiden, die sogenannte *trockene,* die *flüssige* und die ihrem Charakter nach zwischen beiden liegende *Misch-, Grenz- oder halbflüssige Reibung.* Diese *Arten der Reibung* umfassen so verschiedene Dinge wie die Haftfestigkeit von Schrumpf- und Treibsitzen, Nieten und Nägeln, die Reibung von Kupplungen und Bremsen und schließlich die Vorgänge in Gleit- und Wälzlagern und an den Flanken von Zahnrädern. Nach der üblichen, aber keineswegs exakten Vorstellung werden die oben genannten 3 Fälle so unterschieden: Bei der trockenen Reibung berühren sich die Oberflächen der festen Körper ohne jede Zwischenschicht eines Schmiermittels. Bei der Mischreibung findet eine solche Berührung nur an einzelnen Stellen statt, während an anderen solchen flüssige Schmierschichten übereinander gleiten. Bei der flüssigen Reibung hingegen sind die beiden festen Körper überall durch eine tragende flüssige Schmiermittelschicht getrennt. Nach den gewöhnlichen Ansätzen gilt für die trockene Reibung das COULOMB*sche Gesetz* der Proportionalität von

---

[1] Vgl. F.N. 181/1, 182/2.

[2] SCHLIPPE: Z. VDI Bd. 74 (1930) S. 1329. SCHROEDER: Masch.-Bau Bd. 11 (1932) Heft 10. NIEBERDING: Polieren von Achsen. Masch.-Bau Bd. 11 (1932) S. 269. Vgl. auch das „Hammerrollen". Werkst.-Techn. Bd. 30 (1936) S. 467.

[3] ARMBRUSTER: a. a. O. S. 49. THUM u. BAUTZ: a. a. O. S. 124.

[4] SCHROEDER: Masch.-Bau Bd. 11 (1932) S. 205.

Last und Reibungskraft und bei der flüssigen Reibung die hydrodynamische Theorie, nach welcher der Reibungswiderstand nur von dem Geschwindigkeitsgradienten und damit dem Schergefälle in der Schmierschicht abhängen soll.

Trockene und Mischreibung können auch im Zustand der Ruhe vorhanden sein. Das heißt, bei der Geschwindigkeit Null und bei endlichen Normalkräften können endliche Tangentialkräfte auftreten. Bei der reinen flüssigen Reibung hingegen werden die Tangentialkräfte zusammen mit der Geschwindigkeit Null. Die flüssige Reibung an bewegten Maschinenteilen, Lagern, Gleitschuhen usw. wird stets bei abnehmender Geschwindigkeit durch die Mischreibung abgelöst, welche den Übergang zum Zustand der Ruhe bildet. Die Reibungsziffern bei trockener und Mischreibung sind sehr erheblich größer als bei der flüssigen.

Die trockene Reibung ist nahezu von der Temperatur unabhängig, während die flüssige Reibung von ihr stark beeinflußt wird. Keine dieser verschiedenen Arten der Reibung kann auf Grund rein mechanischer Betrachtungen ausreichend dargestellt und verstanden werden. *Es ist* vielmehr *notwendig, stets die physikalisch-chemischen Vorgänge an den Grenzflächen in die Betrachtung der Reibungsvorgänge einzubeziehen.*

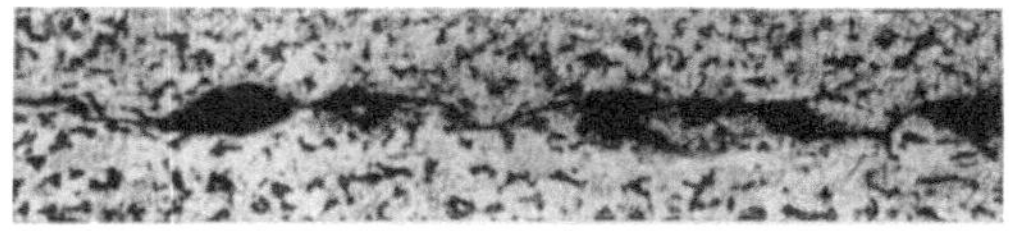

Abb. 193/1. Berührung zweier rauhen Flächen unter Druck. Vergr. 50×.

Die übliche technische Bezeichnung der „trockenen" Reibung umfaßt vielfach auch solche Fälle, die wir bei genauerer physikalischer Betrachtung der Mischreibung zurechnen sollten. Dies ist dann der Fall, wenn man unter Mischreibung denjenigen Zustand versteht, bei dem keine unmittelbare metallische Berührung stattfindet, sondern Zwischenschichten nichtmetallischer Art beteiligt sind. Beispiele hierfür sind die üblichen Reibungskupplungen und Bremsen.

Die Fragestellung, die in der *historischen* Entwicklung zuerst die *Behandlung des Reibungsproblems* beherrscht hat, ist nicht die flüssige oder halbflüssige Reibung, sondern die trockene [1] oder was man damals darunter verstand. Diese älteren Überlegungen zum Verständnis der trockenen Reibung gehen von der Modellvorstellung zahnartiger feiner und feinster Erhöhungen der Oberfläche aus, die sich miteinander verhaken und eine Art *Gesperre* miteinander bilden. Man nimmt an, daß beim Gleiten der Körper aufeinander diese „Zähne" elastisch oder plastisch verformt oder durch Zerstörung des Zusammenhanges mit dem Hauptkörper abgerissen, abgeschert, verquetscht und in die Lücken hineingedrückt werden. Abb. 193/1 zeigt die Trennfuge zwischen einem Ring und einem mit

[1] Allgemeine Darstellungen des Reibungsproblems in den üblichen Lehrbüchern der Mechanik. Ferner: JELLET: Theorie der Reibung. Leipzig 1890. GÜMBEL: Reibung und Schmierung im Maschinenbau. Berlin 1925. GÜMBEL: Die unmittelbare Reibung fester Körper. Berlin 1920. Ein ausgezeichneter Überblick der älteren Forschung: Encyclopädie der mathematischen Wissenschaft, IV. 1. II. H. 2 S. 189. Leipzig 1911. Ferner: Handbuch der Physik (GEIGER-SCHEEL), Bd. V, VI. Handbuch der physikalischen und technischen Mechanik (AUERBACH-HORT), Bd. 1 S. 751 Bd. 5 S. 797f., 941f. Leipzig. FALZ: Schmiertechnik. Berlin 1931. Ind. Engng. Chem. Bd. 18 (1926) No 5 (gesammelte amerikanische Arbeiten über Schmierung). LAMB: Hydrodynamics., S. 551f. Cambridge 1924. STANTON: Friction. London 1923. SCHIEBEL, A.: Das Gleitlager. Berlin 1933. Einen Überblick über den gegenwärtigen Stand des Reibungsproblems gibt ERK: Physik in regelmäßigen Berichten, S. 57. 1935.

geringem Übermaß und ohne Schmierung eingepreßten Bolzen. Die dazu notwendige Kraft in der Achsenrichtung (also tangential zur Fläche) betrug etwa 60 kg auf 1 cm² Ringfläche. Dieses Bild gibt ein gutes Beispiel für die geschilderte Modellvorstellung der trockenen Reibung. Diese, welche in ihren Grundzügen einige 100 Jahre alt ist (De la Hire um 1700), dient wohl auch heute noch mit Recht als vereinfachtes Gedankenmodell für die Vorgänge bei der trockenen Reibung. Erst neuere Arbeiten haben versucht, sie auf Grund unserer Kenntnis der *Kräfte zwischen den Molekülen* und der *Vorgänge* am Kristallgitter zu verallgemeinern[1]. Einer Erklärung der Reibungsvorgänge an technischen festen Körpern auf Grund derart feiner Betrachtungen stehen aber zwei Dinge entgegen. Zunächst tragen, wie wir oben (Abschnitt 27, S. 23ff.) auseinandergesetzt haben, alle technischen Körper eine äußere Grenzschicht adsorbierter Fremdstoffe, die unter allen Umständen eine erhebliche Rolle spielt. Auf diese kommen wir noch zurück. Fernerhin sind selbst die glättesten technisch herstellbaren Körper noch Gebirge mit Höhenunterschieden von mindestens einigen 100 Atomlagen. Dies hat zur Folge, daß eine Berührung über größere Flächen im Bereich der Molekularkräfte, also von etwa 2 Atomlagen, überhaupt nur unter dem Einfluß unübersehbarer lokaler Kräfte und Gitterverzerrungen zustande kommen kann[2]. An diesen Stellen aber treten dann bei tangentialer Bewegung in kleinsten Bereichen ähnliche Vorgänge auf, wie sie sich die ältere Theorie für die größeren Rauhigkeiten immer vorgestellt hat: nämlich Trennungen des ursprünglichen Zusammenhanges der Gefügebausteine oder innerhalb des Kristallgitters selbst[3]. Eine experimentelle Stütze findet diese Vorstellung durch Versuche von Lord Rayleigh, Hardy, Devaux[4], aus denen hervorgeht, daß *jedes Gleiten wirklich reiner, auch sehr glatter Körper* aufeinander *mit feinen Zerstörungen beider verbunden ist*[5]. Die bekannten Erscheinungen der *Reiboxydation*, die neuerdings

---

[1] Tomlinson: Philos. Mag. Bd. 7 (1929) S. 905. Wittrock: Diss. Bonn 1931. Physik. Ber. 1933 S. 117. Derjaguin: Z. Physik Bd. 88 (1934) S. 661 und C. R. Leningrad Bd. 3 (1934). Auszug s. Physik. Ber. 1934 S. 2003. Nach Derjaguin u. Lazarew (Physik. Ber. Bd. 16 S. 124) ist die Reibungsziffer an frischgespaltenen Glimmerflächen $\mu = 1$ und sinkt bei Wiederholung des Versuches auf 0,4—0,5.

[2] Über solche feinsten Deformationen hat R. Holm und Mitarbeiter (F.N. 23/4) im Zusammenhang mit Untersuchungen über elektrische Kontakte wertvolles theoretisches und experimentelles Material beigebracht.

[3] Bei hohen spezifischen Drücken können auch erhebliche plastische Deformationen der inneren Grenzschicht auftreten. S. Donandt: Z. VDI Bd. 80 (1936) S. 823.

[4] Vgl. Adams: The Physics and Chemistry of Surfaces, S. 216. Oxford 1930. Dieses Werk ist von Wichtigkeit für das ganze Reibungsproblem. Vgl. F.N. 25/6 über die Arbeiten von Hardy und seinen Mitarbeitern und über Grenzschichten an Kohlenwasserstoffen usw. Gegenüber den Versuchen von Hardy und Mitarbeitern sind gelegentlich Zweifel geäußert worden. Bei der außerordentlichen Sorgfalt, mit der die Hardyschen Untersuchungen angestellt sind, dürfte die Tatsache, daß ein anderer Forscher sie nicht wiederholen konnte, jedoch noch nicht zureichen, um ihre Ergebnisse als falsch anzusehen.

[5] Gerlach zeigt dies in einem lesenswerten Aufsatz [Metallwirtsch. Bd. 14 (1935) S. 1010] an einem anschaulichen Versuch. „Daß Glas glatt ist, daß zwei Stäbchen aufeinander leicht rollen, ist bekannt. Wenn ich die Glasoberfläche aber in der Bunsenflamme durch Erhitzen bis zum Erweichen von allen anhaftenden Schichten befreit habe, so rollen die Stäbchen nicht mehr aufeinander, ja ich kann sie ohne beträchtliche Kraft überhaupt nicht mehr aufeinander bewegen, ich höre, wie sie dabei knirschen und sehe, daß ihre Oberfläche hierbei matt wird. Ohne jede Zwischenschicht wachsen die beiden Oberflächen zusammen, nicht nur Glas, sondern auch Metall, wie sie an diesen Blei- und Messingflächen sehen, die, nach Säuberung aufeinander gedrückt, zusammenhaften bleiben."

eingehend von W. Fink und Hofmann[1] untersucht worden sind, liegen ebenfalls in dieser Richtung[2]. Daß auch der an sich „neutrale“ Stickstoff auch bei der Abnutzung eine Rolle spielt, zeigen die neuesten Versuche von Schottky und Hiltenkamp[3]. Aus diesen Forschungen geht hervor, daß im Gebiet der trockenen Reibung auch chemische Vorgänge recht verwickelter Art, nämlich Reaktionen zwischen dem in seinem Gitter „gelockerten“ Metall und dem Luftsauerstoff wie auch Stickstoff zustande kommen[4]. *Es steht fest, daß die echte trockene Reibung stets mit Verschleiß verbunden ist, d. h. mit der Ablösung feinster Teile der festen Grenzflächen.* Die oben erwähnten theoretischen Versuche, die trockene Reibung durch molekularphysikalische Vorgänge verständlich zu machen, kommen zwar den feineren Vorgängen näher, im Ergebnis aber führen sie nicht wesentlich über die Grundlagen hinaus, wie sie z. B. Gümbel in seinem Buch über „Reibung und Schmierung im Maschinenbau“[5] schon dargestellt hat. Solche Betrachtungen über die elastischen[6] und überelastischen Vorgänge im mikrogeometrischen Gebiet zeigen schließlich nur die Tatsache, daß die feinsten Verformungen quer zur Hauptausdehnung der Fläche, *statistisch betrachtet,* in erster Annäherung proportional den Normalkräften[7] und daß sie selbst ein Maß für die aufzuwendende *Verschiebungsarbeit* sind. Hieraus folgt aber zwanglos das *Coulombsche Gesetz* der Proportionalität zwischen Druck und Tangentialkraft[8]. Dieses Gesetz stimmt, allerdings nur innerhalb gewisser Grenzen, mit der Erfahrung überein. Ein Einfluß der Geschwindigkeit und auch des spezifischen Flächendrucks ist ebenso

---

[1] Vgl. z. B. W. Fink u. J. Hofmann: Arch. Eisenhüttenwes. Bd. 6 (1932) S. 161; Metallwirtsch. Bd. 13 (1934) S. 623f. Vgl. Erk: Physik in regelmäßigen Berichten, Bd. 3 S. 2. Leipzig 1935. Vgl. auch die praktischen Beobachtungen über den sog. Reibungsrost oder das Bluten an Einspannstellen, Naben usw. Kühnel: Stahl u. Eisen Bd. 52 (1932) S. 968. Wunderlich: Diss. Darmstadt 1933. Thum u. Wunderlich: Mitt. Mat.-Prüf.-Anst. Darmst. 1934 S. 362. Ricardo: Automob.-techn. Z. Bd. 37 (1934) S. 246.

[2] Vgl. auch die neuesten Untersuchungen englischer Forscher über den Poliervorgang (F.N. 160/1 u. 160/4).

[3] Schottky u. Hiltenkamp: Stahl u. Eisen Bd. 56 (1936) S. 444.

[4] H. Donandt hat in einer vorläufigen Mitteilung aus einer größeren Arbeit [Z. VDI Bd. 80 (1936) S. 823] gezeigt, daß die Reibungsziffer bei Gleitrollreibung und hohen spezifischen Anpreßdrucken (p 625 kg/cm^2) von der Natur der Gase abhing, in denen sich die Versuchskörper befanden. Z. B. betrug bei eisernen Körpern in einer Atmosphäre von Wasserstoff die Reibungsziffer $\mu = 0{,}645$, in Stickstoff 0,605, in Kohlensäure 0,520.

[5] Gümbel: Reibung und Schmierung im Maschinenbau. Berlin 1925.

[6] Stevens: Physic. Rev. 1899 und Rankin: Philos. Mag. (7) Bd. 2 (1926) S. 806 haben, ersterer mit Interferenzstreifen, letzterer mit der Kondensatormethode die tangentialen elastischen Verschiebungen gemessen, die der Reibung der Ruhe entsprechen und dem Gleiten vorangehen. Diese waren sehr genau proportional der Tangentialkraft. Sie lagen in der Größenordnung der 10^{-5} mm.

[7] Es ist ein Verdienst von Wittrock: Diss. Bonn 1931, dies auch experimentell festgestellt zu haben.

[8] Die Versuche von Werncke (Diss. Dresden 1934), auf die wir noch zu sprechen kommen, vermochten keine eindeutige Beziehung zwischen Oberflächenrauhigkeit und Reibungswert aufzufinden. Vgl. auch die Versuche von Fichter: C. R. Acad. Sci., Paris Bd. 178 (1924) S. 881, über den Einfluß des Politurzustandes der reibenden Flächen auf die Größe der Reibungskraft. Nach Fichter soll die Reibung bei zunehmender Politur zunächst ab und nach Erreichung des sogenannten kritischen Politurzustandes wieder zunehmen. Die mehr technologisch angesetzten Versuche von Donandt [Z. VDI Bd. 80 (1936) S. 823] zeigen ähnliche Ergebnisse.

unverkennbar wie eine Beziehung zum Elastizitätsmodul, welche die feinere Theorie auch fordert.

Wir betrachten nunmehr den *Einfluß der äußeren Grenzschicht.* Wirklich reine Oberflächen, seien es glatte oder rauhe, sind nur mit den größten Versuchsschwierigkeiten herzustellen (vgl. S. 25). Sie kommen außer bei ganz frischen Bruchflächen in der Praxis nicht vor. Unter gewöhnlichen Umständen tragen alle technischen Körper eine äußere Grenzschicht, deren Stärke zwischen einer Moleküllage (10^{-6} bis 10^{-7} mm) und vielen tausend solcher Moleküle, also einigen μ beträgt[1]. Diese Schicht aber spielt bei der Reibung auch sogenannter trockenen oder bei technisch reinen Oberflächen eine wesentliche Rolle. Von den Versuchen über „trockene“ Reibung, die diesen Verhältnissen einigermaßen Rechnung tragen, ist die früheste die von CHR. JACOB[2]. Aus neuester Zeit liegen hierüber Versuche vor von DOW, WERNCKE, P. E. SHAW und E. W. L. LEAVEY und von R. HOLM und KIRSCHSTEIN[3] an gut definierten Grenzflächen fester Körper. Die genannten Forscher haben im Vakuum gearbeitet und zunächst durch sorgfältiges Glühen reine Oberflächen erzielt, die vermutlich von äußeren Grenzschichten frei waren. Dann haben sie die Körper mit adsorbierten Gas-, Dampf- und Flüssigkeitsschichten und nach vorheriger Einfettung unter verschiedenen Reinigungsbedingungen (WERNCKE) untersucht[4]. Wenn auch diese Arbeiten die zahlenmäßige Gesetzmäßigkeit des Einflusses der Grenzschichten noch keineswegs klargestellt haben, so läßt sich doch aus ihnen feststellen, daß *jede adsorbierte Schicht,* sei es von Gasen, sei es von Flüssigkeiten einschließlich der Kohlenwasserstoffe, auch in molekularer oder atomarer Besetzung *reibungsvermindernd wirkt*[5]. Dies soll nach DOW auch für die auf Nichtedelmetallen praktisch immer vorhandenen Oxydschichten gelten. HOLM und KIRSCHSTEIN (a. a. O.) haben bei ihren Versuchen noch eine bemerkenswerte Erscheinung gefunden, die gut zu unseren Vorstellungen von dem *Wesen unmittelbarer Berührung im Bereich der molekularen Wirkungssphäre* paßt. Bei Anwesenheit von „neutralen“ Gasen (Ar, N_2, H_2) und sehr geringen Drucken ($\sim 10^{-4}$ mm Hg) trat zwischen ausgeglühten Metallen eine Erscheinung auf, die die Forscher als *Kleben* bezeichnen, d.h. scheinbare „Reibungsziffern“ von über 1 bis 46. Diese Versuchswerte schwanken stark. Es war festzustellen, daß die *Tangentialkraft von der Vorgeschichte* abhing und zwar von früher aufgebrachten

---

[1] Vgl. auch die sehr interessanten Versuche von HARDY u. NOTTAGE über „Adhäsion“. Proc. roy. Soc. Lond. A. Bd. 118 (1928) S. 209. Siehe das in Abschnitt 27, S. 23 ff. angegebene Schrifttum.

[2] JACOB, CHR.: Diss. Königsberg 1911.

[3] DOW: Physic. Rev. (2) Bd. 33 (1929) S. 252. WERNCKE: Diss. Dresden 1934. R. HOLM u. KIRSCHSTEIN: Wiss. Veröff. Siemens-Konz. Bd. 15 (1936) S. 122. Vgl. auch R. HOLM, GÜLDENPFENNIG, E. HOLM u. STÖRMER: Wiss. Veröff. Siemens-Konz. Bd. 10, 4 (1931) S. 20. SHAW u. LEAVEY: Philos. Mag. (7) Bd. 10 (1930) S. 809.

[4] Aus Versuchen von HARDY und seinen Mitarbeitern geht hervor, daß auch *Dämpfe* von Kohlenwasserstoffen (Öle und Fette), wie sie unter gewöhnlichen Umständen in Werkstatt- und Laboratoriumsluft vorhanden sind, einen deutlichen Einfluß auf den Zustand von reinsten Metallflächen haben, die mit solcher Luft in Berührung kommen. TRILLAT and MOTZ: Trans. Faraday Soc. Vol. 31, 9a, 172 (1935) S. 1127 haben die Existenz von derartigen Adsorptionsschichten an gewöhnlicher Laboratoriumsluft durch deutliche Veränderungen der Elektronenbeugungsdiagramme nachgewiesen.

[5] Die Angabe von WERNCKE (a. a. O.), daß adsorbierte Wasserhäute die Reibung vergrößern sollen, scheint noch der Nachprüfung zu bedürfen.

und wieder verschwundenen Normalkräften. Die Autoren führen diese Erscheinung wohl mit Recht auf unmittelbare Molekularwirkung (Kaltschweißung) der Metalle an einzelnen Stellen zurück.

Die Frage der echten *trockenen Reibung im physikalischen Sinne* (also ohne zwischengelagerte Grenzschichten) hat für den Ingenieur kein wesentliches Interesse, da sie, vielleicht außer bei den modernen metallischen Kontakten im Hochvakuum, praktisch nicht vorkommt. Etwas völlig anderes ist die *trockene Reibung im technischen Sinne*. Solche Vorgänge der technischen, sog. trockenen Reibung treten z. B. auf an Reibungskupplungen[1], Bremsen, Kegelhülsen[2], gewöhnlichen Schraubenverbindungen, und schließlich bei allen Verbindungen mit Haftsitz und Schrumpfsitz. Bei genauer physikalischer Betrachtung sind aber diese Fälle schon als Mischreibung anzusehen, da bei ihnen stets molekulare Zwischenschichten von Fremdstoffen beteiligt sind.

Wie diese Beispiele zeigen, ist es zweckmäßig, die Fälle, bei denen im allgemeinen keine *Bewegung der Teile* untereinander stattfindet, zu trennen von denjenigen, welche mit solcher Bewegung verbunden sind. Die letzteren bilden den Übergang zu dem, was man bei der Betrachtung der Gleitlager als Grenz- oder Mischreibung zu bezeichnen pflegt. *Bei ruhenden Teilen,* die unter *sehr starkem Flächendruck zusammengefügt* worden sind und sich unter solchem berühren (Preßsitzverbindungen, Nieten, Splinte), dürfte an den feinsten vorstehenden Teilen eine unmittelbare metallische Berührung in Netzebenenabständen von einigen 10^{-7} mm bestehen, kurz nachdem durch Abscheren feinster Teile solche frisch entstanden sind (vgl. Abschnitt 25, S. 17). An diesen Stellen werden dann Kräfte wirksam, die den eigentlichen Gitterkräften entsprechen. Bei derartigen Verbindungen pflegen auch die Flächendrucke an die Fließgrenze des Werkstoffs heranzukommen oder sie (unter Umständen sehr wesentlich) zu überschreiten. An denjenigen Stellen, wo solche unmittelbare Berührung bis auf Gitterabstände entstanden ist, wird auch die *Tangentialkraft zunächst nicht mehr von dem Berührungsdruck abhängig sein*[3], sondern, wie es die Laboratoriumsversuche von HOLM und KIRSCHSTEIN besonders eindringlich zeigen, von der Vorgeschichte[4]. Zwischen den Stellen mit metallischer Berührung sind aber in solchen Fällen sicher auch Hohlräume vorhanden, die mindestens durch adsorbierte Grenzschichten getrennt sind, sehr wohl aber auch eine Ausdehnung von mehreren 100 Moleküllagen und mehr haben können.

Bei bewegten Elementen mit „trockener“ Reibung, also z. B. bei Reibungskupplungen, Bremsen usw., kommen bekanntlich nur geringe Flächendrucke zur Anwendung (3—10 kg/cm²). Im Prinzip müssen aber die Vorgänge im mikrogeometrischen Gebiet auch bei ihnen ähnlich wie bei den oben betrachteten ruhenden Maschinenelementen verlaufen. Die Flächendrücke im mikrogeometrischen Gebiet, also zwischen feinsten vorstehenden Oberflächenteilen, können auch hier sehr wohl ein mehrhundertfaches der mittleren Drücke betragen. Bei der Bewegung dieser Konstruktionsteile gegeneinander werden sicherlich

---

[1] BONTE: Z. VDI Bd. 59 (1915) S. 1050. NICKEL: Diss. Danzig 1924. EHRHARDT: Diss. Stuttgart 1934. — [2] Vgl. BERNDT: Masch.-Bau Bd. 6 (1927) S. 451. SCHÜTZ: Diss. Dresden 1926. J. BACH: Automob.-techn. Z. Bd. 38 (1935) S. 12. SCHMALFUSS: Forschg. Ing.-Wes. Bd. 6 (1935) S. 79. — [3] Vgl. die oben mitgeteilten Beobachtungen von HOLM und KIRSCHSTEIN, F.N. 23/4 u. 196/3.

[4] Aus diesem Grunde dürften auch rein elastizitätstheoretische Betrachtungen über die Haftkräfte von Preßsitzverbindungen nur bedingten Wert haben.

feinste Teile abgeschert oder abgerissen[1] und zum Teil in feinste Vertiefungen des Gegenkörpers eingewalzt[2]. Die frisch entstehenden Metallflächen werden in kürzester Zeit wieder mit einer molekularen Grenzschicht überdeckt. Je nach den Schmierungs- und Druckverhältnissen kann hierbei der Verschleiß sehr erheblich sein, während er in anderen Fällen nahezu vernachlässigbar klein wird (Lamellenkupplungen[3]). In diesen sind dann die Vorgänge nicht wesentlich verschieden von der Grenzschmierung in Gleitlagern, nämlich beim An- und Auslaufen in dem noch näher zu besprechenden ersten Teil des Geschwindigkeitsfeldes[4].

Damit streifen wir auch den Vorgang des sog. *Fressens im Gleitlager.* Je dünner die Zwischenschicht oder richtiger je weniger orientierte molekulare Schichten vorhanden sind, um so mehr tritt die Bedeutung des Werkstoffes von Lager und Zapfen in den Vordergrund. Eine Arbeit, die diese Frage eindrucksvoll mit den Verfahren der Großzahlforschung behandelt hat, ist die von MEBOLDT[5]. Wir geben aus ihr eine Zusammenfassung der Ergebnisse in Abb. 198/1. Die Ordinaten des Schaubildes entsprechen der Anzahl der Fälle aus einer sehr großen Versuchsreihe, in denen „Fressen" eines Lagers auftrat in Abhängigkeit von der Gattierung des Gußeisens der Schale und des Oberflächenzustandes. Man sieht deutlich, wie durch bessere Oberflächenbearbeitung der Verschleiß oder das Fressen herabgesetzt wird.

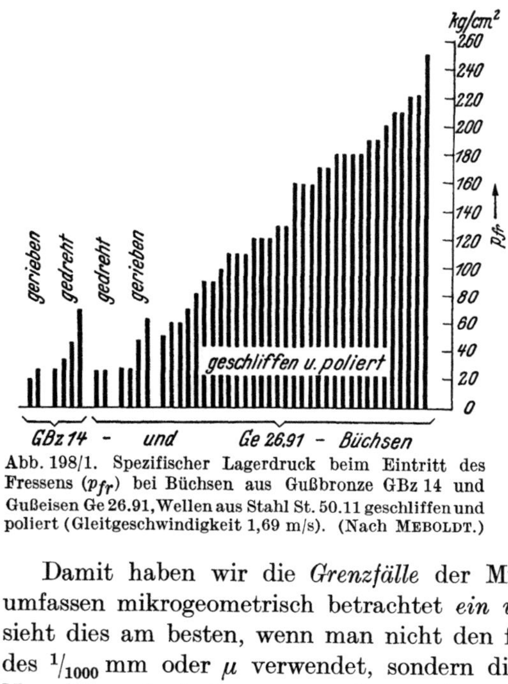

Abb. 198/1. Spezifischer Lagerdruck beim Eintritt des Fressens (p_{fr}) bei Büchsen aus Gußbronze GBz 14 und Gußeisen Ge 26.91, Wellen aus Stahl St. 50.11 geschliffen und poliert (Gleitgeschwindigkeit 1,69 m/s). (Nach MEBOLDT.)

Damit haben wir die *Grenzfälle* der Mischreibung gekennzeichnet. Diese umfassen mikrogeometrisch betrachtet *ein ungemein weites Gebiet.* Man übersieht dies am besten, wenn man nicht den für diese Vorgänge groben Maßstab des $^1/_{1000}$ mm oder μ verwendet, sondern die sehr viel passendere Einheit der Netzebenenabstände unserer Baustoffe, welche größenordnungsmäßig einige 10^{-7} mm Ångstrom-Einheit (ÅE) beträgt (vgl. Abschnitt 24, S. 14 ff., ferner Z.T. 11/1). Die feinsten adsorbierten Fettschichten, die wir unter allen Umständen auf den Flächen unserer Maschinenteile noch vorfinden, haben etwa die Länge eines einzelnen Fettsäuremoleküls, welche ungefähr 20—40 dieser

[1] Vgl. S. 17 über die elementaren Trennungsvorgänge an metallischen Haufwerken.
[2] Gerade bei diesen Maschinenelementen spielen die Erscheinungen der Reiboxydation (S. 194 f.) eine nicht zu übersehende Rolle. — [3] Vgl. EHRHARDT: Diss. Stuttgart 1934.
[4] Vgl. die wichtige Arbeit von ENDRES: Schleif- u. Poliertechn. Bd. 12 (1935) S. 138, in der zum ersten Mal an Hand wirklicher Profilkurven der reibenden Flächen versucht wird, eine Vorstellung von den Vorgängen bei der Mischreibung zu gewinnen.
[5] MEBOLDT: Z. VDI Bd. 79 (1935) S. 629. Vgl. auch SEGLER: Techn. in d. Landwirtsch. Bd. 16 (1935) S. 77 u. 99. Ferner: KLOTH: Z. VDI Bd. 79 (1935) S. 631. WITTE: Z. VDI Bd. 79 (1935) S. 98. EILENDER, OERTEL u. SCHMALZ: Arch. Eisenhüttenwes. Bd. 8 (1934) S. 61. KÖSTER u. TONN: Arch. Eisenhüttenwes. Bd. 8 (1934) S. 111.

Einheiten beträgt. Das Doppelte dieser Länge, nämlich zwei gerichteten Molekülschichten entsprechend, dürfte der Abstand der feinsten Oberflächenteile sein, die sich etwa bei Reibungskupplungen oder Kegelhülsen mittelbar berühren.

Wenn wir damit die Dicke der allerdünnsten *Schmierschicht* vergleichen, wie sie während des Laufes in einem Lager des Feinmaschinenbaues mit geläppten Flächen (z. B. MACKENSEN-Lager[1]) vorhanden ist, so finden wir, daß diese mindestens 1000mal größer ist, nämlich 1 μ. Aber auch die Rauhigkeiten feingeläppter Lagerzapfen und Schalen liegen nahezu in dieser Größenordnung. Zwischen diesen Grenzen von $2\ldots4 \cdot 10^{-7}$ und $10000 \cdot 10^{-7}$ mm (1 μ) liegen die Abstände der metallischen Begrenzungsflächen (wobei wir die letzte Netzebene als solche ansehen) benachbarter Stellen hochwertigster Lager in dem Gebiet der Grenzreibung. Daß innerhalb dieses Bereiches die Vorgänge noch erheblich verschieden sein können, liegt auf der Hand.

Wir kommen also zu folgender vergleichenden Zusammenstellung der betrachteten Größen:

Z.T. 199/1.

In ÅE $= 10^{-7}$ mm	In μ	
2—4	0,0002 bis 0,0004	Gegenseitige Atomabstände feinster vorstehender Kristallite etwa bei Preßsitzen usw. im Ruhezustand, ebenso an Kupplungen und ähnlichen Maschinenelementen, für ganz kurze Zeit nach dem Abtrennen (Verschleiß) von Kristalliten.
~5—10		Abstand derartiger Kristallflächen bei Zwischenlagerung von adsorbierten Gas- und Dampfhäuten.
20...(50) bis 100	0,002 bis 0,005	Abstand vorstehender feinster Flächenelemente bei Zwischenlagerung von 1—2 Schichten von Schmiermittelmolekülen etwa an Endmassen, Ring- und Zapfenlehren oder in Lagern des Feinstmaschinenbaues.
500	0,05	Abstände der Talsohle feinster Läpp- und Polierrisse gegenüber einem ebenen Kristallkorn. Der Zwischenraum zum Gegenkörper ist mit etwa zwei adsorbierten Fettschichten von zusammen 50 bis 100 ÅE und wahrscheinlich ganz oder zum Teil unorientierten Molekülen ausgefüllt.
10000	1	Dicke der Schmierschicht allerfeinster Lager des Feinstmaschinenbaues.
100000	10	Schmierschicht eines guten sattgehenden Lagers. (Wenn die Moleküle der Schmierschicht aufrecht übereinander gerichtet wären, ergäbe dies etwa 200 Molekülschichten.)
1000000	100	Schmierschicht eines Transmissionslagers.

Wir gehen nun zur näheren Betrachtung der *Reibungsvorgänge in Gleitlagern* über. Diese können nicht verstanden werden ohne Heranziehung molekularphysikalischer Vorstellungen, insbesondere über das *Verhalten von Flüssigkeitsmolekülen in elektrischen Feldern*[2]. Es ist wichtig, sich für die weitere Erörterung

[1] ROTZOLL: Untersuchungen an einem Gleitlager für die Hauptspindel der Feinbearbeitungsmaschinen. Diss. Hannover 1935.

[2] Vgl. die Arbeit von KYROPOULOS, die das Schmierproblem auch unter physikalisch-chemischen Gesichtspunkten behandelt, in „Schmierung", Selbstverl. d. Deutsch-Amerik. Petrol.-Ges. o. Jahr. Vgl. auch die eingehende, aber ältere Darstellung von WOOG: Contribution à l'étude du graissage. Paris 1926. Die allgemeine molekular-physikalische Literatur ist bei KYROPOULOS zusammengestellt. Vgl. z. B. EUCKEN: Grundriß der physikalischen Chemie. Leipzig 1934. EUCKEN: Lehrbuch der chemischen Physik. Leipzig 1930. MÜLLER-POUILLET: Lehrbuch der Physik, Bd. IV, 3. Braunschweig 1933. Artikel WOLF u. DUNKEL.

ins Gedächtnis zurückzurufen, was wir früher bei der Besprechung der äußeren Grenzschicht festgestellt haben, nämlich, daß *jede feste Grenzfläche, chemisch ausgedrückt, Träger freier Valenzen oder physikalisch eines elektrischen Kraftfeldes ist*[1]. Es ist sicher, daß die langgestreckten Moleküle der zur Schmierung verwendeten technischen Fette und Öle[2] an den Oberflächen der beteiligten Maschinenelemente (Zapfen, Lagerschalen) *gerichtet* und zwar vermutlich annähernd normal zu diesen gelagert und mit einem Ende fest an den Metallatomen verankert sind[3]. Am stärksten ist diese Verankerung bei Molekülen mit stark polaren Enden, z. B. den *Fettsäuren*. Die technisch gebräuchlichen fetten Öle, die Glyzerinester solcher Säuren, haften gleichfalls mit der polaren Gruppe—COOR an der Fläche. Aber auch die *Kohlenwasserstoffschmieröle*, und zwar auch völlig gesättigte der Zusammensetzung $C_n H_{2n}$ oder $C_n H_{2n+2}$, verhalten sich nicht grundsätzlich verschieden, da sie durch benachbarte elektrische Felder (z. B. die Oberfläche der Metallgitter) polarisiert werden können[4] und da das Vorhandensein polarer Gruppen nicht eine unerläßliche Voraussetzung geordneter Adsorption ist, sondern nur deren Stärke beeinflußt. Auch sie können also, wenn auch schwächer, von dem freien elektrischen Feld der metallischen Oberfläche gebunden werden. Seitlich sind solche langkettigen Moleküle bei paralleler Lagerung mit Kräften (sogenannten Dispersionskräften) miteinander gekoppelt[5]. Abb. 201/1 gibt als Beispiel eine *ungefähre* Vorstellung davon, wie etwa derartige Moleküle an einem Metallgitter angelagert sind. Die zickzackförmige Struktur der langen Ketten[6]

EUCKEN-WOLF: Hand- und Jahrbuch der chemischen Physik, Bd. 6, 1, Artikel FUCHS-WOLF. Vgl. auch STUART: Molekülstruktur. Berlin 1934. Wer sich über die theoretischen Verhältnisse der *molekularen Bindungskräfte* eingehend unterrichten will, vergleiche die Originalarbeiten von LONDON: Z. Physik Bd. 63 (1930) S. 245. LONDON: Z. physik. Chem. (B) Bd. 11 (1931) S. 222 und BRIEGLEB: Z. physik. Chem. (B) Bd. 23 (1933) S. 105. Eine ausführliche Darstellung der Molekularkräfte in bezug auf die Schmierung von KYROPOULOS, der hierfür besonders sachverständig sein dürfte, findet sich in "Refiner and Natural Gasoline Manufacturer" [Houston, Texas (USA.)] 1936.

[1] Unter Umständen können geschmierte Flächen auch von äußeren Spannungsquellen und durch die Reibungsvorgänge selbst Ladungen erhalten. Vgl. über solche Vorgänge an Verbrennungsmotoren KYROPOULOS: Z. techn. Physik Bd. 10 (1929) S. 12f. Vgl. auch WIGAND u. SCHLOMKA: Ann. Physik. Bd. 75 (1925) S. 279. DIECKMANN u. FISCHER: Z. Flugtechn. Motorluftsch. Bd. 3 (1912) S. 56.

[2] Über die Chemie der Schmiermittel vgl. z. B. HOLDE: Kohlenwasserstofföle und Fette. Berlin 1933. KYROPOULOS: Physikalische Eigenschaften und Konstitution der Mineralschmieröle. Z. physik. Chem. A. Bd. 144 (1929) S. 22. Eine Einteilung der Schmierstoffe nach der Molekülgestalt bei KYROPOULOS: Z. techn. Physik Bd. 10 (1929) S. 48. Vgl. auch BIELENBERG: Z. physik. Chem. A. Bd. 149 (1930) S. 42. Dagegen KYROPOULOS: Z. physik. Chem. A. Bd. 154 (1931) S. 358. Über Schmiermittel vom mehr praktischen Standpunkt vgl. GURWITSCH: Wissenschaftliche Grundlagen der Erdölverarbeitung. Berlin 1924. ENGLER-HÖFERS Handbuch „Das Erdöl", herausgeg. von TAUSZ. Leipzig 1929—1932. WALTHER, C.: Schmiermittel. Dresden u. Leipzig 1930. ASCHER: Schmiermittel. Berlin 1931. HOLDE: Kohlenwasserstofföle und Fette. Berlin 1933. KREKELER: Öl im Betrieb. Berlin 1932 (Werkstattbücher, Heft 48). SCHÖNFELD: Chemie und Technologie der Fette und Fettprodukte. Berlin 1936. Richtlinien für Einkauf und Prüfung der Schmiermittel. Berlin 1936. EHLERS: Schmiermittel. Leipzig 1928. KREJCI-GRAF: Erdöl. Berlin 1936 (populär). Über „künstliche" Schmieröle: STEINITZ: Chem.-Ztg. 1930 S. 54. Vgl. KOCH: Z. VDI Bd. 80 (1936) S. 49 u. 837. — [3] KYROPOULOS: Schmierung a. a. O.; vgl. Abschnitt 27, S. 26f. — [4] KYROPOULOS: Schmierung a. a. O. S. 38f.

[5] Vgl. LONDON: a. a. O. BRIEGLEB: Z. physik. Chem. B. Bd. 10 (1930) S. 205.

[6] Die erste geniale, weil intuitive Behauptung von der Zickzackstruktur solcher Moleküle stammt von LANGMUIR (1917).

ist u. a. aus Röntgenbeugungsbildern erschlossen[1]. Die Fettsäure- und sonstigen in den Schmiermitteln vorhandenen Moleküle sind im Durchschnitt etwa 5—10mal so lang wie ihre Querausdehnung. Sie stehen im Ruhezustand aufrecht auf der Fläche des festen Körpers. Die aktiven Enden der Moleküle haben im allgemeinen den Charakter einer Carboxyl- oder Hydroxylgruppe —COOH oder —OH. Diese Lagerung der Kohlenwasserstoffmoleküle an Metallflächen ergibt sich zunächst mit Hilfe eines Analogieschlusses aus den früher erwähnten eingehenden Untersuchungen über den Oberflächendruck dünnster Schichten derartiger Stoffe auf Wasser[2], ferner aus Untersuchungen mit Hilfe von Röntgen- und Elektronenstrahleninterferenzen[3], welche uns einen außerordentlich genauen

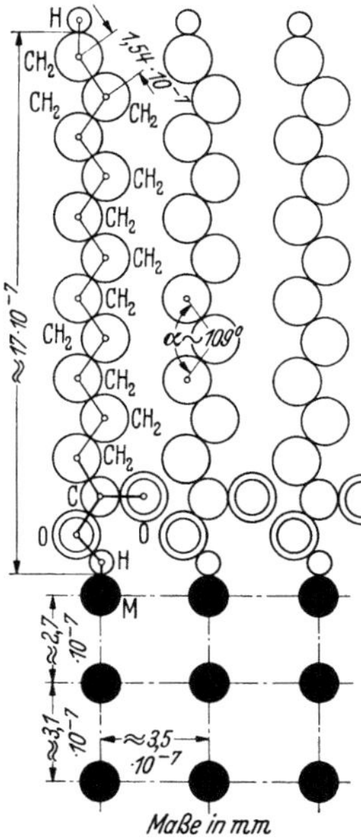

Abb. 201/1. Ungefähres Schema der Lagerung eines gesättigten Fettsäuremoleküls an Metallgitter (Induktionseffekt).

[1] Dabei ist zu beachten, daß in Wirklichkeit die Wirkungssphären der Atome (Elektronenwolken) im Molekül sich durchdringen (vgl. die Arbeit von MÜLLER u. SHEARER a. a. O.) und so eine verwickelte Raumerfüllung zustande kommt, der die gezeichneten Kreise der CH_2 usw. Gruppe in der ebenen Darstellung unseres Schemas nur entfernt Rechnung tragen können. Auch sind die OOH-Gruppen, die wir der Einfachheit halber nebeneinander gezeichnet haben, ineinander am Metal gitter verkettet. Die feinere Struktur solcher adsorbierten Schichten bedarf noch der Aufklärung durch weitere physikalisch-chemische Forschung. HOLDE: a.a.O. S.617. BRAGG: Investigation of the properties of thin films by means of X-rays. [Nature, Lond. Bd. 115 (1925) S. 266]. Dies ist die erste wesentliche Arbeit auf diesem Gebiet. PIPER, MALKIN and AUSTIN: J. chem. Soc. Lond. 1926 S. 2310. MÜLLER and SHEARER: Trans. chem. Soc. Bd. 123 (1923) S. 2043 u. 3156. MÜLLER and SHEARER: Chem. Soc. Rep. on Crystallogr. 1923. SAVILLE and SHEARER: J. chem. Soc. Lond. Bd. 5 (1925) S. 127. MÜLLER and SAVILLE: J. chem. Soc. Lond. 1925 S. 127. SHEARER: J. chem. Soc. Lond. Bd. 123 (1923) S. 3156. FRANCIS, PIPER and MALKIN: Proc. roy. Soc. Lond. Bd. 128 (1930) S. 214. MÜLLER, A.: Proc. roy. Soc. Lond. (A) Bd. 114 (1927) S. 542; Bd. 120 (1928) S. 437. CASPARI: J. chem. Soc. Lond. 1928 S. 3235. BRILL u. MEYER: Z. Kristallogr. Bd. 67 (1928) S. 570. HALLE: Z. angew. Chem. Bd. 44 (1931) S. 480. Vgl. auch MARK: Die interferometrischen Untersuchungen der Molekülgestalt in Fortschritte der Röntgenforschung, S. 43. Leipzig 1931. GARRIDO u. HENGSTENBERG: Z. Kristallogr. Bd. 82 (1932) S. 477. STUART: Z. techn. Physik Bd. 16 (1935) S. 37. TRILLAT: Metallwirtsch. Bd. 9 (1930) S. 1023.

[2] Vgl. S. 26, ferner W. D. HARKINS: J. amer. chem. Soc. Bd. 39 (1917) S. 354, 541; Bd. 42 (1920) S. 700, 2534, 2539; Bd. 43 (1921) S. 35; Bd. 44 (1922) S. 2665. LORD RAYLEIGH: Philos. Mag. (6) Bd. 35 (1918) S. 157. LANGMUIR, L.: J. amer. chem. Soc. Bd. 38 (1916) S. 2221; Bd. 39 (1917) S. 1848. LANGMUIR, L.: Trans. Faraday Soc. Bd. 15 (1920) S. 3, 62. HARDY: Philos. Mag. Bd. 38 (1919) S. 32; Bd. 40 (1920) S. 201. HARDY-DOUBLEDAY: Proc. roy. Soc. Lond. Bd. 100 A. (1921/22) S. 550; Bd. 101 A (1922) S. 487; Bd. 104 A (1923) S. 25; Nature, Lond. Bd. 111 S. 182. DOUBLEDAY, J.: J. chem. Soc. Lond. Bd. 121 (1922) S. 2875. HARDY-BIRCUMSHAW: Proc. roy. Soc. Lond. Bd. 108 A (1925) S. 1. MARCELIN: Ann. Physique (9) Bd. 1 S. 19. ADAM, N. K.: Proc. roy. Soc. Lond. A. Bd. 101 S. 452; Bd. 103 S. 676, 687. KING, H. H. and R. W. WAMPLER: J. amer. chem. Soc. Bd. 44 (1922) S. 1894. WOOG, P.: C. r. Acad. Sci. Paris Bd. 173 S. 387; Bd. 174 S. 162; Bd. 177 S. 110. Vgl. auch Literatur in H. FREUNDLICH: „Kapillarchemie", 2. Aufl., S. 132.

[3] TRILLAT, J.: Ergebnisse der technischen Röntgenkunde, Bd. 2, S. 31f. Leipzig 1931, dort eingehende Literatur. Vgl. auch J. Physique Radium (6) 1929 S. 32. TRILLAT and MOTZ: Trans. Faraday Soc. Bd. 31 (1935) S. 1127. MURISON, C. A.: Philos. Mag. (7) Bd. 17 (1934) S. 201.

Einblick in den Bau solcher Schichten vermitteln. Die polaren Enden benachbarter, an dem Metallgitter angelagerter Fettsäuremoleküle sind sicherlich auch untereinander noch verkettet. Es ist anzunehmen, daß dadurch die unmittelbar an dem Metall haftende Schicht auch gegen tangential zur Fläche wirksame Zugkräfte besonders widerstandsfähig wird. Abb. 202/1 gibt für diese Verkettung eine der möglichen und vielleicht die wahrscheinlichste Anordnung[1]. Die wichtigen Untersuchungen von HARDY und Mitarbeitern[2] über die Reibung (d. h. den Grenzwert der ruhenden Reibung) von Schichten von Kohlenwasserstoffketten mit verschiedenartigen adsorbierten Enden an Flächen aus Stahl, Glas, Wismut geben uns den unmittelbaren *Zusammenhang zwischen dem chemischen Bau* dieser Grenzflächen bildenden Stoffe *und dem Reibungskoeffizienten*. Es ist nach HARDY:

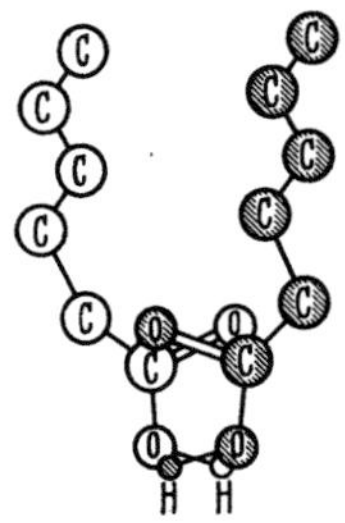

Abb. 202/1. Adsorption einer Fettsäure (Doppelmolekül) an fester Oberfläche. (Nach BRIEGLEB und KYROPOULOS.)

$$\mu = K_f - K_e - c\,(n_c - 2). \qquad \text{(Gl. 202/1)}$$

Hierin bedeutet:

μ den Reibungskoeffizienten der genannten Kombination,
K_f den Reibungskoeffizienten der trockenen reinen Flächen,
K_e eine Zahl, die nur von der chemischen Natur der polaren Endgruppe, also z. B. der Carboxylgruppe abhängt,
c einen Beiwert,
n_c *die Anzahl der C-Atome in der Kette.*

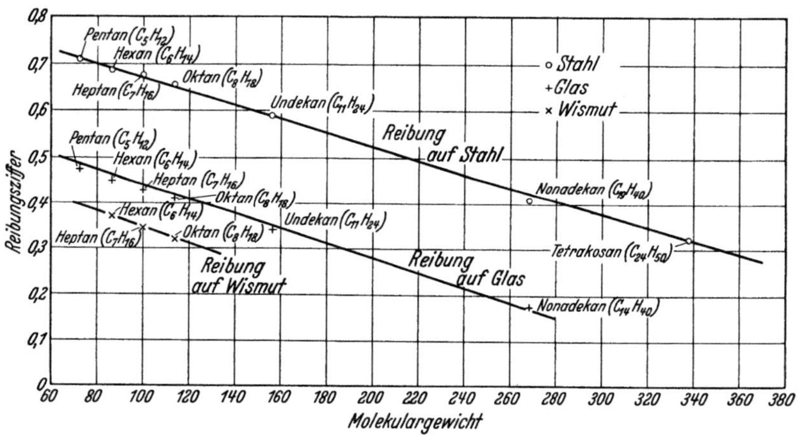

Abb. 202/2. Abhängigkeit der statischen Reibung vom Molekulargewicht. (Nach HARDY.)

Die Reibung nimmt also linear mit der Anzahl der Kohlenstoffatome im Molekül ab. Abb. 202/2 zeigt an einigen Beispielen diesen Zusammenhang und die hohe Genauigkeit, mit der er zutrifft. In der HARDYschen Gleichung kommt die

[1] Vgl. BRIEGLEB: Z. physik. Chem. Abt. B Bd. 10 (1930) S. 205. KYROPOULOS: Vortrag Deutsche Physik. Gesellsch. in Göttingen am 20./21. 6. 1936. [Verh. dtsch. physik. Ges. (3) Bd. 17 (1936).]

[2] Vgl. Abschnitt 27, S. 25, ferner Zusammenfassung von HARDY selbst in ALEXANDER: Colloid Chemistry, Bd. 1 S. 288. New York 1926. HARDY: Lubrication Research. Techn. Paper Nr. 1 London Dept. Scient. u. phys. Research 1930. Problems of Boundary state: Phil. Trans A. Bd. 230 (1931) S. 1f.

Natur der festen Grenzflächen nur im ersten Gliede vor. Es unterliegt aber keinem Zweifel, *daß die Stärke der Bindung der Schmiermittelmoleküle an die metallischen Flächen auch von deren Natur wesentlich abhängt*[1]. Im übrigen muß beachtet werden, daß nach den Untersuchungen von HARDY und anderen *die Ausrichtung der adsorbierten Molekülschichten meist eine gewisse endliche Zeit dauert,* welche unter Umständen von der Größenordnung einer Stunde ist. Dies kann für schnell verlaufende Vorgänge in dem Gebiet der Lagergrenzreibung von Wichtigkeit sein, ist aber seither in diesem Zusammenhang kaum beachtet worden.

Während diese Untersuchungen mit chemisch wohldefinierten Kohlenwasserstoffen, ebenen oder sphärischen Gleitkörpern und Reibung der Ruhe ($v = 0$) vorgenommen wurden, beziehen sich neuere Versuche über die Mischreibung und flüssige Reibung von SCHNEIDER, HEIN, O. WALGER zusammen mit E. SCHNEIDER, ferner von BÜCHE, von VIEWEG und seinen Mitarbeitern WETTHAUER, KLUGE usw. und vor allem KYROPOULOS auf die *Verhältnisse am Gleitlager* und die gebräuchlichen technischen Schmiermittel[2].

Zum Überblick über die Vorgänge trägt man zweckmäßig in der bekannten Weise auf der Ordinate die Zapfenreibungszahl und auf der Abszisse etwa die Winkelgeschwindigkeit auf. Bei konstanter Zähigkeit und konstanter Belastung ist dann die Abszisse auch die Zeit, die im einen oder anderen Sinne beim Anlauf oder Auslauf eines Lagers durchschritten wird. Man bekommt so bekanntlich eine Kurve, die von einem sehr hoch gelegenen Punkt steil abfällt und nach einem Minimum wieder steigt (Abb. 204/1a). Der erste Teil der Kurve, etwa bis zum Punkt A, entspricht dem Gebiet starker Abnutzung oder des Verschleißes, das Gebiet bis etwa zur Stelle B ist das gewöhnlich als Mischreibung bezeichnete.

Es ist sehr wahrscheinlich, daß in diesem Gebiet noch Abnutzung oder *Verschleiß* zustande kommt, *auch wenn die vorstehenden Teile sich nur unter Zwischenlagerung von adsorbierten Schichten berühren.* Der übrige Kurventeil entspricht der flüssigen Reibung, die nach der klassischen hydrodynamischen

[1] Nach GILSON: Ind. Engng. Chem. Bd. 18 (1926) S. 467 soll angeblich die Lagerreibung auch von der Art der umgebenden Atmosphäre abhängen. Die Reibungsziffer in Gegenwart von Sauerstoff soll geringer sein als im Vakuum oder mit H_2. Vgl. die Arbeit von DONANDT: Z. VDI Bd. 80 (1936) S. 823. Vgl. F.N. 195/4.

[2] Von den außerordentlich umfangreichen experimentellen Forschungen über dieses Gebiet kann nur einiges angeführt werden (vgl. auch F.N. 193/1). STRIBECK: Forschh. H. 7 (1903); Z. VDI Bd. 46 (1902) S. 1341. (Eine klassische Untersuchung.) BIEL: Z. VDI Bd. 64 (1920) S. 483. HODGKINSON: Engineering Bd. 109 (1920) S. 866. STONEY, BOSWELL and MASSEY: Engineering Bd. 113 (1922) S. 245. WATSON and MENON: Proc. roy. Soc. Lond. Bd. 123 A (1929) S. 185. DUFFING: Z. VDI Bd. 72 (1928) S. 495. WALGER: Schmiertechnische Untersuchungen. Wichtige kritische Zusammenfassung wichtiger Ergebnisse, besonders aus dem Karlsruher Masch.-Laboratorium): Z. VDI Bd. 76 (1932) S. 205. SCHNEIDER: Diss. Karlsruhe 1923. BÜCHE: Diss. Karlsruhe 1930, auch Petroleum Bd. 27 (1931) S. 58. HEIN: Diss. Karlsruhe 1931. WALGER u. SCHNEIDER: Ber. betriebswiss. Arb. Bd. 3 Berl. 1930. BÜRNER: Diss. München 1933 (Schmierfestigkeit). WOLFF: Forsch.Arb. VDI-Heft 308, Berlin 1928. NÜCKER: Forsch.Arb. VDI-Heft 352, Berlin 1932. ENDRES: Schleif- u. Poliertechnik Oberflächenfeinheit und Lagerschmierung Bd. 12 (1935) S. 13. (Die erste Arbeit, die sich in nicht rein theoretischer Weise, sondern auf Grund wirklicher Ergebnisse mit der Mikrogeometrie der Mischreibung und flüssigen Reibung befaßt.) Ferner die später angeführten wichtigen Arbeiten von VIEWEG und Mitarbeitern und von KYROPOULOS.

Theorie der Lagerreibung (Reynolds, Sommerfeld, Duffing[1]) behandelt zu werden pflegt. Auf diese näher einzugehen ist nicht mehr Aufgabe einer technischen Oberflächenkunde.

Man kann nun beim *Gleitlager* die Vorgänge im Gebiet der Grenz- und der Mischreibung und dem Übergang zur eigentlichen flüssigen Reibung experimentell auf verschiedene Weise untersuchen. Zunächst kann man die *Verlagerung des Wellenmittelpunktes* durch optische und elektrische Verfahren feststellen. Man findet dann in diesem Gebiet ausgesprochene Unregelmäßigkeiten, unübersehbare Schwankungen der Mittellage der Welle, welche offenbar damit zusammenhängen, daß ein „Festhaken" zwischen feinsten Oberflächenelementen, möglicherweise auch zwischen den molekularen Grenzschichten, und Wiederfreiwerden der Welle stattfindet[2]. Jedes derartige Festhaken bedeutet eine unstetige Veränderung der Reibungsverhältnisse und eine Gleichgewichtsstörung, die sich wieder auspendeln muß. Dies zeigen deutlich die oszillographisch aufgenommenen Kurven der Verlagerung des Wellenmittels mit Hilfe der Kondensatormethode von Schering und Vieweg[3] (Abb. 204/1b). In der Nähe der oberen Grenze der Teilschmierung hören diese Schwankungen nahezu auf und die Verlagerung der Welle gehorcht mit ziemlicher Genauigkeit den Gesetzen der hydrodynamischen Reibungstheorie.

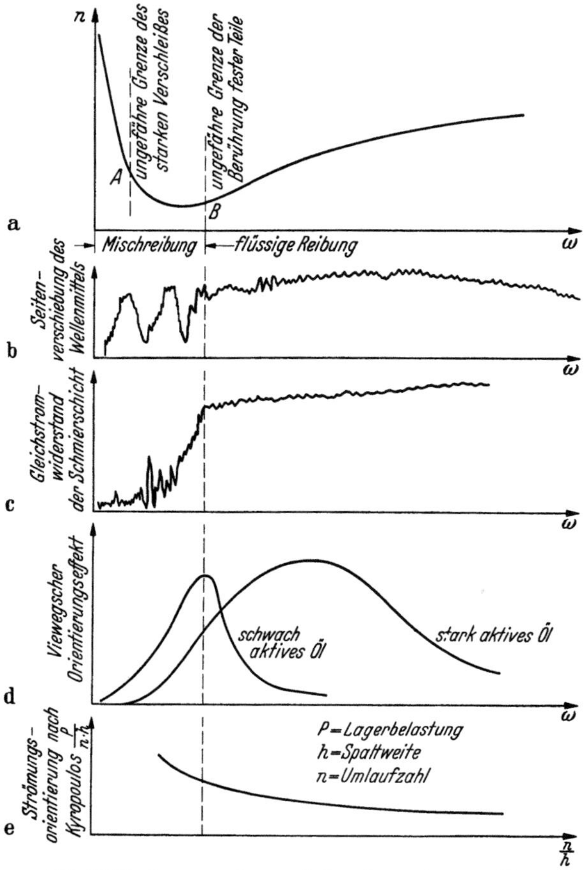

Abb. 204/1. Zusammenhang zwischen Lagerreibungszahl, Viewegschem Orientierungseffekt und Strömungsorientierung. (Nach Kyropoulos.)

Eine weitere Möglichkeit der Untersuchung der Vorgänge in dem Gebiet der Grenzschmierung besteht in der Messung des elektrischen *Gleichstromwiderstandes zwischen Zapfen und Lagerschale* (Abb. 204/1c). Dieses Verfahren ist aus vielen Gründen unsicher, vor allem wegen des Auftretens unübersehbarer elektromotorischer Kräfte zwischen diesen Teilen bei sehr großer Annäherung

[1] Vgl. F.N. 206/1. — [2] Auf Grund dieser Vorstellung pflegt die ältere Literatur die Stelle des Minimums der Reibungskurve den „Ausklinkpunkt" zu nennen.

[3] Schering u. Vieweg: Z. angew. Chem. Bd. 39 (1926) S. 1119f., 1601.

derselben im Bewegungszustande[1]. Außerdem bedeutet ein Verschwinden dieses Widerstandes noch keineswegs ein Anzeichen für unmittelbare metallische Berührung. Es genügt dafür, daß das elektrische Spannungsgefälle die elektrische Durchschlagfestigkeit des Schmiermittels überschreitet, was bei den sehr dünnen, hier in Betracht kommenden Schichten auch bei niedrigen Spannungen leicht der Fall sein kann.

Immerhin läßt sich soviel sagen, daß der bei derartigen Versuchen elektrische Widerstand der Schmierschicht in dem Grenzgebiet mit Schwankungen ansteigt und schließlich einen hohen Wert erreicht. Einen weiteren Einblick in die Vorgänge der Mischreibung bietet der von VIEWEG gefundene elektrische *Gleichrichter-* oder Orientierungseffekt[2]. Wenn man nämlich an Lagerschale und Zapfen eine Wechselspannung anlegt (Abb. 205/1), so findet man, daß bei der Bewegung eine Ventilwirkung auftritt, derart, daß der Strom in der einen Richtung einen erheblich größeren Widerstand findet als in der anderen, oder daß eine Phasenverschiebung zwischen Strom und Spannung bei Durchgang eines Wechselstromes durch die Schmierschicht auftritt. Die einfachste Form der Messung gibt das beigefügte Schema (Abb. 205/1). Das Gleichstrominstrument G zeigt denjenigen Teil an, der durch das elektrische Ventil hindurchgeht. Die Messungen sind später mit einer etwas verwickelteren Schaltung von VIEWEG verfeinert worden, so daß es möglich war, die Größe des Gleichrichtereffektes für verschiedene Belastungen, Drehzahlen, Ölsorten usw. festzustellen. In der vierten Kurve d unserer Abb. 204/1 haben wir schematisch die Größe dieses Gleichstromes (Orientierungseffektes) angedeutet. Es ist wichtig, daß bei Ölen mit wesentlich gesättigten Molekülen der Orientierungseffekt wenig ausgeprägt ist und kurz hinter dem Reibungsminimum verschwindet. Bei Ölen mit einem beträchtlichen Anteil ungesättigter, am Metall besonders stark haftender Moleküle sinkt nach VIEWEG die Kurve des Gleichrichterstromes weit langsamer und bleibt weit hinter dem Reibungsminimum im Gebiet der flüssigen Reibung bestehen. Auf die Deutung dieses VIEWEGschen Orientierungseffektes kommen wir noch zurück.

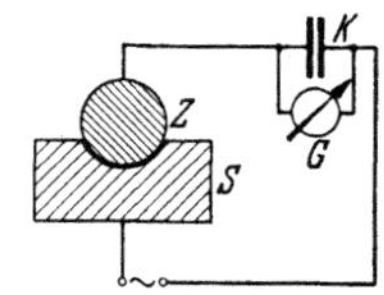

Abb. 205/1. Einfache Schaltung nach VIEWEG zur Bestimmung des Orientierungseffektes. Z Zapfen, S Lagerschale, K Kondensator, G Gleichstrominstrument.

Wir wollen nunmehr versuchen, uns ein genaueres Bild über die molekularen Vorgänge im Schmierspalt bei bewegten und belasteten Zapfen, insbesondere beim Übergang zur flüssigen Reibung, zu machen. Dieser Übergang ist zweifellos nicht so eindeutig, wie er meistens vereinfacht dargestellt wird, nämlich, daß bei bestimmten Geschwindigkeits- und Druckverhältnissen eine Berührung feinster vorstehender Teile und bei einer kleinen Zunahme der Geschwindigkeit dann ein sogenanntes „Ausklinken“ stattfinde. Wie die oben erwähnten VIEWEGschen Beobachtungen zeigen, dürfte in einem gewissen schmalen Geschwindigkeitsgebiet unter äußerlich gleichen Bedingungen eine pendelartige Bewegung, d. h. also eine abwechselnde Berührung bis zur Grenze molekularer Abstände und ein völliges Freiwerden auftreten. Bei weiterer Steigerung der Geschwindigkeit

[1] Vgl. KYROPOULOS, WIGAND u. SCHLOMKA, DINKMANN u. FISCHER a. a. O. F.N. 200/1.

[2] VIEWEG, V. u. KLUGE: Arch. Eisenhüttenwes. Bd. 2 (1929) H. 12, 1. VIEWEG: Techn. Mech. Thermodyn. (1) 1930 S. 3. VIEWEG: Kolloid-Z. Bd. 61 (1932) S. 198. VIEWEG: Öl u. Kohle Bd. 2 (1934) S. 493. VIEWEG and KLUGE: World Petroleum Congress 1933, Preprint 116.

wird dann der Abstand auch an den höchsten Punkten der Oberfläche größer als es den molekularen Dimensionen der gerichteten Schmierschicht entspricht. Damit haben wir den *Übergang gewonnen zu den Vorgängen, die gewöhnlich als flüssige Reibung bezeichnet werden.*

Die klassische Theorie dieser [1] geht bekanntlich von dem NEWTONschen Ansatz aus, der eine rein *laminare Strömung* voraussetzt, wobei die Schubspannung streng proportional dem Geschwindigkeitsgradienten $\frac{\partial u}{\partial x}$ gesetzt wird. Der Proportionalitätsfaktor ist die Zähigkeit (Viskositätszahl) η. Es deutet aber alles darauf hin, daß dieser klassische Ansatz für die feinere Beschreibung der Vorgänge noch nicht zureicht, weil nämlich einerseits bei sehr geringen Spaltweiten, andererseits in einem gewissen Geschwindigkeitsgebiet die molekularen Grenzschichten wie auch die Lagerung der bewegten Moleküle im Schmierspalt eine wesentliche Rolle spielen (KYROPOULOS-Effekt). Die experimentellen Untersuchungen werden in ihrer Genauigkeit vielfach überschätzt und reichen im übrigen zumeist nicht in das Gebiet geringster Lagerspiele, bei denen die molekularen Vorgänge der Grenzschichten und der Zwischenschichten eine wesentliche Rolle spielen [2]. BRILLIE [3] will schon bei Schichtdicken unterhalb $30\,\mu$ systematische Abweichungen von der Theorie gefunden haben. Diese Behauptung dürfte aber, wie alle ähnlichen, sehr zweifelhaft sein.

Was nun den Einfluß der adsorbierten Grenzschicht angeht, so ist es sehr wahrscheinlich, daß diese nicht nur einmolekular ist, sondern daß mindestens mehrere gerichtete Moleküllagen gesetzmäßig übereinander gelagert sind, und zwar derart, daß die inaktiven Enden der Moleküle sich berühren (Abb. 207/1). Es ist denkbar, ja wahrscheinlich, daß während der Bewegung die orientierten Schichten aufeinandergleiten (KARPLUS [4]), wobei die inaktiven Enden, die meistens dem CH_3-Komplex entsprechen, als Gleitschichten wirken. Ferner ist wahrscheinlich, daß im Gebiet der Mischreibung und auch sicherlich noch im Gebiet der flüssigen Reibung bei sehr geringen Schichtstärken die Moleküle nicht mehr normal zur Fläche, sondern schräg abgebogen gelagert sind.

Die Kraftwirkung Metall $\rightleftarrows$ Kohlenwasserstoff bzw. Metall $\rightleftarrows$ Dipol ist stets größer als die Kraftwirkung Kohlenwasserstoff $\rightleftarrows$ Kohlenwasserstoff (KYROPOULOS a. a. O. [5]). Wieviele derartige Schichten wir annehmen müssen, ist

[1] Hydrodynamische Theorie der flüssigen Reibung: REYNOLDS, O.: Ostwalds Klassiker, Nr. 218. Leipzig 1927. SOMMERFELD: Z. Math. u. Physik Bd. 50 (1904) S. 97, auch in Ostwalds Klassikern Nr. 218. KUSTARSKI: Z. ges. Turbinenwes. Bd. 15 (1918) S. 53. GÜMBEL: Z. VDI Bd. 65 (1921) S. 1295. DUFFING: Z. angew. Math. Mech. Bd. 4 (1924) S. 296. KARELITZ: Verh. 3. internat. Kongr. techn. Mechan. Stockholm 1930 I, S. 307. UBBELOHDE: Petroleum Bd. 7 (1911) S. 773. GILSON: Ind. Engng. Chem. Bd. 20 (1928) S. 843. MICHELL, M.: Ostwalds Klassiker, Nr. 218. Leipzig 1927. MICHELL, M.: Mech. Engng. Bd. 52 (1930) S. 114. BOSWALL: Engineering Bd. 133 (1932) S. 527f. ROBB: Proc. roy. Soc. Lond. A. Bd. 140 (1933) S. 668. REISSNER: Z. angew. Math. u. Mech. Bd. 15 (1935) S. 81. STIEBER, W.: Das Schwimmlager. Berlin 1933. Eine sehr klare Zusammenfassung der Theorie mit vielen (leider zu kleinen) Schaubildern.

[2] Eine Ausnahme macht die Arbeit von ROTZOLL, Diss. Hannover 1935, der mit den sehr geringen Spielen des Mackensen-Lagers gearbeitet hat.

[3] BRILLIE: Engineering Bd. 137 (1934) S. 441.

[4] KARPLUS: Petroleum Bd. 25 (1929) S. 375f. Vgl. auch BLOOM: Petroleum Bd. 25 (1929) Beilage 11.

[5] Damit dürfte sich auch prinzipiell die neuerdings von KLEMENCIC [Ing.-Arch. Bd. 6 (1935) S. 183] aufgeworfene Frage nach der endlichen Haftfähigkeit der Primärschicht erledigen.

heute noch zweifelhaft[1]. Wahrscheinlich ist ihre Ausdehnung sehr erheblich kleiner als 1 μ^2. Diese orientierten Schichten spielen zweifellos eine große Rolle für die Größe der Reibungsziffer im Gebiet der Mischreibung. Man muß dabei im Auge behalten, daß die Moleküle nicht nur an der Metallschicht haften, sondern auch seitlich aneinander. Wenn wir uns eine, wenn auch rohe Modellvorstellung davon machen wollen, können wir etwa an eine sehr enge Bürste denken, deren einzelne Borsten beim Bewegen über eine Fläche sich verbiegen und gegeneinander reiben. Diese Modellvorstellung ist insofern anschaulich, als, wie jedermann weiß, eine Bürste mit langen Haaren feiner wirkt und einen geringeren Reibungswiderstand hat als eine sehr kurzhaarige. Diese Vorstellung erinnert an die obenerwähnten Befunde von HARDY über die außerordentlich genaue lineare Abnahme der Reibungsziffer mit der Länge der aktiven Moleküle. Fernerhin kann man erwarten, daß der Einfluß dieser gebundenen Adsorptionsschicht um so wirksamer ist, je fester sie an der metallischen Oberfläche haftet. Die bei der Adsorption eines Schmiermittels an Metallflächen freiwerdende Energie (Adsorptionswärme) ist naturgemäß ein Maßstab für die Stärke dieser Bindung an das Metall. Messungen der Adsorptionswärme sind durchgeführt worden von BACHMANN und BRIEGER[3] und BÜCHE[4]. Diese Versuche zeigen, daß die *Reibung* auch im Gebiet der flüssigen Reibung *abnimmt mit zunehmender Adsorptionswärme*. Fernerhin ist es bekannt, daß geringe Zusätze pflanzlicher oder tierischer Fettsäuren, die bekanntlich ausgesprochen polare Enden haben, eine starke Herabsetzung der Reibungsziffer mit sich bringen[5].

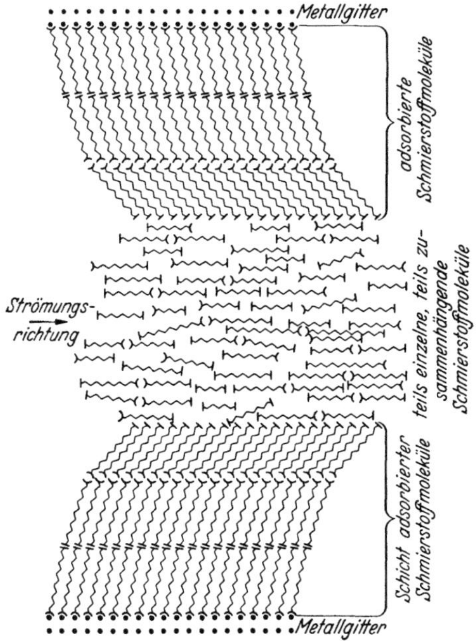

Abb. 207/1. Mutmaßliche Anordnung des Schmierstoffs zwischen zwei Metallflächen bei Bewegung. (Der mittlere strömende Teil ist im allgemeinen mehrere Größenordnungen ausgedehnter als die beiden äußeren Teile.) (Die mit ⌣ gezeichneten Enden der zickzackförmigen Moleküle sind die aktiven, die mit — gezeichneten die neutralen Enden.)

---

[1] KATHERINE BLODGETT hat nach einem einfachen Verfahren (durch Eintauchen in Wasser, welches mit monomolekularen Schichten bedeckt war) derartige Schichten in beliebig gewünschter Anzahl übereinander auf Glasflächen aufbringen können. J. amer. chem. Soc. Bd. 56 (1934) S. 495.

[2] Vgl. aber HARDY: Kolloid-Z. Bd. 46 (1928). HARDY ließ Schmierschichtfilme zwischen Metallflächen gefrieren und fand dann beim Auseinanderreißen, daß die Trennungsebene in einer ganz bestimmten reproduzierbaren Höhe lag, die von der Natur des Metalles abhing. Er behauptet, daß so orientierte Schichten bis 6 μ Dicke nachweisbar seien.

[3] BACHMANN u. BRIEGER: Kolloid-Z. Bd. 36 Erg.-Bd. (1926) S. 142.

[4] BÜCHE: Diss. Karlsruhe 1930. Petroleum Bd. 27 (1931) S. 587. Vgl. auch zusammenfassende Darstellung von WALGER: Z. VDI Bd. 76 (1932) S. 205. TRILLAT et VAILLIÉ: Techn. mod., Paris Bd. 28 (1936) S. 631.

[5] WELLS and SOUTHCOMBE: J. Soc. chem. Ind. Bd. 39 (1930) S. 51. HYDE: Engineering Bd. 3 (1921) S. 708. Vgl. Engl. Pat. 130. 677. — Auch von dem Zusatz von Schwefel wird

Die seitherigen Erörterungen haben die Frage außer acht gelassen, welche *Vorgänge in den Tälern der Oberflächenrauhigkeiten* stattfinden mögen. Es handelt sich dabei darum, ob, wenn der Abstand zwischen den höchsten Stellen der Oberflächen sehr gering wird, die mit Öl gefüllten Vertiefungen der Rauhigkeiten in irgendeiner Weise eine Tragwirkung ausüben. Es ist mehrfach (DUFFING)[1] und neuerdings wieder von KLEMENCIC[2] der Versuch gemacht worden, die bekannten Vorgänge am Schmierkeil auf die schrägen Begrenzungsflächen der Rauhigkeiten anzuwenden und damit etwaige Abweichungen zwischen Theorie und Beobachtung zu erklären. Ob diese Überlegungen richtig sind, scheint uns zweifelhaft. Es scheint beinahe wahrscheinlicher, daß die Flüssigkeiten in den Vertiefungen der Oberfläche, wenigstens soweit sie im Verhältnis zu ihrer Tiefe kurz sind, völlig ruhen, ähnlich wie unsere Abb. 207/1 es zeigt[3]. Ob bei den langen Riefen einer geschliffenen Oberfläche, welche dann, wie wir auf S. 155 gesehen haben, in einem ganz flachen Winkel in die eigentliche Oberfläche übergehen, dies auch noch der Fall ist, ist eine andere Frage. Jedenfalls scheint uns kein Grund zu sein, die Forderung aufzustellen, daß die Schmierschichtdicke niemals kleiner angenommen werden dürfe als die Größe der Rauhigkeiten.

Außer dem besprochenen Einfluß der gerichteten Grenzschicht spielt aber zweifellos auch die *Lagerung der Moleküle* des Schmiermittels in der Schicht zwischen den adsorbierten Grenzschichten eine wesentliche Rolle, wie dies auch einleuchtend ist, wenn man bedenkt, daß es sich hierbei nicht um symmetrisch gebaute, sondern um langgestreckte Gebilde handelt, deren Länge 5—10mal so groß ist wie ihre Querausdehnung. Über diesen Einfluß hat die Vermutung und spätere Feststellung der sogenannten Strömungsorientierung im Gleitlager durch KYROPOULOS[4] wesentlich neue Erkenntnisse gebracht. VORLÄNDER und WALTER[5] sowie OSTWALD und FÖHRE[6] hatten früher schon gefunden, daß bei gewissen Voltolölen, die bekanntlich durch einen besonderen Prozeß polymerisiert sind und besonders ausgedehnte Moleküle haben, das HAGEN-POISEUILLEsche Gesetz nicht mehr genau zutraf. Fernerhin war bekannt, daß gewisse Flüssigkeiten mit besonders langen Molekülen bei der Strömung optisch doppelbrechend werden[7]. Diese und andere Beobachtungen machen es wahrscheinlich, wie es auch durchaus der Anschauung entspricht, daß eine Flüssigkeit mit langen Molekülen, wenn sie in einer Richtung zu strömen gezwungen ist, sich mit diesen in die Strömungsrichtung einstellt (Abb. 207/1). Es sollte also der Reibungswiderstand innerhalb

---

eine ähnliche Wirkung behauptet. Schließlich ist auf die günstige Wirkung der elektrisch vorbehandelten Öle hinzuweisen, die künstlich polymerisiert sind, und besonders lange Moleküle haben. Hier dürfte die Wirkung allerdings vielleicht mehr auf der später zu beschreibenden Strömungsorientierung beruhen.

[1] DUFFING: Z. VDI Bd. 72 (1928) S. 495.

[2] KLEMENCIC: Ing.-Arch. 1935 S. 183.

[3] Die Geschwindigkeiten, bei denen diese und ähnliche Aufnahmen erhalten sind, ergeben REYNOLDSsche Zahlen, die denen in gewöhnlichen Gleitlagern durchaus entsprechen.

[4] KYROPOULOS: Physik. Z. Bd. 29 (1928) S. 942 u. Forschung Ing.-Wes. Bd. 3 (1932) S. 287.

[5] VORLÄNDER u. WALTER: Z. physik. Chem. Bd. 118 (1925) S. 1.

[6] OSTWALD u. FÖHRE: Kolloid-Z. Bd. 45 (1926) S. 166, 266.

[7] KRUEGER: Z. physik. Chem. Bd. 109 (1924) S. 438. Vgl. auch FREUNDLICH, STAPELFELDT u. ZOCHER: Z. physik. Chem. Bd. 114 (1925) S. 161, 190f.

eines gewissen Gebietes von dem Geschwindigkeitsgradienten abhängen. Es ist leicht einzusehen, daß bei einer zunächst völlig ungeordneten Flüssigkeit aus derartigen Molekülen die innere Reibung abnehmen wird bis zu einer Grenze, bei der durch die Strömungsorientierung die Moleküle maximal gerichtet sind und mit ihren langen Seiten aneinander gleiten. KYROPOULOS hat die Viskositätserniedrigung durch Strömung am Reibungsversuch im Lager unmittelbar nachgeprüft. Diese mit der PRANDTLschen Ölprüfmaschine vorgenommenen Versuche zeigen deutlich eine Abnahme der dynamischen Zähigkeit mit dem Geschwindigkeitsgradienten, ein Effekt, der, wie zu erwarten, schließlich im Bereich eines gewissen Geschwindigkeitsgefälles konstant wird (Abb. 204/1e). Dieser Effekt beträgt nach KYROPOULOS bis zu 15% der ursprünglichen Zähigkeit des Öles, und zwar bei solchen Ölen, deren chemischer Bau wegen ihrer großen Moleküllänge eine besonders starke Wirkung erwarten läßt.

Wenn wir in diesem Zusammenhang uns überlegen, welche Bedeutung der Kurve des VIEWEGschen Orientierungseffektes zukommt, der bekanntlich im Gebiete der Mischreibung sein Maximum hat, bei zunehmender Geschwindigkeit absinkt, und zwar schnell bei wenig aktiven und langsam bei stark aktiven Molekülen (Abb. 204/1d), so kommt man zu folgenden einleuchtenden Vorstellungen: Die Gleichrichterwirkung ist vermutlich um so größer, je mehr gerichtete Moleküle, also auch je mehr übereinander gelagerte derartige Primärschichten an den Metallflächen vorhanden sind. Man kann sich vorstellen, daß bei zunehmender Geschwindigkeit die oberen Einzellagen der Grenzschichten mitgenommen werden und im Sinne der Strömungsorientierung an der Strömung teilnehmen, wobei bei wachsender Geschwindigkeit die Dicke der orientierten Schichten immer mehr abnimmt. Dies würde den Charakter der VIEWEGschen Kurven einigermaßen verständlich machen.

Aus allem oben Dargestellten ergibt sich, wie verwickelt die feineren Vorgänge im Schmierspalt sind. Je enger dieser ist, um so größer wird der Einfluß derjenigen Faktoren, die von dem einfachen hydrodynamischen Ansatz nicht mehr erfaßt werden können. Daß die Vorgänge in der Schmierschicht und die wesentlichen Eigenschaften des Schmiermittels nicht mit der einfachen Angabe der Zähigkeit oder Viskositätszahl erschöpfend dargestellt werden können, entspricht dem Gefühl aller unbefangen beobachtenden Ingenieure. Es tauchten daher immer wieder Versuche auf, andere Eigenschaften der Schmiermittel in die Betrachtung einzuführen und damit die Darstellung der flüssigen Reibung der Wirklichkeit mehr anzupassen. Ein Ausdruck, der zur Kennzeichnung der Schmiermittel immer wieder verwendet worden ist, ist die sogenannte *Schlüpfrigkeit* oder im fremden Schrifttum „oiliness“ und „onctuosité“. Was damit gemeint ist, geht aber zunächst auf rein *sinnesphysiologische Beobachtungen* zurück, die sich in dieser Form physikalisch nicht verwerten lassen. Auch die Versuche, die Kapillarkonstante zur Kennzeichnung heranzuziehen, können allein nicht befriedigen. Nach allem, was wir heute sagen können über die Eigenschaft, welche für Schmiermittel kennzeichnend ist, ist diese eine komplizierte Funktion folgender Größen: Der Zähigkeit als Funktion von Temperatur, Druck und Geschwindigkeitsgradienten (KYROPOULOS-Effekt), der Dichte, der Kapillarkonstante und der Bindungsfähigkeit der Schmiermittelmoleküle an Metalle, die sich, wie oben erwähnt, durch die Adsorptionswärme beurteilen läßt. Alle diese physikalischen Größen spielen eine wesentliche

Rolle bei der Beurteilung der Schmierwirkung und lassen sich sicherlich nicht ohne weiteres in einen einfachen funktionalen Zusammenhang bringen, der die Güte des Schmiermittels zu kennzeichnen geeignet ist.

Es ist in diesem Zusammenhang notwendig, noch auf den bekannten Einfluß von *Graphitzusätzen* zum Schmiermittel hinzuweisen[1]. Daß insbesondere kolloidaler Graphit der dem Schmieröl beigefügt wird, die Reibung wenigstens im Gebiet der Grenzschichten herabsetzt, steht außer Frage. Daß derlei Zusätze die Gefahr des „Fressens" d. h. also starken Verschleiß im Anfangsbereich der Mischreibung, vermindern, ist mindestens sehr wahrscheinlich. Darüber, wie der Vorgang im einzelnen zu verstehen ist, sind die Meinungen geteilt. Es ist behauptet worden, daß eine direkte Adsorption des Graphits an das Metall zustande käme. JENKINS[2] glaubt dies durch Versuche mit Elektroneninterferenzen nachgewiesen zu haben.

Vielleicht ist es wahrscheinlicher anzunehmen, daß der Graphit innerhalb der adsorbierten Schmierschicht oder Schmierschichten eingelagert und mit deren Molekülen verkettet ist. Die reibungsvermindernde Wirkung des Graphits läßt sich dann etwa in folgender Weise verstehen: Der Graphit, welcher aus übereinandergelagerten Sechserringen von Kohlenstoffen gebaut ist (Abb. 211/1), ist von den Körpern der Mineralölklasse außerordentlich benetzbar und adsorbiert diese zweifellos in hohem Maße. Seine Adsorptionswärme soll nach BACHMANN und BRIEGER[3] das 10—27fache derjenigen betragen, die man bei der Adsorption an Kupfer findet. Es ist auch wahrscheinlich und beobachtet, daß er sich in die Vertiefungen der Zapfen- und Lagerflächen einsetzt, wo, wie wir später noch darstellen werden, die Strömungsgeschwindigkeit ganz oder nahezu ganz Null wird. Das Wesentliche aber ist zweifellos, daß der *Graphit ein ausgeprägtes Schichtengitter* hat (s. Abb. 211/1) und auf diesen Schichten als Gleitflächen außerordentlich leicht verschieblich ist. Die Flächen des Graphitgitters wirken offenbar ähnlich wie die inaktiven CH_3-Flächen der übereinander gelagerten orientierten Schmierfilme. Daß der Graphit in fein zerteilter oder gar kolloidaler Form[4] wirksamer ist als in großen Kristalliten, ist leicht verständlich, da

---

[1] WALGER u. SCHNEIDER: Berichte über betriebswissenschaftliche Arbeiten, Bd. 3. Berlin 1930. WALGER: Masch.-Bau Bd. 9 (1930) S. 137. KARPLUS: Petroleum Bd. 25 (1929) S. 375; Masch.-Bau Bd. 5 (1926) S. 1122; Bd. 10 (1931) S. 199; Chem.-techn. Wschr. 1921. MABERY, C. F.: Tagung der amerikanischen Gesellschaft der Maschinentechniker, Januar 1910. „Lubrication and lubricants". OSTWALD, W.: Motorfahrer Bd. 13 (1916) Nr. 9; Bd. 15 (1918) Nr. 48, 49. HOLDE, D.: Chem.-techn. Wschr. Heft 1 u. 2 (1918). PUTZ, H. u. F. H. PUTZ: Dinglers polytechn. J. Bd. 328 (1913) H. 17. DIERFELD: Dinglers polytechn. J. Bd. 329 (1914) H. 21 u. 22; Automobilwelt-Flugwelt 1912 Nr. 33. SAYTZEFF, A.: Z. VDI Bd. 58 (1914) S. 1174. KYROPOULOS: Schmierung a. a. O. S. 54. JENKINS: Philos. Mag. (7) Bd. 17 (1934) S. 457. SHAW: Dtsch. Mot-Z. 1933 H. 7. WALGER u. v. SCHROETER: Petroleum Bd. 30 (1934) Nr. 32. („Motorenbetrieb und Maschinenschmierung", Heft 8.) STEPHAN, C.: Öl u. Kohle Bd. 11 (1935) H. 36. KADMER, E.: Petroleum 1932. Beilage: Motorenbetrieb und Maschinenschmierung H. 1 u. H. 9. KADMER, E.: „Neue Wege im Kolbenbau". Dresden: Verlag Deutsche Motor-Zeitschrift o. Jahr. SCHIDA, E.: Automob.-techn. Z. 1933 S. 527.

[2] JENKINS: a. a. O.

[3] BACHMANN u. BRIEGER: Z. angew. Chem. 1926 S. 622.

[4] JENKINS: a. a. O. WESSELOWSKI u. WASSILIEW: Z. Kristallogr. Bd. 89 (1934) S. 156. DEBYE u. SCHERRER: Physik. Z. Bd. 18 (1917) S. 291. POLANYI: Z. Physik Bd. 7 (1921) S. 149. WEISSENBERG: Ann. Physik Bd. 69 (1922) S. 409. Vgl. ELSE KOCH-HOLM: Wiss. Veröff. Siemens-Konz. Bd. 4, 1 (1927) S. 188.

die Intensität der Adsorptionswirkung mit der spezifischen Oberfläche zunehmen muß.

Es bleibt noch auf die *Reibungsverhältnisse an rollenden und zugleich gleitenden Flächen* bei guter Schmierung hinzuweisen, also z. B. an *Wälzlagern* und Zahnflanken. Für Wälzlager ist die Schmierschichtdicke auch mit elektrischen Verfahren[1] gemessen worden. Sie beträgt auch in der Ruhe schon 1—5 μ. BÜCHE[2] hat für die Schmiervorgänge in ihnen Ansätze gegeben und HEIDEBROEK[3] neuerdings eine übersichtliche, allgemeine Theorie, nach der die Vorgänge in der Schmierschicht zwischen gekrümmten Flächen, welche rollen oder gleiten *und* rollen, behandelt werden können[4]. Bei *Zahnflanken* und auch in *Wälzlagern* sind aber die Vorgänge um deswillen kompliziert, weil es sich nicht nur um eine reine Schmierkeilwirkung im Sinne der hydrodynamischen Theorie handelt, sondern die adsorbierten molekularen Schichten unmittelbar tangential beansprucht, also gewissermaßen weggequetscht werden. Diese Einflüsse in der Grenzschicht können von der hydrodynamischen Theorie naturgemäß nicht erfaßt werden. Hier spielt die Haftfestigkeit des Schmiermittels in der Grenzschicht eine entscheidende Rolle, und wahrscheinlich dürfte sich gerade in diesen Fällen eine eindeutige Beziehung zu der Adsorptionswirkung aufdecken lassen. Graf SODEN[5] hat gezeigt, daß bei Zahnrädern die Verwendung aktiver Schmiermittel, insbesondere mit polymerisierten Molekülen die gefährliche Abnutzung im Rollkreis wesentlich vermindert. In derselben Richtung liegen Erfahrungen auf einem ganz anderen Gebiet, nämlich beim Tiefziehen von Blechen. Hier spielt die Haftfestigkeit des Schmiermittels, mit

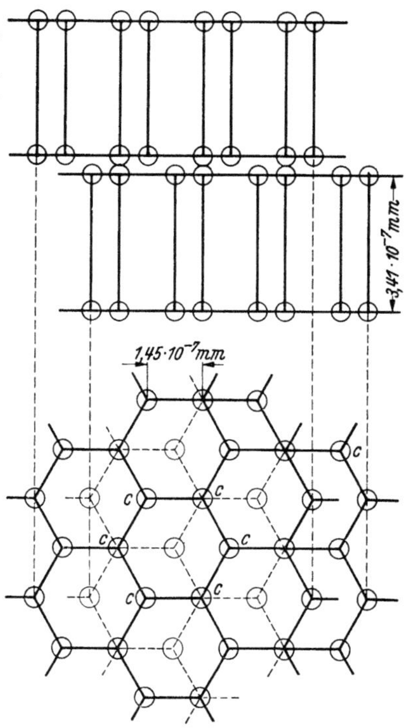

Abb. 211/1. Schichtgitter des Graphits.

[1] SCHERING u. VIEWEG: Z. angew. Chem. Bd. 39 (1926) S. 1116; Petroleum Bd. 23 (1927) S. 9; Arch. Eisenhüttenwes. Bd. 2 (1929) S. 805.

[2] BÜCHE: Forschung VDI Bd. 5 (1934) S. 237.

[3] HEIDEBROEK: Forschg. Ing.-Wes. Bd. 6 (1935) S. 161. Nach freundlicher Mitteilung von Herrn HEIDEBROEK muß der Wert B in Gleichung 17 dieser Arbeit durch folgenden Wert ersetzt werden:

$$B = K r_1 m \left[0{,}04\, \varphi \operatorname{tg} \varphi + 0{,}07663 \cos(2\varphi)\right]_x^x = K r_1 m \,[H\varphi]_x^x.$$

Damit entfällt auch Gleichung 17a. — Vgl. auch: Kraftfahrtechn. Forschungsarb. 2. Heft. Berlin 1936. VDI-Verl. Auszug: Z. VDI Bd. 80 (1936) S. 1230.

[4] Vgl. auch DUFFING: Z. angew. Math. Mech. Bd. 4 (1924) S. 296. JEFFREY: Proc. Lond. math. Soc. (2) Bd. 14 (1915) S. 237. JONKOWSKY u. TSCHAPLYGIN: Fortschr. Math. Bd. 35 (1904) S. 766. REISSNER: Z. angew. Math. Mech. Bd. 15 (1935) S. 81. HEIDEBROEK u. PEPPLER: Kraftfahrtechn. Forsch.-Arb. Heft 2. Berlin 1936.

[5] Graf E. SODEN-FRAUNHOFEN: Automob.-techn. Z. Bd. 37 (1934) S. 503. Vgl. auch Graf E. SODEN-FRAUNHOFEN: Z. VDI Bd. 77 (1933) S. 231. Ferner MOUGEY u. ALMEN: Automob.-Ind. 21. 5. 32.

welchem das Blech vor dem Ziehvorgang eingerieben wird, ebenfalls eine wesentliche Rolle[1], und darauf beruht die überragende Wirkung von Stoffen, welche freie Fettsäuren enthalten. Ähnliche Tatsachen dürften auch zur Aufklärung der verschiedenartigen Wirkung von Schmiermittel und Emulsionen beim Bearbeiten mit Meißeln und beim Bohren eine entscheidende Rolle spielen[2].

83. Oberflächenbeschaffenheit und Abnutzung[3].

Die Abnutzung hat, wie leicht ersichtlich ist, eine ungeheure *wirtschaftliche Bedeutung*. Ihre Größe bestimmt unmittelbar die Lebensdauer der ihr unterworfenen Maschinenteile. Durch die Kosten des Ersatzes solcher Teile wird einer der wichtigsten Posten in der Wirtschaftsbilanz einer Maschine bestimmt.

Die Abnutzung beruht letzten Endes auf einem mikrogeometrischen Vorgang an den Oberflächenteilen. Dieser kann aber nicht in seinem Wesen verstanden werden, wenn man ihn nur als geometrisches und mechanisches Geschehen an den Kristallkörnern betrachtet, sondern in der Mehrzahl der Fälle ist es notwendig, auch die *molekularphysikalischen und chemischen Vorgänge der inneren Grenzschicht* ins Auge zu fassen. Das Schrifttum über die Abnutzung[4] ist nahezu unübersehbar. Es ist aber bei dem heutigen Stand noch

[1] Amerikanische Erfahrungen. Masch.-Bau/Betrieb Bd. 12 (1933) S. 448.

[2] Vgl. GOTTWEIN: Kühlen und Schmieren bei der Metallbearbeitung. Berlin 1928. REICHEL: Masch.-Bau Bd. 14 (1935) S. 679. OKOSHI: Sci. Pap. Inst. physic. chem. Res., Tokyo Bd. 12 (1929/30) S. 167; Bd. 14 (1930) S. 193. Vgl. F.N. 125/3.

[3] Teile dieses Abschnittes habe ich schon an anderer Stelle [Werkst.-Techn. Bd. 30 (1936) S. 1] dargestellt.

[4] Wir geben im nachstehenden einen Auszug aus dem Schrifttum, der es dem Leser ermöglichen soll, sich in das Abnutzungsproblem in seiner ganzen Breite einzuarbeiten. Man vergleiche auch das Schrifttum über Reibung in Abschn. 82, S. 102 ff. Auch in dem Schrifttum über Schleifen und Polieren, S. 157 ff., findet der Leser Tatsachen, die zum Nachdenken über das Wesen des Abnutzungsvorganges anregen können. Werkstoff-Handbuch Stahl u. Eisen, D. 21. Düsseldorf 1927. FÜCHSEL, M.: Erste Mitt. Neuen Internat. Verb. Mat.prüf. Zürich 1930 Bd. D S. 95 (Übersicht über das Schrifttum). MEYER, H. u. F. NEHL: Ber. Werkstoff-Ausschuß Verein der Eisenhüttenleute, Nr. 37 (1923). STADELER, A.: Ber. Werkstoff-Ausschuß Verein der Eisenhüttenleute, Nr. 59 (1925). SCHULZ, E. H. u. F. LANGE: Ber. Werkstoff-Ausschuß Verein der Eisenhüttenleute, Nr. 90 (1926). FRIEDRICH: Abnutzungstheorie. Masch.-Bau Bd. 9 (1930) S. 129. MEYER u. NEHL: Werkstoff-Ausschuß Verein der Eisenhüttenleute, Nr. 37, Nr. 90. Sitzgsber. Aussch. 21. Deutsch. Verb. Materialprüf. d. Techn. Dresden 1928. EDEN ROSE CUNNINGHAM: Proc. Instn. mech. Engr. 1911 S. 875; Engineering Bd. 112 (1911) II S. 542. TOMLINSON: Proc. Roy. Soc., Lond. Bd. 115 S. 472. MAUKSCH: Wiss. Veröff. Siemens-Konz. Bd. 7 1 (1928) S. 335. MOHR u. FEDERHAFF: Z. VDI Bd. 67 (1923) S. 339. SPINDEL: Z. VDI Bd. 70 (1926) S. 415. AMSLER: Z. VDI Bd. 66 (1922) S. 377. Über amerikanische und englische Versuche vgl. Z. VDI Bd. 68 (1924) S. 1006. HONDA and YAMADA: Sci. Rep. Tohoku Univ. Bd. 14 (1925) S. 63 [Ref. Z. Metallkde. Bd. 17 (1925) S. 377]. SCHLESINGER: Gießerei 1932 Heft 29/30. ZIMMERMAN: Met. & Alloys Bd. 2 (1931) S. 95. FRENCH, ROSENBERG usw.: Technol. Pap. Bur. Stand.; Proc. Amer. Soc. Test. Mat. Bd. 28 (1928) S. 298, 348. REINDL: Ber. betriebswiss. Arb. Berl. 1930 (Lehren). SCHMIDT (Abnutzung von Lehren): Diss. Karlsruhe 1932, dort eingehende Literaturnachweise! NIEBERDING: Ber. betriebswiss. Arb. Bd. 5. Berlin 1930 (Lehren). FRENCH and HERSCHMAN: Trans. Amer. Soc. Stl. Treat. Bd. 10 (1926) S. 683 (Lehren). FÜCHSEL: Fortschr. Eisenbahnwes. 1929 S. 413. ROBIN: Carnegie Scholership. Mem. II, 1910. KÜHNEL: Gießerei 1924 S. 211, 493 (Gußeisen), 1925 S. 17; Gießerei-Ztg. 1927 S. 533. LEHMANN: Gießerei-Ztg. 1926 S. 597. PHARLIN: Amer. Mach., Bd. 66 (1927) S. 775 (Lehren). SANITER: J. Iron Steel Inst. 1908 S. 73. STANTON and BATSON: Proc. Instn. mech. Engr. 1916 S. 677. NORRIS: Proc. Amer. Soc.

vielfach unbefriedigend, weil es sich dabei meist um eine Integraldarstellung des mikrogeometrischen Geschehens handelt. So wird in den erwähnten Arbeiten gewöhnlich die Menge oder das Volumen des durch Abnutzung entfernten Werkstoffes bestimmt in Abhängigkeit von den Versuchsbedingungen. Da die Mehrzahl der Untersucher indes nicht die feineren Vorgänge mechanischer und chemischer Art betrachtet, die zu der Wegnahme des Materials geführt haben, fehlt zum Schluß jede kausale Erklärung für die beobachteten Zahlen und entstehen Streuungen der Versuchswerte, die wahrscheinlich bei Berücksichtigung dieser Vorgänge hätten eingeschränkt werden können[1]. Ein wichtiger Schritt auf dem Wege zur Einbeziehung der chemischen Vorgänge und der Veränderungen am Kristallgitter in die Betrachtung bilden die früher schon erwähnten Arbeiten von FINK und HOFMANN[2], die sich auf die *Reiboxydation* beziehen und fernerhin die von SCHOTTKY und HILTENKAMP[3], die den erstaunlichen, aber sicheren Beweis bringen, daß auch der anscheinend neutrale *Stickstoff* bei derartigen Vorgängen eine wesentliche Rolle spielt. Diese Arbeiten zeigen, daß bei starker Reibung unter hohem Druck in der inneren Grenzschicht eine Nitrierung zustande kommen kann, die den Werkstoff spröde und brüchig macht. Natürlich ist es nicht so, daß bei allen Abnutzungsvorgängen die Oxydation oder die Bildung von Nitriden in der Grenzschicht im Vordergrund steht. Aber wie wir durch die genannten Arbeiten wissen, ist sie in vielen Fällen wichtig und vermag sonst unerklärliche Oberflächenzerstörungen und Dauerbrüche zu erklären. Wegen ihrer Bedeutung stellen wir sie vorweg dar. Abb. 214/1 zeigt die Erscheinung des sogenannten „Blutens" beim Wechselbiegeversuch an einem Bolzen nach SCHOTTKY. Es handelt sich hier um Oxydationsvorgänge an den Auflagestellen der Dauerbiegemaschine an der Oberfläche eines feinstgeschliffenen hohlen Bolzens. Abb. 214/2 zeigt die Reibfläche eines Federblattes aus Siliziumstahl, die zum Dauerbruch geführt

---

Test. Mat. Bd. 13 (1913) S. 562. NUSSBAUMER: Mitt. internat. Verb. Mat.prüf. 1909 Nr. 5. FRENCH: Proc. Amer. Soc. Test. Mat. Bd. 27 (1927) S. 212. DORMUS, v.: Org. Fortschr. Eisenbahnwes. 1914 S. 31; Z. VDI 1922 S. 377. REDENZ: Stahl u. Eisen 1924 S. 1703 (Kugellager Stahl). BRINELL: Präzision 1922 S. 356. STADELER: Stahl u. Eisen 1925 S. 1195 (Beziehung zum Gefüge). — Werkstoffausschuß Eisenhüttenleute, Nr. 59 (rollende und gleitende Reibung). MAYER: Werkstoffausschuß Eisenhüttenleute, Nr. 74 (einsatzgehärteter Stahl). KLINGENSTEIN: Mitt. Forsch.-Anst. Gutehoffnungshütte Bd. 1 (1930) (Gußeisen), 1931. ULRICH: Forsch.-Arb. Kraftfahrwes. Ber. Bd. 4 (1932) (Zahnräder); Z. VDI Bd. 78 (1934) S. 53. Graf SODEN-FRAUNHOFEN: Automob.-techn. Z. 1934 S. 503 (Zahnräder). BONDI: Beiträge Abnutzungsproblem, insbesondere Zahnräder. Berlin 1927. SUZUKI: Stahl u. Eisen Bd. 49 (1929). MEBOLDT: Z. VDI Bd. 79 (1935) S. 629 (Fressen von Gußeisenlagern, wichtig!). HANFT: Diss. Dresden 1934 (Kraftfahrzeugteile); Automob.-techn. Z. 1936 S. 9. BOWDEN: Nature, Lond. Bd. 137 (1936) S. 519. EHRHARDT: Diss. Stuttgart 1934 (Kupplungen).

[1] SPORKERT, H. macht [Werkstattstechn. u. Werksl. Bd. 30 (1936) S. 221] einen bemerkenswerten Versuch, auf die mikromechanischen Vorgänge bei der Abnutzung zurückzugehen.

[2] FINK: Org. Fortschr. Eisenbahnwes. Bd. 84 (1929) S. 405; Arch. Eisenhüttenwes. Bd. 6 (1932/33) S. 161; Stahl u. Eisen Bd. 52 (1932) S. 42. FINK u. HOFMANN: Z. Metallkde. Bd. 24 (1932); Z. VDI Bd. 74 (1930) S. 85. Vgl. auch R. KÜHNEL: Stahl u. Eisen Bd. 52 (1932) S. 968. WUNDERLICH, F.: Diss. Darmstadt 1933. THUM, A. u. F. WUNDERLICH: Mitt. Mat.-Prüf.-Anst. Techn. Hochsch. Darmstadt 1934 Heft 5 S. 62. Z. Metallkde. Bd. 27 (1935) S. 277. LEON, A.: Stahlbautechn. 1935 Heft 7. ROSENBERG, S. J. and L. JORDAN: Trans. Amer. Soc. Met. Bd. 23 (1935) S. 577.

[3] SCHOTTKY u. HILTENKAMP: Einfluß des Luftstickstoffes auf die Vorgänge der Abnutzung. Stahl u. Eisen Bd. 56 (1936) S. 444.

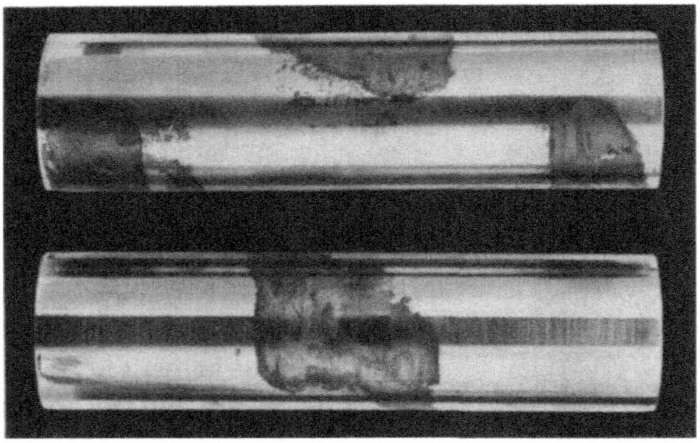

Abb. 214/1. Erscheinung des „Blutens" (Reiboxydation) beim Wechselbiegeversuch.

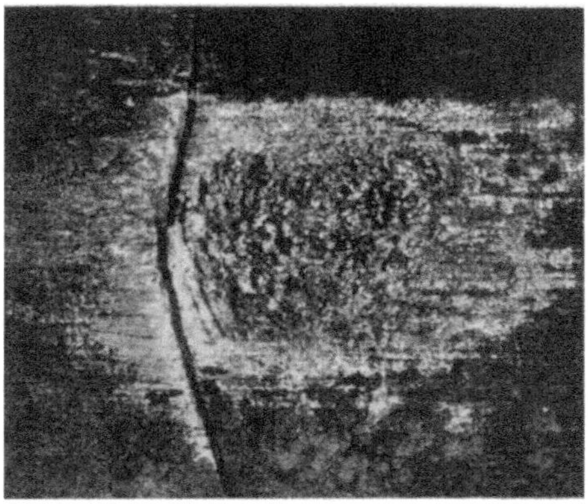

Abb. 214/2. Reibstelle eines Federblattes aus Siliziumstahl mit Dauerbruchausgang. Vergr. 3×.

hat, Abb. 214/3 einen Längsschliff durch eine Turbokompressorenwelle aus Chromnickelstahl, an der anscheinend durch schlechtes Passen Reibung unter großem Druck stattgefunden hat. Man sieht deutlich die völlige Gefügeänderung der inneren Grenzschicht. Abbildung 214/4 zeigt den Oberflächenschliff derselben Reibstelle, wobei besonders deutlich die eingewalzenen Teile der harten inneren Grenzschicht in dem übrigen gesunden Material zu sehen sind. SCHOTTKY und HILTENKAMP finden nun an derartigen veränderten Stellen der inneren Grenzschicht durch mikrochemische Analyse Zunahme des normalen N_2-Gehaltes von rund 0,006% auf 0,012—0,034%. Bei einer Zahnradkupplung von Stahl mit 0,4% C, die abgenutzt und stark aufgerauht war, finden sie an den zum Teil mit Reibungsrost bedeckten Zahnflanken an den blanken Stellen eine Zunahme des N_2-Gehaltes von

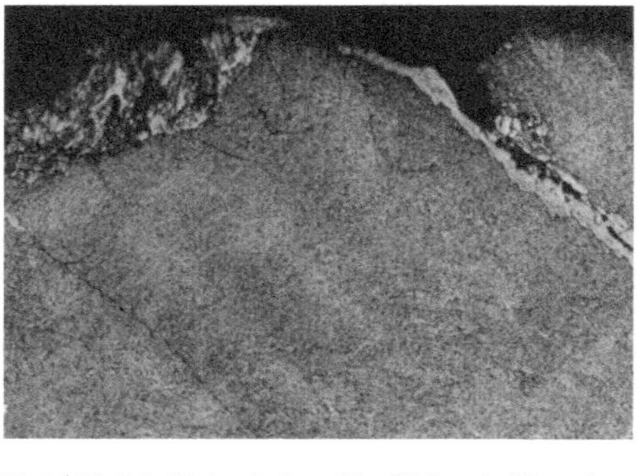

Abb. 214/3. Schnitt durch einen Oberflächeneinriß an einer Turbokompressorenwelle (Dauerbruch) mit Anreicherung von atmosphärischem Stickstoff. Vergr. etwa 130×.

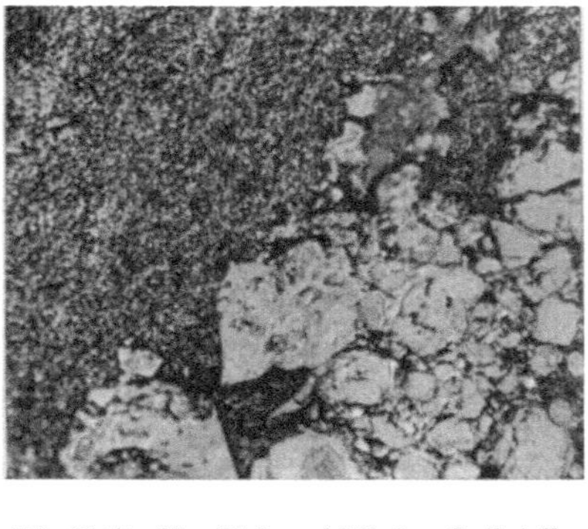

Abb. 214/4. Oberflächenschliff einer Reibstelle (Turbokompressorwelle); in die Oberfläche eingedrückte Teile der harten Randschicht. Vergr. 750×.

0,004% im Innern auf 0,013%. Noch deutlicher sind diese Befunde bei Chromnickelstahlrädern mit Grübchenbildung, wo an diesen Stellen der N_2-Gehalt auf das 70fache heraufgeht. Man sieht, daß, wenn man diese Beobachtungen mit den Feststellungen von Fink und Hofmann[1] über die Reiboxydation zusammennimmt, wie außerordentlich wichtig auch die chemischen Vorgänge an der Oberfläche unter starkem Druck gegeneinander bewegter Elemente sind. Im nachstehenden lassen wir diese Gesichtspunkte beiseite und betrachten in einer vereinfachten Darstellung die *Mikrogeometrie des Abnutzungsproblems* im Hinblick auf das Problem der Passungen. Wir sind uns bewußt, daß wegen der notwendigen Idealisierung des Vorganges und vorwiegend mechanisch-geometrischer Betrachtung unsere Darstellung nur innerhalb ihrer selbst gewählten Grenzen zutreffen kann.

831. Abnutzung durch reine Gleitbewegung.

Die Frage der Abnutzung zweier Teile, die sich gegeneinander bewegen, hängt eng zusammen mit dem noch zu besprechenden Problem der Passungen und auch mit der Normung der Oberflächen. Wir betrachten zunächst den einfachsten Fall des reinen Gleitens zwischen den in Frage kommenden Teilen. Dieses wird verwirklicht bei allen niederen Elementenpaaren mit Drehpaarung, Richtpaarung und Schraubenpaarung, nicht aber bei den höheren Elementenpaaren, bei denen Rollung oder Rollung und Gleitung zugleich auftreten.

Die Abnutzung aufeinandergleitender Teile hängt im wesentlichen von folgenden Einflüssen ab:

1. den Eigenschaften des Werkstoffs und seiner Behandlung,
2. den zwischen den Teilen wirksamen Kräften,
3. *der Oberflächenbeschaffenheit der gegeneinander bewegten Teile,*
4. den zwischen den bewegten Teilen befindlichen Stoffen
   a) Schmiermittel
   b) Schmutz, Schleifstaub usw.,
5. der Gleitgeschwindigkeit,
6. dem Zeitintegral der Gleitgeschwindigkeit, d. h. dem in dem der Betrachtung zugrunde liegenden Zeitraum zurückgelegten *Wege,*
7. der zwischen den Flächen herrschenden Temperatur,
8. den chemischen Eigenschaften des umgebenden Mediums (nur in gewissen Fällen).

Zum Zwecke der vereinfachten Betrachtung im Sinne unserer obigen Bemerkungen machen wir nunmehr folgende *Annahme*:

Es werden bei der Abnutzung zunächst die höchsten Teile der Oberflächen eingeebnet, bis schließlich im Laufe eines langen Zeitraumes die beiden sich berührenden Flächen mehr oder weniger glatt sind und die weitere Abnutzung nur noch sehr langsam fortschreitet. Wir vergleichen also, technologisch gesehen, den Abnutzungsvorgang etwa dem Feinstschleifen oder Läppen.

Wir nehmen zunächst an, daß alle oben aufgeführten Umstände konstant seien bis auf die Oberflächenbeschaffenheit der gegeneinander bewegten Teile (Ziffer 3). Wir betrachten in Abb. 216/1 die Profilkurve eines bearbeiteten Teiles, bei dem der Einfachheit halber die Ordinaten gegenüber den Abszissen erhöht sind. Bei gleichbleibenden sonstigen Umständen wird in erster Annäherung die *Abnutzungsgeschwindigkeit umgekehrt proportional der Summe der jeweils tragenden Flächenelemente sein.* Zur Beurteilung dieser kommt uns die oben erwähnte Abbottsche Funktion oder Tragkurve zu Hilfe. In Abb. 216/1 ist diese als $R = f(y)$

[1] S. 195, insbesondere F.N. 195/1.

eingetragen. Diese Funktion gibt an, wie groß die Summe der tragenden Flächen ist, wenn die Abnutzung um einen bestimmten Betrag y von der höchsten Stelle der Profilkurve aus vorgeschritten ist. Das Reziproke dieser Funktion, also die Größe $\frac{1}{R}$, ergibt dann bis auf eine Konstante die *Abnutzungs*geschwindigkeit, die in unserem Schaubilde mit v eingetragen ist. Oder:

Die Abnutzungsgeschwindigkeit ist umgekehrt proportional der jeweils tragenden Fläche.

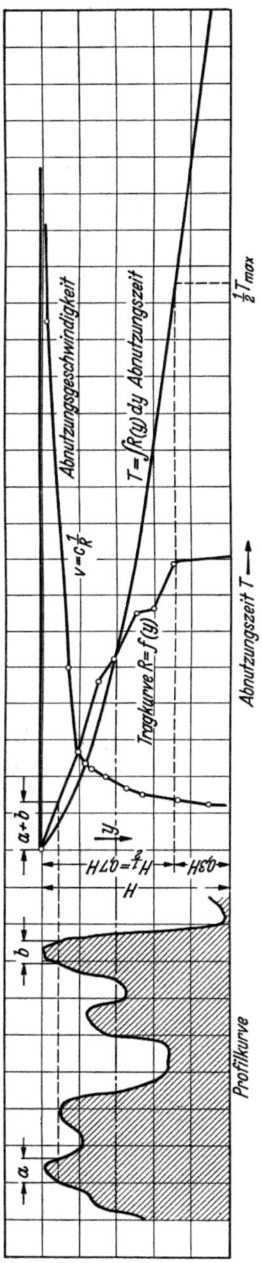

Abb. 216/1. Entwicklung der Abnutzungsgeschwindigkeit und Abnutzungszeit aus der Tragkurve.

Die Fläche der Tragkurve oder das Integral

$$T = \int_0^h R\,(y)\,dy \qquad \text{(Gl. 216/1)}$$

entspricht der *Zeit,* die verstrichen ist, bis die Abnutzung einen vorgegebenen Wert h erreicht. Diese Funktion ist ebenfalls in dem Schaubild eingetragen. Man sieht an einem Beispiel, wie trotz des völlig unregelmäßigen Profils, nachdem eine gewisse Grenze erreicht ist, die Abnutzung nahezu gleichmäßig fortschreitet.

Das Schaubild gibt naturgemäß nur Auskunft über den verhältnismäßigen Verlauf der Abnutzung, die absoluten Größen hängen von den übrigen oben aufgeführten Umständen ab. Der gegenwärtige Stand der Abnutzungsforschung ist bei weitem noch nicht so, daß brauchbare, zahlenmäßige Angaben hierüber gemacht werden könnten.

Für die Beurteilung des Einflusses der Abnutzung auf die *Erhaltung einer bestimmten Sitzart* ist der Verlauf der Abnutzungszeitkurve von besonderer Wichtigkeit. Wir werden uns hier noch eines weiteren Begriffes bedienen, nämlich der *Halbzeitabnutzung.* Wir verstehen darunter denjenigen Betrag (Tiefe) der Abnutzung $H_{T/2}$, der erreicht wird, wenn die Hälfte der gesamten Abnutzungszeit verstrichen ist. Wir haben dies in Abb. 216/1 eingetragen. Die gesamte Abnutzungszeit T, die notwendig ist, die Profilkurve von ihrem äußersten Gipfelpunkt bis zu ihrem Grund, also um die Höhe H, abzutragen, beträgt in unserem Beispiel 31 Einheiten. Das Schaubild zeigt, daß nach der halben Abnutzungszeit von 15,5 Einheiten die Höhe des Profils sich um 0,7 H vermindert hat oder noch 0,3 H der gesamten Profilkurve stehengeblieben sind. Die Halbzeitabnutzung $H_{T/2}$ beträgt somit 0,7. Man überlegt sich leicht, daß je spitzer das Profil, um so größer die Halbzeitabnutzung sein muß.

Wir haben früher bei der Erörterung von Zahlen, die zur Darstellung der Profilkurven dienen können, gezeigt, daß zwischen den beiden Endpunkten eines

Arbeitsabschnittes und dem tiefsten Punkt drei charakteristische Profilkurven möglich sind, nämlich das Dreiecksprofil, das konvexe runde Profil (Parabel) und das konkave runde Profil. Es ist interessant, die Verhältnisse für diese allgemeinen Fälle zu untersuchen. Wir geben als Beispiel zwei derartige Berechnungen:

Für das Dreiecksprofil ist die Tragkurve geradlinig

$$R(x) = y = cx \quad \text{und} \quad T = \int R(x)\,dx = \int cx\,dx = \frac{1}{2}\,x^2. \qquad \text{(Gl. 217/1)}$$

Wenn die gesamte Höhe des Profils H ist, für die die Abnutzungszeit T benötigt wird, so wird die Halbzeitabnutzung

$$H_{T/2} = H\sqrt{\frac{1}{2}} = 0{,}707\,H. \qquad \text{(Gl. 217/2)}$$

Für die konvexe Parabel wird aus ähnlicher Rechnung $T = c\sqrt{x^3}$ und die Halbzeitabnutzung $H_{T/2} = \sqrt[3]{\frac{1}{4}}\,H = 0{,}63\,H.$ (Gl. 217/3)

Für die konkave Parabel findet man

$$H_{T/2} \sim 0{,}75. \qquad \text{(Gl. 217/4)}$$

Abb. 217/1 und 218/1 sowie 218/2—4 zeigen an zwei praktischen Beispielen, wie die Abnutzung voraussichtlich verläuft. Bei Abb. 217/1 und 218/1 handelt

Vergr. 25× (Profilmikroskop).

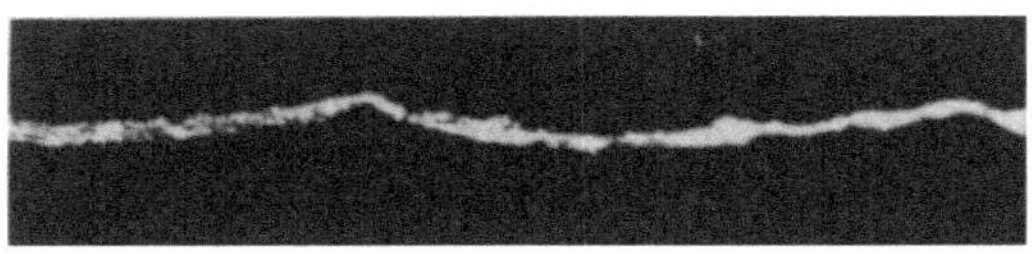

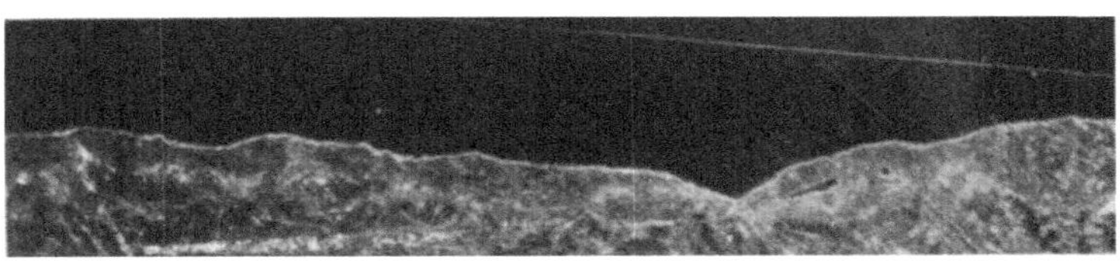

Abb. 217/1. Anderes Kurvenstück Vergr. 50× (Querschliffverfahren).

es sich um eine grobgehobelte Fläche aus Maschinenstahl von einer amerikanischen Maschinenfabrik, bei Abb. 218/2—4 um eine Stahlprobe, die mit Umfangsscheibe geschliffen ist bei mittlerer Feinheit. Abb. 218/1 zeigt die zugehörige Konstruktion des Abnutzungsverlaufes für die Probe 217/1, Abb. 218/4 dasselbe für die Probe 218/2 und 218/3. Die erste Kurve in Abb. 218/1 ist die aus den ausgemessenen Ordinaten ermittelte Profilkurve eines kleinen Stückes. Die zweite ist die Tragkurve (Abbott-Kurve), die dritte ist deren Integralkurve, also die Abnutzungszeit. Im ersten Fall liegt die Halbzeitabnutzung bei $0{,}5\,H$, im zweiten bei $0{,}6\,H$. Ich glaube aus der Kenntnis solcher Kurven, daß der durchschnittliche Halbzeitwert der Abnutzung zwischen 0,6 und 0,7 liegt, vielleicht etwas näher an 0,6, d. h. mit anderen Worten: *In der ersten Hälfte der gesamten Abnutzungszeit wird etwa 0,6—0,7 der Profilhöhe abgetragen. Dies ist ein wichtiges Ergebnis.*

Wir können umgekehrt auch die Abnutzung mit dem *Völligkeitsgrad* in Verbindung bringen. Je größer der Völligkeitsgrad, um so langsamer verläuft die Abnutzung. Es lassen sich somit folgende beiden Sätze für die Abnutzung aufstellen:

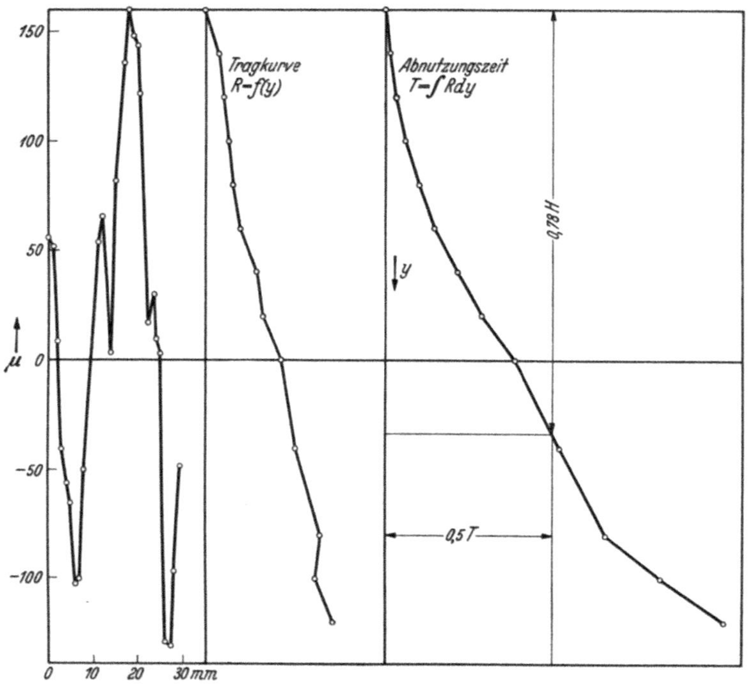

Abb. 218/1. Abnutzung einer grobgehobelten Fläche von amerikanischem Maschinenstahl. (Profil s. Abb. 217/1.)

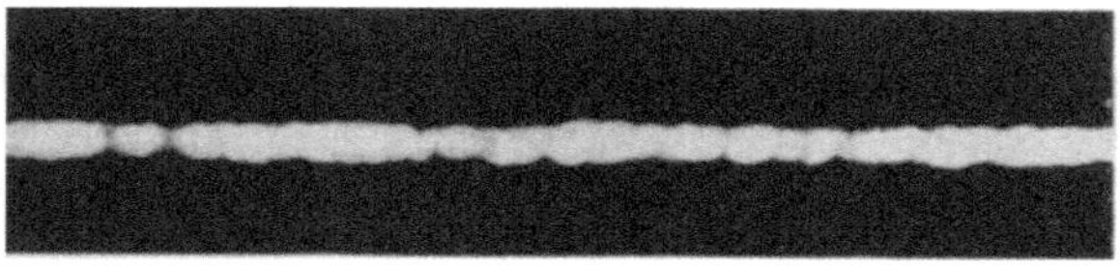

Abb. 218/2. Stahl mit Umfangsscheibe geschliffen. Vergr. 82×.

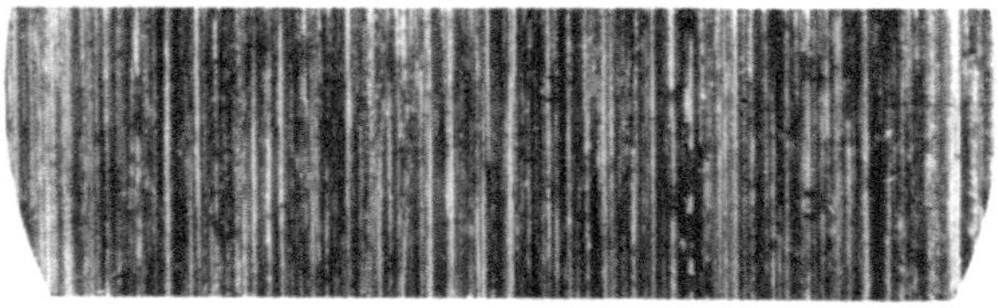

Abb. 218/3. Dunkelfeldaufnahme der Probe 218/2. Vergr. 82×.

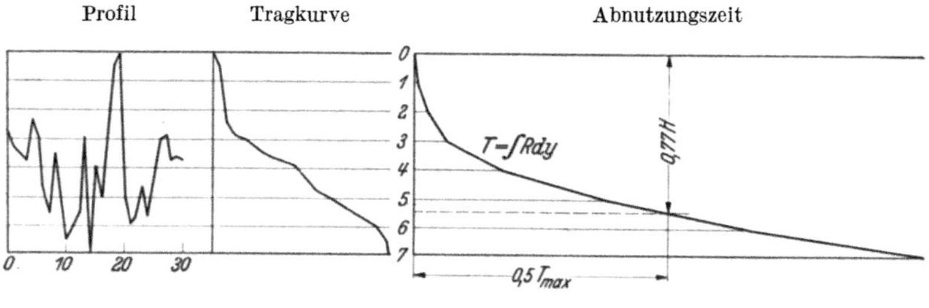

Abb. 218/4. Konstruktion der Tragkurve und Abnutzungszeit der Probe 218/2 und 218/3.

1. Je größer die mittlere Höhe des Profils ist, um so mehr wird sich seine makrogeometrische, also über die höchsten Erhebungen hinweg festgestellte Abmessung mit der Zeit vermindern, und je größer der Völligkeitsgrad ist, um so langsamer wird diese Veränderung erfolgen.

   Beides wird aber zunächst nicht von der Größe des Arbeitsabschnittes oder dem Vorschub beeinflußt. Denn, wie früher schon erwähnt, ergibt sich ein zweiter Satz über die Geometrie der Profilkurve:

2. Zwei Oberflächen von geometrisch ähnlichen Profilen und gleicher maximaler und damit auch mittlerer Höhe, aber verschieden großem Arbeitsabschnitt, ergeben dieselbe Trag-(ABBOTT-) Kurve und damit denselben zeitlichen Verlauf der Abnutzung.

Das oben Dargelegte gibt nur die allgemeinen Gesichtspunkte in bezug auf die Abnutzung von Maschinenteilen, die aufeinander gleiten. Den Zusammenhang zwischen den Abnutzungsverhältnissen einerseits, den Passungen und der Oberflächennormung werden wir in Abschnitt 84 und 9, S. 224 und 262 erörtern.

832. Abnutzung durch Roll- und Gleitbewegung.

Bei den seitherigen Betrachtungen haben wir angenommen, daß zwischen den sich abnutzenden Oberflächen nur eine *tangentiale Verschiebung*, also reines Gleiten, erfolgt. Bei den höheren Elementenpaaren (Wälzlager, Wälzhebelpaare, Rolle und unrunde Scheibe usw.), haben wir hingegen Rollung, in vielen Fällen *rollende und gleitende Bewegung* zusammen. Der letztere Fall tritt vor allem bei Zahnflanken und auch (bei strenger Betrachtung[1]) in Kugellagern auf. Bei der reinen Rollbewegung (Beispiel: Wälzlager bei vereinfachter Betrachtung, Zahnflanken im Rollkreis) treten Beanspruchungen auf, deren Größe sich zunächst nach den HERTZschen Formeln abschätzen läßt[2]. Das bekannte klassische Schaubild der Spannungen zwischen zwei sich unter Druck berührenden gekrümmten Flächen, wie es HERTZ gegeben hat, ist nicht ganz zutreffend, da es gewisse innere Widersprüche enthält. Dies ist seit langem bekannt (TIMPE). Die spätere Theorie[3] hat dies richtiggestellt, wodurch die überragende Bedeutung der HERTZschen Arbeit natürlich nicht gemindert wird. Es darf im übrigen nicht außer acht gelassen werden, daß die Voraussetzungen der HERTZschen Formeln in Wirklichkeit nur bedingt zutreffen. Die schädlichste Vereinfachung ist die Annahme, daß keine Reibungskräfte zwischen den sich berührenden Flächen vorhanden seien, daß also diese sich beliebig tangential gegeneinander verschieben können.

Abb. 220/1 zeigt die gegenüber HERTZ etwas abgeänderte Spannungsverteilung an einer gewölbten Fläche, die mit einer Platte unter Druckberührung steht (nach FUCHS, a. a. O.). Die Spannungsverteilung wird im Prinzip nicht anders, wenn der Krümmungsradius des Gegenkörpers endlich statt unendlich

---

[1] Siehe KUTZBACH: Hütte (26) Bd. 2 (1931) S. 196. BÜCHNER: Z. VDI 1902 S. 156. GÜMBEL: Z. Turbinenwes. 1916. Graf SODEN-FRAUNHOFEN: Automob.-techn. Z. 1934 S. 503. BONDI: Beiträge zum Abnutzungsproblem. Berlin 1927. Kugellagerzeitschrift SKF Norma Berlin 1928 Heft 4 S. 93, 1929 Heft 1 S. 2 (die gleitende Reibung in Kugellagern).

[2] HERTZ, H.: J. reine angew. Math. Bd. 92 (1881) S. 156 u. Gesammelte Werke Bd. 1 (1895) S. 155, 174.

[3] LOVE-TIMPE: Lehrbuch der Elastizität. Leipzig-Berlin 1907. MORTON u. CLOSE: Philos. Mag. Bd. 43 (1922) S. 320. FUCHS: Physik. Z. Bd. 14 (1913) S. 1282. HUBER u. FUCHS: Physik. Z. Bd. 15 (1914) S. 298. HUBER: Ann. Physik Bd. 14 (1904) S. 153.

oder negativ wird (Wälzlager). Die Spannungsverteilung an den Teilen der Wälzlager ist in zahlreichen Arbeiten untersucht worden[1]. In der Abbildung sind die Spannungstrajektorien gezeichnet; die dick ausgezogenen Linien sind Druckspannungen, die punktierten Zugspannungen. Man sieht, daß die einen, der Oberfläche annähernd gleichlaufenden Spannungslinien an gewissen Stellen von Druckspannungen in Zugspannungen übergehen. Die strichpunktierte Linie gibt die ungefähre Lage dieser Punkte an. In ihnen wird die eine Achse der Spannungsellipse Null. Man kann nun durch ein derartiges Spannungsfeld Schnitte legen, wie es die Abbildung zeigt, und den Verlauf derjenigen Spannungen, welche ungefähr in der Richtung der Oberfläche verlaufen[2], in diesen Ebenen angeben. Diese sind im unteren Teil der Abbildung gezeichnet. Es sei ausdrücklich bemerkt, daß diese Kurven rein qualitativen Charakter haben und nur eine rohe Annäherung an die feineren Verhältnisse darstellen. Eine quantitative Darstellung wäre nur durch gründliche Durchrechnung auf Grund der neueren Theorie möglich, eine Aufgabe, die außerhalb unseres Themas liegt. Immerhin geben diese Kurven eine Vorstellung von dem Spannungswechsel innerhalb des sehr kleinen Bereichs der Druckfläche. In der Ebene A_2 wechselt die Spannung steil zum Zug und Druck und erst in der Ebene A_4 finden wir reine Zugspannungen. Die Ausdehnung der Druckfläche an derartigen Körpern des Maschinenbaues ist von der Größenordnung der 0,1 mm. Die Spannungen

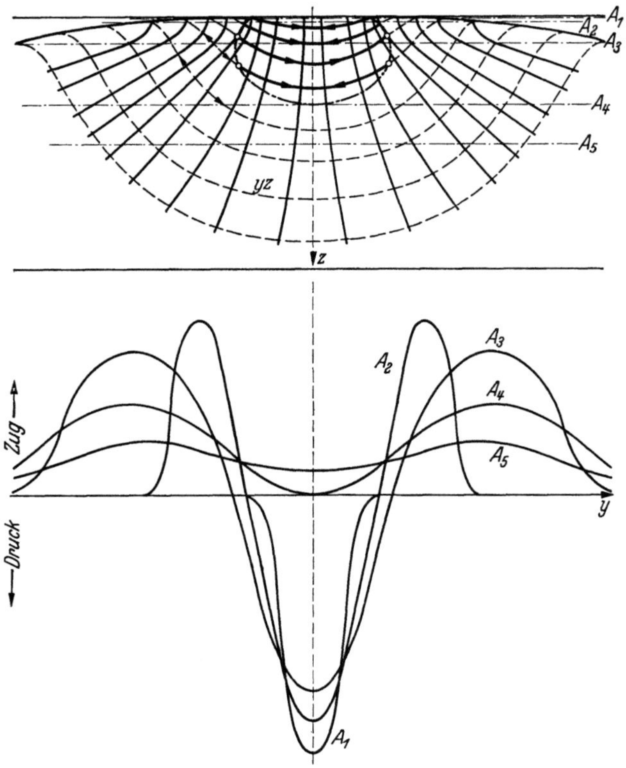

Abb. 220/1. Spannungsverteilung bei der Berührung einer gekrümmten mit einer ebenen Fläche.
(—·—·— Grenze zwischen Zug und Druck.)

[1] DAHL, HJ.: Tekn. Tidskr. Mek. 1919 Heft 2 S. 25. FÖPPL, O.: Masch.-Bau 1925 Heft 2 S. 49. STRIBECK: Z. VDI Bd. 45 (1901) S. 73, 118. PALMGREN, A. u. K. SUNDBERG: Tekn. Tidskr. Mek. 1919 Heft 4 S. 57. HOFSCHNEIDER: Werkzeugmasch. Bd. 30 (1926) S. 294. STELLRECHT: Diss. Berlin 1928. EIPEL: Masch.-Konstr.-Betr.-Techn. Bd. 61 (1928) S. 426. MUNDT: Z. VDI Bd. 73 (1929) S. 53; Masch.-Bau Bd. 10 (1931) S. 354. PALMGREN: Untersuchungen über die statische Tragfähigkeit von Kugellagern. Göteborg 1930 (Sondernummer der Kugellagerzeitschrift, wichtige Arbeit!).

[2] Sie sind von MUNDT [Forschg. Ing.-Wes. Bd. 3 (1932) S. 127] als Tangentialspannungen bezeichnet.

selbst können in der Praxis bis hart an die Proportionalitätsgrenze des Werkstoffs herankommen, sie auch unter Umständen übersteigen. Man stelle sich nun vor, daß eine Überrollung des Werkstücks etwa in der Richtung y stattfinde. Dann durchläuft ein Volumenelement in kürzester Zeit die Spannungen, wie sie in den Kurven des unteren Teils unserer Darstellung gezeichnet sind. Die y-Achse wird dabei zu einer Zeitachse. Es ist so, als ob die Symmetrieachse unserer Kurven mit der Abrollgeschwindigkeit sich über das Werkstück hinwegbewege. Man kann sich denken, wie ungünstig diese pulsierende Beanspruchung des Werkstoffes in diesen Fällen ist. Wenn man Kugellager mittlerer Abmessungen betrachtet, so steht die Ausdehnung der Druckfläche zu dem Abstand der Kugeln grob gesprochen in dem Verhältnis 1 : 1000. Das bedeutet, daß während eines Zeitabschnittes 1, der bei $n = 5000$ und 13 Kugeln

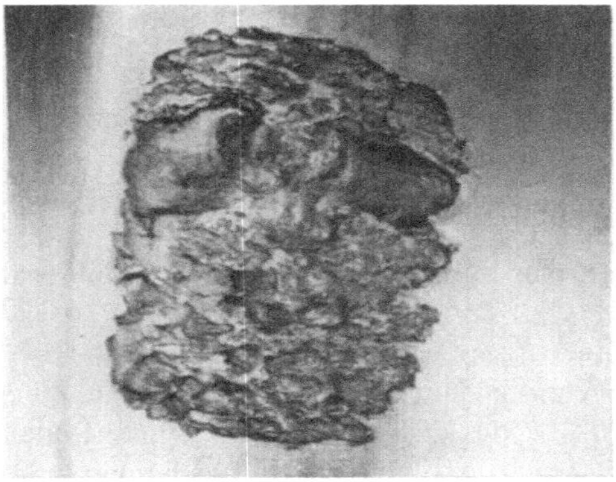

Abb. 221/1. Abgeblätterte Stelle an einem Schräglagerinnenring (typischer Ermüdungsbruch). Vergr. 8×.

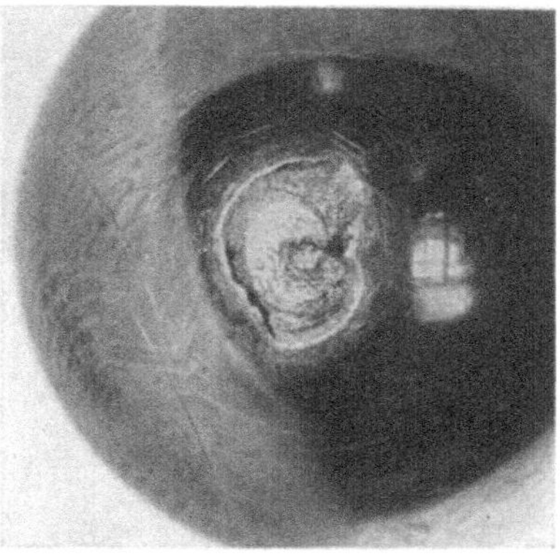

Abb. 221/2. Typischer Ermüdungsbruch einer Lagerkugel. Vergr. 4×.

z. B. rd. $8 \cdot 10^{-6}$ Sek. beträgt, ein Volumenelement die ganzen in unserer Kurve dargestellten Spannungsschwankungen durchmacht, daß es dann während eines Zeitabschnittes 1000, also etwa 8/1000 Sek. lang, in Ruhe bleibt und dann wiederum eine neue Wechselbeanspruchung von derselben Art während des Zeitabschnittes 1 erfährt.

Es ist ein Verdienst von Mundt[1], gezeigt zu haben, daß es im wesentlichen die *„Tangentialen", also annähernd in der Richtuug der Begrenzungsfläche liegenden Spannungen sind,* welche die *Lebensdauer* des Werkstoffs im Wälzlager bestimmen. Wenn man, wie er es getan hat, die Tangentialspannungen für verschiedene Lager und Belastungen auswertet, findet man eine befriedigende Beziehung zu der wahrscheinlichen Lebensdauer, wie sie sich aus Großzahlversuchen ergibt.

Abb. 221/1 zeigt einen typischen Ermüdungsbruch an einem Laufring eines schrägen Lagerinnenrings. Abb. 221/2 einen gleichartigen Ermüdungsbruch in der Kugel eines Wälzlagers. Man beachte die merkwürdige, zweiflügelige Form dieses Bruches, die darauf hindeutet, daß die Kugel sich um die innerste Berührungsstelle als Achse gedreht haben muß. Die Struktur der durch die Zerstörung hervorgerufenen Oberflächen steht in einer anschaulichen Beziehung zu den obigen Betrachtungen. Warum aber eine solche Zerstörung an einer

[1] Mundt: Forschg. Ing.-Wes. Bd. 3 (1932) S. 127.

bestimmten einzelnen Stelle eines Lagers und nicht gleichmäßig über dem Umfang auftritt, darüber geben unsere Betrachtungen natürlich keinen Aufschluß. Wir müssen wohl annehmen, daß die Ursache örtliche Ungleichmäßigkeiten des

Abb. 222/1.
Ritzel, Gesamtansicht. Vergr. 5×.

Abb. 222/2.
Ritzel, Nähe Teilkreisdurchmesser. Vergr. 48×.

Werkstoffs oder auch feinste geometrische Abweichungen von der Sollform (Krümmungsradius) sind.

Abb. 222/1 zeigt die Zerstörung einer Zahnflanke nach längerem Betrieb. Hierbei ist zunächst charakteristisch die Verschiedenheit der Oberfläche in der Zone des Teilkreises, wo reines Rollen stattfindet, gegenüber den Veränderungen außerhalb, wo Rollen und Gleiten stattfindet. Abb. 222/2 zeigt bei starker Vergrößerung die Oberfläche im Teilkreis, Abb. 222/3 die in der Nähe des Kopfkreises. Sehr eindrucksvoll ist die Ähnlichkeit der Oberflächenveränderungen im Rollkreis des Zahnrades mit den Veränderungen an den Kugellagern. Außerhalb, wo Gleiten *und* Rollen stattfindet, sehen wir nicht nur Grübchenbildung, sondern ein „Verschmieren" der gestörten Oberfläche, Erscheinungen, die wir in ähnlicher Form bei den Oberflächen, die durch Zerspannung gebildet sind, ebenfalls gefunden haben (vgl. S. 130[1]).

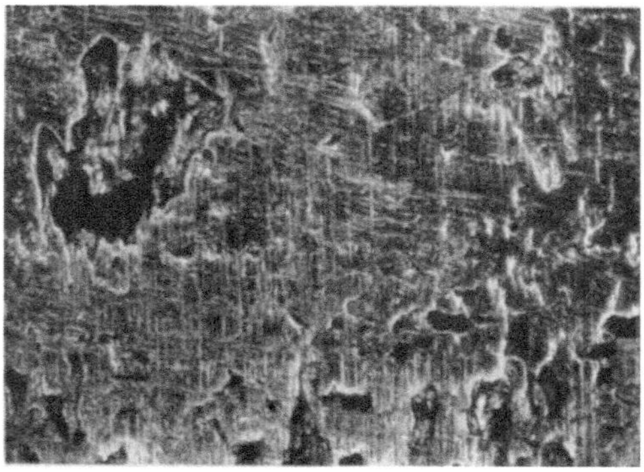

Abb. 222/3. Ritzel, Nähe Kopfkreisdurchmesser. Vergr. 48×.

Bei derartigen Abnutzungsvorgängen treten gelegentlich auch sogenannte Riffelbildungen auf, also periodische Veränderungen der Oberfläche, die ein ähnliches Aussehen ergeben etwa wie Rattermarken, mit denen sie an sich natürlich nichts zu tun haben. Abb. 223/1 zeigt eine derartige Erscheinung an einem Scheibentonnenlager. Bekanntlich gibt es derartige Riffelbildungen auch

[1] Vgl. die Arbeiten von ULRICH und Graf SODEN über die Abnutzung von Zahnrädern F.N. 211/5.

im großen an Straßenbahnschienen. Über diese besteht ein sehr ausgedehntes Schrifttum. Auf welchen Ursachen diese Riffelbildungen bei Elementen wie den Wälzlagern zurückzuführen sind, steht heute noch nicht fest.

Es mag zweckmäßig sein, an dieser Stelle, wenigstens theoretisch, auf die Möglichkeit von Reibschwingungen beim Gleiten unter Druck hinzuweisen, die ich früher schon[1] erörtert habe. Man kann sich dies leicht vorstellen, wenn man bedenkt, daß die Reibungsziffer eine Funktion der Geschwindigkeit ist und beim Übergang von der Ruhe zur Bewegung eine Unstetigkeitsstelle hat. Die Vorgänge verlaufen dann so, daß die beiden Oberflächenschichten zunächst aufeinanderhaften und daß bei der Verschiebung eine, wenn auch sehr geringe elastische Verzerrung in tangentialer Richtung zustande kommt (vgl. F.N. 194/2 und F.N. 195/6), wonach, wenn die elastischen Gegenkräfte groß genug sind, der Werkstoff zurückfedert. Man bekommt folgenden ganz einfachen Ansatz für diese Erscheinungen:

Abb. 223/1. Riffelbildung an Scheibentonnenlager. (Keine Stromriffelung.) $^{9}/_{10}$ nat. Größe.

$$m\frac{d^2x}{dt^2} - f\left(v - \frac{dx}{dt}\right) + cx = o. \quad \text{(Gl. 223/1)}$$

Die Integration dieser Gleichung ergibt prinzipiell einen Verlauf der Schwingung, der aus geradlinigen und sinusförmigen Teilen zusammengesetzt ist[2].

Diese Vorgänge dürften für gewisse Schwingungserscheinungen hoher Frequenzen an Zahnflanken verantwortlich sein, vielleicht auch (wenn schon in abgewandelter Form) für Erscheinungen wie die erwähnten Riffelbildungen.

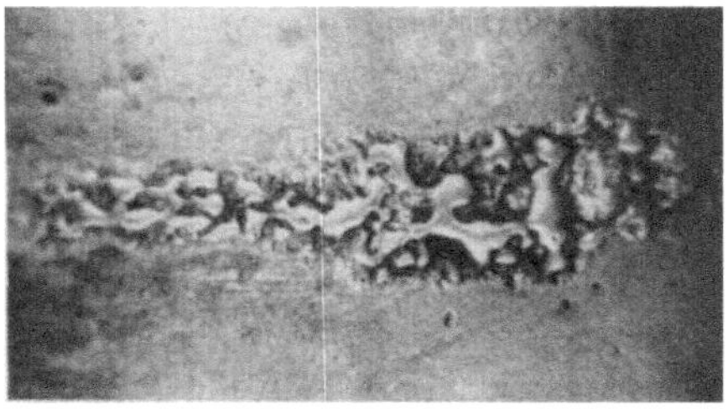

Abb. 223/2. Stromdurchgang als Überschlag an einer Wälzlagerrolle. Vergr. 10×.

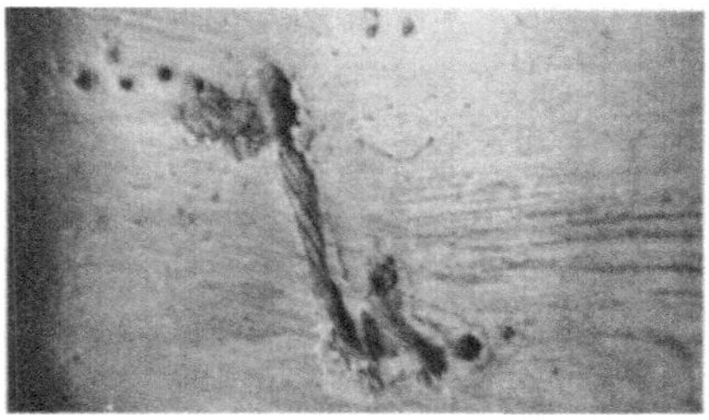

Abb. 223/3. Zerstörung durch Stromübergang an einer Wälzlagerrolle. Vergr. 10×.

Zum Schluß sei noch darauf hingewiesen, daß bei Wälzlagern an elektrischen Maschinen gelegentlich auch Zerstörungsvorgänge durch vagabundierende Ströme zustande kommen, die außerordentlich unangenehm sind, da durch die entstehenden mikroskopisch feinen Lichtbogen unmittelbare Schmelzerscheinungen auftreten (Abb. 223/2 und 223/3)[3]. Diese lassen sich bekanntlich durch geeignete Kurzschlußeinrichtungen zwischen den bewegten Teilen beseitigen.

[1] Auf der Schwingungstagung des VDI am 10. Juni 1933 in Frankfurt a. M.

[2] Die Bewegung verläuft so: Nach einer geradlinig mit der Zeit ansteigenden Deformation setzt beim Abreißen der einen Fläche von der anderen eine Halbschwingung ein, die im Umkehrpunkt ($v = o$) wieder in einen neuen geradlinigen Ast übergeht.

[3] Solche Erscheinungen an Wälzlagern können ebenfalls zu Riffelbildungen führen, die mit der Periode des durchgehenden Wechselstromes zusammenhängen.

Die seitherigen Betrachtungen haben vorausgesetzt, daß eine *Berührung* der gewölbten Flächen *ohne Schmiermittel* stattfindet. Dies trifft natürlich weder für Wälzlager noch für Zahnräder streng zu. In gewissen Fällen (Zahnräder) tritt der *Einfluß der Schmierung* durchaus in den Vordergrund. In diesen Fällen ist es gut, neben der reinen elastizitätstheoretischen Betrachtung auch eine hydrodynamische einzuführen, wie sie neuerdings HEIDEBROEK[1] gegeben hat. Man darf hierbei, ehe weitere Versuchsergebnisse vorliegen, heute schon annehmen, daß in den Schmierschichten zwischen derartigen aufeinanderrollenden Oberflächen Drücke auftreten, welche durchaus von der Größenordnung der HERTZschen Berührungskräfte sein können. Das bedeutet das momentane Entstehen und wieder Verschwinden von Spannungen in der Größenordnung von mehr als 1000 kg/cm². Es sollte jedoch auch bedacht werden, daß es durchaus wahrscheinlich ist, daß unter der Wirkung des Schmiermittels nicht nur derartige positive, d. h. senkrecht in die Oberfläche hineingerichtete Kräfte auftreten können, sondern auch *negative Kräfte*, die *durch die Adhäsion* des Schmiermittels beim Abrollen der Teile zustande kommen[2]. Diese Adhäsionskräfte sind durchaus beachtlich und zwar sind sie um so größer, je größer die Haftfähigkeit der Dipolmoleküle der Schmiermittel an der Metallfläche ist, eine Haftfähigkeit, die zu erzeugen wir andererseits mit Rücksicht auf die Zerstörungen bei unmittelbar metallischer Berührung allen Grund haben. Im übrigen bedarf die hydrodynamische Theorie noch einer Verfeinerung insofern, als die sehr großen Kräfte in der Schmierschicht naturgemäß auch wieder elastische Verformungen im Sinne der HERTZschen Ansätze zur Folge haben und umgekehrt die elastischen Verformungen die Voraussetzungen der hydrodynamischen Betrachtung verändern. Erst eine gemeinsame hydrodynamische und elastizitätstheoretische Betrachtung, die allerdings außerordentlich verwickelt sein dürfte, könnte hier völlige Klarheit schaffen.

84. Oberflächenbeschaffenheit und Passungen.

841. Mikrogeometrie der verschiedenen Sitzarten.

Wir wollen uns im nachstehenden zunächst eine Vorstellung über die mikrogeometrischen Verhältnisse gepaarter Teile bei den verschiedenen Sitzarten verschaffen[3].

In Abb. 225/1 ist die *Mikrogeometrie der DIN-Feinpassung* dargestellt. Hierbei ist vorausgesetzt, daß eine feinstgedrehte oder sehr fein geschliffene Welle in einem mit Diamant oder Widia feinstgebohrten Loch sitzt. Die höchsten Erhöhungen H seien in beiden Fällen 4 μ. In vielen Fällen wird man, auch bei guter Werkstattarbeit, mit dem Doppelten und Dreifachen dieses Maßes rechnen

---

[1] Vgl. HEIDEBROEK: Forschg. Ing.-Wes. Bd. 6 (1935) S. 161. Vgl. auch: Kraftfahrtechn. Forschungsarb. 2. Heft. Berlin 1936. VDI-Verl. Auszug: Z. VDI Bd. 80 (1936) S. 1230.

[2] HARDY and NOTTAGE: Proc. Roy. Soc., Lond. A Bd. 112 (1926) S. 62, Bd. 118 (1928) S. 209.

[3] Das Wesentliche der in dem ganzen Abschnitt 84 enthaltenen Betrachtungen über Oberflächenbeschaffenheit und Passungen habe ich erstmalig dargestellt in Werkst.-Techn. Bd. 30 (1936) S. 4.

müssen. Die Zeichnung zeigt für das größte, mittlere und kleinste Spiel die Lage des Zapfens zu der Wand der Bohrung, wobei vorausgesetzt ist, daß diese symmetrisch (also nicht einseitig) in der Bohrung sitzt. Der Abstand der höchsten Kuppen entspricht somit den rechnerischen *halben* Spielwerten. Die Abbildung zeigt, wie bei kleinstem Spiel und Gleitsitz gerade schon eine Berührung der höchsten Kuppen der Oberflächen zustande kommt, beim Schiebesitz die Teile sich teils überschneiden, teils noch Spiel aufweisen und dann bei den Ruhesitzen ausgesprochene Werkstoffverdrängungen auftreten. Andererseits sieht man besonders deutlich die an sich bekannte Tatsache, daß bei größtem Spiel auch bei Haftsitz, Treibsitz, Festsitz keine wie auch geartete Berührung der feinsten Teile mehr stattfindet, so daß unter diesen Verhältnissen ein wirklicher Ruhesitz eigentlich nicht zustande kommen kann.

Man sieht ferner, was seither kaum beachtet worden ist, *daß die Rauhigkeiten bearbeiteter Oberflächen durchaus in der Größenordnung der Spiele liegen, die zwischen ihnen zu bestehen pflegen.* Die *Darstellung* der Begrenzung solcher Teile durch gerade Linien, wie es auf unseren Zeichnungen zu geschehen pflegt, beruht also auf einer eigentlich ganz unzulässigen *Vereinfachung des wirklichen Tatbestandes* (vgl. S. 4).

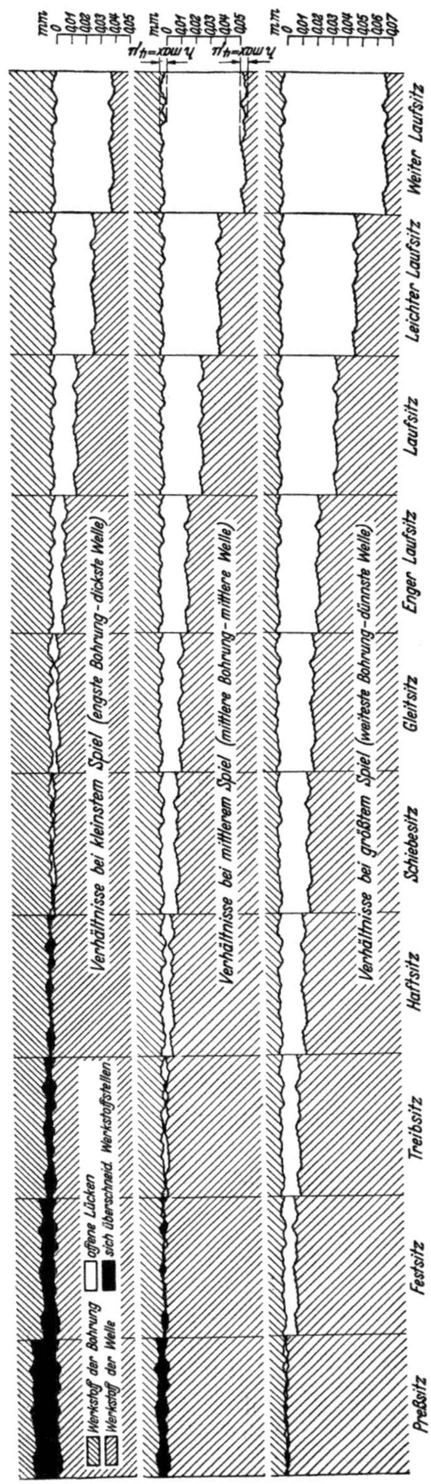

Abb. 225/1. Mikrogeometrie der Feinpassung. Welle feingeschliffen, Bohrung mit Diamant oder Widia feinstgebohrt. Maßstab 200 : 1, 1 mm = 5 μ.

842. Die mikrogeometrischen Verhältnisse als Gegenstand der Kollektivmaßlehre.

Wir betrachten nunmehr in Abbildung 226/1 einen Bolzen von 18 bis 30 mm Durchmesser nach dem System der Einheitswelle. Die schraffierte obere und untere Begrenzungslinie A—B und A'—B', die den Meßbacken einer Rachenlehre andeuten, liegen um 7,5 μ auseinander. Ihre Lage entspricht dem Abmaß des makrogeometrisch gemessenen *halben* Durchmessers[1]. Der Bolzen sei geschliffen mit einer Rauhigkeit $\mathfrak{h}_{max}$ oder $H = 3{,}6\,\mu$ und einer mittleren Rauhigkeit von $h_m = 1{,}9\,\mu$.

Die Profilkurven entsprechen einem nach dem Lichtschnittverfahren aufgenommenen wirklichen Profil eines feingeschliffenen Teiles. Innerhalb des

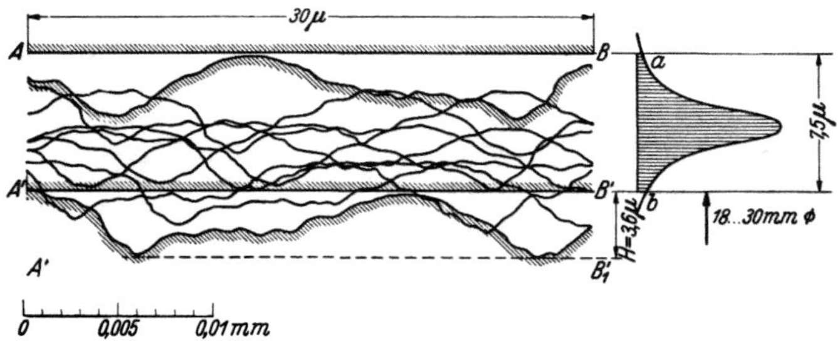

Abb. 226/1. Verteilung von 10 geschliffenen Bolzen innerhalb des Toleranzbereiches (Einheitswelle).

Toleranzfeldes von $7{,}5\,\mu$, also zwischen den Backen der Rachenlehre AB und $A'B'$, ist der makrogeometrisch gemessene Durchmesser eines dieser Bolzen eine rein zufällige Größe, ebenso wie es irgendeiner der mikrogeometrischen Durchmesser innerhalb seiner Länge ist. Man kann also bei allen folgenden Betrachtungen, die sich mit dem Einfluß der Abnutzung auf die Passungen beschäftigen, nicht ein einzelnes Werkstück ins Auge fassen, sondern muß eine Vielheit (Kollektiv) solcher Werkstücke gleichzeitig betrachten. Die ganze Fragestellung rückt damit in das Gebiet der mathematischen *Statistik, Kollektivmaßlehre* oder der sogenannten *Großzahlforschung*[2]. Wenn man die makrogeometrisch gemessenen Durchmesser einer genügend großen Anzahl von Werkstücken betrachtet, die auf der gleichen Maschine unter gleichen Bedingungen hergestellt worden sind, so wird man finden, daß diese sich nach einer bestimmten Gesetzmäßigkeit innerhalb des Toleranzfeldes verteilen. Für die folgende Betrachtung nehmen wir an, daß diese Gesetzmäßigkeit derjenigen entspricht, welche die Verteilung aller solchen zufallsbedingten Größen angibt, nämlich der Gaussschen Verteilungsfunktion (Abb. 226/2). Diese läßt sich schreiben:

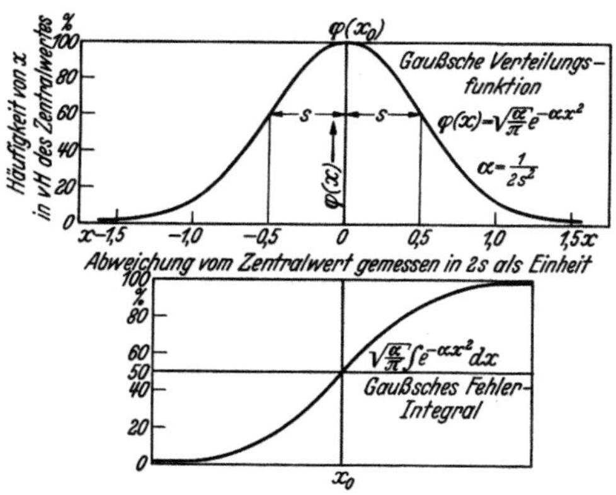

Abb. 226/2.

[1] Die Darstellung weicht also von den üblichen Darstellungen in der Literatur über Passungen ab, bei denen gewöhnlich das *ganze* auf den Durchmesser bezogene *Abmaß* auf *einer* Seite der Welle dargestellt ist.

[2] Zur allgemeinen Unterrichtung über die Kollektivmaßlehre in Anwendung auf technische Probleme siehe Plaut: Fabrikationskontrolle. Berlin 1930. Becker, Plaut u. Runge: Anwendung der mathematischen Statistik auf Probleme der Massenfabrikation. Berlin 1927. Daeves: Praktische Großzahlforschung. Berlin 1933. Vgl. auch Czuber: Die statistische Forschungsmethode. Wien 1921.

$$\varphi(x) = \sqrt{\frac{\alpha}{\pi}}\, e^{-\alpha x^2}, \qquad \text{(Gl. 227/1)}$$

wo α eine charakteristische konstante Größe ist. Wenn man das arithmetische Mittel aller vorkommenden Werte der betrachteten Größe bestimmt und dann das quadratische Mittel der Abweichungen δ der Einzelwerte von diesem, nämlich

$$s = \sqrt{\frac{\Sigma \delta^2}{n-1}}, \qquad \text{(Gl. 227/2)}$$

so hängt die konstante Größe α mit s zusammen nach der Beziehung

$$\alpha = \frac{1}{2 s^2}, \qquad \text{(Gl. 227/3)}$$

daraus wird

$$s = \frac{1}{\alpha} \sqrt{\frac{1}{2}}. \qquad \text{(Gl. 227/4)}$$

Die Größe s wird als *Streuung* der betrachteten Mannigfaltigkeit bezeichnet. Sie entspricht, geometrisch betrachtet, dem *Abstand der Wendepunkte* der Verteilungskurve von deren Zentralwert (vgl. Abb. 226/2). Der Wert $\varphi(x)$ an einer bestimmten Stelle x gibt die relative (prozentuale) Häufigkeit, mit der Stücke von einer bestimmten Eigenschaft x (z. B. in unserem Falle einem bestimmten Durchmesser oder einer bestimmten Abweichung vom Nenndurchmesser) vorkommen.

Das Integral der Kurve zwischen den Grenzen a und b

$$W_a^b = \int_a^b \varphi(x)\, dx \qquad \text{(Gl. 227/5)}$$

entspricht dann der „Wahrscheinlichkeit", daß ein Stück der Gesamtheit zwischen den Grenzen a und b gelegen ist oder in den von uns betrachteten Fällen: dem prozentualen Anteil der Stücke aus der Gesamtzahl, deren Eigenschaften zwischen den Grenzen a und b liegen.

Die Kurve $\varphi(x)$ hat eine glockenförmige Gestalt und ist symmetrisch um den mittleren Wert X_0, so z. B. in unserem Falle dem (arithmetisch) gemittelten Durchmesser. Die Streuung ist maßgebend für die Steilheit der Verteilungskurve. Je kleiner die Streuung s, um so höher ist die Kurve und um so steiler fällt sie ab. Es gibt einige Arbeiten, die sich mit der *statistischen Verteilung* der Abmessungen von Gegenständen beschäftigen, die *in der Massenfabrikation* hergestellt worden sind. Diese zeigen, daß man für die folgenden grundsätzlichen Betrachtungen in der Tat diese Funktion zugrunde legen kann[1].

[1] Die beste Arbeit über die praktisch auftretenden Verteilungskurven ist wohl die von OBELTSHAUSER: Die Arbeitsgenauigkeit von Automaten. Diss. Braunschweig 1926. Auszug: Masch.-Bau Bd. 7 (1928) S. 537. Die dort veröffentlichten Verteilungskurven der Durchmesser von Teilen, die auf Automaten hergestellt sind, entsprechen merkwürdig gut der GAUSSschen Verteilungskurve. Fernerhin kommt in Betracht die Arbeit von FISCHER: Der Einfluß der Toleranzen fester Grenzlehren in der Feinmechanik. Diss. Stuttgart 1933. Eine Arbeit mit ähnlicher Fragestellung ist die von GRAMENZ [Masch.-Bau Bd. 7 (1928) S. 1036f.]: Die Darstellung in dieser erlaubt allerdings keinen unmittelbaren Vergleich mit der GAUSSschen Verteilungsfunktion. KIRNER: Passung der Wälzlager (Stuttgart 1935) gibt einige praktische Beispiele solcher Verteilungskurven an Wälzlagern. Diese scheinen im allgemeinen auch dem Charakter der GAUSSschen Funktion zu entsprechen, nur sind sie gelegentlich etwas unsymmetrisch. Dies deutet auf die Überlagerung zweier solcher Funktionen, d. h. auf das Vorhandensein von zwei verschiedenen fabrikatorischen Einflüssen auf die Abmessungen.

In Abb. 226/1 liegt das Toleranzfeld zwischen den Grenzen $A - B$ und $A' - B'$, die Verteilung entspricht der rechtsgezeichneten GAUSSschen Verteilungskurve. Diese würde, wenn man sie beliebig fortsetzte, sich ins Unendliche erstrecken. Durch die Verwendung der Rachenlehre, welche die Verteilungskurve zwischen dem oberen und unteren Abmaß eingrenzt, wird derjenige Teil, der außerhalb liegt, ausgesondert. Wenn man nun die mikrogeometrischen Profilkurven in unserem Beispiel gemäß der Verteilungskurve einzeichnet, so sieht man, wie diese sich in der Mitte zusammendrängen und die Verteilung nach außen immer dünner wird.

Eine ganz ähnliche Betrachtung gilt für die Bohrung. Wir können die weiteren Untersuchungen über die Passungen dadurch vereinfachen, daß wir nicht Bohrung und Welle getrennt, sondern gemeinsam betrachten und an Stelle des Toleranzfeldes der beiden das gemeinsame Toleranzfeld oder *Spiel* betrachten. Denn bei einer großen Anzahl von Werkstücken mit Bohrungen und den zugehörigen Bolzen setzen sich, statistisch betrachtet, die Verteilungskurven der Wellendurchmesser und der Bohrungsdurchmesser additiv zu einer einzigen Verteilungskurve zusammen, die das Spiel der so betrachteten Mannigfaltigkeit von Werkstücken darstellt[1].

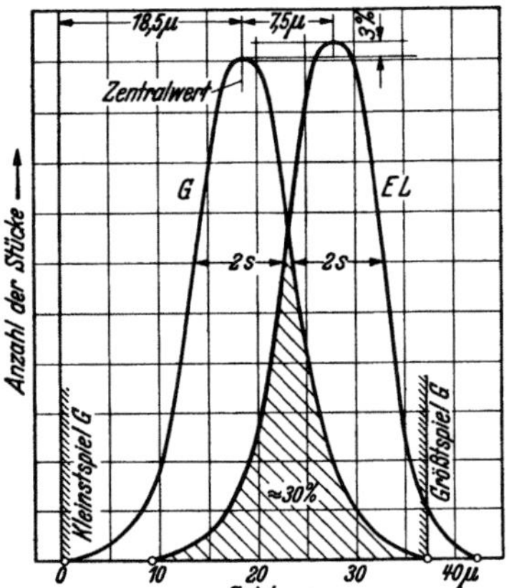

Abb. 228/1. Verteilung der Spiele zwischen Gleitsitz und engem Laufsitz bei Einheitsbohrung.

In Abb. 228/1 stellt die Kurve G die zufällige Verteilung der auf gewöhnliche Weise (makrogeometrisch) gemessenen Spiele für den Sitz G (Gleitsitz) des Systems Einheitsbohrung dar. Das Spiel erstreckt sich (DIN 152) zwischen den Grenzen 0 und 37 μ. Das mittlere Spiel ist demgemäß 18,5 μ. Die Verteilungskurve ist so gezeichnet, daß das Maximum bei 18,5 μ liegt, d. h. also, daß von einer größeren Anzahl der Stücke die Mehrzahl das mittlere Spiel aufweisen wird und eine um so kleinere Anzahl Stücke vorhanden ist, je weiter man sich von dem mittleren Spiel entfernt (symmetrische Häufigkeitskurve). Die *Gesamtfläche* der Kurve entspricht der angenommenen Gesamtzahl der Paare oder Einzelteile wie im früheren Falle. Aus diesem Grunde sind die Ordinaten der Kurve für EL um 3% höher als bei G, da die Abszissenabstände entsprechend kürzer sind[2]. Wir wollen diese Fläche mit dem *neuen Begriff des Häufigkeitsbereiches* bezeichnen[3]. Dessen Grenzen sind das Kleinstspiel und das Größtspiel bzw. (wie in Abb. 226/1) das Kleinstmaß und Größtmaß. Von diesen hat die eine Hälfte ein geringeres, die andere ein größeres Spiel als das mittlere (liegt also rechts oder links vom Zentralwert). Eine ähnliche Kurve ist für den benachbarten Sitz EL (enger

[1] Es kann so möglicherweise eine unsymmetrische Verteilungskurve der Spiele zustande kommen. Hiervon sehen wir bei der weiteren Betrachtung ab.

[2] In der Arbeit des Verfassers über Oberflächenbeschaffenheit und Passungen [Werkst.-Techn. 30. Jg. (1936) S. 5f.] befindet sich in der Abb. 11 ein Zeichenfehler, indem die Kurve EL um 3% niedriger anstatt höher gezeichnet wurde.

[3] In dem Buch von KIENZLE: Kontrolle der Betriebswirtschaft, S. 274, Berlin 1931, ist schon auf derartige Häufigkeitskurven hingewiesen, vgl. auch KIENZLE: Z. VDI Bd. 80 (1936) S. 225.

Laufsitz) eingetragen. Dieser erstreckt sich von $+8$ bis $44\,\mu$, das mittlere Spiel ist um $7{,}5\,\mu$ weiter als bei G, nämlich $26\,\mu$. Die Kurven laufen eigentlich asymptotisch zur Nullinie, die sie im Unendlichen schneiden, sind jedoch durch die Verwendung der Rachenlehre an den Grenzen des Spiels abgeschnitten. Da bei üblicher Fertigung der Ausschuß nicht mehr als allerhöchstens 3% beträgt, kann man ohne merklichen Fehler annehmen, daß an den Grenzen des Toleranzfeldes die Ordinaten der Kurve verschwinden.

Man sieht aus dem Schaubild, daß die beiden Verteilungskurven oder Häufigkeitsbereiche sich überschneiden. Die ihnen gemeinsame Fläche, welche schraffiert gezeichnet ist, enthält das *gemeinsame Gebiet.* Man ersieht aus dieser Darstellung besonders klar die an sich jedem Fachmann bekannte Tatsache, daß bei den DIN-Passungen die Häufigkeitsbereiche *benachbarter Sitze ineinandergreifen,* derart, daß eine gewisse Anzahl Stücke sowohl dem Gebiet des einen Sitzes wie dem des anderen zugerechnet werden können. Wie groß diese Überschneidung ist, hängt naturgemäß von der Steilheit der Verteilungskurven ab, die durch das Streuungsmaß (Gl. 227/3, 227/4) bestimmt wird. Hierüber lassen sich keine ohne weiteres gültigen Angaben machen. Die Form der Verteilungsfunktion bzw. ihre Steilheit oder ihr Streuungsmaß hängen, wie dies die Arbeiten von OBELTSHAUSER und FISCHER[1] an praktischen Beispielen zeigen, von den Umständen bei der Fertigung, also der Einstellung der Maschinen und der Eigenart des Arbeiters usw. ab. Bei der Streuung, wie wir sie beispielsweise in Abb. 228/1 angenommen haben, beträgt die Überschneidung der beiden Häufigkeitsbereiche etwa 30% der Gesamtzahl.

843. Verschiedene Bedingungen für Ruhe- und Spielsitze. Wichtigkeit der plastischen Verformung und der Abnutzung.

Wenn wir nunmehr zu einer Untersuchung des Einflusses der Oberflächenbeschaffenheit auf die Sitzart übergehen, so werden wir auf den bekannten Unterschied zwischen *Ruhesitzen und Spielsitzen* zurückgreifen müssen, da der Einfluß der Oberflächenbeschaffenheit auf sie von ganz verschiedenen Gesichtspunkten zu beurteilen ist. Es sind dies:

a) die *Kräfte,* welche beim Zusammenfügen oder Auseinandernehmen der gepaarten Teile auftreten,

b) die *Abnutzung* der Paßflächen, wenn sie gegeneinander bewegt werden.

Wenn man sich überlegt, wie groß die Verschiebungswege sind, die miteinander gepaarte Teile bei verschiedenen Konstruktionen in gleichen Zeiten erfahren, so sieht man, daß diese sich sehr wohl im Verhältnis $1:10^6$ unterscheiden können. Man denke nur an ein mit Treibsitz auf eine Welle geschobenes Zahnrad, welches bei einer gelegentlichen Überholung der Maschine aus- und wieder eingebaut wird, und andererseits an das Lager einer Dampfturbine, welche praktisch Tag und Nacht läuft. Aus dieser Überlegung ergibt sich der unterscheidende Gesichtspunkt für die Beurteilung der bei den verschiedenen Sitzarten anzuwendenden Spiele bzw. Übermaße. Bei den Ruhesitzen kommt es dem Konstrukteur im wesentlichen auf die Kräfte an, die sich einer Verschiebung

[1] OBELTSHAUSER: Die Arbeitsgenauigkeit von Automaten. Diss. Braunschweig 1926. Auszug: Masch.-Bau Bd. 7 (1928) S. 537. FISCHER: Der Einfluß der Toleranzen fester Grenzlehren in der Feinmechanik. Diss. Stuttgart 1933.

oder Verdrehung der Teile entgegenstellen. Bei den Bewegungssitzen hingegen steht die Abnutzung der sich berührenden und gegeneinander bewegten Flächen im Vordergrund.

In *beiden Fällen* spielt die *Beschaffenheit* dieser Flächen eine Rolle. Die Kräfte beim Zusammenfügen der Teile bei Ruhesitzen werden in erster Linie von den allgemeinen Abmessungen dieser Teile (Wandstärke der Naben usw.), und dem Werkstoff, in zweiter Linie von der Oberflächenbeschaffenheit beeinflußt. Bei Bewegungssitzen hingegen hängt die Veränderung des Spiels durch Abnutzung vor allem von der Oberflächenbeschaffenheit dieser Teile ab. Gewiß muß man auch bei den Ruhesitzen mit einer gewissen Abnutzung rechnen. Dies ist dann der Fall, wenn die Teile öfters auseinandergebaut werden, zumal da dies unter einem erheblichen Berührungsdruck erfolgt. Die Gesichtspunkte, die bei den Ruhesitzen die Sitzart entscheidend bestimmen, sind hier jedoch immer die Kräfte zwischen den gepaarten Teilen. Denn diese sollen ihr Ineinanderhaften unter Betriebsbedingungen verbürgen.

844. Einfluß der Abnutzung auf die Erhaltung der Sitzart bei den Spielsitzen.

Wir betrachten nunmehr den Einfluß der Abnutzung auf die Veränderung des Sitzes bei den Spielsitzen.

Wir gehen zunächst von der Vorstellung der eigentlichen Abnutzung aus, so wie wir sie in Abschnitt 831, S. 215f. angedeutet haben. Wir verstehen darunter ein langsames Abtragen kleinster Teile der Oberfläche, etwa im Sinne eines Schleifprozesses, welches aufs engste mit der Reibung zwischen den Oberflächen zusammenhängt. Unser Ansatz, der die Abnutzung proportional dem spezifischen Flächendruck einerseits und der Gleitgeschwindigkeit andererseits angenommen hat, trägt dieser Vorstellung Rechnung. Abb. 230/1 zeigt die in Betracht kommenden Vorgänge an dem Beispiel einer nach Einheitsbohrung zusammengefügten Welle und Nabe von 38—50 mm Durchmesser. Kurve $A-B-C$ gibt die Verteilung der Paare in dem Toleranzbereich des engen Laufsitzes EL an. Es ist angenommen, daß die Teile aus einer großen Reihe stammen, die unter gleichartigen Arbeitsbedingungen hergestellt ist. Auf der Abszissenachse ist das Spiel der miteinander gepaarten Teile aufgetragen und auf der Ordinatenachse die Häufigkeit (relative Anzahl) der vorkommenden Teile. Durch die Abnutzung der ineinander laufenden Teile wird nun das Spiel größer, und zwar um etwa $8\,\mu$. Dies würde z. B. dem Falle entsprechen, daß durch Abnutzung die halbe Rauhigkeit beseitigt worden ist, welche in einem feingebohrten Loch mit einer

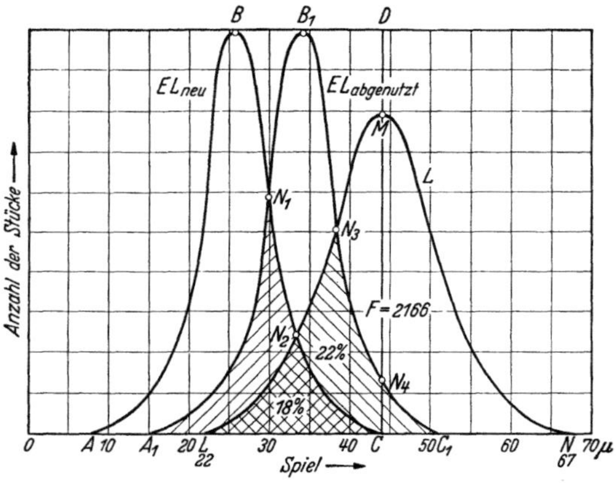

Abb. 230/1. Statistische Verteilung der Spiele einer nach *EL* und einer nach *L* hergestellten Serie von Wellen und Bohrungen. Einfluß der Abnutzung auf die Verteilung.

feinstgedrehten Welle vorhanden war. Dadurch verschiebt sich die Verteilungskurve A—B—C um diesen Betrag nach rechts in die Lage A_1—B_1—C_1.

Die Fläche A_1—N_1—C gibt die Anzahl der Stücke an, welche beiden Flächen gemeinsam ist, d. h. diejenigen, welche auch nach der Abnutzung noch im Häufigkeitsbereich „neu" der Sitzart EL liegen. Die Fläche C—N_1—B_1—C_1 hingegen entspricht denjenigen Stücken, welche durch die Abnutzung aus dem bisherigen Häufigkeitsbereich EL herausfallen. Über das zulässige Gebiet (Toleranzbereich), das durch CD begrenzt wird, fällt eine Stückzahl entsprechend der Fläche CN_4C_1 und entspricht den Bedingungen EL nicht mehr. (Dies sind nur etwa 5% der Gesamtzahl). Wir betrachten nun weiterhin die benachbarte Sitzart des Laufsitzes L. Deren Spiel ist entsprechend größer, es erstreckt sich von 22—67 μ. Da wiederum die Gesamtzahl der betrachteten Stücke gleich sein soll, sind die Ordinaten dieser Kurve in dem Verhältnis der beiden Toleranzen verringert, so daß die Fläche der Kurve L—M—N gleich der ursprünglichen Fläche A—B—C wird.

Man kann nun aus der Zeichnung folgendes entnehmen: Wenn neue (nichtabgenutzte) Stücke der Sitzart EL mit neuen Stücken der Sitzart L verglichen werden, so überschneiden sich die beiden Verteilungskurven nur in dem Teil L—N_2—C, also um etwa 18% der Gesamtfläche. Durch die Abnutzung der Stücke aus der Sitzart EL um den Betrag von etwa 8 μ verschiebt sich der Häufigkeitsbereich des Sitzes EL von A—B—C nach A_1—B_1—C_1 und es findet eine weit größere Überschneidung mit dem Häufigkeitsbereich L—M—N der Sitzart L statt. Zu den ursprünglich vorhandenen 18% von Stücken, die den Häufigkeitsbereichen beider Sitzarten angehören, kommen noch 22% hinzu, d. h. *nach vorhandener Abnutzung fällt beinahe in der Hälfte der Fälle der enge Laufsitz in den Häufigkeitsbereich des gewöhnlichen Laufsitzes hinein.*

Man kann nun derartige Betrachtungen ganz allgemein für irgendein Passungssystem durchführen, sofern man nur Annahmen über die Bearbeitungsart und damit die Größe der auftretenden Abnutzung und über die Streuung der Verteilungskurven macht. Je mehr der Betriebsmann in Zukunft seine Aufmerksamkeit auf diese Dinge lenkt (wirkliche Form der Verteilungskurve, mikrogeometrische Gestalt der Oberflächen usw.), wird er Erfahrungen sammeln, die ihm und dem Konstrukteur genauere Zahlenunterlagen für solche Erwägungen bieten.

Die vorausgegangenen Überlegungen über die Verteilungskurven haben gezeigt, daß

das Wesentliche für die Betrachtung des Abnutzungseinflusses nicht die Spiele selbst, sondern die Differenzen der Spiele zwischen einer Sitzart und der anderen sind. Denn diese sind es, welche durch die Abnutzung geändert werden.

Der größeren Allgemeinheit wegen gehen wir nun von dem DIN-System zu dem ISA-System über[1].

Ich zeige in Abb. 232/1 den Einfluß der Abnutzung für die Bohrung H 7 gepaart mit den verschiedenen Wellen d 9 bis z 6, welche Verhältnisse etwa der Feinpassung nach DIN entsprechen. Beide Schaubilder beziehen sich auf Durchmesser von 18—30 mm. Es sind nun oberhalb der Mittelachse des

[1] Einen guten Überblick über das ISA-System gibt KIENZLE: Werkst.-Techn. Bd. 29 (1935) S. 355. Z. VDI Bd. 80 (1936) S. 225.

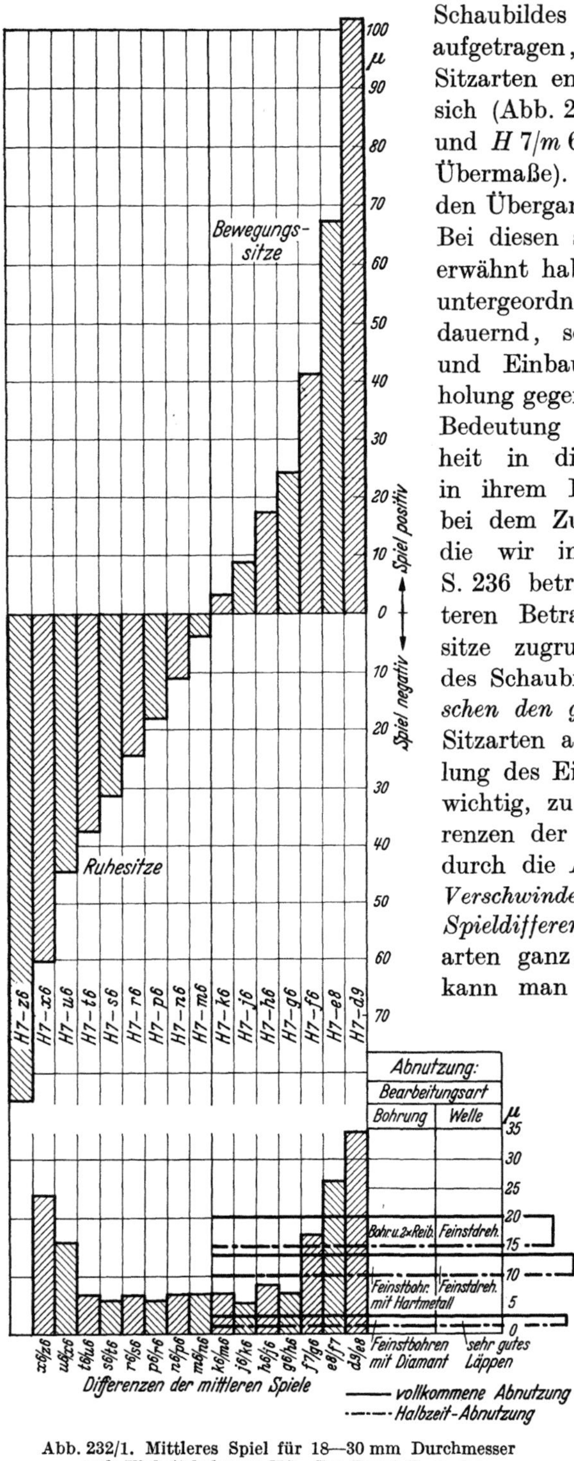

Abb. 232/1. Mittleres Spiel für 18—30 mm Durchmesser nach Einheitsbohrung $H\,7$. Zur Beurteilung der Abnutzungsverhältnisse.

Schaubildes die größten positiven Spiele aufgetragen, welche den verschiedenen Sitzarten entsprechen. Diese verwandeln sich (Abb. 232/1) an der Grenze $H\,7/k\,6$ und $H\,7/m\,6$ in negative Spiele (kleinste Übermaße). Die Spielsitze werden von den Übergangs- und Preßsitzen abgelöst. Bei diesen spielt, wie wir früher schon erwähnt haben, die Abnutzung nur eine untergeordnete Rolle, da die Teile nicht dauernd, sondern nur bei ihrem Aus- und Einbau und gelegentlicher Überholung gegeneinander bewegt werden. Die Bedeutung der Oberflächenbeschaffenheit in diesen Fällen liegt vielmehr in ihrem Einfluß auf die Kräfte, die bei dem Zusammenfügen auftreten und die wir im folgenden Abschnitt 845, S. 236 betrachten. Wir legen der weiteren Betrachtung zunächst die Spielsitze zugrunde. In dem unteren Teil des Schaubildes sind die *Differenzen zwischen den größten Spielen* der einzelnen Sitzarten aufgetragen. Für die Beurteilung des Einflusses der Abnutzung ist es wichtig, zu wissen, wie weit diese Differenzen der Spiele erhalten bleiben oder durch die Abnutzung verwischt werden. *Verschwindet* durch die Abnutzung eine *Spieldifferenz* an der Grenze zweier Sitzarten ganz oder zum größeren Teil, so kann man sagen, daß die in Betracht kommenden *Oberflächen unzulässig schlecht* sind.

Es muß in bezug auf die Oberflächengüte gefordert werden, daß auch bei betriebsmäßiger Abnutzung nicht mehr als ein gewisser Teil der Differenz benachbarter Sitzarten verschwindet. Ich schlage vor, hierfür die Hälfte der Spieldifferenz zugrunde zu legen.

Neben den Differenzen der Spiele für die verschiedenen Sitzarten ist eine Leiter aufgetragen für die verschiedenen Abnutzungsgrößen.

Z.T. 233/1. Abnutzungsverhältnisse bei verschiedener Bearbeitungsart und Oberflächengüte.

Bearbeitungsart		Höchste Abnutzung 2 H auf den Durchmesser bezogen (μ)			Geschätzter Faktor K der Halbzeitabnutzung	Voraussichtliche Halbzeitabnutzung KS in μ
Bohrung	Welle	Bohrung	Welle	Insgesamt S		
Schlichtbohren	Schlichtdrehen	20	25	45	0,7	31,5
Bohren und 2mal Reiben .	Schlichtdrehen	10	25	35	0,7	24,5
Schlichtbohren	Schleifen	20	16	36	0,6	21,6
Bohren und 2mal Reiben .	Schleifen	10	16	26	0,65	16,8
Bohren und 2mal Reiben .	Feinstdrehen	10	10	20	0,75	15,0
Feinstbohren mit Hartmetall	Feinstdrehen	6	10	16	0,65	10,0
Feinstbohren mit Diamant	hochwertiges Läppen	2	1	3	0,4	1,2

Diese stützen sich auf die Z.T. 233/1, in welcher für verschiedene Bearbeitungen von Bohrung und Welle die höchste Abnutzung $2\,H$, auf den Durchmesser bezogen, eingetragen ist, unter Berücksichtigung des geschätzten Faktors der Abnutzung, welche eintritt, nachdem die halbe Abnutzungszeit verstrichen ist[1]. Diese Zahlen sind auf Grund zahlreicher Messungen im wesentlichen mit dem Profilmikroskop (vgl. S. 73ff.) erhalten. Es ist aber durchaus möglich, daß spätere Untersuchungen an umfangreicheren Versuchsunterlagen die Werte noch etwas verschieben. Man sieht, daß die möglichen Abnutzungen schwanken zwischen den Grenzen 31 μ für ein schlicht gebohrtes Loch und eine schlicht gedrehte Welle und 1,2 μ für den günstigsten Fall, wo ein mit Diamant feinstgebohrtes Loch mit einer geläppten Welle zusammentrifft. Man kann nun die Forderung aufstellen, daß die Differenz der Spiele zwischen zwei benachbarten Sitzen unter Berücksichtigung der *Halbzeitabnutzung*, d. h. also nach Ablauf der halben gesamten Abnutzungsdauer, nicht mehr betragen soll als die Hälfte der zur Verfügung stehenden Spieldifferenz. Diese Forderung ist sicherlich sehr bescheiden. Sie bedeutet, daß die vorgeschriebene Sitzart nur während der halben Abnutzungsdauer der Teile erhalten bleibt. An den Betrachtungen ändert sich natürlich grundsätzlich nichts, wenn man statt der Halbzeitabnutzung $H_{1/2}$ die gesamte der Rauhigkeit entsprechende Abnutzung zugrunde legt. Man sieht nun aus Abb. 232/1 z. B. folgendes: Zwischen den benachbarten Sitzen $H\,7/e\,8$ und $H\,7/d\,9$ beträgt die Differenz etwa 34 μ. Die Hälfte dieser Differenz unter Berücksichtigung der Halbzeitabnutzung entspricht etwa einem gebohrten und zweimal geriebenen Loch und einer normal geschliffenen Welle. In diesem Fall kann man sagen, daß bei der genannten Sitzart und den genannten Bearbeitungsarten nach Ablauf der halben Abnutzungszeit der Sitz $H\,7$—$d\,9$ erst zur Hälfte in den benachbarten Sitz $H\,7$—$e\,8$ übergegangen ist. Für die Sitzarten zwischen $H\,7$—$p\,6$ und $H\,7$—$g\,6$ beträgt die Differenz der Sitze im Durchschnitt etwa 7 μ. Dies würde heißen, daß bei einem feingebohrten Loch und einer feinstgedrehten Welle nach Ablauf der Abnutzungshalbzeit schon die ganze Differenz verschwunden, d. h. ein Sitz in den anderen übergegangen ist. Man wird also für diese Sitze, wenn man sie im Betrieb dauernd erhalten will, feinstgebohrte Löcher und geläppte Wellen anwenden müssen. Dies entspricht, wie ich glaube, auch dem, was heute in guten Werkstätten üblich ist.

[1] Dieser Faktor hängt von der Form der Profilkurven ab. In welcher Weise, haben wir unter Abschnitt 831, S. 215 gesehen.

Eine ähnliche Aufstellung für die der Edelpassung entsprechenden ISA-Passungen, nämlich die Sitzarten *H* 6/*h* 5 bis *H* 6/*n* 5 (Abb. 234/1) zeigt, daß die Differenzen der Spiele im Durchschnitt nur 7 μ betragen. Man wird auch hier mit einem gebohrten und geriebenen Loch und einer geschliffenen oder feinstgedrehten Welle keineswegs auskommen. Man steht also bei diesen Sitzen in bezug auf die zu fordernde Oberflächengüte vor einer ähnlichen Sachlage wie bei den Sitzen *H* 7—*g* 6 bis *H* 7—*k* 6. Bei ihnen genügen sogar die Verfahren des Feinstbohrens mit Hartmetall und Feinstdrehens nicht mehr, sondern man wird mit Diamant feinstgebohrte Löcher und sehr gutes Läppen der Zapfen anwenden müssen. Diese Feststellung stellt wahrscheinlich um deswillen schon keine neue Forderung dar, weil man, auch wegen der sehr engen Toleranzen, die eine größere Gleichmäßigkeit der Sitze sichern sollen, an sich schon zu denselben Bearbeitungsverfahren greifen muß.

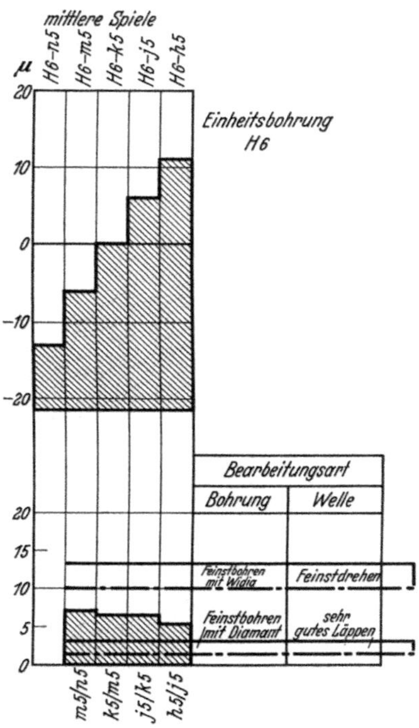

Abb. 234/1. Abnutzungsverhältnisse für die ISA-Passungen *H* 6/*h* 5 . . .*H* 6/*n* 5.

Im allgemeinen zeigen die Abb. 232/1 und 234/1, wie außerordentlich hoch die Anforderungen sind, die an die Oberflächengüte gestellt werden, wenn man verlangt, daß die gewählte Sitzart auch unter dem Einfluß der Abnutzung erhalten bleibe.

Die seitherigen Betrachtungen haben sich mit der Abnutzung im früher dargestellten Sinne beschäftigt. Dabei wurde vorausgesetzt, daß es nur auf die Größe der Fläche der einzelnen tragenden mikrogeometrischen Elemente ankommt, indem nämlich der Flächendruck sich einfach als der Quotient aus dem Gesamtdruck und der Summe aller Tragflächen ergibt, wie er durch die ABBOTT- oder Tragkurve bestimmt wird. *Diese Gesamttragfläche ist bekanntlich bei geometrisch ähnlichen Profilformen und gleicher größter Höhe (Rauhigkeit) unabhängig von der Länge des Arbeitsabschnittes, solange dieser selbst klein gegenüber der gesamten tragenden Länge ist.* Wir haben aber in Abschnitt 814, S. 189ff. gesehen, daß die inneren Spannungen in den kleinen schneidenförmigen Elementen, etwa einer Drehriefe, auch von den Randbedingungen abhängen, nämlich von der Gestalt dieser Teile außerhalb der Berührungsfläche. Es ist also offenbar nicht gleichgültig, ob bei der Berührung zweier großen Flächen die Tragfläche aus mehreren großen tragenden Einzelteilen besteht oder aus vielen kleinen. Der Verschleiß, nämlich das Wegquetschen großer Gefügestücke bei einer relativen Bewegung der Flächen zueinander, hängt offenbar nicht nur von dem spezifischen Flächendruck an der Berührungsstelle, sondern auch von diesen inneren Kräften ab. Wie dies im einzelnen geschieht, darüber haben wir keinerlei genauere Kenntnis. Immerhin können wir sicher sein, daß *auch bei gleichen spezifischen Flächendrucken* der Verschleiß an steilen mikrogeometrischen Oberflächenteilen schneller verläuft als an flachen. Auch hier dürfte die Beziehung gelten, die wir in Abschnitt 814, S. 189ff. entwickelt haben und es wird auch im Hinblick auf diese Beziehungen zweckmäßig sein, die Randwinkel der Oberflächenteile so gering wie möglich zu halten. Gedrehte Flächen kommen heute im Maschinenbau wohl nur noch in seltenen Fällen als *Laufflächen* in Frage. Alle wesentlichen Flächen dieser Art sind geschliffen oder, wie im Feinmaschinenbau, poliert. Aber auch geschliffene Flächen sind unter diesem Gesichtspunkt keineswegs günstig, denn die Randwinkel der mikrogeometrischen Elemente werden bei den geschliffenen Flächen durch die Winkel der Kristallkanten des Schleifwerkzeuges bestimmt. Sie liegen erfahrungsgemäß (vgl. Abb. 154/3) etwa zwischen 60 und 90°. Dies entspricht, nach Gl. 190/1 gerechnet, einer Verminderung der Härte von etwa 70%. Damit ist immer vorausgesetzt, daß die PRANDTLschen Formeln sich auf derart kleine Gebilde überhaupt übertragen lassen, worüber wir noch nichts Entscheidendes wissen. Es ist durchaus möglich, daß in diesen Bereichen andere Verhältnisse maßgebend sind und möglicherweise derartige kleine Elemente eine höhere Festigkeit haben als solche, die von großen Flächen begrenzt sind[1]. Aber auch in bezug auf diese Frage, nämlich Abnutzung und Verschleiß, können wir, bis weitere Forschungsergebnisse vorliegen, annehmen, daß es zweckmäßig ist, sofern man mit spanabhebender Bearbeitung, also Schlichten, zu tun hat, *große Schneidenradien* zu verwenden. Einen Ansatz in dieser Richtung bildet schon die Fazettenschneide der heute üblichen Diamantwerkzeuge. Bei diesen dürften wahrscheinlich schon Vorgänge des Preßglättens eine Rolle spielen. Damit finden wir den Übergang zu den Verfahren, die SCHROEDER mit dem Namen „Preßglänzen“ bezeichnet hat und welche bekanntlich bei den Achsschenkeln von Eisenbahnwagen (Kruppsches Verfahren) angewendet werden[2].

Die obigen Betrachtungen hatten nur den Einfluß der Abnutzung auf die Sitzart zum Gegenstand. Ich bin mir bewußt, daß diese auch bei Laufsitzen nicht immer der allein entscheidende Gesichtspunkt ist. Beispielsweise wird bei wichtigen Lagern mit einwandfrei arbeitender selbständiger Schmierung praktisch so gut wie überhaupt keine Abnutzung mehr stattfinden. Denn bei diesen sind die in Frage kommenden Belastungen im allgemeinen so groß, daß unter allen Umständen bei kleinstem Spiel die Aufrechterhaltung flüssiger Reibung innerhalb der Betriebsumlaufzahlen sicher gewährleistet sein muß[3]. Bei diesen Lagern sollte praktisch keine nennenswerte Abnutzung stattfinden, denn jede metallische Berührung bei gegenseitiger Bewegung, auch nur für kurze Zeit, bedeutet für sie eine wesentliche Gefahr. Die Kräfte und Geschwindigkeiten sind während des Laufes solcher Maschinen im allgemeinen so groß, daß beim Versagen der Schmierung ein außerordentlich schneller Verschleiß („Fressen“) eintritt. Im einzelnen ist dieser Fall völlig unübersehbar. Wir wissen nur, daß er zu einer in wenigen Sekunden sich vollziehenden Zerstörung der Oberfläche führen kann. Aus diesem Gesichtspunkt schon muß bei derart hochwertigen Lagern im Betriebszustande flüssige Reibung, bei der praktisch

---

[1] FÖPPL, A. u. L. FÖPPL haben in ihrem Buche Drang und Zwang, Bd. II, S. 265, München u. Berlin 1920 schon derartige Gedanken ausgesprochen.

[2] Vgl. KIENZLE: Z. VDI Bd. 80 (1936) S. 231.

[3] Vgl. FALZ: Petroleum 1934 S. 2f. KIENZLE u. FALZ: Werkst.-Techn. Bd. 27 (1933) S. 317.

überhaupt keine Abnutzung stattfindet, sicher gewährleistet bleiben. Für derartige Fälle treffen unsere oben angestellten Betrachtungen über die Bedeutung der Abnutzung für die Passungen natürlich nicht mehr zu. Wie groß aber selbst bei hochwertigen Maschinen die Abnutzung, wenigstens während ihrer ersten Lebenszeit, sein kann, zeigt ein sehr anschaulicher Hinweis von HARRISON[1]. Dieser berichtet, daß in einem großen amerikanischen Automobilwerk ein Forschungsingenieur auf den Gedanken kam, einen Elektromagneten vor die Schmierölpumpe einer Maschine mit selbsttätiger Schmierung in den Ölstrom zu schalten. HARRISON sagt wörtlich: „Das Ergebnis dieses kleinen Versuchs war derart überraschend, daß die Fabrik beinahe ihre Fertigung eingestellt hätte, bis die Frage, welche durch diesen Versuch auftauchte, gelöst war. Der Elektromagnet hatte eine sehr beträchtliche Menge von feinsten Eisenteilchen aus dem Öl herausgezogen, und dies war ein Beweis dafür, wie außerordentlich hoch die Anfangsabnutzung bei allen sich gegeneinander bewegenden Maschinenteilen dieser Anlage war. Die notwendige Maßnahme war offensichtlich eine bessere Art von Oberflächenbearbeitung, als man seither angewendet hatte[2].“ Natürlich *kostet* eine höhere *Oberflächengüte* auch entsprechend mehr *Geld,* und es wird wie bei allen Aufgaben, die den Konstrukteur und den Betriebsmann angehen, sich letzten Endes darum handeln, das *rechte Verhältnis zu finden zwischen der technischen Güte einer Konstruktion und deren Preis einerseits und dem diesen Größen entsprechenden Gebrauchswert andererseits.* Mathematisch gesprochen handelt es sich darum, eine Aufgabe der Variationsrechnung zu lösen, die sich in unserem Falle etwa so fassen läßt: *Die Oberflächengüte der bewegten Teile einer Maschine ist soweit zu steigern, als der damit verbundene Zuwachs an Gebrauchswert nicht durch die dabei mehr aufzuwendenden Bearbeitungskosten aufgezogen wird.*

845. Oberflächenbeschaffenheit und Kräfte beim Zusammenfügen von Teilen mit Preßsitz.

Die Haftkräfte bei Teilen mit Preßsitzen[3] werden außer durch den Werkstoff und die äußeren Abmessungen (Durchmesser und Übermaß des Zapfens, Wandstärke der zugehörigen Nabe) auch durch die *Oberflächenbeschaffenheit* der Teile bestimmt. Hier war seither noch ein nahezu ungeackertes Feld. Wir wußten nur sehr wenig über die Veränderung rauher Oberflächen, die sich unter Druck berühren. *Mit rein elastizitäts-theoretischen Betrachtungen kann dieses Problem* oberhalb einer gewissen Grenze *nicht gelöst werden.* Denn wenn auch in vielen Fällen die Berührungskräfte durch die elastische Veränderung in Welle und Nabe vorwiegend bestimmt werden, so treten doch an den mikrogeometrischen Teilen der Oberflächen plastische Verformungen auf, die für die Tangentialkräfte bei der Verschiebung und beim Zusammenfügen und schließlich für das Haften im Gebrauch wesentlich sind. Diese Kräfte hängen offenbar eng zusammen mit denjenigen Verformungen der mikrogeometrischen Teile der Oberfläche, die wir in Abschnitt 814, S. 187f. erörtert haben. Die dort angestellten Überlegungen geben aber noch kein Bild davon, was geschieht, wenn *zwei Körper,* welche sich in ihren mikrogeometrischen Teilen überschneiden,

[1] HARRISON: ASA-Bull. Nov. 1931 Nr 67 S. 5.

[2] Über Abnutzung an Kraftfahrzeugen vgl. HANFT: Diss. Dresden 1934. Automob.-techn. Z. 1936 S. 9.

[3] Vgl. KIENZLE: Werkst.-Techn. Bd. 29 (1935) S. 355. Z. VDI Bd. 80 (1936) S. 225.

tangential zur Hauptausdehnung der Fläche *zusammengefügt* werden. Es war bis heute noch nicht einmal mit Sicherheit bekannt, ob, wie vielfach angenommen wird, man günstigere Verhältnisse bekommt, wenn man die Oberflächen rauh macht oder ob es z. B. für Zapfen und Bohrung zweckmäßiger ist, möglichst glatte Flächen zu verwenden und nur ein genau bestimmtes (makrogeometrisches) Übermaß.

Einige Versuche auf diesem Gebiet, die ich im nachstehenden beschreibe, sollen nur der Anfang sein einer systematischen Forschungsarbeit, die auf diesem wichtigen Gebiet noch zu leisten ist[1].

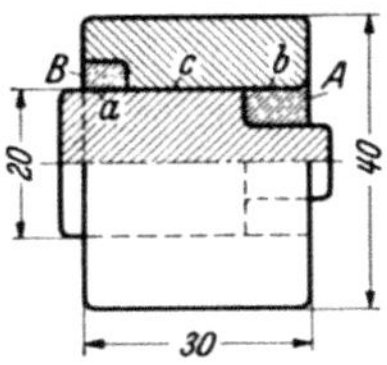

Abb. 237/1. Probestück zur Untersuchung der Fuge von Preßsitzen.

Um über die *mikrogeometrischen Vorgänge an den Oberflächen* Klarheit zu schaffen, wurden Versuchsstücke nach Abb. 237/1 hergestellt, in der Richtung *B—A* zusammengefügt, sodann aufgeschnitten und nach dem Querschliffverfahren behandelt. Die Ausdrehungen bei *A* und *B* wurden zum Schutze der Oberflächen vorher mit Weißmetall ausgegossen. Es zeigen dann die Stellen *a* die unverletzte Oberfläche des Bolzens, *b* diejenige der Büchse und *c* die Trennungsfuge. Wir geben zwei Beispiele aus einer größeren Reihe. Abb. 237/2 zeigt den Querschnitt der unverletzten Oberfläche des Bolzens (20 mm Durchmesser), der mit einem Vorschub von 0,48 mm/U. gedreht war, Abb. 237/3 die entsprechende Oberfläche der Büchse und Abb. 238/1 die entstehende Teilfuge[2]. Das Übermaß betrug makrogeometrisch gemessen etwa 0,02 mm, der Druck, der zum Zusammenfügen notwendig war, etwa 530 kg. Abb. 238/2 zeigt den Bolzen einer zweiten Probe. In diesem Fall war der Bolzen gedreht und geschliffen, die Büchse gebohrt und gerieben, das Übermaß betrug etwa 0,03 mm, der Einpreßdruck etwa 870 kg. Die gezeigte *Teilfuge* (Abb. 238/3) ist *außerordentlich geradlinig*. Wenn man das Bild genauer untersucht, findet man, daß die Ferritkörner des Gefüges sich mit einem Abstand von 1—2 μ gegenüberstehen und in der Nähe der Randzone verformt sind. Abb. 239/1 und 239/2 zeigen die Oberflächen des Bolzens einer anderen Probe

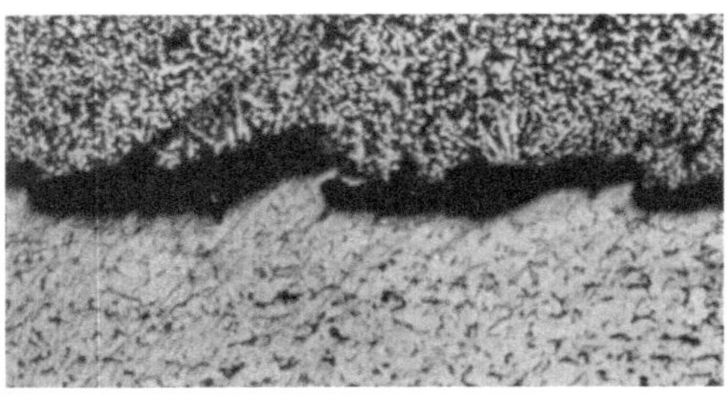

Abb. 237/2.
Bolzen für Preßsitz gedreht, 0,48 mm Vorschub. Vergr. 50×.

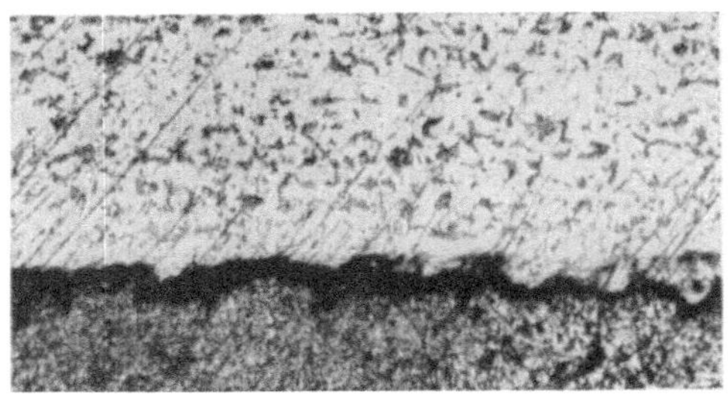

Abb. 237/3. Büchse für Preßsitz gebohrt. Vergr. 50×.

[1] Nach Mitteilung von Prof. Kienzle ist an der Technischen Hochschule Berlin eine größere Forschungsarbeit nahezu abgeschlossen, die sich mit den Haftkräften von Preßsitzen beschäftigt. — [2] Es handelt sich um dasselbe Bild, das wir bei der Erörterung der Reibung auf S. 193 schon gebracht haben.

vor und nach dem Zusammenfügen (Aufnahmen mit Ultropak im Dunkelfeld). Der Bolzen war zunächst mit einem Schlichtspan von 0,2 mm/U. überdreht,

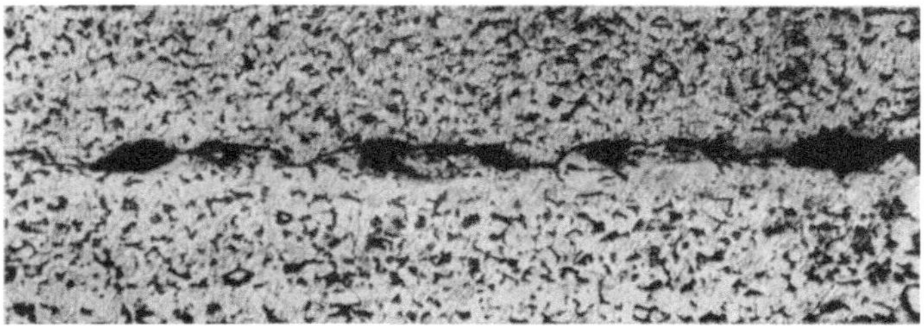

Abb. 238/1. Teilfuge eines Preßsitzes.

dann geschliffen und mit einem Übermaß von 0,07 mm in die Büchse eingefügt. Es zeigt sich nun die bemerkenswerte Erscheinung, daß *nach dem Zusammenfügen der Vorschub des Drehstahles,* der auf der geschliffenen Fläche nahezu nicht mehr zu sehen war, nach dem Zusammenpressen und nochmaligen Auseinandernehmen *wieder deutlich* zum Vorschein gekommen ist. Die *schwarzen* Streifen auf dieser Dunkelfeldaufnahme entsprechen den aufs feinste geglätteten tragenden Teilen der Oberfläche.

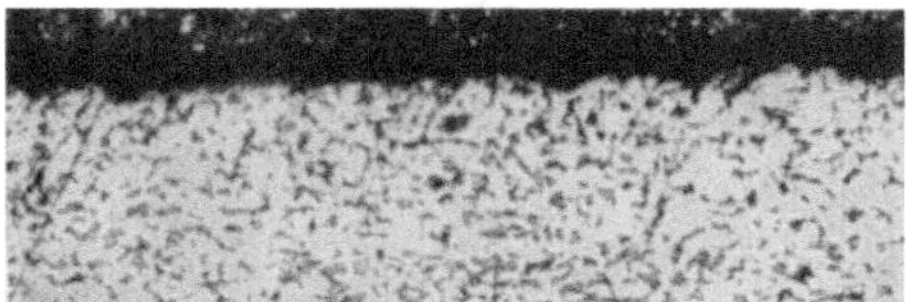

Abb. 238/2. Bolzen gedreht und geschliffen. Vergr. 50×.

Dies dürfte so zu erklären sein, daß durch nicht vollkommene Starrheit des einzelnen Schleifkornes innerhalb der Schleifscheibe beim Überschleifen von den Erhöhungen der Drehriefen weniger abgetragen worden ist als von den Tälern.

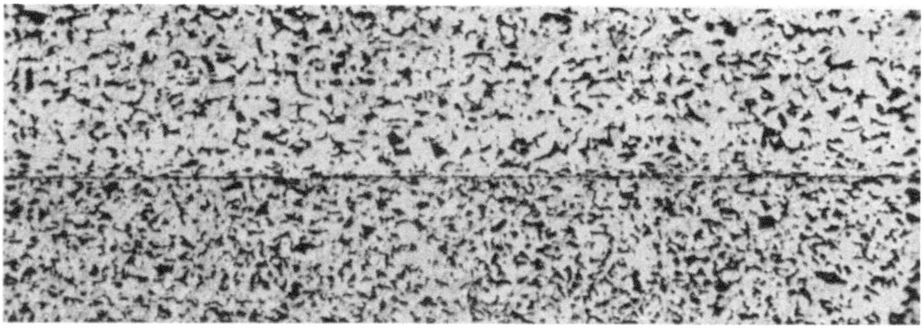

Abb. 238/3. Teilfuge zum Bolzen (Abb. 238/2) und einer geriebenen Büchse. Übermaß ∽ 0,03 mm. Vergr. 50×.

Man sieht also, daß auch ein derartiger überschliffener Bolzen beim Zusammenfügen mit Übermaßen von mittlerer Größe nur in gewissen Zonen tragen kann, die je nach der Bearbeitung nur etwa $^1/_4$—$^1/_3$ der Gesamtfläche ausmachen.

Diese Versuche ermöglichen uns nunmehr, folgende Feststellung zu machen über den *Zusammenhang der Oberflächenbeschaffenheit mit den mikrogeometrischen Vorgängen beim Zusammenfügen von Preßsitzteilen:*

Von den Übermaßen wird ein großer Teil von rein mikrogeometrischen Verformungen in Anspruch genommen. Erst jenseits hiervon beginnt das, was mit den üblichen elastizitätstheoretischen Betrachtungen im makroskopischen Gebiet erfaßt wird.

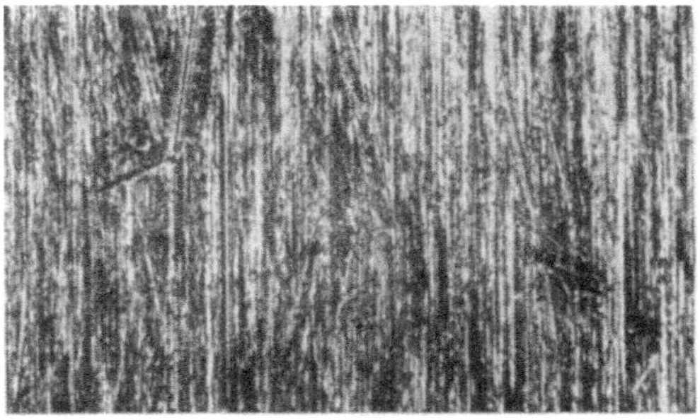

Abb. 239/1. Bolzen für Preßsitz gedreht und geschliffen, vor dem Einpressen. Vorschub beim Drehen ∽ 0,2 mm/Umdr. Vergr. 115×.

Wir gehen bei unseren Erwägungen über die Vorgänge in der Rauhigkeitszone der Oberfläche von der Vorstellung aus, daß *der Werkstoff in seinen mikrogeometrischen Teilen zwar beliebig fließen könne, aber nicht zusammendrückbar sei* (Volumenkonstanz). In Abb. 239/3 seien F_1 und F_2 zwei Flächen, die sich mit ihren höchsten Stellen berühren, also so wie man sie ohne Zwang zusammenfügen könnte. Dann ist es offenbar möglich, ähnlich wie bei dem S. 187 beschriebenen Druckversuch,

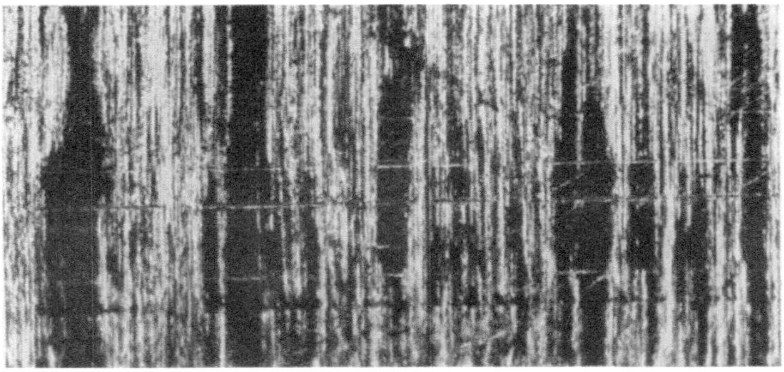

Abb. 239/2. Bolzen (Abb. 239/1) nach dem Einpressen und Wiederauspressen. Die schwarzen Tragflächen entsprechen dem Vorschub des Schlichtspanes. Vergr. 115×.

die beiden zugehörigen Körper soweit einander zu nähern oder ineinanderzuschieben, bis durch den seitlichen Fluß des Werkstoffes beider Körper alle

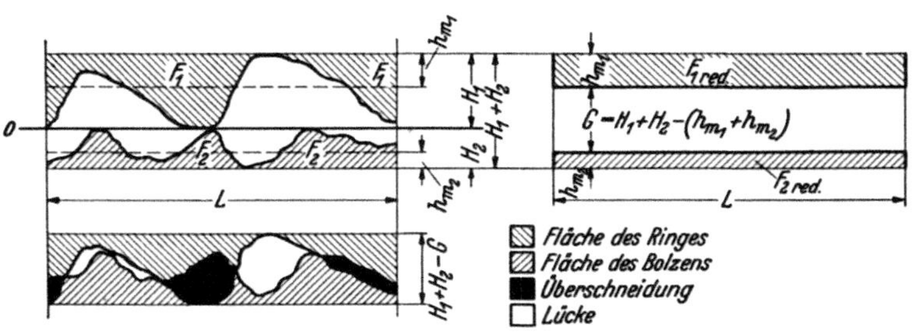

Abb. 239/3. Zur Mechanik des Preßsitzes.

Lücken ausgefüllt sind. Dies ist möglich, ohne daß wesentliche Verformungen in dem makroskopischen Teil der Verbindung notwendig werden. Daß bei entsprechenden Übermaßen der Vorgang wirklich so verläuft und der Werkstoff sich schließlich gleichmäßig verteilt, zeigt Abb. 238/3. *Eine weitere Annäherung über den Zustand völlig ausgefüllter Lücken hinaus ist dann nur noch durch Verformung innerhalb der makroskopischen Bereiche von Bolzen und Büchse möglich.*

Das Maß dieser Annäherung bis zur Ausfüllung der Lücken läßt sich einfach bestimmen. Man denke sich beide Oberflächen völlig eben ausgewalzt oder zusammengedrückt wie in Abb. 238/3[1]. Dann wird (Abb. 239/3) F_1 zu $F_{1\,\text{red.}}$ und F_2 zu $F_{2\,\text{red.}}$. Hierbei wird ihre Höhe, vom ursprünglich tiefsten Punkt des Profiles aus gemessen, gleich dessen mittlerer Höhe h_m. Diese ist $h_m = \frac{F}{L}$, wo F die Fläche der Profilkurve ist. Die Flächen, von denen wir annehmen, daß sie sich ursprünglich an ihren höchsten Punkten berühren, treten auseinander, und zwar um den Betrag G. Dieser ist:

$$G = H_1 + H_2 - (h_{m1} + h_{m2}). \qquad \text{(Gl. 240/1)}$$

Wenn wir den Völligkeitsgrad für beide Flächen in unsere Gleichung einführen, so wird:

$$G = H_1 (1 - K_1) + H_2 (1 - K_2). \qquad \text{(Gl. 240/2)}$$

Die so bestimmte Größe G ist derjenige Betrag, um welchen die beiden Flächen einander genähert werden können, bis die Lücken von dem verdrängten Werkstoff ausgefüllt sind. Auf den Durchmesser bezogen entspricht dies einem Übermaß $U_g = 2\,G$. Wir wollen dieses das *Übermaß der mikrogeometrischen plastischen Verformung* oder das *Glättungsmaß* nennen. Denn mit diesem über die höchsten Kuppen der beiden Profile zu messenden Übermaß bekommen ineinandergefügte Elementenpaare gerade eine glatte Teilfuge bzw. Oberfläche. Das wirkliche, praktisch zur Verwendung kommende Übermaß U pflegt im allgemeinen größer zu sein als das Glättungsmaß U_g.

Es setzt sich also das *gesamte Übermaß aus zwei* deutlich unterscheidbaren *Teilen* zusammen, erstens dem *Glättungsmaß* und zweitens einer Größe U_f, die wir *Großverformungsmaß* nennen wollen. Wir wählen letzteren Ausdruck, um anzudeuten, daß bei Überschreitung der Grenzen des Glättungsmaßes nur noch Verformungen im makrogeometrischen Gebiet zustande kommen können. Es wird also

$$U = U_g + U_f, \qquad \text{(Gl. 240/3)}$$

wo U das Gesamtübermaß, U_g das Glättungsmaß und U_f das Großverformungsmaß eines Preßsitzes sind.

Es können natürlich auch Fälle vorkommen, in denen das Übermaß U das Glättungsmaß U_g nicht erreicht, also U_f negativ wird. In diesen Fällen kommt überhaupt keine gleichmäßig tragende Teilfuge zustande, wie es Abb. 238/1 zeigt. Man sieht leicht, daß eine Überschreitung des Glättungsmaßes um die Größe U_f nur noch auf zwei Wegen möglich ist:

1. durch elastische oder plastische Zusammendrückung des Bolzens und Ausweitung des Ringes,

2. durch Wegschieben von Werkstoff aus der Randzone vor der Stirnfläche des Bolzens her, etwa wie bei einem Lochstempel[2].

---

[1] Dies geschieht beim tangentialen Ineinanderschieben natürlich viel leichter als bei Zusammenpressen unter der Wirkung von Normalkräften (vgl. Abschnitt 814, S. 187).

[2] Vgl. Siebel: Die Formgebung im bildsamen Zustand, S. 54. Düsseldorf 1932. Siebel u. Fangmeier: Mitt. Kais.-Wilh.-Inst. Eisenforschg., Düsseld. Bd. 13 (1931) S. 29.

Das letztere kann man bei Versuchen beobachten, bei denen das Übermaß unzweckmäßig groß gewählt ist. Wir können den Betrag des Glättungsmaßes an Hand von Untersuchungen verschieden bearbeiteter Oberflächen bestimmen. Die nachstehende Z.T. 241/1 gibt Mittelwerte aus zahlreichen Messungen des Verfassers.

Z.T. 241/1. Größe des Glättungsmaßes einfacher Elementenpaare in μ auf den Durchmesser bezogen.

Art der Bearbeitung		Bolzen		Loch		Glättungsmaß U_g in μ auf den Durchmesser bezogen
Bolzen	Loch	H_1	K_1	H_2	K_2	
Schruppen	Grobbohren	300	0,4	200	0,4	600
Schlichten	Schlichtbohren	30	0,45	25	0,5	58
Schlichten	Bohren + Reiben	30	0,45	10	0,7	39
Schleifen	Bohren + Reiben	10	0,5	10	0,7	24
Schleifen	Schleifen	10	0,5	10	0,5	20
Feinstdrehen	Feinstbohren	5	0,4	3	0,6	8,4
Läppen	Läppen	0,5	0,8	0,5	0,8	0,4

Wir können wohl mit Recht annehmen, daß das *Glättungsmaß*, wie es in dieser Zahlentafel angegeben ist, das *Mindestübermaß* darstellt, *welches für einen derartigen Haft- oder Preßsitz angewendet werden sollte.* Denn seine Anwendung sorgt dafür, daß eine glatte Teilfuge entsteht und eine möglichst gute Berührung der Flächen zustande kommt. Wählt man das Übermaß größer, so entstehen auch in den inneren und äußeren makroskopischen Teilen *Spannungen,* auch nachdem der eigentliche mikrogeometrische Fließvorgang beendet ist. Diese Spannungen lassen sich zunächst für das elastische Gebiet nach den üblichen Gleichungen[1] abschätzen. In diesen erscheinen außer den Radien von Welle und Büchse und einer eventuell vorhandenen Bohrung der Welle (Hohlwelle) noch die Elastizitätsmodule und Querdehnungsziffern (POISSONsche Konstante) der beiden Körper[2]. Bei entsprechend großen Übermaßen (vgl. unten Fall 2) erreichen diese Spannungen, welche zunächst rein elastisch sind, die *Fließgrenze des Werkstoffs.* Wir wollen das hierzu notwendige Übermaß mit dem Namen *Fließübermaß* U_{fl} bezeichnen. Eine weitere erhebliche Überschreitung dieses Übermaßes dürfte nicht zweckmäßig sein, da sie schließlich zum Hinausdrängen von Werkstoff an der Stirnfläche des inneren Teils beim Zusammenfügen führt, sofern nicht die Stirnseite des Bolzens unter diesem Gesichtspunkt besonders gestaltet ist.

Wir können also bei Preßsitzen 3 Fälle je nach der Größe von U unterscheiden:

1. Es hat im *mikrogeometrischen Gebiet* Fließen, d. h. Gleiten auf den Netzebenen der Kristalle, stattgefunden und es ist so eine teilweise oder völlige Glättung an der Trennfuge zustande gekommen. Im übrigen makrogeometrischen Gebiet herrschen keine oder nur elastische Spannungen.

2. Das Glättungsmaß ist soweit überschritten worden, daß auch im makrogeometrischen Gebiet Fließen zustande gekommen ist, und zwar innerhalb einer ausgedehnten inneren Ringzone.

3. Das Übermaß ist so groß, daß in dem gesamten makrogeometrischen Bereich bis zum Rande des Ringes Fließen auftritt.

[1] BACH: Elastizität und Festigkeit. Berlin 1930. FÖPPL: Drang und Zwang. München u. Berlin 1920.

[2] Bei strengerer Betrachtung spielt natürlich auch die Länge der Tragfläche eine Rolle.

Der Fall 3 dürfte praktisch selten vorkommen. In dem Fall 1 können die elastischen Spannungen außerhalb der Glättungszonen unter Umständen sehr gering sein. Der Fall 2 ist, wie die Beobachtung in der Praxis und Versuche an Probekörpern zeigen, bei größeren Übermaßen durchaus häufig. Die beiden Fälle lassen sich, soweit ich bis jetzt feststellen konnte, auch durch bloße Betrachtung bequem unterscheiden: Fall 1: Wenn die Verbindung nach dem Zusammenfügen nochmals gelöst wird, so erscheint die Trennungsfuge an zahlreichen Ringzonen, welche den größten Erhöhungen der ursprünglichen Rauhigkeit entsprechen, ziemlich blank. Zwischen diesen Ringzonen ist die ursprüngliche Rauhigkeit enthalten. Bei völliger Ausnutzung des Glättungsmaßes, also $U \geqq U_g$ jedoch $< U_{fl}$, sieht man eine völlig spiegelblanke Oberfläche. Im Falle 2, wenn also $U > U_{fl}$ wird, ist vielfach nach dem Auseinanderpressen einer einmal schon zusammengefügten Verbindung die Oberfläche des Bolzens schuppenartig rauh, und zwar liegen die offenen Teile der Schuppen entgegengesetzt der Auspreßrichtung. Ein Beweis dafür, daß durch das Fließen auch im makrogeometrischen Teil eine sehr innige Verbindung zustande gekommen ist.

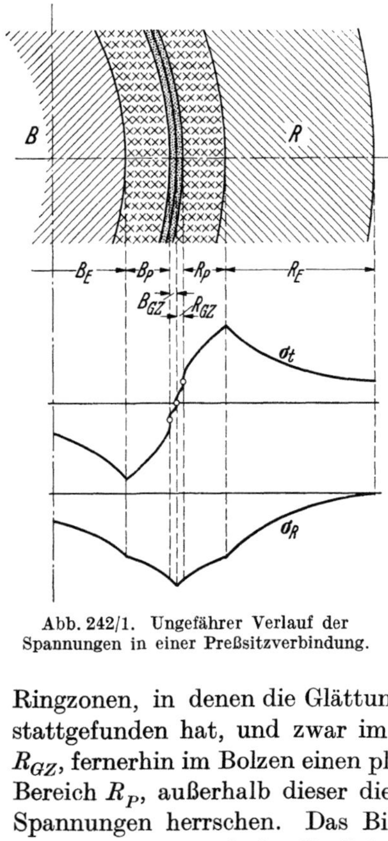

Abb. 242/1. Ungefährer Verlauf der Spannungen in einer Preßsitzverbindung.

Eine ungefähre Anschauung von dem Verlauf der Spannungen im Falle 2 gibt Abb. 242/1 [1]. Der Teil B entspricht dem Bolzen, der Teil R der aufgepreßten Büchse. Wir können nun in diesen Körpern folgende Bereiche unterscheiden: Zwei innere sehr dünne Ringzonen, in denen die Glättung der mikrogeometrischen Unregelmäßigkeiten stattgefunden hat, und zwar im Bolzen der Bereich B_{GZ}, im Ring der Bereich R_{GZ}, fernerhin im Bolzen einen plastischen Bereich B_P, im Ring einen plastischen Bereich R_P, außerhalb dieser die Bereiche B_E und R_E, in denen nur elastische Spannungen herrschen. Das Bild zeigt den ungefähren Verlauf der Radialspannungen σ_t und der Radialspannungen σ_R.

Wir betrachten nunmehr den oben angeführten Fall 2 und fragen, unter welchen Bedingungen im makrogeometrischen Gebiet Fließen auftritt, nachdem das Glättungsmaß überschritten worden ist. Wir haben zu diesem Zweck die Spannungen zunächst nach der klassischen Bachschen Gleichung (a. a. O.) für die rein elastischen Spannungen berechnet und in dem beistehenden Schaubild Abb. 243/1 die ISA-Preßsitze H 6—5 dargestellt. Der untere Teil stellt die Übermaße für drei verschiedene Durchmesser und verschiedene Glättungsmaße

[1] Nadai: Der bildsame Zustand der Werkstoffe, S. 136. Berlin 1927; vgl. auch Klein: Untersuchungen von kaltgereckten dickwandigen Rohren. Mitt. Kais.-Wilh.-Inst. Eisenforschg., Düsseld. 1929 Abhandl. 138. — Krüger: Forsch.-Arb. Ing.-Wes. 1910 Nr. 87. — Es handelt sich in Abb. 242/1 nur um ein Schema, welches den mutmaßlichen Spannungsverlauf und die Lage der plastischen und elastischen Bereiche andeuten soll. Eine klare theoretische Behandlung der Spannungen bei derartigen Verbindungen für den plastischen und elastischen Zustand zugleich ist nach unserer Kenntnis noch nicht bekannt geworden, so daß möglicherweise die gezeichneten Spannungskurven noch einer späteren Berichtigung bedürfen.

dar. Der obere Teil zeigt die Spannungen, welche in der angegebenen Weise abgeschätzt worden sind. In diesem Teil ist die Fließgrenze des Materials, die mit 2500 kg/cm² angesetzt wurde, durch eine waagerechte Grenzlinie eingetragen. Aus dem Schaubild läßt sich beispielsweise für den Durchmesser 50 mm entnehmen: Bei geschlichtetem Bolzen und schlichtgebohrtem Loch wird für alle Sitze die

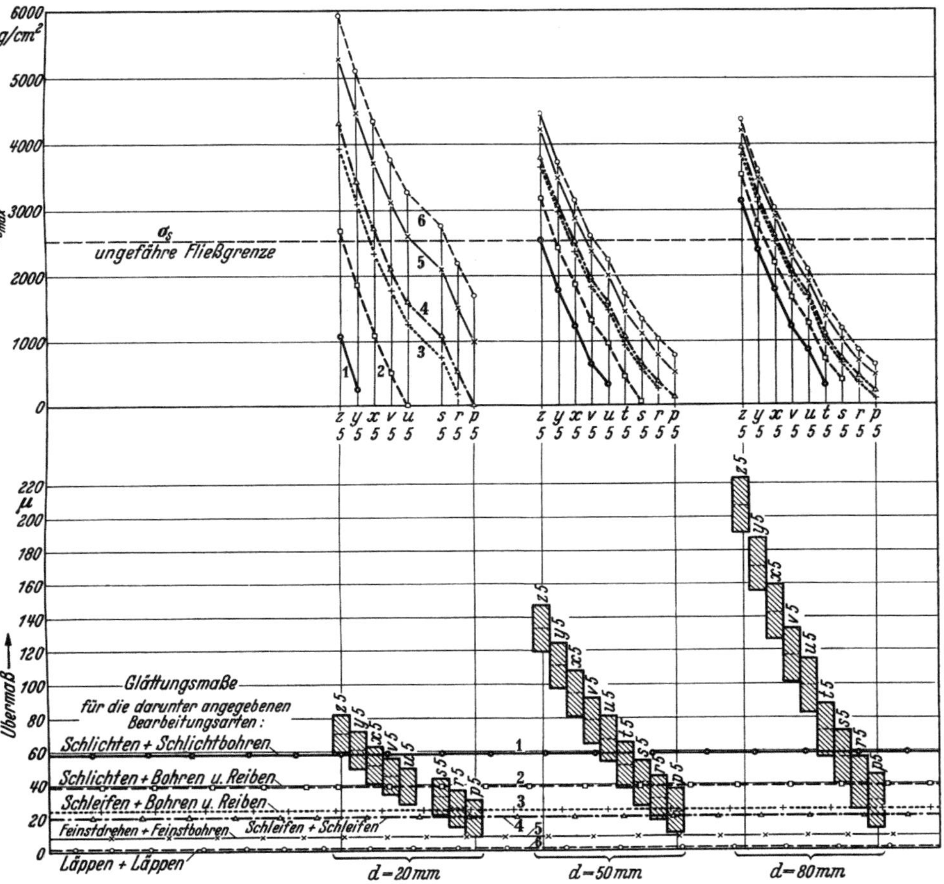

Abb. 243/1. Übermaße und Spannungen für Preßsitze *H* 6/5 bei verschiedener Bearbeitungsart. Maximale Tangentialspannungen entsprechend den oben dargestellten mittleren Übermaßen.

Fließgrenze nirgends überschritten und erst bei *z* erreicht. Dagegen bleiben die Spannungen bei geschliffenem Bolzen und gebohrtem und geriebenem Loch zwischen den Sitzen *p* und *x* unterhalb der Fließgrenze und überschreiten diese erst bei den Sitzen *y* und *z*. Das Schaubild zeigt, daß für diese Sitze eine Bearbeitungsart zweckmäßig sein dürfte, die entweder einen geschlichteten Bolzen und ein gebohrtes und geriebenes Loch oder einen geschliffenen Bolzen und ein ebensolches Loch vorsieht. Dies entspricht in der Tat der üblichen Praxis.

Die Schaubilder zeigen, was auch den Preßsitzfachleuten schon bekannt war und der Anschauung entspricht, *daß die Spannungen im Preßsitz mit zunehmender Bearbeitungsgüte der Oberflächen wachsen.* Im allgemeinen dürften die Dinge so liegen, daß es *nicht zweckmäßig* ist, bei Preßsitzen die Glättungsmaße allzu groß zu wählen oder mit anderen Worten: *die Teile besonders rauh zu bearbeiten.*

Dies hat nämlich zur Folge, daß die berechneten Haftspannungen keineswegs erreicht werden, sondern ein Teil von ihnen durch die mikromechanische Verformung aufgezehrt wird. Es kann fernerhin vorkommen, daß wenn die Rauhigkeiten so groß sind, daß das Glättungsmaß unterhalb derjenigen Übermaße liegt, welche der Berechnung zugrunde liegen, überhaupt keine zusammenhängende Tragfläche zustande kommt, wie dies Abb. 238/1 und 239/2 anschaulich zeigen. Es dürfte zur Erzielung einwandfreier Preßsitze im allgemeinen notwendig sein, die Wellen zu schleifen und die Bohrungen zu reiben, wobei die Übermaße sehr genau eingehalten werden müssen. In welchem Umfange es im übrigen zweckmäßig sein kann, mit dem Übermaß U das Fließübermaß U_{fl} zu überschreiten, kann durch diese Überlegungen nicht entschieden und nur durch weitere Versuche festgestellt werden.

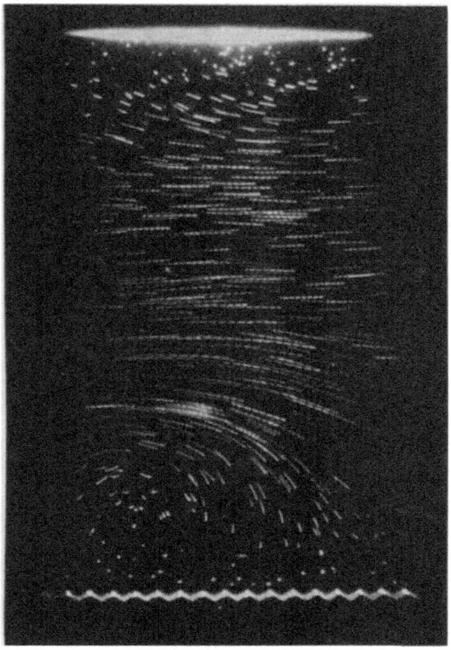

Abb. 244/1. Strömung zwischen zwei Wänden, aufgenommen nach dem Lichtschnittverfahren. Vergr. 2×. Mittlere Strömungsgeschwindigkeit 0,14 cm/sec, 7,9 Unterbrechungen/sec.

85. Oberflächenbeschaffenheit und Flüssigkeitsströmung.

Die Vorgänge der Strömung an rauhen Wänden sind seit langer Zeit Gegenstand eingehender theoretischer und experimenteller Untersuchungen. Wir können naturgemäß an dieser Stelle nicht deren Ergebnisse in ihrem ganzen Umfang zur Darstellung bringen[1]. Wir beschränken uns auf einige Bemerkungen über die Strömungsvorgänge in unmittelbarer Nähe einer rauhen Wandung. Für diese ist höchst bedeutsam die *Erscheinung der* PRANDTL*schen Grenzschicht*, die auch Gleitschicht oder Wandreibschicht genannt wird[2]. Hiernach bestehen bei geringen Zähigkeiten zwei, allerdings nicht scharf voneinander zu trennende Gebiete. In der unmittelbaren Nähe der Wand liegt eine dünne Schicht, in der der Geschwindigkeitsgradient $\frac{\partial u}{\partial y}$ sehr große Werte annimmt und somit geringe Zähigkeiten noch große Schubspannungen $\tau = \eta \frac{\partial u}{\partial y}$ hervorrufen. Außerhalb dieser liegt ein Gebiet wesentlich geringerer Geschwindigkeitsgradienten, in dem die Wirkung der Zähigkeit ohne entscheidende Bedeutung ist[3]. In der nächsten

[1] Eine Unterrichtung über die gesamten Fragen findet sich bei PRANDTL-TIETJENS: Hydro- und Aeromech. Berlin 1931 II. PRANDTL: Z. VDI Bd. 77 (1933) S. 105. PRANDTL: Ergebnisse der Aerodynamischen Versuchsanstalt Göttingen, 4. Lfg. München-Berlin 1932. HOPF: Z. angew. Math. Mech. Bd. 3 (1923) S. 329.

[2] Zuerst: Verh. 3. internat. Math. Kongr. Heidelberg 1904. Leipzig 1905.

[3] PRANDTL-TIETJENS: a. a. O. II. S. 73f. Vgl. PRANDTL: Z. VDI Bd. 77 (1933) S. 105.

Nachbarschaft der Wand fällt die Geschwindigkeit sehr genau linear ab und wird an der Wand selbst Null.

Ich habe, nicht etwa um eingehende hydrodynamische Untersuchungen an rauhen Flächen anzustellen, sondern in erster Linie um eine Vorstellung von dem Geschehen im mikrogeometrischen Bereich einer beströmten rauhen Fläche zu erhalten, Aufnahmen der Strömung mit dem in Abschnitt 3424 und 34246, S. 81 geschilderten Lichtschnittverfahren gemacht. Von den zahlreichen Bildern können wir nur zwei charakteristische hier wiedergeben. Abb. 244/1 zeigt eine solche Strömung bei schwacher Vergrößerung. Die Aufnahme ist in einer rechteckigen Kammer entsprechend Abb. 245/1, 245/2 gemacht. Oben und unten auf dem Bild sind die Wandflächen mit einem Abstand von etwa 38 mm zu sehen. Die untere ist erheblich rauh.

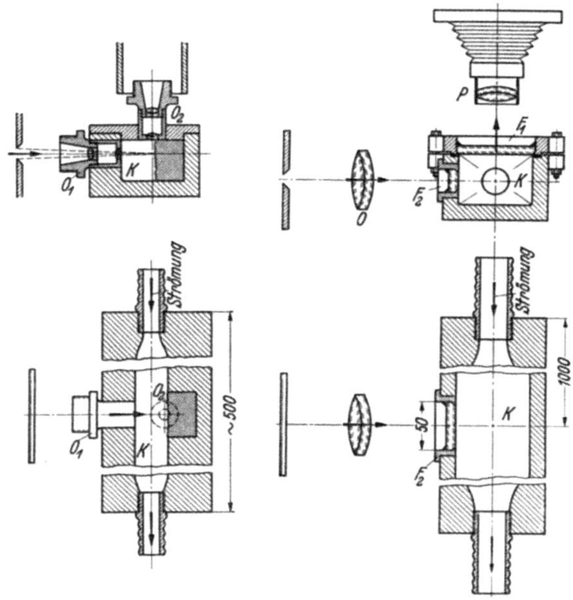

Abb. 245/1. Abb. 245/2.
Gerät zur Strömungsuntersuchung nach dem Lichtschnittverfahren. (SCHMALTZ.)

Die Flüssigkeit ruht vor der rauhen Fläche vollständig. Darüber liegt ein Wirbel. In der Mitte ist nahezu laminare Strömung. Bei Aufnahmen mit starker Vergrößerung (Abb. 245/3) lassen sich auch die Vorgänge in der Grenzschicht gut bestimmen. Die Auswertung solcher Kurven im laminaren Gebiet ergab einen außerordentlich genauen geradlinigen Abfall der Strömungsgeschwindigkeiten bis auf Null in der Fläche, wie es theoretisch schon lange bekannt ist. Der untersuchte Bereich ging von etwa 0,05 mm Abstand von der Fläche bis etwa 0,6 mm bei ungefähr 55facher Vergrößerung. Abb. 246/1 zeigt zum Beleg die Auswertung einer größeren Zahl derartiger Geschwindigkeitsmessungen in der Randzone. Die Aufnahmen beziehen sich auf Flächen mit Rauhigkeiten $H = 20 \ldots 80\,\mu$. Bei merklich rauhen wellenförmigen Profilen von $H \sim 150\,\mu$ und Wellenlängen von etwa $200\,\mu$ war der lineare Abfall der Geschwindigkeit in der Nähe der Kuppen und der Täler des Profiles nicht mehr vorhanden, und zwar fällt *an den konkaven Stellen des*

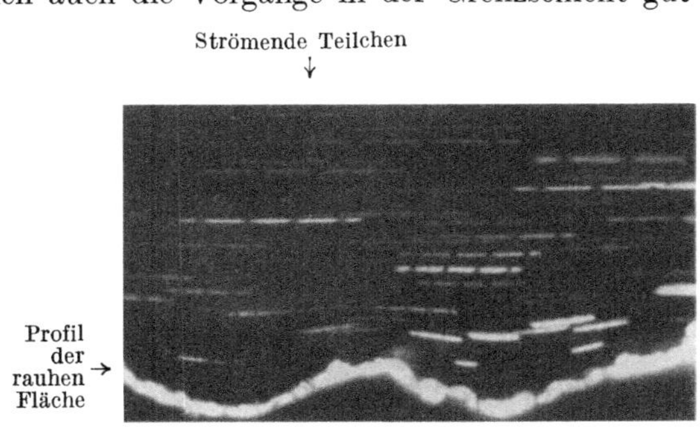

Abb. 245/3. Strömungsbildbei starker Vergrößerung. Vergr. 54,5×.

Oberflächenprofiles die Geschwindigkeit im letzten Abschnitt langsamer ab als der Linearität entspricht *(konkave Geschwindigkeitsprofile), an den konvexen Kuppen* aber schneller *(konvexes Geschwindigkeitsprofil)*. Abb. 247/1 zeigt die Auswertung einer derartigen Aufnahme über dem zugehörigen Profil. Die Punkte gleicher Geschwindigkeit sind verbunden (Isotachen)[1]. Diese nicht unwichtige *Feststellung im mikrogeometrischen Gebiet deckt sich mit der allgemeinen theoretischen Überlegung, daß längs konvexer Flächen die Strömung beschleunigt, also die Drucke herabgesetzt sein müssen und umgekehrt.*

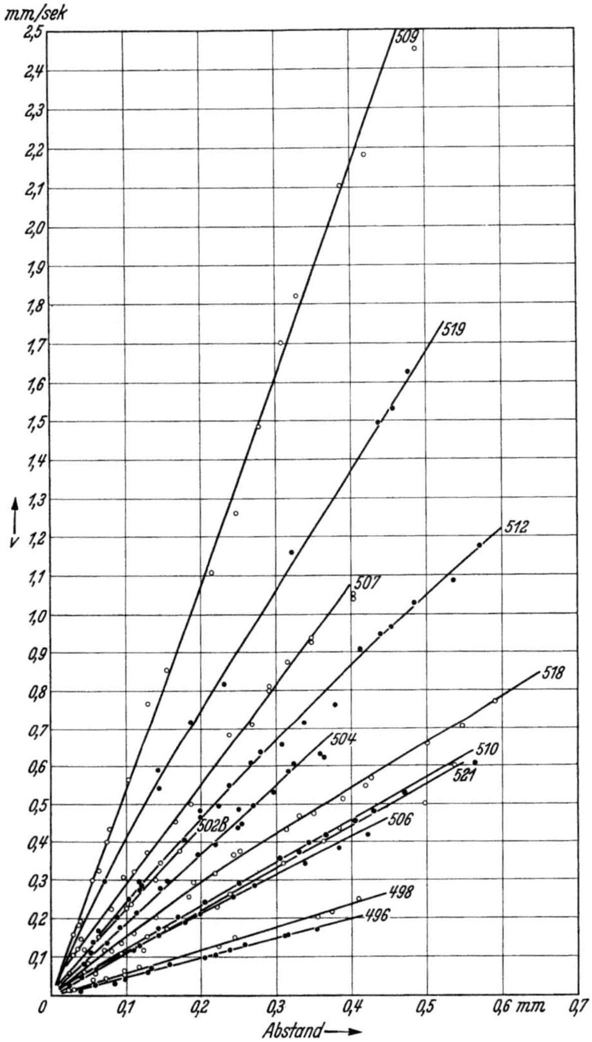

Abb. 246/1. Strömungsgeschwindigkeit von Wasser in der Nähe einer Wand. (Nach Versuchen von SCHMALTZ.)

Fernerhin zeigt sich bei stärkeren Rauhigkeiten, wenigstens bei sehr kleiner Geschwindigkeit (Sekundengeschwindigkeit von derselben Größenordnung wie größte Erhebungen), daß in den Tälern des Profiles die Flüssigkeit schon vor der Wand zur Ruhe kommt, also die *Rauhigkeiten gewissermaßen durch die ruhende Flüssigkeit geglättet werden*[2]. Dies ist eine Bestätigung für die Bemerkung von PRANDTL[3], daß die Rauhigkeit mehr oder minder von einer langsamer gleitenden Flüssigkeitsschicht eingehüllt und dadurch für den Widerstandsmechanismus unwirksam wird. Diese Auffassung von PRANDTL stützt sich auf die dort mit Schaubildern belegte Tatsache, daß bei geringfügiger, aber sehr wohl noch feststellbarer Rauhigkeit das rauhe Rohr sich in bezug auf seinen Widerstand von einem glatten Rohr praktisch nicht mehr unterscheidet, vorausgesetzt, daß die REYNOLDSsche Zahl nicht ungewöhnlich hoch ist oder, anders ausgedrückt, daß bei genügend kleinem

$$\frac{v_* \cdot k}{\nu}$$

---

[1] Etwaige Vertikalkomponenten der Geschwindigkeit senkrecht zur Bildebene waren sicher vernachlässigbar klein.

[2] Vgl. PRANDTL-TIETJENS: Hydro- und Aeromechanik, Bd. 2 S. 73f. Berlin 1931.

[3] PRANDTL: Z. VDI Bd. 77 (1933) S. 105f. Dort auch reichhaltige Literatur.

die turbulente Strömung an der rauhen Wand denselben Widerstand liefern muß wie dieselbe Strömung an der glatten Wand. Hierin bedeutet:

v_* die PRANDTLsche Schubspannungsgeschwindigkeit, k den mittleren Korndurchmesser[1], ν die kinematische Zähigkeit.

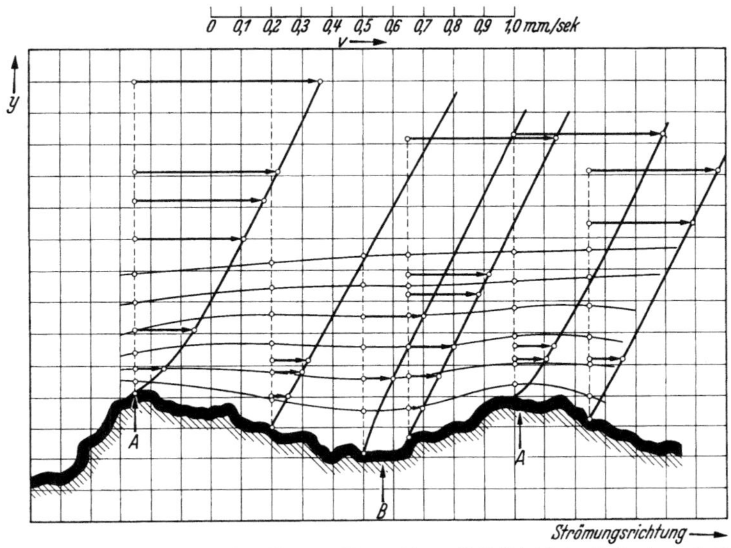

Abb. 247/1. Strömung vor einem rauhen Körper. Vergr. 80×. (1 Teilstrich in Ordinate und Abszisse = 50 μ der Wirklichkeit.) (Nach Versuchen von SCHMALTZ.)

Die Versuche zeigen, daß das Verfahren der Lichtschnitte, wie wir es hier entwickelt haben, für die Untersuchung der Strömungsverhältnisse in der Nachbarschaft der Wand besonders brauchbar ist. Leider kommt man bei hohen Geschwindigkeiten an eine Grenze, bei der es nur schwierig anzuwenden ist wegen der geringen Lichtausbeute der angestrahlten Teile. Die neuesten Bogenlampen mit Effektkohlen besonderer Art, wie sie in der Kinotechnik verwendet werden, dürften hier vielleicht noch um eine Größenordnung weiterführen.

86. Oberflächenbeschaffenheit und Wärmeübertragung[2].

861. Oberflächenbeschaffenheit und Strahlung.

Eine Oberfläche kann auf zweierlei Art zur Strahlungsenergie in Beziehung stehen: sie kann solche aussenden oder empfangen. Ist die von einem Körper ausgesandte Energie gleich der empfangenen, so sagen wir, das System befinde sich im *Strahlungsgleichgewicht.* Unter dem Begriff des *Temperaturstrahlers* versteht man bekanntlich einen Körper, der auf Grund reiner Wärmebewegung aus seiner Oberfläche Energie in den äußeren Raum ausstrahlt. Der sog. schwarze Körper ist ein Temperaturstrahler, welcher im Vergleich zu allen anderen mit maximaler Intensität strahlt und ebenso maximal Strahlung absorbiert.

[1] Hierbei ist angenommen, daß die Rauhigkeiten sich wie runde Körner darstellen lassen, die einer glatten Wand aufliegen.

[2] Über die theoretischen Zusammenhänge: DRUDE, P.: Physik des Äthers, 2. Aufl. Stuttgart 1912. PLANCK, M.: Vorlesungen über die Theorie der Wärmestrahlung. Leipzig 1906. Vgl. auch Handbuch der Physik (GEIGER-SCHEEL), Bd. 19, 20, 21. Handbuch der Experimentalphysik (WIEN-HARMS), Bd. II/2,1. Leipzig 1929. MÜLLER-POUILLET: Lehrbuch der Physik, Bd. II/1. Braunschweig 1929. GRÖBER-ERK: Grundgesetze der Wärmeübertragung, S. 213. Berlin 1933. TEN BOSCH: Die Wärmeübertragung. Berlin 1936.

Die Oberflächen unserer technischen Körper verhalten sich in bezug auf ihr Strahlungsvermögen wesentlich anders. Zunächst finden wir hier wieder die von uns immer wieder hervorgehobene Tatsache, daß die Oberfläche eines materiellen Körpers physikalisch ein dreidimensionales Gebilde ist. Die Temperaturstrahlung stammt nämlich aus einer Oberflächenschicht endlicher Dicke, auch bei soggenannten „undurchsichtigen“ Körpern. Nicht nur die Moleküle oder Atome der obersten Netzebenen geben Energie nach außen ab, sondern auch diejenigen tieferer Schichten. *Von der physikalischen Beschaffenheit dieser inneren Grenzschicht wird die Strahlung wesentlich bestimmt. Im übrigen hängt die Gesamtintensität der Strahlung, wie auch ihre räumliche Verteilung, stark von der mikrogeometrischen Gestalt der Oberfläche ab.*

Die Dicke dieser an der Strahlung beteiligten inneren Grenzschicht wird naturgemäß von der Art des Werkstoffes bestimmt, und zwar von seinem Absorptionsvermögen. Je geringer dieses ist, um so tiefere Schichten tragen zur Strahlung bei. Demnach ist für Metall die strahlende Schicht sehr dünn. Für durchsichtige Körper ist sie groß. Nach Messungen von HAGEN und RUBENS[1] z. B. hat Silber für Wärmestrahlen in der Gegend einer Wellenlänge von $\lambda = 0{,}35\,\mu$ eine Stelle maximaler Durchlässigkeit. Eine Schicht von etwa $0{,}049\,\mu$ Dicke läßt bei dieser Wellenlänge noch über 44% der gesamten Intensität durch, eine solche von $0{,}079\,\mu$ etwa 31% und eine von $0{,}100\,\mu$ noch 20%. Schichten von dieser Größenordnung sind also *in diesem Wellengebiet* an der Strahlung noch erheblich beteiligt. Im übrigen beeinflussen auch die vielfach vorhandenen Oxyd- und sonstigen Deckschichten die Strahlung eines Körpers aufs stärkste[2].

Wir betrachten zunächst die allgemeinen Zusammenhänge. Man geht dabei zweckmäßig von den Verhältnissen beim Auftreffen von Strahlung auf eine Oberfläche aus und gelangt von da zu den mit ihr eng zusammenhängenden Gesetzen der Ausstrahlung (Emission).

Fällt auf die Oberfläche eines Körpers *Strahlungsenergie*, so wird diese zum Teil *reflektiert* (E_r), zum Teil *absorbiert* (E_a) und *durchgelassen* (E_d). Wenn die gesamte Strahlungsenergie gleich 1 wird, so entsprechen diese drei Größen dem Reflexionsbeiwert (-Koeffizienten), dem Absorptionsbeiwert und dem Durchlässigkeitsbeiwert:

$$E_r + E_a + E_d = 1. \qquad \text{(Gl. 248/1)}$$

Für die uns meist interessierenden Körper von erheblicher Dicke wird

$$E_d = 0,$$

somit

$$E_r + E_a = 1. \qquad \text{(Gl. 248/2)}$$

Ein Körper, der keine Strahlen zurückwirft und durchläßt, für den also $E_a = 1$ ist, entspricht dem schon erwähnten *schwarzen Körper*. Für den vollkommen spiegelnden oder „weißen“ Körper wird hingegen

$$E_r = 1.$$

Wenn nun ein Körper strahlt (Temperaturstrahler), so hängt *im Zustande thermodynamischen Gleichgewichts* nach dem KIRCHHOFFschen Satz das Strah-

[1] HAGEN u. RUBENS: Ann. Physik Bd. 8 (1902) S. 432.

[2] Vgl. Handbuch der Physik (GEIGER-SCHEEL), Bd. 21 S. 187. Berlin 1929. Handbuch der Experimentalphysik, Bd. 9, 1, S. 322f. Leipzig 1929. Vgl. auch HASE: Spiegelungseigenschaften von Aluminium. Aluminium Sept. 1934 S. 20. Gesamtstrahlung des Eisens. Arch. Eisenhüttenwes. Bd. 8 (1934/35) S. 93.

lungsvermögen mit dem Absorptionsvermögen derart zusammen, daß

$$\frac{E_e}{E_r} = F(T). \qquad \text{(Gl. 249/1)}$$

Hierin bedeutet T die absolute Temperatur, E_e das Emissionsvermögen, d. h. das Verhältnis der ausgestrahlten Gesamtenergie des Körpers zu der Strahlung des schwarzen, also maximal strahlenden Körpers, und E_r das Reflexionsvermögen. Die Art dieser Temperaturfunktion wird bekanntlich für den schwarzen Körper durch das STEFAN-BOLTZMANNsche Gesetz bestimmt, nach welchem die *gesamte* ausgestrahlte *Energie der vierten Potenz* der absoluten Temperatur proportional ist. Die Lage des Energiemaximums innerhalb des Strahlungsspektrums in Abhängigkeit von der Temperatur wird durch das WIENsche Verschiebungsgesetz angegeben. Nach diesem wird

$$\lambda_m = \frac{c}{T}, \qquad \text{(Gl. 249/2)}$$

wo λ_m die Wellenlänge an der Stelle des Energiemaximums, T die absolute Temperatur und c eine Konstante bedeuten.

Diese beiden Gesetzmäßigkeiten lassen sich aus der weit universelleren PLANCKschen Strahlungsformel herleiten, welche die ausgestrahlte Energie E mit Wellenlänge und Temperatur verbindet[1]. Die senkrecht zur Fläche ausgestrahlte Energie (eines geradlinig polarisierten Büschels) wird nach diesem

$$E_n = \frac{c_1}{\lambda^5}\left(1 + e^{-\frac{c_2}{\lambda T}}\right), \qquad \text{(Gl. 249/3)}$$

wo[2]

$$c_1 = 5{,}88 \cdot 10^{-13}\ \text{Watt cm}^2$$
$$c_2 = 1{,}432\ \text{cm Grad}$$
$$\lambda = \text{die Wellenlänge in cm.}$$

Die oben angegebenen Beziehungen gelten wohlgemerkt *streng nur für den schwarzen Körper*. Der „schwarze Körper" kann auch durch einen strahlenden *Hohlraum* ersetzt werden: Denn in einem Hohlraum mit Wänden von allseits gleicher Temperatur, aber sonst beliebiger Beschaffenheit, stellt sich ein *Strahlungsgleichgewicht ein, welches nur noch von dieser Temperatur abhängt.* Das aber kennzeichnet den vollkommen schwarzen Körper. Für unsere Probleme ist die *Hohlraumstrahlung* deswegen *wichtig, weil tief einspringende Ecken und Löcher in* sonst gut reflektierenden *technischen Körpern wie schwarze Strahler wirken*[3].

Keiner der technischen Körper ist ein wirklich schwarzer Körper, für den die angeführten Gesetze streng gelten. Die technischen Körper sind ausnahmslos sogenannte *Graustrahler*. Sie strahlen mit geringerer Intensität und die Verteilung der Intensität über das Spektrum ist eine meist sehr verwickelte.

Wegen Gleichung (248/2) zusammen mit Gleichung (249/1) ergibt sich für praktisch undurchsichtige Körper die einfache Tatsache, daß *solche mit größeren Reflexionsvermögen ein kleines Absorptionsvermögen und ebenso ein kleines Emissionsvermögen haben. D. h. sie nehmen, wenn angestrahlt, wenig Energie auf und vermögen als Temperaturstrahler wenig Energie auszustrahlen und umgekehrt* (KIRCHHOFF*sche Beziehung*). Ein Spiegel ist ein schlechter Temperaturstrahler.

Die reflektierte Energie eines bestrahlten Körpers ist ebenso wie die ausgestrahlte *Energie* eines Temperaturstrahlers eine Funktion des Ausfallswinkels, so

---

[1] Vgl. für die allgemeinen Zusammenhänge das in F.N. 247/1 angegebene Schrifttum.
[2] Handbuch der Physik (GEIGER-SCHEEL), Bd. 21, S. 200. Berlin 1929.
[3] Vgl. F.N. 253/1. (HASE.)

wie wir dies früher für Licht gewöhnlicher Wellenlänge praktisch gesehen haben (vgl. Abschn. 321, S. 33 und Abschn. 35317, S. 91). Im übrigen ist die reflektierte Strahlung, wie sich aus der MAXWELLschen Theorie ergibt, polarisiert, d. h. sie hat zwei verschiedene, zur Fortpflanzungsrichtung senkrechte Schwingungskomponenten.

Der *vollkommen reflektierende, ideale,* also glatte und nicht absorbierende *Körper reflektiert* nach dem Reflexionsgesetz *nur im Glanzwinkel, und zwar mit der vollen eingestrahlten Energie.* Der *diffus reflektierende Körper* reflektiert auch *in alle anderen Richtungen* des Halbraumes, und zwar mit verschiedener Energie. Es gibt Körper, die dem Ideal des vollkommen diffus reflektierenden Körpers ziemlich nahekommen. Ihre Strahlung gehorcht dann dem LAMBERTschen Cosinusgesetz (vgl. S. 92), welches die Beziehung zwischen Richtung und reflektierter Energie angibt, nämlich

$$E_\varphi = E_n \cos\varphi, \qquad \text{(Gl. 250/1)}$$

wo E_n die Strahlungsintensität in der Richtung der Flächennormalen und E_φ die in einer beliebigen Richtung sind. Durch Integration über den Halbraum folgt aus dem LAMBERTschen Gesetz die Gesamtstrahlung

$$E = E_n \cdot \pi. \qquad \text{(Gl. 250/2)}$$

Das LAMBERTsche Cosinusgesetz ist[1] *mit den* FRESNELschen Gleichungen (vgl. Abschn. 321, S. 33), welche für durchscheinende Körper die räumliche Verteilung und Intensität der reflektierten und eindringenden Strahlung nach ihren beiden polarisierten Komponenten angeben, an sich *unvereinbar.* Für Metalle läßt sich aus der MAXWELLschen Theorie durch Erweiterung der FRESNELschen Gleichungen eine Energieverteilungsfunktion ableiten, wobei die elektrische Leitfähigkeit des Metalls in die Gleichung eingeht[2]. E. SCHMIDT[3] hat im Zusammenhang hiermit gezeigt, daß der Faktor π in Gleichung (250/2) zu $4/3\,\pi$ wird.

Nach dem oben über die Bedeutung des KIRCHHOFFschen Satzes Gesagten lassen sich *alle Feststellungen über die räumliche Energieverteilung bei der Reflexion prinzipiell auch auf die Emissionsstrahlung eines praktisch undurchsichtigen Temperaturstrahlers übertragen.* Damit werden die in unseren früheren Abschnitten 35316, S. 91, 35317, S. 91 ff. angeführten experimentellen Feststellungen über die Reflexion an rauhen Flächen für auch den Fall der Ausstrahlung bedeutsam[4]. Allerdings muß bedacht werden, daß, soweit rauhe Körper in Betracht kommen, jedes derartige Ergebnis nur für die jeweilige Wellenlänge richtig ist. *Ein rauher Körper, der im sichtbaren Gebiet in einer höchst verwickelten Weise diffus reflektiert, kann für Wärmestrahlen ein nahezu vollkommener Spiegel sein.* Dies trifft dann zu, wenn die Wellenlänge, welche der

[1] ULJANIN: Ann. Physik (3) Bd. 62 (1897) S. 528. Vgl. darüber LAX u. PIRANI: Handbuch der Physik (GEIGER-SCHEEL), S. 202 f. Bd. 21, Berlin 1929; dort die experimentellen Befunde und das Schrifttum.

[2] DRUDE: Physik des Äthers (2), S. 575. 1894. PLANCK: Berl. Ber. 1903 S. 278; vgl. auch Handbuch der Physik (GEIGER-SCHEEL), Bd. 20 (KÖNIG: Elektromagnetische Lichttheorie), Bd. 21 (LAX u. PIRANI), S. 221 f.

[3] SCHMIDT, E.: Wärmestrahlung technischer Oberflächen. Beiheft Gesundh.-Ing. Reihe I 1927 Heft 20. Forschg. Ing.-Wes. Bd. 6 (1935) S. 175. Vgl. FORTE: Bull. Bur. Stand. Bd. 11 (1915) S. 607.

[4] Zur Theorie vgl. noch HENNING u. HEUSE: Z. Physik Bd. 10 (1922) S. 111. DAVISSON and WEEKS: J. opt. Soc. Amer. Bd. 8 (1924) S. 581. HASE: Z. techn. Physik Bd. 13 (1932) S. 145.

Temperatur der Strahlung entspricht (Gl. 249/2), von derselben Größenordnung ist wie die Rauhigkeit. Nach RAYLEIGH[1] soll die H-Größe der Rauhigkeit gleich $\lambda/8$ sein, damit diese Bedingung erfüllt ist. Wenn man die Wellenlänge nach dem WIENschen Verschiebungsgesetz durchrechnet und daraus (durch Division mit 8) *die Rauhigkeit* bestimmt, *bei der spiegelnde Reflexion und entsprechende Strahlung auftreten, so findet man, daß für Strahlung von Temperaturen bis etwa 300⁰ feinstgeschliffene Flächen, und für Strahlung entsprechend Temperaturen bis 1000⁰ eine schlechte Endmaßfläche schon wie vollkommene Spiegel wirken*[2].

Die *Wärmestrahlung technischer Werkstoffe* ist in vielen Fällen gemessen worden, Beispiele für solche Arbeiten sind die von BAUER und MOULIN[3] und E. SCHMIDT[4]. Meist ist jedoch nur die gestrahlte Gesamtenergie über den Halbraum bestimmt worden, in einzelnen Fällen auch die *Richtungsverteilung* (z. B. E. SCHMIDT, HASE a. a. O.). Allgemein kann man wohl sagen, daß keine theoretische Beziehung in der Lage ist, die wirkliche *Richtungsverteilung* der Reflexion ebenso wie der Ausstrahlung an Oberflächen rauher technischer Körper genügend zu beschreiben. Man wird sich immer auf Versuche stützen müssen. Die Unterschiede der Gesamtstrahlung zeigen z. B. nebenstehende Zahlen von SCHMIDT und EKKERT (a. a. O.) bei Temperaturen in der Gegend von 100—170⁰. In dieser Tafel bedeuten ε_n das Emissionsverhältnis bei senkrechter Ausstrahlung, d. h. also die in dieser Richtung ausgestrahlte Energie, ε die gesamte, über den Halbraum ausgestrahlte, beide im Verhältnis zu der des schwarzen Körpers.

Z.T. 251/1. Emissionsverhältnis ε_n in Richtung der Flächennormalen und die Gesamtstrahlung ε auf Grund der bei der Temperatur t ausgeführten Messungen.

Metalle	ε_n	ε	$\varepsilon/\varepsilon_n$	t in ⁰ C
Aluminium, blank	0,0388	0,0487	1,26	171,2
Nickel, matte Vernickelung	0,0407	0,0463	1,14	100,4
Nickel, polierte Vernickelung	0,0450	0,0532	1,18	100,3
Manganin, walzblank	0,0480	0,0568	1,18	118,7
Chrom, blank	0,0583	0,0706	1,21	153,2
Eisen, dekapiert	0,128	0,1578	1,23	147,0
Aluminiumlack	0,257	0,286	1,11	112,8
Wismut	0,340	0,366	1,08	81,2
Nichtmetalle	ε_n	ε	$\varepsilon/\varepsilon_n$	t in ⁰C
Kupferoxyd	0,759	0,725	0,955	133,2
Korund-Schmirgel, rauh	0,855	0,842	0,985	83,8
Gebrannter Ton, weiß fein	0,913	0,861	0,944	72,1
Papier	0,920	0,889	0,966	95
Holz	0,935	0,907	0,970	70,2
Glas	0,940	0,876	0,932	91,1
Eis	0,966	0,918	0,950	0

[1] Vgl. JENTZSCH: Z. techn. Physik Bd. 7 (1926) S. 310. Vgl. ferner oben Abschn. 35315 u. 35316, S. 90, 91.

[2] Vgl. Abschn. 35316, S. 90, insbesondere T. H. MEYER, GORTON.

[3] BAUER et MOULIN: C. R. Acad. Sci., Paris Bd. 150 (1910) S. 167.

[4] SCHMIDT, E.: Wärmestrahlung technischer Oberflächen bei gewöhnlicher Temperatur. Beiheft Gesundh.-Ing. Reihe I 1927 Heft 20. — Die Wärmestrahlung von Wasser und Eis von bereiften und benetzten Oberflächen, die technisch wichtig sind. Forschg. Ing.-Wes. Bd. 5 (1934) S. 1. Vgl. auch E. SCHMIDT u. E. ECKERT: Forschg. Ing.-Wes. Bd. 6 (1935) S. 175. Ausgezeichnete Literaturzusammenstellungen bis 1928 bei HERMANN SCHMIDT u. FURTHMANN: Mitt. Kais.-Wilh.-Inst. Eisenforschg., Düsseld. Bd. 10 (1928) S. 225. HASE: Arch. Eisenhüttenwes. Bd. 4 (1930/31) S. 261; Z. techn. Physik Bd. 13 (1932) S. 145; Aluminium 1934 S. 20; Arch. Eisenhüttenwes. Bd. 8 (1934/35) S. 93; Z. VDI Bd. 79 (1935) S. 1351. Zahlenzusammenstellungen in LANDOLT u. BÖRNSTEIN: Physikalisch-chemische Tabellen. Berlin 1923—1935. Internat. Critical Tables. New York: McGraw Hill. WREDE: Mitt. Kais.-Wilh.-Inst. Eisenforschg., Düsseld. Bd. 13 Lief. 7.

Als Beispiel für die Verteilung der Strahlungsenergie im langwelligen Spektrum geben wir in Abb. 252/1 nach einer Arbeit von HASE[1] das Strahlungsvermögen von Duraluminium bei verschiedener Oberflächenbeschaffenheit im Verhältnis zu der Strahlung des schwarzen Körpers. Als Beispiel für die Richtungsverteilung der Strahlung von technischen Körpern diene zunächst in Abb. 252/2 nach der Arbeit von SCHMIDT und ECKERT (a. a. O.) die Richtungs-

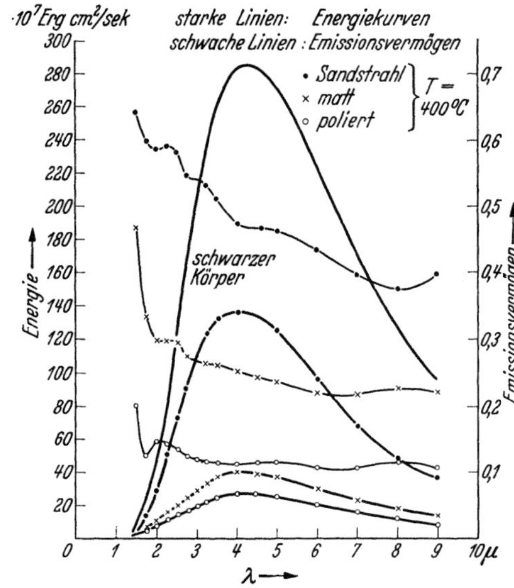

Abb. 252/1. Spektrale Energiekurven und Emissionswerte von Duraluminium (in Abhängigkeit von der Oberflächenbeschaffenheit). (Nach HASE.)

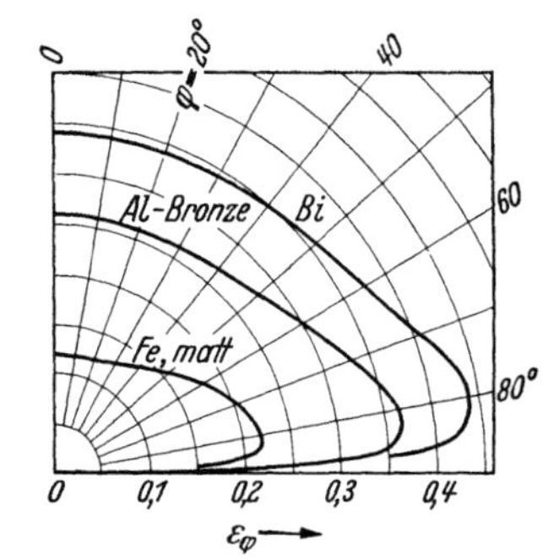

Abb. 252/2. Polardiagramm der Richtungsverteilung von Metallen. (Nach SCHMIDT und ECKERT.)

verteilung der Wärmestrahlung von Wismut, Aluminium, Bronze und mattem Eisen. In einer bemerkenswerten Arbeit von HASE sind die Spiegelungseigenschaften von *Aluminium* und seinen Legierungen *in Abhängigkeit von*

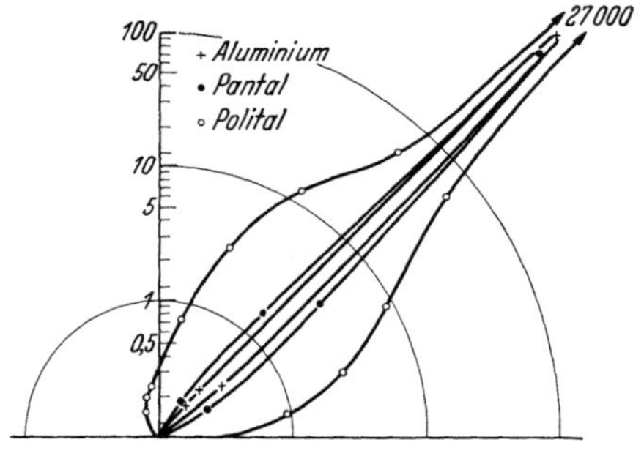

Abb. 252/3. Spiegelungsvermögen von Aluminiumlegierungen in walzblankem Zustand als Funktion des Reflexionswinkels. Glanzwinkel bei 45°. (Nach HASE.)

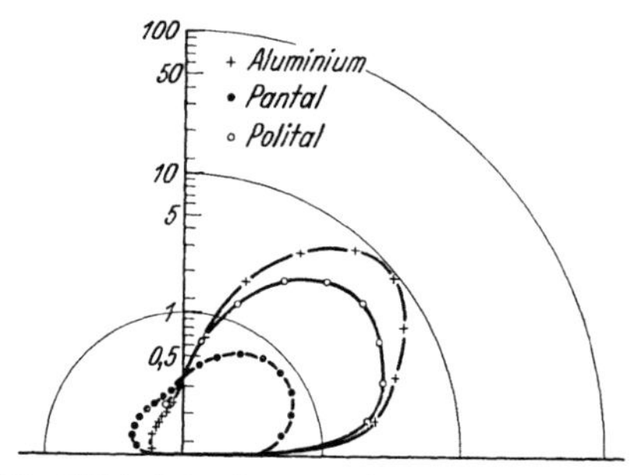

Abb. 252/4. Spiegelungsvermögen von Aluminiumlegierungen. Oberfläche sidagebeizt und dünn transparent eloxiert. Glanzwinkel 45°. (Nach HASE.)

der Oberflächenbehandlung untersucht worden. Die Strahlung dieses Körpers ist für viele technische Probleme (Heizkörper, Flugzeuge, Luftschiffe usw.) von Wichtigkeit. Außerdem gibt diese Arbeit den Einfluß der äußeren Grenzschichten, wie sie bei Aluminium durch den sogenannten *Eloxierungsprozeß* erzeugt werden. Abb. 252/3 zeigt das Reflexionsvermögen von walzblanken Stoffen der Aluminiumgruppe, Abb. 252/4 die Spiegelungseigenschaften derselben Stoffe,

[1] HASE: Z. techn. Physik Bd. 13 (1932) S. 150.

nachdem sie „sida"-gebeizt und dünn transparent eloxiert sind. Man sieht aus diesen Bildern den starken Einfluß der Oberflächenbehandlung und der äußeren Grenzschicht.

Für viele allgemeintechnische und hüttenmännische Vorgänge ist das *Strahlungsvermögen des Eisens* wichtig. Auch hierüber liegen Untersuchungen vor, insbesondere die von HASE [1]. Diese letzte Untersuchung zeigt zunächst folgendes: *Poren und Risse* der Oberfläche, die sehr tief sind, *wirken* naturgemäß *wie schwarze Strahler (Hohlraumstrahlung)*. Wenn man diese durch eine entsprechende Korrektur der Beobachtungswerte ausschaltet, findet man bis etwa 300° reine Oberflächenstrahlung des Eisens, von 300—500° eine Strahlung, die sich nachweislich zusammensetzt aus der Eisenstrahlung und der Strahlung des Eisenoxyds, wobei mit steigender Temperatur die Eisenstrahlung abnimmt, die Oxydstrahlung zunimmt. Von 500—1400° bekommt man reine Oxydstrahlung, d. h. die Eisenoberfläche ist durch eine Oxydschicht bedeckt, welche allein die Strahlung beeinflußt. Von 1400—1650° nimmt die Oxydstrahlung ab und die Eisenstrahlung wieder zu, da das Oxyd reduziert wird, und oberhalb 1650° bekommt man wieder reine Eisenstrahlung.

862. Oberflächenbeschaffenheit und Wärmeleitung.

Die Wärmeleitung ist, da sie im Innern der Körper stattfindet, im allgemeinen kein Problem, welches mit der Oberflächenbeschaffenheit der Körper zusammenhängt. Es gibt jedoch einen Fall, bei dem diese eine Rolle spielt, nämlich die *Wärmeübertragung durch Leitung zwischen Körpern, die sich in gemeinsamen Flächen berühren* [2]. In diesem Falle wird bei überall gleicher äußerer Temperatur in jedem Punkte der Trennungsfläche die Temperatur nur dann überall gleich, wenn diese sich vollkommen satt berühren. In diesem Falle hat die Temperatur an der Übergangsstelle keinen Sprung, sondern nur einen Knick (Änderung des Gradienten) entsprechend dem sich ändernden Wärmeleitvermögen.

Bei einem Paket geschichteter paralleler Platten verschiedener Wärmeleitfähigkeit, welche quer zu ihrer Ebene durchströmt werden (z. B. Blechpakete mit Zwischenisolierung in der Elektrotechnik), läßt sich, wie ohne weiteres ersichtlich ist, folgende Beziehung anschreiben:

$$dQ = df \frac{t_i - t_a}{\Sigma \frac{\delta_i}{\lambda_i}}. \qquad \text{(Gl. 253/1)}$$

Hierin bedeuten

dQ die in der Zeiteinheit durchgehende Wärmemenge,
t_i die Temperatur in der inneren Grenzfläche,
t_a die in der äußeren Grenzfläche des Paketes,
δ_i die jeweilige Dicke einer der Lagen,
λ_i die zugehörige Wärmeleitfähigkeit,
d_f den durchströmten Querschnitt.

Ist nun die *Berührung* der verschiedenen leitenden Schichten eine *nicht vollkommene* derart, daß z. B. an einzelnen Stellen, und zwar in den Vertiefungen der rauhen Fläche sich schlechte Wärmeleiter, wie Luft, befinden (vgl. Abb. 254/1),

[1] HASE: Arch. Eisenhüttenwes. Bd. 3 (1930) S. 261, Bd. 8 (1934) S. 93.
[2] Vgl. M. TEN BOSCH: Wärmeübertragung, S. 52. Berlin 1936.

so setzt sich die gesamte Wärmeübertragung aus zwei völlig verschiedenen Vorgängen zusammen. Man vergleiche hierzu unsere Darstellung über die Berührung rauher Körper unter Druck (Abschnitt 814, S. 187 ff.). An den *Stellen der unmittelbaren Berührung* der Körper, also um in unserem Beispiel zu bleiben, an den hervorragenden, unter Druck plastisch verformten Rauhigkeiten des Metalls mit dem Nachbar, tritt nur ein *Knick der Temperaturkurve* entsprechend dem verschiedenen Wärmeleitvermögen λ_1 und λ_2 der beiden Körper ein, während innerhalb der kleinen Hohlräume ein Temperaturverlauf auftritt, etwa so, wie wir ihn in Abb. 254/1 dargestellt haben. Der Wärmeübertragungsvorgang in diesen Hohlräumen besteht aus Strahlung, Leitung und Konvektion. Wie diese sich untereinander verteilen, läßt sich allgemein nicht sagen. In der Mehrzahl der Fälle, besonders bei sehr dünnen Hohlräumen, spielt die Konvektion keine Rolle. Für eine Schätzung läßt sich aber die überführte Wärme mit einem einfachen Faktor vom Charakter einer Wärmeleitzahl ansetzen, wobei wir ferner die Annahme machen, daß die beiden sich berührenden rauhen Flächen dieselbe Wärmeleitfähigkeit haben ($\lambda_1 = \lambda_2$). Die Gesamtfläche der Platte läßt sich in zwei Anteile aufteilen, von denen der eine $\frac{1}{n}$ Teil die Flächenelemente unmittelbarer Berührung enthält mit verhältnismäßig guter unmittelbarer Wärmeleitung, während der $\frac{n-1}{n}$ Teil die Flächenelemente enthält, bei denen der schlechte Wärmeleiter wirksam ist. Der gesamte Wärmefluß setzt sich nun aus zwei Teilen zusammen[1], nämlich Q_1 und Q_2 ·

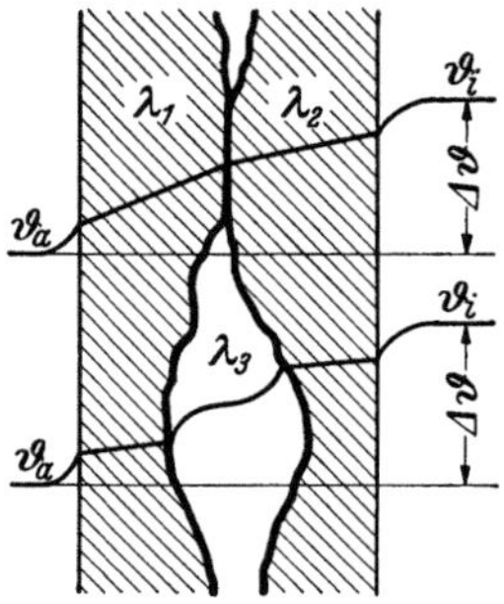

Abb. 254/1. Wärmefluß durch zwei rauhe, sich berührende Platten. ϑ Temperaturen, λ Wärmeleitzahlen.

$$Q = Q_1 + Q_2 = F\,\Delta\,\vartheta\left(K_0\,\frac{1}{n} + K_1\,\frac{n-1}{n}\right). \qquad \text{(Gl. 254/1)}$$

Hierin bedeuten:

Q_1 die an den Teilen der Fläche, welche sich satt berühren, durch Leitung übertragene Wärmemenge,

Q_2 diejenige Wärmemenge, welche zwischen den sich nicht berührenden und durch eine Schicht anderer Eigenschaften getrennten mikrogeometrischen Oberflächenteilen übertragen wird,

Q die gesamte übertragene Wärmemenge,

F die gesamte Fläche des Körpers,

K_0 die Wärmeübertragungszahl der Flächenteile $\frac{1}{n}$,

K_1 diejenige der übrigen Flächenteile,

$\Delta\,\vartheta$ die Temperaturdifferenz zwischen innen und außen.

Man sieht, daß der 2. Anteil des Wärmestroms an den Stellen, wo keine satte Berührung stattfindet, hierbei einerseits von dem Faktor $\frac{n-1}{n}$, also dem Anteil der „Täler“ des rauhen Körpers an der Gesamtfläche, beeinflußt wird und schließlich von der zugehörigen Wärmeübertragungszahl K_1, die im allgemeinen wesentlich kleiner sein wird als K_0. Wenn, wie bei der Berührung rauher Körper mit dazwischen befindlicher Luft, K_1 wesentlich kleiner als K_0

[1] Bosch, M. ten: a. a. O. S. 182.

ist, so wird der gesamte Wärmestrom nur bestimmt durch die Größe Q_1, es sei denn, daß der Flächenanteil $\frac{n-1}{n}$ sehr groß ist.

Die Größe $\frac{1}{n}F$ der durch unmittelbare Leitung übertragenden Flächenteile hängt naturgemäß stark von dem Druck ab, der zwischen den Flächen herrscht und eine Verformung der mikrogeometrischen feinsten Teile hervorruft, so wie wir dies in Abschnitt 814, S. 187 ff. (Druckfestigkeit) und in Abschnitt 845, S. 236 ff. (Preßsitze) erörtert haben. Ein schönes Beispiel für diese Überlegungen geben Versuche von Ott[1], der die Wärmeleitung von Blechpaketen elektrischer Maschinen mit dazwischen befindlicher Isolierschicht untersucht hat. In Abb. 255/1 geben wir die Abhängigkeit der Wärmeübertragungszahl von der Flächenpressung nach den Versuchen von Ott. Es ist auch denkbar, daß in anderen Fällen von Konstruktionsteilen diese Frage noch eine gewisse Wichtigkeit gewinnt, beispielsweise bei eingepreßten *Lagerbüchsen,* deren Wärmeabführung nach dem Maschinenkörper wichtig werden kann (vgl. S. 238).

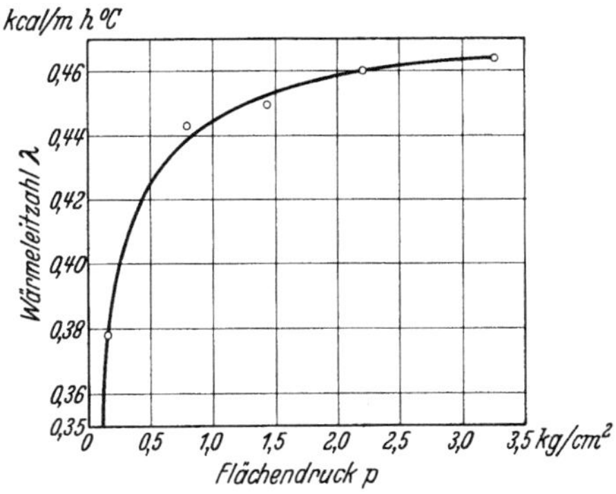

Abb. 255/1. Wärmeleitzahlen von Blechpaketen elektrischer Maschinen quer zur Blechebene. (Nach Ott.)

863. Einfluß der Oberflächenbeschaffenheit auf die Wärmeübertragung bei aufgezwungener Strömung und natürlicher Konvektion.

Die Wichtigkeit dieser *Problemgruppe* für die Technik ist sehr groß. Sie beherrscht die Vorgänge an *Dampfkesseln, Kondensatoren, Heizapparaten* usw., aber auch die Wärmeabführung hochbeanspruchter *Lager, elektrischer Maschinen, Apparate usw.*

Die schwierige Theorie dieser Vorgänge ist ausgiebig entwickelt[2]. Die *Wärmeübertragung* bei aufgezwungener Strömung tritt, wie man leicht übersieht, *einerseits durch Leitung* (Impulsübertragung zwischen den Molekülen), *andererseits,* soweit Turbulenz vorhanden ist, *durch Impulsübertragung größerer Flüssigkeitsteile (Vermischung),* auf. In der Nähe der Wand kommt, wie Prandtl und Nusselt gezeigt haben, die Wärmeübertragung im allgemeinen durch reine Leitung in der Gleitschicht, im turbulenten Kern hingegen durch Vermischung zustande. Aus zahlreichen Versuchen haben sich die Wärmeübergangszahlen als Funktion von Temperatur und Strömungsgeschwindigkeit

[1] Ott: Untersuchungen zur Frage der Erwärmung elektrischer Maschinen. Forsch.-Arb. Ing.-Wes. 1906 Nr. 35/36.

[2] Gröber-Erk: Grundgesetze der Wärmeübertragung. Berlin 1933. Bosch, ten: Die Wärmeübertragung. Berlin 1936. Schmidt, E.: Einführung in die technische Thermodynamik. Berlin 1936. Die klassische Untersuchung von Nusselt: Z. VDI Bd. 54 (1910) S. 1154. Vgl. dazu die ältere Arbeit von Graetz: Ann. Physik Bd. 18 (1883) S. 79, Bd. 25 (1885) S. 337. Nusselt: Die Wärmeübertragung an Wasser im Rohr. Festschr. zur Jahrhundertfeier der Technischen Hochschule Karlsruhe. Prandtl: Physik. Z. Bd. 11 (1910) S. 1072. Bosch, ten: Z. VDI Bd. 70 (1926) S. 911. Lorenz: Z. VDI Bd. 71 (1927) S. 1071. Schiller u. Burbach: Z. VDI Bd. 72 (1928) S. 1195. Zusammenfassung von E. Schmidt: Proc. IV. Internat. Congr. Appl. Mechan. Cambridge 1934 S. 97.

ergeben[1]. Wir haben in der Einleitung (S. XI) schon darauf hingewiesen, daß die *makroskopische Betrachtung* bzw. experimentelle Untersuchung derartiger Vorgänge stets stillschweigend eine *Integration* oder Mittelwertsbildung *über Vorgänge im mikrogeometrischen Gebiete* einschließt. So sind in den Wärmeübergangszahlen für verschiedene Oberflächen naturgemäß derartige Mittelungen der mikrogeometrischen Vorgänge enthalten. Wir geben als Beispiel ein Schaubild von Pohl (Abb. 256/1) über die Wärmeübergangszahlen für Rohre von verschiedener Glätte. Diese Kurven zeigen, daß in dem untersuchten Gebiet, bei Reynoldsschen Zahlen zwischen 15000 und 35000, die Wärmeübergangszahl mit der Rauhigkeit *abnimmt*[2]. Wie dies im einzelnen zu verstehen ist, müßten Versuche im mikrogeometrischen Gebiet, möglicherweise mit Hilfe des Lichtschnittverfahrens (Abschnitt 85, S. 244 f.), ergeben.

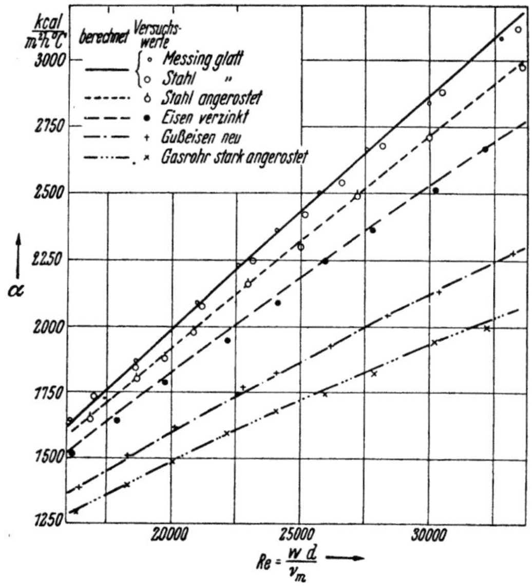

Abb. 256/1. Wärmeübergangszahl abhängig von der Reynoldsschen Zahl für Rohre aus verschiedenen Werkstoffen. (Nach Pohl.)

Es ist bekannt, die Dichteunterschiede in Flüssigkeiten und Gasen durch das Toeplersche *Schlierenverfahren* zu untersuchen[3]. Damit eignet sich dieses Verfahren besonders gut zur Feststellung des durch die Wärmebewegung in Flüssigkeiten hervorgerufenen Dichtegefälles und ist auch hierzu verwendet worden (E. Schmidt[4], a. a. O.). Ich halte es für möglich, dieses Verfahren mit dem Lichtschnittverfahren zu vereinigen und so *eine gleichzeitige Aufnahme des Temperatur- und Geschwindigkeitsfeldes* zu bekommen.

Ich möchte in diesem Zusammenhang noch die Möglichkeit zu einem *Modellversuch* im mikrogeometrischen Gebiet andeuten, von der ich an anderer Stelle, nämlich zur Untersuchung eines biologischen Vorganges, Gebrauch gemacht habe[5]. Dieses Verfahren gibt eine wesentlich größere Freiheit in der Wahl der Versuchsgrößen. Anstatt die Dichteunterschiede, welche die Schlieren

[1] Zum Beispiel: Stanton: Philos. Trans. Roy. Soc., Lond. Bd. 190 (1897) S. 67. Soennecken: Forsch.-Arb. Ing.-Wes. Nr. 108/109. Berlin 1911. Stender: Wärmeübergang an strömendes Wasser. Berlin 1924. Latzko: Abh. Aerodyn. Inst. Aachen Bd. 1 (1921). Hermann u. Burbach: Strömungswiderstand und Wärmeübergang in Rohren. Leipzig 1930. Eagle and Ferguson: Proc. Roy. Soc., Lond. Bd. A 127 (1930) S. 540. Nusselt: Forschg. Ing.-Wes. Bd. 2 (1931) S. 309. Pohl: Forschg. Ing.-Wes. Bd. 4 (1933) S. 230, auch Diss. München 1933; dazu Zuschrift Prandtl: Forschg. Ing.-Wes. Bd. 5 (1934) S. 5. Lorenz: Z. techn. Physik 1934 S. 155.

[2] Vgl. dazu die Bemerkung von Prandtl, a. a. O.

[3] Toepler: Ostwalds Klassiker 157, 158. Kohlrausch: Prakt. Physik S. 403. Leipzig u. Berlin 1935.

[4] Schmidt, E.: Z. VDI Bd. 76 (1932) S. 1025; Forschg. Ing.-Wes. Bd. 3 (1932) S. 181. Schardin: Forsch.-Arb. Ing.-Wes. Nr. 367.

[5] Schmaltz: Pflügers Arch. Bd. 207 (1925), S. 125.

hervorrufen, durch Wärmeübertragung zu erzeugen, kann man dies durch *Elektrolyse* tun. Man macht den Modellkörper zur Elektrode und elektrolysiert gegen eine (praktisch unendlich weit entfernte) zweite große Elektrode. Wegen der in engen Bereichen verhältnismäßig einfachen Beziehungen zwischen Dichte, Brechungsindex und Konzentration verdünnter Lösungen (LORENTZ-LORENZ-Funktion) und der Proportionalität der bei der Elektrolyse ausgeschiedenen Ionenmenge mit der hindurchgeschickten Elektrizitätsmenge (COULOMB) läßt sich eine Modellregel angeben, welche die Stromstärke zunächst in Beziehung setzt zu der bei einem Diffusionsvorgang durch die Oberfläche in der Zeiteinheit transportierten Stoffmenge.

Wegen des identischen Baues der Gleichungen für Wärmeleit- und Diffusionsvorgänge läßt sich dasselbe Modell auch auf Wärmeleitvorgänge anwenden[1]. Die *Stromstärke entspricht dann in dem abgebildeten Vorgang der die Grenzfläche durchschreitenden Wärmemenge.* Der Vorzug des skizzierten Verfahrens besteht darin, daß man ein Modell hat, *bei welchem man die durchtretende Wärmemenge oder die Wärmeübergangszahl beliebig auch zeitlich verändern kann.* Das Verfahren läßt sich ohne Schwierigkeiten bei nicht allzu großen optischen Vergrößerungen verwenden. Damit ist es möglich, Aufgaben aus dem Gebiet der Wärmeübertragung experimentell anzugreifen, die seither noch nicht behandelt worden sind. Abb. 257/1 zeigt aus der erwähnten früheren Arbeit des Verfassers[2] die Umströmung eines kleinen Kupferkörpers, der gleichzeitig als Elektrode in einer verdünnten Cu_2SO_4-Lösung diente.

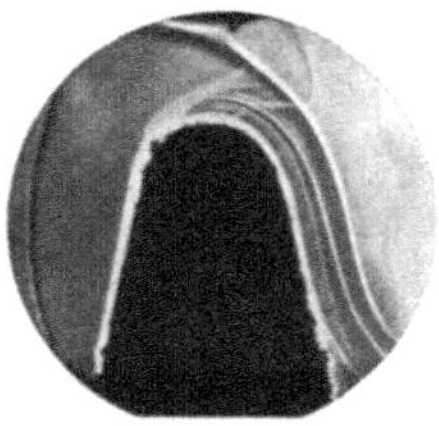

Abb. 257/1. Schlierenaufnahme eines elektrolytisch erzeugten Diffusionsschleiers vor einem Kupferkörper bei Strömung von links nach rechts als Modell für die Wärmeübertragung. (Nach Versuchen von SCHMALTZ.)

Diese Probleme sind für den Ingenieur wichtig, z. B. bei der Betrachtung von *Verdunstungs- und Kondensationsvorgängen an Kühlwerken usw.*[3].

864. Oberflächenbeschaffenheit und Kondensation[4].

Auch bei der Erörterung dieses für die Technik sehr wichtigen Vorganges versuchen wir, aus den umfangreichen theoretischen und praktischen Ergebnissen nur die Gesichtspunkte herauszuschälen, die uns den *unmittelbaren Einfluß der Oberflächenbeschaffenheit* zeigen. Wenn Dampf mit einer Oberfläche in Berührung ist, deren Temperatur unter der des Dampfes liegt, tritt Kondensation ein. Die Menge des gebildeten Kondensates hängt einerseits von der Verdampfungswärme ab, andererseits von der Wärmemenge, die durch die Oberfläche hindurchgeleitet wird, damit also von der *Wärmeübergangszahl und dem wirksamen Temperaturunterschied. Die Wärmeübergangszahl aber ist keine*

---

[1] Vgl. LOHRISCH: Bestimmung von Wärmeübergangszahlen durch Diffusionsversuche. Diss. München 1928. THOMA: Hochleistungskessel. Berlin 1921. NUSSELT: Wärmeübergang, Diffusion und Verdunstung. Z. angew. Math. Mech. Bd. 10 (1930) S. 105.

[2] SCHMALTZ: a. a. O.

[3] LEWIS: Mech. Engng. 1922 S. 445 (Verdampfung). ROBINSON: Mech. Engng. 1923 S. 99 (Kühltürme). MERKEL: Forsch.-Arb. Ing.-Wes. 1925 Nr. 275. WOLFF: Untersuchungen über .... Kühlwerke. München 1928.

[4] Vgl. die Übersicht von JAKOB: Kondensation und Verdampfung. Z. VDI Bd. 76 (1932) S. 1161.

Naturkonstante, sondern eine Größe, die mit der Art und dem feineren Mechanismus des Kondensationsvorganges selbst zusammenhängt. Hier kommt der Einfluß der mikrogeometrischen und mikrochemischen Beschaffenheit der Oberfläche ins Spiel.

Die Forschungsarbeit von NUSSELT hat uns eine erste klare Vorstellung von dem Wesen solcher Vorgänge gegeben [1]. Nach der NUSSELTschen Theorie bildet sich auf der dampfseitigen Grenzfläche eine *Wasserhaut* von bestimmter Dicke. Diese kann ruhen oder (etwa unter dem Einfluß der Schwere oder der Strömung des angrenzenden Dampfes) sich laminar bewegen. Der durch die Wasserhaut gehende Wärmestrom wird durch das Wärmedurchgangsvermögen der Wasserhaut, also ihr Wärmeleitvermögen und ihre Dicke und fernerhin durch die Temperaturdifferenz zwischen dem Dampf und der festen Oberfläche bestimmt. Die Dicke der an der Wärmeleitung beteiligten Wasserhaut hängt aber wiederum von den mechanischen Vorgängen bei ihrem Abfluß ab, wodurch die ganzen Vorgänge in sich durch thermische wie auch hydrodynamische Beziehungen verknüpft sind (Abb. 258/1). Die ursprüngliche Arbeit NUSSELTs enthält die theoretische Durcharbeitung dieses Gedankenganges für die verschiedensten möglichen Fälle [2]. Verdampfungsversuche in der Physikalisch-technischen Reichsanstalt von JAKOB und Mitarbeitern [3] haben eine vorzügliche *Übereinstimmung mit der* NUSSELTschen Theorie *in Rohren bei schneller Durchströmung* mit Dampf ergeben. Dies entspricht etwa den Verhältnissen bei *Vorwärmern* und gewissen *Kondensatoren.* Andererseits standen damit in Widerspruch gewisse Erfahrungen über die bessere Wärmeausnutzung des Sattdampfes gegenüber dem Heißdampf z. B. aus der Zuckerindustrie und von anderen Stellen. Die wichtigste Voraussetzung der NUSSELTschen Theorie ist naturgemäß die, daß sich in Wirklichkeit eine derartige Wasserhaut bildet. Die oben angedeuteten Überlegungen über Wärmeleitfähigkeit und die mechanischen Vorgänge in einer derartigen Haut enthalten noch nicht die feineren *molekularphysikalischen Einflüsse, von denen es abhängt, ob der kondensierende Dampf sich wirklich in Form einer glatten Haut niederschlägt, welche die feste Oberfläche völlig benetzt, oder in Form von Tropfen.* Diese beiden Möglichkeiten hängen von der *mikrogeometrischen* Gestalt der Oberfläche wie auch von der *mikrochemischen* Beschaffenheit der äußeren Grenzschicht ab, welche beide beeinflussen und den Randwinkel [4] zwischen fester Grenzfläche und Flüssigkeit bestimmen. Hier handelt es sich um Einflüsse, die unmittelbar die Aufgabestellung

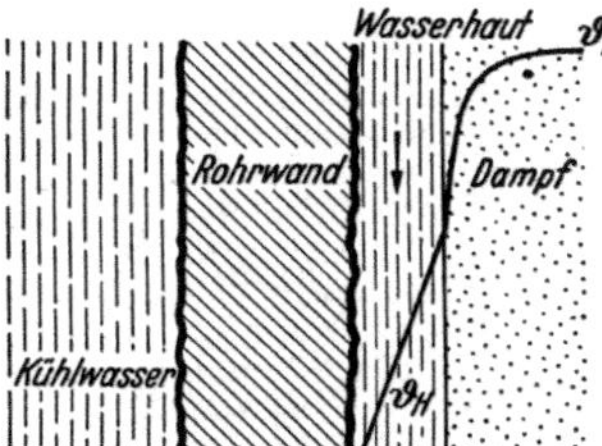

Abb. 258/1. Vorgang der Wasserhautkondensation. ϑ_W Temperatur des Kühlwassers; ϑ_R Temperatur im Rohr; ϑ_H Temperatur in der Wasserhaut; ϑ_D Temperatur des Dampfes.

[1] NUSSELT: Z. VDI Bd. 60 (1916) S. 541, 569.

[2] Auf die lebhaften Meinungsverschiedenheiten, die über die Frage entstanden sind, ob in Übereinstimmung mit den NUSSELTschen Vorstellungen beim Kondensieren von Sattdampf mehr Wärme abgeführt wird als bei erhitztem Dampf oder umgekehrt [vgl. Z. VDI Bd. 69 (1925) S. 1339] kann hier nicht eingegangen werden.

[3] JAKOB, M. u. S. ERK: Forsch.-Arb. Ing.-Wes. Nr. 310. Berlin 1928. JAKOB, M., S. ERK u. H. ECK: Z. VDI Bd. 73 (1929) S. 1517. Techn. Mech. Thermodyn. Bd. 1 (1930) S. 46. Forschg. Ing.-Wes. Bd. 3 (1932) S. 161.

[4] Vgl. S. 260.

unserer vorliegenden Arbeit berühren. In der Tat haben neuere Versuche von E. SCHMIDT, SCHURIG und SELLSCHOPP[1] gezeigt, daß es zwei deutlich verschiedene Formen der Kondensation gibt, nämlich die Bildung einer völlig zusammenhängenden Haut *(Filmkondensation)* entsprechend den NUSSELTschen Vorstellungen und die *Tropfenkondensation*. Letztere besteht darin, daß sich feine Tropfen niederschlagen, welche nach kurzer Zeit zu größeren Gebilden zusammenwachsen. Abb. 259/1 zeigt diesen Vorgang an einer polierten und verchromten Kupferplatte nach E. SCHMIDT. Im allgemeinen erfolgt diese Tropfenbildung nicht gleichmäßig, sondern sie ist reichhaltiger in gewissen Bezirken einer Oberfläche als in anderen. Daß bei der Tropfenkondensation die Wärmeübergangsverhältnisse völlig anders sind und nicht mehr in Übereinstimmung mit der NUSSELTschen Theorie sein können, liegt auf der Hand. Aus der Arbeit von SCHMIDT, SCHURIG und SELLSCHOPP ergibt sich das zunächst überraschende Ergebnis, daß bei reiner Tropfenkondensation die Wärmeübergangszahlen 2—3mal so groß sind als bei der NUSSELTschen Wasserhautkondensation. Ob die eine oder andere Kondensationsform zustande kommt, hängt offensichtlich mit den mikrogeometrischen und mikrochemischen Zuständen der Oberfläche zusammen[2]. Zum Beispiel geben SCHMIDT, SCHURIG und SELLSCHOPP an, daß auf ihrer polierten Kupferplatte bei längerem Beströmen mit ungereinigtem Dampf sich ein Eisenoxydbelag und eine an den Anlauffarben erkennbare Oxydation des Kupfers bildete. Darauf ist an diesen Stellen die Tropfenkondensation in Filmkondensation übergegangen. Es wäre verfehlt, eine solche Oberfläche als „verschmutzt" zu bezeichnen. Im Gegenteil, im Sinne kapillar-physikalischer Anschauung ist eine frische Oxydschicht außerordentlich rein.

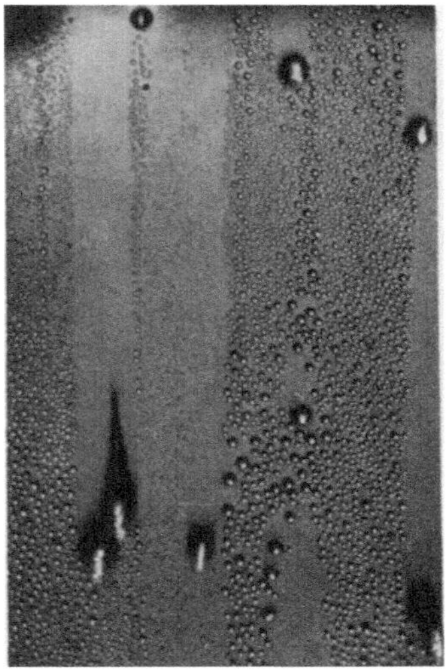

Abb. 259/1. Tropfenkondensation von Wasserdampf. (Nach E. SCHMIDT.)

Es ist wahrscheinlich in vielen Fällen so, daß bei Tropfenkondensation die Metallschicht eine feinste *äußere Grenzschicht* von Kohlenwasserstoffen trägt, die im Sinne der Kapillaritätsverhältnisse „Schmutz" darstellt, im Gegensatz zu dem Eisenoxyd, welches gut benetzbar ist. Bei der Frage der Tropfenbildung spielen aber auch noch andere Umstände, wie z. B. die Geschwindigkeit des auftretenden Dampfes, eine Rolle. Meine oben (F.N. 259/2) erwähnten Versuche haben gezeigt, daß auch an gut gereinigten Oberflächen, aber bei praktisch nicht vorhandener Dampfgeschwindigkeit solche Tropfen entstehen können. Allgemein läßt

[1] SCHMIDT, SCHURIG u. SELLSCHOPP: Techn. Mech. Thermodyn. Bd. 1 (1930) S. 53.

[2] In einer älteren Arbeit des Verfassers [Ann. Physik Bd. 16 (1905) S. 398f.] über den Einfluß der Magnetisierung auf die Wärmeleitfähigkeit des Nickels wurde zur Darstellung der Isothermen auf polierten Metallflächen die Kondensation des natürlichen Wasserdampfes der Luft bei der Abkühlung der Flächen benutzt. Es zeigte sich damals, daß nur bei völliger Reinigung der Oberfläche mit den sorgfältigsten Laboratoriumsverfahren (dann aber zuverlässig) es möglich war, mikroskopisch gleichmäßige Niederschläge in Form kleinster Tropfen zu erhalten.

sich sagen, daß *bei nicht oder schlecht benetzbaren Oberflächen* und Aufströmen von Dampf mit merklicher Geschwindigkeit Tropfenkondensation auftritt, *Wasserhäute dagegen an gut benetzbaren, äußerst reinen Flächen.* Zu den nicht benetzbaren gehören zunächst alle Kohlenwasserstoff-Grenzschichten, die von Schmiermitteln und ähnlichen Körpern herrühren, welche der technische Dampf immer in genügender Menge aufweist. Wie außerordentlich empfindlich eine Oberfläche in dieser Hinsicht ist, zeigen die (S. 201f.) besprochenen Reibungsversuche von HARDY und auch die von WERNCKE (F.N. 195/8). In beiden gelang es erst, wiederholbare Werte zu bekommen, als man sogar die Laboratoriumsluft, in der die reibenden Flächen sich befanden, aufs allersorgfältigste von Spuren von Kohlenwasserstoffen gereinigt hatte. In einem anderen Fall traten Reibungsziffern auf, welche den Verhältnissen mit Flüssigkeitshäuten von Kohlenwasserstoffen nahekamen. Es ist wichtig sich zu überlegen, wie groß die Oberfläche ist, welche in einmolekularer Schicht von einer bestimmten Menge eines Kohlenwasserstoffes bedeckt werden kann. Eine einfache Rechnung[1] zeigt, daß z. B. es möglich ist, *mit 1 cm³ Schmieröl eine metallische Oberfläche von etwa 500 m² in einmolekularer Schicht bei dichtester Packung zu bedecken.* Eine solche Grenzschicht würde sicherlich schon hinreichen, die Benetzungsverhältnisse grundlegend zu ändern. Rauhe Oberflächen sind im allgemeinen gut benetzbar. Dies hängt unter anderem auch mit den Veränderungen der Oberflächenspannung an deren feinsten hervorragenden Punkten zusammen[2].

865. Oberflächenbeschaffenheit und Verdampfung.

Neuere Untersuchungen haben gezeigt, daß auch der *Wärmeübergang bei der Verdampfung* an einer Heizfläche von der feinen *Beschaffenheit dieser Oberflächen* erheblich beeinflußt wird. Die Form und Größe einer sich an der Oberfläche bildenden Dampfblase hängt von deren Benetzbarkeit ab. Diese hinwiederum wird von den mikrogeometrischen und mikrochemischen Verhältnissen an der äußeren Grenzschicht bestimmt. Die Benetzbarkeit einer Oberfläche steht in einer unmittelbaren Beziehung zu dem *Randwinkel,* den die Flüssigkeit mit ihrer kapillaren Grenzfläche zu der Metallfläche bildet. Die Größe dieses Randwinkels ist ein Maß für die Benetzbarkeit. Bei Oberflächen, die von einer Flüssigkeit nicht oder schlecht benetzt werden (also z. B. Wasser auf einer durch Kohlenwasserstoff verunreinigten Metallfläche oder auch bei Quecksilber auf einer völlig reinen Glas- oder Metallfläche), wird dieser Randwinkel sehr klein oder Null (Abb. 260/1).

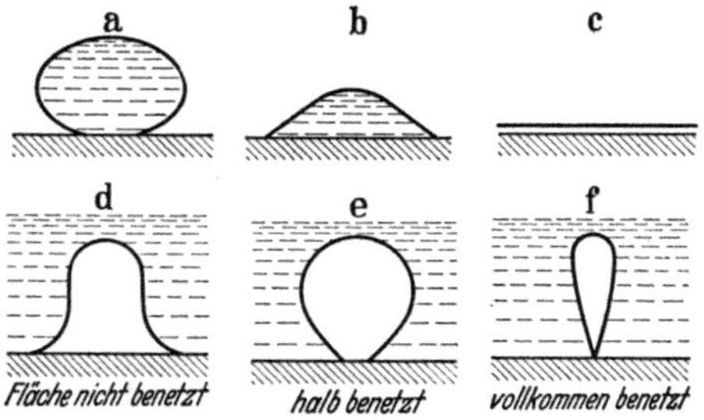

Abb. 260/1 a–f. Gestalt eines Flüssigkeitstropfens in Dampf (a, b, c) und einer Dampfblase (d, e, f) an verschieden benetzten Oberflächen. (Nach TEN BOSCH.)

[1] Hierbei ist ein Querschnitt der Fettmoleküle mit 25 Å² angenommen. Es kommen somit $4 \cdot 10^{12}$ Moleküle auf den mm². Bei einem Molekulargewicht von 300 wird mit der LOSCHMIDTschen Zahl $6 \cdot 10^{23}$ die Anzahl Moleküle pro g Substanz $2 \cdot 10^{21}$. Man kann somit durch 1 g Substanz $\frac{2 \cdot 10^{21}}{4 \cdot 10^{12}}$ mm² oder 500 m² bedecken.

[2] Vgl. F.N. 261/2.

Bei guter Benetzung nähert er sich 180°. Auch bei gleichem Randwinkel, also gleicher Benetzungsfähigkeit, muß sich etwa an einem Tal einer rauhen Oberfläche eine andere Tropfenform ergeben als auf einer ebenen Fläche, schließlich wiederum eine andere Tropfenform an einer feinen Spitze einer solchen rauhen Oberfläche[1] (Abb. 261/1). An singulären Stellen, wie Spitzen und Rändern von Röhren, wird die Tropfenform praktisch unbestimmt, da wegen der stets vorhandenen mikrogeometrischen Krümmung jeder Randwinkel vorkommen kann[2]. Übrigens ist zu beachten, daß *zur Bildung von Dampfblasen* überhaupt *das Vorhandensein sogenannter Kerne nötig* ist, an denen die ersten Dampfmoleküle sich ansetzen. Solche Kerne können sein: feinste Spitzen

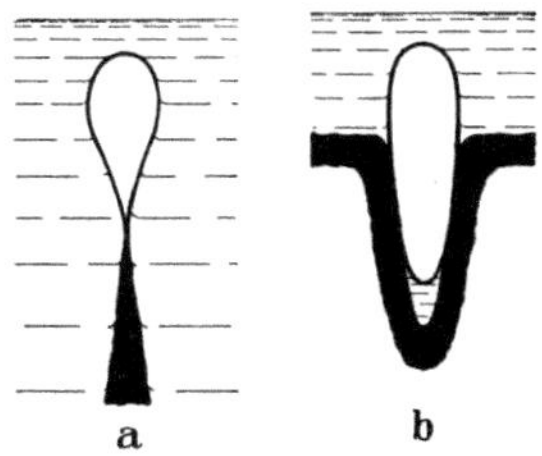

Abb. 261/1 a u. b. Bildung einer Dampfblase an einer vorstehenden Rauhigkeit, Spitze a und in einer Vertiefung b bei großem Randwinkel.

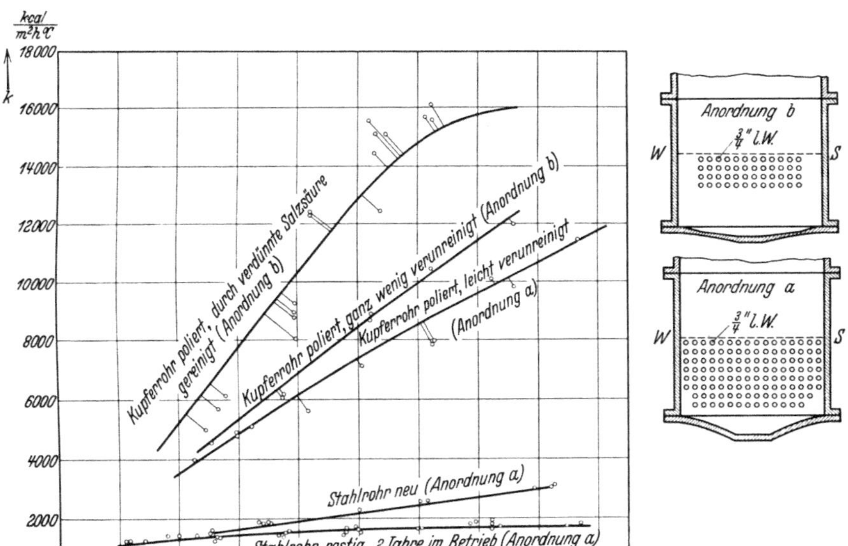

Abb. 261/2. Wärmeübertragung an Verdampferrohren. (Nach PRIDGEON und BADGER.)

der rauhen Flächen, wahrscheinlich aber vor allem aufsitzende feinste Fremdkörperteilchen, Ionen usw. Die Blasen sind übrigens, wie die Theorie ergibt, stets gegenüber der umgebenden Flüssigkeit überhitzt[3].

---

[1] Über die Theorie der Tropfen und Blasen s. WEBER-GANSS: Repertor. der Physik, Bd. I, 2, S. 5f. Leipzig 1916. NEUMANN: Vorlesungen über die Theorie der Kapillarität. Leipzig 1894. LOHNSTEIN: Wied. Ann. Bd. 53 (1894) S. 1062, Bd. 54 (1895) S. 713. SIEDENTOPF: Wied. Ann. Bd. 61 (1867) S. 235. HEYDWEILER: Wied. Ann. Bd. 65 (1898) S. 311. GRADENWITZ: Wied. Ann. Bd. 67 (1899) S. 467. BASHFORT and ADAMS: Capillary action. Cambridge 1883. KLÜSENER: Forschg. VDI Bd. 5 (1934) S. 118.

[2] WEBER-GANSS: a. a. O. S. 27.

[3] Dies geht schon aus der klassischen Theorie von THOMPSON (Lord KELVIN) hervor. Vgl. ferner BOSNAKOVIČ: Techn. Mech. Thermodyn. Bd. 1 (1930) S. 358.

Man sieht also, daß die Art der Tropfenbildung ebenso wie die Gasblasenbildung an einer rauhen Fläche von deren feinster Beschaffenheit außerordentlich abhängt. Daß die Form und Verteilung der Gasblasen die Dampfbildung und damit die Wärmeübergangszahlen unmittelbar beeinflußt, ergibt sich aus der einfachen Anschauung.

Wärmeübergangsversuche unter technisch praktischen Versuchsbedingungen von PRIDGEON und BADGER[1] an Verdampfern zeigen schon den starken Einfluß der Oberflächenbeschaffenheit. Wir geben als Beispiel Abb. 261/2, in der die Abhängigkeit der Wärmeübergangszahl von dem Temperaturunterschied zwischen Heißdampf und siedendem Wasser für verschiedene Rohrarten und Oberflächen aufgetragen ist.

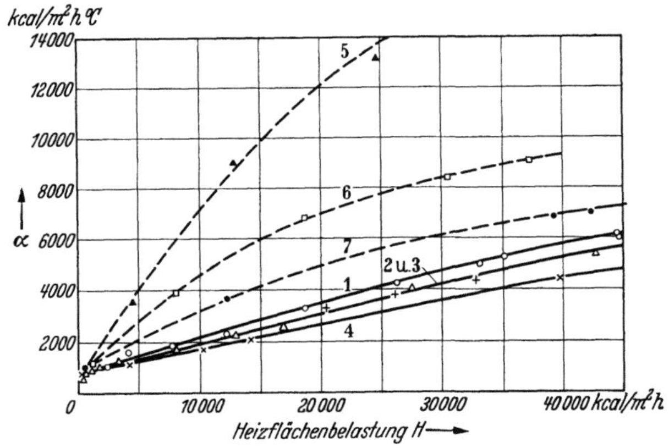

Abb. 262/1. Wärmeübergang von rauhen Heizflächen an siedendes Wasser. (Nach JAKOB und FRITZ.)

Über das Wesen des Verdampfungsvorganges ist in anschaulichen Kleinversuchen von JAKOB und FRITZ[2] eingehend gearbeitet worden. Wir zeigen aus dieser Arbeit als für uns besonders wichtig in Abb. 262/1 den Wärmeübergang an Heizflächen verschiedener Beschaffenheit an siedendes Wasser. In dieser entspricht die Kurve 1 einer Heizfläche, die mit einem rauhen Raster versehen war, welches aus senkrecht zueinander stehenden Furchenscharen besteht von 60° Keilwinkel und 0,15 mm Tiefe. Die Kurven 2 und 3 entsprechen ähnlich behandelten Platten, die Kurve 4 einer mit Sandstrahl frisch gerauhten und gereinigten, 5 einer wenig oxydierten gerauhten Platte, 6 einer frisch mit Sandstrahl gerauhten und 7 einer ebensolchen, aber längere Zeit vorbenutzten Platte. Man sieht, wie außerordentlich verschieden die Wärmeübergangszahlen sein können. Sie liegen z. B. bei einer Heizflächenbelastung von 20000 K cal/m² h zwischen 2000 und 12000 K cal/m² h · ° C. Die Verschiedenheit dieser Werte wird sich aber erst dann kausal verstehen lassen, wenn man bei der Untersuchung des Verdampfungsvorganges in die *feinsten molekularphysikalischen Vorgänge im mikrogeometrischen Gebiet eindringt.*

9. Normung der Oberflächenbeschaffenheit.

91. Notwendigkeit der Normung technischer Oberflächen.

Ich habe in den einleitenden Betrachtungen zu dieser Arbeit schon darauf hingewiesen, daß die fortschreitende Bearbeitungstechnik es immer mehr notwendig macht, die vom Konstrukteur gewünschte und dem Gestaltungszweck entsprechende Oberflächenbeschaffenheit für den Betrieb eindeutig zu kenn-

[1] PRIDGEON and BADGER: Ind. Engng. Chem. Bd. 16 (1924) S. 474.
[2] JAKOB u. FRITZ: Forschg. Ing.-Wes. Bd. 2 (1931) S. A 269.

zeichnen. Nur wenn diese in der Fertigung auch zuverlässig erzielt wird, besteht Sicherheit dafür, daß die Maschinenteile so zusammenarbeiten, wie es den Überlegungen beim Entwurf entspricht und vom Konstrukteur beabsichtigt wurde.

92. Normung der Oberflächen als organisatorische Aufgabe.

Die in der seitherigen DI-Norm 140 verwendeten Kurzzeichen ~ ▽, ▽▽, ▽▽▽, genügen bei weitem nicht mehr für diesen Zweck. Jeder, der mit diesen Fragen praktisch zu tun hat, weiß, wie außerordentlich verschiedene Vorstellungen von der Beschaffenheit einer Oberfläche mit diesen Kurzzeichen in den verschiedenen Werkstätten verknüpft werden [1]. Es ist aber unmöglich, zu einer endgültigen Gliederung und zahlenmäßigen Festlegung der verschiedenen Oberflächengüten durch die Arbeit eines einzelnen zu kommen. Es handelt sich hier um eine Aufgabe, die, ebenso wie die Entwicklung der Passungen, nur durch die Gemeinschaftsarbeit erfahrener Forscher, Konstrukteure und Betriebsleiter geleistet werden kann [2]. Immerhin wird es nützlich sein, gewisse Vorarbeiten in dieser Richtung zu machen und *Vorschläge* für die weitere Entwicklung anzugeben. *Nur* als solche sollen die nachstehenden Ausführungen dienen.

93. Allgemeine Anforderungen an Normen technischer Oberflächen.

Wir können bei den grundlegenden Betrachtungen für die Normung zurückgreifen auf das, was wir (Abschnitt 40, S. 107ff.) bei der allgemeinen Besprechung der verschiedenen Oberflächenmeßverfahren gesagt haben. Bei diesen handelt es sich bekanntlich darum, irgendeine Meßgröße, in diesem Fall eine Oberfläche, in die Normalreihe einzuordnen. Die Normalreihe selbst wird durch ein von vornherein festgelegtes Meßverfahren festgelegt. Grundsätzlich ist jedes Meßverfahren, welches mit Oberflächen zusammenhängt, zur Aufstellung einer Normenreihe brauchbar. Wir haben aber die Forderung aufgestellt, daß dieses der Normungsreihe zugrundeliegende Meßverfahren eine Reihe ergeben soll, die „rationell" ist.

Das bedeutet: *Eine Gütezahl für die Oberfläche, welche der Normung zugrunde gelegt wird, muß anschaulich* und für den Konstrukteur und den Betriebsmann unmittelbar brauchbar sein. Das heißt zunächst für den Konstrukteur, daß sie in einer möglichst einfachen und klaren Beziehung zu denjenigen Eigenschaften der Oberfläche stehen, welche ihm wichtig sind. Es sind dies alle diejenigen, welche wir in der Einleitung besprochen und im vorausgegangenen erörtert haben.

Fernerhin sollte bei der Normung bedacht werden, daß sie auch eine Vorschrift für den *Betriebsmann* darstellt. Der Betriebsmann muß wissen, was er zu tun hat, wenn ihm die Herstellung einer Oberfläche bestimmter Güte vorgeschrieben ist.

---

[1] Vgl. Abschnitt 95, S. 265 u. 266 mit der Mustertafel für Oberflächen, die von einer Reichsbehörde herausgegeben wurde.

[2] In der Amer. Soc. Mech. Engr. besteht seit längerer Zeit ein größerer Ausschuß, der sich mit der Normung von Oberflächen beschäftigt. Vgl. DEALE: Standardization of Machining Finishes. Mech. Engng. Bd. 53 S. 537f.; ASA-Bull. Nov. 1931 Nr. 67.

94. Die mikrogeometrische Form als Grundlage der Oberflächennormung.

Aus allen diesen Gesichtspunkten wird man bei der *Normung der Oberflächen* von keiner irgendwie gearteten Hilfsgröße, sondern nur *von ihrer wirklichen geometrischen Form ausgehen* müssen.

Die Angabe der Oberflächengüte durch eine *Norm,* welche praktische Forderungen des Konstrukteurs und Betriebsmannes zu erfüllen hat, darf aber auch *nicht mehr* enthalten *als unbedingt notwendig* ist, um ihren Zweck zu erfüllen. Wir wissen, daß zu jeder wirklich vorliegenden Oberfläche eigentlich eine unendliche Mannigfaltigkeit von Meßgrößen gehört [1]. Indes vereinfachen sich die Dinge erheblich, wenn man nicht beabsichtigt, die Oberfläche in allen ihren Einzelheiten zu beschreiben, sondern wenn man über sie nur soviel vorschreiben will, daß sie die vom Konstrukteur gewünschten Bedingungen erfüllt. Ich glaube, daß zwei, in vielen Fällen selbst nur eine einzige Maßgröße schon eine weitgehende Kennzeichnung der Oberfläche für die Bedürfnisse der Praxis ermöglichen. *Ich schlage daher vor, im Sinne der Betrachtungen in Abschnitt 5, insbesondere S. 124, eine aus höchstens zwei Zahlen bestehende Kennzeichnung der geometrischen Rauhigkeit der Normungsreihe zugrunde zu legen.* Als maßgebende Einheit kann man entweder die mittlere Höhe oder die maximale Höhe, beide zusammen mit dem Völligkeitsgrad bzw. Formfaktor wählen. Sehr zahlreiche Messungen haben mir gezeigt, daß bei den verschiedensten Bearbeitungsarten der Völligkeitsgrad selten über die Grenzen 0,4—0,6 hinausgeht. Damit ist aber auch indirekt die Gestalt der Tragkurve und die Halbzeitabnutzung bestimmt. Man wird daher für sehr viele Zwecke der Praxis in der Tat mit der Höhe der Profilkurve zur Kennzeichnung der Fläche auskommen. Die allerfeinsten Flächen kann man nicht unmittelbar in eine mikrogeometrische Normenreihe eingliedern. In diesen Fällen wird man wohl die Messung des Reflexionsvermögens, und zwar wahrscheinlich im Sinne der früher beschriebenen Dunkelfeldphotometrie, oder andere noch zu findende Hilfsgrößen zur Aufstellung einer Prüfreihe nicht entbehren können. Man wird diese dann durch Angabe eines oberen Grenzwertes für die meßbare geometrische Rauhigkeit an die Normungsreihe anschließen.

95. Hilfsweise Verwendung von Musterflächen für die Normungsreihe.

Abgesehen von der wie immer gearteten zahlenmäßigen Festlegung der Oberflächengüte wird man, um eine anschauliche Vorstellung von ihr zu erhalten, immer wieder auf eine qualitative Beschreibung und vor allem auch auf Musterflächen zurückgreifen. Dagegen mag eingewendet werden, daß dieses Verfahren nicht „wissenschaftlich“ sei und daß es sonst in der Technik üblich sei, geometrische oder physikalische Größen eindeutig durch Zahlen zu kennzeichnen. Es ist aber in allen guten Werkstätten immer schon Brauch gewesen, einen Satz von bearbeiteten Teilen zur Verfügung zu haben, welche die in der Werkstatt

[1] Kienzle weist [Z. VDI Bd. 80 (1936) S. 232] auf die große praktische Bedeutung der Tatsache hin, daß eine bearbeitete Fläche in verschiedenen Richtungen verschiedene Rauhigkeit hat. Vgl. hierzu Abschn. 62, S. 125ff.

üblichen Bearbeitungsarten zeigen und durch Vergleich kontrollieren lassen. Insbesondere in Amerika hat sich dieses Verfahren sehr ausgebildet[1]. Ich bin

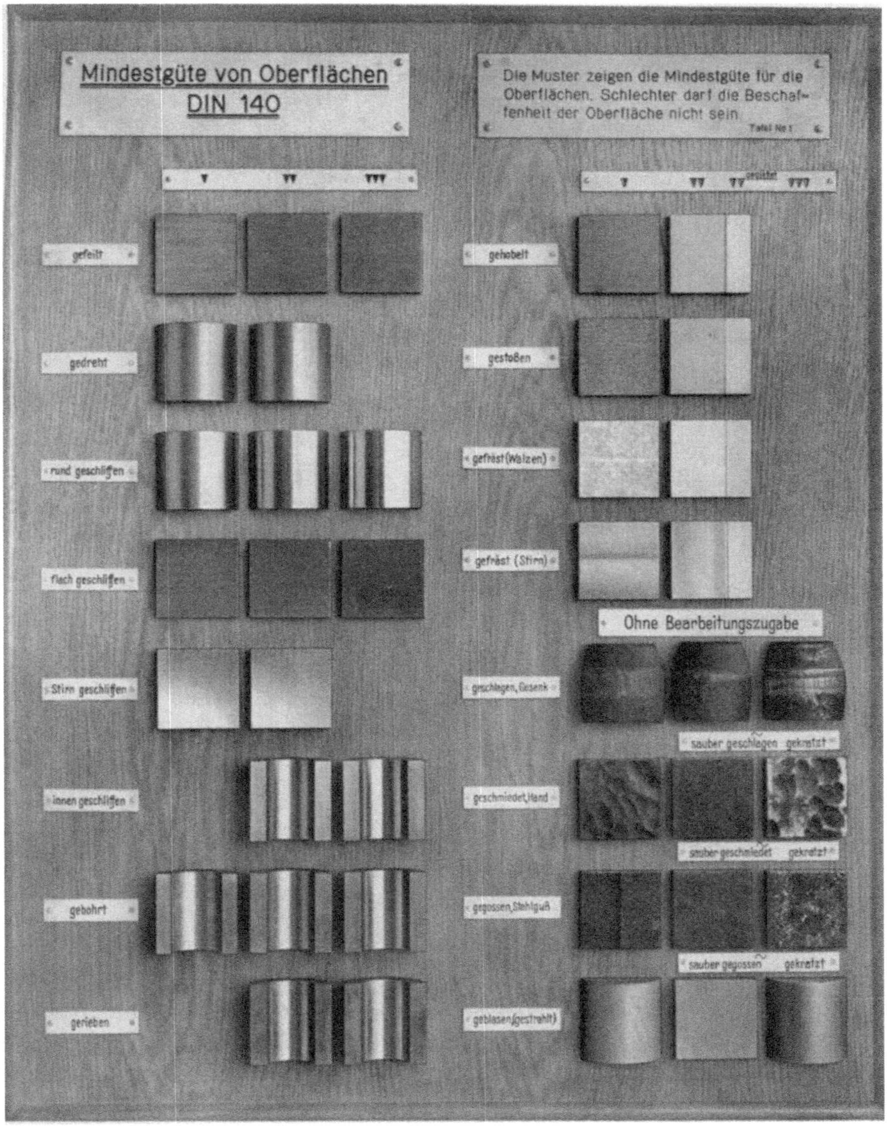

Abb. 265/1. Mustertafel von Oberflächengüten.

der Meinung, daß durch die Einführung guter Meßverfahren diese anschauliche Kennzeichnung bearbeiteter Oberflächen nicht verlassen werden sollte, zumal da ja die Meßverfahren selbst wiederum einen Vergleich der hergestellten Arbeits-

[1] Vgl. DEALE: a.a.O. F.N. 263/2; vgl. auch RANSOME: Amer. Mach. Bd. 74 (1931) S. 581.

stücke mit den Normalstücken ermöglichen (siehe z. B. auf S. 51 das Vergleichsmikroskop von BUSCH).

Eine solche Sammlung von Mustern mit Oberflächen bestimmter Güte mit ihrer entsprechenden Kennzeichnung ist bei einer deutschen Behörde im Gebrauch. Sie dient vor allem auch zur Unterrichtung der Abnahmebeamten. Die Abb. 265/1 zeigt diese Tafel im Ganzen, Abb. 266/1 die gröberen Flächen in größerem Maßstab[1]. Es ist wichtig, daß die Musterstücke auch die zugelassenen

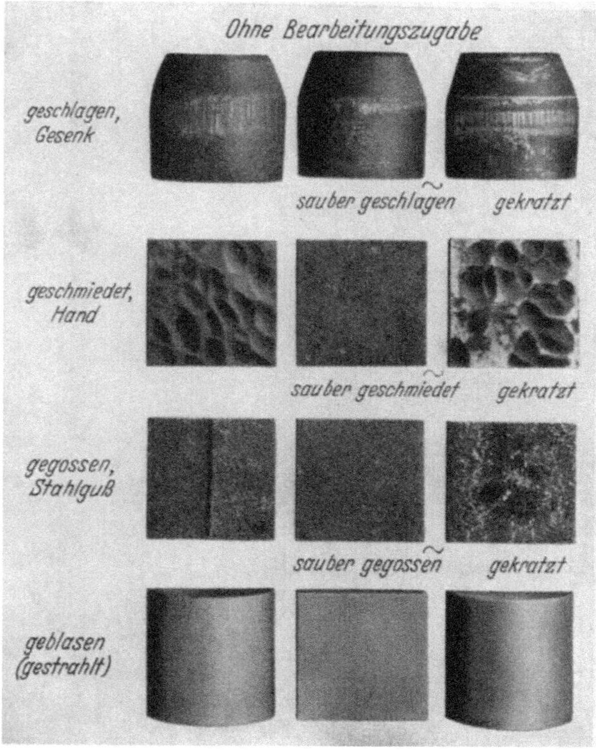

Abb. 266/1. Vergrößerter Ausschnitt aus der Mustertafel der Oberflächengüten in Abb. 265/1.

zufälligen Fehler der Oberflächen von Werkstücken zeigen. Die Bedeutung derartiger Tafeln für den Betrieb liegt in ihrer unmittelbaren Anschaulichkeit und vor allem auch darin, daß sie die Herstellung von Flächen mit übertrieben guten Oberflächen vermeiden läßt in Fällen, wo dies nicht angebracht ist. Damit wird viel unnötiger wirtschaftlicher Aufwand und unnötiger Streit zwischen Betriebsstellen und Abnahme vermieden. Dies ändert natürlich nichts an der Wichtigkeit von Geräten zur zahlenmäßigen Prüfung von Oberflächen für die Betriebskontrolle.

[1] In der Wiedergabe der Tafel kommt vielleicht nicht deutlich genug zum Ausdruck, daß die geschmiedeten und „gekratzten" (d. h. mit der Grobfeile oberflächlich geglätteten) Teile besser sind als die nur sauber geschmiedeten.

96. Grundlagen eines Normungsvorschlages für die Oberflächen.

Wir haben nun für die Normung die Wahl, entweder von der Grundlinie des Profils auszugehen oder von der mittleren Geraden. In den frühesten Untersuchungen über die Beschaffenheit technischer Oberflächen wurde die Rauhigkeit einfach durch die größte Höhe des Profils gekennzeichnet, also die Basis in die Grundlinie gelegt. In den weiteren Untersuchungen, einschließlich meinen eigenen, wurde von der mittleren Geraden ausgegangen. Wenn wir aber den Wunsch haben, möglichst einfache und übersichtliche Verhältnisse für die Normung der Oberflächen zu schaffen, so ist es, wie ich mich nunmehr überzeugt habe, *zweckmäßiger, nicht von der mittleren Geraden, sondern von einer entsprechend definierten Grundlinie* auszugehen. Wenn man eine klare Vorschrift für die Bestimmung dieser macht, so hat man in der mittleren Höhe h_m des Profils über dieser Grundlinie ein unmittelbares Maß für das Volumen an rauhem Material. Man hat dann ferner in dem Völligkeitsgrad k eine Zahl, welche in einer Beziehung steht zu der mittleren Form des Profils und damit zu der voraussichtlichen Abnutzung. Geht man hingegen wie seither von der mittleren Geraden aus, so hat man in der von ihr gerechneten mittleren Höhe des Profils nicht ein Maß des rauhen Materials, sondern nur eine mathematische Zahl, der die praktische Anschaulichkeit fehlt, und kann auch keinen Formfaktor angeben, der wirklich kennzeichnend für das Profil ist. Die Unterschiede zwischen diesen zwei Bestimmungsmethoden habe ich in Abschnitt 52, S. 113 dargestellt. Natürlich kann man hier den Einwand machen, daß zwar die mittlere Gerade, wie ich dies früher auch dargestellt habe, völlig einwandfrei zu ermitteln, daß dies aber für die Grundlinie schwierig sei, vor allem deswegen, weil einzelne tiefe Risse in dem Profil die Lage der Grundlinie völlig verändern können. *Ich schlage daher vor, die Lage der Grundlinie und die maximale Höhe nach den Regeln des folgenden Abschnittes zu bestimmen.*

97. Regeln für die Bestimmung des genormten Gütegrades.

Es sei voraus bemerkt, daß man sich in den meisten Fällen der Praxis mit der Bestimmung der Größe H begnügen wird. Nur für wissenschaftliche Zwecke ist es notwendig, auch die mittlere Höhe h_m und damit den Völligkeitsgrad k festzustellen. Dies ist bei der Prüfung der nachstehenden Vorschläge im Auge zu behalten.

Regeln für die Bestimmung von H und h_m.

1. Man teilt die Profilkurve in Teile von etwa 5 Arbeitsabschnitten und legt eine mittlere Gerade durch die tiefsten Punkte. Dies kann z. B. bei photographischer Wiedergabe der Profilkurve entweder nach dem Augenmaß geschehen oder indem man, ausgehend von einer beliebig gezogenen Basis, die Ordinaten der tiefsten Punkte bestimmt und nach kleinsten Quadraten rechnet. — Für alle praktischen Fälle genügt das erste Verfahren.

2. Man bestimmt nach derselben Regel eine Gerade, die durch die höchsten Punkte geht.

3. Der mittlere Abstand zwischen den so bestimmten Linien definiert die „maximale Höhe" der Profilkurve H.

4. Liegt keine photographische Aufnahme des Oberflächenprofils vor, sondern wird der Oberflächenprüfer nach SCHMALTZ (Abb. 75/2, 76/2, 77/1) zur unmittelbaren Untersuchung einer Fläche benutzt, so kann man in derselben Weise die Größe H unmittelbar mit dem Okularfadenmikrometer oder der Strichplatte bestimmen.

5. Hat man jedoch eine photographische Aufnahme des Profils gemacht, so kann man etwa einen geteilten Glasmaßstab auf die Kurve legen und die maximale Höhe abmessen, wobei man einzelne besonders herausfallende höchste oder tiefste Punkte außer acht läßt. Will man hierfür noch eine Regel, die die Willkür ausschließt, so kann man etwa festsetzen, daß man alle tiefsten und höchsten Punkte, die in 5 Arbeitsabschnitten nicht mehr als einmal vorkommen, außer acht läßt.

Bei Kurven, die keine ausgesprochenen Arbeitsabschnitte enthalten (bei geschliffenen oder ähnlichen Flächen), kann man als Arbeitsabschnitt etwa 0,2 mm wählen, so daß 5 Arbeitsabschnitte auf den Millimeter kommen.

6. Hat eine Fläche in verschiedenen Richtungen verschiedene Rauhigkeiten, so wird die größte vorkommende Rauhigkeit zur Einordnung der Fläche in die Normungsreihe benutzt.

7. Will man (was meistens nur für wissenschaftliche Zwecke in Frage kommt) auch die Größe h_m und damit den Völligkeitsgrad k bestimmen, so kann dies wie folgt geschehen:

Durch Planimetrieren über der nach 1. bestimmten Grundlinie oder Ausmessen mit Hilfe einer in Quadratmillimeter geteilten Glastafel bestimmt man die mittlere Höhe der Fläche des rauhen Materials oder indem man bei geringeren Genauigkeitsansprüchen die mittlere Höhe nach dem Augenmaß zeichnet. Der Quotient aus der maximalen Höhe durch die mittlere Höhe $\frac{h_m}{H}$ ist der Völligkeitsgrad.

Die Größe H ist dem weiter unten dargestellten Normungsvorschlag zugrunde gelegt. Man wird also im allgemeinen eine Fläche nach Bestimmung dieser Größe H ohne weiteres in die Normungsreihe einordnen können.

Eine Verfeinerung in gewissen Fällen ist möglich, wenn man außer der Größe H den Völligkeitsgrad k bei der Einordnung in die Normungsreihe berücksichtigt. Hierfür geben wir im nachstehenden Regeln:

Regeln für die Berücksichtigung des Völligkeitsgrades.

1. Maßgebend für die Güteklasse ist die maximale Höhe H, unter der Voraussetzung, daß der Völligkeitsgrad k zwischen 0,4 und 0,6 liegt.

2. Ist der Völligkeitsgrad kleiner als 0,4, also die Kurve im Durchschnitt konkav oder spitz, so soll die Oberfläche bei gleicher maximaler Höhe um 2 Güteklassen schlechter eingeordnet werden, als es ihrer maximalen Höhe entsprechen würde.

3. Ist der Völligkeitsgrad größer als 0,6, so soll die Oberfläche um 2 Güteklassen besser sein. Diese Festsetzung ist mit Rücksicht darauf getroffen, daß, wie oben erwähnt, bei kleinem Völligkeitsgrad die Abnutzung schneller verläuft und bei großem Völligkeitsgrad langsamer.

Ich bin mir klar darüber, daß diese Festsetzungen willkürlich sind. Eine Willkür aber läßt sich bei keiner Normung vermeiden.

Im übrigen kann die gesamte Güte einer Oberfläche stark beeinflußt werden durch die sogenannten Rattermarken, die durch Schwingungen des Werkzeugs, des Werkstücks oder der Werkzeugmaschine selbst entstehen (vgl. S. 53, S. 145). Dasselbe gilt für Fehler des Werkstückes, etwa durch regelmäßig auftretende tiefe Bearbeitungsfurchen, wie sie durch eine vorstehende Schneidkante eines Messerkopfes zu entstehen pflegen. Dies ist natürlich nur dann der Fall, wenn man solche Fehler nicht schon bei Bestimmung der Größe H berücksichtigt hat. Wenn man diese nicht bei der Ausmessung der Größe H schon berücksichtigt, was wegen der oft sehr großen Wellenlänge der Rattermarken und aus anderen Gründen nicht immer bequem ist, so kann man folgendes festsetzen:

4. Die Güteklassen der Oberflächen beziehen sich auf Werkstücke ohne Ratter- oder Zittermarken oder einzelne Bearbeitungsrisse durch eine vorstehende Schneidkante an Messerköpfen u. ä. Wenn solche vorhanden sind bei gleichem Profil quer zur Bearbeitungsrichtung, wird die Güte der Oberfläche um 2 Gütestufen niedriger angesetzt.

Ich mache nunmehr einen *Normungsvorschlag*, der in der Beilagentafel dieses Buches festgelegt ist. In diesem ist die *maximale Höhe H des Profils geometrisch nach der Normungszahlenreihe abgestuft.*

Ich schlage vor, für die wichtigsten Rauhigkeitszahlen eine Abstufung nach der Fünferreihe, also um den Faktor $\sqrt[5]{10} \sim 1{,}6$ vorzunehmen, unterhalb von $1\,\mu$ und oberhalb von $100\,\mu$ jedoch nach einer geometrischen Zweiteilung mit dem Faktor 1,315.

Die Güteklassen sind fortschreitend mit dem Buchstaben S bezeichnet, der die Bedeutung „Oberfläche" als internationale Bezeichnung hat (surface) und einem davorgesetzten Index, der der oberen Grenze der betreffenden Güteklasse entspricht. Es bedeutet also z. B. 16 S die Güteklasse für $H = 10\,\mu$ bis $H = 16\,\mu$.

Wie früher schon erwähnt, läßt sich die Gestalt der Profile bei den feinsten Oberflächen unserer Tabelle, unterhalb von 1,0 S, durch keine der bekannten Verfahren mit genügender Genauigkeit feststellen. Es sei ausdrücklich davor gewarnt, Ergebnisse, die mit der Tastmethode etwa bei diesen Flächen erzielt werden, ernst zu nehmen. Mit der Dunkelfeldphotometrie jedoch, wie ich sie in Abschnitt 35318, S. 98ff. beschrieben habe, lassen sich diese Flächen noch außerordentlich fein unterscheiden, derart, daß Güteunterschiede innerhalb des Bereiches 0,3 S . . . 1,0 S sich durch den Faktor 2000 mit Hilfe dieser Meßmethode trennen lassen[1]. Dies geht wahrscheinlich weit über das hinaus, was selbst vom Lehrenbau gefordert wird.

Ich habe in der Beilagentafel, die den Normungsvorschlag für Oberflächen enthält, in die verschiedenen Spalten, die den Güteklassen entsprechen, *Erfahrungswerte für die Rauhigkeiten von Oberflächen* eingetragen, wie ich sie aus zahlreichen Messungen von Proben erhalten habe. Diese stammen von den verschiedensten Werkstätten und ich glaube, daß sie wenigstens ein einigermaßen zuverlässiges Bild der in der Praxis vorkommenden Oberflächen geben.

[1] Ein Anschluß der Dunkelfeldphotometrie durch Eichung an die wirklichen geometrischen Verhältnisse dieser feinsten Flächen kann vielleicht später durch das Verfahren der Mikrointerferenzen (S. 58) gewonnen werden.

Diese Werte erstrecken sich vielfach über das Gebiet zahlreicher Güteklassen unserer Tabelle. Gelegentlich waren sie von den Werken mit Bezeichnungen wie sehr fein, fein, mittelfein, grob, rauh oder mit den Kurzzeichen der DI-Norm versehen. Man könnte aus der Tatsache, daß die gemessenen Werte, die wir in die Tabelle eingetragen haben, sich vielfach über mehrere Güteklassen erstrecken, schließen, daß die Fünferreihe noch viel zu fein ist und schließlich doch eine gröbere Abstufung zweckmäßig sei. Andererseits überschneiden sich die Anfangs- und Endpunkte der gemessenen Bearbeitungsarten in Wirklichkeit deutlich, so daß für viele Zwecke eben doch die zahlreichen Stufen notwendig sind. Für Werkstätten, die auf eine genaue Kennzeichnung der Oberflächengüte heute und auch in Zukunft keinen entscheidenden Wert legen, ist die vorgeschlagene Abstufung unter allen Umständen viel zu fein. Man wird für diese eine *Zusammenfassung der Güteklassen* in etwa 4 große Gruppen im Sinne der alten DI-Norm sicher beibehalten. Ich habe diese so, wie ich glaube, daß sie zweckmäßig sind, in die Normungstafel eingetragen und mit großen Buchstaben wie obenstehend (Z.T. 270/1) bezeichnet.

Z.T. 270/1. Vereinfachte Normentafel der Oberflächenrauhigkeit.

Gütegrad	Maximale Rauhigkeit *H* in μ	Zugehörige Grade der feinen Normungsreihe
SA	0 ... 1,0	0,3 *S*... 1,0 *S*
SB	1,0... 10	1,6 *S*... 10 *S*
SC	10 ... 100	16 *S*... 100 *S*
SD	100 ...1000	315 *S*...1000 *S*

Auf diese Weise ist beiden Bedürfnissen Rechnung getragen, einerseits den Betrieben, die eine feinstufige Einteilung benötigen und andererseits denen, die mit ganz wenigen Klassen auskommen können. Die verschiedene Bezeichnung ist deswegen nötig, damit die Oberflächengüten auf den Zeichnungen in einfacher Weise kenntlich gemacht werden können.

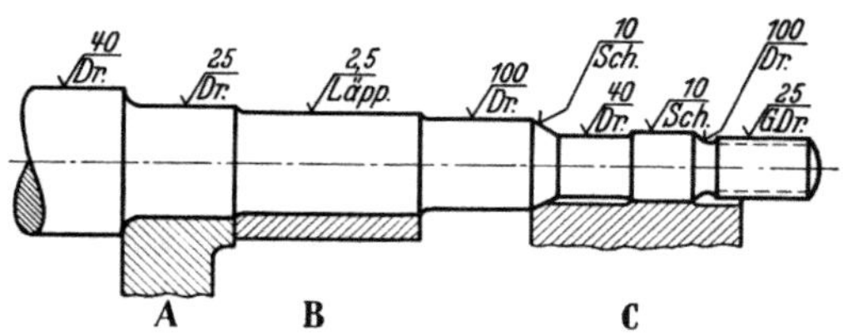

Abb. 270/1. Vorschlag für die Oberflächenbezeichnung auf Zeichnungen.

Was die *Angabe der Oberflächengüte auf den Zeichnungen* angeht, so schlage ich vor, in Anlehnung an DIN 140 ein Zeichen zu wählen, welches ähnlich wie ein Wurzelzeichen ($\sqrt{\ }$) aussieht und über dem Strich die Art der Bearbeitung und unter dem Strich die Güteklasse angibt. Ein Beispiel hierfür ist Abb. 270/1, in welcher gedrehte, geschliffene und geläppte Flächen verschiedener Güte angegeben sind. Dabei lassen sich leicht verständliche Normen für die Abkürzung der Bearbeitungsarten festsetzen, z. B. *Dr* für Drehen, *Sch* für Schleifen usw.

Es bedeuten in dem Beispiel

A ein mit Preßsitz auf die Welle aufgesetzter Körper,

B eine Lagerstelle und

C ein aufgeschobener und durch eine Schraubenmutter befestigter Körper.

Im allgemeinen muß es der Werkstatt überlassen bleiben, welchen Völligkeitsgrad sie ausführen will oder kann, sofern nur die Güteklasse eingehalten wird, die sich aus der maximalen Höhe und dem Völligkeitsgrad ergibt. In besonderen, sicherlich seltenen Fällen kann es zweckmäßig sein, daß der Konstrukteur nicht nur die Güteklasse, also etwa 16 S angibt, sondern gleichzeitig auch den Völligkeitsgrad, den er wünscht.

Im übrigen wäre es noch denkbar, daß der Konstrukteur auch den Arbeitsabschnitt oder Vorschub mitangeben will. Ich bin der Meinung, daß dies für die große Mehrzahl der Fälle zwecklos ist, wenn nur die Güteklasse selbst angegeben wird. Will man in einzelnen Fällen die Feinheit des Vorschubs mitangeben, so ist es wohl am zweckmäßigsten, wenn man dem Vorschlag von Bauer[1] folgt und nicht den Abstand der Bearbeitungsriefen, sondern umgekehrt die Anzahl der Bearbeitungsriefen auf den Millimeter angibt. In diesem Fall käme also noch eine dritte Zahl hinzu, was meines Erachtens nur in den seltensten Fällen praktisch durchführbar wäre.

Ich hoffe, daß die obigen Vorschläge die Normungsarbeit auf diesem Gebiet anregen und befruchten werden. Mehr als Vorschläge sollen sie unter keinen Umständen sein.

---

[1] Bauer: Masch.-Bau Bd. 14 (1934) S. 81.

Alphabetisches Stichwortverzeichnis.

Tafel-Anhang.

74. Übersicht bearbeiteter Flächen.

Abkürzungen:

V = lineare Vergrößerung,
Qu = Aufnahme nach dem Querschliffverfahren,
Pm = Aufnahme mit dem Profilmikroskop,
Os = Oberflächen-Schräglichtaufnahme,
H = Höhe des höchsten Punktes der Kurve über der Grundlinie,
h_m = mittlere Rauhigkeit, auf die Grundlinie bezogen,
$K = \frac{h_m}{H}$, Formfaktor, Völligkeitsgrad.

Bei den dargestellten Profilkurven ist immer die obere scharfe Kante maßgebend.

Hobeln.

Schruppen.

Stahl.

Abb. 1a—c von Werkzeugmaschinenfabrik.

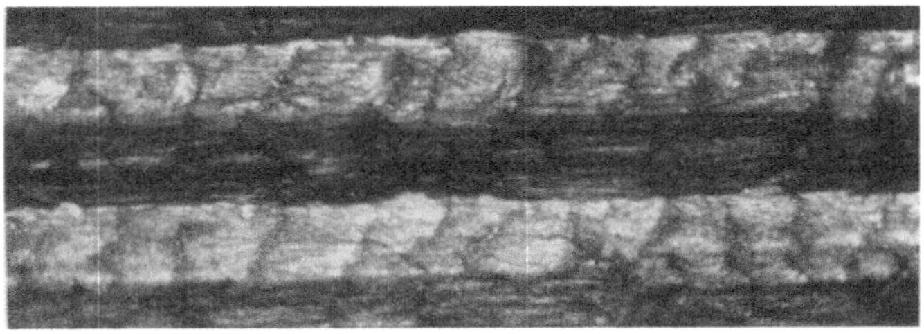

Abb. 1a. Stahl; Os; $V = 22{,}5\times$.

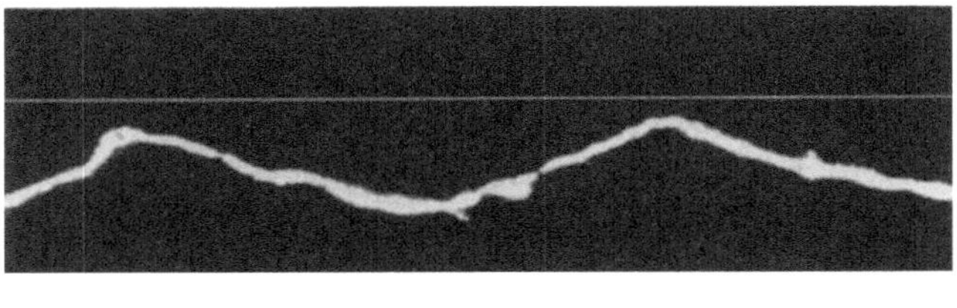

Abb. 1b. Stahl; Pm; $V = 74\times$; $H = 101\,\mu$; $h_m = 46{,}5\,\mu$; $K = 0{,}46$.

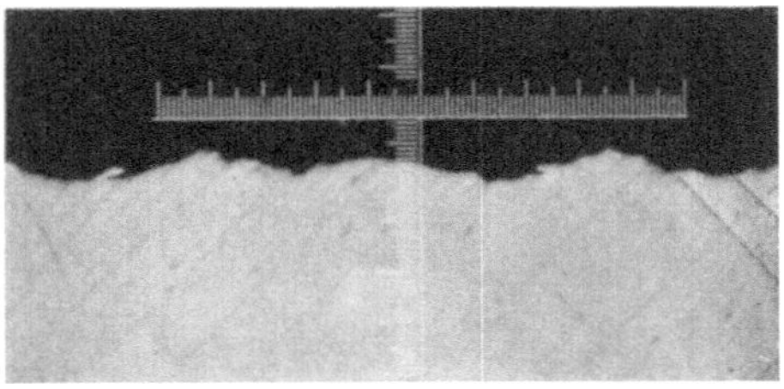

Abb. 1c. Stahl; Qu; $V = 41\times$; $H = 61\,\mu$; $h_m = 25{,}4\,\mu$; $K = 0{,}42$.

Abb. 2a—b.

Abb. 2a. Stahl; *Os*; $V = 23\times$.

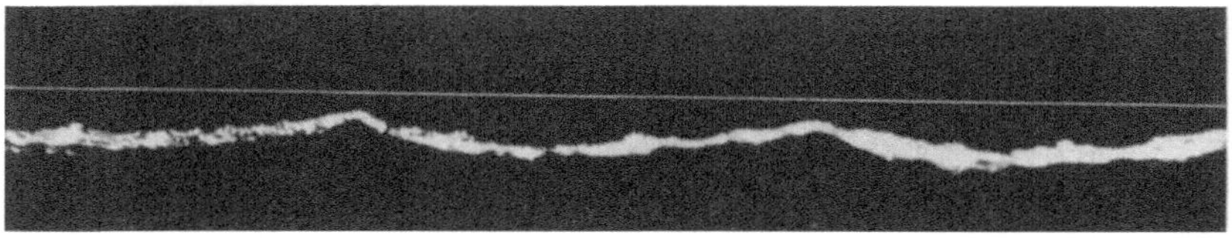

Abb. 2b. Stahl; *Pm*; $V = 26\times$; $H = 115\,\mu$; $h_m = 46{,}2\,\mu$; $K = 0{,}40$.

Schruppen.

Gußeisen.

Abb. 3a—b von Werkzeugmaschinenfabrik.

Abb. 3a. Gußeisen; *Os*; $V = 20\times$.

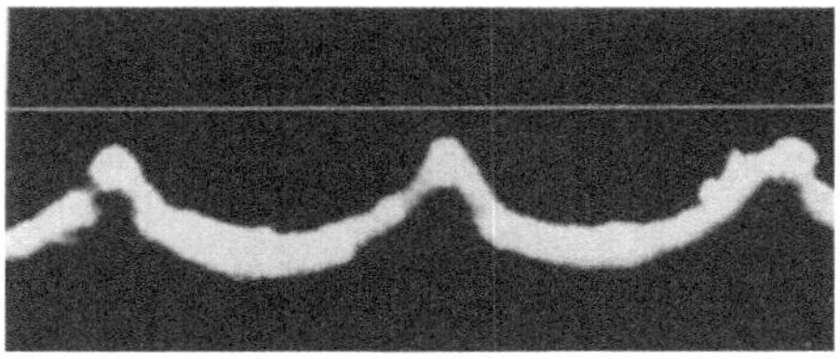

Abb. 3b. Gußeisen; *Pm*; $V = 23\times$; $H = 295\,\mu$; $h_m = 95\,\mu$; $K = 0{,}32$.

Schlichten.

Gußeisen.

Abb. 4a—b von Werkzeugmaschinenfabrik.

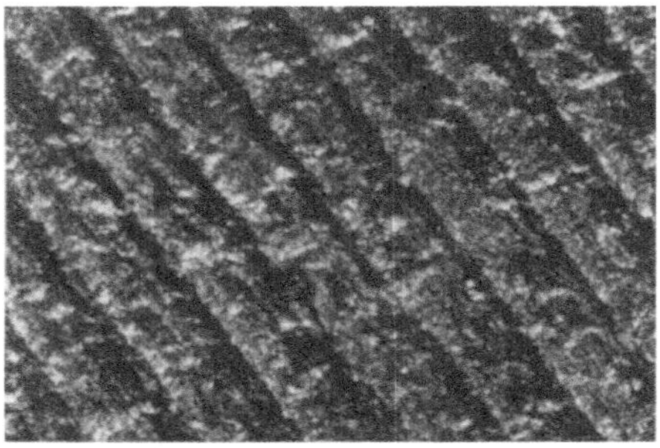

Abb. 4a. Gußeisen; *Os*; $V = 20\times$.

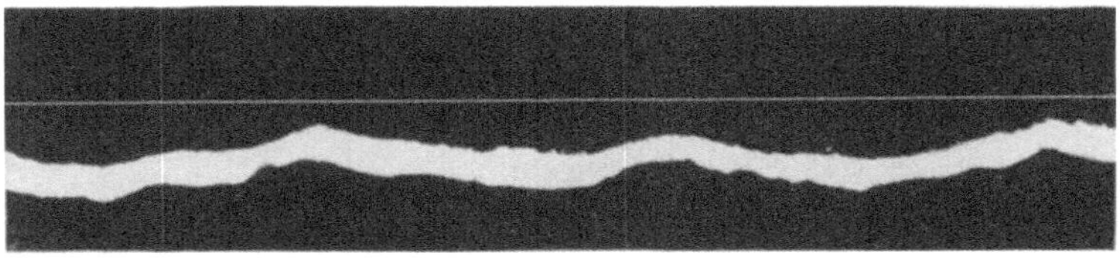

Abb. 4b. Gußeisen; *Pm*; $V = 83\times$; $H = 44{,}5\,\mu$; $h_m = 18{,}2\,\mu$; $K = 0{,}41$.

Feinschlichten.

Gußeisen.

Abb. 5a—b von Werkzeugmaschinenfabrik.

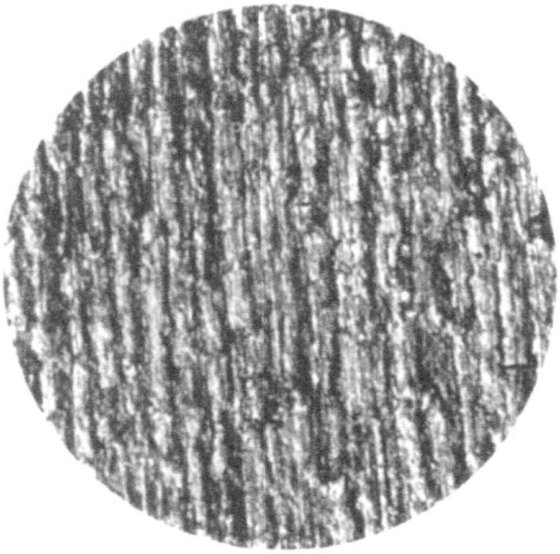

Abb. 5a. Gußeisen; *Os*; $V = 20\times$.

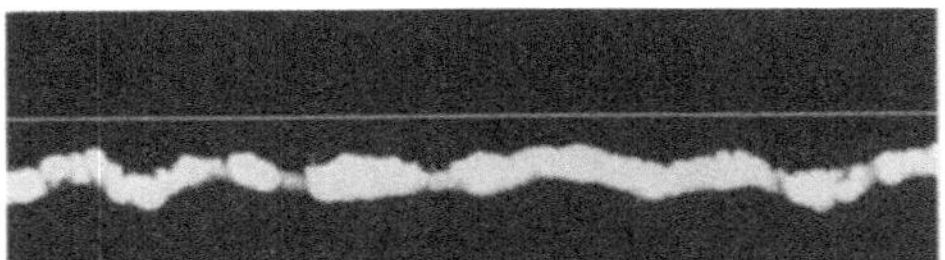

Abb. 5b. Gußeisen; *Pm*; $V = 82\times$; $H = 23{,}2\,\mu$; $h_m = 10{,}0\,\mu$; $K = 0{,}43$.

Ritzen.

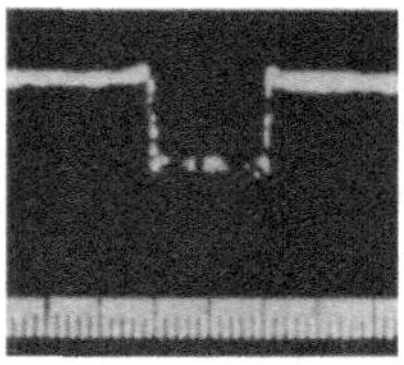

Abb. 6. Geritzter Maßstabstrich. Stahl; *Pm*; $V = 74\times$; Skala $^1/_{100}$ mm.

Drehen.

Roh schruppen.

Stahl.

Abb. 7a—b von Fabrik für Transportanlagen.

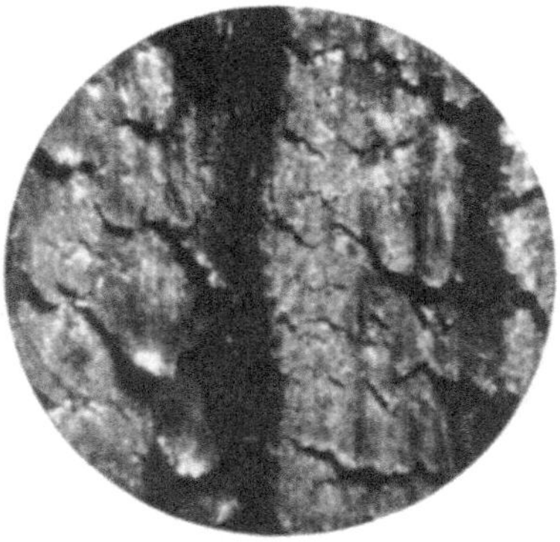

Abb. 7a. Stahl; *Os*; $V = 14\times$.

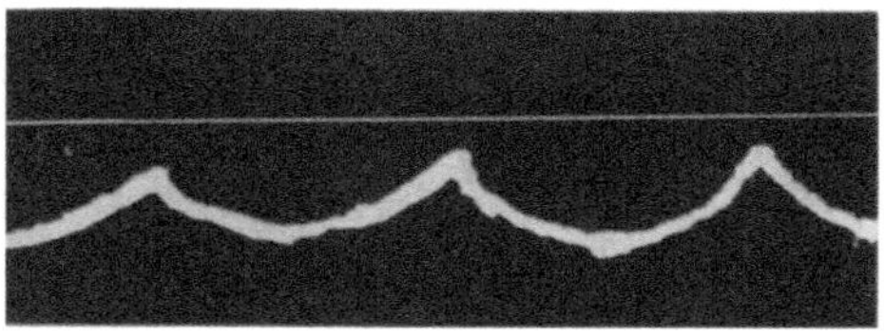

Abb. 7b. Stahl; *Pm*; $V = 8\times$; $H = 770\,\mu$; $h_m = 350\,\mu$; $K = 0{,}45$.

Schruppen.

Stahl.

Abb. 8 von allgemeiner Werkzeugmaschinenfabrik.

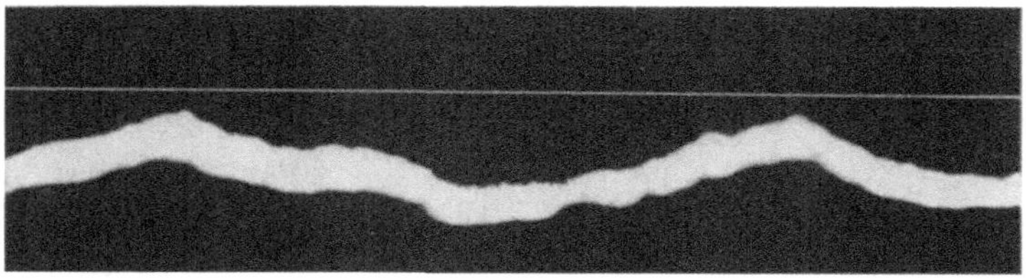

Abb. 8. Stahl; *Pm*; $V = 82\times$; $H = 88\,\mu$; $h_m = 47\,\mu$; $K = 0{,}54$.

Abb. 9a—c von Schleifmaschinenfabrik.

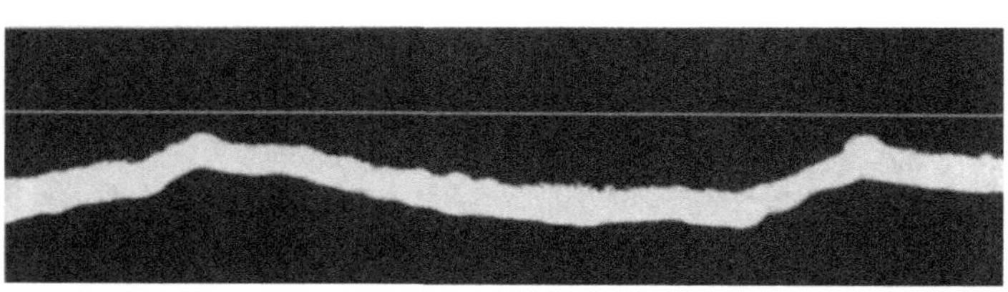

Abb. 9a. Schruppen (endgültige Bearbeitung). Stahl; *Pm*; $V = 82\times$; $H = 68\,\mu$; $h_m = 28{,}5\,\mu$; $K = 0{,}42$.

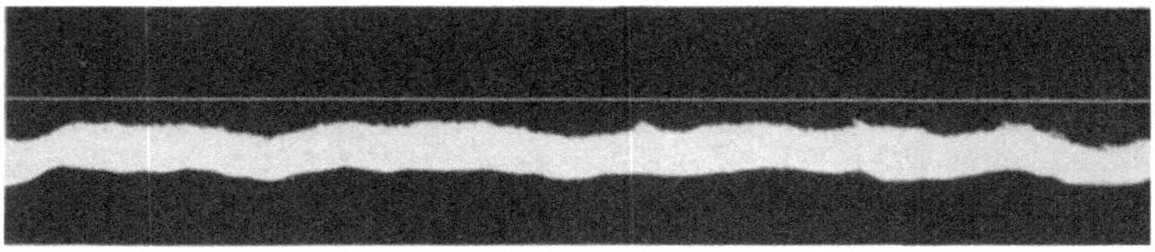

Abb. 9b. Schruppen, als Vorarbeit zum Schlichten. Stahl; *Pm*; $V = 82\times$; $H = 27\,\mu$; $h_m = 15{,}6\,\mu$; $K = 0{,}58$.

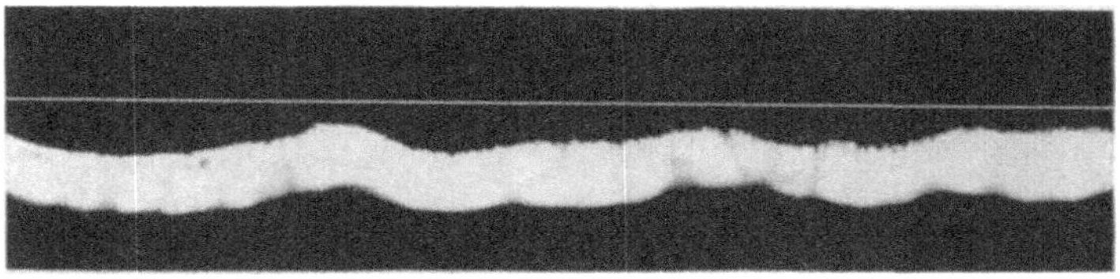

Abb. 9c. Drehen zum Schleifen. Stahl; *Pm*; $V = 82\times$; $H = 37\,\mu$; $h_m = 12{,}8\,\mu$; $K = 0{,}35$.

Abb. 10a—c von Werkzeugmaschinenfabrik.

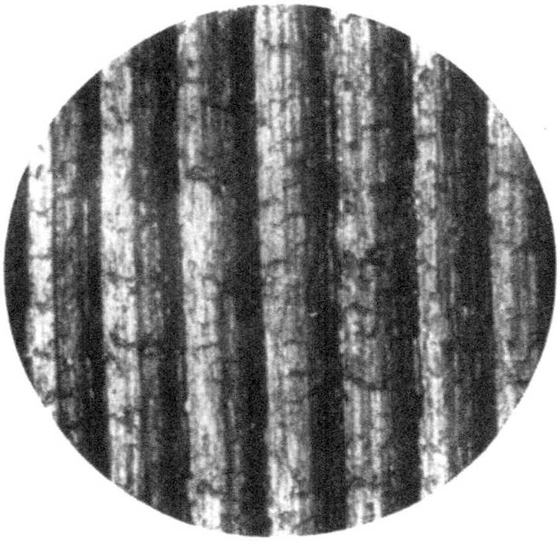

Abb. 10a. Stahl; *Os*; $V = 20\times$.

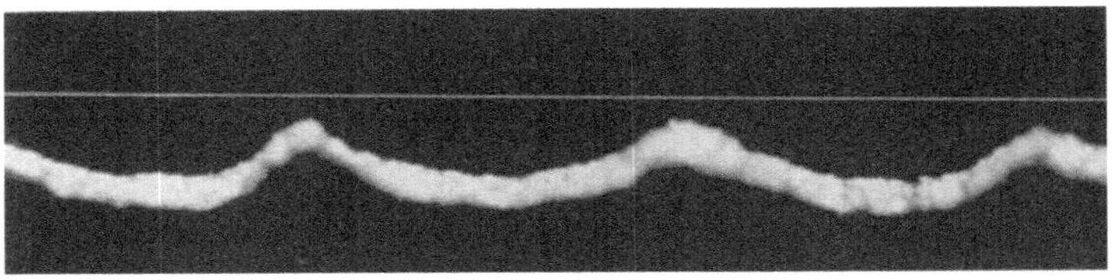

Abb. 10b. Stahl; *Pm*; $V = 82\times$; $H = 63{,}5\,\mu$; $h_m = 19{,}9\,\mu$; $K = 0{,}31$.

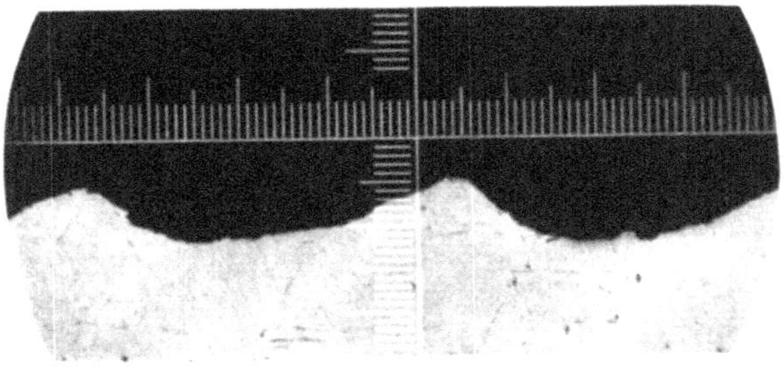

Abb. 10c. Stahl; *Qu*; $V = 90\times$; $H = 61{,}1\,\mu$; $h_m = 27{,}8\,\mu$; $K = 0{,}46$.

Abb. 11a—c von Werkzeugmaschinenfabrik.

Abb. 11a. Stahl; *Os*; $V = 20\times$.

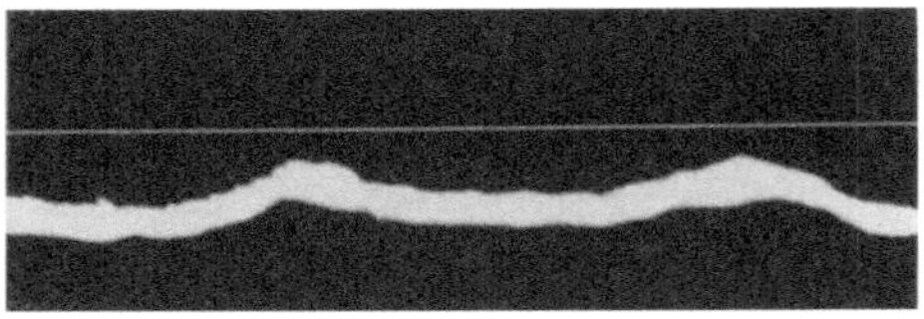

Abb. 11b. Stahl; *Pm*; $V = 82\times$; $H = 44\,\mu$; $h_m = 17\,\mu$; $K = 0{,}39$.

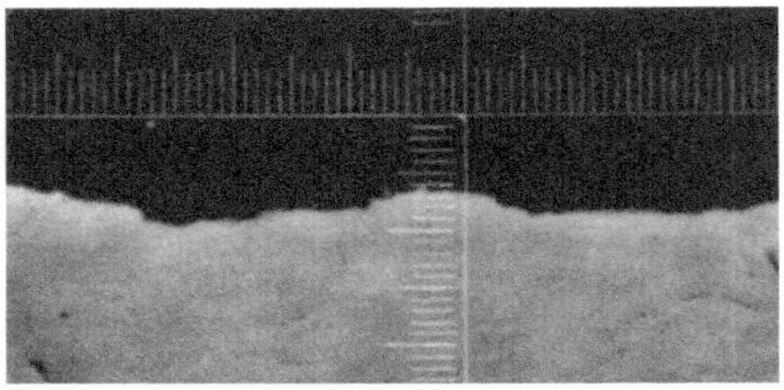

Abb. 11c. Stahl; *Qu*; $V = 90\times$; $H = 40\,\mu$; $h_m = 13\,\mu$; $K = 0{,}37$.

Abb. 12a—b.

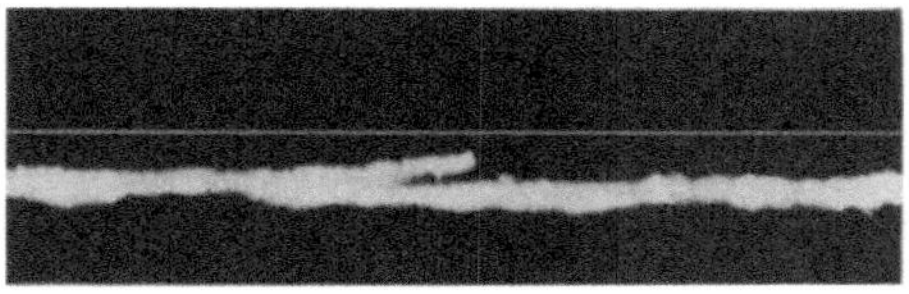

Abb. 12a. Stahl; *Pm*; $V = 170\times$; Vor.

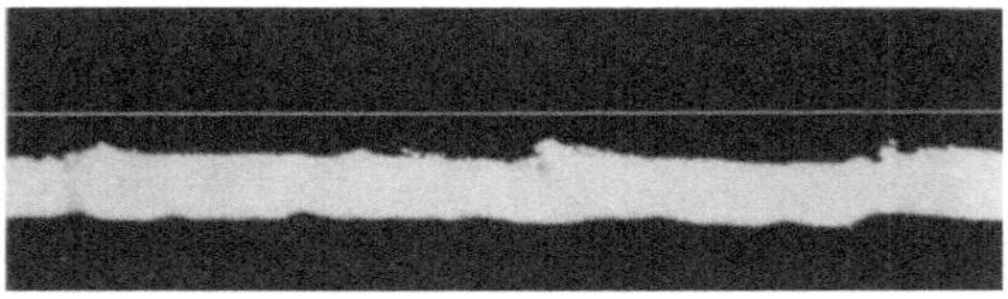

Abb. 12b. Stahl; *Pm*; $V = 82\times$; $H = 195\,\mu$; $h_m = 2{,}8\,\mu$; $K = 0{,}15$; Vor.

Schlichten.

Stahl.

Abb. 13a—b von amerikanischer Werkzeugmaschinenfabrik.

Abb. 13a. Stahl; *Os*; $V = 23\times$.

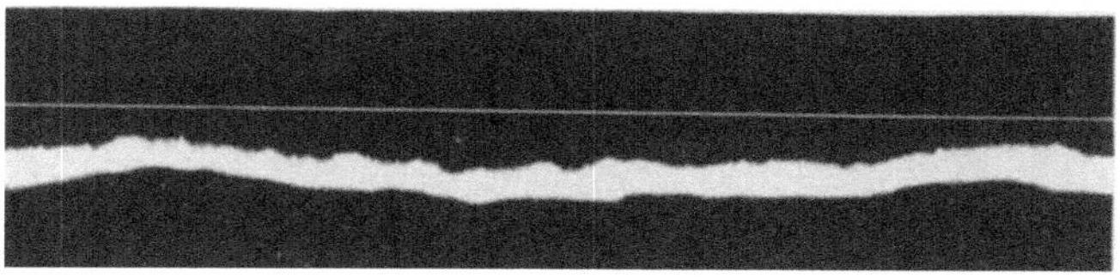

Abb. 13b. Stahl; Pm; $V = 74\times$; $H = 48,7\,\mu$; $h_m = 13,9\,\mu$; $K = 0,29$.

Abb. 14 von allgemeiner Werkzeugmaschinenfabrik.

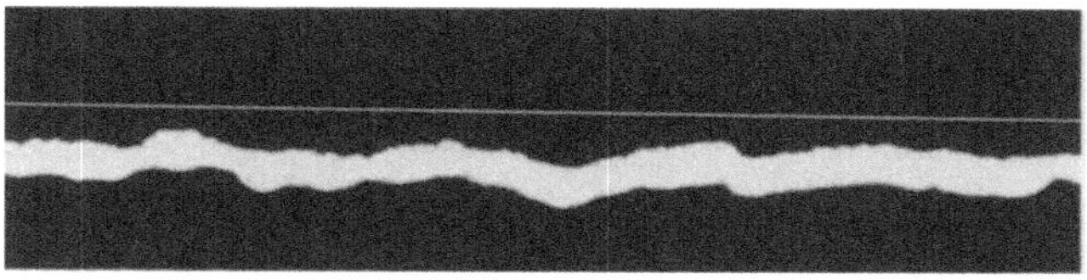

Stahl; Pm; $V = 82\times$; $H = 24,4\,\mu$; $h_m = 9,9\,\mu$; $K = 0,40$.

Abb. 15a—b von Werkzeugmaschinenfabrik.

Abb. 15a. Stahl; Os; $V = 82\times$.

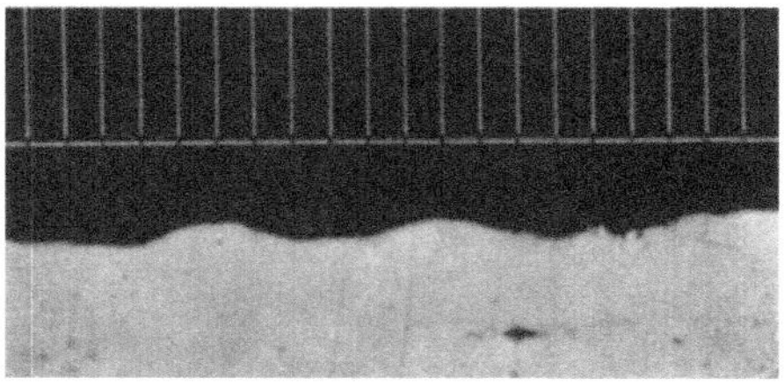

Abb. 15b. Stahl; Qu; $V = 285\times$; $H = 7,7\,\mu$; $h_m = 3,5\,\mu$; $K = 0,45$.

Abb. 16a—b von Schleifmaschinenfabrik.

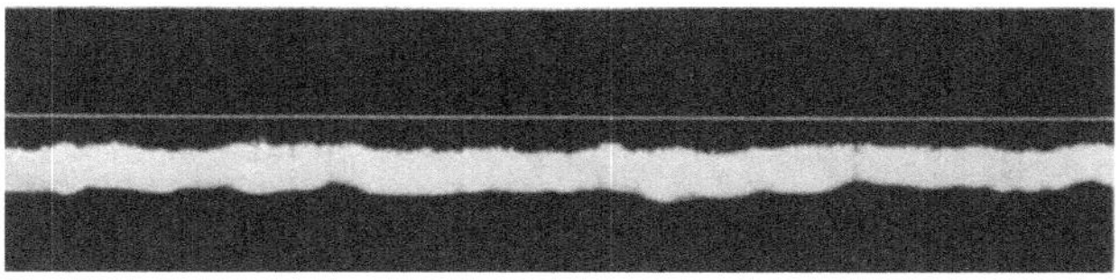

Abb. 16a. Stahl; Pm; $V = 82\times$; $H = 12,2\,\mu$; $h_m = 4,8\,\mu$; $K = 0,39$.

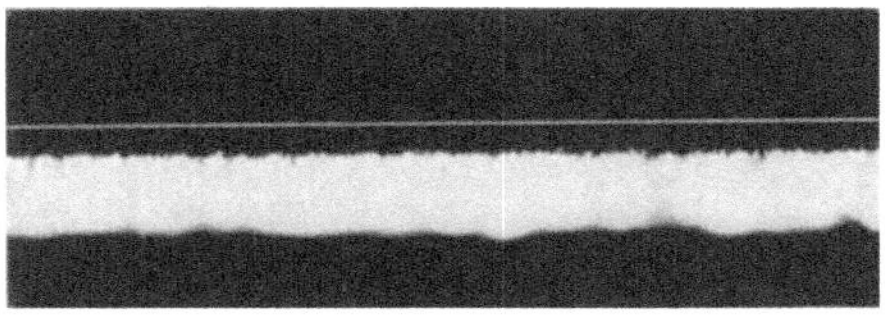

Abb. 16b. Stahl; Pm; $V = 82\times$; $H = 6,1\,\mu$; $h_m = 2,7\,\mu$; $K = 0,31$.

Auf Automat gedreht.
Messing.

Abb. 17a—c.

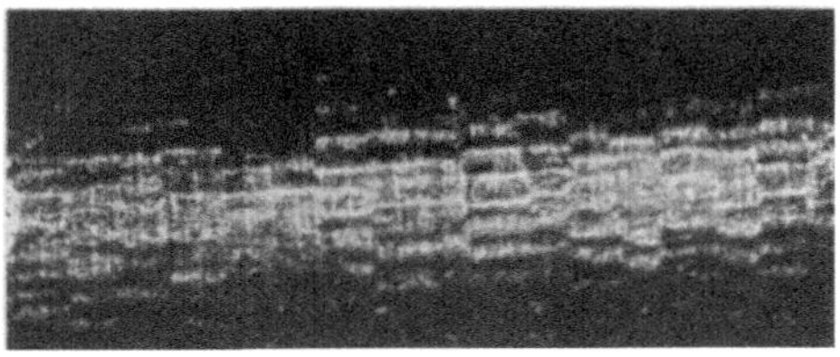

Rattermarken

Abb. 17a. Messing; *Os*; $V = 23\times$

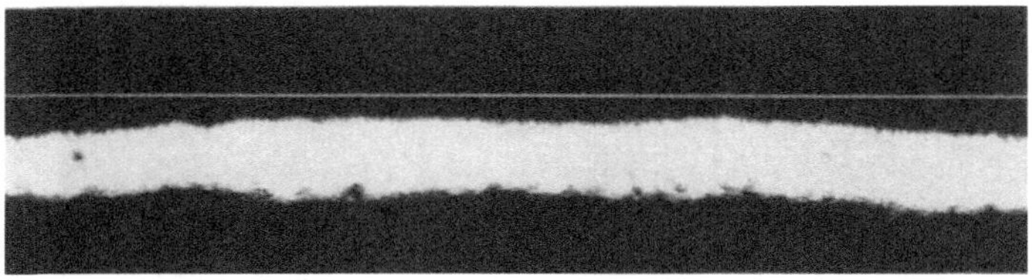

Abb. 17b. Messing; *Pm*; $V = 280\times$; $H = 3{,}6\,\mu$; $h_m = 1{,}3\,\mu$; $K = 0{,}37$.

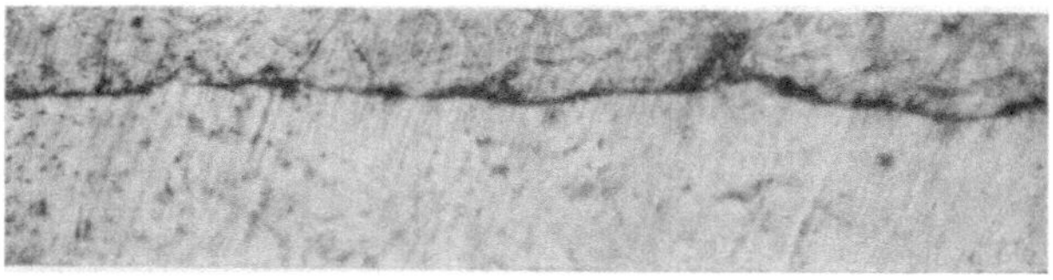

Rattermarken

Abb. 17c. Messing; *Qu*; $V = 360\times$; $H = 7{,}8\,\mu$; $h_m = 2{,}0\,\mu$; $K = 0{,}26$.

Plandrehen mit Widia (Einfluß der Geschwindigkeit).
Stahl.

Abb. 18a—c St A 14 P; $v = 250$ m/min.

Abb. 18a. Stahl; *Os*; $V = 82\times$.

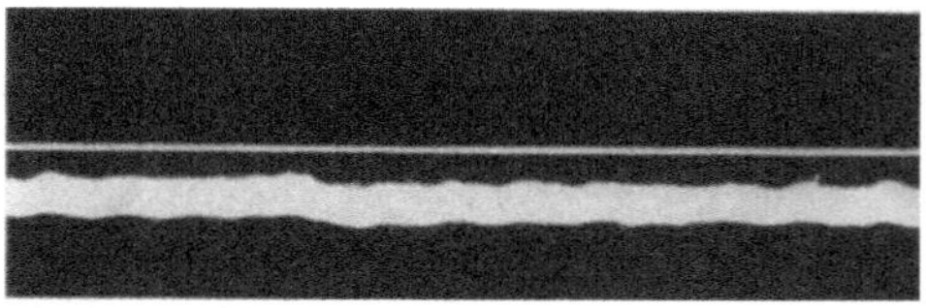

Abb. 18b. Stahl; *Pm*; $V = 82\times$; $H = 12{,}2\,\mu$; $h_m = 3{,}3\,\mu$; $K = 0{,}27$.

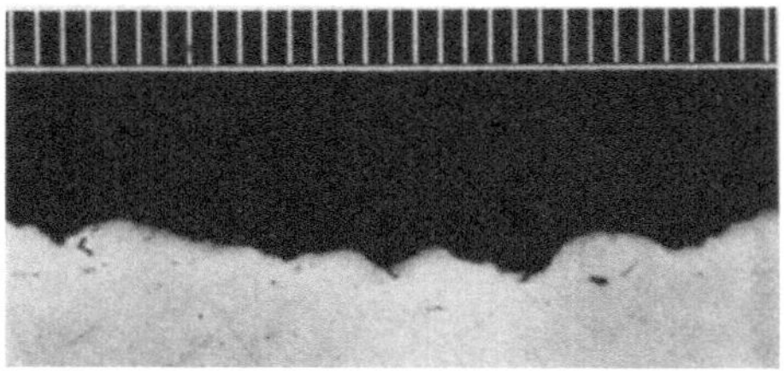

Abb. 18c. Stahl; *Qu*; $V = 200\times$; $H = 32{,}5\,\mu$; $h_m = 14{,}4\,\mu$; $K = 0{,}45$.

Abb. 19a—b St A 14 P; $v = 125$ m/min.

Abb. 19a. Stahl; *Os*; $V = 82\times$.

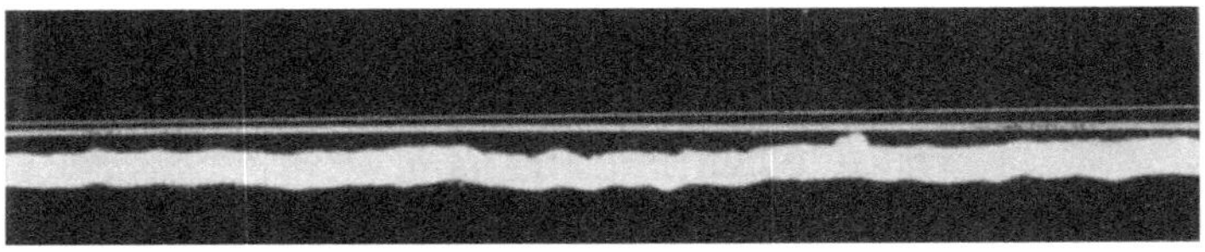

Abb. 19b. Stahl; *Pm*; $V = 82\times$; $H = 14{,}6\,\mu$; $h_m = 9{,}2\,\mu$; $K = 0{,}63$.

Abb. 20a—b St A 14 P; $v = 600$ m/min.

Abb. 20a. Stahl; *Os*; $V = 82\times$.

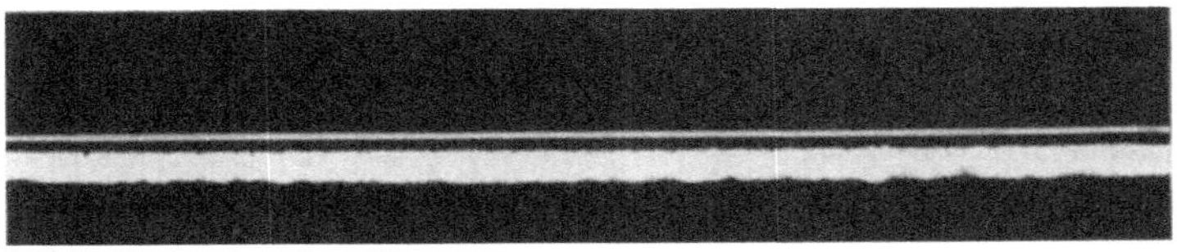

Abb. 20b. Stahl; *Pm*; $V = 82\times$; $H = 2{,}4\,\mu$; $h_m = 1{,}7\,\mu$; $K = 0{,}71$.

Stahlguß.

Abb. 21a—c. Stahlguß von Großmaschinenfabrik.

Abb. 21a. Stahlguß; *Os*; $V = 82\times$.

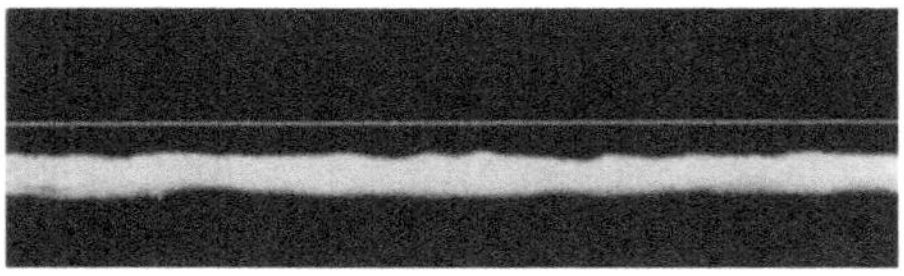

Abb. 21b. Stahlguß; *Pm*; $V = 75\times$; $H = 9{,}3\,\mu$; $h_m = 3{,}4\,\mu$; $K = 0{,}37$.

Abb. 21c. Stahlguß; *Qu*; $V = 190\times$; $H = 13{,}2\,\mu$; $h_m = 6{,}0\,\mu$; $K = 0{,}45$.

Feinstdrehen mit Diamant.

Stahl.

Abb. 22a—b von Maschinenfabrik.

Abb. 22a. Stahl; *Os*; $V = 170\times$.

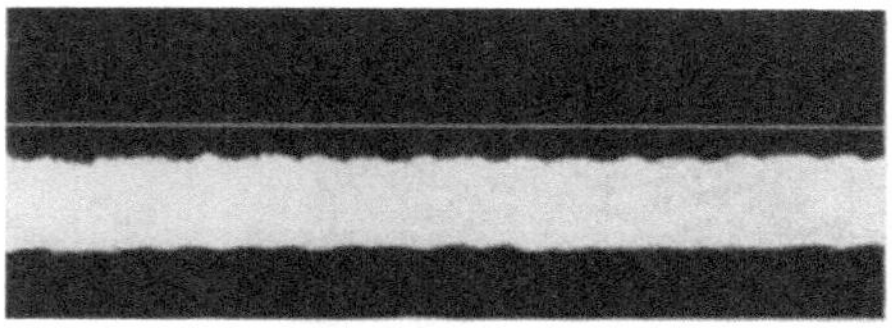

Abb. 22b. Stahl; *Pm*; $V = 190\times$; $H = 13\,2\,\mu$; $h_m = 6{,}0\,\mu$; K = 0,45. Vorschub 0,04 min/U.

Bronze.

Abb. 23a—b von Maschinenfabrik.

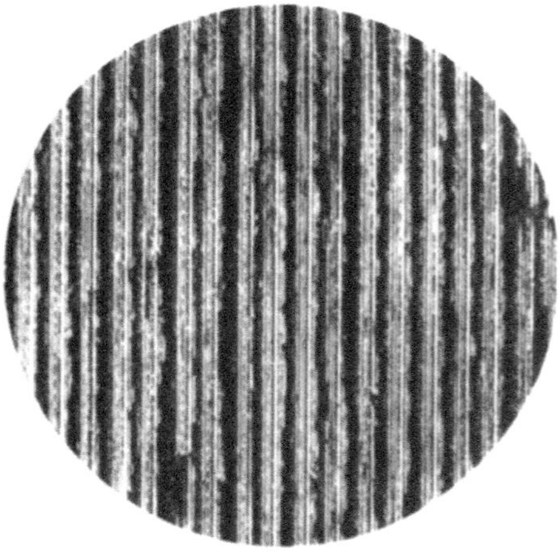

Abb. 23a. Bronze; *Os*; $V = 170\times$.

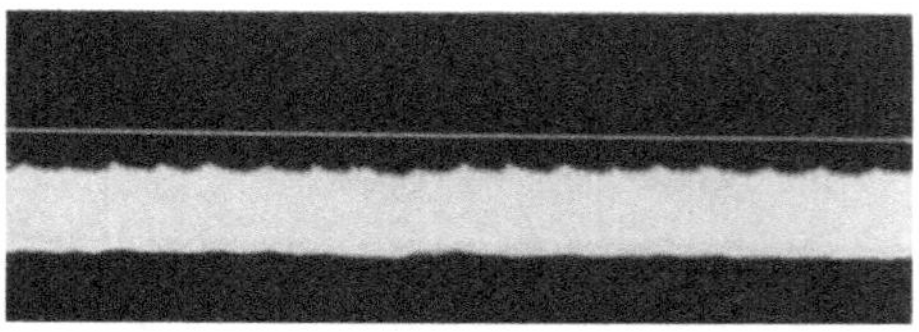

Abb. 23b. Bronze; *Pm*; $V = 170\times$; $H = 4{,}7\,\mu$; $h_m = 1{,}3\,\mu$; $K = 0{,}27$. Vorschub 0,02 mm/U.

Abb. 24a—b von Maschinenfabrik.

Abb. 24a. Bronze; Os; $V = 170\times$.

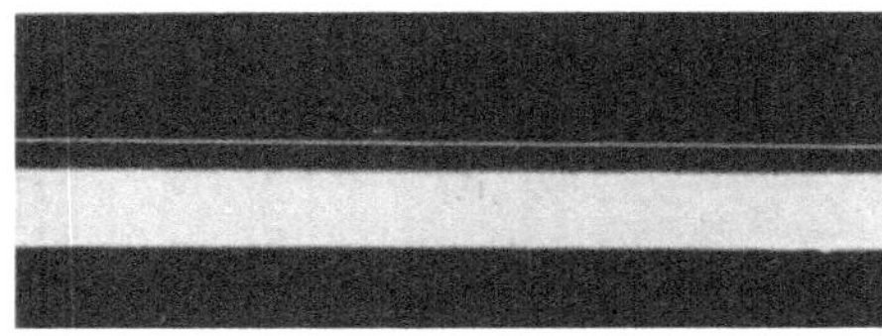

Abb. 24b. Bronze; Pm; $V = 170\times$; $H = 0{,}00\,\mu$; $h_m = 0{,}00\,\mu$; $K = 1$.

Messing.

Abb. 25a—b.

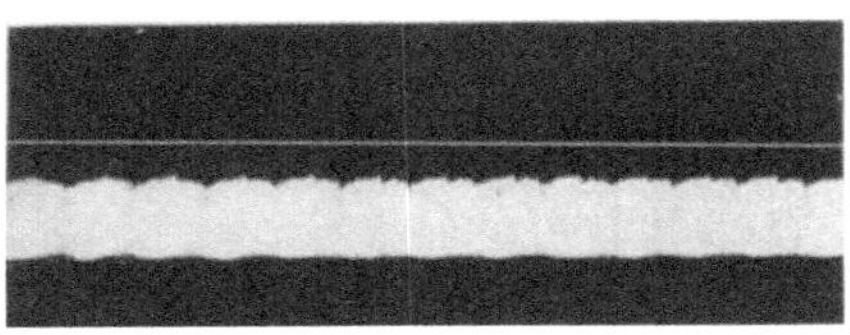

Abb. 25a. Drehen mit Diamant. Messing; Pm; $V = 170\times$; $H = 5{,}3\,\mu$; $h_m = 2{,}4\,\mu$; $K = 0{,}44$.

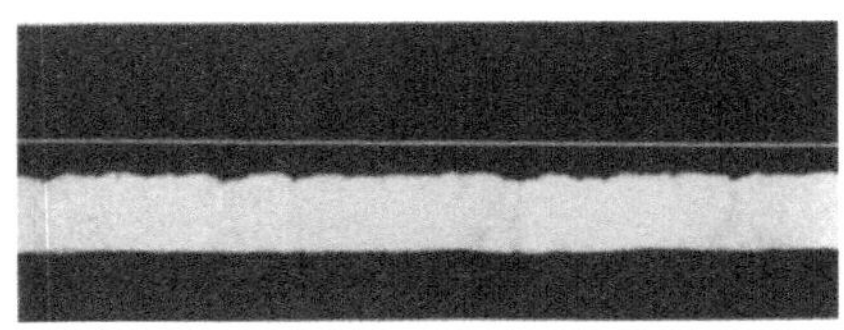

Abb. 25b. Drehen mit Widia. Messing; Pm; $V = 170\times$; $H = 5{,}3\,\mu$; $h_m = 2{,}4\,\mu$; $K = 0{,}44$.

Feinstdrehen mit Diamant.

Aluminium.

Abb. 26a—c.

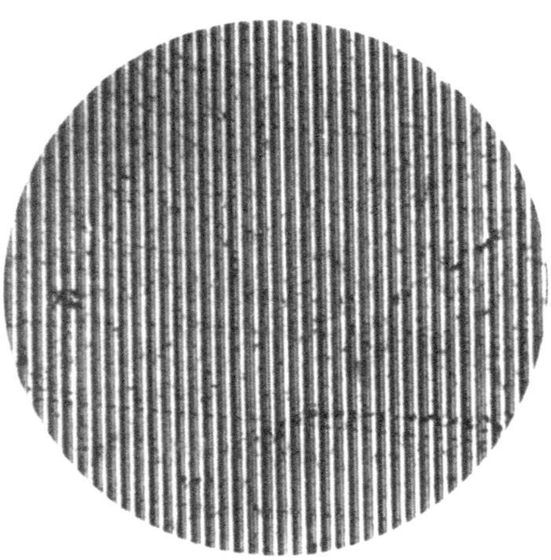

Abb. 26a. Aluminium; Os; $V = 82\times$.

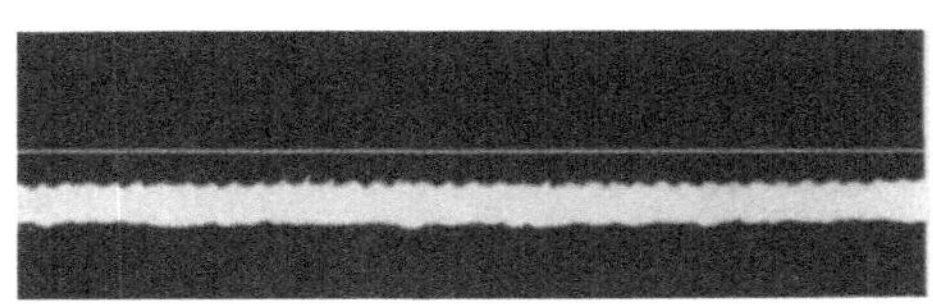

Abb. 26b. Aluminium; Pm; $V = 82\times$; $H = 8{,}5\,\mu$; $h_m = 3{,}5\,\mu$; $K = 0{,}4$.

Abb. 26c. Aluminium; Qu; $V = 360\times$; $H = 3{,}3\,\mu$; $h_m = 1{,}3\,\mu$; $K = 0{,}4$.

Feinstdrehen mit Diamant.
Elektron.

Abb. 27a—c (Kolben).

Abb. 27a. Elektron; *Os*; $V = 82\times$.

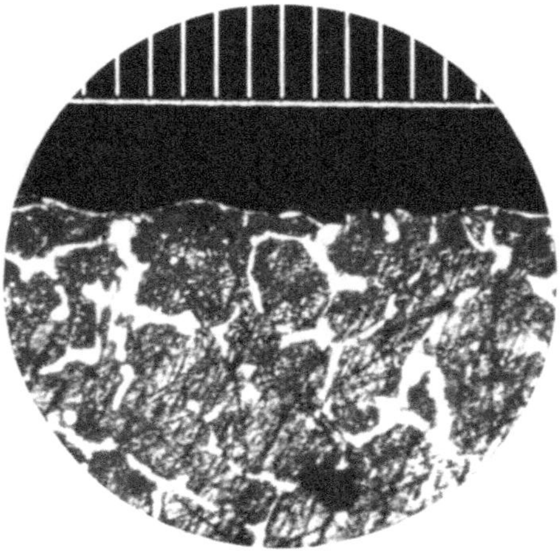

Abb. 27c. Elektron; *Qu*; $V = 360\times$; $H = 5{,}6\,\mu$; $h_m = 2{,}8\,\mu$; $K = 0{,}5$.

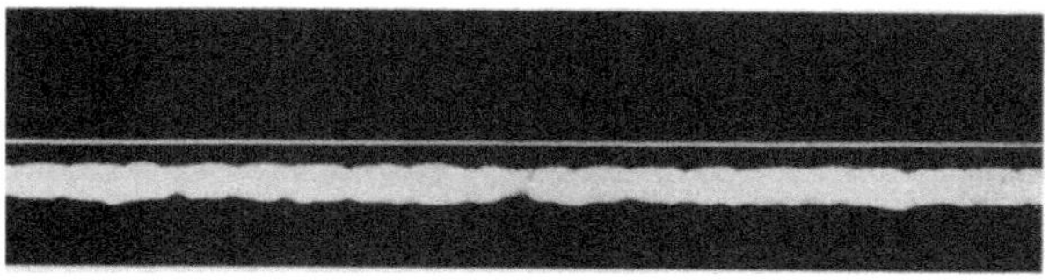

Abb. 27b. Elektron; *Pm*; $V = 82\times$; $H = 4{,}9\,\mu$; $h_m = 2{,}1\,\mu$; $K = 0{,}43$.

Feinstdrehen mit Diamant.
Weißmetall.

Abb. 28a—b von Maschinenfabrik.

Abb. 28a. Weißmetall; *Os*; $V = 170\times$.

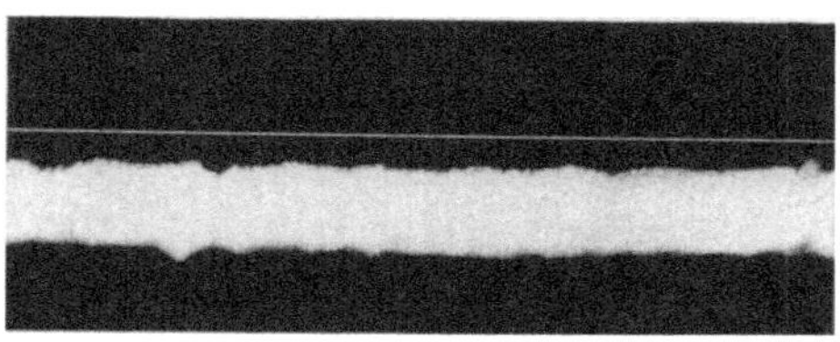

Abb. 28b. Weißmetall; *Pm*; $V = 170\times$; $H = 11{,}2\,\mu$; $h_m = 3{,}9\,\mu$; $K = 0{,}35$.

Bohren.

Grob bohren.

Gußeisen.

Abb. 29 von Werkzeugmaschinenfabrik.

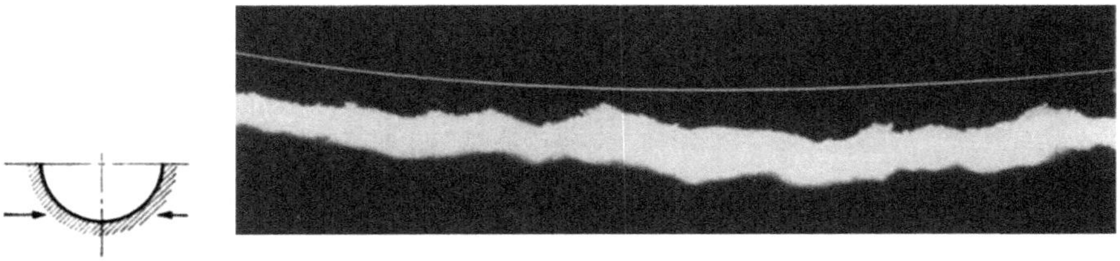

Abb. 29. Gußeisen; *Pm*; $V = 170\times$; $H = 30{,}0\,\mu$; $h_m = 10{,}0\,\mu$; $K = 0{,}33$.

Fein bohren.

Gußeisen.

Abb. 30a—b von Verbrennungsmotorenfabrik.

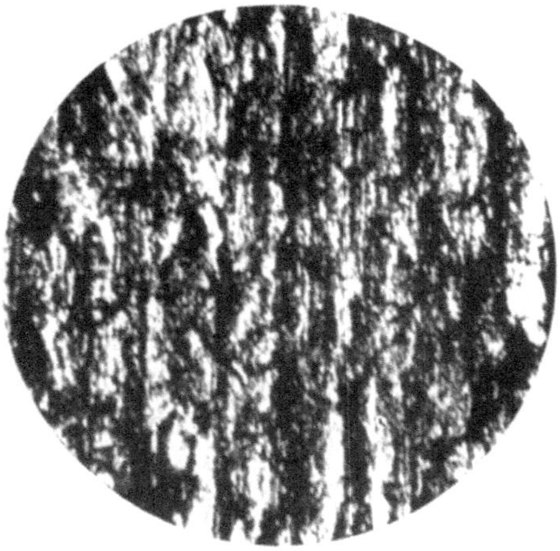

Abb. 30a. Gußeisen, *Os*; $V = 82\times$.

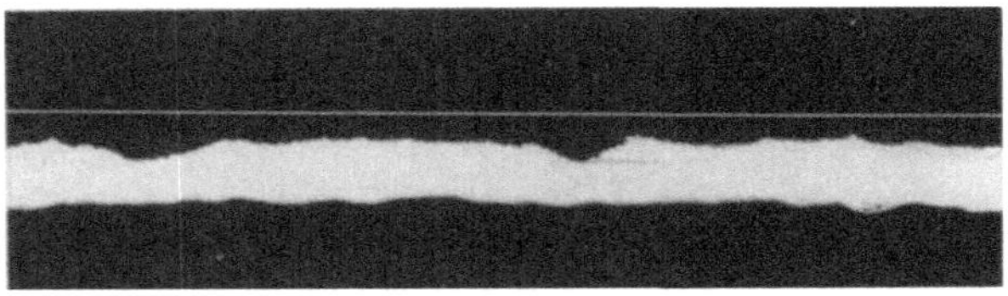

Abb. 30b. Gußeisen; *Pm*; $V = 82\times$; $H = 26{,}8\,\mu$; $h_m = 16{,}2\,\mu$; $K = 0{,}61$.

Abb. 31a—b von Spezialfabrik für Kolben von Verbrennungsmotoren.

Abb. 31a. Gußeisen; *Os*; $V = 170\times$.

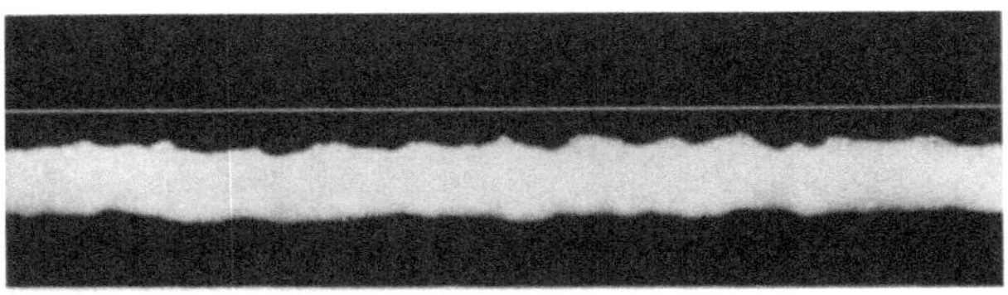

Abb. 31b. Gußeisen; *Pm*; $V = 170\times$; $H = 10{,}5\,\mu$; $h_m = 4{,}2\,\mu$; $K = 0{,}40$.

Fein bohren.
Bronze.
Abb. 32 von Werkzeugmaschinenfabrik.

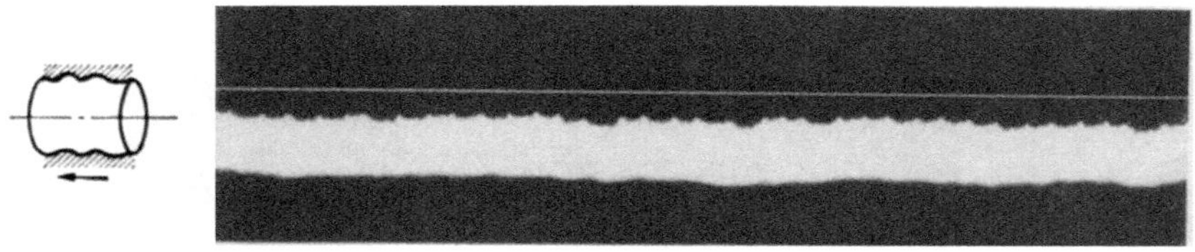

Abb. 32. Bronze; *Pm*; $V = 170\times$; $H = 5{,}9\,\mu$; $h_m = 2{,}3\,\mu$; $K = 0{,}39$.

Fräsen.
Schruppen.
Stahl.

Abb. 33a—c von feinmechanischer Präzisionsfirma.

Abb. 33a. Stahl; *Os*; $V = 82\times$.

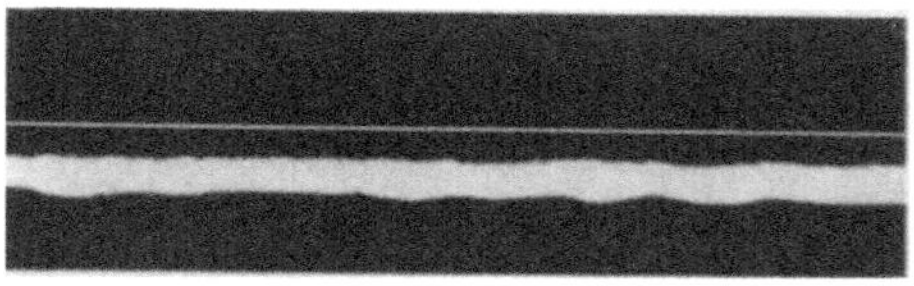

Abb. 33b. Stahl; *Pm*; $V = 74\times$; $H = 6{,}7\,\mu$; $h_m = 2{,}3\,\mu$; $K = 0{,}34$.

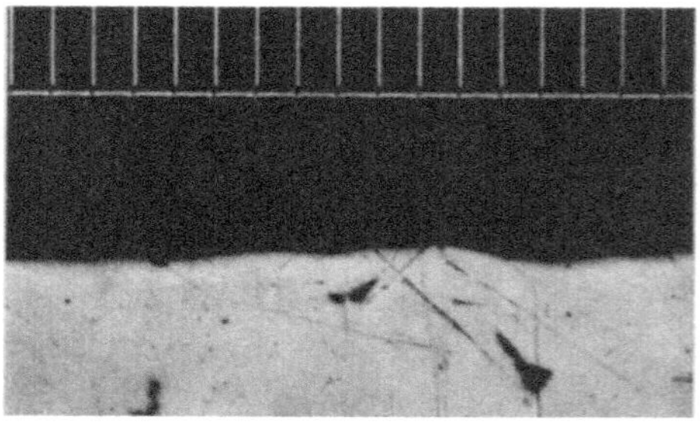

Abb. 33c. Stahl; *Qu*; $V = 360\times$; $H = 4{,}7\,\mu$; $h_m = 1{,}8\,\mu$; $K = 0{,}38$.

Schruppen.
Gußeisen.

Abb. 34a—d von Werkzeugmaschinenfabrik.

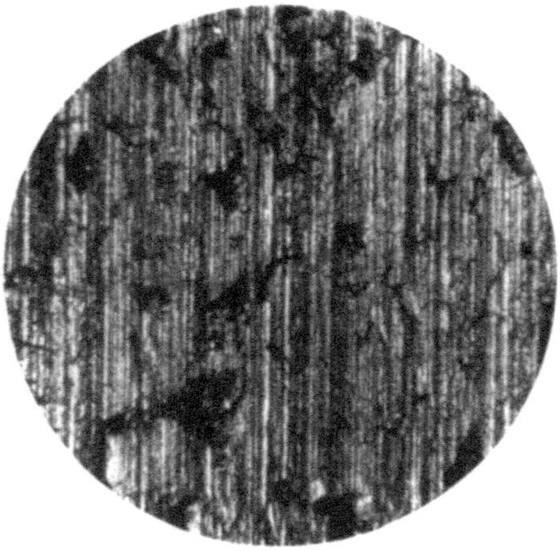

Abb. 34a. Gußeisen; *Os*; $V = 82\times$.

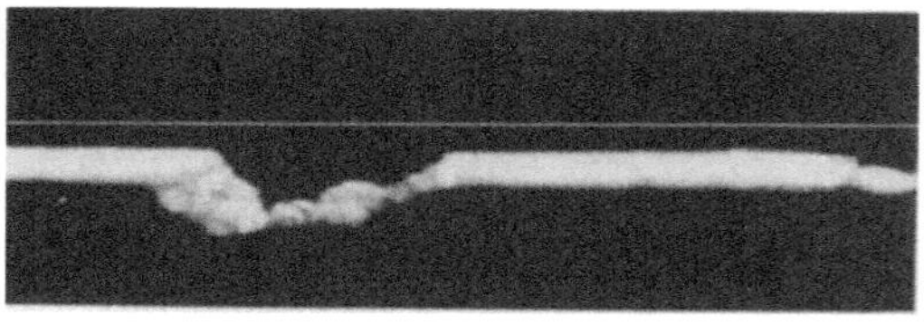

Abb. 34b. Gußeisen; *Pm*; $V = 74\times$.

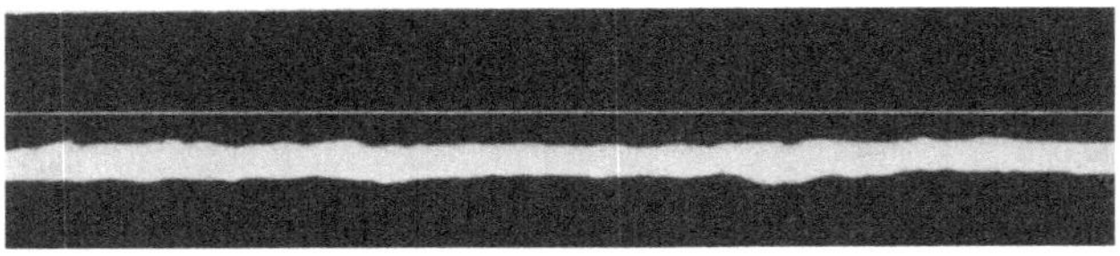

Abb. 34c. Gußeisen; *Pm*; $V = 82\times$; $H = 11{,}0\,\mu$; $h_m = 3{,}1\,\mu$; $K = 0{,}28$.

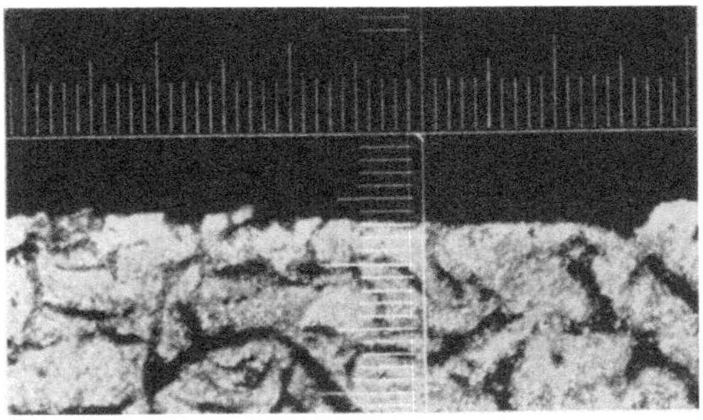

Abb. 34d. Gußeisen; *Qu*; $V = 125\times$; $H = 16{,}0\,\mu$; $h_m = 3{,}5\,\mu$; $K = 0{,}22$.

Fein schlichten.

Gußeisen.

Abb. 35a—c
von Werkzeugmaschinenfabrik.

Abb. 35a. Gußeisen; *Os*; $V = 82\times$.

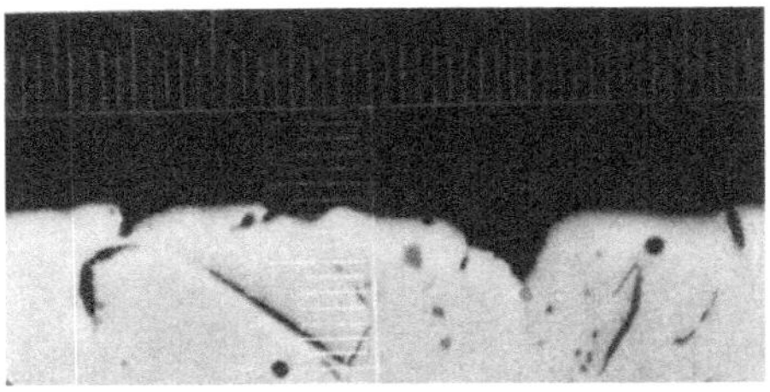

Abb. 35c. Gußeisen; *Qu*; $V = 122\times$; $H = 9{,}6\,\mu$; $h_m = 6{,}1\,\mu$; $K = 0{,}63$.

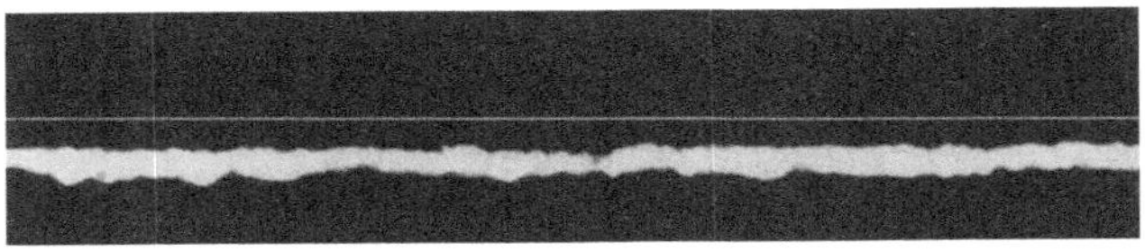

Abb. 35b. Gußeisen; *Pm*; $V = 82\times$; $H = 7{,}3\,\mu$; $h_m = 2{,}0\,\mu$; $K = 0{,}27$.

Sägen (Kreissäge).

Stahl.

Abb. 36a—b von feinmechanischer Präzisionsfabrik.

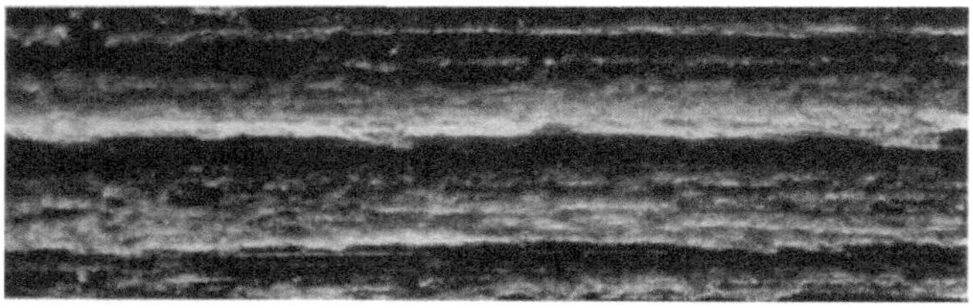

Abb. 36a. Stahl; *Os*; $V = 190\times$.

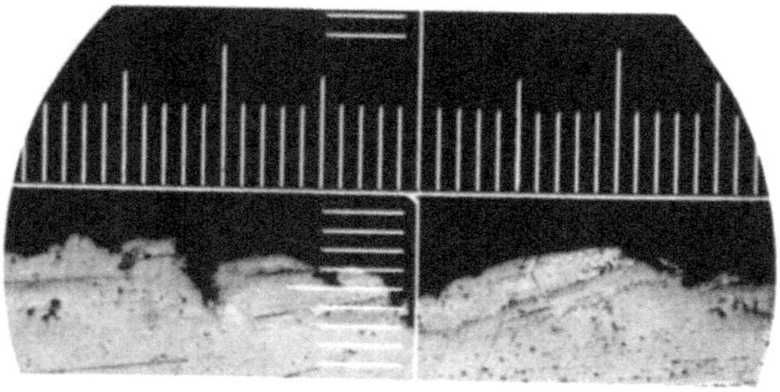

Abb. 36b. Stahl; *Qu*; $V = 195\times$; $H = 29{,}7\,\mu$; $h_m = 17{,}4\,\mu$; $K = 0{,}59$.

Schaben.

Gußeisen.

Abb. 37a—c von Werkzeugmaschinenfabrik.

Abb. 37a. Gußeisen; *Os*; $V = 82\times$.

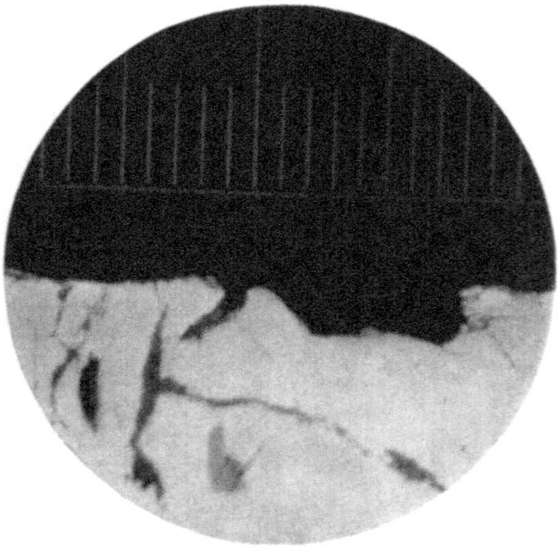

Abb. 37c. Gußeisen; *Qu*; $V = 285\times$.

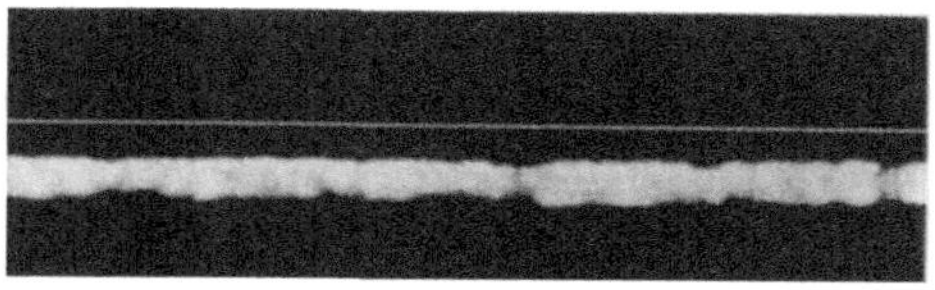

Abb. 37b. Gußeisen; *Pm*; $V = 82\times$; $H = 9{,}8\,\mu$; $h_m = 4{,}0\,\mu$; $K = 0{,}41$.

Schleifen.

Planschliff. Rauher Maschinenschliff.

Stahl.

Abb. 38a—c von amerikanischer Werkzeugmaschinenfabrik.

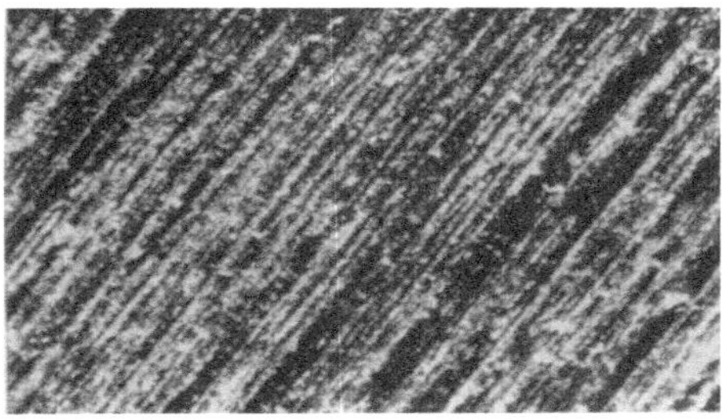

Abb. 38a. Stahl; *Os*; $V = 23\times$.

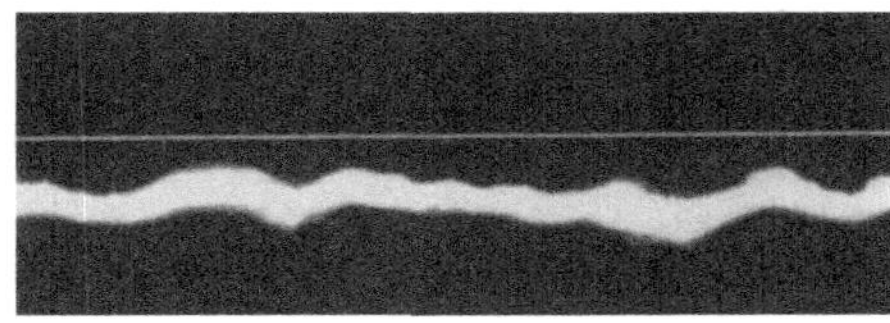

Abb. 38b. Stahl; *Pm*; $V = 74{,}5\times$; $H = 26{,}8\,\mu$; $h_m = 12{,}6\,\mu$; $K = 0{,}47$.

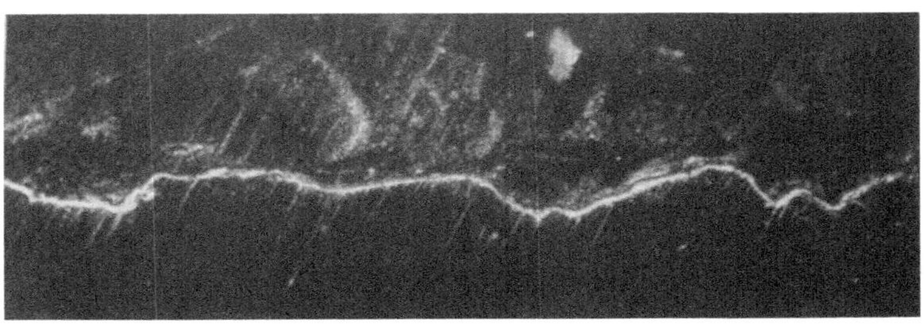

Abb. 38c. Stahl; *Qu*; $V = 195\times$; $H = 29{,}0\,\mu$; $h_m = 13{,}7\,\mu$; $K = 0{,}47$.

Schruppschliff.

Stahl.

Abb. 39a—b von Schleifmaschinenfabrik.

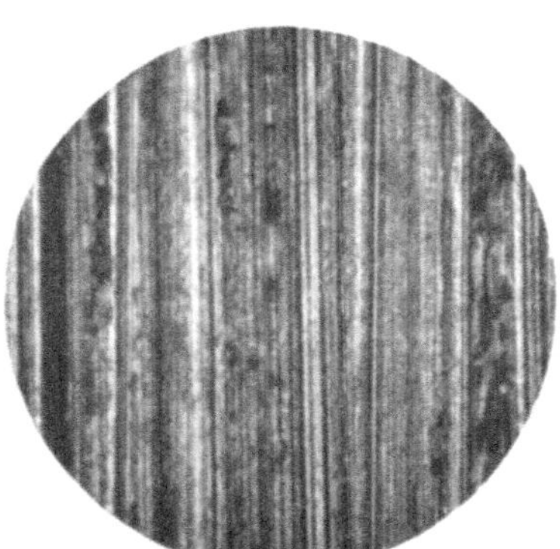

Abb. 39a. Stahl; *Os*; $V = 51{,}5$.

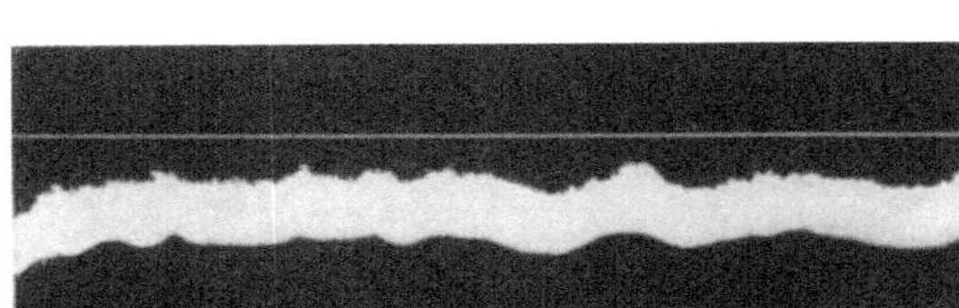

Abb. 39b. Stahl; *Pm*; $V = 82\times$; $H = 26{,}0\,\mu$; $h_m = 11{,}0\,\mu$; $K = 0{,}43$.

Schruppschliff.

Gußeisen.

Abb. 40a—b von Schleifmaschinenfabrik.

Abb. 40a. Gußeisen; *Os*; $V = 41\times$.

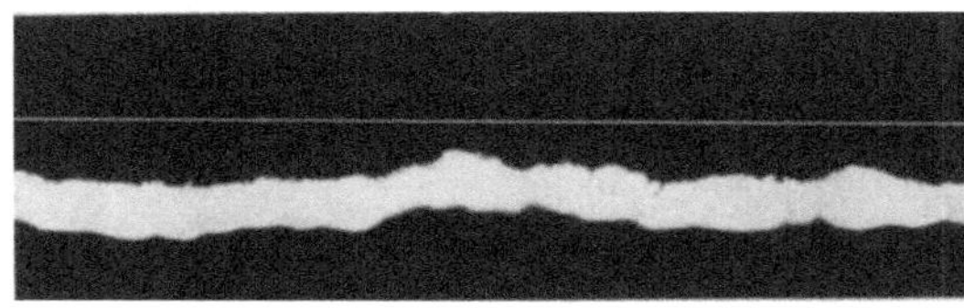

Abb. 40b. Gußeisen; *Pm*; $V = 82\times$; $H = 34\,\mu$; $h_m = 9{,}5\,\mu$; $K = 0{,}28$.

Schlichten.

Stahl.

Abb. 41a—b von Schleifmaschinenfabrik.

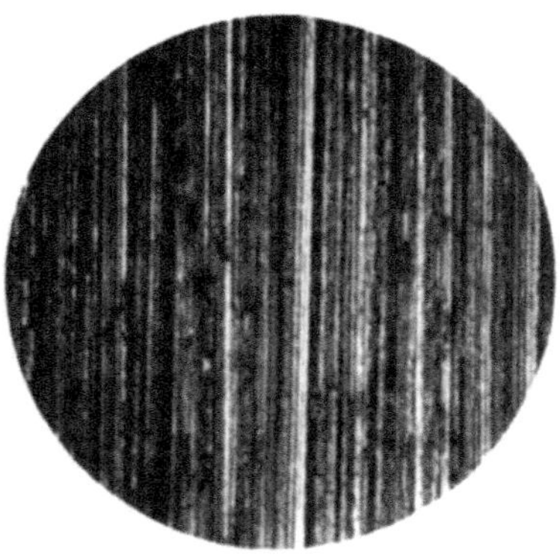

Abb. 41a. Stahl; Os; $V = 51{,}5\times$.

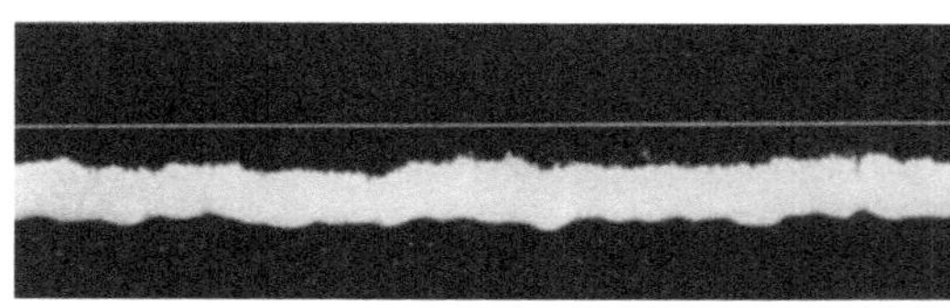

Abb. 41b. Stahl; *Pm*; $V = 82\times$; $H = 19{,}5\,\mu$; $h_m = 6{,}9\,\mu$; $K = 0{,}35$.

Schlichten.

Gußeisen.

Abb. 42a—b von Schleifmaschinenfabrik.

Abb. 42a. Gußeisen; *Os*; $V = 41{,}5\times$.

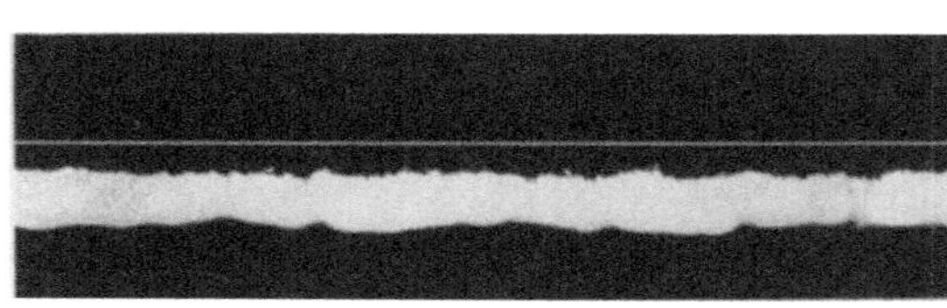

Abb. 42b. Gußeisen; *Pm*; $V = 82\times$; $H = 13{,}5\,\mu$; $h_m = 5{,}7\,\mu$, $K = 0{,}42$.

Feinschliff.

Stahl.

Abb. 43a—b von Schleifmaschinenfabrik.

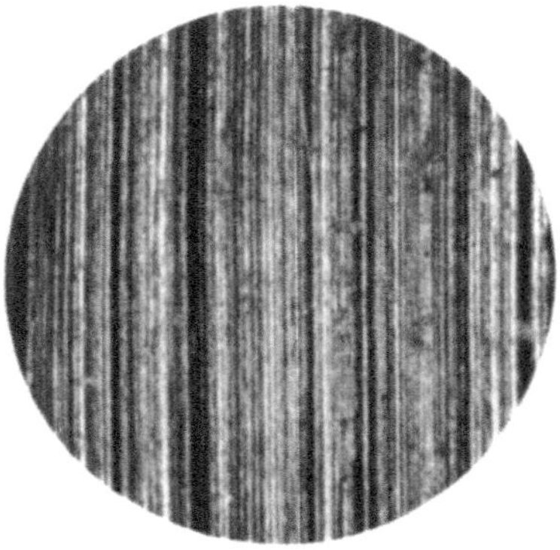

Abb. 43a. Stahl; *Os*; $V = 51{,}5\times$.

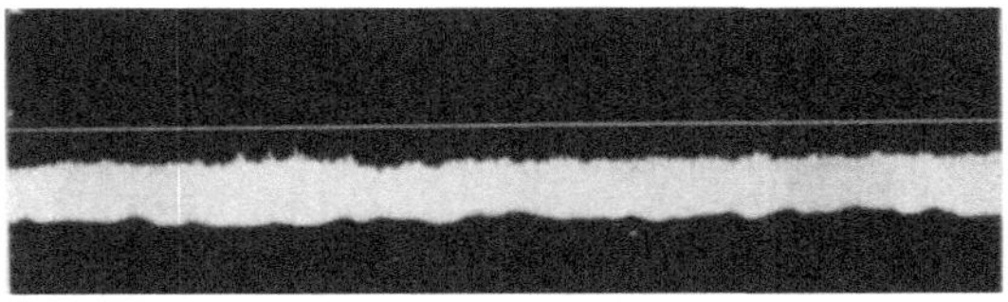

Abb. 43b. Stahl; *Pm*; $V = 82\times$; $H = 12{,}2\,\mu$; $h_m = 2{,}3\,\mu$; $K = 0{,}19$.

Schneide des Messers einer Holzhobelmaschine.

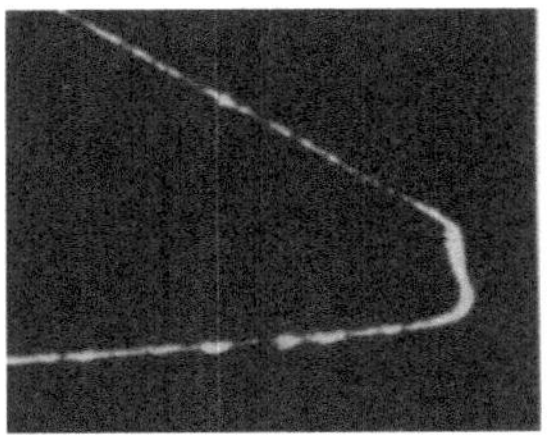

Abb. 44. Stahl; *Pm*; $V = 26\times$.

Glas (Mattscheibe).

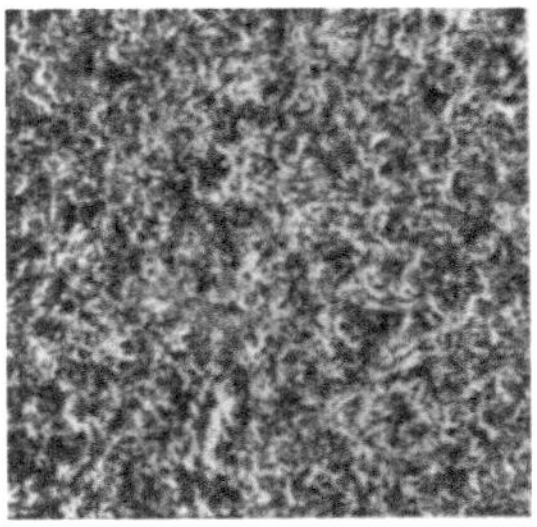

Abb. 45. Glas; *Os*; $V = 175\times$.

Topfscheibenschliffe.

Stahl.

Abb. 46a—b von Werkzeugmaschinenfabrik.

Abb. 46a. Stahl; *Os*; $V = 82\times$.

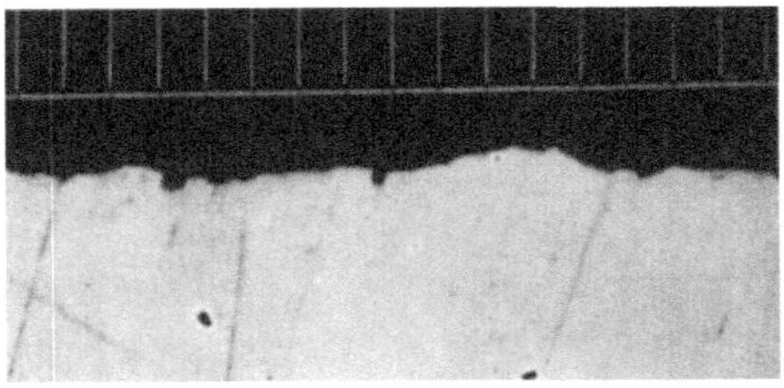

Abb. 46b. Stahl; *Pm*; $V = 360\times$; $H = 9{,}7\,\mu$; $h_m = 4{,}1\,\mu$; $K = 0{,}42$.

Topfscheibenschliff.

Gußeisen.

Abb. 47a—b
von Werkzeugmaschinenfabrik.

Abb. 47a. Gußeisen; *Os*; $V = 82\times$.

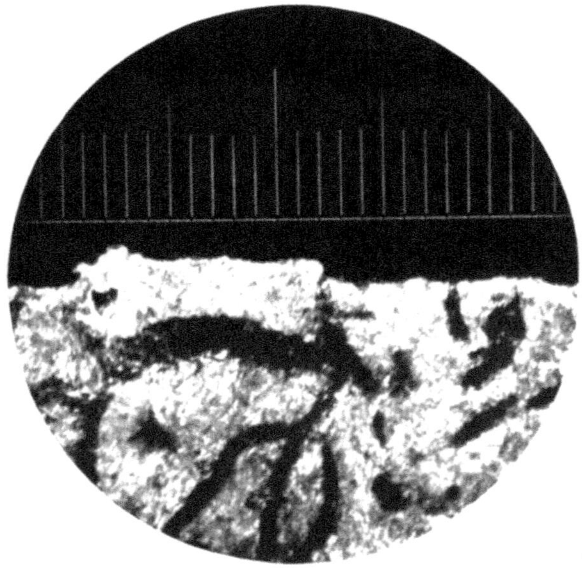

Abb. 47b. Gußeisen; *Qu*; $V = 280\times$.

Rundschliff.

Vorschleifen.

Stahl.

Abb. 48a—b von Kugellagerfabrik.

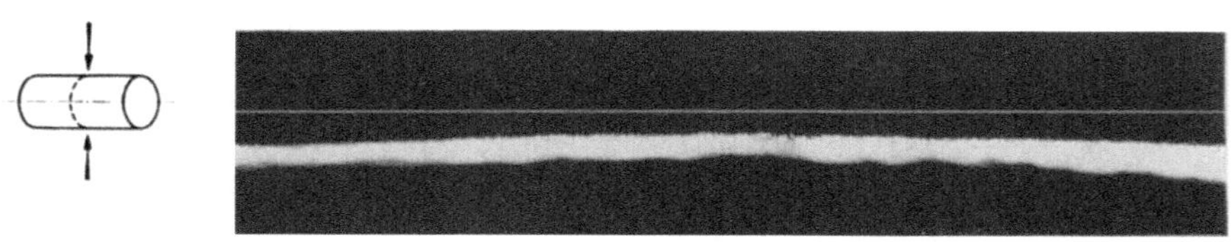

Abb. 48a. Stahlrolle; *Pm*; $V = 74\times$.

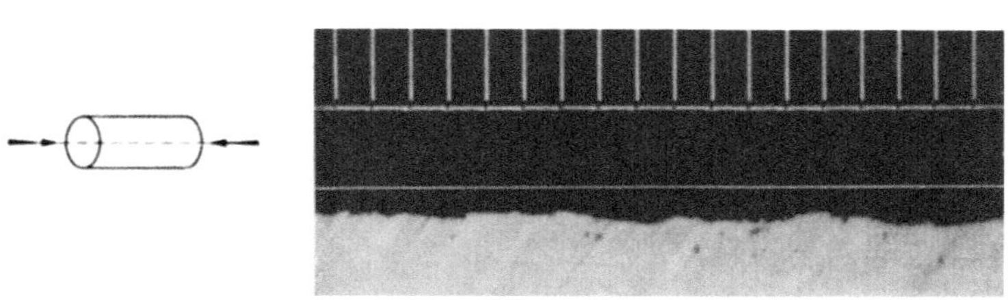

Abb. 48b. Stahlrolle; *Qu*; $V = 360\times$; $H = 4{,}2\,\mu$; $h_m = 2{,}1\,\mu$; $K = 0{,}5$.

Fertigschliff.

Stahl.

Abb. 49a—b
von Werkzeugmaschinenfabrik.

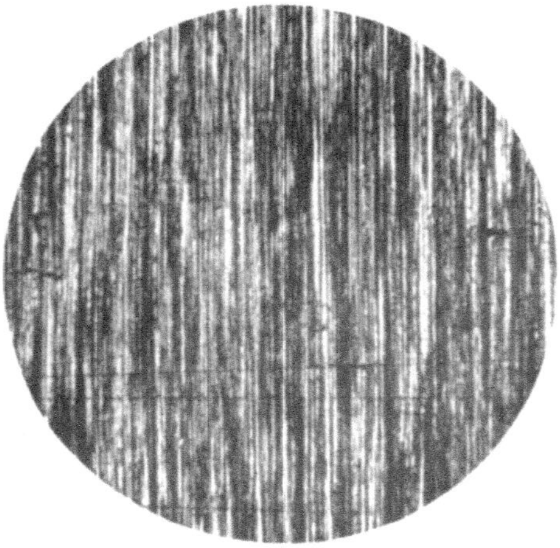

Abb. 49a. Stahl; *Os*; $V = 74\times$.

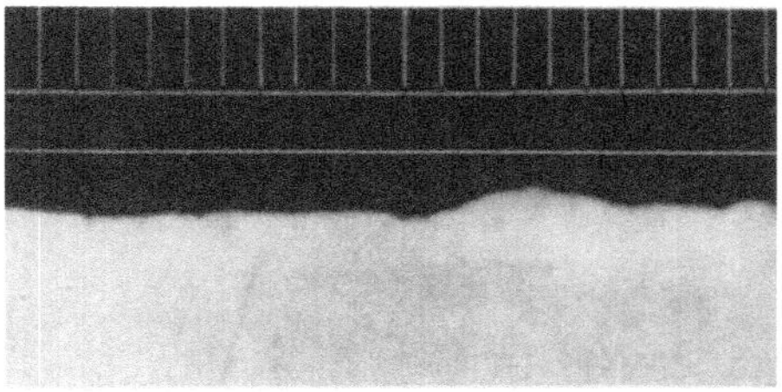

Abb. 49b. Stahl; *Qu*; $V = 360\times$; $H = 8{,}5\,\mu$; $h_m = 2{,}8\,\mu$; $K = 0{,}32$.

Fertigschliff.

Gußeisen. Abb. 50a—b (Kolbenring).

Abb. 50a. Gußeisen; *Os*; $V = 82\times$.

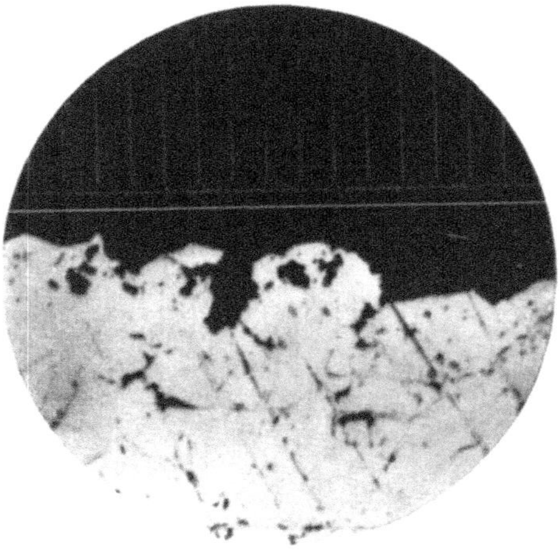

Abb. 50b. Gußeisen; *Qu*; $V = 360\times$; $H = 18{,}9\,\mu$; $h_m = 8{,}4\,\mu$; $K = 0{,}44$.

Abb. 51a—b (Kolbenring).

Abb. 51a. Gußeisen; *Os*; $V = 82\times$.

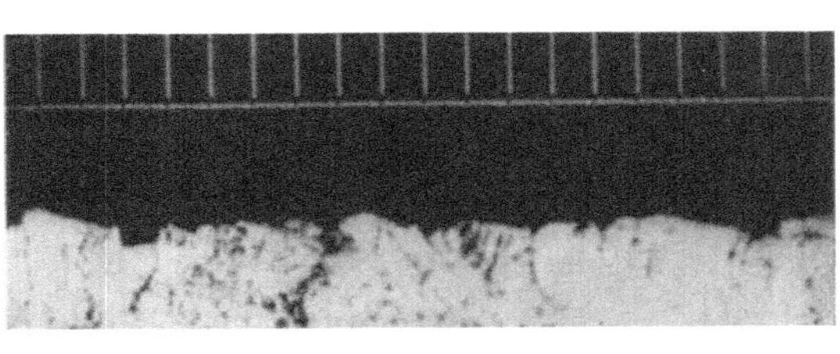

Abb. 51b. Gußeisen; *Qu*; $V = 360\times$; $H = 8{,}9\,\mu$; $h_m = 3{,}8\,\mu$; $K = 0{,}43$.

Abb. 52a—b (Kolben).

Abb. 52a. Elektron; *Os*; $V = 82\times$.

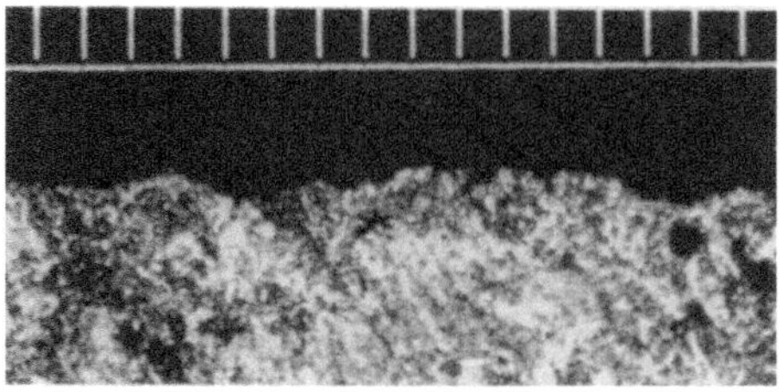

Abb. 52b. Elektron; *Qu*; $V = 360\times$; $H = 8{,}4\,\mu$; $h_m = 4{,}2\,\mu$; $K = 0{,}50$.

Kugellagerringe.

Abb. 53a—c von Kugellagerfabrik.

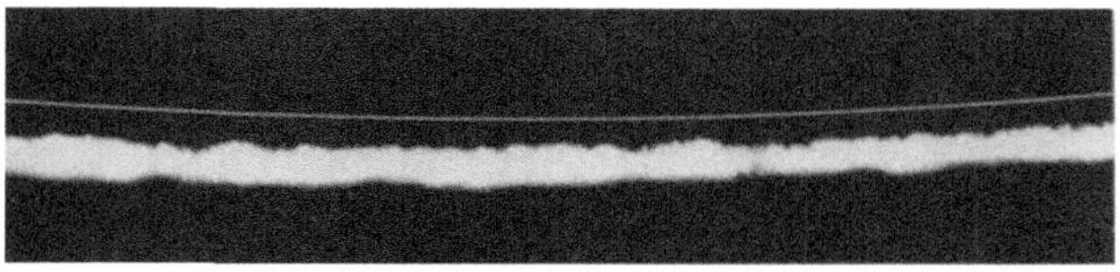

Abb. 53a. Ring, grob geschliffen. Stahl; *Pm*; $V = 74\times$; $H = 12{,}2\,\mu$; $h_m = 4{,}2\,\mu$; $K = 0{,}34$.

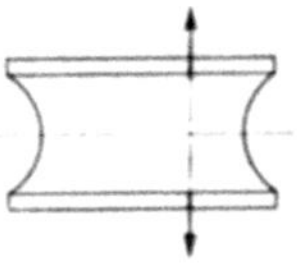

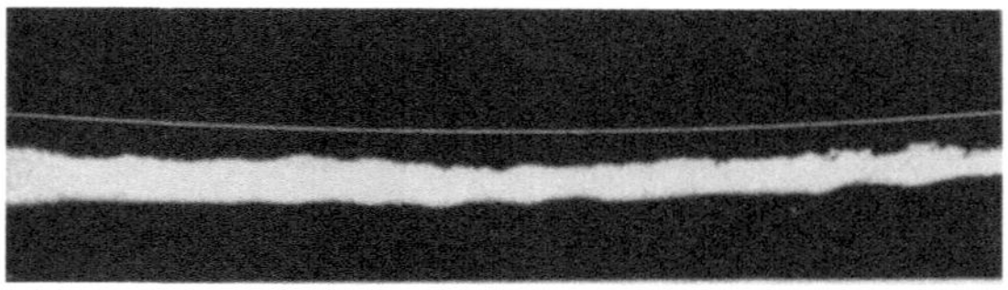

Abb. 53b. Ring, fertig geschliffen. Stahl; *Pm*; $V = 74\times$; $H = 12{,}2\,\mu$; $h_m = 5{,}1\,\mu$; $K = 0{,}42$.

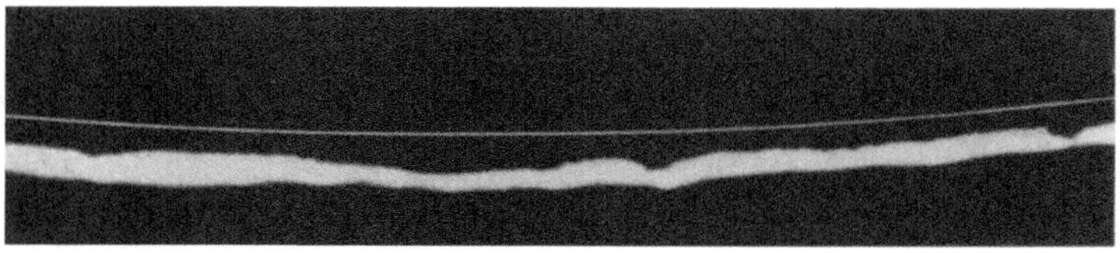

Abb. 53c. Ring, gelaufen. Stahl; *Pm*; $V = 74\times$; $H = 17{,}6\,\mu$; $h_m = 9{,}3\,\mu$; $K = 0{,}53$.

Honen.

Abb. 54a—c von Automobilfabrik.

Abb. 54a. Gußeisen; *Os*; $V = 76\times$.

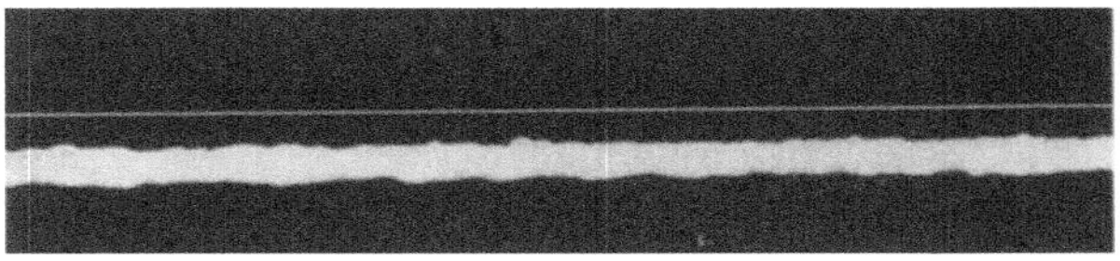

Abb. 54b. Gußeisen; *Pm*; $V = 82\times$; $H = 7{,}3\,\mu$; $h_m = 1{,}1\,\mu$; $K = 0{,}15$.

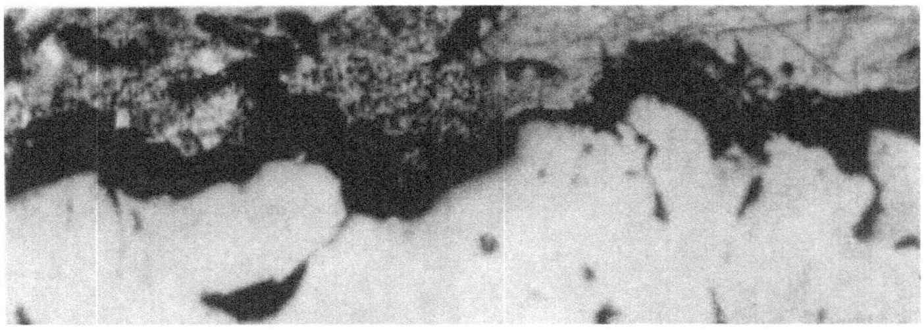

Abb. 54c. Gußeisen; *Qu*; $V = 360\times$; $H = 2{,}2\,\mu$; $h_m = 1{,}4\,\mu$; $K = 0{,}64$.

Läppen.

Gußeisen.

Abb. 55a—b von Verbrennungsmotorenfabrik.

Abb. 55a. Gußeisen; *Os*; $V = 170\times$.

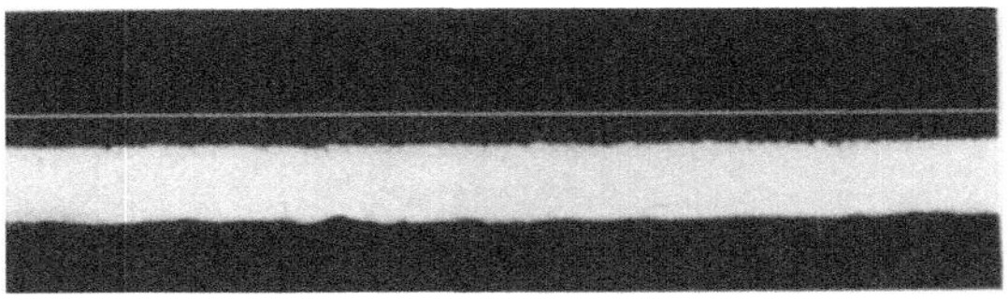

Abb. 55b. Gußeisen; *Pm*; $V = 170\times$; $H = 2{,}9\,\mu$; $h_m = 1{,}7\,\mu$; $K = 0{,}57$.

Polieren.
Stahl.

Abb. 56a—c. Präzisionswerkzeugfabrik; verschiedene Feinheitsgrade.

Abb. 56a. Stahl; *Os*; $V = 100\times$.

Abb. 56b. Stahl; *Os*; $V = 100\times$.

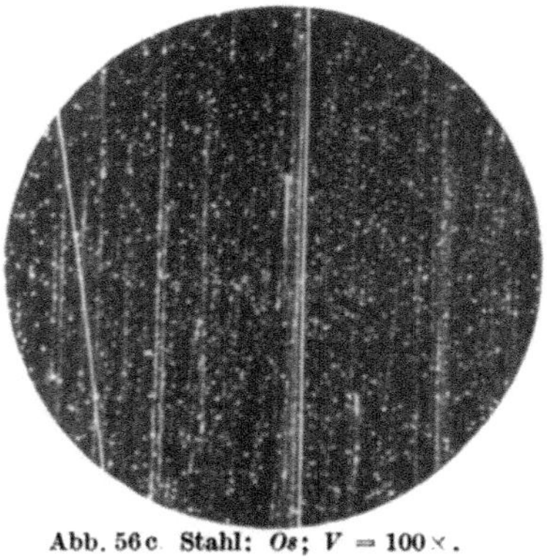

Abb. 56c. Stahl; *Os*; $V = 100\times$.

Abb. 57a—c von Meßwerkzeugfabrik (Meßscheibe).

Abb. 57a. Stahl; *Os*; $V = 82\times$.

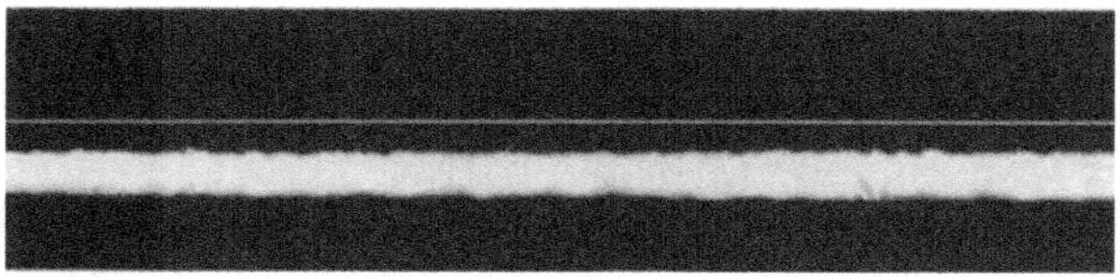

Abb. 57b. Stahl; *Pm*; $V = 82\times$; $H = 6{,}1\,\mu$; $h_m = 1{,}3\,\mu$; $K = 0{,}21$.

Abb. 57c. Stahl; *Qu*; $V = 365\times$; $H = 1{,}9\,\mu$; $h_m = 1{,}1\,\mu$; $K = 0{,}55$.

Zahnradbearbeitung.

Hobeln.

Stahl.

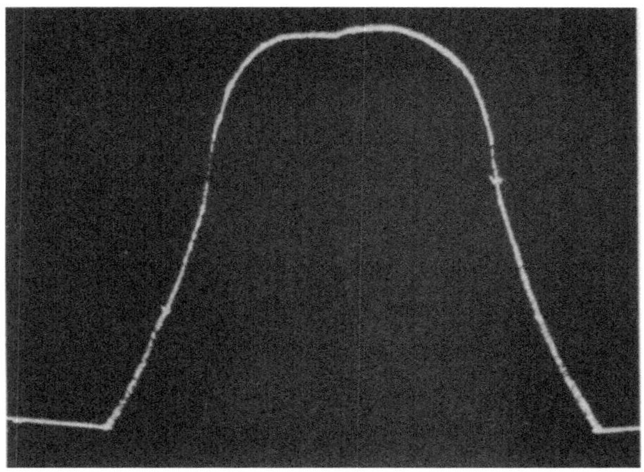

Abb. 58. Zahnrad neu gehobelt. Stahl; *Pm*; $V = 11{,}5\times$.

Abb. 59 von Zahnradspezialfabrik.

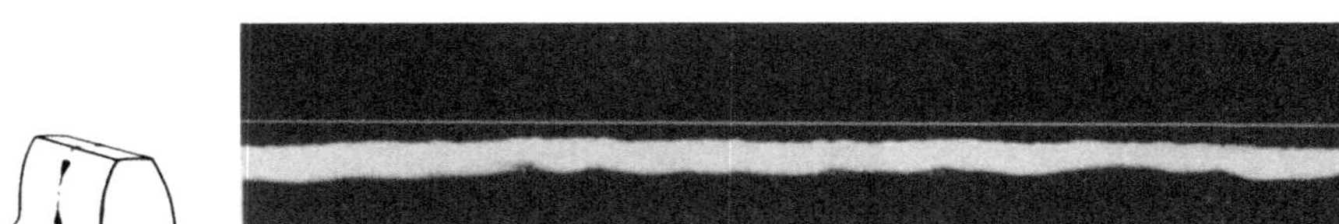

Abb. 59. Stahl; *Pm*; $V = 74\times$; $H = 13{,}5\,\mu$; $h_m = 5{,}7\,\mu$; $K = 0{,}42$.

Zahnradbearbeitung.

Fräsen.

Stahl.

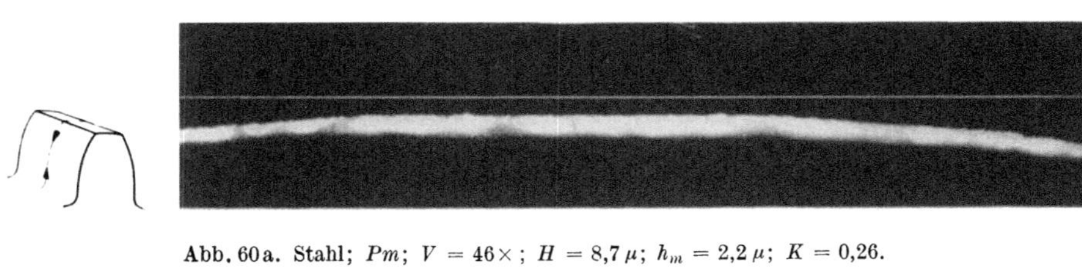

Abb. 60a. Stahl; *Pm*; $V = 46\times$; $H = 8{,}7\,\mu$; $h_m = 2{,}2\,\mu$; $K = 0{,}26$.

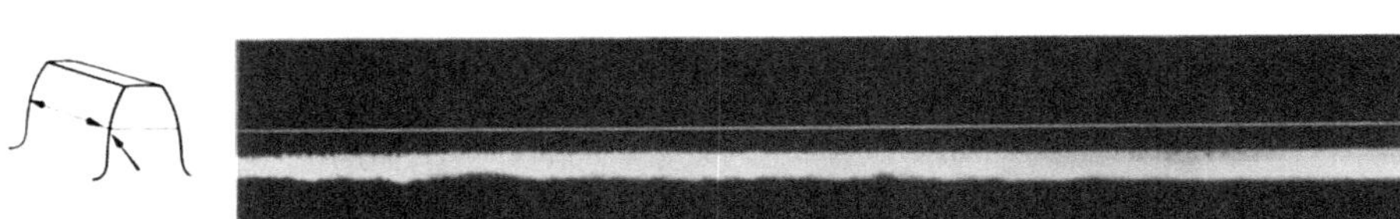

Abb. 60b. Stahl; *Pm*; $V = 74\times$; $H = 4{,}0\,\mu$; $h_m = 2{,}0\,\mu$; $K = 0{,}5$.

Abb. 61a—b. Zahnrad gefräst.

Abb. 61a. Stahl; *Os*; $V = 7{,}3\times$.

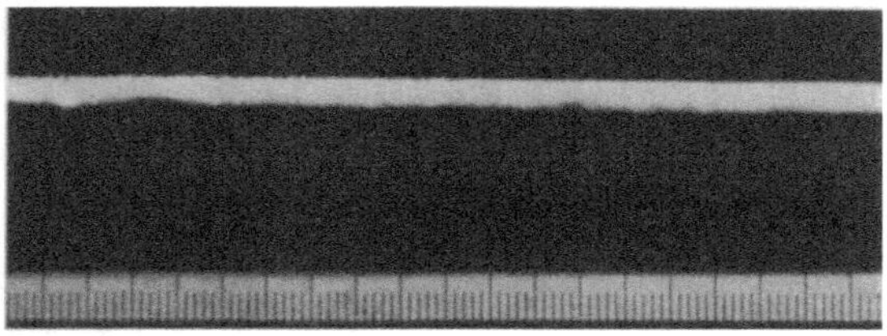

Abb. 61b. Stahl; *Pm*; $V = 69\times$.

Zahnradbearbeitung.

Hobeln, Härten, Sandstrahl.

Abb. 62a—b von Zahnradspezialfabrik.

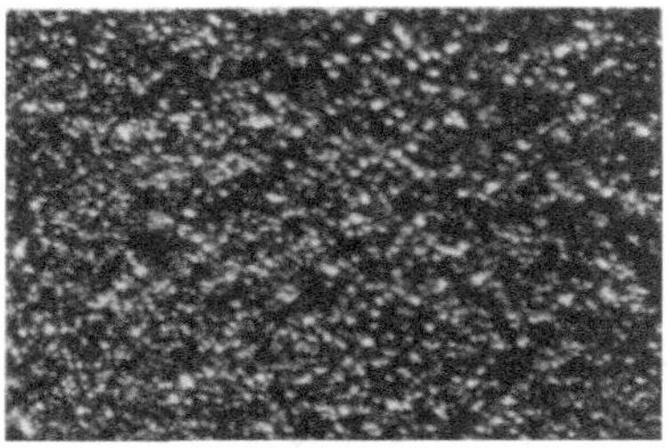

Abb. 62a. Stahl; *Os*; $V = 22{,}5\times$.

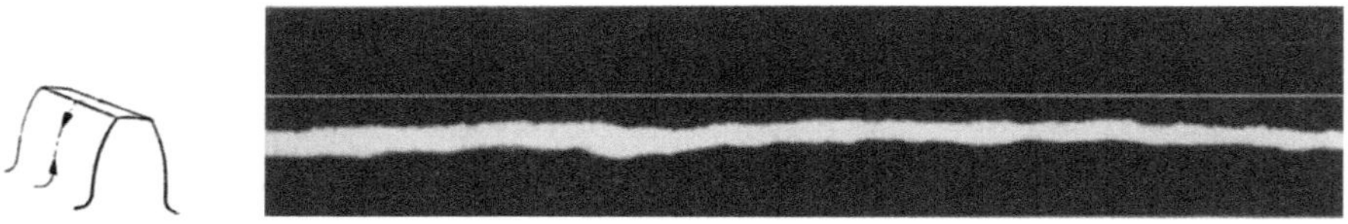

Abb. 62b. Stahl; *Pm*; $V = 74\times$; $H = 12{,}2\,\mu$; $h_m = 8{,}3$; $K = 0{,}68$.

Zahnradbearbeitung.

Hobeln, Härten, Schleifen.

Abb. 63a—b von Zahnradfabrik.

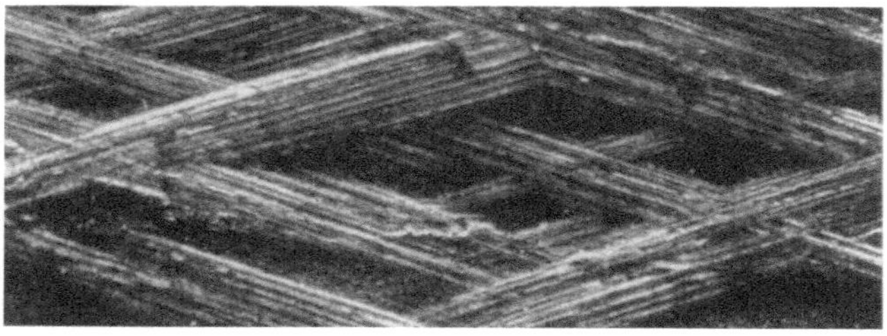

Abb. 63a. Stahl; *Os*; $V = 22{,}5\times$.

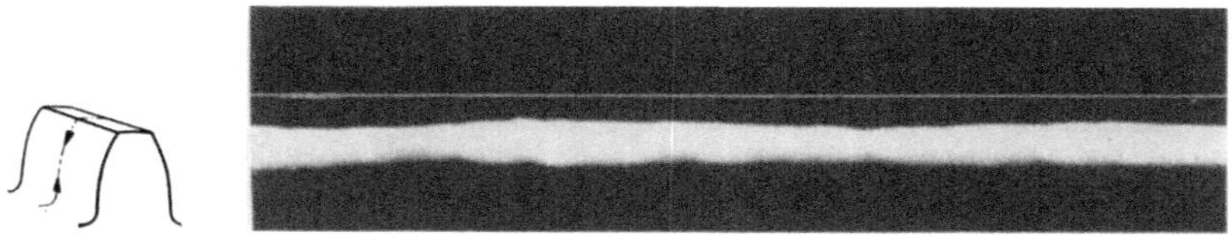

Abb. 63 b. Stahl; *Pm*; $V = 74\times$; $H = 13{,}5\,\mu$; $h_m = 6{,}3\,\mu$; $K = 0{,}46$.

Abb. 64a—b. Stark abgelaufenes Zahnrad.

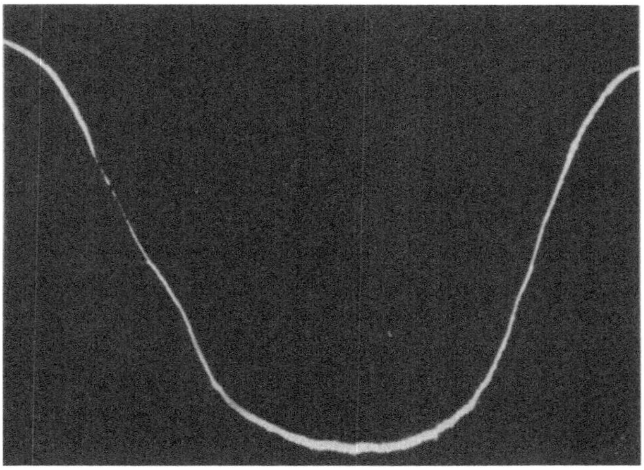

Abb. 64 a. Stahl; *Pm*; $V = 7{,}3\times$.

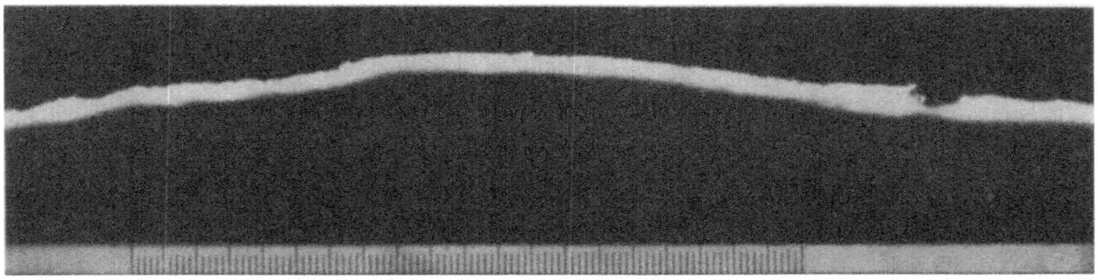

Abb. 64 b. Stahl; *Pm*; $V = 69\times$.

Verschiedene Oberflächen.

Abb. 65a—b. V 2 AN_2-Stahl gebeizt.

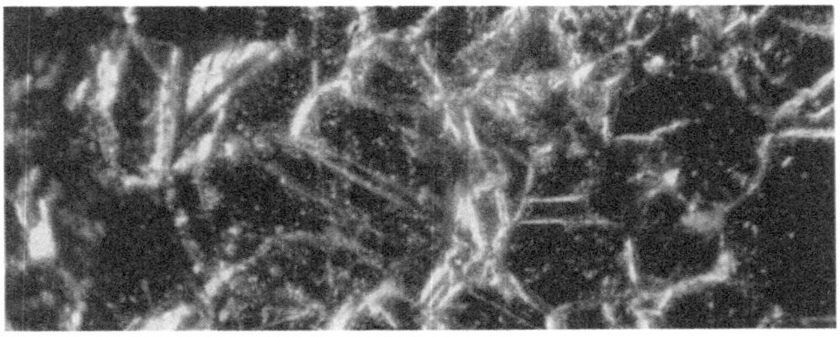

Abb. 65 a. Stahl; *Os*; $V = 195\times$.

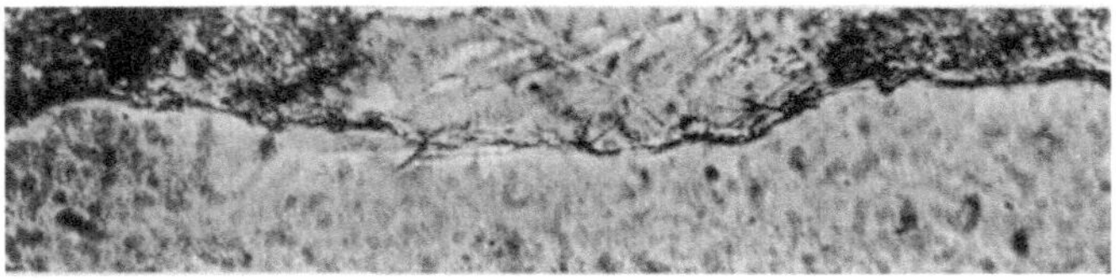

Abb. 65 b. Stahl; *Qu*; $V = 360\times$; $H = 14{,}7\,\mu$; $h_m = 6{,}4\,\mu$; $K = 0{,}44$.

Abb. 66a—b. Elektrische Kochplatte (Gußeisen).

Abb. 66 a. Gußeisen; *Os*; $V = 20\times$.

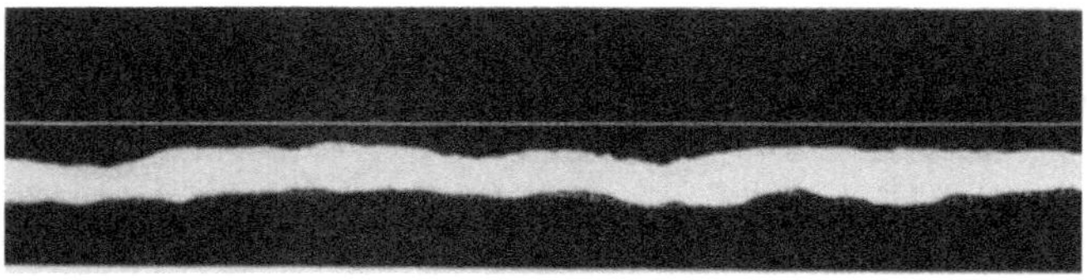

Abb. 66 b. Gußeisen; *Pm*; $V = 82\times$; $H = 24{,}4\,\mu$; $h_m = 31{,}1\,\mu$; $K = 0{,}54$.

Abb. 67a—b. Dünnes Zeichenpapier.

Abb. 67 a. Papier; *Os*; $V = 22{,}5\times$.

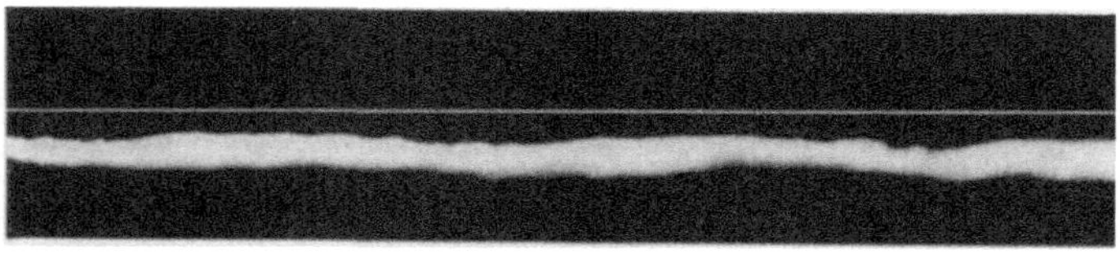

Abb. 67 b. Papier; *Pm*; $V = 74\times$; $H = 14{,}9\,\mu$; $h_m = 8{,}0\,\mu$; $K = 0{,}54$.

Abb. 68. Wolfram (Brenner einer Punktlichtlampe).

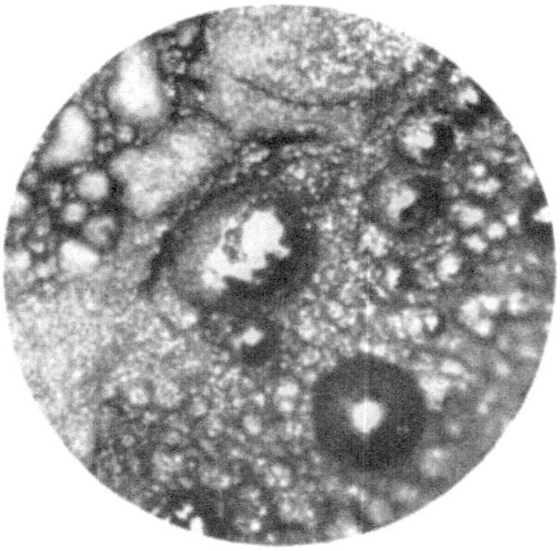

Abb. 68. *Os*; $V = 35\times$.

Abb. 69. Halbglanzlack.

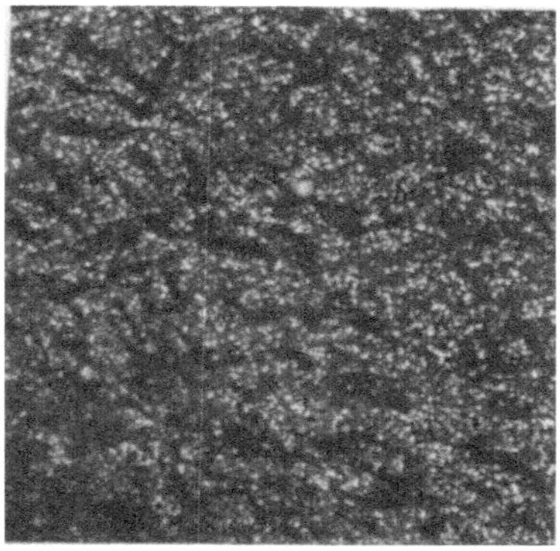

Abb. 69. *Os*; $V = 200\times$.

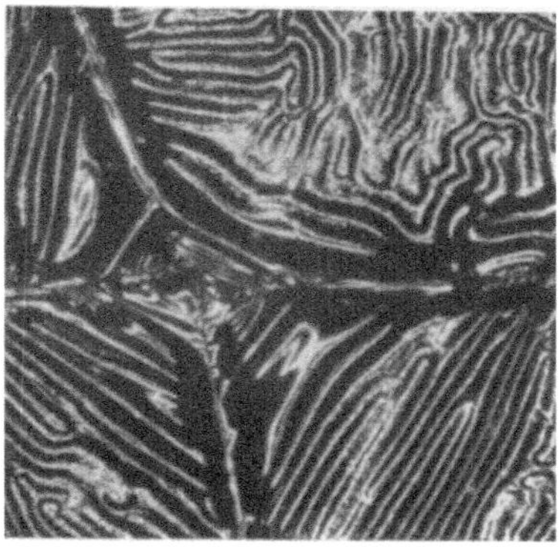

Abb. 69 a. Kristallack *Os*: $V = 40\times$.

Abb. 70. Raster eines Druckstockes.

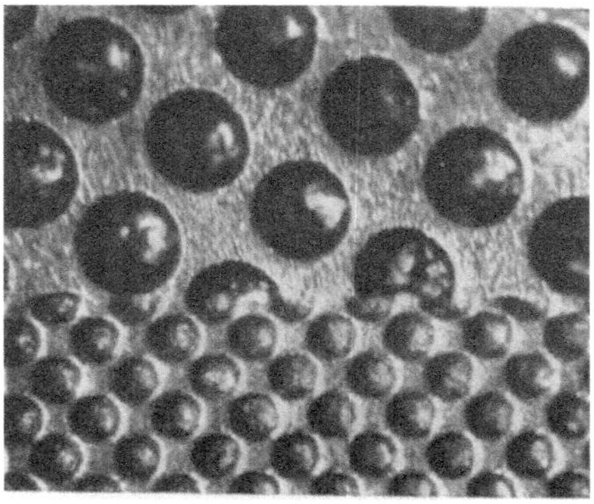

Abb. 70. *Os*; $V = 48\times$.

Korrosion.

Die Abb. 71a—74b beziehen sich auf eine Cu-Al-Legierung, in Sand gegossen, mit Diamant bearbeitet.

Korrosion einer Cu-Al-Legierung in $^1/_{10}$ normaler Kalilauge.

Abb. 71a—b. Ursprüngliche Oberfläche.

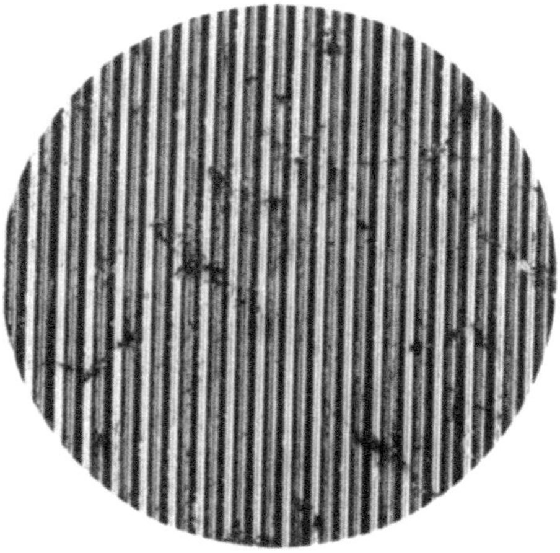

Abb. 71a. Cu-Al-Legierung; Os; $V = 170\times$.

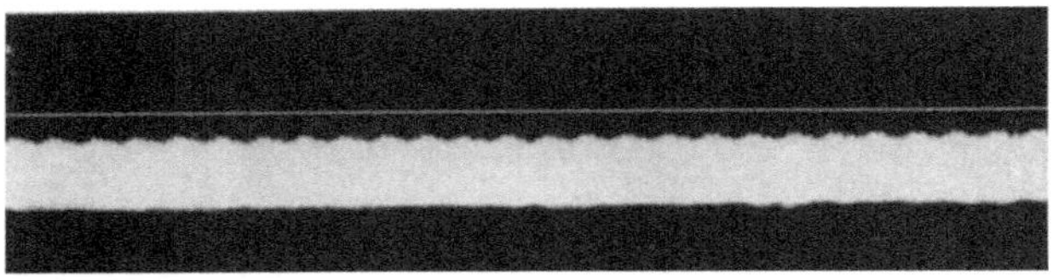

Abb. 71b. Cu-Al-Legierung; *Pm*; $V = 170\times$; $H = 4{,}1\,\mu$; $h_m = 2{,}3\,\mu$; $K = 0{,}56$.

Abb. 72a—b. Korrosion nach 80 Min.

Abb. 72a. Cu-Al-Legierung; *Os*; $V = 170\times$.

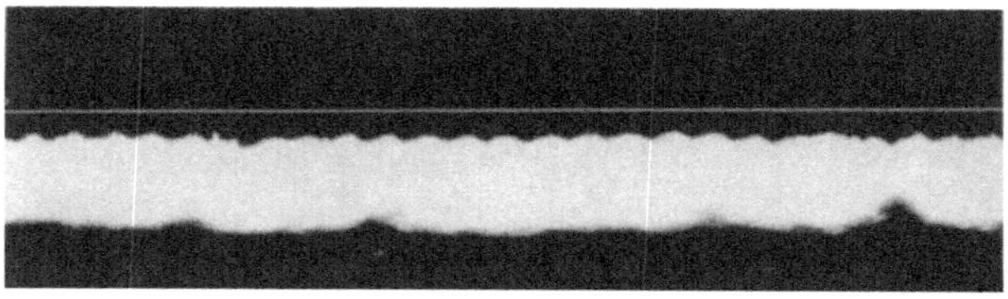

Abb. 72b. Cu-Al-Legierung; *Pm*; $V = 170\times$; $H = 5{,}9\,\mu$; $h_m = 2{,}9\,\mu$; $K = 0{,}49$.

Abb. 73a—b. Korrosion nach 180 min.

Abb. 73a. Cu-Al-Legierung; *Os*; $V = 170\times$.

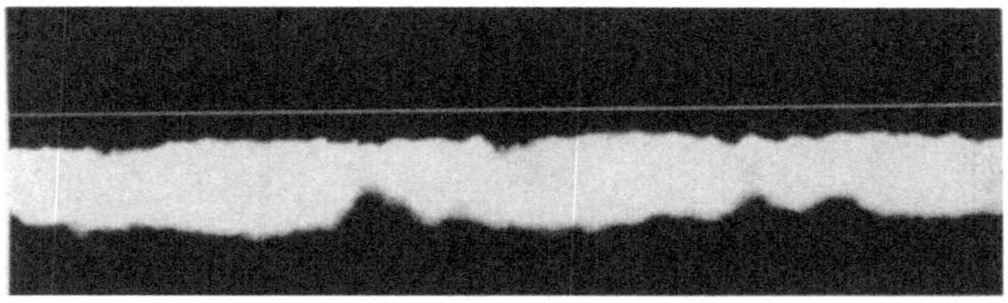

Abb. 73b. Cu-Al-Legierung; *Pm*; $V = 170\times$; $H = 7{,}8\,\mu$; $h_m = 4{,}2\,\mu$; $K = 0{,}53$.

Abb. 74a—b. Korrosion nach 600 min.

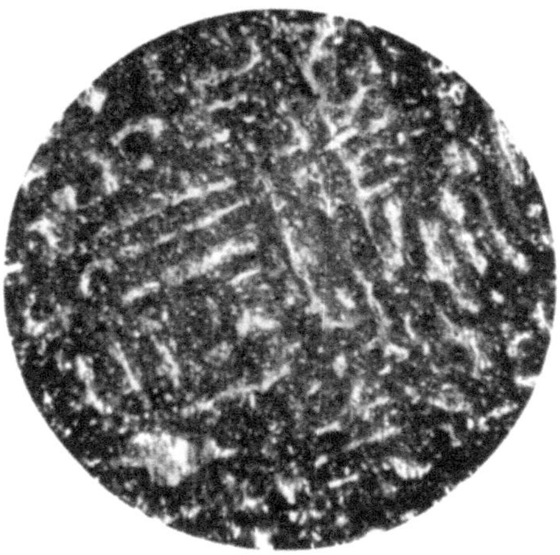

Abb. 74a. Cu-Al-Legierung; *Os*; $V = 49\times$.

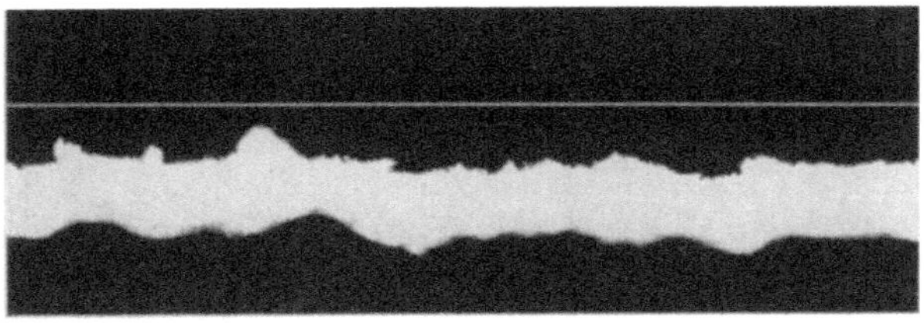

Abb. 74 b. Cu-Al-Legierung; *Pm*; $V = 170\times$; $H = 24{,}0\,\mu$; $h_m = 6{,}8\,\mu$; $K = 0{,}28$.

Abb. 75. Korrosion von Messing in Luft, Versuchsdauer 10 Std.

Vor dem Versuch: $H = 12{,}2\,\mu$; $h_m = 5{,}8\,\mu$; $K = 0{,}48$.

Nach dem Versuch: $H = 17{,}6\,\mu$; $h_m = 5{,}2\,\mu$; $K = 0{,}30$.

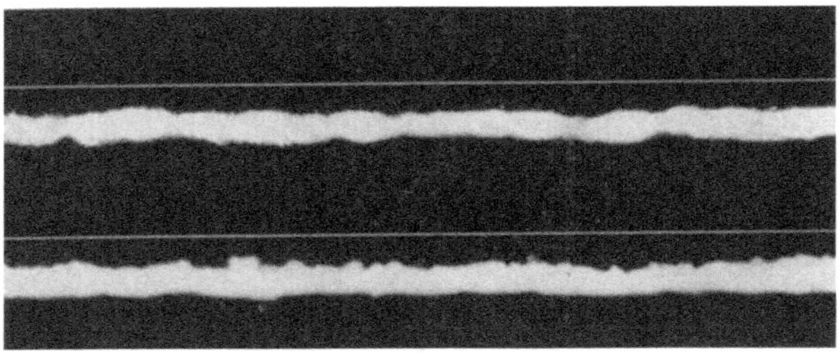

Abb. 75. Messing; *Pm*; $V = 74\times$.

Abb. 76. Korrosion, normal und zerkratzt (Spinatangriff).

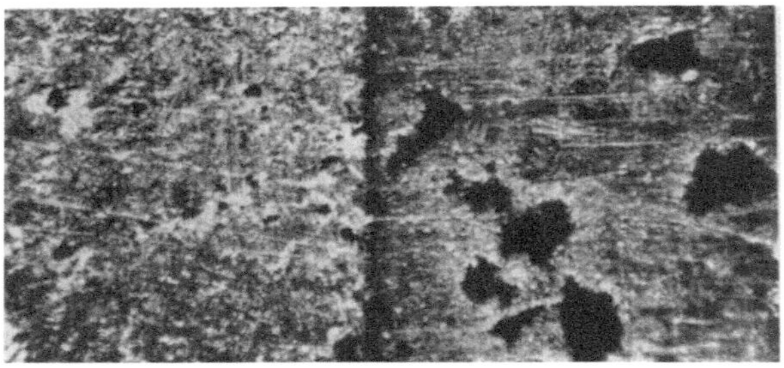

Abb. 76. Konservenblech; *Os*; $V = 40\times$.

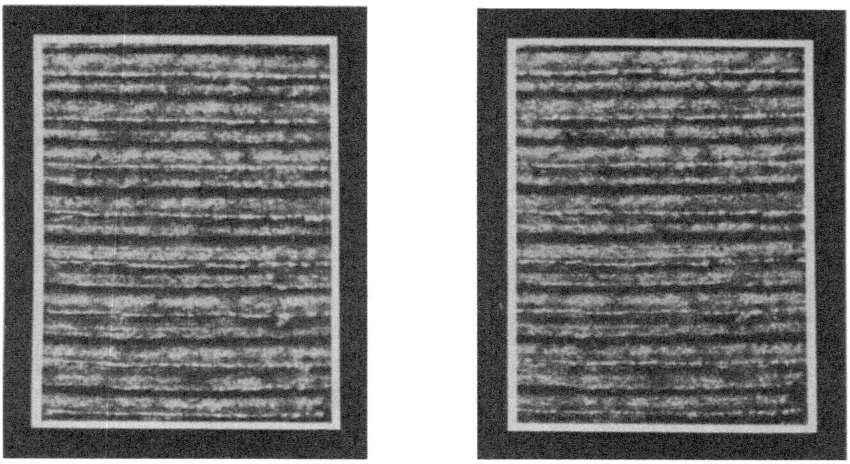

Stereo-mikroskopisches Bild einer Fläche. Rotguß gefräst. Vergr. 42×.

Schmaltz, Oberflächenkunde. Verlag von Julius Springer in Berlin.

GPSR Compliance

The European Union's (EU) General Product Safety Regulation (GPSR) is a set of rules that requires consumer products to be safe and our obligations to ensure this.

If you have any concerns about our products, you can contact us on ProductSafety@springernature.com

In case Publisher is established outside the EU, the EU authorized representative is:

Springer Nature Customer Service Center GmbH
Europaplatz 3
69115 Heidelberg, Germany

Batch number: 10683525

Printed by Printforce, the Netherlands